Untersuchungen des Deutschen Forschungsinstituts
für Agrar- und Siedlungswesen, Abt. Berlin

Die agrariſchen Umwälzungen im außerruſſiſchen Oſteuropa

Ein Sammelwerk

herausgegeben und eingeleitet

von

Professor Dr. M. Sering
Universität Berlin

Mit einem Kartogramm

Berlin und Leipzig 1930

Walter de Gruyter & Co.

vormals G. J. Göſchen'ſche Verlagshandlung — J. Guttentag, Verlagsbuchhandlung — Georg Reimer — Karl J. Trübner — Veit & Comp.

Druck von Walter de Gruyter & Co., Berlin W 10

Vorwort

Die 230 Millionen Einwohner von Osteuropa verteilen sich ungefähr je zur Hälfte auf Sowjetrußland und »Zwischeneuropa«. Schon aus diesem Grunde sind die tiefgehenden Umgestaltungen, die sich in der zwischeneuropäischen Agrarverfassung nach dem Kriege vollzogen haben, nicht von geringerer Bedeutung und Tragweite für das politische und wirtschaftliche Leben des Erdteils, und besonders auch Deutschlands, als die große russische Revolution. Die Friedlosigkeit Europas wurzelt ganz wesentlich in der Politik, welche die »Staatsvölker« in den neuen Bauerndemokratien gegen die völkischen Minderheiten führen. Der vorliegende Band macht den ersten Versuch, die agrarischen Umgestaltungen dieser Länder im Zusammenhang darzulegen, ihre soziologischen und ethnographischen Ursachen, ihre gesellschaftlichen und ökonomischen Wirkungen zu untersuchen.

Alle Mitarbeiter kennen das von ihnen behandelte Land aus eigener Anschauung, die deutschen Verfasser haben es in Studienreisen aufgesucht. Die Darstellung erschien zuerst in russischer Sprache[1]), die deutsche Ausgabe wurde durch andere dringliche Arbeiten und durch Krankheit verzögert. In der Zwischenzeit ist die Durchführung der Agrarreform weiter fortgeschritten und in manchen Ländern zum Abschluß gebracht, Wesen und Wirkungen treten jetzt deutlicher hervor. Selbstverständlich haben sich die Verfasser und das Deutsche Forschungsinstitut für Agrar- und Siedlungswesen (Abt. Berlin) eifrig bemüht, die Darstellung bis zur Gegenwart fortzuführen. Der wissenschaftliche Beamte dieses Instituts Herr Friedrich Schlömer hat sich besondere Verdienste um die Redaktion des Sammelwerkes erworben.

Berlin, Ende November 1929.

Der Herausgeber

M. Sering

---

1) *»Agrarnaja revolucija v Europe.« Sbornik pod redakciej prof.* M. Seringa. *Izdatel'stvo »Kooperativnaja Mysl'«.* Berlin 1925. 285 Seiten.

Inhaltsverzeichnis

Die im außerrussischen Osteuropa zum Zwecke der AGRARREFORM beschlagnahmten und enteigneten Flächen

Größenabmessungen im Maßstab der Karte

○ = 1 Million ha ○ = ½ Million ha ○ = 100000 ha

Agrarreformflächen nach ihrer Verwendung

⊗ = vom Staate in Besitz genommener oder beschlagnahmter Wald.

◍ [hatched] = Flächen, die den Pächtern, Teilbauern und Kmeten in Eigentum oder Staatspacht gegeben worden sind.

◐ = Flächen, die hauptsächlich zur Vergrößerung bestehender Bauernwirtschaften verwendet worden sind.

● = Flächen, aus denen selbständige Bauernwirtschaften gebildet worden sind.

○ = noch nicht verteilte Flächen (Landreserve).

● [with cross] = Landgewinn der Bauern bei der Servitutenablösung.

○ [with cross] = noch in Aussicht stehender Landgewinn aus der Servitutenablösung.

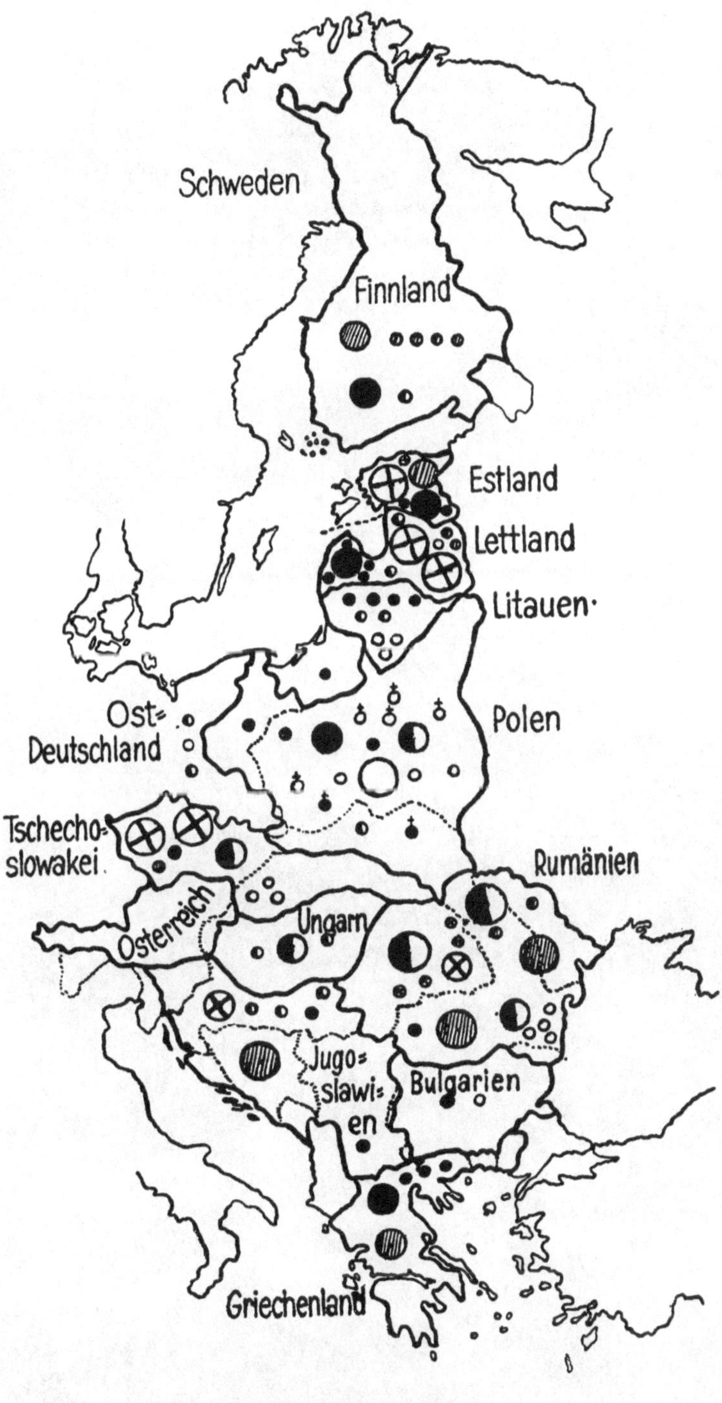
Schweden
Finnland
Estland
Lettland
Litauen
Ost-Deutschland
Polen
Tschecho-slowakei
Rumänien
Österreich
Ungarn
Jugo-slawi-en
Bulgarien
Griechenland

I.

Einleitung.

Die geschichtlich überkommene Agrarverfassung, Übersicht der Reformgesetzgebung und ihrer Wirkungen.

Vom Herausgeber.

Der Schauplatz der hier zu schildernden agrarischen Umgestaltungen umfaßt die Länder zwischen den Hauptwohngebieten der Deutschen, Magyaren, Italiener im Westen, der Russen und Türken im Osten, vom Eismeer im Norden bis zum Mittelmeer im Süden. Es ist der lange Streifen zwischen Mittel- und Osteuropa, den deutsche Geographen (Penck) auch als *Zwischeneuropa* bezeichnet haben. Nicht weniger als 11 Staaten teilen sich von Finnland bis Griechenland seit dem Ausgang des Weltkrieges in dieses Gebiet, das 1,857 Mill. qkm mit 90,2 Mill. Einwohnern zählt. Einschließlich der Restgebiete von Ungarn und Österreich sind es je 22% der Fläche und der Bevölkerung Europas. Rechnet man noch das kurz mitzubehandelnde Ostdeutschland hinzu, so sind es 23,8% der Fläche und 27,3% der Einwohner.

Flächeninhalt, Bevölkerung und Volksdichte im östlichen Mitteleuropa.

Staat	Zeitpunkt	Fläche in Tsd. qkm	Einwohnerzahl	
			in Tausenden	je qkm
1. Finnland	31. 12. 20	343,6 [1]	3365	9,79
2. Estland	28. 12. 22	47.5	1 107	23,3
3. Lettland	10. 2. 25	65.8	1 845	28,0
4. Litauen [2] ...... (ohne Memel)	17. 9. 23	53,2	2 029	38,1
5. Polen [3]	30. 9. 21	388,4	27 177	70,0
6. Tschechoslowakei	15. 2. 21	140,4	13 613	97,0
7. Rumänien	1925	294,2	17 200	58,5
8. Jugoslawien	31. 1. 21	249,0	12 017	48,3
9. Bulgarien.......	31. 12. 26	103,1	5 483	53,2
10. Griechenland....	1. 1. 21 [4]	127,0	5 536	37,5
11. Albanien	1925	45,0	832	18,5
Summe:		**1 857,2**	**90 204**	**48,6**
12. Österreich [5] ...	7. 3. 23	83,8	6 535	78,0
13. Ungarn	31. 12. 20	92,9	7 980	85,9
Summe:		176,7	14 515	82,1
insgesamt:		**2 033,9**	**104 719**	**51,5**
dazu				
14. Ostdeutschland [6] (ohne Berlin)	16. 6. 25	170,8	12 869	75,4
		2 205,6	**121 602**	**55,1**

Die ersten 10 Staaten in dieser Reihe mit Ausnahme von Finnland haben seit dem Abschluß des Krieges eine echte Agrarrevolution vollzogen, unter Durchbrechung der bisher geltenden Rechtsgrundsätze eine Neuverteilung des ländlichen Grundbesitzes vorgenommen. Deutschland, Deutsch-

---

[1]) Mit Einschluß der Gewässer 388,2 Tsd. qkm.

[2]) Ohne den durch Polen besetzten Teil des Distrikts Wilna.

[3]) In den Grenzen gemäß der Entscheidung der Botschafterkonferenz vom 14. März 1923.

[4]) Nach der Zählung v. 10. Dez. 1928: 130,5 Tsd. qkm mit 6181 Tsd. Einwohnern, d. s. 47.7 pro qkm.

[5]) Einschließlich Burgenland.

[6]) Ostpreußen, Brandenburg, Pommern, Grenzmark, beide Schlesien und beide Mecklenburg am 16. 6. 25, das Memelgebiet am 1. 1. 23 und Danzig am 31. 8. 24.

Österreich und Finnland begnügten sich dagegen mit einem Ausbau, welcher die Grundzüge der geschichtlich überkommenen Rechts- und Gesellschaftsordnung unberührt ließ. Ihnen schloß sich Ungarn nach Niederwerfung des Aufstandes unter Aufhebung der revolutionären Gesetze an. Die erste größere Staatengruppe steht unter dem Einfluß von russischen, die zweite von deutschen und westeuropäischen Ideen. Das kleine Gebirgsland Albanien hat seine überkommene Agrarverfassung unverändert erhalten.

Aus Rußland kam die Losung, durch die das städtische Proletariat die Kleinbauernschaft mitgerissen hatte: »Das Land dem, der es bebaut!« oder, was dasselbe bedeutet: »Das Land der Masse!«. In Finnland, in Lett- und Estland, in Ungarn flammte die bolschewistische Revolution empor, und es gab kein Land im östlichen Mitteleuropa, das nicht mit ihrem Ausbruch rechnen mußte. So sind die radikalen Agrargesetze unter dem Druck einer revolutionären Bewegung oder, um sie abzubiegen, erlassen worden.

Die russische Saat hatte im östlichen Mitteleuropa einen empfänglichen Boden vorgefunden. Ich will versuchen, aus dem überaus bunten Bilde, das die Länder der Agrarrevolution bieten, die gemeinsamen Züge herauszuschälen, die wirtschaftlichen, sozialen, ethnographischen Bedingungen und die treibenden Kräfte kurz darzulegen. Deutschland, Österreich, Ungarn, auch Finnland, stehen für diese einleitende Betrachtung mehr im Hintergrunde.

I. Die wirtschaftlichen, sozialen und ethnographischen Verhältnisse.

1. Die wirtschaftliche Struktur.

Alle hier zu behandelnden Staaten sind mit Ausnahme der Tschechoslowakei echte Agrarländer. Überwiegend agrarisch ist auch trotz einiger starker industrieller Ansätze das dicht bevölkerte Polen ohne das später annektierte oberschlesische Industriegebiet.

Die ungeheuren persönlichen und wirtschaftlichen Anforderungen des Krieges verstärkten überall die Ideen demokratischer Gleichheit und Gleichberechtigung. Bedeutete dies in den Industriegebieten Verstärkung des sozialistischen und kommunistischen, so in den Agrarländern des kleinbäuerlichen Ideals gleichmäßiger Verteilung des Grundbesitzes. Die Verteilung der Liegenschaften »nach Essern und Händen«, von den Zeiten der Naturalwirtschaft her das herrschende Prinzip in den auf Gemeineigentum am Boden begründeten großrussischen Landgemeinden, war von den Sozialrevolutionären zum politischen Programm für ganz Rußland erhoben worden und hatte trotz des Sieges der Bolschewiken die agrarischen Pläne der Marxisten zur Seite gedrängt. Die meisten Großgüter wurden in kürzester Zeit zertrümmert und der Privatgroßgrundbesitz völlig ausgerottet. Doch war die Eigentumsidee und die Umwandlung des Gemeineigentums in Sondereigentum schon vor dem Kriege soweit vorgeschritten, daß auch der russische *Landkodex vom 30. Oktober 1922*[6a]) den Bodenbauern erbliche Nutzungsrechte zuerkennen mußte, ja die durchaus individualistischen Grundsätze der Stolypinschen Gesetzgebung wieder aufnahm. Deshalb war es für das Einfluten der russischen Ideen nach dem östlichen Mitteleuropa kein Hindernis, daß in diesem ganzen Gebiet die Agrarverfassung auf dem Sondereigentum am Ackerlande beruht.

Daß aber die sozial-revolutionäre Bewegung nicht über die deutschen und österreichischen Grenzen hinauskam, ist zunächst wohl in der starken Industrieentwicklung dieser Gebiete begründet. Bezeichnend genug, daß in Deutschland der sozialdemokratische Landarbeiter-Verband in der Bekämpfung der inneren Kolonisation mit dem großagrarischen »Reformbund der Gutshöfe« Hand in Hand ging: die großen Güter ernähren die großen Städte, sie sind die Hochburgen der ländlichen Arbeiterbewegung, man muß sie schon deshalb erhalten, um sie später sozialisieren zu können. Solche Gedankengänge hätten sich in den Agrarländern des östlichen Mitteleuropa nicht durchsetzen können.

Einen starken Damm gegen das Einfluten agrarrevolutionärer Ideen aus dem Osten bildet aber vor allem die Agrarverfassung der germanischen Länder. Die Sozialverfassung des Landvolkes ist überall durch die Formen des Gemeinschaftslebens in Familie und Gemeinde auf der einen, durch die Ausbildung von Herrschaftsverhältnissen auf der andern Seite bedingt.

2. Die Familienverfassung und die Vererbungsgewohnheiten der Bauernschaft. Die Landgemeinden.

Es besteht die paradoxe Tatsache, daß fast überall in den engräumigen germanischen Siedlungsgebieten von Skandinavien bis hin zur Schweiz der stärkste Hüter überlieferter Rechtsord-

[6a]) Das radikale Agrargesetz vom 15. Dezember 1928 hat die Sicherheit des Besitzrechtes im Interesse der Sozialisierung der Landwirtschaft sehr verringert. Vgl. Otto Auhagen, »Die neueste russische Agrargesetzgebung«, *Berichte über Landwirtschaft,* Bd. X, 1929, S. 198.

nung, der mittel- und großbäuerliche Besitz, die soziale Physiognomie der Landgemeinden bestimmt, und seinen Höfen oder Hufen kleinbäuerliche oder Arbeiterstellen angegliedert sind, wogegen in dem weiträumigen Flachland, welches das Hauptwohngebiet der Slaven bildet, vom Weichselbogen bis zu den ostsibirischen Gebirgen, Kleinbauern den Hauptteil der Fläche lediglich mit den Kräften ihrer Familienangehörigen bewirtschaften.

Die nächste und greifbarste Ursache für diesen Unterschied liegt in den Vererbungsgewohnheiten. In mehr als vier Fünfteln des Deutschen Reiches und in den anderen germanischen Ländern herrscht die Anerbensitte: Einer der gleichberechtigten Miterben übernimmt das Eigentum am ungeteilten Landgut, seine Miterben bleiben auf billig-mäßige Abfindungen beschränkt. Die Übung, die hinterlassenen Grundstücke auf die Erben gleichmäßig zu verteilen, hat sich innerhalb Deutschlands nur an den großen natürlichen Verkehrsstraßen, in den zugleich klimatisch begünstigten Landschaften am Mittel- und Oberrhein, am Main, am Neckar und in Thüringen seit dem Aufkommen der Städte im 12. Jahrhundert ausgebildet, d. h. dort, wo eine mehr gartenmäßige Kultur der Liegenschaften es gestattet, jedes Grundstück für sich zu bewirtschaften.

In den slavischen Ländern dagegen herrscht die Sitte der Realteilung auch dort, wo alle wirtschaftlichen Bedingungen dafür fehlen — und sie sind schon deshalb selten gegeben, weil die Slavenländer eine »stadtwirtschaftliche« Periode niemals durchgemacht haben und das städtische Wesen dort bis zur Gegenwart wenig entwickelt geblieben ist. Lange Zeit und zum Teil bis in die Gegenwart hinein bediente sich die Bauernschaft des Mittels der *Groß-Familie*, um die Liegenschaften beisammen zu halten. Die Groß-Familie faßt die Einzelfamilien mehrerer verheirateter Kinder und sonstiger Blutsverwandter im elterlichen Haushalt zu einer rechtlichen und wirtschaftlichen Einheit zusammen. Auch in Deutschland und anderen germanischen Ländern findet sich ein Zusammenbleiben der Miterben im Hause der Eltern, hier ist es aber nur ein Sohn, der seine Frau dem Vater ins Haus bringt, seine Geschwister können unverheiratet bei ihm bleiben, müssen aber, wenn sie eine Ehe begründen wollen, sich mit ihrer Abfindung draußen in der Stadt oder sonstwo ein Unterkommen suchen.

Anerbensitte und Großfamilie reichen in die Zeit primitiven Stammeslebens zurück. Sie wurden gefestigt und erzwungen durch grund- und gutsherrliche Abhängigkeiten. Aber die Anerbensitte ist auch in den Gebieten frei-eigner Bauernhöfe zur Entwicklung gelangt, und sie dauert im übrigen nach Aufhebung der Grund- und Gutsherrschaft fort, während die Großfamilie in Rußland seit der Aufhebung der Leibeigenschaft bald in Verfall gerät und ebenso in den engräumigen Balkanstaaten seit der Aufhebung der bäuerlichen Abhängigkeitsverhältnisse sich rasch durch Teilungen in Einzelfamilien auflöst, die sehr kleine Betriebe bewirtschaften. Das Band, welches die bäuerlichen Besitzungen in den germanischen Gebieten zusammenhält, hat sich also als fester erwiesen, und zwar wesentlich deshalb, weil die Anerbensitte nicht wie die Großfamilie in Widerspruch steht zu der individuellen Freiheit, deren der Landwirt bedarf, wenn er für den Markt produziert und eine intensive Wirtschaft führen will[6b]).

Die so weit auseinandergehende Entwicklung der bäuerlichen Erbgewohnheiten in Mittel- und in Osteuropa wurzelt in den Ideen, welche die Familienverfassung tragen. Nach slavischer Auffassung ist die Familie ein genossenschaftlicher Verband; die Hausgemeinschaft der Familie — und nicht ihr Oberhaupt — gilt ursprünglich als Rechtsträger des bäuerlichen Landbesitzes. Auch in Deutschland und Skandinavien gibt es Gemeinderschaften zu gesamter Hand, z. B. wie schon angedeutet, unter den Miterben eines Landgutes; aber Gemeinderschaften, welche das Landgut mitumfassen, kommen immer nur zwischen Gleichberechtigten, niemals zwischen Eltern und Kindern vor. Die Familie ist ein herrschaftlicher Verband. Wie die Muntgewalt, so steht dem Vater auch die vermögensrechtliche Herrschaft, ihm unter Ausschluß seiner Kinder das Eigentum am liegenschaftlichen Erbgute zu. Nur das Sondergut der Frau unterliegt als ihr Eigentum lediglich der Verwaltung des Ehegatten. Das Erbrecht an ländlichen Grundstücken ist stets Ausfluß der Blutsverwandtschaft, niemals bloßes Akkreszensrecht unter den Angehörigen eines Haushaltes.

Den äußersten Gegensatz zu solcher Verfassung formuliert der Agrar-Kodex des Sowjetstaates von 1922, indem er alt-

---

[6b]) Vgl. den Nachweis für die Entstehung der modernen Anerbensitte mit Hilfe des aufkommenden landwirtschaftlichen Kreditwesens seit dem Ausgange des Mittelalters bei Sering, »Erbrecht und Agrarverfassung in Schleswig-Holstein auf geschichtlicher Grundlage«, Berlin 1908, S. 100ff. Bis zur Ausbildung der modernen Kreditwirtschaft konnten die weichenden Miterben nur durch Vorbehalt des Eigentums gesichert werden und der Wirtschaftsleiter erst nach vollständiger Auszahlung der Abfindungen das Einzeleigentum und damit die volle Freiheit der Wirtschaft auf dem ererbten Hofe erwerben.

überkommenes bäuerliches Gewohnheitsrecht wieder in Kraft setzt: Das Recht auf das Land, das in der werktätigen Nutzung eines Hofes steht, sowie auf die Gebäude und das landwirtschaftliche Inventar steht allen Hofesangehörigen in ihrer Gesamtheit, ohne Unterschied des Alters und Geschlechts zu (Artikel 67). Jedes Mitglied der Hofesgemeinschaft, ob blutsverwandt oder nicht, welches das 18. Lebensjahr vollendet und mindestens 2 Fruchtfolgen hindurch sich an der Wirtschaft beteiligt hat, kann seinen Anteil am Landbesitz des Hofes herausverlangen (Artikel 75[7]).

Es mag hier die Umwandlung des älteren Familieneigentums in Gemeindeeigentum (jetzt Staatseigentum) bei den Großrussen hineinspielen, eine Umwandlung, die bei den Südslaven so wenig erfolgt ist wie bei den Westslaven[8]).

Aber auch die südslavischen Bauern betrachten doch nur jene Familienmitglieder als erbberechtigt, welche im Hause verblieben sind und in der Wirtschaft mitgearbeitet haben. Dem widerspricht allerdings das geschriebene Recht, das z. B. in Serbien dem *Code Civil* nachgebildet ist. Auch kann in Serbien in der Einzelfamilie ein Abkömmling seinen Anteil am Bodenbesitz der Eltern zu deren Lebzeiten nicht verlangen, in der Großfamilie nur dann, wenn dieser Wunsch von der gesetzlich vorgeschriebenen Majorität der Familienmitglieder geteilt wird[9]).

Wie die Familienverfassung, so hat die Verfassung der Landgemeinden bei den Slaven von jeher einen ausgeprägt demokratischen Zug, die deutsche, außerhalb der Realteilungsgebiete, ein aristokratisches Gepräge: die Unterschiede in der Gliederung der Bauernschaft sind dort geringer als hier, und während im eng-

---

[7]) Die Stolypinsche Gesetzgebung (Erlaß vom 9. November 1906) hatte im Streben nach persönlicher Initiative und Verantwortlichkeit für die aus dem Gemeineigentum ausgeschiedenen Bauern entschlossen mit dem Grundsatz des Familieneigentums gebrochen und bestimmt, daß das ausgeschiedene Land nicht der Familie gehört, sondern Eigentum des Familienoberhauptes ist. Vgl. Brutzkus, »Agrarentwicklung und Agrarrevolution in Rußland«, Berlin 1926, S. 91.

[8]) Über den Unterschied des großrussischen und südslavischen Familienerbrechts vgl. Frau Alexandra Jefimenko, »Untersuchungen über das Volksleben« (russisch), Moskau 1884, S. 61 ff. Ferner über das übrigens regional verschiedene Familien- und Erbrecht der russischen Bauern: Baron Meyendorf, »Der bäuerliche Hof« (russisch), St. Petersburg 1909.

[9]) Nach brieflicher Mitteilung des Professors an der Universität Zagreb Dr. Otto Frangeš, jetzigen Landwirtschaftsministers in Jugoslawien. Er fügt hinzu: »die Konflikte, welche zwischen dieser Volksauffassung und den Grundsätzen des römischen Rechts, resp. dem *Code Napoléon*, welchem unser bürgerliches Recht nachgebildet ist, sich ergeben, sind oft tragisch«.

räumigen Mitteleuropa die Landgemeinden sich frühzeitig gegen Zuzug von außen abschlossen, die Vollberechtigung in der Hufnergenossenschaft nur durch Erwerb eines erledigten Bauernhofes erlangt werden konnte, nahm die russische Landgemeinde vor Einführung der Schollenpflichtigkeit und noch später in den sibirischen Kolonialgebieten bereitwillig neue Ansiedler gegen Übernahme des proportionalen Steueranteils mit voller Gleichberechtigung auf[10]).

Die soziale Wirkung der aristokratischen Familienverfassung und Erbsitte in den germanischen Ländern war die Erhaltung eines bäuerlichen Mittelstandes, der eine Generation nach der andern ordentlich zu erziehen und auszustatten vermochte; die weitere Wirkung: eine frühe Differenzierung der gesellschaftlichen Arbeit, die frühe Entstehung und gleichmäßige Verteilung von Städten als Niederlassungen Gewerbetreibender und die ebenso frühe Einstellung der deutschen Landwirtschaft auf Absatz und Geldverkehr. Wenn aber die städtische Entwicklung stockte, war die Folge starke Zunahme der Hagestolzen auf dem Lande und Verlangsamung der Volksvermehrung.

Umgekehrt begünstigt die Idee des Gesamteigentums der Familie am Boden frühe Heiraten und starke Volksvermehrung, die Vereinigung von gewerblicher und landwirtschaftlicher Arbeit und die Einstellung aller Wirtschaft auf den Eigenbedarf. Hier liegt die Ursache für die geringe und späte Ausbildung des Städtewesens in den slavischen Ländern. Erzwingt die Volkszunahme die Auflösung der Großfamilie und schwindet die Möglichkeit in großem Stil neue landwirtschaftliche Siedlungen zu begründen, so löst die immer wiederholte Realteilung die Bauernschaft rasch in proletarische Zwerggütler auf[11]).

---

[10]) Vgl. v. Keussler, »Geschichte und Kritik des bäuerlichen Gemeindebesitzes in Rußland«, I., Riga 1876, S. 47 ff. und Alexander Kaufmann, »Die innere Kolonisation und die Kolonisationspolitik nach der Bauernbefreiung«, *Jahrbücher f. Nat.-Ök. u. Statist.*, III. Folge 15. Bd., Jena 1898, S. 417 ff.

[11]) Von der Landnot in Polen erzählt höchst anschaulich das klassische Werk Reymonts »Die polnischen Bauern« (verdeutscht von Jean d' Ardeschah). Aus einem Gespräch von alten Leuten am Schauplatz des Romans Lipce: »Ich weiß noch, wie es in Lipce nur 15 Hofbauern gab« »und jetzt sitzen ihrer 40 auf demselben Grund und Boden« »und neue warten schon, daß wieder geteilt wird und ob es ein gutes Jahr oder ein schlechtes ist, immer kommt neuer Zuwachs... und Grund und Boden wird doch nicht mehr... noch ein paar Jährchen und es wird für alle zu eng werden« »und ist es denn jetzt nicht eng genug?« »Das ist wahr, und wenn die Jungen alle heiraten, dann bleibt für die Kinder knapp ein Morgen pro Kopf, das ist

Es ist die Landnot, welche in fast allen slavischen Gebieten mit ungeheurem Druck auf der Bevölkerung lastet und auch durch die Aufteilung von Großbetrieben immer nur vorübergehend geheilt werden kann. Dies gilt aber keineswegs von ganz Zwischeneuropa. Das germanische Familien- und Erbrecht hat über die Grenze von Skandinavien und Deutschland hinaus zunächst in den nichtslavischen Landschaften: in Finnland, Lettland und Estland Platz gegriffen. Dort herrscht deshalb der Großbauernhof in den Landgemeinden vor, derart, daß in Finnland und Lettland bis zur letzten Agrarreform die selbständige Kleinbauernschaft fast fehlte. Auch in den nationalen Ansiedlungen der ebenfalls nichtslavischen Litauer ist die ungeteilte Vererbung des Grundbesitzes althergebracht, sehr im Gegensatz zu den weißrussischen Teilen des alten Litauen. In den früher preußischen westlichen Teilen Polens, in der Wojewodschaft Posen, von Pommerellen mit seiner (unter Einschluß des organisch zugehörigen Danzigs) überwiegend deutschen Bevölkerung ganz zu schweigen, hat sich die deutsche Vererbungsgewohnheit mehr oder weniger eingebürgert und verhältnismäßig viele Mittelbetriebe erhalten, denen sich jedoch eine viel größere Zahl von Kleinwirtschaften anschließt. Dasselbe gilt aus den gleichen Ursachen für Böhmen und Mähren. Überall sonst in Polen, Weißrußland, der Ukraine, in den Balkanländern bestimmt die Kleinbauernwirtschaft die wenig abgestufte Gliederung der Dorfgesellschaft. Nur in den eingesprengten deutschen Kolonien, in Siebenbürgen, im Banat, in Teilen von Galizien, in der Bukowina usw. kehrt das typische deutsche Dorfbild mit seinen stattlichen Gehöften wieder.

Kleinbauerntum und Teilungsgewohnheit bedeuten überall scharfes Gedränge um den Bodenbesitz, relativ hohe Bodenpreise und Pachtzinse. Im größten Teil des östlichen Mitteleuropa rief der Landhunger dieselbe Seelenstimmung hervor, aus der die russische Bauernschaft sich auf die großen Güter gestürzt hat.

3. Soziale und nationale Gegensätze.

Fast über das ganze Gebiet hin findet sich eine Oberschicht von Großgrundbesitzern, die von der Masse des Landvolkes durch

schon so . . .«, »dann müssen sie auswandern!«. »Mit was sollen sie denn losziehen, sie können doch nicht mit den bloßen Nägeln den Wind zusammenkratzen und davon leben.«

Mit Wut sprechen die Lipcer von den deutschen Kolonisten, die sich auf benachbartem Gutsland ansiedeln wollen: »Wir können uns hier auf einen weiten Abstand des Reichtums und der Herrentradition getrennt ist. Zum Teil lebt diese Oberschicht von den Renten, welche die Kleingrundbesitzer in Form von Geld- und Anteilspacht ihr entrichten. Anderwärts hat sie landwirtschaftliche Großbetriebe eingerichtet, und dort ergibt sich ein Gegensatz zu der landarmen oder besitzlosen Arbeiterschaft. In weiten Gebieten verschärfen sich die sozialen durch nationale Gegensätze, aber auch innerhalb der gleichen sozialen Klassen oder Bildungsschichten ruft die nationale Differenzierung Spannungen und Kämpfe hervor. Denn die Dislokation der Nationalitäten unterscheidet sich sehr wesentlich von derjenigen in der romanisch-germanischen Welt. In dem engräumigen Westeuropa haben sich scharf abgegrenzte, seit mehr als einem Jahrtausend unveränderte Sprach- und Kulturgrenzen zu strenger Geschlossenheit entwickelt [12]). Das östliche Mitteleuropa aber hat verschwimmende Natur- und Volksgrenzen; es haben viele nationale Vermischungen stattgefunden, die nationalen Wohngebiete gehen ineinander über, und es sind zahlreiche Inseln fremder Nationalität entstanden. Eroberung und Staatenbildung haben dann über diese ineinander geschachtelten Völker und Volkssplitter fremde und einheimische Herrenschichten erhoben, Einwanderungen und Kolonisationen hervorgerufen.

A. Die ehemals türkischen Gebiete.

Soziologisch am einheitlichsten haben sich trotz des großen Volksgemisches die Agrarverhältnisse auf dem Gebiet des byzantinischen Reiches nach seiner Eroberung durch die Türken gestaltet. Diese haben nur in sehr geringem Maße nationale Siedlungen begründet, sie begnügten sich, die sozialen Machtpositionen, die sie vorfanden, durch ihre Stammesgenossen zu besetzen, soweit nicht die einheimische Oberschicht, wie in Bosnien oder Kleinasien, zum Islam übertrat. Die Grundherren im türkischen Reich erscheinen demnach als die Erben der byzantinischen Großgrundbesitzer. Wie diese leben sie von den Abgaben ihrer Teilbauern. Bis nach dem Weltkriege hat das *Kmeten-* und bis heute an der adriatischen Küste das *Kolonatsverhältnis* fortgedauert, das auf den Beginn der römischen Kaiserzeit zurückgeht.

Das Institut kam zur Ausbildung, als die römisch-griechische Kultur und der Bevölkerungsschwerpunkt von der Meeresküste in

---

unsern paar Morgen herumdrücken, und die wollen sich hier auf ganzen Hufen breit machen.«

12) Vgl. Dietrich Schäfer, »Osteuropa und wir Deutschen«, Berlin 1924, S. 91.

das Binnenland hineinrückte, die Geldwirtschaft versiegte, die Zufuhr von Sklaven aufhörte, die Bevölkerung abnahm und die Verteidigung des Landes mehr und mehr gemieteten Barbaren anvertraut werden mußte. Man machte den Grundherrn für das Eingehen der ungeheuer gesteigerten Steuern und für die Rekrutengestellung haftbar, er aber gab den Druck auf die Bauernschaft weiter. Der altrömische *colonus* steht in der Mitte zwischen dem Freien und dem Sklaven. Er gilt in der Theorie als frei, ist aber an die Scholle gebunden und verpflichtet, das Land zu bebauen. Sein Besitzrecht ist das des Pächters, doch besteht seine Pacht nicht in einem Geldzins, sondern in einer naturalen Quote des Rohertrages. Der *colonus* ist wirtschaftlich und privatrechtlich ein Teilbauer [13]).

Der Teilbau hat im heutigen Nord- und Mittelitalien und in Südfrankreich eine rationale Gestaltung derart gefunden, daß der Eigentümer nicht bloß das Land und die Gebäude stellt, sondern der eigentliche Betriebsleiter ist, der Anbau nach seinen Weisungen und mit starken Kapitalinvestierungen seinerseits vor sich geht, während der Teilbauer alle körperlichen Arbeiten leistet, ebenfalls einen Teil des Betriebskapitals stellt und durch eine Quote des Rohertrages entlohnt wird [14]). In dieser Form hat der Teilbau in den genannten Gebieten eine blühende und arbeitsintensive Bodenwirtschaft hervorgerufen und eine enge Interessengemeinschaft zwischen Kapital und Arbeit begründet.

In den türkischen Herrschaftsgebieten dagegen ist der Grundherr lediglich Rentenempfänger geblieben, und dort hat der zum Hintersassen- (Kmeten-) Verhältnis fortgebildete Teilbau zu einem völligen Stillstand der landwirtschaftlichen Technik geführt, weil der Mehraufwand an Arbeit den naturalen Bodenertrag regelmäßig nicht im gleichen Verhältnis steigert, die intensivere Wirtschaft also den Anteil des Bauern bei unverändert bleibender Quote herabdrückt. Die Folge dieses Systems und der Mißwirtschaft der türkischen Verwaltung war die tiefe Verarmung des Landvolkes. Die nationale Emanzipation, welche die Griechen, Serben und Bulgaren vollzogen, war deshalb nicht denkbar ohne die Aufhebung der grundherrlichen Rechte und die Verwandlung der Hintersassen in Eigentümer. Die Umwandlung vollzog sich nach jedem der Befreiungskämpfe ohne

---

13) Vgl. Max Weber, »Wirtschaftsgeschichte«, München u. Leipzig 1923, § 3. Rostowzew, Art. »Kolonat«, *Handw. d. Staatsw.*, *3. Auflage.*

14) Vgl. Ernst Jenny, »Der Teilbau«, *Staats- und sozialwissenschaftliche Forschungen,* Heft 171, München und Leipzig 1913.

die geringste Entschädigung für die vertriebene türkische Oberschicht. Wo unter dem Druck der europäischen Großmächte eine Entschädigung geleistet wurde (Thessalien) und die Türken ihre Güter an Griechen verkauften, brachte dies keine Erleichterung für die schwer bedrückten Bauern. Die neuen Erwerber traten in die grundherrlichen Rechte der Verkäufer ein. Erst in und nach dem Weltkriege sind die Reste des aus der byzantinisch-türkischen Zeit stammenden bäuerlichen Abhängigkeitsverhältnisses beseitigt worden.

Landwirtschaftliche Großbetriebe haben in den ehemals türkischen Gebieten nur auf den weiten Ebenen der Donau größere Bedeutung erlangt[15]), in dem seit langem autonomen Rumänien und im ungarischen Tiefland, von dem jetzt der Osten rumänisch, der Süden jugoslawisch geworden ist. Dort haben die einheimischen Bojaren mit Hilfe von kapitalistischen Großpächtern (Griechen, Juden), hier ungarische und einige ihnen eng verbundene deutsche Adlige Großbetriebe eingerichtet. Dies geschah in Rumänien derart, daß landhungrige Teilbauern und Kleingrundbesitzer den Zins für die zugepachteten Parzellen abzuarbeiten und die auf dem Gutsacker vorzunehmenden Arbeiten mit eigenem Vieh und Gerät nach Anweisung auszuführen hatten. Daraus ergab sich eine schlimme Ausbeutung; es waren Mißstände ähnlich denen, die in großen Teilen von Südrußland zur Agrarrevolution wesentlich beigetragen haben.

B. Die mittleren und nördlichen Gebiete.

In den Ländern zwischen der Save, der Donau und den Transsylvanischen Alpen einerseits, der Ostsee andererseits haben vom Westen her im Mittelalter die Deutschen, in der Neuzeit die Polen, vom Osten her die Russen, im Süden die Ungarn durch Staatenbildung und Eroberung, die Deutschen auch in großem Umfange durch friedliche Kolonisation von Bauern und Bürgern, einen starken Einfluß auf die agrarischen Verhältnisse gewonnen.

Die große kolonisatorische Bewegung der Deutschen nach Osten hat im 9. und 10. Jahrhundert das spätere Österreich, vom 12. bis 14. Jahrhundert das Land östlich der Elbe bis Ostpreußen und Schlesien mit ländlichen und städtischen Siedlungen bedeckt. Die daraus hervorgegangene agrarische Struktur ist in Österreich

[15]) Karl Haager, »Die Landwirtschaft der Donauländer«, *Untersuchungen des Forschungsinstituts für Agrar- und Siedlungswesen zu Berlin* über den Weltmarkt für agrarische Erzeugnisse der gemäßigten Zone, *Berichte über Landwirtschaft,* N. F. Bd. VI. Heft 2, Berlin 1927, S. 233, Vorbemerkung des Herausgebers (M. Sering).

durch die Vorherrschaft des großen und mittleren Bauerngutes gekennzeichnet, in Nordostdeutschland durch das Nebeneinander des Rittergutes mit seinen Arbeiterstellen und des Kolonistendorfes mit seinen Großhufen im Ausmaß von ungefähr 120 Morgen = 30 ha und seinen unselbständigen Kätner- (Gärtner-, Kossäten-) Stellen, deren Insassen sich allmählich zu einem Kleinbauerntum erhoben. Durch diese Verfassung ist die eingeborene Bevölkerung auch dort der deutschen Kultur und Sprache rasch assimiliert worden, wo, wie in Pommern und Schlesien, die Deutschen, von den einheimischen Fürsten gerufen, als Bauern und Bürger wesentlich nur wirtschaftliche Arbeit verrichteten. Nur im äußersten Nordosten, im heutigen Lett- und Estland, entstand, durch Litauen von Ostpreußen getrennt, eine echte Herrschaftskolonie. Die deutschen Kaufleute und Handwerker herrschten in den neu begründeten Städten, die Angehörigen der Ritterschaft auf dem platten Lande. Eine Ansiedlung deutscher Bauern hat im Mittelalter dort nicht stattgefunden. Das Ergebnis für die heutige soziale Verfassung war, nachdem die Ritterschaft aus freien Stücken in der ersten Hälfte des 19. Jahrhunderts die Bauernschaft befreit hatte, ein Nebeneinander von großen Gütern und einer wohlhabenden einheimischen Großbauernschaft. Aber die Masse des Landvolkes gehörte der grundbesitzlosen Arbeiterschaft an und hatte wenig Aussicht, durch Erwerb von Grundbesitz in die mittlere und Oberschicht emporzusteigen. Hier haben wir also den Gegensatz einer deutschen Oberschicht zu einer besitzlosen fremdsprachigen Masse. Ein Versuch, die lettische oder estnische Bevölkerung zu germanisieren, ist niemals unternommen worden. Die Gutsherren sorgten aber aus der deutschen Auffassung von den Pflichten der Obrigkeit schon seit dem Anfang des 18. Jahrhunderts für den obligatorischen Schulunterricht, der ebenso wie der Gottesdienst in der einheimischen Sprache abgehalten wurde. Vor der Russifizierung des Schulwesens durch Alexander III. kamen in Lett- und Estland Analphabeten kaum vor. Umso empfänglicher war die besitzlose Landbevölkerung für die aus Rußland einströmenden revolutionären Ideen, um so williger folgte sie der von der großindustriellen Arbeiterschaft und den Angehörigen der undeutschen Intelligenz ausgegebenen Parole.

Über das geschlossene deutsche Sprachgebiet und die späteren Reichsgrenzen hinaus sind viele deutsche Niederlassungen dadurch entstanden, daß man aus Deutschland Kolonisten kommen ließ, um die Bodenerträge zu steigern, Bergbau zu treiben und in den Städten Handel und Gewerbe zu pflegen. Schon im 12. und 13. Jahrhundert haben die böhmischen und ungarischen Herrscher auf diese Weise zahlreiche Städte begründet und die Grenzländer mit deutschen Hufen-Dörfern besiedelt. So ist das geschlossene deutsche Siedlungs- und Sprachgebiet in Nordböhmen und das der »Sachsen« in Siebenbürgen entstanden. Aber auch weiterhin, überall zwischen den Alpen und Karpathen verstreut, haben die Deutschen bis ins 18. Jahrhundert hinein Städte und Dörfer gebaut, Straßen gezogen und Schulen angelegt. So wurden sie in Alt-Österreich bis zur Mitte des 19. Jahrhunderts zu den eigentlichen Trägern der österreichischen Staatsidee, die den angegliederten Völkern die Vorteile deutscher Ordnung und guter Verwaltung brachte [16]).

Auch nach Polen sind zahlreiche deutsche Kolonisten vom 12.—14. Jahrhundert, dann wieder im 17. und 18. Jahrhundert gekommen, die Zahl der Deutschen in Kongreß-Polen betrug 1913: 719000 bei einer Gesamtbevölkerung von 13 Mill. Aber eine deutsche Grundherrschaft ist daraus nur in wenigen Fällen entstanden.

Das staatlich organisierte Vordringen der Deutschen nach dem Osten und die damit verknüpfte Ausbreitung sozialer Herrschaftsverhältnisse ist schon im 14. Jahrhundert zum Stillstand gekommen. Damals setzte der große Eroberungszug der mit den Litauern vereinigten Polen ein. Das Reich der Jagellonen reichte von der Weichsel und dem Njemen bis zum und über den Dnjepr und unterwarf sich Weiß-, Schwarz- und Rotrußland, Wolhynien, Podolien und die Ukraine bis zum Schwarzen Meer, endlich gewann es Westpreußen und brachte auch Danzig in Abhängigkeit. Aber im Gegensatz zu den Deutschen haben die Polen sehr wenig kolonisiert, weder durch Bürger noch durch Bauern. Das einzige Bindeglied, das die Außengebiete mit dem Reich verknüpfte, war der Adel. Der einheimische wurde dem polnischen Adel gleichgestellt und in den Ostgebieten vollständig polonisiert. Deshalb finden wir noch jetzt in jenen Gebieten von Litauen bis zur Ukraine sehr ausgedehnten polnischen Großgrundbesitz. Seine Träger haben im Gegensatz zum baltischen Adel der Bevölkerung keinerlei Kulturwerte gegeben. In der polnischen Adelsrepublik sind unter der absoluten Herrschaft des Großgrundbesitzes Städte wie Bauernschaft verkommen. Während das altfreie deutsche Bürgertum, die unternehmenden Kaufleute und ausgezeichneten Handwerker den großen Handelsplätzen

[16]) Vgl. Friedrich Naumann, »Mitteleuropa«, Berlin 1915, S. 77ff.

und kleinen Städten des Baltikums bis zum Weltkriege mehr oder weniger das Gepräge gaben, erhielt fast das ganze Gebiet der polnischen Herrschaft es von den Juden[17]), in Schmutz und Armut hausenden Händlern und stümperhaften Handwerkern, aber mit starker religiöser Tradition, die sich mit einer wirklichkeitsfernen Buchgelehrsamkeit und hoher Intellektualität verknüpfte. Dem polnischen Adel fehlte das Gefühl der Verantwortung gegenüber seinen ländlichen und städtischen Untertanen, und es war kein unverdientes Schicksal, als die polnische Adelsrepublik unter die Fremdherrschaft der drei benachbarten Großstaaten geriet. Das 1772 österreichisch gewordene Galizien ist unter polnischer Autonomie in den überkommenen Zuständen geblieben. Es war eines der schlechtest verwalteten Länder der Erde. Die russische Regierung hat in Kongreß-Polen ebenfalls wenig getan, um den Stand der Bildung, Wirtschaft und öffentlichen Gesundheit zu heben. Aber die Zugehörigkeit zum Russischen Reich mit seinen weiten Absatzgebieten ließ in Polen seit Aufhebung der russischen Zollgrenzen (1851) an einigen Plätzen eine bedeutende Großindustrie — eine Schöpfung hauptsächlich deutscher, z. T. französischer Unternehmer — entstehen, und diese Entwicklung kam auch der Landwirtschaft zugute. Ein Teil der großen Güter ist zu einer modernen Wirtschaft übergegangen. Aber Russisch-Polen blieb an Wohlstand und Bildung weit zurück hinter der reichen Entwicklung, welche die Provinz Posen unter preußischer Verwaltung genommen hat. Man fand in Posen so wenig Analphabeten wie im Baltikum oder in Deutschland.

Der Bauernschaft ist die russische und die deutsche Herrschaft dadurch zugute gekommen, daß man sie bewußt gegenüber dem Adel begünstigte. Die Hauptwirkung war die Erhaltung und starke Vermehrung der Kleinbauern- und Parzellenwirtschaften, der letzteren besonders in Kongreßpolen und Litauen. Hat doch die russische Regierung nach dem Aufstande von 1863 nicht nur die dortigen Bauern von allen Gutslasten befreit, sondern alles Land, das sich in tatsächlicher Nutzung der Bauern befand, mit Einschluß des toten und lebenden Inventars, ihnen übereignet. Die Eigentumsverleihung kam auch den kleinsten Landarbeiterstellen zugute.

---

[17]) In Russisch-Polen und in Neurußland lebten um die letzte Jahrhundertwende über 5 Millionen Juden. Vgl. Boris Brutzkus, »Die wirtschaftliche und soziale Lage der Juden vor und nach der Revolution«, »*Archiv für Sozialwissenschaft und Sozialpolitik*«, Bd. 61, SS. 267, 280.

Wie Polen ist Ungarn historisch ein Land der Adelsherrschaft. Neben zahlreichen Großgütern gab es nur in beschränkter Ausdehnung Mittelbesitz. Die Masse der landwirtschaftlichen Betriebe war kleiner als 5 ha, und von den 1,8 Mill. Landarbeitern waren im Jahre 1900 77% besitzlos. Am günstigsten ist die Besitzverteilung in Siebenbürgen, wo neben den deutschen Kolonisten auch die magyarischen Szekler, in dreifacher Anzahl aber rumänische Klein- und Zwergbesitzer siedelten.

In Böhmen und in Mähren endlich haben die Habsburger in der Gegenreformation (17. Jahrhundert) einen großen Teil des einheimischen, zum protestantischen Deutschland neigenden Adels durch wenige Hundert fremde Generale und Günstlinge des Hofes gewaltsam verdrängt und so den Gegensatz zwischen den Latifundienbesitzern und der Masse des Landvolkes geschaffen. Doch besteht der überwiegende Teil der Latifundien aus Wald, und die hochorganisierten jetzt beschlagnahmten landwirtschaftlichen Großbetriebe nehmen nicht mehr als 16³/₄% des Ackerlandes, 14% der Wiesen und 12% der Gärten und Weinberge ein. Dabei ist das ganze Land kulturell und industriell hoch entwickelt; denn die österreichische Regierung hat das tschechische Volkstum durch ein ausgezeichnetes nationales Schulwesen von der Volksschule bis zur Universität mit bestem Erfolge gefördert. Auch hat die Kaiserin Maria Theresia die ungünstige Besitzverteilung in den Sudetenländern dadurch stark verbessert, daß sie die Staatsdomänen auflöste und mit freien Erbpächtern besiedelte. Im Jahre 1848 waren auf 151 Dominien über 100000 derartige Bauerstellen vorhanden und wurden nun in freies Eigentum gegeben[17a].

Das Endergebnis der Entwicklung waren scharfe soziale Spannungen zwischen den besitzlosen Arbeitern, Parzellenbesitzern, Kleinpächtern und dem Großgrundbesitz, und von der Ostsee bis zur Donau und den transsylvanischen Alpen in bedeutender Ausdehnung eine kulturelle Scheidung zwischen der Masse des Volkes und einer Oberschicht, die großenteils einem fremden Stamme angehört.

Eine Sonderstelle nimmt Finnland ein. Es war zwar ursprünglich, wie das Baltikum, eine Herrschaftskolonie, nämlich der Schweden, aber die Bauern haben dort ihre persönliche

---

17a) Vgl. K. Grünberg, »Die Bauernbefreiung in Böhmen, Mähren und Schlesien«, Leipzig, 1894, S. 312ff. und S. 414. Friedjung, »Historische Aufsätze», Stuttgart 1919.

Freiheit niemals eingebüßt, und der nationale Gegensatz ist durch eine vorbildliche Politik überbrückt, welche die volle Gleichberechtigung der beiden Stämme anerkennt. Doch sind neue soziale Gegensätze in den Landgemeinden selbst dadurch entstanden, daß sich in den weiten Waldgebieten eine Grundherrschaft von Großbauern ausbildete, welche die Niederlassung der Besitzlosen auf eigenem Land äußerst erschwerte und eine scharfe Abhängigkeit der zu Kleinpächtern und Häuslern herabgedrückten Massen des Landvolkes in sich schloß.

II. Die Umwälzung der Agrarverfassung.

In Rußland hat die Bauernschaft zwar den noch vorhandenen privaten Großgrundbesitz unter sich aufteilen können, aber in politischer Hinsicht die zaristische mit der Herrschaft der Kommunistischen Partei getauscht, d. h. die Herrschaft einer kleinen städtischen Minderheit über das Land. Im östlichen Mittel-Europa dagegen ging die Agrarreform mit der Demokratisierung des Staates Hand in Hand. Es entstanden echte Bauern-Demokratien, denen allerdings auch hier meist die Städte die politischen Führer stellten. Eine auf Stimmenfang ausgehende Parteidemagogie bestimmte die Ausgestaltung der Agrargesetze, und das Bestreben, die Parteifreunde zu bedenken, beeinflußte vielfach ihre praktische Ausführung.

1. Nationalistische Ziele der Agrargesetzgebung.

Lenin betätigte seine staatsmännisch-schöpferische Kraft, als er versuchte, das große Gemeinwesen der Sowjet-Union dadurch zu stärken, daß er die Eigensprachigkeit der Fremdvölker in Schule, Verwaltung und Gericht anerkannte. Dagegen haben die neuen Bauerndemokratien von Zwischen-Europa die unvergleichliche Gelegenheit der Agrargesetzgebung, die nationalen Gegensätze durch eine gerechte Politik gegenüber den Minderheiten zu überbrücken, gründlich versäumt.

Die Pariser Friedensschlüsse hatten eine ganze Reihe von Staaten unter Anrufung des Nationalitätenprinzips neu geschaffen oder stark vergrößert. Für die Westmächte, die in ihren eigenen Siedlungs- und Herrschaftsgebieten meist wenig Achtung vor fremder Eigenart an den Tag legen, war die Verkündung des nationalen Selbstbestimmungsrechts nicht Ausfluß der Ehrfurcht vor jeglicher Volksindividualität, sondern ein Mittel zur Sprengung der Österreichisch-ungarischen Monarchie, zur Absprengung der Westgebiete vom Russischen Reiche, zur Schwächung und territorialen Zerreißung des Deutschen Reiches. Der unterlegenen Partei ist das auch ihr vor dem Waffenstillstand feierlichst zugesicherte Selbstbestimmungsrecht versagt geblieben. Unter den 6,5 Millionen vom Deutschen Reich gewaltsam abgetrennten Bewohnern hatte die Mehrheit (55%) die deutsche Muttersprache. Den 6 Millionen Deutsch-Österreichern ist der Anschluß an das Deutsche Reich untersagt.

Das Prinzip wurde am krassesten durch das Bestreben Frankreichs verletzt, Polen zum Großstaat zu machen, um auf diese Weise die Deutschen und Russen auseinander und niederhalten zu können. Fast die Hälfte der Bevölkerung des wiederaufgerichteten polnischen Reiches ist gegen ihren Willen mit diesem künstlichen Gebilde vereinigt worden. Den 15 Mill. Polen unterwarf man mehr als 7 Mill. Ukrainer, Weißrussen, Litauer usw. und 2,2 Mill. Deutsche[18]). Auch alle anderen neu gebildeten Staaten haben starke fremdsprachige Minoritäten. In der Tschechoslowakei sind unter 100 Einwohnern nur 46 Tschechen und 12,6 ihnen verwandte Slowaken, zusammen 58,6% gegen 28% Deutsche, 10% Magyaren und 3,4% Ukrainer. Günstiger steht es in Jugoslawien, wenn man die durchaus dem westeuropäischen Kulturkreis angehörenden Kroaten (28%) und Slowenen (8%) zu den Serben (41%) rechnet, günstiger auch in Rumänien, wo die Fremdsprachigen — darunter 11% Magyaren, 5,6% Deutsche, 6,4% Ukrainer — nicht mehr als 28% der Gesamtbevölkerung ausmachen[19]). So sind überall doch wiederum national gemischte Staaten entstanden, und zwar derart, daß eine Nationalität, ein »Staatsvolk« zur Herrschaft berufen worden ist. Um so heißer sind die nationalen Gegensätze entbrannt. Der vertraglich ausgemachte Schutz der Minderheiten hat sich, wie noch darzulegen, als ganz unzulänglich erwiesen.

In dem von den großen Reichen entfesselten Weltkriege ging der Kampf um Macht und um Reichtum Hand in Hand und schloß mit einem seit Jahrhunderten unerhörten Raub an Land, Schiffen, Industriebetrieben, Kapitalien[19a]). Verständlich genug, daß die neugebildeten oder erweiterten Staaten dieser

[18]) Wilhelm Winkler, »Statistisches Handbuch für das gesamte Deutschtum«, Berlin 1927, S. 142.

[19]) Vgl. Vogel, »Das neue Europa«, Bonn und Leipzig, 1921, Bd. II S. 385.

[19a]) Die Entschädigungspflicht, die das Friedensdiktat Deutschland auferlegte, war eine leere Verbeugung vor dem Eigentumsprinzip, weil man das Reich durch die Annexionen und die Tribute außerstand setzte, eine angemessene Entschädigung zu gewähren.

Zielsetzung nach den Friedensschlüssen folgten. Ihre Agrargesetze erscheinen meist in erster Linie bestimmt, des Gegners Besitz in die Hände der herrschenden Nationalität zu bringen, und diesem »der Wirtschaft übergeordneten Selbstzweck« ist auch die Aufwärtsbewegung der unteren Klassen dienstbar gemacht. Die einer bisher führenden Oberschicht entzogenen gesellschaftlichen Machtpositionen dienen also gleichzeitig dazu, die Massen der herrschenden Nation an den neuen Staat zu fesseln und eine neue Oberschicht damit auszustatten oder doch ihre Verwaltungsmacht zu steigern. Was der Bearbeiter für Litauen, Silvio Broedrich, bemerkt: »die nationalen... Gesichtspunkte waren in Litauen viel stärker als die sozialen, die wiederum die volkswirtschaftlichen weit zurückdrängten«, trifft mehr oder weniger für alle neuen oder erweiterten Staaten des mitteleuropäischen Ostens mit Ausnahme von Finnland zu.

Jene Ziele treten selten unverhüllt zutage, werden aber deutlich durch die Abgrenzung der zu verdrängenden Personen, die Abgrenzung der zu enteignenden Besitzungen und durch den Ausschluß der Minderheiten von den zu verteilenden Flächen.

In Lett- und Estland hat man nur die historischen »Rittergüter«, die sich fast ausschließlich, und zwar seit 700 Jahren in deutscher Hand befanden, getroffen; große Privat-Landgüter, die keine Rittergüter sind, bleiben unberührt. Die Enteignung ist mit einem Schlage erfolgt, eine Entschädigung für das Land nicht gewährt worden. In Lettland läßt man der vertriebenen Familie lediglich ein Restgut in Größe von meist etwa 50 ha, das man aber an beliebiger Stelle zuweist, so daß viele ihren Stammsitz Fremden überlassen und sich ein neues kleines Anwesen erbauen und einrichten mußten. Estland enteignet die Rittergüter restlos. Ebenso hat die Tschechoslowakei die seit 300 Jahren im Besitz der landreichen Familien befindlichen Güter vollständig beschlagnahmt, und zwar nicht nur die Latifundien, sondern auch die wenig zahlreichen kleinen Rittergüter (von mehr als 150 ha landwirtschaftlicher Fläche) — wie im Baltikum unter Einschluß der zugehörigen Industriestätten. Die Verfügung über die Enteignung liegt beim souveränen Bodenamt. Der Präsident dieser Behörde schreibt in einer Denkschrift vom 16.2.1922: »Die Bodenreform wurde im Augenblick der Erneuerung der Selbständigkeit unseres Staates geboren, und es wurde ihr der große und starke Wille des Volkes einverleibt, den Boden als das wertvollste nationale Gut zu befreien und zu nationalisieren.« Er beabsichtigte, durch die Bodenreform einen neuen tschechisch-national fühlenden Landadel heranzubilden. Dem dienen die sogen. Restgüter, die oft durch »freiwilligen« Abverkauf zustande kommen; den Enteigneten wird nur eine nominelle Entschädigung geleistet. Litauen hat die von der russischen Regierung verliehenen Majorate mitsamt Zubehör und Inventar ohne Entschädigung vollständig enteignet und nach dem gewaltsamen Einmarsch polnischer Freischaren in das Wilnagebiet im Jahre 1922 sein bisher milderes Agrargesetz durch die Bestimmung verschärft, daß alle Güter bis auf ein Restgut von 80 ha zu enteignen seien [20]). Diese Bestimmung trifft den dortigen polnischen oder polonisierten Adel. Auch er wird ohne mehr als nominelle Entschädigung vertrieben, doch kann der Enteignete wie in Polen und auch in der Tschechoslowakei — aber im Gegensatz zu dem harten Verfahren der Letten [21]) — sein Restgut selber wählen, also seine häusliche Heimstätte behalten. Die jugoslavische Gesetzgebung richtet sich gegen die magyarischen und österreichischen Großgrundbesitzer in Kroatien und der Wojwodina: es ist ihnen nur etwa ein Drittel des Kulturbodens in Restgütern verblieben.

Wie stark auch in Polen nationalistische Gesichtspunkte das Recht und die Praxis der Agrarreform beherrschen, wird unten des näheren geschildert. Besonders gefährdet sind die Russen im Osten, die Deutschen im Westen, die Ukrainer im Süden. Am nacktesten macht sich der nationalistische Haß geltend in der Tatsache, daß Polen Tausende von fleißigen deutschen Kolonisten gezwungen hat, ihre Dörfer, die wahre Musteransiedlungen waren, mit dem Bettelstabe zu verlassen. Dazu kommen viele Tausende von deutschen Zinspächtern in Wolhynien und anderen Ostgebieten; im Kriege von ihren Stellen vertrieben, verloren sie das im übrigen geltende Recht auf Eigentumserwerb. Sie wurden durch die Bestimmung ausgeschlossen, daß dieses Recht den mehr als ein Jahr Abwesenden entzogen und ausdrücklich nur den Zwangsevakuierten polnischer Nationalität vorbehalten wurde. Auch Litauen hat die dort angesetzten russischen Kolonisten ohne Entschädigung vertrieben.

In den drei neuen baltischen Staaten, in der Tschechoslowakei und Jugoslawien ist jeder größere Privat-Waldbesitz zu Staatseigentum erklärt oder beschlagnahmt worden. Vol-

[20]) Im Frühjahr 1929 ist für die noch nicht aufgeteilten Güter die Maximalgröße auf 150 ha heraufgesetzt worden; für die bereits aufgeteilten wird bis zu 70 ha eine höhere Entschädigung zugebilligt.

[21]) Über Ausnahmen in der Praxis vgl. den Aufsatz über Lettland und Estland.

lends können hierfür weder soziale noch wirtschaftliche Gründe geltend gemacht werden. Es handelt sich lediglich um die Überführung von Bodenbesitz aus den Händen der Minderheit in die Gewalt des nunmehr herrschenden Volkstums.

In Rumänien hat man den privaten Waldbesitz nur in den neu erworbenen Gebietsteilen seinen Eigentümern entzogen, aber den Bojarenfamilien in Alt-Rumänien belassen. Ebenso hat man die Untergrenze der zu enteignenden landwirtschaftlichen Besitzungen in den neu erworbenen Gebietsteilen viel enger gezogen als in dem alten Herrschaftsgebiet der rumänischen Bojaren. Auf diese Weise sind die Russen in Bessarabien, die Polen in der Bukowina, die Magyaren und die Deutschen, und zwar Gutsbesitzer wie Bauern, in Transsylvanien besonders geschädigt worden. Hier ist den lutherischen Deutschen sogar ihr Gemeinde- und Kirchenland (Wald, Wiesen und Weiden) entzogen worden, das bisher die Entstehung eines ländlichen Proletariats verhinderte und die Mittel für die Erhaltung der deutschen Schulen gewährte. Ebenso schlimm wurden die römisch-katholischen und kalvinistischen Kirchen der Magyaren mißhandelt.

Bei der Verteilung der ungeheuren enteigneten Flächen kommen überall fast ausschließlich Angehörige der nunmehr herrschenden Nation praktisch in Frage [21a]). Ersatzbeschaffung von Land ist durch die Beraubung der Enteigneten und durch die Unterbindung des freien Handels mit Land meist unmöglich gemacht.

Man vergleiche mit diesem Vorgehen das vor dem Kriege so vielgetadelte des Preußischen Staates in Posen und Westpreußen. Das Ansiedlungsgesetz von 1886 mit seinen späteren Ergänzungen stellte bedeutende Mittel zur Verfügung, um deutsche Kolonisten in den national umstrittenen Gebieten anzusetzen, aber dies geschah ausschließlich im Wege des freihändigen Landkaufes. Das im Jahre 1908 erlassene Enteignungsgesetz ist nur in drei unbedeutenden Fällen und unter Gewährung einer baren Entschädigung zum vollen Wert zur Anwendung gebracht worden. Da polnische Besitzer trotz der guten Preise, die sie erhielten, bald nicht mehr Land an den Staat verkauften, lief die deutsche Siedlungstätigkeit im wesentlichen darauf hinaus, daß sie deutsche Güter in

[21a]) Nur wo die besondere Sachlage die Sonderbehandlung der Anderssprachigen zu verschleiern nicht gestattete, wie bei der Umwandlung der böhmischen Zinspächter in Eigentümer, haben sie die gleiche Behandlung gefunden.

deutsche Bauerndörfer verwandelte. Im Jahre 1891 erging dann für den ganzen Preußischen Staat ein Kolonisationsgesetz, und auf Grund dessen wurden in Posen und Westpreußen auch zahlreiche polnische Ansiedler vom Preußischen Staat angesetzt. Dies hörte zwar im Jahre 1895 auf, aber nunmehr setzte im größten Umfange die Kolonisationsarbeit der polnischen Siedlungsgesellschaften ein mit der Wirkung, daß Jahr für Jahr mehr Land aus deutscher in polnische Hand überging als umgekehrt. Der preußischen Ansiedlungskommission stand im Gegensatz zu fast allen vorher behandelten Ländern ein Monopol der Siedlung keineswegs zu.

Handelt es sich in der Agrargesetzgebung der »siegreichen« Länder überall in erster Linie um die Festigung und Erweiterung der Machtstellung des zur Vorherrschaft erhobenen Staatsvolkes, so haben sich die »besiegten« Länder gezwungen gesehen, die draußen verdrängten Stammesgenossen in das Heimatsgebiet aufzunehmen. Deutschland hat 4000 aus Polen vertriebene deutsche Bauernfamilien aufgenommen und neu angesetzt[22]). Im ganzen sind mehr als eine Million verdrängte Deutsche, darunter 785 000 aus Polen, in das verkleinerte Land zurückgeströmt. Die Flüchtlingssiedlung steht ganz im Vordergrund der agrarischen Umgestaltungen in Bulgarien und in dem von seinen Bundesgenossen im Türkenkriege im Stich gelassenen Griechenland. Bis Ende 1928 hat Bulgarien 16764 Flüchtlingsfamilien auf 58858 ha, Griechenland nicht weniger als 154000 Familien mit 775000 Personen auf 813000 ha angesiedelt. Zugleich wurden die schon ansässigen Teilbauern zu Eigentümern gemacht. Beide Staaten erhielten durch den Völkerbund Anleihen zur Förderung des Siedlungswerkes. Daß ein Agrarvolk von fünf Millionen Einwohnern in wenigen Jahren weit über eine Million Flüchtlinge aufnehmen und drei Viertel Millionen in verödeten Landstrichen ansiedeln konnte, hat man mit Recht als »griechisches Wunder« gerühmt. Die Flüchtlingssiedlung in Griechenland und der Bevölkerungs-Austausch mit Bulgarien haben ein ganz neues Bild in Mazedonien geschaffen und das Minderheitenproblem gegenüber Bulgarien und der Türkei vollständig gelöst.

2. Die wirtschaftlichen und sozialen Ziele und die Wirkungen der Agrargesetze.

Die leitende Idee ist der Arbeitslandbesitz. Wer von seinem Lande lediglich Renten bezieht oder es im großen durch fremde

[22]) In den Jahren 1921 bis 1925 stellten die »anullierten« und »liquidierten« Flüchtlinge aus Polen das Hauptkontingent der Neusiedler auf den selbständigen Stellen.

Leute bearbeiten läßt, soll im Grundsatz dem kleinbäuerlichen Eigentümer weichen. Dieser Gedanke, der die Grundlinien der Agrargesetzgebung außerhalb der finnischen, deutschen, österreichischen und ungarischen Grenzen bestimmte, bedingte erstens eine Umwandlung des bäuerlichen Pacht- und Teilbauverhältnisses in Eigentum und zweitens den Ersatz der privaten Großlandwirtschaft durch den Kleinbetrieb.

1. Die Aufhebung altüberkommener Kmeten- und Teilbauverhältnisse steht auf der Balkanhalbinsel voran. Es handelt sich hier um die Veränderung des Rechtstitels, unter dem das Land bewirtschaftet wird. Das bisherige Recht unterband jeden wirtschaftlichen Fortschritt (vgl. oben S. 11) und bedeutete in der Form der Arbeitspacht (Rumänien) eine scharfe Ausbeutung der Arbeitskraft. Seine Ablösung ist also als bedeutender Fortschritt in wirtschaftlicher wie in sozialer Hinsicht anzuerkennen. Auch Finnland vollbrachte ein wichtiges soziales Befreiungswerk, als es der breiten den Großbauern zu Pachten und Diensten verpflichteten Schicht der *Torpare* den ihnen bisher versperrten Weg zum Grundeigentum freimachte. Ebenso verlieh die Tschechoslowakei vielen kleinen Zinsbauern den Rechtsanspruch auf Umwandlung ihrer Stellen in Eigentum. Estland und Lettland brachten die schon längst im Zuge befindliche Umwandlung der meist mittel- und großbäuerlichen Pächter in Eigentümer zum Abschluß.

2. Viel größere Flächen als die Pachtablösung ergriff die planmäßige Umwandlung von großen Gütern in Kleinbetriebe. Gerade hier ist aber auch der Punkt, wo das Ideal demokratischer Besitzverteilung leicht in Widerspruch zu den Produktionsinteressen des Landes tritt.

Um eine Vergleichsbasis zu gewinnen, gehen wir von den Verhältnissen in Deutschland aus, wo ein besonders starker Anlaß vorlag, um in dem verkleinerten und übervölkerten Lande eine Verringerung der Bodenerträge sorgfältig zu vermeiden. Die Grundsätze der preußischen Kolonisationsgesetzgebung sind im Jahre 1919 auf das Deutsche Reich übertragen worden. Das Reichssiedlungsgesetz gab zugleich kräftigere Rechtsmittel zur Beschaffung von Siedlungsland: das Enteignungsrecht gegenüber großen Gütern (über 100 ha) in Landschaften, wo diese Güter mehr als 10% der landwirtschaftlichen Fläche umfassen, ein Vorkaufsrecht auf alle freihändig veräußerten Landgüter von 25 ha aufwärts. Das Enteignungsrecht steht den zu Zwangsverbänden vereinigten Großgrundbesitzern zu. Diese »Landlieferungsverbände« sind verpflichtet, geeignetes Siedlungsland bis zu einem

Drittel der landwirtschaftlichen Nutzfläche, welche die Gesamtheit der großen Güter in den beteiligten Provinzen einnimmt, den gemeinnützigen Siedlungsunternehmen auf Verlangen zu beschaffen. Nur wenn dies auf andere Weise (freihändiger Ankauf, Vorkaufsrecht) nicht möglich ist, sollen die Landlieferungsverbände zur Enteignung schreiten, die sich in erster Linie auf schlechtbewirtschaftete und häufiger verkaufte Spekulationsgüter, weiter auf Güter im Besitz von Nichtlandwirten und Absentisten zu erstrecken hat. Erst wenn solche zur Siedlung geeignete Güter im Bezirk nicht vorhanden sind, kann auch der gut bewirtschaftete Altbesitz der Enteignung unterliegen. Mustergüter sind der Enteignung entzogen. Praktisch ist die Enteignungsbefugnis seit Wiederherstellung der deutschen Währung ohne Bedeutung, weil für den Bedarf der Siedlungsunternehmen stets ausreichend Siedlungsland freihändig gekauft werden kann. Überall findet der Gutserwerb nur nach Maßgabe der zahlungsfähigen Nachfrage seitens der Siedler statt. Die Gesetzgebung erkennt alle wohlerworbenen Rechte an und gewährt für deren Aufhebung dementsprechend volle Entschädigung, die freilich in der Inflationszeit oft illusorisch wurde. Bei der gedrückten Lage der deutschen Landwirtschaft mußte die Neusiedlung trotz stark gesenkter Gutspreise durch billigen Staatskredit, d. h. durch Zinszuschüsse gefördert werden. Für die Art der Durchführung begnügt sich die deutsche Gesetzgebung mit allgemeinen Direktiven. Sie ist von der Vorstellung getragen, daß jeder Betriebsgröße besondere Produktionsaufgaben zufallen, die sie besser lösen könne als die andern Kategorien: der reinen Familienwirtschaft, die ohne fremde Arbeitskraft auskommt, dem Großbauernhof mit seinen Knechten und Mägden und endlich dem landwirtschaftlichen Großbetriebe. Alle diese Betriebsgrößen ergänzen einander, sie sollen nebeneinander weiter bestehen bleiben, und zwar je nach den gegebenen Produktionsbedingungen unter einer mehr oder weniger starken Vertretung der einen oder andern Betriebsgröße. In sozialer Hinsicht gilt als die absolut beste die »gemischte« Besitzverteilung, die an eine beschränkte Zahl führender Großbetriebe eine breite Mittelschicht von selbständigen Bauernwirtschaften verschiedener Größe schließt, und diese in den Dörfern durch haushaltungsmäßige Betriebe der Handwerker und Arbeiter in dem Maße ergänzt, wie für sie ausreichende Arbeitsgelegenheit vorhanden ist. Neuerdings gewinnt auch die staatlich geförderte Aufteilung zum Zwecke der Auslegung von Erwerbsgärtnereien größere Bedeutung, besonders dort, wo nicht nur der Absatz gesichert ist, sondern auch günstige Wasserverhältnissse Berieselung oder künstliche Beregnung gestatten. Die Durchführung der Kolonisation bleibt dem freien Ermessen von sehr selbständig gestellten gemeinnützigen Siedlungsgesellschaften oder auch Siedlungsbehörden überlassen. Auf diese Weise konnte die deutsche Siedlungsgesetzgebung die sozialen Gegensätze durch Mehrung des Kleingrundbesitzes ausgleichen, ohne die landwirtschaftliche Produktion zu schädigen. Im östlichen Deutschland, wo die großen Güter etwa 40% der landwirtschaftlichen Fläche einnehmen, hat man zahlreiche Güter in Bauerndörfer verwandelt, und zwar unter Bevorzugung der selbständigen, aber ohne fremde Hilfe arbeitenden Familienwirtschaften von 5—20 Hektar, die dort verhältnismäßig schwach vertreten sind.

Der Gedanke einer mehr schematischen Gleichteilung fand eine gewisse Anerkennung in der deutschen Nationalversammlung durch die Bestimmungen über die sogenannte Anliegersiedlung. Als eine Hauptaufgabe des Siedlungsgesetzes wird neben der Schaffung neuer Ansiedlungen die Hebung bestehender Kleinbetriebe bis höchstens auf die Größe einer selbständigen Ackernahrung bezeichnet. Auf Grund dieser Bestimmung sind in den ersten Jahren nach Erlaß des Siedlungsgesetzes in einer Zeit politischer Erregung und allgemeiner Nahrungsknappheit besonders in den Landesteilen, welche neben großen Gütern viele halb- oder unselbständige Kleinbetriebe aufweisen, wie Schlesien, bedeutende Flächen von den Großbetrieben hergegeben worden und auf einen großen Kreis der Landbegehrenden aller Art vielfach zum Schaden der Bodenerträge verteilt worden. Dagegen sind in den letzten Jahren die durch Landzulage erweiterten Betriebe in großer und wachsender Zahl zur Selbständigkeit erhoben worden.

In Österreich ist man von ähnlichen allgemeinen Anschauungen ausgegangen. Dort herrscht der bäuerliche Betrieb vor; man hat sich deshalb darauf beschränkt, nach dem Kriege diejenigen Bauerngüter wiederherzustellen, die in den Alpen und Voralpen — hauptsächlich für Jagdzwecke — ausgekauft worden waren.

Das östliche Mitteleuropa ist im großen und ganzen viel schematischer vorgegangen. Alle west- und südslawischen Länder, einschließlich Rumäniens, und Litauen haben geometrische Maxima für den Landbesitz festgelegt. Das überschießende Land wurde der Enteignung unterworfen, wenn man nicht das Ganze nahm, wie es durchweg mit den einst fürstlichen Besitzungen und in Litauen mit den russischen Majoraten geschehen ist. Dieses Verfahren entsprang dem kleinbäuerlichen Ideal der »*égalité des fortunes*«, läßt aber Erwägungen der wirtschaftlichen Zweckmäßigkeit vermissen. Denn die rationale Größe eines Landgutes richtet sich nach den Bodenverhältnissen und dem Klima, nach dem in Gebäuden und Bodenverbesserungen angelegten Kapital, der Intensität oder Extensität des Betriebes und diese wiederum nach der Verkehrslage. Alle jene Gesetze sind also prinzipiell falsch. Die festgelegten Höchstmaße sind fast durchweg zu gering, um einen zweckmäßigen Großbetrieb zuzulassen. Der gesetzliche Maximalumfang eines landwirtschaftlichen Betriebes beträgt in Litauen 80 (neuerdings 150) ha, in Polen regelmäßig 180 ha (in den Industrie- und Stadtgebieten 60 ha, im Osten 300 ha für schon 1864 Ansässige), in der Tschechoslowakei 150 ha landwirtschaftlichen Bodens. Jugoslawien hat je nach Volksdichte und Besitzverteilung für die verschiedenen Gegenden 50—300 ha festgelegt, in Alt-Rumänien sind es 100—500 ha, in den neu erworbenen Gebieten von Rumänien 100 ha; in Transsylvanien geht man im Gebirge sogar auf 28 und in Stadtgebieten auf $5^3/_4$ ha zurück, um die dortigen deutschen und ungarischen Besitzer zu treffen. In einigen Ländern hat man diese einschneidenden Bedingungen allerdings durch Sonderbestimmungen insbesondere zugunsten von Musterwirtschaften gemildert [24]). Daneben pflegt ein zweites Maximum genannt zu werden, welches Wald und sonstige Flächen einschließt und auch hier regelmäßig so niedrig gegriffen ist, daß eine zweckmäßige Forstkultur dadurch verhindert wird.

Schematisch wie die Bezeichnung des zulässigen Höchstlandbesitzes ist fast überall die Bestimmung des Kreises der Landanwärter. Meist stehen die Kriegsteilnehmer, Invaliden, Kriegshinterbliebenen, Landlosen usw. voran. Ein Teil dieser Leute hat, weil ihnen die nötigen Mittel und Kenntnisse fehlten, rasch ihr Land wieder aufgeben müssen. Allzu groß war der Prozentsatz dieser Leute aber nicht, weil es sich fast durchweg um Agrarländer handelt, deren Bevölkerung in der großen Mehrzahl mit Bauernhantierungen von Jugend auf vertraut ist.

Schematisch endlich sind auch die Bestimmungen über die Größe der neu zu errichtenden oder durch Landzulagen zu erweiternden Bauernstellen.

Nur in Estland und Bulgarien hat man statt geometrischer Maße eine sachlich umschreibende Größenbestimmung gewählt.

[24]) So in der Tschechoslowakei, in Polen, Litauen, Jugoslawien.

Gesetzlich vorgeschriebene und tatsächliche Abmessungen in ha:

Staat	für Neusiedlungen		für Anliegersiedlung vorgesehene Vergrößerung bis auf
	Gesetzliche Abmessung	tatsächlich erreichte Durchschnittsgröße	
Estland	[25]	18,7	.
Lettland	10—22	16	.
Litauen	8—20	8—20	8 und mehr
Polen 1920	15	10,0	15 u. 23 (45)
„ 1925	20 u. 35		.
Tschechoslowakei	.	16	6—10
Ungarn	0,5—1,7	0,5—1,7	8,6
Jugoslawien	5 [26]	4—5 im Norden 7 „ Süden	5,75
Altrumänien	5	.	5
Bulgarien	[27]	3,52	.
Griechenland	7—16 [28]	5	.

Die Abmessungen sind je nach der geographischen Lage und nach dem Verhältnis der verfügbaren Landfläche zur Zahl der Landanwärter verschieden, am ausgiebigsten in den Ostseeländern, am geringsten in Ungarn und in den Balkanstaaten. In dem erstgenannten Gebiet sind die vorgeschriebenen Abmessungen in der Praxis auch innegehalten worden, in Polen handelt es sich um Maximalgrößen. Für weitere Einzelheiten wird auf die unten folgenden Darstellungen verwiesen.

Das Siedlungswerk wurde durchweg sehr unabhängig gestalteten staatlichen Behörden übertragen, denen eine große Macht der Willkür gegenüber den zu enteignenden Personen verliehen wurde. Erhebliche staatliche Mittel standen zur Förderung des Siedlungswerkes nirgendwo zur Verfügung. Aber den Siedlern kam zugute, daß sie das weggenommene Land fast umsonst bekamen und ihnen aus den beschlagnahmten Waldungen meist Holz zum Aufbau ihrer Gebäude ebenfalls zu sehr billigen Preisen oder kostenlos angewiesen wurde. Dabei sind die Ansprüche der durch die Agrarreform emporgehobenen Unterschichten an Wohn- und Wirtschaftsgebäude überall sehr bescheiden. Alle diese Umstände haben gestattet, das Siedlungswerk außerordentlich rasch durch-

[25]) Nach der Arbeitsnorm einer Familie mit zwei Pferden unter Berücksichtigung der örtlichen Boden- und Absatzverhältnisse.

[26]) Je nach Bodenqualität und Größe der Familie konnte darüber hinausgegangen werden, insbesondere bei der Zuteilung an *Zadrugen*. In der Umgebung von Städten gelten 2 ha als Minimum.

[27]) Selbständige Ackernahrung.

[28]) Seit 1923 nach Ergiebigkeit des Bodens bei ortsüblicher Bewirtschaftung.

zuführen, im ganzen sehr große Landflächen zu ergreifen und sie in kurzer Zeit in neue Stellen auszulegen oder zur Vergrößerung vorhandener Kleinstellen zu verwenden.

Wir geben, soweit Zahlen verfügbar sind, einen statistischen Überblick über das ganze Gebiet in drei geographischen Gruppen und ziehen dabei die in Eigentum verwandelten Pacht-, Teilbau- und Kmetenstellen mit ein. So wird zugleich eine Grundlage für die Beurteilung der ökonomischen, sozialen und politischen Wirkungen der Agrarreform gewonnen. Den Zahlen kommt nur ein Annäherungswert zu.

Die von der Agrarreform bis 1928 ergriffene Landfläche und ihre Verwendung.

Staat Staatengruppe	die Agrarreform erstreckte sich auf		davon		
	Mill. ha	% der Gesamtfläche	in öffentl. Eigentum überführter oder beschlagnahmter Wald [29])	in Eigentum des bisherigen Bewirtschafters überführte Fläche	zur Neusiedlung, zu Landzulagen und zu Restgütern verwendete Fläche
			Millionen ha		
1. Finnland	1,5	4	—	0,9	0,6
2. Estland (bis Anfang 1927)	2,3	48	1,1	0,5	0,7
3. Lettland	3,7	56	2,1	0,2	1,4
4. Litauen	0,8	15	0,1	—	0,7
5. Ostdeutschland bis (Ende 1928)	0,4	2	—	—	0,4
6. Polen	1,5	4	—	—	1,5
7. Tschechoslowakei	4,0	29	2,0	0,1	1,9
8. Österreich	0,02	—	—	—	0,02
9. Ungarn	0,7	7	—	—	0,7
10. Jugoslawien	2,0	8	0,5	1,0	0,5
11. Rumänien	6,0	20	0,9 [29a])	..	5,1 [29b])
12. Bulgarien	0,2	2	—	—	0,2
13. Griechenland	1,3	9	—	0,5	0,8
Summa	24,4	11	6,7	3,2	14,5
I. Norden (1—5)	8,6	12	3,3	1,6	3,7
II. Mitte (6—9)	6,2	9	2,0	0,1	4,1
III. Süden (10—13)	9,5	12	1,4	1,5	6,6

[29]) Vielfach einschließlich Ödland.

[29a]) Davon sind etwa 0,5 Mill. ha den Gemeinden in Transsylvanien als Waldweide zugeteilt worden.

[29b]) Davon hatten die Bauern eine beträchtliche, statistisch nicht erfaßte, Fläche vorher in Pacht.

Über ein Viertel der Fläche (6,7 Mill. ha) ist Wald, der durch Enteignung oder vorläufige Beschlagnahme in Staatseigentum und Staatsaufsicht übergeführt ist. Von dem Rest mit rund 17,7 Mill. ha ist ein gewisser, nicht genau zahlenmäßig zu fassender Teil für die Restgüter, für Musterwirtschaften, Gemeindeland usw. zu rechnen. Der bei weitem größte Teil ist durch Aufteilung oder Änderung des Besitztitels in die Hände von Bauern oder Kleinstellenbesitzern übergegangen. Hierbei treten erhebliche Unterschiede zwischen den nordischen, mittleren und Balkanstaaten zutage, wie oben für diese drei Gruppen schon charakteristische Verschiedenheiten der bäuerlichen Familienverfassung und Erbsitte festgestellt werden konnten.

Anzahl der Betriebe, für welche die landwirtschaftlich nutzbare Fläche bis 1928 verwendet wurde.

1. Der Norden.

in	Neusiedlerstellen geschaffen: insgesamt	Neusiedlerstellen geschaffen: davon wirtschaftlich selbständig [31]	Kleinstellen durch Landzulage zur Selbständigkeit [32] erhoben	Pachtstellen in Eigentum umgewandelt
Finnland [30]	22 500	15 200	10 200	97 000 [33]
Estland (Anfang 1927)	33 400	29 400	.	27 000
Lettland	64 300	50 700	12 800	6 800
Litauen	36 000	20 000	19 000	—
	156 200	115 300	42 000	130 800
dazu Ostdeutschland (Ende 1928)	16 100	8 500	27 500	—
Summe	172 300	123 800	69 500	130 800

30) Darin sind auch Neu- und Anliegersiedlungen des Zeitraumes 1892—1919 enthalten.

31) Als wirtschaftlich selbständig wurden gerechnet: in Finnland »Stellen mit ordentlicher Landwirtschaft«; in Estland Landstellen mit wenigstens 10 Desjatinen Fläche; in Lettland mit 10 ha; in Litauen 8 ha; in Ostdeutschland 5 ha.

32) Hierzu wurden alle Landstellen gerechnet, die nach geschehener Vergrößerung die in vorstehender Anmerkung für die einzelnen Bezirke aufgeführten Größen der selbständigen Neusiedlungen erreicht haben. In Lettland haben 12 800 kleine Stellenbesitzer Landzulagen in durchschnittlicher Größe von 8 ha erhalten, sie sind deshalb sämtlich als verselbständigt angesehen worden.

33) Darunter 52 000 Torps u. 45 000 Häuslereien. Die ersteren sind fast ausnahmslos als selbständige Landwirtschaften anzusehen.

Drei Viertel der neu gegründeten Stellen sind als wirtschaftlich selbständig anzusehen. Auch die Anliegersiedlung hat ganz überwiegend den Zweck verfolgt und erreicht, durch Landzulagen bisher unselbständige zu selbständigen Landwirten zu erheben, so daß zusammen mit den Neusiedlungen und den zu Eigentümern gemachten früheren Pachtbauern im ganzen Gebiet die Zahl der wirtschaftlich unabhängigen Landwirte um 240 000, mit Einschluß Ostdeutschlands um rund 280 000 vermehrt worden ist.

2. Die Mitte.

	Neugründungen			Landzulagen		
	Anzahl	Fläche ha	Durchschnittsgröße ha	Anzahl	Fläche ha	Durchschnittsgröße ha
Polen	109100	967900	—	200300	445800	2,2
davon: selbstd. Bauernbetriebe	80 600	806700	10,0			
Mustergüter u. Kleinsiedlung	28 500	161800		—	—	—
Tschechoslowakei	1 700	27000	16,0	303000	419000	1,38
Summe	110800	994900		503300	864800	
Dazu Österreich 30. 6. 1927	700	11600	16,0	2200	13900	6,3
Ungarn	548500	346000	—	113300	220000	2,0
davon: Hausstellen	258200	56000	0,22			
Zwergbesitze	290300	290000	1,00 [34]			

In Polen ist eine bedeutende Zahl selbständiger Bauernstellen, besonders im weißrussischen und ukrainischen Osten und seit dem Erlaß des Agrargesetzes von 1925 durch Parzellierung überwiegend von deutschem Großgrundbesitz in Posen und Pommerellen, neu gegründet worden. In der Statistik sind die deutschen Ansiedlern weggenommenen und ohne besondere Siedlungstätigkeit leicht wieder mit Polen zu besetzenden Bauernstellen vermutlich nicht einbegriffen. Dazu kommt eine $2^1/_2$mal so große Zahl von Landzulagen für Anlieger; die Zulagen sind im Durchschnitt fast doppelt so groß wie in Ostdeutschland, wo sie 1,2 ha ausmachten. Wieviele von den überaus

[34]) Die Besitzgrößen liegen zwischen 0,3 u. 1,7 ha; größere als 3 Katastraljoch (1,7 ha) sind nicht darunter.

zahlreichen Zwergbesitzern dadurch in Polen zu wirtschaftlicher Selbständigkeit gelangt sind, bleibt unbestimmt, eine größere Zahl ist es unzweifelhaft. Die Tschechoslowakei hat sich fast ganz auf solche Anliegersiedlung beschränkt.

Während die österreichische Wiederbesiedlungsgesetzgebung nur eine sehr geringe Zahl von Stellen und eine kleine Landfläche ergreift, hat die ungarische Agrargesetzgebung Landflächen erfaßt, die in Anbetracht der Kleinheit des Staates viel bedeutender sind als in Polen, wo allerdings noch gewaltige Flächen der Wegnahme durch den Staat harren. Aber in Ungarn haben diese großen Flächen anscheinend überwiegend nur dazu gedient, die unselbständigen Kleinstellen zu vermehren. Wieviel von den Anliegern selbständig geworden sind, läßt sich nicht sagen.

3. Der Süden.

	Zahl der Landempfänger	Aufgeteilte Fläche Mill. ha	Durchschnitt ha
Rumänien	1 369 000	3,6	2,7
Jugoslawien	256 000	0,5	1,5
Bulgarien	17 000	0,06	3,5
Griechenland	229 000	1,3	5,0
	1 871 000	5,46	

In Jugoslawien entfällt von der erfaßten Gesamtfläche (2 Mill. ha) die volle Hälfte auf die Ablösung von 132941 Kmetenverhältnissen mit rund 8 ha im Durchschnitt, der vierte Teil ist Wald und nur ein letztes Viertel ist zur Aufteilung verwendet worden. Daraus wurden 23 380 Dobrowolzen (Kriegsteilnehmer) und 15 108 Kolonisten mit durchschnittlich etwa 5 ha ausgestattet, 202 926 Anliegersiedler erhielten eine Landzulage von durchschnittlich rund 1 ha, erreichten aber damit in sehr vielen Fällen noch keine selbständige Ackernahrung. Eine solche, zu 5 ha gerechnet, wurde den 154 000 Flüchtlingssiedlern in Griechenland zuteil, während die dort abgelösten 75 000 Teilbauern im Durchschnitt etwas mehr, nämlich 6,5 ha erhalten haben.

Außerhalb Deutschlands, Österreichs und Ungarns sind rund 2,9 Millionen landwirtschaftliche Betriebe neu gegründet oder erweitert oder in Eigentum übergeführt worden, während die land-

und forstwirtschaftlichen Großbetriebe wenigstens der Fremdstämmigen entweder beseitigt oder mit der Einziehung bedroht oder auf das stärkste beschnitten worden sind. Wie ist diese sehr bedeutende Umwandlung wirtschaftlich, sozial und politisch zu beurteilen?

Die wirtschaftlichen Wirkungen.

Daß die Erhebung von Pächtern und Teilbauern zu Eigentümern, die besonders in den Balkanländern und in Finnland stattfand, ebenso notwendig wie nützlich war, ist oben S. S. 11, 23 bereits ausgeführt worden. Aber die weitgehende Ausschaltung des landwirtschaftlichen Großbetriebes durch die grundsätzliche Festlegung eines engen Besitzmaximums hat vielen intelligenten und wohlhabenden Leuten eine landwirtschaftliche Betätigung in größerem Stile abgeschnitten. Die an die Stelle der großen Güter gesetzten Bauernwirtschaften, die nach einem Schema in den einzelnen Landschaften annähernd gleich groß bemessen wurden, kann als kulturell gleichwertiger Ersatz nicht gelten. Nirgendwo dient die zwangsweise Gleichmacherei dem geistigen und wirtschaftlichen Fortschritt. Die Schädigung ist besonders groß, wo die Massen des Landvolks, das sich in die Grundflächen teilt, geistig zurückgeblieben sind, und dies trifft für sehr große Teile des hier in Betracht kommenden Gebietes zu. Rühmenswerte Ausnahmen sind in dieser Hinsicht dank der engen Verbindung mit der deutschen Kultur besonders die Tschechoslowakei und die nordbaltischen Staaten. Grundsätzlich falsch ist es auch, daß man den Bauern die fast entschädigungslos enteigneten Güter weit unter ihrem wahren Werte und ohne fühlbaren Verzinsungszwang übertragen hat. Dadurch ist, wie Hollmann [35]) mit Recht hervorhebt, das Rentabilitätsprinzip außer Kraft gesetzt und der Anreiz zur Extensivierung der Landwirtschaft gegeben.

Ebensowenig ist der vollständige Ersatz der großen privaten durch die staatliche Forstwirtschaft als eine Verbesserung anzusehen. Wohl ist die Bewirtschaftung des Waldes in einem wie im anderen Falle Sache von geschulten Beamten. Aber die deutschen Erfahrungen beweisen, daß bedeutsame Verbesserungen der Waldwirtschaft aus dem lebendigen und keineswegs nur geldmäßigen Interesse freier Privatbesitzer für ihren Wald hervorgegangen

---

[35]) Hollmann, »Die Bodenreform in der tschechoslowakischen Republik«, »*Berichte über Landwirtschaft*«, hrsg. v. Reichsmin. f. Ernährung u. Landwirtschaft, Berlin 1922, Heft 2, S. 39.

sind. Auch die Wälder des böhmischen Adels sind ausgezeichnet bewirtschaftet. Sie kommen erst jetzt — keineswegs aus wirtschaftlichen Gründen — zur Übernahme in den Staatsbetrieb. Im Baltikum hat dieser zu ausgedehntesten Verwüstungen zwecks Aufbesserung der Staatsfinanzen durch Holzausfuhr geführt.

Welche konkreten Wirkungen auf die landwirtschaftliche Produktion und die Handelsbilanz der landwirtschaftlichen Erzeugnisse die Agrarreform ausgeübt hat, ist im einzelnen in den Aufsätzen teils ausführlich, teils andeutungsweise behandelt worden. Es soll hier versucht werden, die gemeinsamen Züge herauszuheben und in einen allgemeinen, namentlich auch weltwirtschaftlichen Zusammenhang zu stellen.

Die Auswirkungen der Agrarreform lassen sich aus der Produktions- und Außenhandelsstatistik der betroffenen Länder nur dann annähernd feststellen, wenn die von der Agrarreform erfaßte Fläche einen großen Teil des Landes ausmacht. Unter diesem Gesichtspunkt kann man zwei Ländergruppen unterscheiden:

1. Gruppe. Die Agrarreform erfaßte[36]) bisher mehr als 10% der landwirtschaftlich genutzten[37]) Fläche in:

1. Griechenland 50%[38]),
2. Lettland 42,4%,
3. Rumänien 29,7%,
4. Estland 25,0%,
5. Litauen 17,5%,
6. Tschechoslowakei 14,1%.

2. Gruppe. Die Agrarreform erfaßte weniger als 10% der landwirtschaftlich genutzten Fläche in:

1. Ungarn 9,7%,
2. Polen 6,1%,
3. Jugoslawien 4,6%[39]),

---

[36]) Darin sind überall — mit Ausnahme Rumäniens — nicht eingeschlossen die Flächen, die den bisherigen Bewirtschaftern in Eigentum gegeben worden sind, denn durch diese Maßnahme hat sich nicht die Struktur, höchstens die Intensität der Wirtschaft geändert.

[37]) Die landwirtschaftlich genutzte Fläche nach den Angaben des *Annuaire International de Statistique Agricole,* 1927/28.

[38]) Nur auf Ackerfläche und Fläche der Spezialkulturen bezogen. Da aber die Flüchtlingssiedlung sich auch auf weite Strecken bisher unbebauten oder als Weide benutzten Bodens erstreckt, so ist obiger Prozentsatz zu hoch, doch lassen sich mangels einer genauen Statistik der Bodennutzung genauere Zahlen nicht beibringen.

[39]) Hier ist auch der Wald eingeschlossen, da die Betriebe auf Waldnutzung stark angewiesen sind.

4. Finnland 2,1 %[40]),
5. Bulgarien 2,0%.

Das Urteil über die Wirkungen der Agrarreformen wird ferner dadurch erschwert, daß alle diese Länder entweder von direkten Kriegshandlungen oder von kriegswirtschaftlichen Maßnahmen und Währungswirren betroffen worden sind. Dies hat überall eine Verminderung des Nährstoffkapitals im Boden und eine schwere Beeinträchtigung der Viehzucht hervorgerufen. Wenn deshalb die Erträge in den ersten Nachkriegsjahren, die gleichzeitig die Jahre der Agrarreformen sind, sehr niedrig ausfielen, so darf man darin noch nicht ohne weiteres Wirkungen der Agrarreformen sehen, ebensowenig wie man anderseits spätere Ertragssteigerungen ohne weiteres der Agrarreform zuschreiben darf. Infolgedessen lassen sich nur besonders charakteristische Veränderungen in der Wirtschaftsstruktur der betroffenen Länder mit der Agrarreform in Verbindung bringen.

Die Umwandlung von Großbetrieben in Bauernwirtschaften bringt normalerweise eine starke Veränderung der Betriebsorganisation mit sich. Im Verhältnis der Betriebszweige pflegt der Getreidebau, selbst wenn seine Fläche zunimmt, zurückzutreten, während die Viehwirtschaft größere Bedeutung gewinnt und eine stärkere Bevorzugung des Futterbaues vor dem Brotgetreidebau Platz greift. Aber nur dort, wo die klimatischen Verhältnisse und die Bodenbeschaffenheit einer solchen Umstellung günstig sind, kann sich die bäuerliche Wirtschaft zu ihrem vollkommenen Typ entwickeln. Sie wird vor allem durch ein gutes Verhältnis von Acker- und natürlichem Wiesenland begünstigt, und zwar gewinnt die Wiese um so größere Bedeutung, je leichter und stallmistbedürftiger der Boden ist. Dann nimmt gleichzeitig die Bedeutung der natürlichen Weide und der Ackerweide zu. Je fruchtbarer der Boden ist, desto mehr tritt an die Stelle der Ackerweide der Futterbau auf dem Ackerlande, sofern das Klima die nötige Feuchtigkeit gibt. Solche Landstriche sind zugleich Standorte intensiver Ackerkultur und Rindviehzucht, die sich gegenseitig unterstützen. In Gebieten trockenen und heißen Klimas, das besonders in weiten Landstrichen der Balkanhalbinsel herrscht, können die dürftigen Grünland- und Futterflächen eine ausreichende Basis für die Rindviehhaltung als einen hervorragenden Betriebszweig nicht mehr abgeben. Hier tritt die Schaf- und Ziegenhaltung in den Vorder-

[40]) Hier ist auch der Wald eingeschlossen, da dieser in starkem Maße als Viehweide dient.

grund, während das Rind als Arbeitstier ganz in den Dienst des Ackerbaus gestellt wird. Milchwirtschaft, die über die Selbstversorgung hinausgeht, ist kaum vorhanden. Die Hauptverbreitungsgebiete der Rindviehzucht sind neben den baltischen Randstaaten die früher preußischen Gebiete Polens, die Sudetenländer und Österreich sowie die Täler der Drau und Save im nördlichen Jugoslawien. Die Schweinezucht ist besonders verbreitet in Westpolen und Galizien, also den früheren preußischen und österreichischen Teilen, im mittleren Böhmen, in Österreich, Ungarn und Nordserbien.

Bodenbeschaffenheit und Klima bestimmen in erster Linie das Anbauverhältnis der Ackerfrüchte[41]). Die typische Frucht der Ostseestaaten und Polens ist der Roggen, mit zunehmender Feuchtigkeit tritt in den Ostseegebieten der Hafer hervor, ebenso wie in den Gebirgen Galiziens und der Tschechoslowakei. In dem Maße, wie sich die Vegetationszeit nach Norden hin verkürzt, gewinnt neben Roggen und Hafer die Gerste schnell an Bedeutung, im nördlichen Finnland ist sie sogar die allein angebaute Getreidefrucht. Auch im Süden tritt die Gerste neben dem Weizen überall dort im Anbauverhältnis hervor, wo lange Trockenzeiten den Maisanbau erschweren. Der Kartoffelbau ist besonders stark in Westpolen und in der Tschechoslowakei verbreitet. Die anspruchsvolleren Kulturen, Weizen und Gerste, dringen auf Inseln fruchtbarer Schwarzerde von Südosten in die böhmische und mährische Senke vor, als Hackfrucht tritt hier an Stelle der Kartoffel in starkem Maße die Zuckerrübe. Die fruchtbaren Böden der Donauebene in Alt-Ungarn und Rumänien sind Hauptanbaugebiete von Weizen und Mais. Wo hier und weiter im Süden auf der Balkanhalbinsel Einflüsse des Mittelmeerklimas wirksam werden, gewinnen die Spezialkulturen (Wein, Tabak, Obst, Oliven, Rosen und Baumwolle) an Bedeutung.

Die Entwicklung bäuerlicher Rindviehzucht, speziell der Milchviehhaltung, fand günstige Bedingungen im Baltikum. In Estland verhält sich Acker zu Wiese wie 1 : 1, in Lettland wie 2 : 1, in Litauen wie 3,5 : 1 Die Tschechoslowakei hat nur noch 4,2 : 1 und Rumänien sogar nur 9,5 : 1[42]). Infolgedessen mußte es in den Randstaaten verhältnismäßig leicht sein, eine mittelbäuerliche Viehwirtschaft aufzubauen, wogegen sich z. B. in Rumänien eine so starke Änderung des Wirtschaftssystems nicht durchset-

---

41) Vgl. zum folgenden Engelbrecht, »Die Landbauzonen der außertropischen Länder«, Berlin 1899.

42) Berechnet nach den Angaben im *Annuaire International de Statistique Agricole*, 1928.

zen konnte. Die Statistik bringt diese Unterschiede deutlich zum Ausdruck. In den Randstaaten sind die Viehbestände gestiegen, die Futtermittelflächen erweitert, in Litauen wurde auch die arbeitsintensive Flachskultur stark ausgedehnt. Man wird diese Vorgänge als Erfolg der Kolonisation buchen müssen, die den Schwerpunkt in die Bildung mittlerer Bauernwirtschaften legte. Die Außenhandelsbilanz der Landwirtschaft zeigt eine ganz eindeutige Verschiebung zugunsten der Ausfuhr tierischer Erzeugnisse (Fleisch, Butter, Käse). In Rumänien dagegen ist die Hauptwirkung der Agrarreform die Verschiebung der Getreideanbauflächen zugunsten von Mais und Gerste und zuungunsten von Weizen. Hier ist die Rindviehzucht auf dem Stande der ersten Nachkriegsjahre stehengeblieben, eine Zunahme zeigt nur der Bestand bei Schafen, Schweinen und Pferden. Die Getreideerträge sind in Rumänien noch dauernd weit geringer als vor dem Kriege, während sie sich nach der allerdings unsicheren Statistik in Estland, Lettland und Litauen — wohl infolge der engen Verbindung von Viehhaltung und Ackerbau — dem Vorkriegsstand stark angenähert haben. In der böhmisch-mährischen Ebene gleicht der gute, zum Futterbau vorzüglich geeignete Boden die Nachteile eines ungünstigen Wiesenverhältnisses für die Viehzucht aus. Dank der Intelligenz der Bevölkerung konnte sich hier die Rindviehzucht und Milchviehhaltung besonders im Anschluß an den Zuckerrübenbau entwickeln.

Die Randstaaten haben die Viehzucht und den Ausbau des Genossenschaftswesens wirksam gefördert, die Tschechoslowakei hat die Einfuhr hochqualifizierten Zuchtmaterials und die Anlage von Jungviehweiden begünstigt. Hier ist es ferner gelungen, den Kunstdüngerverbrauch seit 1921 zu verdoppeln und die Maschinenanwendung zu steigern. Auch Griechenland hat eine Reihe von Maßnahmen zur Intensivierung der Landwirtschaft getroffen, insbesondere auch für stärkere Anwendung von Kunstdünger und landwirtschaftlichen Maschinen gesorgt. Dagegen wurde in Rumänien die Agrarpolitik nicht konsequent weitergeführt, hier hat man vielmehr einseitige Industriepolitik getrieben, hohe Industriezölle erhoben und sogar die Ausfuhr landwirtschaftlicher Erzeugnisse durch Zölle erschwert. Somit ist auch die Richtung der Handelspolitik ein Faktor, der bei der Beurteilung der wirtschaftlichen Wirkungen der Agrarreform berücksichtigt werden muß.

Endlich haben die Strukturveränderungen auf dem Weltmarkt für agrarische Erzeugnisse die Landwirtschaften der osteuropäischen Länder stark beeinflußt. Die Aufnahmefähigkeit der mittel- und westeuropäischen Märkte für Vieherzeugnisse erleichterte seit dem Dawesabkommen und dem Einströmen der amerikanischen Kredite die Entwicklung der bäuerlichen Wirtschaft in den Randstaaten, die neuen Zollgrenzen innerhalb des alten Österreich und die gespannte Lage am Zuckermarkt erschweren dagegen die Ausfuhr landwirtschaftlicher Erzeugnisse aus der Tschechoslowakei. In Rumänien hat nicht zum wenigsten die gute Konjunktur für Donaugerste und Mais (nach dem Ausfall der russischen Gerste) zur Verschiebung des Anbauverhältnisses beigetragen. Damit hängt zusammen, daß hier der Futterbau nicht im Dienste der eigenen Viehwirtschaft steht und sich diese auch deshalb wenig entwickelt hat. In Griechenland haben die Flüchtlinge aus Kleinasien dort, wo sie angesiedelt wurden — das ist besonders Mazedonien — eine lebhafte Entwicklung des Tabakbaues herbeigeführt. Unter dem Einfluß der Marktlage hat der Tabakbau freilich auf den Zykladen und den nördlichen ägäischen Inseln, ohne daß Flüchtlingssiedler dort angesetzt wurden, noch stärker zugenommen als in Mazedonien.

Für alle Länder der zweiten Gruppe, in denen die Agrarreform weniger als 10% der landwirtschaftlich genutzten Fläche betroffen hat, gilt zunächst als Richtlinie, daß auch hier jene Veränderungen in der Betriebsorganisation eingetreten sein müssen, die mit einer Änderung der Betriebsgröße verbunden sind. In Ungarn ist ein Teil des bisher im Großbetriebe bewirtschafteten Landes an Klein- und Zwergbauern aufgeteilt worden. Infolgedessen werden diese Flächen mehr als bisher im Dienste der Selbstversorgung eines landwirtschaftlichen Haushaltes stehen müssen. Die durch die Agrarreform hervorgerufenen Veränderungen sind aber minimal gegenüber den starken Eingriffen der neuen Grenzziehung. In Polen wird durch die Schaffung bäuerlicher Stellen ein Strukturwandel der landwirtschaftlichen Produktion beschleunigt. Polen betreibt industrielle Hochschutzzollpolitik, ist Einfuhrland für Brotgetreide und Ausfuhrland für tierische Erzeugnisse und Zucker. Solange die Industrie noch nicht genügend Arbeitsgelegenheit schafft, gibt die durch Siedlung geförderte Viehzucht eine breitere Basis für ein Einkommen aus Landwirtschaft, als sie im allgemeinen der Getreidebau im Großbetrieb sein kann. Aber die Aufteilung von hochorganisierten landwirtschaftlichen Großbetrieben in Posen-Westpreußen an — großenteils landfremde — polnische Siedler hat auf den aufgeteilten Ländereien einen Rückgang der landwirtschaftlichen Intensivkulturen, der Weizen- und Zuckerrübenerträge zur Folge gehabt. Besonders stark ist der Rückgang der Intensivkulturen auch im nördlichen Jugoslawien, wo die Siedler, die hauptsächlich aus den Gebirgsländern kommen, den Anforderungen einer guten Bodenkultur auf den teilweise sehr schweren Böden der Vojvodina nicht gewachsen sind. Dort haben sie auch die Entwässerungsanlagen zerfallen lassen, ein Vorgang, der seine Parallele in den aufgeteilten Rittergütern des Baltikums findet. Die innere Kolonisation in Finnland ist ein Schritt zur Intensivierung der Landwirtschaft, aber wegen ihres geringen Umfanges auf die Gesamtstruktur des Landes bisher fast ohne Einfluß. Dasselbe gilt von Bulgarien, wo die Agrarreform nur zur Besiedlung ganz kleiner Flächen führen konnte.

Mögen auch viele Faktoren zusammengewirkt haben, um die landwirtschaftliche Struktur des östlichen Mitteleuropa zu verändern, so steht doch die Agrarreform am Anfang und als treibende Kraft hinter dieser Entwicklung. So gewaltig wie in dem benachbarten Rußland waren in diesen Gebieten die Wirkungen nicht, aber sie sind von derselben Art. Osteuropa mit Einschluß Rußlands war die Kornkammer für die mittel- und westeuropäische Industriebevölkerung und der Futtergetreidelieferant für die intensive Veredelungswirtschaft in diesen Ländern. An Weizen allein lieferte Osteuropa in den Jahren 1909/13 soviel wie die Vereinigten Staaten, Argentinien und Australien zusammen. Die Donauebenen Ungarns und Rumäniens brachten allein soviel Weizen auf den Markt wie Kanada. Diese Stellung ist durch die Agrarumwälzung nicht nur für Rußland verlorengegangen. Im Frieden von Trianon mußte Ungarn beste Weizengegenden an Rumänien und Jugoslawien abtreten, wo sie alsbald vorzugsweise von der Agrarreform ergriffen wurden. Zusammen mit der Aufteilung von im großen bewirtschaftetem Lande in Altrumänien hatten diese Maßnahmen den Erfolg, daß heute der Weltmarkt nur mit etwas mehr als dem vierten Teil der Vorkriegsmengen aus den Donauebenen beliefert wird, d. i. nur $^1/_{10}$ der jetzigen kanadischen Ausfuhr. Starker Rückgang der Erträge, Einschränkung der Anbauflächen und Zunahme des Eigenverbrauchs haben dieses Ergebnis gebracht. Der Produktionszuwachs an Gerste und Mais war bestimmt, jene große Lücke wenigstens zum Teil auszufüllen, die durch den Wegfall der russischen Exporte entstanden war. Daß die nordwesteuropäische Veredelungswirtschaft diese Mengen an sich ziehen konnte, lag auch daran, daß die in Rumänien und Jugoslawien geschaffenen Betriebe die optimale Größe einer bäuerlichen Viehwirtschaft nicht erreichen und deshalb nicht in der Lage waren, das Futtergetreide zu dem Preise in der eigenen Wirtschaft zu verwerten, zu dem sie es auf dem Weltmarkt absetzen konnten.

Im Norden hat sich der Butterexport lebhaft entwickelt. Er stieg z. B. in Lettland von 1921 bis 1927 von 10 t auf 11000 t, in Estland von 128 t auf 10000 t. Den Typus der Entwicklung zu einem Staat mit bäuerlicher Struktur der Landwirtschaft zeigt die Außenhandelsbilanz landwirtschaftlicher Erzeugnisse in Estland. (Vgl. S. 122).

In der Tschechoslowakei hat der Zuckerrübenanbau — allerdings durch die staatliche Prämienpolitik gefördert — während der Agrarreform zugenommen. Hier haben sich also auch die kleineren Bauernwirtschaften als zur Rübenkultur geeignet erwiesen, so daß die Tschechoslowakei ihre Position auf dem Weltzuckermarkt sogar verstärken konnte.

In Griechenland und Bulgarien stützt sich die Familienwirtschaft in ausgedehntem Maße auf die arbeitsintensiven Spezialkulturen, die durch die Agrarreform größere Ausdehnung gewonnen haben und in der Außenhandelsbilanz die erste Stelle einnehmen.

Die weitere Entwicklung der Landwirtschaft hängt überall in erster Linie davon ab, ob es gelingt, durch Ausbau des landwirtschaftlichen Bildungs- und Beratungswesens, durch Errichtung von Musterwirtschaften, in weiten Gebieten auch durch Meliorationen, Zusammenlegungen, Straßenbau die Wirtschaften leistungsfähig zu machen und zu erhalten. Alle diese Maßnahmen werden aber nur sehr langsam die Schäden wettmachen, welche die grundsätzliche Ausschaltung der landwirtschaftlichen Großbetriebe überall dort zur Folge haben mußte, wo die enteignete Schicht auf dem Lande wirtschaftlich und kulturell die Führung hatte.

Die sozialen und politischen Wirkungen.

Findet die Betrachtung des Einflusses der Agrarreform auf die wirtschaftliche und geistige Produktivkraft des Landes neben Licht- auch viele Schattenseiten, so steht der Wert außer Zweifel, den die Begründung eines breiten bäuerlichen Mittelstandes für die Kräftigung des herrschenden Volkstums und für die Entspannung der sozialen Gegensätze in ihm gewinnen konnte. In der nördlichen und mittleren Staatengruppe sind die neu entstandenen oder erweiterten

Bauernstellen der Mehrzahl nach groß genug und ist ihre Belastung dank der Raubpolitik der Regierung gering genug, um dem fleißigen und tüchtigen Wirt nach Überwindung einer Übergangszeit das Erringen eines bescheidenen, aber gefestigten Wohlstandes zu ermöglichen. Die beiden Länder, welche die größte Zahl selbständiger Bauernwirtschaften ins Leben gerufen haben, Lettland und Polen, haben deren Bestand auch gesetzlich sichergestellt. Bestehende Wirtschaften dürfen in Lettland überhaupt nicht in kleinere Stücke als 10 ha geteilt werden. In Polen dürfen die von den Bodenämtern vergebenen Stellen bis zur vollständigen Abtragung der Kaufpreishypothek und auf jeden Fall vor Ablauf von 25 Jahren nach Gründung der Stellen weder veräußert noch geteilt werden. In den anderen Ländern fehlen derartige Vorkehrungen, doch bietet in Estland die Bestimmung einen gewissen Ersatz, wonach die neuen Stellen grundsätzlich nur in Pacht vergeben werden und für den Kleinwirt Erbpacht vorgesehen ist, die nach einem späteren Gesetze in Eigentum umgewandelt werden kann.

Allerdings ist es keineswegs gelungen, und es kann auch niemals gelingen, die in den slawischen Ländern so überaus große Zahl proletarischer Zwerggüter durch Erhebung zur ökonomischen Selbständigkeit in durchgreifender Weise zu mindern. Auch wird die Durchführbarkeit des polnischen Teilungsverbotes bezweifelt. In den Balkanstaaten hat die große Menge der abgelösten, bisher der Freiteilbarkeit entzogenen Kmetengüter den Charakter von mittleren Bauernwirtschaften, sie werden nun wohl bald der Zerstückelung verfallen. Die neu angesetzten oder vergrößerten Stellen stehen im Durchschnitt an der unteren Grenze der Selbständigkeit (5—7 ha). Nur wo sie Spezialkulturen betreiben, gibt diese Abmessung die Grundlage für einen guten Wohlstand. Unter den Balkanländern hat allein Griechenland die Belastung und Veräußerung der Siedlerstellen ebenso verboten wie ihre Realteilung zu Erbzwecken. Für die Zukunft bedingt die Fortdauer dieser Gewohnheit fast im ganzen Slawengebiet trotz aller Innenkolonisation ein wachsendes Gedränge um den Bodenbesitz, wenn dem nicht durch eine starke Industrie-Entwicklung abgeholfen wird.

Es ist auch, wie schon dargelegt, gerade die herrschende Familienverfassung und Erbsitte, welche die starke Volksvermehrung in den slawischen Agrarländern begünstigt. Schon aus diesem Grunde sind die neuen slawischen Bauerndemokratien so wenig in ihrer Außen- wie Innenpolitik auf einen geruhsamen

Pazifismus eingestellt. Ihr Ausdehnungsdrang ist durch territorialen Zuwachs und Agrarreform höchstens vorübergehend vermindert. Polen hatte im Jahre 1927 einen Geburtenüberschuß von 427 366 oder 14,2 auf 1000 Einwohner gegen 404 699 oder 6,4 auf 1000 Einwohner in Deutschland, die 30 Millionen zählende Bevölkerung Polens nahm also durch natürliche Vermehrung um 23 000 Personen mehr zu als die $63^1/_4$ Millionen des Deutschen Reiches. Polen aber entbehrt trotz der oberschlesischen Annexion vieler Voraussetzungen für eine rasche Industrieentwicklung. Trotz der geringen Besiedlung seiner Ostgebiete ist Polen durchschnittlich schon von 78 Menschen auf dem Quadratkilometer bewohnt, während sich in den rein ländlichen Gebieten von Klein- und Südpolen etwa 100 Menschen auf den Quadratkilometer zusammendrängen. Dem stehen gegenüber das zu einer politischen Insel gemachte Ostpreußen mit 60,9, Brandenburg, Pommern, Grenzmark mit 66, 62 und 43 Einwohnern auf den Quadratkilometer. Dabei hat die Landflucht aus diesen Gebieten nicht lange nach dem Kriege wiederum eingesetzt. Jene Ziffern beleuchten die tödliche Gefahr, welche den Osten des entwehrten Deutschland und ganz besonders Ostpreußen bedroht. Angesichts des Aufkommens großer Bauerngebiete an unseren Grenzen und des polnischen von dem Landhunger der Volksmassen und dem politischen Ehrgeiz der führenden Schichten getragenen Expansionsdranges müssen die Leistungen des ostdeutschen Siedlungswerkes quantitativ als ganz ungenügend erscheinen[43]). Die dichtere Besiedlung des deutschen Ostens ist eine der dringendsten Aufgaben deutscher Selbsterhaltung.

Aber so gewiß Macht und Reichtum der nach dem Weltkriege im Osten zur Herrschaft berufenen Völker durch die Neuverteilung des Grundbesitzes gesteigert worden sind, so gewiß ist durch die damit verbundene Vergewaltigung der Minderheiten das innere Gefüge der Versailler Staaten gelockert worden. Ihre Agrarreformen tragen den Makel des Unrechtes.

III. Das Recht der Minderheiten.

1. Die Rechtslage.

Die Politiker, welche die Friedensschlüsse in den Pariser Vororten diktierten, konnten sich selbst im Rausch über den unerwartet vollständigen Niederbruch der deutschen Macht nicht

[43]) Vgl. Tabelle S. S. 28, 29.

der Erkenntnis verschließen, daß das französische Dogma von der Identität des Staates und der Nation dort schwere Kämpfe und Gefahren für den allgemeinen Frieden auslösen müsse, wo eine Gemengelage der Nationalitäten wie im östlichen Mitteleuropa von alters her besteht. Entgegen dem Wilsonschen zum Inhalt des Vorfriedens erhobenen Programm waren viele Millionen ungefragt einer Fremdherrschaft unterworfen worden — oft genug der Herrschaft eines kulturell rückständigen Volkes. Versagte man aber den Besiegten das feierlich verkündete Selbstbestimmungsrecht, so mußte man, schon um das Gesicht zu wahren, ihnen zum Ersatz Sicherungen gegen Unterdrückung und Ausbeutung durch ihre neuen Herren geben. Aus solchen Motiven[44]) machten die alliierten und assoziierten Hauptmächte, besonders auch auf Betreiben Wilsons und gegen leidenschaftlichen Widerstand der neuen Staaten den Abschluß von Minderheitenverträgen zur Bedingung für die Anerkennung dieser Staaten. Ebenso stimmten die im Kriege unterlegenen Länder, namentlich Deutschland, den ihnen auferlegten territorialen Verlusten nur unter der Bedingung zu, daß die Gewinner die völkerrechtliche Verpflichtung zum Minderheitenschutz übernahmen. Polen, die Tschechoslowakei, Jugoslawien, Rumänien und Griechenland verpflichteten sich vertragsmäßig,

1. allen Staatsangehörigen »ohne Unterschied des Volkstums, der Sprache oder der Religion«, den »vollen und ganzen Schutz von Leben und Freiheit«, weiterhin »die gleichen bürgerlichen und staatsbürgerlichen Rechte«,

2. den Staatsangehörigen, »die zu einer völkischen, religiösen und sprachlichen Minderheit gehören, die gleiche Behandlung und die gleichen rechtlichen und tatsächlichen Sicherheiten« zu gewährleisten, »wie den übrigen Staatsangehörigen«.

Dazu traten Sonderverpflichtungen hinsichtlich der Religions- und der Lehrfreiheit, des freien Gebrauchs der Minderheitssprachen im privaten und amtlichen Verkehr und des Rechts auf einen billigen Anteil an den öffentlichen budgetären Mitteln zu Erziehungs-, Religions- oder Wohltätigkeitszwecken. Dieselben Verpflichtungen übernahmen Österreich, Ungarn, Bul-

---

[44]) Vgl. die Begleitnote Clémenceaus vom 24. Juni 1919 zu den Minderheitenverträgen: »*Malheureusement les races ont été divisées par de longues années d'âpre hostilité. On croit que ces populations s'accoutumeront plus facilement à leur nouvelle situation, si, dès le début, elles savent qu'elles sont assurées d'être protégées et garanties d'une manière effective contre tout risque de traitement injuste ou d'oppression*«. (*Zeitschrift für Völkerrecht*, Bd. XIV, Erg.-Heft 2, S. 31), Breslau 1928.

garien und die Türkei durch die Friedensverträge. Alle diese Bestimmungen zum Schutz der Minderheiten gelten als Staats-Grundgesetze. Kein innerstaatliches Gesetz, keine Verordnung, keine öffentliche Handlung darf dazu in Widerspruch treten oder vor ihnen den Vorrang besitzen. Als völkerrechtlich bindend, stehen die Vorschriften über die Minderheiten unter der Bürgschaft des Völkerbundes. Er machte in seiner ersten Vollversammlung den Minderheitenschutz zur Bedingung für die Aufnahme neuer Völkerbundsmitglieder. Auf diese Weise haben auch Lett- und Estland, Litauen und Albanien jene Verpflichtungen übernommen.

Der Inhalt der Minderheitenverträge ist keineswegs nur ein Ausfluß von schon bisher allgemein anerkannten Prinzipien, wie die Clémenceausche Begleitnote tröstlich behauptet. Denn über die unter 1. genannten allgemeinen und absoluten Regierungsgrundsätze hinaus werden den Angehörigen der völkischen, sprachlichen und religiösen Minderheiten als solchen Rechte verliehen, die bisher wesentlich nur im Staatsrecht ausgeprägter Nationalitätenstaaten wie Österreich und der Schweiz anerkannt waren. Der Minderheitenschutz erweitert den altanerkannten Anspruch der Minderheiten auf freie Religionsübung zu einem »unverlierbaren Menschenrecht auf Muttersprache, Kultur und Religion«[45]).

Solche Prinzipien lassen sich nicht geographisch abgrenzen. Was den zahlreichen neuen und vergrößerten Staaten als völkerrechtliche Pflicht auferlegt wurde, konnte am wenigsten von jenen anderen Staaten abgelehnt werden, welche im Völkerbund die Erfüllung solcher Pflichten zu überwachen hatten. Aus diesem Empfinden hat Preußen, der einzige hier beteiligte deutsche Staat, durch Verordnung vom 31. 12. 1928 den polnischen und dänischen Minderheiten die freie Ausgestaltung ihres nationalen Schulwesens mit Staatsunterstützung gestattet und die Entscheidung über die Zugehörigkeit zu solcher Minderheit in den Willen der Eltern gelegt. Estland hat den Deutschen Kulturautonomie und Lettland eine weitgehende Selbstverwaltung in Schulsachen gewährt.

Aber das sind Ausnahmen geblieben. Keineswegs hat sich die Hoffnung erfüllt, der die Völkerbundversammlung am 21. September 1922 Ausdruck gab, daß die Staaten, die dem Völkerbund gegenüber durch keine gesetzliche Verpflichtung hinsichtlich der Minderheiten gebunden sind, »zum wenigsten denselben

[45]) Vgl. Dr. Stresemanns Rede vom 9. 9. 1929 in Genf.

Grad der Gerechtigkeit und Duldsamkeit gegenüber ihren Minderheiten einhalten werden, der auf Grund der Verträge gefordert wird«. Man denke an die Kämpfe der Elsässer um die Erhaltung ihres Volkstums und an die unerhört gewalttätige Entnationalisierungspolitik Italiens in Südtirol.

Doch auch in den vertragsmäßig gebundenen Staaten sieht es noch recht übel aus.

2. Der Minderheitenschutz.

Es genügt nicht, allgemeine Rechtsprinzipien feierlich zu verkünden. Sollen sie mehr bedeuten als wohlklingende Phrasen, so muß ihre praktische Tragweite geklärt und ihre Anwendung sichergestellt werden. Die erste Notwendigkeit war deshalb eine unabhängige Rechtsprechung. Internationaler Rechtsschutz wurde den Minderheiten durch die Bestimmung gewährt, daß der Völkerbundsrat und jedes seiner Mitglieder das Recht hat, in Streitfällen aus dem Minderheitenrecht gutachtliche Erkenntnisse des Ständigen Internationalen Gerichtshofes im Haag einzuholen. Solche Gutachten haben die Natur authentischer Interpretation.

Die Notwendigkeit der Rechtsfindung und Rechtsschöpfung wurde besonders dringlich durch die Inangriffnahme der Agrarreform, weil sie die Begehrlichkeiten in der plötzlich zur Macht gelangten neuen Mehrheit um so stärker aufpeitschte, als die ihr unterworfenen Fremdstämmigen sich durch Kultur und Wohlstand oder gar durch alte Herrenstellungen über die Masse erhoben.

Leider hat der Haager Gerichtshof keine Gelegenheit gehabt, zu der Frage Stellung zu nehmen, ob die absolute, auf alle Staatsbürger bezügliche Verpflichtung zum »vollen und ganzen Schutz von Leben und Freiheit« den Schutz des Eigentums und das im zwischenstaatlichen Recht altanerkannte Verbot entschädigungsloser Enteignung einschließt. Der Gerichtshof ist bisher nur in einem Falle zum Gutachten über eine typisch-osteuropäische, nämlich die polnische Agrarreform, berufen worden. In diesem Gutachten hat er aber mit aller Schärfe und Klarheit die Konsequenzen gezogen, welche sich aus dem Anspruch der Minderheiten auf gleiches Recht und gleiche tatsächliche Behandlung für die Agrarreform ergeben.

Den Anlaß gab eine Reihe von Beschwerden, welche der Deutschtumsbund für Polen dem Völkerbundsrat in den Jahren 1921 u. 1922 unterbreitete. Es wurde das Gutachten über zwei Fragen aus dem Komplex dieser Beschwerden eingeholt. Die eine bezog sich auf den Erwerb der polnischen Staatsangehörigkeit und die Liquidation von Gütern deutscher Reichsangehöriger — darüber wird weiterhin berichtet werden. Die andere Frage betraf die »Annullation« des Grundbesitzrechtes von mehreren Tausenden deutscher Ansiedlerfamilien. Sie hatten von der Preußischen Ansiedlungskommission für Posen-Westpreußen ihre »Rentengüter« gekauft und diese seit langem in Besitz und Bewirtschaftung, hatten aber die Auflassung durch Eintragung ins Grundbuch erst nach dem Abschluß des Waffenstillstands erhalten. Auf Grund eines polnischen Gesetzes vom 14. Juli 1920 über die Vermögensrechte deutscher Staaten wurden sie, und zwar nach Ablauf der Frist zur Anmeldung des Anspruches auf Schadensersatz im Jahre 1921 aufgefordert, ihre Höfe zum 1. Dezember dieses Jahres zu räumen. Der Polnische Staat nahm das Eigentum an ihren Rentengütern als Rechtsnachfolger der Preußischen Ansiedlungskommission in Anspruch.

Das eingehende und lichtvolle Gutachten des Haager Gerichtshofes vom 10. September 1923[46]) erklärte diese Haltung Polens für »unvereinbar mit seinen internationalen Verpflichtungen«. Aus dem Gutachten werden hier die wichtigsten Entscheidungsgründe mitgeteilt:

1. Gegenüber der polnischen Behauptung, der Schutz des Eigentums sei den Minderheiten nicht vertraglich garantiert, stellt das Gericht fest: »der im Vertrag« — gemeint ist der für Polen geltende Minderheitenvertrag vom 28. Juni 1919[47]) — »gebrauchte Ausdruck »bürgerliche Rechte« umfaßt ohne Zweifel alle Privatrechte, die aus einem Vertrag über den Erwerb oder die Nutzung sowohl von beweglichen als unbeweglichen Gütern hervorgehen«.

2. Das polnische Agrargesetz vom 14. Juli 1920, gegen dessen Anwendung die Ansiedler protestierten, mache zwar keinen ausdrücklichen Unterschied zwischen Staatsangehörigen deutscher und polnischer Abstammung. Aber »es muß tatsächliche Gleichheit *(»equality in fact«, »égalité de fait«)* und nicht nur formelle Rechtsgleichheit *(»ostensible legal equality«, »égalité formelle en droit«)* bestehen in dem Sinne, daß im Text des Gesetzes die Einführung einer unterschiedlichen Behandlung vermieden wird...

[46]) *Advisory Opinion of September 10th, 1923, Publications of the Permanent Court of International Justice, Series B, No. 6, S. 23—26.*

[47]) Vgl. dessen mit den anderen Minderheitenverträgen übereinstimmenden Wortlaut im *Recueil Général de Traités* von H. Triepel, Sér. XIII, tome XIII, Leipzig 1925, S. 504ff.

Die Haupt- und Grundtatsache im vorliegenden Fall besteht darin, daß die Personen, deren Rechte gegenwärtig bestritten werden, im Ganzen *(»as a class«, »dans l'ensemble«)* Personen deutscher Abstammung sind«.

3. Ohne Zweifel wären diese Personen — worauf Polen hingewiesen hatte — in den abgetretenen Gebieten angesetzt worden, um der Politik der Germanisierung zu dienen.... Die Ausführung des Gesetzes vom 14. Juli 1920 solle das früher Geschehene auslöschen, sofern die Aufforderung an die fraglichen Siedler, ihre Stellen zu verlassen, auf eine Entgermanisierung hinauslaufe. »Aber«, so fährt der Haager Gerichtshof fort, »obwohl eine solche Maßnahme verständlich wäre, gehört sie gerade zu denen, die der Minderheitenvertrag unmöglich machen wollte. Die Absicht dieses Vertrages liegt zweifelsohne darin, eine gefährliche Quelle der Bedrückung, von Gegenbeschuldigungen und Konflikten zum Versiegen zu bringen, die Betätigung des Glaubens- und Rassenhasses zu verhindern, und die am Tage seines Abschlusses bestehenden Sachlagen zu sichern, indem er die Minoritäten von heute unter den unparteiischen Schutz des Völkerbundes stellt«.

Durch Spruch des obersten Gerichtshofes der Erde war somit entschieden, daß privatrechtliche Ansprüche und damit auch das Eigentum der zu einer Minderheit gehörenden Staatsangehörigen denselben Schutz genießen wie diejenigen der Mehrheit. Ferner, daß Agrargesetze wohl wirtschaftliche und soziale Zwecke verfolgen können, niemals aber ein Mittel des Nationalitätenkampfes sein dürfen, auch dann nicht, wenn sie zur Wiedervergeltung einer vor der Annexion betriebenen Politik dienen könnten. Es kommt auch nicht auf den Wortlaut des Gesetzes, sondern auf die tatsächliche Behandlung der Minderheiten an, sie dürfen in keiner Weise hinter den Angehörigen der Mehrheit zurückgesetzt werden. Daraus folgt, daß der Anspruch auf gleiche Behandlung weder durch Sonderbestimmungen für bestimmte Gegenden (Siebenbürgen) oder für bestimmte Besitzerkategorien (wie die »Rittergüter« in Lett- und Estland) umgangen, noch auch durch die Willkür der Siedlungsbehörden (Pommerellen) hinfällig gemacht werden darf. Und ebenso, daß die Minderheiten von der Verteilung und Besiedlung der durch die Agrarreform verfügbar gemachten Ländereien nicht ausgeschlossen werden dürfen, sondern beanspruchen können, daran ganz wie Angehörige der Mehrheit beteiligt zu werden.

Das Urteil des Haager Gerichtshofes traf nicht nur Polen,

sondern fast alle neuen und erweiterten Staaten von Zwischeneuropa. Denn, abgesehen von Finnland und Griechenland, waren ihre Agrargesetze — nach dem Ergebnis dieser Schrift — entweder von vornherein als nationale Kampfmittel gedacht oder hatten in der Ausführung über die wirtschaftlichen und sozialen Ziele hinaus als Kampfmittel gewirkt.

Zahlreiche beim Völkerbund einlaufende Petitionen zeigten, wie sehr die hier beteiligten Länder von der Idee des Nationalstaats getragen waren. Assimilierung der Minderheiten war das Ziel ihrer Schul- und Sprachenpolitik. Assimilation aber, Identität von Staat und Volk, ließ sich angesichts der überkommenen ethnischen Gliederung rasch und vollständig nur durch planmäßige Zurücksetzung, Verelendung und Verdrängung erreichen, und dazu wurde die Agrarreform mißbraucht.

Bald trat auch deutlich hervor, wie wenig der innerstaatliche Rechtsschutz genügte. Wohl konnten sich die Angehörigen der Minderheit jederzeit vor Gericht und Verwaltung auf die allgemeinen Grundsätze der Minderheitenverträge berufen; aber in der nationalistisch überhitzten Atmosphäre der Versailler Staaten waren unparteiische Entscheidungen keineswegs mit Sicherheit zu erwarten. Überdies schließen die meisten Agrargesetze die Mitwirkung der Gerichte, meist sogar in Entschädigungsfragen, aus und stellen alles in das freie Ermessen der Verwaltungsbehörden. Verstöße der gesetzlichen Bestimmungen selber gegen das Minderheitenrecht im innerstaatlichen Rechtswege anzugreifen, ist überall unmöglich. Je vollständiger die innerstaatliche Garantie für das Recht der Minderheiten versagte[48]), umso größere Bedeutung gewann die völkerrechtliche Garantie und die Pflicht des Völkerbundsrates, dem immer wiederholten Verlangen der Minderheiten nachzukommen und, wie es in der Eingabe des Deutschen Volksbunds für Polen vom 1. August 1922 heißt: »die feste Rechtsgrundlage zu schaffen, auf der wir in ungehinderter Entfaltung unseres kulturellen und wirtschaftlichen Lebens als gleichberechtigte Bürger in unserem Staate leben können«.

Aber das Gutachten des Ständigen Internationalen Gerichtshofes vom 10. September 1923 hatte eine abschreckende Wirkung — nicht auf den Staat, gegen den das Gutachten unmittelbar und die anderen, gegen die es mittelbar entschieden hatte, sondern auf den berufenen Hüter des Rechtes der Minderheiten,

[48]) C. G. Bruns, »Grundlagen und Entwicklung des internationalen Minderheitenrechtes«, S. 21.

den Völkerbundsrat. Er hat seit 1923 von der ihm und seinen Mitgliedern vorbehaltenen Befugnis, den Gerichtshof anzurufen, in Sachen der Agrarreform keinen Gebrauch mehr gemacht. Das erste Urteil des Gerichtshofes in dieser Angelegenheit ist auch das letzte geblieben. Psychologisch ist das zu verstehen, wenn man sich erinnert, daß zur selben Zeit, als der Haager Gerichtshof über die Klage der deutschen Kolonisten beriet und entschied, französische und belgische Truppen das Ruhrgebiet widerrechtlich besetzt hielten. Der Geist, der sie dahin geführt hatte, stand nicht in Einklang mit dem in den Minderheitenverträgen proklamierten Grundsatz von der Gleichberechtigung der Völker. Im Völkerbundsrate aber gab Frankreich den Ton an, solange England es in seinem Interesse fand, ihm in europäischen Fragen freie Hand zu lassen. Die durch Militärbündnisse an Frankreich geketteten Staaten leisteten um so williger Gefolgschaft, als ihr eigener mit dem französischen Nationalismus völlig zusammenklang. Sie empfanden jeden Widerstand der Minderheiten gegen ihre Politik der Unterdrückung als Akt der Illoyalität und jede Unterstützung, die der Minderheit von außen zuteil wurde, als Eingriff in ihre Souveränität. Briand, Politis, Mello Franco, Chamberlain bekannten sich im Völkerbundsrat mehr oder weniger deutlich zur Assimilationstheorie. Dem ersten kurzen Anlauf zu einer ernstlichen Wahrnehmung des Schutzes der Minderheiten folgte von 1924—28 eine Zeit der Stagnation und des Rückschrittes. Man scheute die klare Auseinandersetzung über Recht und Unrecht und war bemüht, die aufquellende Empörung durch kleine Hilfen zu beschwichtigen und sie der öffentlichen Weltmeinung zu verbergen.

Seit 1923 liegt der Schwerpunkt des Verfahrens in Fragen des Minderheitenrechtes durchaus bei dem »Dreierausschuß«, den der Völkerbundsrat zur Prüfung eingehender Petitionen von Minderheiten jeweils einsetzt. Diesem Ausschuß gehören, wie 1925 kurz vor dem Eintritt Deutschlands beschlossen wurde, die best unterrichteten Staaten, nämlich derjenige, gegen den sich die Beschwerde richtet, und der konnationale Staat der Beschwerdeführer, nicht an. Wohl hat der Dreierausschuß durch vertrauliche Verhandlungen mit der beklagten Regierung in manchen Fällen Milderungen erzielt. Da er aber seinen Entscheidungen fast immer nur die Sachdarstellung dieser Regierung zugrunde legt, die Kläger nicht hört und unter Ausschluß der Öffentlichkeit verhandelt, so ist das Endergebnis stets ein Kompromiß, das der beschwerdeführenden Minderheit auch dann immer nur einen bescheidenen Teil ihres Rechtes zuerkennt, wenn der Ausschuß von ihrem vollen Rechte überzeugt ist[49]).

3. Die Wirkungen der ungenügenden Wahrnehmung des Minderheitenschutzes.

Wie verhängnisvoll das Fehlen einer gesicherten Rechtsfindung und Rechtsschöpfung gewirkt hat, soll im Zusammenhang mit dem Schicksal einer Reihe von Petitionen kurz dargelegt werden[50]). Voranzuschicken ist, daß der Völkerbundsrat von den an ihn gelangten 15 deutschen Petitionen — außer 21 oberschlesischen, die der Rat behandeln muß — nach Bruns nur 2 behandelt hat, von 21 ungarischen 1, von 4 ukrainischen keine; eine polnische wegen Litauen und 2 jüdische wurden behandelt.

Beschwerden der Deutschen in Polen. Unter allen Staaten hat sich am rückhaltlosesten Polen zu der Politik der Entnationalisierung bekannt und vor dem Haager Gerichtshof sein Recht auf Entdeutschung aus dem Versailler Vertrag abzuleiten versucht. Es hat sich in seinem Vorgehen auch nicht stören lassen, als der Gerichtshof solche Politik als Verstoß gegen Polens internationale Verpflichtungen kennzeichnete. Es standen oder stehen folgende Mittel und Wege zur Durchführung jener rechtswidrigen Politik zur Verfügung:

a) die Vertreibung der »annullierten« Ansiedler und der Domänenpächter. Polen hatte sich zum Hinausschieben der Exekution aus Anlaß der Annullation von Rentengutsverträgen bis zur Beendigung des gerichtlichen Verfahrens auf Verlangen des Völkerbundes bereit erklärt. Nachdem aber der Gerichtshof durch sein Urteil vom 10. 9. 23 das Recht der bedrohten deutschen Siedler auf ungestörtes Eigentum an ihren Höfen festgestellt hatte, erhielt Polen die Annullation ruhig aufrecht[51]), verjagte gegen 4000 Ansiedlerfamilien[52]), die sich einhellig im Bewußtsein ihres guten Rechtes weigerten, freiwillig zu räumen, gewaltsam und auf höchst grausame Weise von Haus und Hof und bequemte sich dank der Vermittlung der englischen Vertreter im Völkerbundsrat nur zu einer Ent-

---

49) Bruns a.a.O. S. S. 25, 26, 33.

50) Vgl. zum folgenden: C. G. Bruns, »Minderheitenrecht als Völkerrecht«, Erg.-Heft 2 zu Bd. XIV der *Zeitschrift für Völkerrecht,* Breslau 1928, und die schon zitierte Schrift desselben Verfassers von 1929, ferner Arthur v. Balogh, »Der internationale Schutz der Minderheiten«, München 1928, S. 114ff., Jakob Robinson, »Das Minoritätenproblem und seine Literatur«, Berlin und Leipzig 1928, und Polonicus, »Die Deutschen unter der polnischen Herrschaft«, Berlin 1927.

51) Alle nach dem Tage des Waffenstillstands (11. 11. 18) aufgelassenen Ansiedlungsgüter wurden als Eigentum des polnischen Staates angesehen, obwohl der Haager Gerichtshof das Eigentum der Ansiedler, die vor Inkrafttreten des Friedensvertrages (10. 1. 20) aufgelassen waren, anerkannt hatte. Vgl. oben S. 45.

52) Dem deutschen Reichsentschädigungsamt sind 3496 Fälle von annullierten Ansiedlern angemeldet worden. Dazu kommen solche Annullierte, die in Polen geblieben sind, und eine Anzahl von Pachtsiedlern, zusammen auf höchstens 1000 geschätzt.

schädigung, die etwa $^1/_3$ des Wertes betrug — auch nur denjenigen Ansiedlern gegeben wurde, die am Tage des Annullationsgesetzes (14. 7. 20) polnische Staatsangehörige waren[53]). Das Massenangebot der verlassenen Stellen, über die sofort zu disponieren war, lockte unverhältnismäßig zahlreiche Bewerber aus anderen Teilgebieten Polens heran; doch haben »diese Leute, ungenügend vorbereitet zu intensiver Feldarbeit und kaufmännischen Kalkulationen« auf den deutschen Höfen nicht lange ausgehalten und sie der Ortsbevölkerung überlassen. Die annullierten Stellen befinden sich »heute alle in polnischen Händen«[54]).

Auf Grund des »Diebstahlsgesetzes«, wie das Annullationsgesetz in Polen genannt wird, wurden ebenso fast alle deutschen Domänenpächter (219) unter flagrantem Rechtsbruch von ihrem Pachtbesitz vertrieben. Entgegen dem Urteil des Haager Gerichtshofes hält sich Polen an die von Preußen abgeschlossenen Verträge nicht gebunden[55]). Man beraubte die Domänenpächter zugleich des ihnen gehörenden sehr wertvollen Inventars, Stammherden, Maschinen usw. In keinem der mir bekannt gewordenen Fälle ist dafür ein Pfennig Entschädigung bezahlt worden.

Nach polnischer Angabe vor dem Haager Gerichtshof[56]) waren 17240 Rentengüter deutscher von der Ansiedlungskommission eingesetzter Ansiedler in Polen vor dem 11. November 1918 mit 106482 ha aufgelassen und frei von der Austreibung nach dem Gesetz vom 14. Juli 1920. Dazu kommen viel größere Flächen im Eigentum von altansässigen — zum großen Teil, besonders auch in Westpreußen schon im Mittelalter angesiedelten — deutschen Bauern und Gutsbesitzern. Die Ansiedlungskommission hat in 27 Jahren ihrer Tätigkeit nur 8,5% des gesamten ländlichen Grundbesitzes in den beiden Provinzen Posen und Westpreußen erworben, aber hier wie dort befand sich vor der Abtretung der überwiegende Teil des ländlichen Grundbesitzes in deutscher Hand, er überwog

---

[53]) Nach Mitteilung des Ansiedler-Siedlungsbundes hat die polnische Regierung bis 1929 an nur 800 annullierte Ansiedler, die als polnische Staatsbürger anerkannt wurden, Entschädigungen bezahlt, 200 sollen demnächst folgen, in 2—300 Fällen schwebt noch der Rechtsstreit wegen der Staatsangehörigkeit. Die 2—3000 Annullierten, die als Reichsangehörige gelten, haben ihren Anspruch wegen Liquidationsentschädigung angemeldet, aber wie alle anderen »Liquidierten« bisher nichts von Polen erhalten.

[54]) Es sind dies allein in der Wojewodschaft Posen 2294 Stellen mit 25600 ha. Vgl. Ing. I. Nowak, »Die Agrarverhältnisse... auf dem Gebiet des Bezirkslandesamtes Posen, die bisherigen Arbeiten dieses Amtes und das Zukunftsprogramm für dieselben«, »*Osadnik*« Jahrg. 1927, Nrn. 27—34 (polnisch).

[55]) Art. 5 des Gesetzes vom 14. 7. 20 lautet: »Der als Eigentümer« — kraft der Nachfolge in das Eigentum der Krone, des Reichs, der deutschen Staaten — »eingetragene Staatsschatz kann die Entfernung solcher Personen von den Grundstücken verlangen, die auf Grund eines mit« dem Rechtsvorgänger »geschlossenen Vertrages sich nach dem Inkrafttreten dieses Gesetzes auf diesem Grundstück aufhalten«!

[56]) Vgl. dessen Gutachten vom 10. September 1923 (Publications Serie B No. 6, S. 34).

besonders auch in den Landgemeinden mit Ausnahme des Regierungsbezirkes Posen[57]).

Aber Polen hat Mittel gefunden, um die Deutschen auch aus diesem ihrem unbestrittenen Eigentum zu verdrängen:

b) die Aberkennung der Staatszugehörigkeit und die Liquidation des Grundbesitzes. Ein auch sonst sehr beliebtes Mittel, um Angehörige der Minderheit aus ihrem Grundbesitz zu verdrängen, ist der Versuch, ihre Staatsangehörigkeit zu bestreiten und ihnen dann als Ausländern den Besitz wegzunehmen. Das ist zwar eine Barbarei, aber durch das Versailler Diktat anerkannt. Doch steht den in Polen Liquidierten wenigstens die volle Entschädigung von seiten des liquidierenden Staates zu. Andererseits sind die Deutschen in Polen besonders ungünstig durch die Bestimmung des Versailler Friedens (Art. 91) gestellt, daß deutsche Reichsangehörige und ihre Nachkommen, die sich nach dem 1. Januar 1908[58]) dort niedergelassen haben, nur mit besonderer Genehmigung das polnische Bürgerrecht erwerben können. Die polnische Regierung suchte nun den Umkreis der der Liquidation ausgesetzten Landgüter durch eine enge Auslegung der hier maßgebenden Bestimmungen, besonders durch Nichtanerkennung des Geburtsrechtes zu erweitern. Das auch in dieser Sache eingeforderte Gutachten des Haager Gerichtshofes[59]) hatte den Erfolg, daß unter dem Druck des Völkerbundsrates das »Wiener Abkommen« zwischen Deutschland und Polen vom 30. August 1924 geschlossen wurde, das gewissen schikanösen Auslegungen ein Ende machte. Auf diese Weise sind viele Angehörige der Minderheit vor der Liquidation ihrer Güter bewahrt worden. Aber Polen nimmt noch jetzt sehr große Flächen für die Liquidation in Anspruch, welche nach deutscher Rechtsauslegung Eigentum polnischer Staatsangehöriger sind. Unbekümmert um die noch schwebenden Streitfragen über die Staatsangehörigkeit[60]) fährt Polen mit den Liquidationen fort und stellt die li quidierten Güter unter Zwangsverwaltung. Bis Ende 1926 war die Liquidation bei rund 80 Gütern mit 70 000 ha und bei etwa 2000 kleineren Besitzungen mit 30 000 ha durchgeführt und für weitere 95 000 ha

---

57) Vgl. die Zahlen bei Polonicus a.a.O. S. 70/71.

58) In ganz Posen-Westpreußen waren bis Ende 1914 22128 Siedlerstellen mit 320755 ha begründet worden und davon etwa 1/4, 6409 mit 85980 ha, nach dem Jahre 1908. — Im Jahre 1908 war ein Enteignungsgesetz für Posen-Westpreußen ergangen. Da die Deutschen entgegen der Abmachung im Vorfrieden an den Friedensverhandlungen nicht beteiligt wurden, konnte man die Vorstellung erwecken, als hätte dieses Gesetz durch Enteignung polnischer Güter die Germanisierung des Landes stark beschleunigt. Dieses Gesetz ist aber nur in 3 Fällen mit zusammen 1665 ha angewandt worden, und zwar bei Gütern, die kurz vorher von deutscher in polnische Hand übergegangen waren, und gegen reichliche Entschädigung. Im übrigen hat die Ansiedlungskommission alles Land, und zwar ganz überwiegend aus deutscher Hand, freihändig erworben.

59) Gutachtliches Erkenntnis vom 15. September 1923, Serie B. No. 7 der Veröffentlichungen des Haager Gerichtshofes.

60) Polen hat hartnäckig die Berufung eines unparteiischen Vorsitzenden in die nach langen Verhandlungen 1927 zugestandene paritätisch zusammengesetzte Schiedskommission für Fragen der Staatsangehörigkeit abgelehnt. Deshalb bleibt der größere Teil der Streitfälle unentschieden.

eingeleitet[61]). Die dafür gezahlte Entschädigung erreichte durchschnittlich weniger als ein Drittel des Friedenswertes. Die Folge waren Hunderte von Klagen auf Gewährung von Zusatz-Entschädigungen bei dem Gemischten deutsch-polnischen Schiedsgericht. Aber nach sieben Jahren (1929) ist noch keine dieser Klagen entschieden[62]).

c) Das Wiederkaufsrecht. Die Preußische Ansiedlungskommission hatte sich ein dingliches Recht zum Wiederkauf gegenüber den von ihr begründeten Rentengütern zu einem ermäßigten Preise vorbehalten, um sie im deutschen Eigentum und Besitz zu halten und ihren betriebsfähigen Zustand (durch Versicherung, Rückenbesitz usw.) zu sichern. Das Wiederkaufsrecht wurde auch auf alle diejenigen deutschen Landgüter, große und bäuerliche, in den Grenzprovinzen ausgedehnt, bei denen eine Regulierung der Schulden zum Zwecke der »Besitzfestigung« unter Heranziehung von Mitteln der Ansiedlungskommission stattgefunden hat[62a]). Das Wiederkaufsrecht wurde besonders dann praktisch, wenn das Landgut ohne Genehmigung verkauft wurde. Es konnte auch, wenn der Eigentümer starb, ausgeübt werden, ist aber in solchem Falle schon deshalb nur ganz vereinzelt zur Anwendung gekommen, weil alle hier beteiligten Güter dem Anerbenrecht unterliegen, d. h. bestimmt sind, in der Familie des Eigentümers erhalten zu bleiben, der Eingriff also nur stattfand, wenn anläßlich des Todesfalles eine Veräußerung zu erwarten war. Die polnische Regierung steht nun auf dem Standpunkt, daß ihr kraft des auf sie übergegangenen Wiederkaufsrechtes alle Ansiedlungs- und im Besitz gefestigten Güter beim Tode des Ansiedlers zur Verfügung stehen und von ihr weiter vergeben werden können. Auf diese Weise würden die sämtlichen noch bestehenden Ansiedlungsgüter und Tausende von alters her deutschen Besitzungen im Laufe einer Generation gewaltsam in polnischen Besitz übergeführt werden. Das ist wiederum eine der Maßnahmen, von denen das Haager Urteil vom 10. September 1923 bemerkt, daß gerade sie durch den Minderheitenvertrag unmöglich gemacht werden sollten. Soweit das Wiederkaufsrecht ausgesprochen nationalpolitischen Charakter besitzt und zu Ungunsten einer nationalen Minderheit gehandhabt wird, ist es unvereinbar mit dem Minderheitenvertrage[63]). Was Preußen vor dem Kriege durfte, hat also der Minderheitenvertrag dem polni-

---

[61]) Vgl. Polonicus a.a.O. S. 23.

[62]) Das liegt zum Teil in sachlichen Schwierigkeiten begründet. Der (Schweizer) Präsident des deutsch-polnischen Schiedsgerichtes sah sich genötigt, im Jahre 1925 durch eine internationale Sachverständigen-Kommission den Wert der liquidierten Güter untersuchen zu lassen. (Das Ergebnis war, daß ohne den Einfluß der Liquidationen und Annullationen der damalige Wert der enteigneten Bauerngüter 55% des Vorkriegswertes betragen hätte — inzwischen ist der Vorkriegswert in Polen erreicht.)

[62a]) In ganz Posen-Westpreußen war solche Besitzfestigung bis Ende 1918 für 11583 bäuerliche und 257 große Güter mit zusammen 348143 ha erfolgt. Nach Angabe in dem vorzitierten Aufsatz aus dem »*Osadnik*« kommen in 34 Kreisen der Wojewodschaft Posen 5402 derartige Landgüter mit einer Gesamtfläche von 125000 ha in Betracht.

[63]) Vgl. *Publications of the Permanent Court of International Justice, Series B. No. 6, September 10th, 1923*, p. 39: »*the attention of the Court has been drawn to their mixed private und public character. But the political motive originally connected with the* Rentengutsverträge

schen Staate untersagt. Unter rein privatrechtlichen Gesichtspunkten aber würde die Umkehrung des dem eigenen Nationalstaat zur Erhaltung des Deutschtums eingeräumten Rechtes zugunsten eines anderen Staates, der es statt zur Erhaltung deutscher Familien im Grundbesitz zu deren Verdrängung ausübt, gegen Treu und Glauben verstoßen [64]). Augenblicklich schweben gegen 200 gerichtliche Streitfälle wegen des Wiederkaufsrechtes, von denen drei — und zwar gegen die Kinder — entschieden sind. Aber unbekümmert um die Rechtslage suchen die polnischen Behörden die beteiligten Grundbesitzer durch die immer wiederholte Mitteilung zu zermürben und zum Verkauf an Polen zu bewegen, daß beim Ableben des jetzigen Besitzers Polen von dem Wiederkaufsrecht Gebrauch machen werde. Wenn der Erbgang eingetreten ist, ergeht Aufforderung, die Stelle zu räumen.

Zu dem allen kommt eine Fülle von anderen Maßnahmen zum Zwecke der Verdrängung und Ausplünderung der deutschen und der anderen Minderheiten: die unten geschilderte nationalistische Handhabung der Agrargesetze, die unverhältnismäßig viel deutschen Besitz zur Aufteilung heranzieht und Fremdstämmige von der Ansiedlung grundsätzlich ausschließt, die Terrorakte in Oberschlesien, die politische Zurücksetzung der Deutschen mit Hilfe der Wahlkreisgeometrie, ihre Verdrängung aus der Kommunalverwaltung (wegen ungenügender Kenntnis der polnischen Sprache), die Einziehung von Konzessionen oder Patenten, Beschränkungen in der Berufsausübung von Ärzten, Apothekern usw., die höchst unbefriedigenden Kirchen- und Schulverhältnisse, die grausamen Massenausweisungen von Optanten [65]) usw.

Aber schlimmer als alles übrige ist die Unsicherheit der Rechtslage, ist namentlich auch die Ungewißheit, ob die Deutschen ihr Besitztum auf die Kinder vererben können. Es ist ein schwerer Schaden, daß der Völkerbundsrat aus unbekannten Gründen die erbetene und schon beschlossene Einholung des Haager Rechtsgutachtens zum Wiederkaufsrecht unterlassen und nichts getan hat, um die Respektierung des vom Ständigen Internationalen Gerichtshof gefällten Erkenntnisses sicher zu stellen.

Die Rechtsunsicherheit und das Gefühl rechtloser Preisgabe an das freie Ermessen polnischer Behörden hat bewirkt, daß gegen 12 000 deutsche Grundbesitzer ihre Höfe an Polen verkauft [66]) und drei Viertel Millionen Deutsche das ungastliche Land verlassen haben.

Dabei sind die Interessen der Deutschen in Polen im Völkerbundsrat im Vergleich mit anderen Minderheiten, auch in anderen Staaten, ausgiebig berücksichtigt worden. Es scheint auch, als wäre es seiner Ein-

---

does not in any way deprive them of their character as contracts under civil law, and the few clauses which they« (*the* Rentengutsverträge) *»contain of a distinctively political character become inoperative without interfering in the least with the normal execution of their essential clauses«.* Dieser englische Text ist maßgebend und nicht der an dieser Stelle ungenaue französische.

[64]) Vgl. hierzu das ausführliche Gutachten von Prof. Erich Kaufmann, Bonn, in den »*Publications of the Permanent Court of International Justice*«, *Series C, No. 3, Third Session, Vol. III,* p. 502.

[65]) Näheres bei Polonicus, »Die Deutschen unter der polnischen Herrschaft«, Berlin 1927.

[66]) Nach einer Mitteilung des Ansiedler-Siedlungsbundes.

wirkung zu verdanken, daß zwei Petitionen der deutschen Minderheit wegen international-rechtswidriger Entwürfe von polnischen Agrargesetzen zur Zurückziehung besonders krasser Bestimmungen geführt haben.

Ähnlich den Deutschen in Polen ist es den Ungarn in Rumänien ergangen.

Ungarische Beschwerden gegen Rumänien. Die madjarischen Ansiedler im Banat und in Siebenbürgen beschwerten sich unterm 18. Februar 1925 über die entschädigungslose Enteignung des größten Teiles ihrer Grundstücke. Das rumänische Agrargesetz vom 30. Juli 1921 gestattete solche Enteignung — ähnlich dem polnischen Annullationsgesetz — gegenüber allen nach dem 1. Januar 1885 Angesiedelten. Der hierzu erstattete Bericht des Dreierausschusses im Völkerbundsrat bezweifelte, ob diese Bestimmung mit den Minderheitenverträgen vereinbar sei, hielt es aber — wohl unter dem Eindruck der Mißachtung des Haager Urteils durch Polen — nicht für zweckmäßig, die gerichtliche Entscheidung herbeizuführen. Die angeknüpften Verhandlungen hatten das Ergebnis, daß der Völkerbundsrat mit dem Ausdruck des Dankes ein rumänisches Angebot annahm: der rechtswidrig enteignete Boden wurde den Ansiedlern auch hier nicht zurückerstattet, aber eine »Humanitätsentschädigung« geleistet, die den vollen Wert nicht annähernd deckte.

Zahlreiche weitere Beschwerden der Ungarn und sämtliche Petitionen anderer Minderheiten in Sachen der Agrarreform blieben ohne Erfolg.

Die in Lett- und Estland enteigneten Großgrundbesitzer versuchten in ihrer 1925 und 1926 dem Völkerbundsrate eingereichten Beschwerde vergeblich, eine Entscheidung des Haager Gerichtshofes auch für sich herbeizuführen. Nach dessen Urteil vom 10. 9. 23 ist kaum zu bezweifeln, daß die Entscheidung zu ihren Gunsten ausgefallen wäre. Es widersprach dem Grundsatz der gleichen Behandlung, auf das die ethnische Minderheit Anspruch hat, daß sich die ersatzlose Enteignung in Lett- und Estland auf die historischen »Rittergüter« beschränkte; denn sie gehörten »*dans l'ensemble*«, d. h. mit wenigen Ausnahmen Deutschen, auch Russen und Polen, ihre Enteignung unterwarf also diese Minderheiten einer Sonderbehandlung. Auch fand die Verwaltungsgerichtsbarkeit Mittel, um die Ausführung des Agrargesetzes gegenüber einheimischen Rittergutsbesitzern zu suspendieren [67]). Die enteigneten Fremdstämmigen haben Anspruch auf dieselbe volle Entschädigung, die man den Besitzern von unprivilegierten Gütern und von Bauerhöfen im Falle einer Enteignung zubilligt. Dieser Anspruch besteht auch für den Fall, daß die Unantastbarkeit des Privateigentums von Staatsangehörigen auf Grund der Minderheitenverträge nicht anerkannt würde.

Ebenso hatte die Petition der Deutschen und Ungarn gegenüber der tschechoslowakischen Agrarreform keine Wirkung, obwohl hier, wie Bruns richtig bemerkt, »ein Zweifel, ob der Minderheitenvertrag verletzt sei, höchstens bezüglich der Enteignung von deutschem und ungarischem Grundbesitz bestehen konnte, während die Verletzung der Minder-

[67]) So in Lettland, vgl. A. de Lapradelle (Professor des Völkerrechts an der Pariser Juristischen Fakultät) in seinem Aufsatz »*Les réformes agraires et le droit des gens*«, »*L'Esprit International*« vom 1. Juli 1929, S. 449ff.

heitenrechte durch Nichtbeteiligung an der Verteilung des enteigneten Landes ganz eindeutig ist«[68]).

Die Beschwerde der aus Litauen vertriebenen Polen 1924 führte zu einem bloßen Achtungserfolg, nämlich einer gründlichen Untersuchung der Verhältnisse, und auch diese blieb der Beschwerde der litauischen Regierung (1927) wegen der Lage der Litauer im Wilnagebiet versagt. —

Seit dem vom Völkerbund herbeigeführten Gutachten des Haager Gerichtshofes wegen der Verletzung der Bestimmungen des Minderheitenvertrages über den Erwerb der Staatsangehörigkeit durch Polen hat der Völkerbundsrat nichts mehr getan, um die — besonders auch in ungarischen Petitionen gegenüber Rumänien — beklagten zahllosen ähnlichen Verletzungen des Rechtes auf Staatsangehörigkeit zu verhindern oder aber gutzumachen oder eine weitere Klärung der verworrenen Rechtslage herbeizuführen.

Die Optanten der verschiedenen Länder leiden sehr unter dem überaus schleppenden Verfahren der Gemischten Schiedsgerichte[69]). Die beiden von den streitenden Gruppen gestellten Richter handeln wie Partei-Anwälte, alles hängt von dem neutralen Präsidenten ab, an dessen Fleiß und Verantwortungsfreudigkeit sehr hohe Anforderungen gestellt werden.

Das Gesamtergebnis der Tätigkeit des Völkerbundsrates zum Schutze der Minderheiten ist nach dem allen beklagenswert dürftig. Nach einem kurzen Anlauf hat er das Schicksal der seinem Schutz anvertrauten mehr als 20 Millionen Fremdstämmiger Gewalthabern preisgegeben, die der »Sieg« und die überreichliche Erfüllung ihrer nationalistischen Träume alle Rechtsschranken vergessen ließ. Zwischen dem geschriebenen Minderheitenrecht und der Praxis der neuen Staaten klafft derselbe Gegensatz wie zwischen dem Völkerbundspakt und der im Geist des Versailler Diktats geführten Politik der den Völkerbund beherrschenden Mächte. Unrecht und Inhumanität haben in den neuen oder erweiterten Staaten des östlichen Mitteleuropa ein ungeheures Elend hervorgerufen, die nationalen Gegensätze ver-

[68]) Bruns, »Grundlagen und Entwicklung des internationalen Minderheitenrechts«, Berlin-Steglitz 1929, S. 39.

[69]) Hierher gehört der noch schwebende ungarisch-rumänische Optantenstreit. Auf Grund des Agrargesetzes vom 30. Juli 1921 hatte die rumänische Regierung zahlreiche Optantengüter enteignet. Die Entschädigung überstieg nicht 1% des wirklichen Wertes. Ein Urteil, das das rumänisch-ungarische Gemischte Schiedsgericht auf die Beschwerde der Optanten hin am 10. 1. 1927 fällte, erkannte der rumänische Staat nicht an und zog seinen Richter zurück. Nunmehr forderte die ungarische Regierung vom Völkerbundsrat die Berufung eines neutralen Stellvertreters; dagegen begründete die rumänische Regierung in einer Sitzung des Völkerbundsrates vom 7. März 1927 ihre Haltung damit, daß ein Urteil in dem Optantenstreit die Zuständigkeit des Gemischten Schiedsgerichts überschritte, weil es sich nicht um eine gegen die Optanten einseitig gerichtete Maßnahme, sondern um eine allgemeine Agrarreform handele. (Vgl. Balogh, a.a.O., S. 117).

tieft, den Völkerhaß auch dort entflammt, wo vor dem Kriege ein leidliches Friedensverhältnis bestand. Das Vertrauen in den Völkerbund ist tief erschüttert worden.

Man führt die Stagnation in der Wahrnehmung des Minderheitenschutzes auf das üblich gewordene Verfahren, insbesondere die Einrichtung des Dreierausschusses zurück: Dadurch sei den Ratsmitgliedern die früher gegebene Möglichkeit, selbst die Initiative zu ergreifen, genommen. Aus Gründen der Kollegialität greife niemand eine Sache auf, die noch im Dreierausschuß schwebt. Die Mitglieder dieses Ausschusses exponieren sich nur ungern gegenüber den in Frage kommenden Staaten, sie haben deshalb fast völlig aufgehört, irgendwelche Petitionen von Minderheiten vor den Rat zu bringen. So ist dem letzteren wiederum die ihm zustehende Anrufung des Haager Gerichtshofes erschwert worden[70]. Deshalb ist die besonders von deutscher, kanadischer, holländischer und schweizerischer Seite seit 1927 angeregte Verbesserung des Verfahrens (Einsetzung einer ständigen Kommission für die Minderheitenfragen, Verpflichtung, dem Rat oder den Ratsmitgliedern zu berichten, Anhörung der klagenden Partei und größere Öffentlichkeit des Verfahrens) sehr zu begrüßen.

Wichtiger noch als der Ausbau des Verfahrens im Völkerbundsrat wäre die stärkere Heranziehung des Ständigen Internationalen Gerichtshofes im Haag. Er erfreut sich mit Recht des unbedingten Vertrauens der ganzen zivilisierten Welt, und um dieses wertvollste Organ des Völkerbundes für die Wiederaufrichtung der europäischen Kulturgemeinschaft ausgiebiger nutzbar zu machen, bedarf es nur des Entschlusses, von der jedem Mitglied des Völkerbundsrates zustehenden Befugnis Gebrauch zu machen und bei Meinungsverschiedenheit von sich aus das höchstgerichtliche Gutachten einzuholen. Jedoch müssen Vorkehrungen getroffen werden, um Urteilen und Rechtsgutachten des Ständigen Internationalen Gerichtshofes die Vollziehung in der staatlichen Praxis zu sichern, eine Nichtachtung mit schweren Nachteilen zu verknüpfen. Die Gerichtsbarkeit zur Entscheidung der zahlreichen Streitfälle wegen der Staatsangehörigkeit ist sehr verbesserungsbedürftig.

Aber das Recht kann immer nur ein gewisses Mindestmaß von sittlichen Grundsätzen der Verwirklichung zuführen; letzt-

---

[70]) Vgl. hierzu die Denkschrift des Ausschusses der europäischen Nationalitätenkongresse vom Mai 1929.

lich kommt es auf die Gesinnung der Menschen an. Die Quelle aller Ethik ist die Ehrfurcht vor dem Leben (Albert Schweitzer). Die in dieser Schrift besprochenen Mißstände und die allgemeine Friedlosigkeit entspringen letztlich der mangelnden Ehrfurcht vor den besonderen Lebenskräften, welche jedem Volkstum innewohnen und Betätigung fordern. So viel es bestritten wurde, so gewiß bringt auch in der Politik sittliches Handeln lebensspendende Frucht. Es gibt keinen anderen Weg, um die fremdstämmigen Staatsangehörigen zu einer freudigen Teilnahme an ihrem Staate zu bringen, als die Anerkennung ihrer vollen Gleichberechtigung und ihres Anspruchs auf Erhaltung und freie Entwicklung ihrer Individualität.

Was sich in den einzelnen Staaten des östlichen Mitteleuropa abspielt, ist ein Ausschnitt aus dem Bilde der allgemeinen Zerrissenheit des Erdteils. Die Spannungen innerhalb dieser Staaten drängen früher oder später auf eine neue gewaltsame Entscheidung, die das Ende der europäischen Kultur wäre. Solange diese Spannungen fortbestehen, fehlen alle Voraussetzungen für die Verwirklichung einer engeren, wenn auch nur wirtschaftlichen Gemeinschaft unter den europäischen Ländern. Wie der deutsche Zollverein nur durch das Gefühl innerer Zusammengehörigkeit aller Deutschen möglich geworden ist, so kann ein Paneuropa erst entstehen, wenn das — dereinst viel stärkere — Bewußtsein europäischer Kulturgemeinschaft die heute vorhandenen Gegensätze von innen heraus überwindet. Die Zukunft des Erdteils und der Zivilisation ist bedingt durch die innerstaatliche und zwischenstaatliche Anerkennung der Gleichwertigkeit und Gleichberechtigung der Völker.

II.

Agrarverfassung und Landreform in Finnland.

1. Die finnische Agrarverfassung.

Auf Grund einer Studienreise
vom **Herausgeber.**

Das zu 88% von Finnen, zu 12%, hauptsächlich an der Süd- und Westküste, von Schweden bewohnte Land ist nach seiner ganzen Kultur und Rechtsordnung zu Mittel- und Westeuropa zu rechnen. Die Agrarfrage, die auch in Finnland während des Weltkrieges eine soziale Revolution entfesselte, ist aber nicht wie sonst in Mittel- und Westeuropa aus der Feudalverfassung hervorgegangen. Zwar hatte auch in Finnland, das bis 1809 unter schwedischer Herrschaft stand, wie in Schweden selbst, der adlige Besitz, besonders während des 30jährigen Krieges, einen gewaltigen Umfang angenommen. Um 1650 waren ungefähr $^{2}/_{3}$ des nutzbaren Landes und die Hälfte der ordentlichen Steuern in adlige Hände gelangt. Aber unter dem Drucke der Volksvertretung, an der auch die Bauernschaft beteiligt war, wurde unter Karl XI. aus dem Hause Pfalz-Zweibrücken die große Reduktion der Lehen seit 1682 durchgeführt und dadurch die ökonomische Übermacht des Adels für immer gebrochen. Zur Ausbildung einer Privatuntertänigkeit über die Bauern ist es in Finnland so wenig wie in Schweden gekommen. Die Abhängigkeit der Krons- und Adelsbauern ließ ihre persönliche Freiheit unberührt, ihre Verpflichtungen zu Zinstagewerken waren rein vermögensrechtlicher Art und sind um die Wende des 17. zum 18. Jahrhundert aufgehoben worden[1]). Seitdem waren die finnischen Bauern der großen Mehrzahl nach Eigentümer des von ihnen bebauten Landes. Der landwirtschaftliche Großbetrieb ist nicht stärker vertreten, als im Interesse des technischen Fortschritts erwünscht und notwendig erscheint.

Eine sorgfältige Erhebung von 1901 ermittelte in Finnland 271 154 landwirtschaftliche Betriebe mit einer Anbaufläche von 2845191 ha Land.

---

[1]) K. Haataja, »Pachtfrage in Finnland«, Helsingfors 1918, S. 4.

Diese Betriebe und diese Fläche gliederten sich wie folgt:

Betriebe mit einer Anbaufläche von ha	von 100 Betrieben	von 100 ha	von 100 ha Anbaufläche sind Pachtland
unter 3	39,4	3,4	90,8
3—10	29,1	15,8	50,2
10—25	20,8	30,8 } 69,7	20,9
25—100	10,0	38,9 }	11,0
über 100	0,7	11,1	10,9
zusammen	100,0	100,0	22,9

Nur 11% der landwirtschaftlichen Fläche gehören demnach zu Großbetrieben von mehr als 100 ha, das ist halbsoviel wie im alten Deutschland (1907: : 22,16%). Mehr als $^2/_3$ der Anbaufläche werden in Betrieben bewirtschaftet, die als groß- und mittelbäuerlich zu charakterisieren sind, der Bruchteil des Pachtlandes ist mit 11 und 20,9% für diese wichtigsten Träger des Landbaus zwar größer als in Deutschland, aber geringer als z. B. in den Vereinigten Staaten. Finnland ist also ein echtes Bauernland und seine Agrarfrage sehr im Gegensatz zu Rußland keine Bauernfrage.

Auffallend niedrig dagegen erscheint der Anteil der Klein- und Parzellenwirtschaften. Sie machen 68,5% aller Betriebe aus, bewirtschaften aber nur 19,2% des Kulturbodens. Dabei sind die Parzellenwirte (bis zu 3 ha) fast durchweg Pächter (90,8% Pachtland), die Kleinbauern (von 3—10 ha) haben ihr Land nur zur Hälfte zu eigen (50,2% Pachtland).

Es fehlt also der breite Unterbau von kleinen Eigentümern, der anderwärts, auch in Deutschland, die soziale Pyramide trägt. Man bezeichnet den Inhaber eines kleinen landwirtschaftlichen Pachtbetriebes mit dem schwedischen Ausdruck *torpar* und seine Stelle als *torp*, finnisch: *torppa. Torpare* sind Heuerlinge, die ihre Pacht regelmäßig durch Arbeitsleistungen abtragen. Sie unterscheiden sich von den westfälischen Heuerlingen aber durch einen im allgemeinen höheren Grad der ökonomischen Selbständigkeit. Sie haben Betriebe von 3—10 und mehr ha. Noch zahlreicher sind die Häusler, die nur ein Haus, und zwar zu eigen, auf einem gepachteten Wohngrundstück besitzen, und die Einlieger in fremden Haushaltungen. Häusler und Einlieger leben hauptsächlich von land- und forstwirtschaftlicher Lohnarbeit. Nach der Erhebung von 1901 hatten in den finnischen Landgemeinden nur 23% aller Haushaltungen einen eigenen landwirtschaftlichen Betrieb, 34% einen landwirtschaftlichen Pachtbetrieb, 43% aber waren ohne jeden landwirtschaftlichen Betrieb, abgesehen von höchstens etwas Garten- und Kartoffelland (bis 0,05 ha).

In Rußland haben die Bolschewiki immer wieder, jedoch bisher im ganzen mit geringem Erfolg, versucht, die Dorfarmen gegen die bessergestellten Bauern mobil zu machen. In Finnland ist es gelungen. Es ist wohl der einzige Fall in der europäischen Agrargeschichte, daß eine bedeutende soziale Bewegung aus dem Spannungsverhältnis zwischen der Unter- und Oberschicht innerhalb bäuerlicher Landgemeinden erwachsen ist.

Die ökonomischen Grundlagen dieses Gegensatzes sind aus der mitgeteilten Statistik der Verteilung des landwirtschaftlichen Bodens nicht ausreichend erkennbar; der Gegensatz ist wesentlich auch aus der Verteilung des Waldes hervorgegangen.

Finnland ist eins der waldreichsten Gebiete der Erde. In unendlicher Wiederkehr wechseln dichtbewaldete Hügel, große und kleine Seen, rauschende Ströme und breite Moorflächen. Nur selten unterbricht eine durch Abbrennen entstandene Lichtung mit ihren Feldern und Wiesen das waldige Urbild der Landschaft. Dort schmiegen sich höchst malerisch die blutroten, weißberänderten Holzhäuser der Dörfer und Einzelhöfe in die Waldwüste. Nur 6,3% der Gesamtfläche sind nach einer Statistik von 1927 Äcker und Gärten, 1,5% Wiesen, 92,2% aber Wald, Moor und Fels. Ganz Finnland umfaßt 388000 qkm, unter Abrechnung der Seen und Wasserläufe 343500 qkm, die Einwohnerschaft nur 3,3 Millionen. Die Nordhälfte ist noch fast menschenleer. Von der Mitte des Landes aus werden die Höfe etwas häufiger. Am dichtesten ist die Süd- und Westküste, und zwar meist dorfweise, besiedelt. In diesen besten Ackerbaugebieten liegen auch die meisten großen Güter. Nur der 5. Teil (18,6%) der Bevölkerung lebt in den Städten. Außerhalb der Städte wohnen im Süden und Westen 12 bis 20, im übrigen nur 7,7 Menschen durchschnittlich auf dem qkm.

Das ist eine überaus geringe Dichtigkeit der Besiedlung, sie ist auch in Anbetracht des nordischen Klimas und der großen Ausdehnung des absoluten Waldbodens gering. Viehzucht kann auf natürlichen Wiesen und Waldweiden bis zum höchsten Norden getrieben werden. Die Gerste reift regelmäßig ebenfalls noch nahe der Nordgrenze. Die Kartoffel wird auch in den nördlichsten Teilen des Landes gebaut. Der normale Anbau von Roggen und Hafer reicht etwa bis zur Breite des Polarkreises, während Winterweizen und Erbsen eigentlich nur in den südwestlichen Teilen gebaut werden können. Man hat berechnet, daß allein die durchaus anbaufähigen Lehmböden Finnlands eine fünfmal größere Landbevölkerung aufnehmen könnten, als Finnland sie gegenwärtig besitzt. Aber solch intensiver Besiedlung erwuchs ein Hindernis aus den Eigentumsverhältnissen am Walde. Statt einer Lichtung der heimischen Wälder zum Anbau erfolgte die Auswanderung von Tausenden (1893—1920: 273000, meist 16—30jährige Einlieger, Häusler, Torper, Bauernkinder).

Schon seit dem 15. Jahrhundert waren Ansiedler aus dem südlichen in die mittleren, nördlichen und östlichen Teile des Landes vorgedrungen. Jeder nahm so viel Land, wie er wollte. »Um sich günstige Gelegenheit zum Jagen, Fischen und zum Urbarmachen durch Schwendwirtschaft zu sichern, baute der Pionier im allgemeinen sein Haus Dutzende von Kilometern entfernt vom nächsten Nachbarn« (Hannes Gebhard). Dieses System hat sich noch bis in die neuste Zeit in den unbewohnten Gebieten fortgesetzt, obwohl sich inzwischen die Rechtsverhältnisse gründlich geändert hatten. Bis in die 2. Hälfte des 18. Jahrhunderts galt der Wald als Gemeinbesitz, der allen offen stand. Aber im Jahre 1757 verfügte die schwedische Regierung die Aufteilung aller Gemeinheiten; das ungeteilt bleibende Land ist nur selten als Gemeinwald der Dörfer erhalten, im übrigen zum Besitz der Krone erklärt worden. Mit der Gemeinheitsteilung verband sich in den alten Dorfgemeinden, wie in Schweden oder Norddeutschland, die Verkoppelung der Grundstücke, die, bis zur Gegenwart fortgeführt, eine außerordentliche Steigerung der Produktivität zur Folge hatte. Damals wurde auch die ambulante Schwendwirtschaft verboten und setzte die Rationalisierung der Landwirtschaft durch intelligente Wirte ein.

Aber das Prinzip des freien Privateigentums ist in Finnland mit einer logischen Konsequenz durchgeführt worden, die in hohem Grade antisozial gewirkt hat und nur in der Landpolitik der Vereinigten Staaten eine vollständige Analogie findet. Nirgendwo verblieben den Gemeinden Allmenden. In den südlicheren Teilen des Landes wurde der Wald fast vollständig verteilt und jedem Eigentümer ein der Größe seines Wirtschaftsbetriebes angemessenes Stück als Privateigentum abgegrenzt. In den nördlicheren Teilen mit den großen Kronwäldern stellte der Staat jedem Ansiedler umsonst Land in großen Stücken zur Verfügung. Die ihm zugewiesene Fläche richtete sich nach dem Ertragswert des von ihm okkupierten Landes. Durchschnittlich entfiel auf den einzelnen Bauer $^1/_8$ *Mantal.* Mantal ist die ursprüngliche Grundsteuereinheit; sie umfaßt im Süden 3—600 ha und steigt in den nördlichsten Gegenden auf 2500 ha und mehr. Die durchschnittliche Landzuweisung beträgt dort etwa 350 bis 400 ha mit *Impedimenten*[2]) oder etwa 300 ha ohne *Impedimente*[2]). Die Ackerflächen aber sind im Norden nur klein: 1—5, ausnahmsweise bis 10 ha; dazu kommen natürliche Wiesen, hauptsächlich Moorwiesen mit etwa 20—50 ha. Der Rest ist Wald.

Als in der zweiten Hälfte des 18. Jahrhunderts die Gemeinteilungen begannen und den Höfen so bedeutende Flächen zugesprochen wurden, hatten die Wälder keinen großen Wert. Dazu kommt, daß der Holzbedarf der Höfe um so größer, der Zuwachs der Wälder um so kleiner wird, je weiter man nach Norden kommt. In Finnland ist auch die Auffassung allgemein, daß besonders die Höfe in den nördlicheren Teilen des Landes nur dadurch gut gehen, daß sie außer dem Ertrag der Landwirtschaft periodische Einnahmen aus dem Holzverkauf haben.

Die Vollhufen sind nicht selten unter die Erben des verstorbenen Eigentümers verteilt worden, so besonders im Nordwesten. In vielen Teilen des Landes aber ist die Regel, daß das Land ungeteilt auf den ältesten Sohn übergeht. Im Ganzen wirkte deshalb die restlose Aufteilung der Wälder in den schon mehr erschlossenen Gebieten und die reichliche Ausstattung der ersten Ansiedler wie eine Sperre für den Landerwerb der nachkommenden Generation. Die nach der Grundteilung vorsichgehende Kolonisation des Landes vollzog sich hauptsächlich durch die Gründung neuer Torperstellen und durch Vermehrung der landlosen Häusler und Einlieger. Im Jahre 1749 gab es im schwedischen Finnland 31000 Bauern, 3000 Torper und einige Tausend Häusler. Schon 1815 war das Verhältnis: 77000 Bauern, 31000 Heuerlinge und 19500 Häusler, Einlieger und Instleute. Im Jahre 1865 waren die entsprechenden Ziffern 87400, 63000 und 52400[3]). Seitdem ist die Zahl der Heuerlinge nicht mehr nennenswert gestiegen, um so rascher die der Häusler und der ganz unbegüterten Leute. So war Finnland im Beginn des kapitalistischen Zeitalters voll von abhängigen und besitzlosen Leuten.

Im Jahre 1901 gehörten von der ganzen Landfläche dem Staat 39,4 % — es sind hauptsächlich Wälder im nördlichen

---

2) Impedimente sind ganz wertlose Flächen.

3) Vgl. »Finnland im Anfang des 20. Jahrhunderts«, Helsingfors 1919 S. 109.

Finnland, — die Gemeinden sind mit 0,2% beinahe besitzlos. 1% entfiel auf die Pfarreien, 3% auf Aktiengesellschaften, 55,7% auf Privatleute, darunter 2% auf Industrielle und Kaufleute. Rechnet man den gesamten nicht staatlichen Landbesitz zusammen, so ergeben sich 118617 Grundeigentümer, denen 19,9 Millionen ha gehören, und zwar nach der amtlichen Einteilung in folgenden Größengruppen:

Größengruppen	Anzahl der Grundbesitzer	% d. Grundbesitzer		Anteil am Grundbesitz %	
Kleinbesitz bis zu 50 ha	31 262	26,36		4,39	
Mittelbesitz 50— 250 ha	67 830	57,19	72,20	39,27	78,00
Großbesitz 250—1000 ha	17 811	15,01		38,73	
Sehr großer Besitz über 1000 ha	1 714	1,44		17,61	
zusammen	118 617	100		100	

Den geschichtlich meist der Bauernschaft zuzurechnenden Mittel- und Großbesitzern gehörten hiernach fast $^4/_5$ des nicht fiskalischen Landes. Durch die Aufteilung des Waldes war eine bäuerliche Grundherrschaft entstanden, der die Masse des Landvolkes Arbeitsleistungen schuldete. Noch 1912 wurden 72% aller Pächte in Arbeit bezahlt. Dabei entfielen nur 36 Tagewerke und 12 Gespanntage im Jahre durchschnittlich auf eine Pachtstelle, aber die Arbeiten wurden widerwillig geleistet. Natürlich hat nicht jeder Grundeigentümer auch einen Arbeiterpächter. Während die kleinen Eigentümer — der Zahl nach die Mehrheit — ohne solche wirtschaften, wächst die Anzahl der Heuerlinge und Häusler mit der Größe des Eigentums. Im Jahre 1912 hatten 138 Eigentümer mehr als 20 Torps, einzelne Großgüter mehr als 100. Für sie bot die Ansetzung von Torpern seit dem Anfang des 18. Jahrhunderts Ersatz für die damals weggefallenen bäuerlichen Dienste.

Aus diesen Verhältnissen entsprangen keine scharfen Reibungen, so lange der weite Raum eine extensive Wirtschaft gestattete, und auch von den kleinen Leuten jeder seinen Bedarf an Bau- und Brennholz, an Streu, an Heu und Laubheu zum Winterfutter aus dem Walde, auch Fische aus den Gewässern nehmen konnte. Die kleinen Pachtbetriebe fanden eine sehr wirksame Ergänzung durch weitgehende Nutzungsrechte an Wald und Fischwasser. Je weiter nach Norden, um so stärker wurde die auf Waldnutzung begründete Viehhaltung der Torper. Aber die Waldgerechtigkeiten wurden den Eigentümern höchst lästig, wenn durch Erbgang oder Verkauf das große Bauerngut geteilt wurde. Die verschwenderische Naturalwirtschaft trat in Widerspruch nicht nur zu den Interessen der Eigentümer, sondern zu den allgemeinen Lebensbedingungen der Nation, als in den letzten Jahrzehnten an den Flußmündungen und Wasserfällen mächtige Holzveredelungsfabriken errichtet wurden, welche die stillen Wälder in das Getriebe der Weltwirtschaft hereinzogen. Die rasch auf eine hohe technische Stufe gelangte Industrie liefert $^3/_4$ der Ausfuhrgüter und ist ganz entscheidend für die Handelsbilanz geworden. Infolge der rasch steigenden Papier- und Holzpreise gewann der ländliche Grundbesitz einen hohen Wert, und zwar dank der allgemeinen Flößbarkeit des überaus verzweigten Fluß- und Seesystems bis in die entlegensten Gegenden. Die Landwirtschaft selbst nahm an dem allgemeinen Aufschwung teil durch Einführung der Koppelwirtschaft, Veredelung der Viehrassen und Ausbildung einer ebenfalls hoch organisierten Molkereiindustrie auf genossenschaftlicher Grundlage. Die großartigen Lagerhäuser des berühmten *Valio*, der Zentralausfuhrgenossenschaft für Butter und Käse stellen etwa den 5. Teil der Ausfuhrwerte des Landes.

Mit der Geldwirtschaft zogen scharfe soziale Gegensätze in die Waldgebiete Finnlands ein. Die Bauern sind wohlhabend, ja reich geworden, ihre Gehöfte und Wirtschaften gut ausgestattet, ihre Schulen vortrefflich eingerichtet. Vielfach sind die Bauern freilich von der Großindustrie ausgekauft worden, die sich sehr bedeutende Waldbestände sicherte und die Eigentümer der eingesprengten landwirtschaftlichen Betriebe in Pächter verwandelte. Die für 1901 oben angegebenen Ziffern des Besitztums von Aktiengesellschaften, Industriellen und Holzhändlern sind inzwischen weit überholt worden.

Die Lage der Torper und der ganzen Unterschicht verschlechterte sich in dem Maße, als die Waldeigentümer der Holzvergeudung und Waldweide ihrer Hintersassen entgegentraten. Viele Torperstellen wurden eingezogen und niedergelegt. (1901—12 gegen 6000). Dagegen mehrte sich die Zahl der Häusler und Besitzlosen. Nach einer Statistik von 1912 war das Verhältnis der Torps zu den Häuslereien wie 37 : 63, nicht weniger als rund 50% der Landbevölkerung wohnten auf Mietland oder in Mietwohnungen. Man nennt diese Einlieger auf finnisch *loisia*, d. h. Parasiten. Es gibt Kirchspiele, in denen 30—40% aller Familien solches »Parasiten«dasein führen. Ein sehr großer Teil der besitzlosen Leute ernährt sich mit Gelegenheitsarbeiten, teils in den Wäldern, teils in der Landwirtschaft, und ist nicht selten gezwungen weit umherzustreifen, um passende Arbeit zu finden.

So ist die alte auf Naturalwirtschaft zugeschnittene Gesellschaftsverfassung durch die eindringende Verkehrswirtschaft »kapitalistisch« zersetzt worden. Die Ausbildung einer neuen sozialen Ordnung, welche den Interessen der arbeitenden Klassen unter Anpassung an die veränderten Bedingungen gerecht wurde, zog sich längere Zeit hin. Als deshalb in Finnland 1917 die russischen Arbeiter sich der öffentlichen Gewalt bemächtigt hatten und die bolschewistischen Bataillone einmarschierten, schlossen sich sehr zahlreiche Kleinpächter, Land- und Forstarbeiter ihnen an. Nach der Niederwerfung der Revolution wurde die schon begonnene Agrarreform rasch zu Ende geführt, die dazu bestimmt war, dem arbeitenden Volk einen erweiterten Anteil am Grundbesitz ihrer Heimat zu verschaffen.

Literaturverzeichnis.

1. *Société de Géographie de Finlande*, »*Atlas de Finlande*«, Helsingfors 1899.
2. Hannes Gebhard, »*Atlas de Statistique Sociale sur les Communes Rurales de Finlande en* 1901«, Helsingfors 1908.
3. *Société de Géographie de Finlande*, »*Atlas de Finlande*«, 1910. Dazu zwei Bände Text, Helsingfors 1911.
4. »Finnland im Anfang des 20. Jahrhunderts«, i. A. des *Ministeriums der auswärtigen Angelegenheiten*, Helsingfors 1919.
5. Kyösti Haataja, »Die Pächterfrage in Finnland«, Helsingfors 1918.
6. Dr. Oesten Elfving, »Die Bodenfrage in Finnland«, Frankfurt a. M. 1921.
7. Oesten Elfving, »Vermögensbildung kleinbäuerlicher Ansiedler in Finland«, Helsingfors 1915.
8. »Die Bodenreform in Finnland 1922«, Helsingfors 1923.
9. »*Réforme Agraire en Finlande* 1922«, Helsingfors 1923.
10. Professor Dr. Karl Metzger, »Zur Landfrage in Finnland«, *Berichte über Landwirtschaft*, herausgegeben v. *Reichsministerium für Ernährung und Landwirtschaft*, Neue Folge Heft 1, Berlin 1923.
11. *The Geographical Society of Finland*. »*Atlas of Finland* 1925« und Text, Helsinki 1929.

2. Die finnische Landreform.

Von **Dr. Kyösti Haataja,**

Chefdirektor des Landvermessungswesens in Helsingfors.

Die Regelung der Pachtbedingungen im Jahre 1909. — Die Pachtablösung von 1919. — Die innere Kolonisation.

Schon Ende des 19. Jahrhunderts fing die Regierung an, Schritte zu tun, um der landlosen Bevölkerung Land zu verschaffen und die Pachtbedingungen gesetzlich zu regeln. Aber wirksamere Maßnahmen wurden erst 1905 durchführbar, als der Ein-Kammer-Landtag an die Stelle des ständischen Vier-Kammer-Landtages getreten und dadurch der Schwerpunkt des politischen Lebens in die breiteren Schichten der Bevölkerung verlegt worden war. Die, welche die Landreform ausarbeiteten, erkannten klar, daß die Regelung der Pachtbedingungen das erste war, was in dieser Hinsicht getan werden mußte. Es war eine Pachtgesetzgebung nötig, die den bisherigen Grundsatz der Vertragsfreiheit durchbrach und den Bedürfnissen der Pächterklasse gerecht wurde.

Ein Gesetz zur Regelung der Pachtbedingungen erging im Jahre 1909. Es bestimmt einen Zeitraum von 50 Jahren als die kürzeste erlaubte Pachtfrist, in einigen Ausnahmefällen 25 Jahre. Dem Pächter wird am Ende der Pachtzeit eine Vergütung für von ihm vorgenommene Verbesserungen des Pachtlandes gewährt, sofern dadurch der Wert des Pachtobjektes erhöht ist. Der Pachtpreis muß vollständig in Geld festgesetzt werden und darf während der Pachtzeit nicht erhöht werden. Er kann aber auf Grund spezieller Verträge in Form von Tagewerken oder in Naturalien nach dem jeweils gangbaren Preise entrichtet werden. Der Pächter hat das Recht auf einen angemessenen Pachtzins. Die Angemessenheit soll vom Standpunkt des Pächters durch besondere paritätische Pachtausschüsse, die in den Gemeinden eingesetzt wurden, untersucht werden. Alle neuen Pachtverträge bedürfen der Genehmigung durch den kommunalen Pachtausschuß. Diese Behörde soll alle Streitigkeiten zu schlichten versuchen, die sich zwischen Grundeigentümern und Pächtern auf Grund der Pachtbedingungen erheben, und nur falls keine Verständigung möglich war, sollen diese Differenzen durch gerichtliches Verfahren entschieden werden. Mehrere Bestimmungen des neuen Gesetzes wurden mit rückwirkender Kraft auch auf die alten Pachtverträge ausgedehnt. Um Kündigungen zu verhüten, wurden die alten Verträge durch Gesetz verlängert, so daß sie bis 1916 oder länger Gültigkeit behielten.

Schon gleich, nachdem die Bestimmungen von 1909 Gesetz geworden waren, zeigte es sich, daß diese Verordnungen noch nicht genügten, sondern daß noch andere Maßnahmen nötig werden würden. 1912 wurde ein besonderes Komitee gebildet, um diese Frage zu lösen, und es wurde 1914 mit seiner Arbeit fertig. Sein Hauptvorschlag war, daß die Pächter das Recht haben sollten, ihre Pachtungen zu kaufen und daß die Regierung den Landeigentümern den Kaufpreis auszahlen solle. Der Ausbruch des Weltkrieges aber verhinderte, daß dieser Gesetzentwurf im Landtag beraten werden konnte. Dies konnte erst geschehen, nachdem Finnland seine Unabhängigkeit erlangt hatte. Sobald nach der russischen Revolution die Parlamentsarbeiten wieder begannen, wurde auch die Frage wieder aufgenommen. Der *Rote Aufstand* brachte wieder eine Verzögerung, aber sobald er beigelegt war, wurde das Gesetz im Landtag eingebracht. Ein Gesetz über den Kauf der Pachtungen wurde am 15. Oktober 1918, die Ausführungsvorschriften zum Gesetz am 11. April 1919 erlassen. Am letzten Mai 1919 trat die neue Gesetzgebung in Kraft. Später wurden noch einige kleine Verbesserungen vorgenommen. Die Hauptbestimmungen des Gesetzes waren die folgenden:

Jeder Pächter hat das Recht, seine Pachtung für sich zu kaufen. Der Grundbesitzer hat das Recht zu verlangen, daß der Pächter sein Kaufrecht ausübt. Zur Zeit des Kaufes sind die bebauten Felder und der anbaufähige Boden — im ganzen aber höchstens 20 ha — und soviel Wald, als Holz für den Hausbedarf gebraucht wird — höchstens 20 ha — als Nutzland einer Pachtung anzusehen. Wenn weniger als 2 ha bebaute Felder und anbaufähiges Land zu der Pachtung gehörten, ist sie als Häuslerei anzusehen, und es dürfen wohl die früher bebauten und anbaufähigen Grundstücke gekauft werden, aber kein Wald. Auch die dem Verpächter gehörenden auf dem Pachtgrundstück gelegenen Gebäude können von dem Pächter erworben werden, wenn sie für ihn unbedingt notwendig sind, ebenso auf dem Grundstück stehendes Holz. Der Kaufpreis soll nach dem Wert von 1914 berechnet werden. Laufende (Markt-)preise sind nur zu zahlen, wenn und insofern mehr als 10 ha bebauten oder anbaufähigen Landes erworben werden und für Bauholz, das 20 und mehr cm Durchmesser in einer Höhe von 1,2 m aufweist. Den Kaufpreis bezahlt die Regierung dem Grundeigentümer in 5%igen Schuldverschreibungen, für die der Staat bürgt. Die Pächter haben dem Staat den Kaufpreis zurückzuerstatten, und zwar in Jahresraten, die bei Torps 6% und bei Häuslereien 8% des Kaufpreises betragen. Davon sind 5% Zinsen für das noch nicht bezahlte Kapital, das übrige Tilgungsbeträge. Die jährlichen Raten werden gleichzeitig mit der jährlichen Steuer eingezogen. Auf diese Weise wird der Preis für Torps in 37, der für Häuslereien in 21 Jahren abbezahlt. Die Kauffragen werden durch den Pachtausschuß geregelt, ferner durch die Landmesser und die Gerichte für Landverteilung (Landeskulturämter). Das Gesetz enthält besondere Bestimmungen über die Rechte der Hypothekengläubiger. Wenn die Parteien ausmachen, daß die Pachtung in anderer Art gekauft werden soll, als das Gesetz bestimmt, so hat dieses Abkommen Gültigkeit.

Später wurde das Kaufrecht durch besondere Gesetzesbestimmung auf Staats- und Kirchengüter ausgedehnt und auch auf Pachtungen in den Staatswäldern. In diesen Besitzungen gibt es aber nur wenig Pachtgüter.

Durch das neue Gesetz gingen sofort sehr viele Pachtungen in das Eigentum der Pächter über. Die Pächter beeilten sich, von den ihnen zugebilligten Rechten Gebrauch zu machen. Besonders in Mittel-Finnland, wo die Pächter große Waldnutzungsrechte besaßen, wünschten sogar die Grundbesitzer, die Pächter möchten von ihrem Kaufrecht Gebrauch machen. Die Kauftätigkeit ging so schnell vorwärts, als es die Prüfung der einzelnen Fälle den zuständigen Behörden erlaubte. Die Grundbesitzer haben sich im ganzen wohlwollend gezeigt, da sie die volkswirtschaftliche und soziale Wichtigkeit einsahen. Obwohl sie wegen der Inflation gezwungen waren, das Pachtland für ungefähr $^1/_{10}$ des wahren Wertes fortzugeben, haben sie meist mit den Pächtern freiwillige Verträge geschlossen und häufig mehr Land abgegeben, als nach dem Buchstaben des Gesetzes nötig gewesen wäre. Auch über die Bezahlung hat man sich im allgemeinen gütlich geeinigt. Unter Benutzung früherer Ersparnisse, der in der Kriegszeit gemachten Gewinne, und teilweise des Kredits lokaler Bankinstitute waren die Pächter meist in der Lage, sofort wenigstens einen Teil auszuzahlen, während man über die Tilgung des Restes in verhältnismäßig kurzer Frist Vereinbarungen traf. So war die Vermittlung der Regierung nur in verhältnismäßig seltenen Fällen notwendig.

Die statistischen Feststellungen von Ende 1927 ergeben, daß bis dahin im ganzen 96587 Pachtgüter gekauft worden sind, von denen 51849 (54%) Torps und 44738 (46%) Häuslereien waren. Der Erfolg, den das Gesetz zeitigte, muß infolgedessen als außerordentlich gut beurteilt werden. Die gekauften Pachtgüter liegen zum größten Teil in den südlichen und westlichen Teilen des Landes. Von manchem großen Gut sind über 100 Pachtgüter übereignet worden und von einer gewissen Holzhandelskompagnie über 500.

Die Kauftätigkeit wird immer noch fortgesetzt. Man kann rechnen, daß im ganzen etwa 106000 Pachtungen, darunter die

Hälfte Torperstellen, mit fast 1 Million ha Fläche auf Grund des Pachtgesetzes in Eigenbesitz übergehen werden.

Die günstige Wirkung des Gesetzes ist schon überall im Lande zu spüren. Die früheren Pächter zeigen großes Interesse, neue Felder zu kultivieren und bessere Methoden der Bebauung anzuwenden; neue Gebäude werden errichtet, alte repariert, Reste des Kaufpreises werden bezahlt; auch sind eine starke Tätigkeit genossenschaftlicher Organisation und neue politische und soziale Strömungen zu bemerken. Die Pächter waren früher meist stark destruktiven Prinzipien zugänglich. Sozialisten und Kommunisten zählten Anfang 1917 103 von 200 Abgeordneten. In den Jahren 1919, 1922, 1924 und 1927 erhielten diese linken Parteien nur etwa 80 Mandate.

Im allgemeinen wird deshalb die Pachtland-Kauf-Gesetzgebung in Finnland als eine notwendige und erfolgreiche Reform beurteilt. Eine starke ökonomische Entwicklung des Landes ist von ihr zu erwarten; außerdem wird das ganze gesellschaftliche System der ländlichen Bezirke dadurch gefestigt und mehr vereinheitlicht, da die Kräfte, welche die Gesellschaft zusammenhalten, gesteigert worden sind. —

Schon Ende des 19. Jahrhunderts wurden Fonds gegründet, um der landlosen Bevölkerung die Landbeschaffung zu erleichtern. Aber diese Tätigkeit entwickelte sich ziemlich langsam. Ende 1919 wurde eine Zentralbehörde für innere Kolonisation geschaffen, das Kolonisationsamt; ebenso wurden diesem Amte unterstellte Gemeinde-Kolonisationsausschüsse als örtliche Instanzen gebildet, im Jahre 1921 ein besonderer Kolonisationsfonds zur Verfügung gestellt. Mit Hilfe gesetzlicher Maßnahmen wurde eine Kolonisationstätigkeit auf den Staats- und Kirchengütern und in den Staatswaldungen entfaltet.

Ein Gesetz vom 25. November 1922 gab die Möglichkeit, Land für die innere Kolonisation von Privatgütern durch Enteignung zu beschaffen. Dies Gesetz (*lex* Kallio) ähnelt dem englischen Kolonisationsgesetz von 1907 und dem deutschen Reichssiedlungsgessetz von 1919. Es gestattet die Zwangsenteignung von Land und Privatbesitz für Ansiedlungszwecke, wenn das nötige Land nicht anderweitig — von Staatsdomänen oder durch freiwilligen Verkauf von Privaten — zu haben ist. Die Enteignung ist auf Güter beschränkt, deren Areal mehr als 200 ha Kultur- und Waldländereien umfaßt, kleinere erfaßt sie nur, wenn sie nicht vom Besitzer selbst bewohnt oder nicht rationell bewirtschaftet werden. An erster Stelle trifft die Enteignung solche

Güter der Holzindustrie- und Holzhandelsgesellschaften, die entgegen einem Gesetz von 1915, also widerrechtlich erworben sind, an zweiter Stelle schlecht bewirtschaftete oder zu Spekulationszwecken erworbene Anwesen, weiterhin den einwandfrei erworbenen Grundbesitz der Holzindustrie und Holzhandelsgesellschaften. Erst danach wird die Zwangsenteignung auf andere Güter angewandt. Die Zwangsablösung ist durch nähere Bestimmungen so geordnet, daß nicht eine Zersplitterung von gut bewirtschafteten Ländereien verursacht wird, sondern hauptsächlich nur Ländereien, die abseits von den Hauptgemarkungen des Gutes liegen und deshalb weniger gut zu bewirtschaften sind, betroffen werden. Von jedem Gutsbesitz können höchstens so viele Prozent expropriiert werden, wie der Gutsbesitzer volle Hunderte Hektar Land besitzt, für Güter mit mehr als 5000 ha Land höchstens 50 Prozent. Auf Grund des Gesetzes Land erhalten können nur Landlose, welche die nötigen Kenntnisse im Ackerbau besitzen sowie die nötigen landwirtschaftlichen Geräte haben oder das zur Beschaffung solcher Geräte nötige Geld oder Kredit besitzen. Der Bewerber muß sich verpflichten, innerhalb von 3 Jahren auf dem Gut ein Wohnhaus zu bauen, falls nicht ein solches dort schon vorhanden ist, und den Ackerbau zu beginnen. Der Einlösungspreis soll der ortsübliche sein. Wenn der Preis nicht 5000 Finn-Mark übersteigt, wird er den Grundbesitzern aus Staatsmitteln vorschußweise bar ausgezahlt, andernfalls in siebenprozentigen Staatsobligationen. Der Preis für das Getreide auf dem Halm, den Holzbestand und die Gebäude wird immer vom Staate vorschußweise in Geld gezahlt. Der Siedler ist verpflichtet, später den Ablösungspreis in jährlichen Raten an den Staat zurückzuzahlen, die auf Ackerbaugütern 7 Prozent und auf Wohnstellen 9 Prozent ausmachen, davon 4 Prozent Zinsen.

Die innere Kolonisation durch Zwangsenteignung hat nicht die gewünschten Ergebnisse gezeitigt. Darum hat die Regierung einen Ausschuß eingesetzt, der Abänderungen in der Gesetzgebung des Jahres 1922 vorschlagen soll.

Inzwischen hat die freiwillige Kolonisation mit Staatsmitteln bedeutende Erfolge erzielt. In den Jahren 1892 bis 1927 sind im ganzen 20765 neue Bauernstellen mit 533026 ha mit Staatsmitteln eingerichtet worden. Von diesen sind 13419 Stellen mit ordentlicher Landwirtschaft und 7346 Wohnungsstellen. Zum Ankauf dieser Fläche sind 201,5 Millionen finnische Mark verausgabt worden. Außerdem hat man 6167 Anliegerstellen gekauft.

Die zahlreichen genossenschaftlichen Kassen haben während einiger Jahre eine sehr bemerkbare innere Kolonisation durchgeführt. Solche Kassen haben mit ihren eigenen Mitteln in den Jahren 1925—1927 im ganzen 1795 neue Bauernstellen mit 26645 ha Boden geschaffen. Außerdem haben die Kassen 3984 Anliegerstellen mit insgesamt 37502 ha Boden eingerichtet. Im ganzen haben die Genossenschaften also 64147 ha beschafft und zum Ankauf dieser Flächen im ganzen 33 Millionen finnische Mark aufgewandt.

Nach den Güterregistern gab es im Jahre 1901 insgesamt 138072 Grundstücke, im Jahre 1927 aber 256000 mehr, nämlich 394301.

Diese verteilten sich auf die verschiedenen Größenklassen wie folgt:

mit weniger als 20 ha	230178
mit 20—100 „	117355
mit 100 „ oder mehr	46768

Besonders hat sich die Anzahl sehr kleiner Stellen bedeutend vermehrt. 1901 gab es nur 11710 Eigentümer mit einer Fläche von weniger als 20 ha. Die Anzahl der Stellen dieser Größenklasse ist also um mehr als 200000 gewachsen. Aber auch die Anzahl der Höfe in der mittleren Klasse ist ungefähr verdoppelt worden.

Die Ackerfläche umfaßte nach der Statistik 1901 insgesamt 1568072 ha, 1927 aber 2160072 ha, also 592000 ha oder 37% mehr.

Diese Zahlen zeigen eindrucksvoll, welche gewaltige Bedeutung für das innere Leben des Landes die Agrarreform in Finnland gehabt hat und in naher Zukunft noch haben wird. Sie schafft dem Lande ein neues politisches und kulturelles Leben und begünstigt seine wirtschaftliche Entwicklung.

Die Möglichkeit des Ankaufs von Bauernstellen durch Holzhandelskompagnien ist durch ein Gesetz vom 15. Januar 1915 beschränkt worden, das solchen Gesellschaften den Ankauf von Waldflächen verbietet, die für den Eigenbedarf der Höfe nötig sind oder die sich zur Erweiterung alter Kulturflächen oder zur Anlage neuer Betriebe eignen. Diese Gesetzgebung wurde von den Gesellschaften umgangen; deshalb erging am 5. Mai 1925 ein Gesetz über die Aufhebung solcher gesetzwidrigen Käufe. Die auf diesem Weg entstandenen Hufen sind teils in den Besitz des Staates, teils in den der Gemeinden überführt worden.

III.

Die Agrarrevolution in Estland und Lettland.

Von

Archivrat Dr. Otto Korfes,

Potsdam.

I. Die agrarischen Verhältnisse vor der Reform.

1. Land, Leute und Landwirtschaft.

Estland mit einer Fläche von 46549 qkm und Lettland mit 65791 qkm Ausdehnung bedecken in der Hauptsache das Gebiet, das früher von den drei russichen Gouvernements Estland, Livland und Kurland eingenommen wurde. Infolge ihrer eigentümlichen Kultur, die eine Folge des jahrhundertelangen überwiegenden Einflusses des baltischen Deutschtums war, haben die drei Gouvernements auch unter der Zugehörigkeit zum russischen Reiche in den Grundzügen eine einheitliche soziale und ökonomische Verfassung behalten, die bei rückblickender Betrachtung eine gemeinsame Darstellung verlangt.

Estland und Lettland sind mit ihren zahlreichen größeren und kleineren Häfen wichtige Zugangsländer zum Russischen Reiche und dessen Ausfalltore zur Ostsee. Dieser Bestimmung gemäß hat sich das Verkehrswesen in den Ländern seit jeher entwickelt. Das Eisenbahnnetz ist überaus weitmaschig und besteht im wesentlichen aus langen durchlaufenden Linien, welche die Ostseehäfen mit russichen Zentren unmittelbar verbinden. Das flache Land ist nur durch Straßen und Wege von meist dürftiger Güte erschlossen. Doch genügt dieser Ausbau des Wegenetzes der Wirtschaft der beiden Länder. Beide sind vorwiegend Agrarstaaten; denn etwa 75% der Bevölkerung leben auf dem flachen Lande und sind im wesentlichen in der Landwirtschaft beschäftigt, während nur ein Viertel der Bevölkerung in den Städten seinen Wohnsitz hat. Allerdings besitzt dieser Bevölkerungsteil eine über seine Zahl hinausgehende Bedeutung für die Politik der Länder, weil unter ihm eine große Zahl von Industriearbeitern als Träger und Verbreiter sozialistischer Ideen auch auf den besitzlosen Teil der Landbevölkerung einen Einfluß gewonnen hat.

Beide Staaten zählen zu den wenigst bevölkerten Staaten Europas. Lettland hatte am 1. 1. 1927 1870520 Einwohner, Estland am 28. 12. 1922 1107059 Einwohner. Es lebten auf dem Quadratkilometer

in Belgien (31. 12. 1920)	245,26	Einwohner
in Holland (31. 12. 1920)	200,73	„
in Dänemark (5. 11. 1925)	80,01	„
in Ostpreußen (16. 6. 1925)	61,40	„
in Lettland (10. 2. 1925)	28,04	„
in Estland (28. 12. 1922)	23,28	„
in den Gouvernements Pleskau und Petersburg (ohne P. Stadt) (1. 1. 1925)	25,5	„

Diese dünne Besiedlung Estlands und Lettlands hat ebenso wie die der benachbarten russischen Gouvernements starke natürliche Gründe in der Beschaffenheit des Landes und Klimas. Dagegen bestehen große Unterschiede in der natürlichen Bevölkerungsvermehrung, die in Lettland und Estland bedeutend geringer als in den Nachbargebieten ist. Der Geburtenüberschuß betrug auf 1000 der Bevölkerung im Jahre 1924 in Estland 2,9, in Lettland 6,9, wohingegen 1925 das Gouvernement Pleskau 16,3, das Gouvernement Petersburg 15,7, Litauen (1924) 13,0 und die Provinz Ostpreußen (1926) 10,8 auf Tausend erreichten. Der natürliche Zuwachs ist in allen evangelischen Gebietsteilen Estlands und Lettlands gering. Dagegen weist das katholische früher polnische Lettgallen einen Geburtenüberschuß auf, der als normal anzusehen ist.

Ihrer Nationalität nach gehören die Einwohner der beiden Länder in ihrer Mehrzahl zu den Letten (1922 = 72,06%) und Esten (1922 = 88,9%); die übrigen Volksteile bestehen aus Deutschen (1922 = 3,63% in Lettland, 2,5% in Estland), Polen, Litauern, Russen und Juden. Der Anteil der Deutschen an der Gesamtbevölkerung, der 1897 in Lettland 7,57%, in Estland 4,0% betrug, hat nach der politischen und agrarischen Umwälzung der Nachkriegszeit infolge starker Abwanderung um die Hälfte abgenommen.

Die spärliche Besiedlung, das weitmaschige Verkehrsnetz und die Bodenbeschaffenheit lassen in Estland und Lettland in der Landwirtschaft nur eine beschränkt intensive Wirtschaft zu. Nur im größeren Teile Kurlands und in den Kreisen Jerwen und Dorpat sind ergiebige Lehmböden vorhanden. In allen anderen Teilen liegen auf kalkigem Untergrund eine meist nur dünne Ackerkrume und mit Kies durchmischte leichte Lehmböden, oder es herrschen wie zwischen Riga und Pernau durchaus sandige Bodenarten vor, die häufig mit erratischen Blöcken dicht übersät sind. Weite Strecken des Landes (9,5%) sind von Mooren bedeckt, die Früh- und Spätfröste begünstigen und so die ohnehin schon kurze Vegetationsperiode noch mehr einengen. Diese dauert nur von April bis September, ist aber verhältnismäßig reich an Niederschlägen, besonders im Juli und August. Von der nicht hohen jährlichen Niederschlagsmenge (durchschnittlich 555,5 mm[1]), fallen 69% in die Vegetationsperiode. Die mittlere Jahrestemperatur steigt von Narwa mit 4,2 nach Mitau und Libau auf 6,2 und 6,7° Celsius. Der kurze Sommer drängt die Arbeiten sehr zusammen, erfordert viel Zugvieh und Ackergeräte; infolge des langen Winters sind ausgedehnte Stall- und Scheunenräume unentbehrlich[2]). Der ebene und größtenteils undurchlässige Boden erfordert umfangreiche Entwässerungsanlagen.

Vom Stande des Kulturartenverhältnisses erhält man ein treffendes Bild, wenn man es mit dem der anschließenden Gebiete vergleicht, die unter ähnlichen klimatischen Bedingungen stehen. Nach dem Anteil des Ackers an der Gesamtfläche steht Ostpreußen weit an der Spitze mit 55,2%. Es folgen Kowno, Wilna und Grodno mit 38,0%, dann Livland mit

---

[1]) K. R. Kupfer: »Baltische Landeskunde«, Riga 1911.

[2]) Hugo Richarz: »Die Entwicklung der Landwirtschaft in Estland nach der Agrarreform«, *Berichte ü. Landw.*, N. F. B. X, Heft 2, 1929.

27,54 %, Kurland mit 26,0 % und endlich Estland mit 18,09 %: Die russische Tarifpolitik machte einen großzügigen Getreideanbau in den Ostseeprovinzen unlohnend, verwies vielmehr auf die Pflege der Viehzucht. Daher finden wir in Livland und Kurland ein Drittel der Fläche als Wiese und Weide genutzt, in Estland sogar fast die Hälfte. Daneben fand auf den Feldern ein starker Futteranbau statt. Hierin stand Estland wie in der Ausdehnung der Wiesenflächen an erster Stelle. Auch Livland und Kurland übertrafen die litauischen Gouvernements in der Gewinnung von Futtermitteln fast um das Doppelte. Die baltischen Güter hatten seit Anfang des Jahrhunderts durch großzügige Meliorationen ihre Acker- und Wiesenerträge gesteigert und auf den Niederungsmooren wertvolle Futterflächen gewonnen.

Von weiterer Bedeutung war der Anbau von Kartoffeln, die meist zu Spiritus verarbeitet wurden und dann mit den Abfällen der Viehzucht zugute kamen, zum Teil aber unmittelbar verfüttert wurden. Auch hierbei blieben die litauischen Gouvernements weit hinter Estland zurück. Der landwirtschaftliche Vorsprung der baltischen Provinzen in der Art der Nutzung der Flächen vor den litauischen ist unverkennbar[3]).

Noch viel deutlicher ist dieser Vorsprung an den Produktionsergebnissen zu erkennen.

Die Hektarerträge in Doppelzentnern 1901—1912:

	Kartoffeln	Roggen
Kowno	70	9
Wilna	65	7
Grodno	69	8
Kurland	103,14	12
Livland	84,23	12
Estland	85,52	13

Viehbestand auf 1000 Desjatinen bestellter Fläche 1911:

	Pferde	Rindvieh	Schafe und Ziegen
Kowno	359,0	771,9	533,7
Wilna	298,4	650,2	430,5
Grodno	277,6	685,8	641,3
Kurland	316,6	823,4	689,6
Livland	332,6	1130,3	793,4
Estland	406,4	1163,9	976,6

Die baltischen Länder stehen also mit ihren Erträgen aus den Getreide- und Kartoffelbau und in der Viehhaltung wieder-

3) Engelbrecht: »Landwirtschaftlicher Atlas des russischen Reiches«, Berln 1916.

um bedeutend höher als Litauen. Das verdanken Livland und Estland mit überwiegend ungünstigen Böden lediglich dem für russische Verhältnisse hohem Intensitätsgrade der Landwirtschaft. Hinter Ostpreußen blieben jedoch auch diese Provinzen in ihren Erträgen weit zurück[3a]).

Führten die Ostseeprovinzen trotz ihrer dünnen Besiedlung Brotgetreide ein, so bestand in Milch und Molkereiprodukten, in Flachs, Leinsaat und Spiritus dagegen ein starker Export nach dem Inneren Rußlands und in das Ausland[4]).

2. Die Grundbesitzverteilung und die Agrarverfassung.

Die Grundbesitzverteilung und die Nutzung des Landes durch Bauern und Großgrundbesitzer ist überall die Grundlage der sozialen Verfassung auf dem Lande. Von estnischer und lettischer Seite pflegt die ungerechte Grundbesitzverteilung als Begründung und Rechtfertigung der gesamten agrarischen Umwälzung angeführt zu werden. Auf den ersten Blick scheint diese Begründung richtig. In den heutigen Grenzen des Staates Estland besaßen die Bauern 42,06% der Landfläche, während der private Großgrundbesitz 53,31% innehatte. Ähnlich war im lettländischen Teile Livlands die Verteilung: 42,6% waren in Händen der Bauern, 51,3% im Besitz der Rittergüter. In Kurland waren die Bauern Eigentümer von 36,6%, die Rittergutsbesitzer von 40,9% der Landfläche. Der Rest des Landes befand sich im Eigentum des Staates, der Kirche, der Bauernagrarbank und der Kommunen.

Aber zum Großgrundbesitz gehörte unverhältnismäßig viel Wald und Ödland, während das Bauernland ganz überwiegend aus landwirtschaftlichem Nutzland bestand. Das landwirtschaftliche Nutzland beträgt in Estland 64,86%, in Livland 58,8% und in Kurland 60,6% der Gesamtfläche — und davon besaßen die Bauern in Estland 57,5%, in Livland 59,2%, in Kurland 56,8%, der Großgrundbesitz beanspruchte dagegen nur in Estland 37,3%, in Livland 36,4%, in Kurland 32,2%.

Das Bild gestaltet sich aber noch günstiger, wenn man berücksichtigt, daß sich viel Gutsland in Händen bäuerlicher Pächter befand. Nach vorsichtiger Berechnung bewirtschafteten die Bauern in Livland 65% des Landes, wahrscheinlich aber mehr als 70%[5]). Über Kurland fehlen leider Angaben. Für Estland hat

---

[3a]) »Westrußland in seiner Bedeutung für die Entwicklung Mitteleuropas«. Mit einer Einleitung von M. Sering, Berlin 1917.

[4]) Imowsky, »Der russische Getreideexport«, Berlin 1910.

[5]) »Baltische Bürgerkunde«, I. Teil, Riga 1908, Seite 306.

das Landwirtschaftsministerium festgestellt, daß der Großgrundbesitz nur 22,2%, die Bauern hingegen 77,8% der landwirtschaftlichen Fläche genutzt haben.

Auf der andern Seite war die Ausstattung der Bauern und ihrer Gemeinden mit Wald überaus dürftig. Die Wälder befanden sich bis auf 25% im Besitz der Rittergüter. Die Vereinigung großer Waldkomplexe liegt zweifellos im Interesse einer rationellen Forstwirtschaft. Aber da im Baltikum der wichtigste Bau- und Brennstoff das Holz ist, so war der Bauer bei der Holzversorgung in weitem Maße von dem Entgegenkommen des Rittergutsbesitzers abhängig, Grund genug, daß zwischen Waldbesitzer und Landbevölkerung Reibungen entstanden.

Mehr zur unbefriedigenden Gestaltung der sozialen Verhältnisse auf dem Lande trug jedoch der Umstand bei, daß unter den Bauern der Großbauer stark überwog. In Livland waren $^2/_3$ aller Bauernhöfe Großbauernhöfe, in Kurland mehr als die Hälfte. In Estland war das Verhältnis ein wenig günstiger[6]. Folge war, daß die zahlreiche Arbeiterklasse ohne Grundbesitz blieb und wenig Gelegenheit zum Aufstieg hatte.

Die Güter des privaten Großgrundbesitzes hatten einen Umfang, der an westeuropäischen Verhältnissen gemessen in den meisten Fällen reichlich groß erscheint. Allerdings herrschen in den Bodenqualitäten die leichten und sandigen Böden vor, die Rittergüter bestanden zu einem wesentlichen Teile (durchschnittlich 51%) aus Wald und Ödland, und Teile des Ökonomielandes waren an bäuerliche Pächter vergeben. Trotzdem war, verglichen mit dem deutschen Nordosten, das landwirtschaftliche Nutzland der Rittergüter für den Kapital- und Arbeitsaufwand der Besitzer oft zu groß. Wenigstens gilt das für Livland und Kurland[7], während in Estland die Verhältnisse günstiger lagen. Immerhin blieben die Großbetriebe die Vorbilder des landwirtschaftlichen Fortschritts und den bäuerlichen Betrieben hinsichtlich der Produktionsergebnisse überlegen, wenn auch die bäuerlichen Betriebe sich besser rentierten, weil sie weniger auf fremde Arbeitskräfte angewiesen waren. Häufig hat auch die Vereinigung mehrerer Güter in einer Hand eine zu extensive Bewirtschaftung zur Folge gehabt, weil die ständige Aufsicht des Besitzers fehlte und das erforderliche Kapital nicht auf-

---

6) v. Bodisco, »Der Bauernlandverkauf in Estland«, Reval 1902.

7) Benno Marquart, »Die landwirtschaftlichen Verhältnisse Kurlands«, Berlin 1916.

gebracht werden konnte. Die Verpachtung ganzer Güter im großen konnte diesem offenbaren Mangel nicht abhelfen, weil erfahrene Landwirte durch die üblichen sehr kurzen Pachttermine abgeschreckt wurden. Doch traf die Verpachtung nur einen kleinen Teil aller Güter. Zu drei Vierteln wohnten die Besitzer auf ihren Gütern und waren wie ihre Standesgenossen in Deutschland selbstwirtschaftende Berufslandwirte. Die Güter gehörten zu etwa 85% Angehörigen des deutschbaltischen Adels, der seit 700 Jahren im Lande saß.

Die agrarische Umwälzung bezweckte die Vernichtung des baltischen Adels. Gegen ihn und die wenigen bürgerlichen deutschen Großgrundbesitzer war die Agrargesetzgebung gerichtet. Die altüberkommene Agrarverfassung wurde mit einem Schlage zerbrochen. Die ganze Geschichte Estlands und Lettlands ist eine Geschichte des baltischen Deutschtums; unter der wechselnden Oberherrschaft des deutschen Kaisertums, der Krone Schwedens und Polens und endlich des russischen Zarentums behielt der baltische Adel mehr oder weniger unbeschränkt die inneren Geschicke des Landes in seiner Hand, wenn er sich auch den Einflüssen der jeweils herrschenden Mächte nie ganz zu entziehen vermochte; die breite Masse des Volkes stand dem Herrentum durch mehr als ein halbes Jahrtausend als eine unterworfene Schicht von Fremdstämmigen gegenüber. Auf die Agrarverfassung des 17. und 18. Jahrhunderts wirkten nicht so sehr die ostdeutschen Verhältnisse als die Zustände in Polen und dem Innern Rußlands ein. Daher befanden sich Letten und Esten bis zum Anfang des 19. Jahrhunderts im Zustand der völligen Leibeigenschaft, die freilich niemals so schroffe Formen annahm wie im Innern Rußlands. Die kulturellen Beziehungen zum deutschen Westen blieben wirksam und prägten sich in der Auffassung der Grundherrn von ihren Pflichten gegen die Hintersassen aus, die viel verantwortungsbewußter und ernster genommen wurden als von den polnischen und russischen Grundherren. Charakteristisch ist die Einführung des Schulzwanges auf dem Lande in Livland in der Mitte des 18. Jahrhunderts, nicht viel später als in Preußen. Kurz nach der Bauernbefreiung im östlichen Deutschland wurden auch die Letten und Esten frei; ein halbes Jahrhundert früher als die Bauern im übrigen Rußland. Diese Befreiung erfolgte zunächst ohne Land, die leibeigenen Bauern wurden zu Pächtern, welche die Pacht ganz oder teilweise in Arbeitsleistungen bezahlten. Die Großbauern kamen zwar wie zur Zeit der Leibeigenschaft nicht selbst zur Arbeit, mußten aber Knechte und

Gespanne dem Gutsbetrieb zur Verfügung stellen. Dank dem Einfluß des vortrefflichen livländischen Gutsbesitzers Frhr. von Fölkersam wurde seit der Mitte des 19. Jahrhunderts die Frohnpacht verboten und dem Bauern das Recht zum Ankauf seiner Stelle zu einem festen Preise verliehen.

Durch den »roten Strich« wurde das Bauernland auf ewig vom Gutslande getrennt und den Rittergutsbesitzern verboten, das Bauernland anders zu verwenden als zum Ansässigmachen der Bauern durch Verkauf oder Verpachtung des Landes.

Starke deutsche Einwirkungen haben im Baltikum in den letzten Jahrhunderten immerfort gekämpft mit Einflüssen der slawisch-östlichen Kultur. Die deutsche Richtung ist durch die kulturelle Verbindung mit Westeuropa auf die Dauer die stärkere geblieben. Als Vermittler dieser westeuropäischen Gesittung haben die deutschen Grundbesitzer einen nachhaltigen Einfluß auf die Entwicklung der Letten und Esten ausgeübt. Durch ihre Hilfe haben beide Völker einen hohen kulturellen Stand erreicht, während ihre Stammesgenossen in Lettgallen und im Petschorygebiet (am Pleskauer See) unter russischer und polnischer Herrschaft ihnen um ein halbes Jahrhundert und mehr nachstehen. Aber die soziale und nationale Scheidung verhinderte, daß zwischen den Gutsbesitzern und der Masse des Landvolks eine innere Gemeinschaft zustande kam.

Die Scheidung fand einen Ausdruck in staats- und privatrechtlichen Privilegien, die aus der Zeit der Feudalherrschaft nur deshalb bis in die letzten Jahre weiter zu bestehen vermochten, weil sie im übrigen Osteuropa nichts Auffälliges an sich hatten, obwohl sie in Mittel- und Westeuropa längst beseitigt waren. Die Wahl und das Stimmrecht zum Landtag, die gutsherrliche Polizeigewalt und die Teilnahme an den Kirchenkonventen waren den Rittergütern, eine Reihe von Rechten, z. B. die Besetzung verschiedener Ämter, dem immatrikulierten Adel vorbehalten. Diesen öffentlichen Rechten standen eine Menge von Privatrechten zur Seite, die wie das Recht des Branntweinbrandes und der Bierbrauerei vollends unbegründet erscheinen. Die Fischerei-, die Mühlen- und die Jagdgerechtigkeit, die zwar formell abgeschafft war, verblieb häufig beim Verkauf durch freien Vertrag den Rittergütern. Die Sonderstellung, welche die Rittergüter einnahmen, unterschied sie rechtlich von den Bauerngütern. Diese Reste der Feudalherrschaft waren der Revision dringend bedürftig; sie wirkten als Hemmschuh der bürgerlichen Betätigung und verschärften den nationalen Gegensatz innerhalb der besitzenden Klassen.

Starr wie die Standesgliederung waren auch die Grundbesitzverteilung und die Rechtskategorien, in welche die einzelnen Landstücke wieder zerfielen. Selbst ein geschlossenes Rittergut bildete nicht einmal einen einheitlichen Komplex, für dessen Teile das gleiche Recht galt. Es bestand rechtlich aus drei Landkategorien: dem eigentlichen Hofsland, dem steuerpflichtigen Quotenland — in Estland $^1/_6$, in Livland $^1/_5$ des früheren Bauernlandes, das dem Gutsland in der letzten Periode der Bauernbefreiung, die ihren Abschluß mit der Bauernverordnung von 1856 (Estland) und 1860 (Livland) fand, für besondere Zwecke zugeschlagen war — und dem unverkauften Bauernland. Das letztere war durch den roten Strich vom Hofsland geschieden und durfte nur von den Gliedern der Bauerngemeinde in Pacht genutzt oder an Bauern verkauft werden.

Diese Scheidung sollte das Bauernland gegen Aufkauf durch die Rittergüter schützen. Sie ist rechtlich stets so scharf innegehalten worden, daß der Rittergutsbesitzer auch zurückgekauftes Bauernland nicht selbst bewirtschaften durfte, sondern es an Glieder der Bauerngemeinde aufs neue verkaufen oder verpachten mußte. Eine Aufsaugung der Bauernhöfe durch den Großgrundbesitz war also nicht möglich.

In seinem Besitze geschützt, konnte der selbständige Bauer im Laufe der letzten 60 Jahre zu einer völlig gesicherten Stellung gelangen. Aber die rechtliche Trennung von Bauern- und Gutsland hatte auch ihre Kehrseite. In der Agrargesetzgebung war die ländliche Lohnarbeiterschaft leer ausgegangen, sie hatte keinen Anteil am Grundeigentum. Dabei waren nicht nur Rittergutsbesitzer und Bauern zum Abgeben wenig geneigt, auch rechtliche Bestimmungen erschwerten den Landverkauf.

In den baltischen Provinzen war der land- und forstwirtschaftlich genutzte Boden in einem Maße dem freien Verkehr entzogen wie kaum in einem anderen Lande der Welt. Hofsland konnte zwar grundsätzlich frei veräußert werden, praktisch stand dem aber die provinzialrechtliche Bestimmung entgegen, wonach die Verkleinerung der Rittergüter unter eine Minimalgröße ihnen die Bezeichnung und die Privilegien der Rittergüter entzog. Von Rechts wegen unverkäuflich waren ferner die Hofs- und Quotenländereien der Güter der juristischen Personen, der Fideikommisse und der Pastorate. Endlich war die Teilbarkeit der Bauernhöfe durch ein nicht zu unterschreitendes Minimalmaß beschränkt.

Durch diese rechtlichen Qualifikationen, Beschränkungen und Verbote war ein Drittel des Bestandes der livländischen Rittergüter und Pastorate von Rechts wegen unverkäuflich, ein weiteres Drittel tatsächlich dem freien Verkehr entzogen und nur ein Drittel frei verkäuflich. Da das landwirtschaftliche Nutzland nur $^2/_3$ der Gesamtfläche ausmachte, so konnte nach den bestehenden Bestimmungen nur wenig Siedlungsland verfügbar gemacht werden. Der Erwerb von kleinem Landeigentum war aufs äußerste erschwert. Die Tätigkeit der russischen *Bauernagrarbank* und die russische Domänenpolitik konnten diesem Mangel schon deshalb wenig abhelfen, da sie die Zuteilung von Land vom Übertritt zum orthodoxen Glauben abhängig machten. Die in den Mängeln der Agrarverfassung liegenden Gefahren wurden von den Großgrundbesitzern nicht übersehen; die Langsamkeit der russischen Gesetzgebung schuf bis 1917 aber keinen Wandel.

Die Landlosen wurden zur treibenden Kraft der agrarischen Bewegung. Die Zahlen der nicht landbesitzenden Bevölkerung kann man ohne weiteres aus der Statistik entnehmen. Aber großenteils gehörten diese Teile der Bevölkerung der nicht landwirtschaftlichen Bevölkerung an und hatten häufig einen Erwerb gefunden, der sie sozial mit den Kleinbesitzern gleichstellte. Der Teil der Bevölkerung, der zur eigentlichen ländlichen Lohnarbeiterschaft gehörte, ist statistisch leider nicht erfaßt worden. Man ist auf Schatzungen angewiesen. Martna[8]) schätzt sie für Estland auf 65% der Landbevölkerung, Luiga[9]) auf 58%. Beide Zahlen sind entschieden zu hoch gegriffen. Ich habe versucht, die wirklichen Zahlen vorsichtig zu berechnen, indem ich die Zahlen der selbständigen Eigentümer und ihrer Angehörigen, der Pächter und der ländlichen Beamten usw. (immer mit Angehörigen) feststellte. Diese Berechnung ergab, daß in Estland 34,1% der Landbevölkerung auf die eigentliche besitzlose Lohnarbeiterschaft entfielen, in Livland[10]) 52,01% und in Kurland 50,2%.

Wie die Landlosen nur schwer innerhalb ihres Berufes aufsteigen konnten, so waren sie auch stark behindert, außerhalb der Landwirtschaft einen sicheren Broterwerb zu finden. Wohl hatte sich in Riga, Reval, Narwa, Mitau und Libau eine bedeutende

8) M. Martna, »Estland, Die Esten und die estnische Frage«, Olten 1919.

9) G. E. Lugia, »Die Agrarform in Eesti«, Helsingfors 1920.

10) Jung-Stilling, »Materialien zur Kenntnis der livländischen Agrarverhältnisse«, Riga 1885.

Industrie entwickelt. Aber die Abwanderung vom Lande war durch polizeiliche Maßnahmen außerordentlich erschwert und für den größten Teil der Landarbeiter praktisch unmöglich gemacht. Somit blieb der Lohnarbeiter in enger Abhängigkeit von den landwirtschaftlichen Unternehmern als den einzigen Vermittlern von Erwerbsgelegenheit [11]).

Auf die Dauer mußte dieser Zustand zu Zusammenstößen führen, obwohl die materielle Lage der Landarbeiter keineswegs schlecht war. Zwar war die Arbeitszeit lang und Frauen- und Kinderarbeit sehr verbreitet, es gab keine gesetzliche Arbeiterversicherung, wo sie nicht auf einzelnen Gütern von den Gutsbesitzern privat eingerichtet war. Aber die Entlohnung war so gehalten, daß der Unterhalt der Familien gut gedeckt war, sparsame und fleißige Familien sogar Geld zum Ankauf einer Landstelle ersparen konnten — wenn es solche zu kaufen gab. Man unterschied im einzelnen Halbkörner, Landknechte, Deputat- und Akkordknechte und endlich die als Tagelöhner arbeitenden Lostreiber. Halbkörner und Landknechte besaßen Pferde und Vieh und erhielten Landstellen von 2 bis 10 ha zugeteilt. Die Deputatknechte, die häufigste Knechtsart, bekamen Barlohn und durften eigene Kühe und Schafe halten. Das jährliche Einkommen dieser Knechte schwankte zwischen 200 und 250 Rubel. Nur die Tagelöhner, die vornehmlich in der Erntezeit Beschäftigung fanden, scheinen dürftiger gestellt gewesen zu sein. Sie gehörten der untersten Stufe der Landbevölkerung, den sogenannten Lostreibern an [12]).

Im ganzen war die Lage der Landarbeiter ähnlich der der Instleute in Ostpreußen. Sie besaßen Pferde und Vieh und zogen aus den überlassenen Feldern in fleißiger Arbeit einen Gewinn, der ihre Lebenshaltung über den Stand städtischer Proletarier hob. Zum ländlichen Proletariat konnte man nur die zahlenmäßig unbedeutenden Lostreiber zählen.

Aber die Möglichkeit der Erhebung aus der Knechtsstellung zum kleinen Eigentümer war fast völlig verschlossen; das machte die Landlosen revolutionären Bewegungen geneigt, die eine Verbesserung ihrer sozialen Stellung in Aussicht stellten. Kleingrundbesitz gab es auch deshalb nur wenig, weil die Bauern

---

[11]) Adolf Agthe, »Ursprung und Lage der Landarbeiter in Livland«, Tübingen 1909.

[12]) Fürst Max Liewen, »Die Arbeiterverhältnisse des Großgrundbesitzes in Kurland«, Mitau 1910.

durch Beschränkung der Kinderzahl einer Parzellierung vorbeugten, soweit die Teilung überhaupt gesetzlich erlaubt war. Um aber einen Großbauernhof im ganzen zu erwerben und zu bewirtschaften, reichten die Mittel auch des tüchtigen und sparsamen Landarbeiters selten aus.

Die Bauernhöfe stammen zum größten Teil noch aus der Zeit der Leibeigenschaft und stehen heute meist im Eigentum ihrer Besitzer. Die Familien sind häufig schon seit Jahrhunderten auf derselben Scholle ansässig und sind daher wie alle echten Bauern stolz auf den Besitz und die eigene Kraft, halten das Eigentum zäh fest und schätzen die Familientradition hoch, ihr stark ausgeprägtes bäuerliches Standesbewußtsein konnte auch in den Zeiten der Leibeigenschaft nicht ganz gebrochen werden. Die Wirtschaftsweise und Lebenshaltung der lettischen und estnischen Bauernfamilien steht denen westeuropäischer Bauernwirtschaften kaum um 10—20 Jahre nach. Es ist erklärlich, daß sie meist in der Technik der Wirtschaftsführung dem Beispiel der Großbetriebe folgten, man sieht dementsprechend gute oder ungenügende Bewirtschaftung. Jm ganzen waren aber die Bauern sehr wohlhabend, ein Zeichen dafür, daß die Agrargesetzgebung des 19. Jahrhunderts außerordentlich segensreich gewirkt hat. Sie war nach gesunden ökonomischen Grundsätzen angelegt. Den Erwerb des Bauernlandes erleichterten die Kreditkassen der Ritterschaft, die auch das bäuerliche Eigentum beliehen, sodaß beispielsweise in Livland 65% aller ausgeliehenen Gelder 1906 an bäuerliche Eigentümer vergeben waren. Der Fonds des Bauernlandes war bei Kriegsausbruch zu etwa 90% bereits in das Eigentum von Bauern übergegangen und daher nahezu erschöpft[13]).

Das Spannungsverhältnis zwischen den besitzenden Bauern und den Eigentümern der Rittergüter war selbstverständlich milder als der Gegensatz der Landlosen zu den Großgrundbesitzern. Reibungspunkte zwischen Gutsbesitzern und Bauern ergaben weniger die Schulden der Bauern — 1900 schuldeten die Bauern den Großgrundbesitzern in Livland nur noch 16% der Kaufsumme — als die Vorrechte, welche die Rittergüter gegenüber den Bauerngütern behalten hatten. Außer den geschilderten kamen noch vertragsmäßige in Betracht, z. B. waren fast sämtliche Wassermühlen im Besitz der Rittergüter, weil beim Verkauf des Bauernlandes die Rittergüter sich die Ausnutzung der Wasserläufe im Privatvertrag vorbehalten hatten. Sehr viel Unzufrieden-

---

13) Alexander v. Tobien, »Das Bauerngut in Livland«, Riga 1918.

heit herrschte u. a. auch über die Art der Wegeunterhaltung; die Rittergüter lieferten dafür nur das Material und bezahlten etwaige Handwerkerlöhne, die Hauptarbeit und die Anfuhr des Materials lag den Bauern ob.

Aber alle diese schärferen und milderen Gegensätze reichen nicht aus, um den Radikalismus verständlich zu machen, mit dem die spätere Reform durchgeführt wurde, ihn hat erst die Schärfe der nationalen Gegensätze zwischen den Deutschbalten und den Letten und Esten bedingt.

3. Die nationalen Gegensätze.

Der zahlenmäßige Anteil des Deutschtums an der Gesamtbevölkerung war sehr gering. Im umgekehrten Verhältnis zu der Zahl stand aber der Einfluß des Deutschtums sowohl in politischer als auch in kultureller und wirtschaftlicher Hinsicht.

Das ist dem Stande der estnischen und lettischen Kultur zugute gekommen.

Über das kulturelle Niveau, auf das der Deutschbalte die Bevölkerung brachte, gibt die Zahl der Analphabeten den besten Aufschluß. Im Innern Rußlands rechnete man mit 80—90% Personen, die weder zu lesen noch zu schreiben verstanden, in den baltischen Provinzen gab es 1881 unter den schulpflichtigen Kindern nur noch 2%, die ohne Schulunterricht geblieben waren. Allerdings stieg diese Zahl bis 1899 — nach der Russifizierung — auf 20%.

Das wirtschaftliche Übergewicht, das der Deutschbalte besaß, kam darin zum Ausdruck, daß die Besitzenden in allen Erwerbszweigen sich zum großen Teile aus Deutschen zusammensetzten.

Neun Zehntel aller Rittergüter waren in deutscher Hand, und die Rittergüter besaßen eine Reihe von privaten und politischen Rechten, welche die höhere Selbstverwaltung des Landes in ihre Hände legte.

Die estnische und lettische Landbevölkerung besaß das gesamte im Verfolg der Ablösung ihnen übereignete Bauernland, also 42,06% bzw. 38,6% der Fläche, dazu noch 8,9% bzw. 4,0% des Großbesitzes, so daß im ganzen kaum die Hälfte der Landfläche in ihren Händen lag, während sie 88,67% bzw. 75,07% der Gesamtbevölkerung ausmachte. In den Städten war der Besitzanteil der Esten und Letten größer. Aus diesen Verhältnissen versuchte die nationale Propaganda um so wirksamer Kapital zu schlagen, als auch die Angehörigen der übrigen sozial gehobenen Berufe wie die Geistlichen, die Ärzte, die Großkaufleute, die Rechtsanwälte usw. zum großen Teil Deutsche waren. Die Esten und Letten hatten zwar einen beträchtlichen Anteil an den gewerblichen Tätigkeiten, auch bereits in den akademischen Berufen nicht wenige Vertreter, in ihrer Masse aber waren sie Bauern und Landarbeiter.

Die gehobene soziale Stellung erhielt beim Deutschen das Bewußtsein der Überlegenheit über die anderen Nationalitäten, und dieses Bewußtsein wuchs sich zu einer Unterschätzung der anderen Nationalitäten aus. Die nationalen Gegensätze waren daher mit sozialen und kulturellen Gegensätzen vermischt und wurden erst hierdurch zu außerordentlicher Heftigkeit gesteigert. Diese Tatsache hat der Agrarpolitik die eigentliche Richtung gegeben; sie ist beim Esten wie beim Letten von dem Bestreben geleitet, die drückenden oder doch unbequemen Zustände zu beseitigen und den seiner Nationalität nicht zugehörigen Herrn auf jede mögliche Art seiner Machtstellung zu berauben.

Die Agrarreform bildet danach einen Teil der Emanzipationsbestrebungen der Esten und Letten. Diese Bestrebungen beginnen bereits in der Mitte des letzten Jahrhunderts mit dem Erwachen des nationalen Bewußtseins der Esten und Letten. Sie wurden von den Russen soweit unterstützt, als sie dazu dienten, der Stellung des Deutschtums Abbruch zu tun, aber nie so weitgehend, daß die Deutsch-Balten in offene Opposition gegen die russische Staatsautorität gedrängt worden wären. Den Russen lag weniger daran, das Deutschtum, das Estentum und das Lettentum zu erhalten, als alle Volksteile mit dem russischen Volke auch kulturell zu verschmelzen. Die russischen Versuche scheiterten an der Zähigkeit und dem Nationalbewußtsein sowohl der Deutschen wie der Esten und Letten.

Als Reaktion sowohl gegen den Druck des Russentums wie gegen die Vormacht des Deutschtums ist die Revolution von 1904/5 anzusehen, die sich mit derselben Heftigkeit gegen die Russen wie gegen die Deutschen richtete. Die Revolution wurde blutig niedergeschlagen; da die Deutschen sich der russischen Herrschaft gefügiger erwiesen hatten als die Letten und Esten, revidierte der Russe stark das Maß von Beschränkungen der kulturellen Selbständigkeit der baltischen Provinzen. Aber dieser Umschwung milderte die Beziehungen zwischen den Esten, Letten und Deutschen nicht; denn der Russe dachte nicht daran, die sozialen, politischen und wirtschaftlichen Privilegien des Deutschtums aufzuheben, weil er mit der Schwächung des Deutschtums auch die Untergrabung seiner eigenen Autorität zu befürchten hatte.

Die bevorzugte Stellung des Deutschtums war daher mit dem Bestande der russischen Staatsautorität aufs engste verknüpft. Im Jahre 1917 brach der alte russische Staat zusammen. Ein weiteres Jahr hielten deutsche Truppen die bestehenden Verhältnisse aufrecht; als sie 1918 abzogen, stand das Deutschtum allein den Esten und Letten in einem äußerst ungünstigen Zahlenverhältnis gegenüber. Aus eigener Macht konnte es sich nicht mehr halten, es mußte zu einem Kompromiß mit den anderen Völkern kommen, wenn es überhaupt weiter existieren wollte. Das schien um so eher möglich zu sein, als Deutsche, Esten und Letten in gleicher Weise durch den russischen Bolschewismus bedroht waren.

II. Die Beseitigung der alten Agrarverfassung.

1. Der Krieg und seine Folgen.

Die Wirkungen der Kriegführung auf die einzelnen Gebiete der beiden Länder sind verschieden gewesen. Am meisten hat Lettland unter den Kämpfen und der Besetzung leiden müssen; vor allem sind in den Kreisen Mitau, Riga und Dünaburg große Landstrecken durch Schützengräben und Granateinschläge aufgewühlt, der Gebäude und teilweise der Wälder beraubt. In diesen Gebieten wurden 6000 Höfe völlig zerstört. Aber auch die übrigen Landesteile haben durch Requisitionen russischer und deutscher Truppen sowie durch bolschewistische Plünderungen mehr oder weniger große Einbußen erlitten. 1920 waren in Lettland im Vergleich zur Vorkriegszeit nur noch 78,44% der Pferde und 81,80% des Rindviehs vorhanden. 1919 war in Estland die Zahl der Pferde auf 86,0%, die der Rinder und Schafe auf 73,7% und 63,8%, die der Schweine auf 47,5% des Vorkriegsstandes gesunken. Arbeitermangel und die Unsicherheit hatten die Bebauung der Äcker gehemmt und die Gesamtergiebigkeit der Landwirtschaft stark vermindert.

In der Verfassung des flachen Landes hatte sich rechtlich nichts geändert, wenn man von den für die Dauer des Krieges von den Besatzungsbehörden erlassenen Verordnungen absehen will. Lediglich für Kurland, das mit anderen Randgebieten im Frieden von Brest-Litowsk vom Russischen Reiche abgetrennt wurde, trat eine Änderung ein. Auf Beschluß des allgemeinen Landtages der kurländischen Ritterschaft verpflichtete 1918 die deutsche *Oberste Heeresleitung* als die höchste Besatzungsbehörde jeden kurländischen Gutsbesitzer mit mehr als 360 ha Eigentum, ein Drittel seines Gesamtareals käuflich an ein Siedlungsunternehmen zu überlassen. Diese Verordnung kam jedoch infolge des Ausganges des Krieges nicht zur Ausführung. Auch die Ritterschaften Livlands und Estlands faßten nach der Besetzung durch die deutschen Truppen ähnliche Beschlüsse, die eine freiwillige Abgabe von Siedlungsland vorsahen. Die Esten und Letten standen diesen Plänen ablehnend gegenüber, weil sie damit rechneten, daß bei der Siedlung nur Angehörige deutscher Nationalität berücksichtigt werden würden.

Die Stillegung und Evakuierung der Industrie und der Rückgang der landwirtschaftlichen Produktion führten zu Arbeitslosigkeit, verteuerten die Lebensmittel und beunruhigten die Lohnarbeiterschaft dauernd. Die Industriearbeiter strömten hinaus aufs Land, mit ihnen die Lehren des Sozialismus. Sie fanden in den ländlichen Lohnarbeitern willige Hörer. So fiel nach Abzug der deutschen Truppen das ganze Land bis auf einen kleinen Teil Kurlands und Estlands einer bolschewistischen Bewegung anheim, der die Esten und Letten — diese mit deutscher Unterstützung — nur durch Waffengewalt Herr werden konnten. Die Bewegung innerhalb der ländlichen Lohnarbeiterschaft richtete sich vor allem gegen den Landeigentümer — den Großgrundbesitzer und den Bauern. Die lettische und estnische Regierung glaubte diese Bewegung durch Beschlagnahme und Aufteilung der Großbetriebe an die Landlosen abbiegen zu müssen.

Die vorläufigen Maßnahmen, zu denen die Regierungen griffen, bewegten sich bereits in dieser Richtung. *Estland* machte damit den Anfang. Gegen Ende des Jahres 1918 drohte eine Ernährungskatastrophe, die angesichts der allgemeinen Arbeitslosigkeit die Fürsorge des Staates für die Bestellung der Felder weckte. Die erste Maßnahme war die Unterstellung der Gutsländereien unter die Kontrolle von Gemeindeausschüssen und die Erklärung der Agrarbankgüter, der Domänen und der Waldungen der Güter zum Staatseigentum. Als zweiter Schritt folgte die Anordnung staatlicher Verwaltung auf schlecht bewirtschafteten oder vom Besitzer verlassenen Gütern. Mit dieser staatlichen Administration machte die Regierung infolge mangelhafter Befähigung oder Unredlichkeit der Verwalter so schlechte Erfahrungen, daß sie im Februar 1919 die parzellenweise Verpachtung auf den der Zwangsverwaltung unterliegenden Gütern einführte. Die Eile, mit der diese Maßnahmen durchgeführt wurden, der Mangel an zuverlässigen Beamten und die unsichere Lage der Pächter hatten zur Folge, daß statt einer Steigerung ein Rückgang der Produktionsergebnisse eintrat. Immerhin bildete dieser Zustand nur eine Erscheinung von kurzer Dauer, die mit dem eigentlichen Agrargesetz ihr Ende fand.

In *Lettland* dauerten die Kämpfe mit den Bolschewisten bis in den Sommer 1919, und da sich daran die Kämpfe mit den Bermondt-Truppen anschlossen, konnte Lettland erst im Spätherbst 1919 an die Regelung der inneren Verhältnisse gehen. Zunächst beschlagnahmte die Regierung eine Anzahl von Gütern, die von ihrem Besitzer verlassen waren oder deren Besitzer sich am Bermondt-Unternehmen beteiligt hatten, und unterstellte sie staatlicher Verwaltung. Bereits Ende Januar 1920 folgte die Regierung dem Beispiel Estlands und verpachtete Teile der beschlagnahmten Güter oder ganze Güter an Kleinpächter, denen das spätere Eigentum in Aussicht gestellt wurde. Kurz darauf vergab sie alles Land, das vom Besitzer aus irgendwelchen Gründen nicht selbst bewirtschaftet werden konnte, in kleine Stücke verteilt, in Pachtung. Die Erfahrungen, die mit dieser Maßnahme gemacht wurden, fielen nicht anders aus als in Estland. Aber auf die Ergebnisse kam es nicht an, es galt, die Großgrundbesitzer zu treffen.

Diese waren inzwischen nicht untätig gewesen. Der Ernst der Lage war ihnen klar. Schon am 29. 3. 1919 richteten die Großgrundbesitzer Estlands sehr weitgehende Reformvorschläge an die Regierung, in denen sie die Notwendigkeit einer großzügigen Agrarreform, vor allem der Ansiedlung von Landarbeitern anerkannten. Die Siedlung sollte einem staatlichen Siedlungsamt übertragen werden, das die freie Verfügung über die Domänen, die Agrarbankgüter und die Enteignungsbefugnis über die Güter der Kirche, der Städte, der Ritterschaft und über das von den Rittergütern nicht bewirtschaftete Land erhalten sollte. Eine angemessene Entschädigung sollte gezahlt werden. Das zur Verfügung stehende Land sollte in Siedlungseinheiten mit 15—20 Desjatinen Nutzlandes aufgeteilt werden. Die Siedler sollten Landwirte sein, welche die Mittel für das landwirtschaftliche Inventar selbst aufzubringen hatten, alle Bauten aber sollten auf Staatskosten errichtet werden. Weiter sollten die Großgrundbesitzer zu Landlieferungsverbänden zusammengeschlossen werden. Diese sollten mit der Befugnis zur Enteignung ausgestattet werden und verpflichtet sein, dem Siedlungsamt ein Drittel des Hofslandes zu Siedlungszwecken zur Verfügung zu stellen, natürlich wieder gegen Entschädigung. Die gesamte Siedlungstätigkeit sollte unter der Aufsicht einer besonderen richterlichen Behörde erfolgen. Der geplante Ablauf der Siedlungstätigkeit, die sich auf einen Zeitraum von 20 Jahren erstrecken sollte, vermied den volkswirtschaftlichen Ausfall, der mit einer sofortigen radikalen Enteignung verbunden sein mußte, zumal das zu enteignende Land bis zur Übergabe an den Siedler vom Besitzer bewirtschaftet werden sollte.

Auch die Großgrundbesitzer in Lettland bewiesen durch eine Eingabe im Februar 1920 an die Volksvertretung, daß sie angesichts der innerpolitischen Lage entschlossen waren, von ihrem Besitz soviel herzugeben, als dem wirklichen Bedürfnis an Siedlungsland nach Aufteilung der staatlichen und kommunalen Ländereien entsprach. Als selbstverständlich setzte man auch hier eine Entschädigung voraus, welche »die gebräuchliche Wertschätzung« berücksichtigte.

Beide Angebote wiesen den Weg, der das Bedürfnis der Landbevölkerung nach Siedlungsland befriedigen konnte. Dieses soziale Ziel war zugleich von eminent staatspolitischer Bedeutung. Die Landlosen bildeten einen ständigen Unruheherd, waren der bolschewistischen Propaganda leicht zugänglich und als Glieder eines bürgerlichen Staates kaum als zuverlässig anzusehen. Ihre Befriedigung ließ eine Befestigung des Staates erwarten. Man mußte ihnen die Möglichkeit geben, einen eigenen Besitz zu erwerben.

Aber mit der Aufteilung von Gutsland allein war diese Beruhigung nicht zu erzielen. Es galt während der Siedlungstätigkeit die Produktivität der Landwirtschaft zu erhalten, sie womöglich zu steigern. Von lettischer und estnischer Seite wurde behauptet, diese Steigerung sei durch die Bewirtschaftung allen Landes in bäuerlichen Kleinbetrieben zu erreichen. Dieser Satz wurde der Agrarreform zugrunde gelegt.

Es ist außerordentlich schwierig, festzustellen, welche Betriebsform für die baltischen Verhältnisse die produktivere ist. Wirklich erschöpfend oder auch nur sachlich ist diese Frage niemals genügend geprüft worden. Statistisches Material ist nicht vorhanden, und die estnische Enquete von 1919 kann in ihren dürftigen Ergebnissen nicht als normales Bild angesprochen werden, weil Krieg und Revolution ungewöhnliche Zustände geschaffen hatten. Der Bestand an lebendem Inventar scheint auf den Bauernhöfen größer gewesen zu sein als auf den Gutshöfen; dafür lieferte aber der Großbetrieb mehr Lebensmittel auf den Markt, weil er seine Ackerfläche intensiver nutzte und mit verhältnismäßig weniger Leuten auskam. Die Neigung zu extensiver Weidewirtschaft ist beim lettischen und estnischen Bauer unverkennbar. Diese wird zu einem wesentlichen Teile auf völlig ungepflegten wilden Weiden betrieben, die mit erratischen Blöcken und Buschwerk bedeckt und infolge des Fehlens jeglicher Düngung sehr unergiebig sind. Die wilde Weide kann meist landwirtschaftlichen Kulturzwecken nutzbar gemacht werden. Diese Kulturarbeit hat der Großgrundbesitz in größerem Umfange betrieben als der Bauernbesitz. Acker, Wiese und Weide verhielten sich beim Bauern wie 8,5 : 5 : 4, beim Großgrundbesitz wie 7 : 5 : 2,9. In diesem Punkte scheint die Überlegenheit des Großbetriebes festzustehen.

Doch ist es unmöglich, aus diesen wenigen Tatsachen Schlüsse für die Gesamtergiebigkeit zu ziehen. Ob daher der Kleinbetrieb unter sonst gleichen Verhältnissen produktiver ist als der Großbetrieb, scheint zum mindesten ungeklärt; das erstrebenswerte Ziel war auch in Estland und Lettland, zwischen den verschiedenen Betriebsgrößen ein gesundes Mischungsverhältnis herzustellen, das wie in anderen Ländern so auch hier zu den besten volkswirtschaftlichen Resultaten führen würde — haben doch die vielen über das ganze Land verteilten vorzüglichen Großwirtschaften dem estnischen und lettischen Bauern ein Beispiel gegeben, dessen Wirkungen deutlich zu sehen sind. Die musterhafte Organisation des Immobilienkredits ist dem Gedeihen der Bauernwirtschaften zugute gekommen. Der für russische Verhältnisse hohe Stand der bäuerlichen Wirtschafts- und Lebensweise läßt sich nur aus dem Vorbilde, das der deutsch-baltische Großgrundbesitzer in seinen besten Vertretern gab, erklären; der lettische Bauer in Lettgallen steht hinter dem in den Ostseeprovinzen um Jahrzehnte zurück. Darum bedeutet die Ausschaltung des höher gebildeten Landwirts, der in Lettland und Estland fast nur unter den Großgrundbesitzern zu finden war, eine Gefahr für den landwirtschaftlichen Fortschritt in allen Betriebsgrößen und damit eine Vergeudung produktivster Arbeitskräfte.

Die Volksvertretungen Estlands und Lettlands aber verzichteten auf die Mitarbeit der Großgrundbesitzer und legten ihre Vorschläge achtlos beiseite. Der zur Macht gelangte Nationalismus versagte sich wirtschaftlichen Vernunftgründen. In einer halbamtlichen Veröffentlichung hat der lettische Landwirtschaftsminister Samuel offen ausgesprochen, daß die Agrarreform den Zweck hatte, den Einfluß der fremdstämmigen Elemente abzuwürgen[14]). Damit war weithin der Klassenkampfcharakter der Agrarreform vereinbar, welche — wie sich der estnische Ministerpräsident O. Strandmann bei der ersten Lesung des Agrargesetzes im Juli 1919 ausdrückte — die bestehende Feudalordnung und die Macht beseitigen sollte, die wenige Großgrundbesitzer über Land und Volk hätten. Nur nach vollständiger Liquidation des Großgrundbesitzes könne das Volk sein Schicksal selbst bestimmen. Aber man suchte und fand Formen, um nur oder fast ausschließlich den fremdstämmigen Großgrundbesitz zu treffen, den von Angehörigen der Mehrheit zu verschonen.

2. Die neue Agrargesetzgebung.

A. Inhalt des Agrargesetzes von Estland.

Das Agrargesetz vom 10. Oktober 1919 enteignet die Kronsgüter und Domänen, die »Rittergüter« und die ihnen gehörigen Landstellen, die Güter, die juristischen Personen gehören, die Pastorate und die Kirchenländereien mit allem Nutzland, Wald, Unland, lebendem und totem Inventar, einschließlich aller Gebäude, und bildet daraus eine staatliche Landreserve.

Von der Enteignung ausgenommen werden die Güter, die öffentlichen, wohltätigen oder wissenschaftlichen Zwecken dienen, und die Grundstücke, auf denen sich Friedhöfe, Kirchen und Klostergebäude befinden. Das Gesetz läßt das Inventar eines Gutes unenteignet, falls es vor dem 11. November 1918 in den Besitz von Pächtern übergegangen ist, ferner das Inventar der Pastorenländereien und das Inventar der früheren Besitzer, soweit sie es bei etwaiger Landzuteilung benötigen. Für den Übergang des Eigentums ist der Tag des Inkrafttretens des Gesetzes, und zwar in der Weise bestimmt, daß der frühere Eigentümer im vorläufigen Besitz aller Güter bleibt und bis zu deren Übergabe an das Landwirtschaftsministerium als *negotiorum gestor* nach §§ 4423—4463 des baltischen Provinzialrechts haftet.

Die Rechte und Pflichten, die in Estland in großer Zahl an den enteigneten Grundstücken hafteten, gehen restlos auf den Staat über. Dagegen werden Kaufverträge über enteignetes Land, die nicht in die Grundbücher eingetragen sind, als ungültig angesehen, falls sie nach dem 12. Juli 1917 abgeschlossen waren. Die Wahl des Datums hängt mit einer Verordnung der Kerenski-Regierung vom gleichen Tage zusammen, welche die Ver-

---

14) Vgl. A. de Lapradelle: »*Les reformes agraires et le droit international*« in *L'Esprit International*, 1929, Nr. 11, S. 447.

äußerung von Land verbot. Die Verträge über Nutzung von enteignetem Land, Wald oder Bodenschätzen verlieren ihre Gültigkeit vollkommen, wenn das Landwirtschaftsministerium sie nicht erneuert. Bei den Servituten unterscheidet das Gesetz zwischen den Personalservituten (§§ 1199—1250 des baltischen Provinzialrechts), die ohne Ausnahme aufgehoben werden, und den Prädialservituten, die in Kraft bleiben, soweit sie die Teilung und Nutzung des Landes nicht hindern. Ferner werden alle privaten und fideikommissarischen Einschränkungen, die einer Verstaatlichung, Nutzung oder Teilung des Landes entgegen stehen, für ungültig erklärt. Für die vorzeitige Lösung von Pachtverträgen läßt das Gesetz die Möglichkeit einer Entschädigung offen, deren Regelung einem Spezialgesetz überlassen bleibt. Da man von der allzu ungerechten Entschädigung, die nach einem Projekte der Agrarkommission nur $^1/_4$ der Hypothekenlasten betragen hätte, einen schlechten Eindruck im Auslande befürchtete, wurde die Frage der Entschädigung für den Boden, sowie die Bestimmung derjenigen Kategorien, die ohne Entschädigung enteignet werden, laut § 10 einem Spezialgesetz überlassen[15]). Die Entschädigung für das Inventar wurde im Gesetz und im Frühjahr 1920 durch eine Reihe von ergänzenden Verordnungen sehr eingehend geregelt. Das Gesetz macht einen Unterschied zwischen dem lebenden Inventar, das nach den Marktpreisen von 1914, und dem toten Inventar, das nach den Anschaffungskosten entschädigt werden soll. Die letzte Bestimmung wurde später auf die Fälle beschränkt, in denen der Anschaffungspreis dokumentarisch nachgewiesen werden konnte. Für die Abnutzung des Inventars war ein entsprechender prozentualer Abzug vorgesehen. Die Abschätzung wurde in die Hände einer dreigliedrigen Kommission gelegt, die aus einem Vertreter des Landwirtschaftsministeriums als Vorsitzendem, einem Vertreter der Kreisverwaltung und einem Vertreter des Gemeinderats gebildet wird, wobei auch Sachverständige hinzugezogen werden dürfen. Der Besitzer darf lediglich einen Vertreter ohne irgendwelche Rechte zur Taxation entsenden. Als Berufungsinstanz gegen die Beschlüsse dieser *Taxationskommission* bestimmt § 14 eine Obertaxationskommission, die aus dem Justizminister, dem Landwirtschaftsminister, dem Staatskontrolleur und aus zwei von der Staatsregierung ernannten Vertretern besteht. Der 4. Abschnitt des Gesetzes behandelt die Nutzung der Staatsländereien. Der Wald bleibt in Eigentum und Verwaltung des Staates.

---

15) Vgl. Oskar Bernmann, »Die Agrarfrage in Estland«, Berlin 1920.

Die neue Verteilung des Landes soll die Neubildung von Privateigentum ausschließen; als künftige Besitzform soll grundsätzlich die Vergebung des Landes in Pacht angewandt werden. Die Dauer der Pacht wechselt nach der Größe der vergebenen Landflächen und nach dem wirtschaftlichen Charakter der Landempfänger. Für Kleinwirte ist eine Erbpacht vorgesehen. Juristische Personen wissenschaftlichen, öffentlichen oder gewerblichen Charakters können Land mit langer Pachtfrist erhalten, während die Verpachtung an sonstige Einzelpersonen nur kurzfristig geschieht. Neben der Vergebung in Pacht sieht das Gesetz auch die Möglichkeit der staatlichen Bewirtschaftung vor, die besonders von den Sozialisten für erstrebenswert gehalten wurde, weil dabei die Großwirtschaft weiter arbeiten konnte.

Die Größe der ausgegebenen Siedlerstellen richtet sich allgemein nach der Arbeitsnorm einer Familie mit zwei Pferden, wobei die örtlichen Boden- und Absatzverhältnisse Berücksichtigung finden sollen. Für Landbewerber, welche die Landwirtschaft nur als Nebengewerbe betreiben, ist die Schaffung besonderer Handwerkerparzellen in Aussicht genommen. In gleicher Weise stellt das Gesetz den Städten und Flecken Land in ihrer unmittelbaren Umgebung zur Verfügung, um das Bedürfnis nach Gärten zu befriedigen.

Im ganzen ist das gesetzgeberische Vorbild der russischen Agrarrevolution unverkennbar, doch hat ein späteres Spezialgesetz die Umwandlung der bäuerlichen Erbpacht in Eigentum vorgesehen.

Die Auswahl und die Reihenfolge unter den Bewerbern um Land wird nach folgenden Richtlinien behandelt. Die Entscheidung über die Reihenfolge der Kandidaten trifft die Kreisverwaltung nach Vorschlag des Gemeinderats. Die Reihenfolge kennzeichnet den nationalen Gesichtspunkt, der die ursprüngliche soziale Tendenz mehr und mehr in den Hintergrund gedrängt hat. In erster Linie erhalten eingedenk des Versprechens der estnischen Regierung Land

1. diejenigen Bürger, die sich im Befreiungskriege durch Tapferkeit ausgezeichnet haben,
2. solche, die im Kriege verwundet worden sind,
3. die Familien gefallener Krieger und
4. Krieger, die im Freiheitskriege an Operationen gegen den Feind teilgenommen haben, unter Berücksichtigung der Dauer ihrer Tätigkeit.

Erst nach diesen Kriegern sollen die Landlosen berücksichtigt werden. War bisher ein Teil des enteigneten Landes schon an Kleinpächter vergeben, so hatten die alten Wirte das Vorrecht auf staatliche Zuteilung.

Im übrigen handelt es sich hauptsächlich um wirtschaftlich Schwache. Deshalb mußte die Beschaffung neuer Heimstätten und des dazugehörenden Inventars Schwierigkeiten machen. Hier greift das Gesetz helfend ein, indem es unbemittelten Landbebauern für die Errichtung notwendiger Bauten und Beschaffung von Inventar staatliche Kredite in Aussicht stellt. Die Vornahme umfangreicher Meliorationen bleibt dem Staate überlassen. Für die finanzielle Unterstützung der Ansiedler und für die Abwicklung sämtlicher anderen Zahlungsoperationen ist die Gründung einer Agrarbank in Aussicht genommen.

B. Inhalt des Agrargesetzes von Lettland.

Zur Errichtung neuer Wirtschaften und Vergrößerung der bestehenden Kleinwirtschaften, zur Befriedigung von Bedürfnissen wirtschaftlicher Unternehmungen, zur Erweiterung von Städten und Flecken wird nach dem Agrargesetz vom 24. 9. 1920 ein staatlicher Landfonds geschaffen. Er besteht aus den staatlichen Ländereien, Gütern und Wäldern, aus den »Rittergütern«, den der Ritterschaft als solcher und anderen juristischen Personen gehörenden Gütern und aus den Kirchengütern. Alle diese Güter gehen mit dem Tage des Inkrafttretens des Gesetzes mit einem Schlage in Staatseigentum über. Nicht enteignet wird das von den Gütern abgeteilte und verkaufte Bauernland. Der Enteignung unterliegt auch das Zubehör des Landes und der Güter, soweit es nicht industriellen über örtliche Bedeutung hinausgehenden Zwecken dient.

Den früheren Eigentümern wird ein Restgut belassen, das von der Regierung ohne Rücksicht auf die bisherige Wohnung des Eigentümers an beliebiger Stelle angewiesen werden kann. Die Größe des Restgutes soll 50 ha[16]) nicht überschreiten, auch wenn mehrere Eigentümer bei einem Objekte vorhanden sind. Friedhöfe, Kirchplätze, Klöster und Stifte, wohltätigen und wissenschaftlichen Zwecken dienendes Land und städtische Güter bleiben unenteignet.

Mit dem Lande wird das dem Staate notwendige brauchbare

[16]) Nach einer Verfügung des Lauddepartements vom 12. Nov. 1920 haben die Behörden bei der Zuteilung von Restgütern eine Bewegungsfreiheit von 10% dieser Norm.

Inventar enteignet, ausgenommen das Inventar, das für das Restgut erforderlich ist.

Der enteignete Besitz bleibt bis zur Übernahme durch den Staat in Nutzung und Bewirtschaftung der bisherigen Eigentümer auf Grund der Bestimmungen des Leihevertrages nach §§ 3737 bis 3764 des Provinzialrechts. Der Nutznießer bezieht die Früchte der Wirtschaft, doch hat der Staat das Recht, jederzeit den Besitz zu übernehmen unter Ersatz aller mit Genehmigung der Regierung ausgeführten Bauten und Verbesserungen. Güter, die nicht ordentlich bearbeitet werden und die der Besitzer weiter zu bearbeiten sich weigert, werden sofort in Verwaltung und Verfügung des Staates übernommen.

Sämtliche Rechte, die mit dem enteigneten Besitz verknüpft sind, gehen auf den Staat über. Pachtverträge sind aufgehoben, können aber von der Regierung erneuert werden. Realservitute bleiben in Kraft, soweit sie die Nutzung und Teilung des Landes nicht hindern. Persönliche Servitute erlöschen, ebenso Rückkaufsrechte, Teilungs- und Verkaufsverbote, Fideikommißbestimmungen und hypothekarisch gesicherte Forderungen.

Die Entschädigung für das enteignete Land soll ein besonderes Gesetz festlegen. Keine Entschädigung erhalten Eigentümer, die durch Gerichtsurteil oder auf Grund eines speziellen Gesetzes durch feindliches Verhalten zum Volke Lettlands das Recht darauf verloren haben, sowie jene, die durch Nutzung des erworbenen Besitzes das beim Erwerb angelegte Kapital schon zurückgewonnen haben.

Für das enteignete Inventar ist eine Entschädigung auf der Grundlage der örtlichen Marktpreise zu zahlen. Die Taxation ist wie in Estland geregelt. Die Entschädigung für aufgehobene Forderungen und Rechte wird einem Sondergesetz überlassen.

Der Landfonds soll den anfangs aufgeführten Zwecken dienen. Die neu zu gründenden Wirtschaften dürfen die Größe von 22 ha nicht überschreiten. In Anpassung an klimatische und Verkehrsverhältnisse sollen außerdem Gartenwirtschaften in der Größe von 10 ha eingeteilt werden. Bestehende Kleinwirtschaften, die 15 ha nicht übersteigen, können durch Landzuteilung vergrößert werden. Pachtstellen sollen nicht aufgeteilt werden. Zur Arrondierung können Landfondsstücke gegen nicht der Enteignung unterliegende Landstücke umgetauscht werden. Die Regierung kann diejenigen Ländereien behalten, auf denen kulturelle Wohlfahrtseinrichtungen vorhanden oder vorgesehen sind. Für die Kleinwirtschaften ungeeignete Gebäude sind zu gleichen

Zwecken zu verwenden oder den örtlichen Kommunalbehörden zuzuteilen.

Ein Anrecht auf den Landfonds hat jeder Krieger Lettlands, der kein oder zu wenig Land hat; Kriegern, deren Hauptbeschäftigung nicht die Landwirtschaft ist, kann Land von 1—2 ha gegeben werden. In zweiter Linie sollen die örtlichen Landlosen berücksichtigt werden . Nicht verteiltes Fondsland ist zu verpachten oder in staatlicher Bewirtschaftung zu behalten.

Die neu zu begründenden Wirtschaften und die bereits bestehenden Pachtwirtschaften des Fondlandes gehen in das erbliche Eigentum des Empfängers über. Das Land ist auf Grund eines besonderen Gesetzes gegen Bezahlung zu vergeben.

Im Mai 1922 wurde der Teil III des Agrargesetzes angenommen, wonach in Zukunft mehr als 50 ha in einer Hand nicht vereinigt werden dürfen. Vereinigungen von mehr als 22 ha bis zur Grenze von 50 ha bedürfen der Genehmigung, und diese kann nur gegeben werden, wenn die Ländereien eine gemeinsame Grenze haben. Auf der andern Seite dürfen bestehende Wirtschaften in der Regel in kleinere Parzellen als 10 ha nicht zerteilt werden. Personen, die bei Inkrafttreten des Gesetzes mehrere landwirtschaftliche Besitzungen haben — die Rittergüter waren schon enteignet — können entweder eine davon ohne Rücksicht auf die Größe behalten oder Teile von mehreren, aber dann nur bis zur Gesamtgröße von 50 ha. Das übrige muß innerhalb von drei Jahren verkauft werden. Diese Bestimmung gilt auch für den Erbfall.

3. Die Bedeutung der Gesetze.

Die neuen Agrargesetze haben die Entwicklung einer in Jahrhunderten organisch gewachsenen Agrarverfassung jäh unterbrochen. Schärfer ist die Agrarrevolution nur in Rußland durchgeführt worden. Wegen der Folgen, welche diese schroffe Abschnürung der organischen Entwicklung für Volk, Staat und Wirtschaft nach sich zieht, sind die Kernfehler dieses Wagnisses zu prüfen.

Die große Ähnlichkeit der beiden Gesetze ist auffallend. Das estnische ist das ältere, die lettländische Fassung konnte juristische Teilbestimmungen aufnehmen, die sich dort als notwendig erwiesen hatten. Aber diese Unterschiede sind meist nur formeller Natur. Der herrschende Gedanke ist in beiden Gesetzen die Vernichtung des Großgrundbesitzes. Der Neid der Landlosen gegen den Besitzenden, der Haß der Letten und Esten gegen den

Deutschbalten und die Ansteckung durch das bolschewistische Beispiel haben sich zur Erreichung dieses Zieles vereinigt. Die gesetzgebenden Körperschaften bestanden aus Parlamentariern, denen demokratische und sozialistische Doktrinen und Rassenhaß über die verantwortungsvolle Arbeit im Dienst des Staates ging. In Lettland stimmten alle Parteien für das Gesetz, auch die Bauerneigentümer, die sich in Estland der Stimme enthielten: um vor der landhungrigen Masse das eigene zu schützen, warfen sie ihr das fremde Eigentum hin.

In den Agrargesetzen von Lettland und Estland ist der Grundsatz der vollen Entschädigungspflicht bei Enteignungen nicht beachtet, in Estland ist es sogar ausdrücklich freigelassen worden, ob überhaupt eine Entschädigung gezahlt werden sollte. Die bürgerlich denkenden Abgeordneten konnten nur erreichen, daß eine eventuell zu zahlende Entschädigung einem später zu erlassenden Gesetze vorbehalten blieb. Heute nach neun Jahren hat der Gedanke der Entschädigung noch nicht genügende Verbreitung gefunden. In Lettland hat das Parlament im April 1924 mit 50 gegen 39 Stimmen jede Entschädigung abgelehnt. Eine Eingabe der Geschädigten an den Völkerbund blieb ohne Wirkung.

Gewiß würde die Auszahlung einer angemessenen Entschädigung für Boden und Gebäude die beiden Staaten, da mit einem Schlage die Hälfte des ganzen Landes enteignet wurde, finanziell schwer belasten. Eine Berechnung, die allerdings den Vorkriegswert zugrunde legt, schätzt den Wert der in Estland enteigneten Ländereien auf 207 Millionen Goldrubel. Diese Summe mit 3% verzinst und zur Tilgung in 100 Jahren mit 1% amortisiert,, würde das estnische Budget von 6,25 Milliarden Eestimark auf 7,75 Milliarden anwachsen lassen. Aber außer den Zahlungen der Ansiedler steht dem der hohe Ertrag der in Staatseigentum überführten Waldungen gegenüber.

Das estländische Entschädigungsgesetz, das im Jahre 1926 angenommen wurde, hat das Unrecht keineswegs gut gemacht. Der Wert der Grundstücke wurde durch Kapitalisierung des früheren Grundsteuerreinertrags in Rubeln mit 2,66% festgestellt. Schon dieses Verfahren führte zu einer Wertfestsetzung, die nur einen Bruchteil des wirklichen Wertes bedeutete. Hiervon wurden die Grundbuchschulden in vollem Goldwerte abgezogen. Der verbleibende Rest wurde in estländische Währung umgerechnet unter Zugrundelegung eines Rubelkurses, der etwa den zehnten Teil des tatsächlichen Kurses betrug. Die so errechnete Summe wird an die früheren Grundbesitzer in Pfandbriefen ausgezahlt, die mit 3,55% verzinst und amortisiert werden. Die Amortisation soll in 55 Jahren beendet sein. Durch den Abzug der Grundbuchschulden in Goldwert von dem errechneten Wert bleibt für die Hälfte aller Enteigneten überhaupt kein Anspruch auf Auszahlung einer Entschädigung übrig. Von den übrigen Besitzern erhalten etwa ein Drittel eine Entschädigung bis zu 2500 Goldrubel, ein weiteres Drittel bis zu 7500 Goldrubel, ein weiteres Drittel 7500 bis 20 000 Goldrubel und nur einige wenige mehr als das. Die höchste Entschädigung, die in einem Falle gezahlt wird, beträgt etwa 50 000 Goldrubel. Diese Art der Entschädigung ersetzt den enteigneten Hektar mit 2¹/₄ Goldrubel, das sind etwa 2% des wirklichen Wertes.

Diese entschädigungslose Enteignung hat das rechtliche Denken des ganzen Volkes zerstört. Man wählte, um den Bolschewismus im eigenen Lande zu ertöten, ein Mittel, das den Methoden des modernen Rußland stark ähnelt, und muß damit auf die Dauer die gewollte Wirkung in ihr Gegenteil verkehren. Denn die ersatzlose Wegnahme des Landes steht in schroffem Widerspruch zu dem Prinzip des Privateigentums, auf das sich das Staatswesen im übrigen aufbaut.

Gegenüber dieser Unterhöhlung des Rechtsgefühls im Volke erscheinen die übrigen Fehler und Halbheiten nebensächlich. Aber auch sie sind für den Staat von schwerwiegendem Einfluß. Die Gesetze sind sehr eilig erlassen und ausgeführt worden, fast als ob die Schnelligkeit der Durchführung der Agrarreform als der wichtigste Punkt angesehen wurde. Die unruhige Stimmung der breiten Masse mag in dieser Richtung einen Druck ausgeübt haben; ebenso stark scheint aber in Regierung und Volksvertretung das Bestreben gewesen zu sein, die Großgrundbesitzer so schnell wie möglich zu beseitigen. Die Enteignung des gesamten Großgrundbesitzes wurde an einem Tage durchgeführt, ohne das tatsächliche Bedürfnis nach Siedlungsland abzuwarten und dementsprechend mit Teilenteignungen vorzugehen. Zwar sahen die Gesetze für die Bewirtschaftung des enteigneten Landes die Belassung des bisherigen Eigentümers in seinem Betriebe vor; aber der Schaden, der aus der gleichzeitigen Gesamtenteignung erwachsen mußte, ist dadurch nur wenig gemildert worden, denn die Gewißheit des Verlustes verhinderte jede Kapitalinvestierung. Überdies ließ die lettländische Agrarverwaltung auch die Möglichkeit, den Eigentümer als Pächter auf bestimmte Frist weiter wirtschaften zu lassen, beiseite. Sie behielt auch die Eigentümer nicht als bloße Verwalter, sondern übernahm im Verlauf weniger Monate die Verwaltung aller enteigneten Güter selbst. Estland war darin vorsichtiger und beließ den früheren Besitzern im Jahre 1920/21 56% der Ackerfläche, 1921/22 39,5%, 1922/23 noch 28,8% in Verpachtung oder Verwaltung.

Die Staaten haben bei der eigenen Verwaltung der Güter zugegebenermaßen nur mit Verlust gearbeitet. Das setzt nicht in Erstaunen; kein Land der Erde verfügt über einen Beamtenkörper, der solche Aufgaben tragen könnte. In den jungen baltischen Staatsgebilden herrschte aber ein ausgesprochener Mangel an persönlich und sachlich geeigneten Kräften, zumal die Deutschbalten und Russen ausgeschaltet wurden. Die Gesetzgeber müssen das auch gewußt haben. Sie haben aber die Schäden, die der Volkswirtschaft drohten, um der politischen Ziele willen in Kauf genommen. Nicht anders ist es zu erklären, daß keine Maßnahmen vorgesehen wurden, um während der Zeit der Umformung den Stillstand der einzelnen Betriebe zu verhindern — sehr im Gegensatz zu der Sorgfalt, mit der man z. B. in Deutschland bei der Aufteilung von Großbetrieben darauf achtet, die volle Ausnutzung aller Flächen auch während der Aufteilungszeit aufrecht zu erhalten.

Die Versuche, an Produktivgenossenschaften Land zu gemeinsamer Bewirtschaftung zu überweisen, sind vollkommen mißglückt. Die estnischen und lettischen Agrarsozialisten einigten sich bald mit denjenigen Richtungen, die in einer gleichmäßigen individuellen Besitzverteilung auf dem Lande die Erfüllung einer demokratischen Forderung sehen.

Infolgedessen ist im neuen Agrarrecht einer der fühlbarsten Mängel der alten Verfassung zu neuem Leben erweckt. Wieder tauchen gesetzliche Vorschriften auf, welche die Größe der ländlichen Wirtschaften starr festlegen. Das lettländische Gesetz begrenzt die Fläche der Neuwirtschaften nach oben mit 22 ha und verbietet die Neuentstehung von Wirtschaften, die größer sind als 50 ha, ebenso aber auch die Parzellierung in kleinere als 10-ha-Wirtschaften. Das estnische Gesetz legt wenigstens kein geometrisches Maß fest und umschreibt die normale Siedlerstelle als ausreichend für eine Familie mit 1—2 Pferden; das bedeutet eine gewisse, aber auch nicht ausreichende Bewegungsfreiheit.

Die zu enteignenden Besitzeinheiten umschreibt das Gesetz nicht nach ihrem Umfange, sondern lediglich nach ihrer rechtlichen Beschaffenheit; es enteignet mit den erwähnten Ausnahmen die Güter, die öffentlich-rechtliche Privilegien besaßen, die »Rittergüter«. Auf die individuelle Eignung zu Siedlungszwecken, auf den Zustand und die Bewirtschaftungsform des einzelnen Gutes nimmt das Gesetz keinerlei Rücksicht. Man wollte mit den historischen Rittergütern das baltische Deutschtum treffen. Tatsächlich gab es nur wenige Rittergüter in lettischer oder estnischer Hand. So traf die Enteignung in Lettland

2,7 Mill. ha insgesamt, aber nur 20000 ha aus lettischem Besitz. Auch fand die Verwaltungsgerichtsbarkeit Mittel, um die Ausführung des Agrargesetzes gegenüber den lettischen Besitzern von Rittergütern zu suspendieren[17]). Die Bauerngüter jeder Größe, fast alle in der Hand von Letten, blieben von den Agrargesetzen unberührt. Besser als die Rittergüter behandelte man auch die sog. Landstellen, auf Gutsland gebildete Anwesen, die aber rechtlich von dem Rittergut abgetrennt und deshalb ohne dessen Privilegien waren. Letten durften solche Landstellen bis 100 ha behalten, Rittergutsbesitzer, also vorwiegend Deutsche, nur dann, wenn sie auf die ihnen zustehenden 50 ha aus ihrem Rittergut verzichteten.

Auch in der Landzuteilung waren politische Gesichtspunkte maßgebend: Die Soldaten standen voran, nach ihnen kamen die Landlosen, in der Mehrzahl Landarbeiter. Nach einer Aufstellung des Statistischen Amtes Lettlands waren im Jahre 1919—1920 bei der Einreichung von Bewerbungen auf Land unter den Zivilbewerbern 91 %, unter den militärischen Bewerbern nur 70 % Berufslandwirte und landwirtschaftliche Arbeiter. Bei der Landverteilung erhielten indes gewesene Soldaten 33,4 % der Neuwirtschaften, die örtlichen Landlosen 41,1 %. Der gesunde Sinn der Landbevölkerung, die über die Landzuteilung mitzureden hatte, ist in beiden Ländern in der Praxis verständiger gewesen als die Bestimmungen der Agrargesetze. Die meisten wirklich Angesiedelten gehörten dem landwirtschaftlichen Berufe an, wenn ihre Vermögenslage auch nur sehr selten zur Selbständigmachung ausreichte. Zwar sollten die Bewerber das zum Beginn der Wirtschaft allernotwendigste Inventar besitzen oder sich zu seiner Anschaffung verpflichten. Aber zum allernotwendigsten Inventar wurde der Besitz eines Pferdes nicht gerechnet, wenn das übrige Inventar für den Anfang vorhanden war.

Daneben erlaubten die dehnbaren Bestimmungen mancherlei Mißbrauch mit der Vergebung von Land. Es ist häufig vorgekommen, daß Offiziere und Inhaber von Orden, Beamte, ja sogar ein Dichter, ohne Rücksicht auf Eignung und Vermögenslage Land als Ehrensold erhalten haben. Dagegen ist die Unterbringung von Landlosen und Gutsarbeitern zu kurz gekommen; nach Erklärung des Landwirtschaftsministeriums in Estland sind bis Ende des Jahres 1922 14400 Arbeiterfamilien auf dem Lande arbeitslos geworden. Landflucht und Auswanderung sind in Est-

[17]) Vgl. A. de Lapradelle a. a. O., S. 450.

land dauernd Gegenstand der Sorge geblieben. Von den Auswanderern gehörten 1926 mehr als 56% der landwirtschaftlichen Bevölkerung an.

Bei der Abfassung der Gesetze war bekannt, daß die Masse der Anzusiedelnden ohne ausreichende eigene Mittel die Arbeit beginnen mußte. Wollte man aber trotzdem an das Siedlungswerk herangehen, so mußte man öffentliche Mittel bereitstellen und den Personal- und Realkredit organisieren. Das ist in völlig ungenügendem Maße erfolgt. Nach einer 1920 aufgenommenen Statistik besaßen von den Landbewerbern Lettlands 31,32% Inventar- und Betriebsmittel, 19,66% ungenügende Mittel, 49,02% keine Mittel. In Estland war dies ähnlich.

Der estnische Staat stellte für die Errichtung von Bauten, für die Anschaffung von Inventar und Durchführung von Meliorationen eine Unterstützung durch langfristige, zu amortisierende Darlehen in Aussicht. Jeder Ansiedler erhielt in Raten zu bezahlendes Bauholz zu etwa $^1/_3$ des Marktpreises. Außerdem wurden langfristige Baudarlehen gegen 5% Verzinsung in bar ausgegeben. Für die Beschaffung des notwendigen Inventars wurden kurzfristige Kredite verfügbar gemacht, die innerhalb zweier Jahre erstattet werden sollten. Ein Teil des Inventars der Neusiedler stammte von den enteigneten Gütern und ist den Siedlern weit unter Marktpreis überlassen worden. Wenn man alle Vergünstigungen, die den Siedlern vom Staate zuteil wurden und die Darlehen zusammenrechnet, so entfielen auf jeden Neusiedler 70000 Eestimark. Das ist etwa so viel wie der Bau eines Wohnhauses kostete, der auf etwa 60—100000 Eestimark zu stehen kam. Diese Unterstützung setzte aber die in der Mehrzahl wenig bemittelten Ansiedler noch nicht in den Stand, eine ordentliche Wirtschaft zu führen. Viele sind auch in enteigneten Gutshäusern und in doppelt belegten Knechtshäusern untergebracht. Ihre gedrückte Lebenshaltung zwang die Regierung, vielen die Pacht zu stunden.

In Lettland war die finanzielle Unterstützung der Siedler nicht besser. Das Agrargesetz übersah auch hier die Kreditfrage und überließ sie nachfolgenden Bestimmungen. Man half sich zunächst mit ähnlichen Anordnungen wie in Estland. An neue Wirtschaften sollte Bauholz zu $^1/_3$ des Tagespreises gegen Zahlungsstundung ausgegeben werden, dessen Wert nach Ablauf von fünf Jahren mit 1% verzinst und mit 4% amortisiert werden sollte; diese Bestimmung ist dem Gedeihen der Siedler günstiger als die estnische. An baren Krediten wurden Darlehen gegen bewegliches

Vermögen auf 9 Monate, gegen Immobiliarsicherheit auf 15 Jahre ausgegeben in Höhe bis zu 75000 Rubel für jede Wirtschaft; die Verzinsung beträgt 5%, beginnend nach 4 Jahren. Bis zur Gründung der Staatsagrarbank wurden an 6000 Neuwirte an Unterstützungen in bar 120 Millionen Rubel ausgegeben. Das war ebensowenig wie in Estland. Erst seit der Gründung der Agrarbank im Mai 1922 ist eine gewisse Besserung eingetreten. Die neue Staatsagrarbank kann Darlehen geben: zur Errichtung von Holzgebäuden 50000 Rubel, für Steingebäude 100000 Rubel, zur Anschaffung von lebendem Inventar 20000 Rubel. Das sind nach dem Anfang 1922 festgesetzten Umrechnungskurs 1000, 2000 und 400 *Lat* (zu 0,81 RM.).

Bis zum 1. Januar 1928 haben die Neusiedler 47 Millionen Lat langfristige und 33,5 Millionen Lat kurzfristige Kredite von der Staatsagrarbank erhalten. Die langfristigen Kredite sind mit 4% zu verzinsen und in 41 Jahren zurückzuzahlen. Für Verwaltungskosten werden seit dem ersten Januar 1928 0,5% erhoben, vorher 1%. Im Hinblick auf die schlechte Ernte der letzten Jahre ist der Zinssatz für die nächsten 4 Jahre auf 2% ermäßigt worden. Sehr hoch zu verzinsen aber sind die Wechselschulden, die viele Neusiedler zu machen gezwungen waren. Ihre Höhe wurde 1928 auf etwa 50 Millionen Lat geschätzt. 10 Millionen davon hat die Staatsagrarbank im Laufe des Jahres 1928 übernommen[18]). Seit dem Jahre 1925 hat die Agrarbank mit der Umwandlung der Ankaufssummen für die neuen Stellen in langfristige Kredite begonnen. Diese Ankaufspreise waren gering: 10 Lat für 1 ha mittlerer und 20 Lat für 1 ha besserer Qualität. Obwohl auch auf dem freien Gütermarkt die Preise damals sehr niedrig waren, so ist dem Ansiedler doch das Land fast geschenkt worden. Die durchschnittliche Belastung durch die Ankaufssummen und die Errichtung der Bauten beträgt pro Hektar in Livland 126 Lat, in Kurland 90 Lat und in Lettgallen 60 Lat, während der Durchschnittspreis im freien Markt im Jahre 1927 für 1 ha Land mit Gebäuden 345 Lat betrug.

Diese Kredithilfe, die gerade in den schweren Anfangsjahren fehlte, hat die Siedler nicht vor Not zu bewahren vermocht. Das schnelle unvorbereitete Ansetzen ohne ausreichende finanzielle Unterstützung mußte zu den Rückschlägen führen, die in den letzten Jahren den Regierungen schwere

[18]) Vgl. dazu u. z. folg. F. W. v. Bülow, »*Social Aspects of Agrarian Reform in Latvia*«, *International Labour Review*, Vol. XX, Nr. 1, July 1929.

Sorge gemacht haben. Die Ansiedler, auch durch Mißernten geschädigt, leiden in starkem Maße unter den Fehlern der Agrargesetze und der Durchführung. Die Freude an der Selbständigkeit als Eigentümer oder, wie in Estland, als Erbpächter spornt aber den Willen, den Fleiß und die Ausdauer der Angesiedelten auch unter den sichtbarsten Entbehrungen an und hat den gefürchteten Zusammenbruch des Siedlungswerkes verhütet. Immerhin hat ein Teil der Siedler die Stelle wieder aufgegeben. Bis zum 1. Jan. 1928 wurden 5154 Neusiedlungen und 807 frühere Pachthöfe verkauft, und zwar in erster Linie von ehemaligen Soldaten und von alten und kinderlosen Leuten. Diese Siedlungen sind zum großen Teil von den Nachbarn zur Erweiterung ihres Besitzes erworben worden, in erster Linie von solchen, deren Familien groß sind. Mit dem Ausleseprozeß ist also eine Konzentration des Landes verbunden und eine Korrektur des Schematismus der Agrargesetze. Dagegen traten viele Nichtlandwirte den Besitz überhaupt nicht an, sondern schlugen ihn, als die Weidenverpachtung und die Halbkornwirtschaft verboten wurde, zu Schleuderpreisen wieder los.

III. Die Durchführung.

1. Die Agrarbehörden und ihre Tätigkeit.

In Estland wurde die Organisation der Agrarbehörden durch die Ausführungsbestimmungen zum Agrargesetz vom 28. 1. 1920 geregelt. Für die Leitung und Kontrolle der Reformarbeit wurde ein besonderer Behördenapparat geschaffen.

Das Landwirtschaftsministerium erhielt 3 neue Abteilungen, nämlich

1. die Hauptverwaltung für Agrarreform, die mit der Organisation der Durchführung betraut wurde,
2. die Verwaltung für Landvermessung und Taxationen,
3. die Hauptforstverwaltung, welche die verstaatlichten Waldungen übernahm.

In den Kreisen liegt die Durchführung des Agrargesetzes beim Chef der Staatsländereien, der die Landreserve mit Ausnahme des Waldes verwaltet. Als beratende Instanz steht ihm das Kreislandeinrichtungskomitee zur Seite. Es besteht aus dem Chef der Staatsländereien, dem Kreischef der Staatswälder, dem Viehzuchtinstruktor, dem ältesten Landmesser, einem Vertreter der Kreisverwaltung, einem Mitglied des zuständigen Friedensgerichts, drei Vertretern des Kreisausschusses und dem zuständigen Steuerinspektor. Dieses Komitee hat lediglich das Recht, grundsätzliche Vorschläge über die Parzellierung und Verteilung des Landes zu machen. Die übernommenen Ländereien des Kreises werden durch den Chef der Staatsländereien in Bezirke eingeteilt, die unter besonderen Bezirksverwaltern stehen. Diese wieder üben die Aufsicht und Kontrolle über die in ihrem Amtsbereich tätigen Gutsverwalter aus.

Neben diesen Instanzen, die die Verwaltung und die Ausgabe des enteigneten Landes und der gewerblichen Anlagen zu regeln haben, riefen die Ausführungsbestimmungen Spezialorgane für technische Zwecke ins Leben. Hierher gehört die Taxationshauptkommission, die der Verwaltung für Landvermessung und Taxation im Landwirtschaftsministerium unterstellt ist. Sie bildet für den enteigneten Grundbesitzer die einzige Berufungsinstanz gegen die Beschlüsse der im § 13 des Agrargesetzes erwähnten örtlichen Taxationskommission. Für die technische Durchführung der Planierungsarbeiten ist durch den Regierungserlaß eine besondere örtliche Planierungskommission bestimmt worden, die sich aus 4 Beamten und zwei Vertretern des Gemeindeausschusses zusammensetzt. Die Aufgabe dieser Kommission ist es, das vom ältesten Landmesser eingereichte Planierungsprojekt auf die Übereinstimmung mit den örtlichen Bedingungen und Interessen zu prüfen. Die Entscheidungen der Planierungskommission werden durch die Planierungsoberkommission, die der Hauptverwaltung für Agrarreform angegliedert ist, einer nochmaligen Prüfung auf formelle und materielle Richtigkeit unterzogen und bestätigt.

In Lettland herrscht formell eine stärkere Dezentralisation, da das Agrargesetz Landeinrichtungskomitees in jeder Gemeinde, in jedem Kreise und im Staate vorsieht. Tatsächlich überwog aber auch hier der Einfluß der von der Zentralstelle abhängigen Beamten.

Die Gemeindelandeinrichtungskomitees werden von sämtlichen stimmberechtigten Bürgern der Gemeinde gewählt. Ihre Aufgaben bestehen in der Ausarbeitung von Vorschlägen und Anregungen sowie in der Erteilung von Anordnungen über die Aufteilung, Nutzung und Zuweisung der zu ihrem Bereich gehörigen Teile des Landfonds. An den Sitzungen der Gemeindekomitees können zwei Beamte des Landwirtschaftsministeriums mit Stimmrecht teilnehmen. Über Einsprüche gegen Anordnungen der Gemeindekomitees entscheidet das Kreiskomitee.

Im Kreise bestehen die Komitees aus einem Vertreter des Ministeriums für Landwirtschaft als Vorsitzendem, aus je einem Vertreter der Ministerien der Justiz, Finanzen und Industrie, dem Kreislandmesser, aus vier vom Kreisrat gewählten Gliedern und einem Vertreter der Kreisstadtverordnetenversammlung. Sie beraten und beschließen über alle von den Gemeindekomitees eingereichten Angelegenheiten, leiten und beaufsichtigen die Tätigkeit dieser Komitees nach Maßgabe der Gesichtspunkte der Gesetzmäßigkeit und Zweckmäßigkeit, entscheiden über Beschwerden und Streitpunkte und über Landzuweisung an die Selbstverwaltungen der Kreise und Städte. Über Einsprüche gegen ihre Beschlüsse entscheidet das Zentrallandeinrichtungskomitee.

Dieses besteht aus sechs Regierungsvertretern und sechs Konstituantemitgliedern und einem von der Regierung ernannten Vorsitzenden. Seine Aufgaben sind

a) die Leitung und Beaufsichtigung der Nutzung, Aufteilung und Zuweisung des Landfonds,
b) Zusammenstellung der Pläne für die Nutzung und Aufteilung,
c) die endgültige Bestätigung, Abänderung oder Kassierung von Entwürfen über Aufteilung, Nutzung und Zuweisung von Land, sowie der Verzeichnisse der Reflektanten auf Land und Unterstützung,
d) die Leitung und Beaufsichtung der Kreiskomitees,
e) die Entscheidung von Beschwerden und strittigen Angelegenheiten,

f) die Bestätigung der Landverträge mit den neuen Wirten,
g) Anweisungen für die Tätigkeit der Kreis- und Gemeindekomitees.

Beschwerden gegen die Beschlüsse des Zentrallandeinrichtungskomitees können auf dem Kassationswege im Laufe eines Monats im administrativen Departement des Senats eingelegt werden.

Die laufenden Arbeiten und die praktische Durchführung der Beschlüsse sind Sache der agrarischen Verwaltungsbehörden. Diese bestehen aus dem Ministerium für Landwirtschaft mit dem Landdepartement, aus den Kreisagrarinspektoren, die zugleich Vertreter des Landwirtschaftsministeriums und Vorsitzende der Kreiskomitees sind und denen die Kreislandmesser und andere Spezialbeamte beigegeben sind, und aus den Rayongehilfen für je eine Reihe von Gemeinden. Der Einfluß dieser Behörden ist oft größer als der der Komitees, zumal im Zentral- und Kreiskomitee die Stimmen der Beamten überwiegen; die Beschlüsse der Gemeindekomitees werden häufig von den vorgesetzten Stellen umgestoßen und abgeändert.

Der starke Einfluß, den die Zentralstelle auf die Tätigkeit des gesamten agrarischen Behördenapparates ausübt, gewährleistet die Durchführung der Reform für das ganze Land in der von der Regierung gewünschten Richtung. In dieser Gleichmäßigkeit liegt aber gerade eine der Hauptgefahren der behördlichen Siedlungstätigkeit; ihre Mängel sind in Estland und Lettland offen zutage getreten.

Die in dem Wesen der Bureaukratie liegende starre Behandlung der Siedlungsobjekte ließ die erwünschte individuelle Beurteilung der Verhältnisse, der Flächen, der natürlichen Einflüsse und der Wirkung der Marktlage vermissen. Für den so notwendigen Ausbau des Wegenetzes, für die Anlage von Schulen und sanitären Einrichtungen geschah so gut wie nichts. Eine Reform von so einschneidender Wirkung verlangte doppelt sorgfältige Auswahl des Beamtenpersonals, die überstürzte Ausführung machte sie zur Unmöglichkeit. Persönlichkeiten erhielten als staatliche Beamte eine Verfügungsgewalt, der sie häufig nicht gewachsen waren, und manche unterlagen der Versuchung zu Übergriffen und Unredlichkeiten. Die estnische Staatskontrolle hat allein im Jahre 1921 bei 1244 Revisionen Unterschlagungen in Höhe von 234 Millionen estnischen Mark aufgedeckt und 254 Beamte und 74 Privatleute der Bestrafung zugeführt[19]). Die Regierungen der Länder haben das Beamtenpersonal nach und nach verbessert, sodaß wenigstens diese groben Verstöße gegen die einfachsten Rechtsbegriffe seltener geworden sind. Bei allen Mängeln des Beamtenapparates bleibt doch seine Arbeitsleistung groß; die Übernahme des enteigneten Besitzes, die Vermessung von einigen 10000 Wirtschaften, die

---

19) *Revaler Bote* Nr. 184 vom 18. 7. 21. Nach Erklärung der Staatskontrolle im Parlament.

Auswahl und die Einsetzung der Siedler mit all den zahlreichen Nebenaufgaben — das Ganze in kaum 3 bis 4 Jahren — ist ein beträchtlicher Arbeitserfolg. Natürlich war das nur dadurch möglich, daß alle Arbeiten der Schnelligkeit zu Liebe nach einem ziemlich starren Schema durchgeführt wurden und auf sorgfältige Einzelbehandlung wenig Bedacht genommen wurde.

Der Aufgabenkreis der Agrarbehörden ist äußerst umfangreich, zumal auf dem flachen Lande die gesamte Arbeitslast auf den Schultern der gleichen Behörde liegt. Die wichtigste Stelle auf dem Lande ist der *Kreisagrarinspektor* in Lettland, der *Chef der Staatsländereien* in Estland. Diese Beamten übernehmen die Güter und das Inventar, sie entscheiden über die vorläufige Verwendung des enteigneten Landes, über die Verpachtung der Güter in kleinen Parzellen oder unter Beibehaltung des Großbetriebs, über die Personen, denen die Klein- und Großwirtschaften vorläufig anvertraut werden sollen. Gleichzeitig wählen sie die endgültig zu parzellierenden Güter, stellen die Pläne für die Aufteilung auf, tragen die Verantwortung für die Vermessung der aufzuteilenden Flächen, entscheiden über die Auswahl der Siedler und weisen die Wirtschaften den Siedlern zu; in allen Kreditfragen sind sie die entscheidende Mittelstelle. Daneben regeln sie die Restgutsfragen, die Arrondierung schon bestehender Pachtwirtschaften und die Zuweisung der Pachtwirtschaften an den bisherigen Pächter unter Regelung der Eigentumsverhältnisse. Eine Arbeitsteilung zwischen der Verwaltung des enteigneten Landes und der eigentlichen Siedlungstätigkeit hätte eine größere Gewähr geboten, die eine wie die andere Aufgabe mit mehr Gründlichkeit durchzuführen. Nach meinem persönlichen Eindruck ist der größere Teil der Agrarinspektoren und Chefs der Staatsländereien bemüht gewesen, die vielseitigen und schwierigen Aufgaben ihres Amtes nach bestem Wissen und Können mit Fleiß und Hingabe zu lösen.

Die Hauptarbeit der Behörden wandte sich der Neuschaffung von Siedlerstellen zu. Für die Weiterführung der Gutswirtschaften und die Aufrechterhaltung der landwirtschaftlichen Produktion geschah so gut wie nichts Wirksames. Vielmehr sollte die endgültige Aufteilung der großen Güter möglichst beschleunigt vor sich gehen. Man verzichtete auf vorherige genaue Vermessung der aufzuteilenden Güter, sondern benutzte die vorhandenen Pläne und projektierte die neuen Wirtschaften auf dem Papier. Mit diesem Projekt begaben sich die Beamten an Ort und Stelle und prüften es mit den Anliegern und örtlichen Komitees auf

Zweckmäßigkeit, etwaige Regulierung und Austausch von Streustücken nach. Nach Regelung dieser Angelegenheiten traten die Landmesser in Tätigkeit zur Abgrenzung der neuen Wirtschaften. Wie schnell das ganze Verfahren vor sich ging, erhellt aus der nachfolgenden Übersicht.

In Lettland wurden 1921/1922 aus dem Landfonds folgende Verteilungen vorgenommen:

1. Zuteilungen für Bedürfnisse v. Genossenschaften	975	Stück mit	7237,2	ha =	2,7%
2. Zuteilungen an Kleinwirte	663	„ „	4826,0	„ =	1,7%
3. Austauschstücke	229	„ „	3729,0	„ =	1,3%
4. Pachtgesinde	358	„ „	9170,9	„ =	3,3%
5. Grenzarrondierungen	85	„ „	1102,5	„ =	0,4%
6. Langjährige Nutznießer v. Gutsland	1696	„ „	28644,9	„ =	10,1%
7. Neuwirtschaften	13814	„ „	228195,3	„ =	80,3%
8. Verschiedene Zuteilungen	110	„ „	1050,8	„ =	0,3%

In Estland war das Tempo das gleiche, wie folgende Zahlen ersehen lassen:

	Zahl der Parzellen	Desj.	%
Bauernstellen	14725	321288	83,0
Handwerkerstellen	859	3964	1,0
Zusatzparzellen	634	3145	0,9
Zus. an Landkandidaten verteilt	16218	328397	84,9
andere Zuteilungen	2737	58588	15,1
Vermessene u. verpachtete Landflächen	18949	386985	100

Man kann aus diesen Angaben ersehen, daß über $^4/_5$ der in vermessenem Zustande ausgegebenen Fläche zur Schaffung von selbständigen Bauernhöfen verwandt worden sind.

Alle vom Staate ausgegebenen Ländereien werden in Estland verpachtet. Die Dauer der Pacht für die Neusiedler ist auf 6 Jahre festgesetzt, bei ordentlicher Bewirtschaftung ist die Einführung der Erbpacht vorgesehen. Für die Art der Nutzung der Parzellen, die Rechte der Kontraktlösung von seiten des Staates und des Pächters und die Weiterverpachtung sind eingehende Vorschriften erlassen.

Am wenigsten machte den Agrarbehörden die Flurverfassung zu schaffen. In Estland und Lettland herrscht das System der

Einzelhöfe durchaus vor. Sowohl die Rittergüter als die Bauernhöfe liegen meist inmitten des zugehörigen Landkomplexes, nur selten an einer Seite des Schnurlandes. Die Arrondierung der Wirtschaften war daher in den weitaus meisten Fällen nicht verbesserungsbedürftig. Lediglich die Heuschläge lagen hier und da nicht im unmittelbaren Zusammenhang mit dem übrigen Wirtschaftsland; das hatte sich bei der einstmaligen Vermessung im Interesse der gleichmäßigen Versorgung der Einzelhöfe mit Heuschlägen nicht vermeiden lassen.

Die Zerteilung der Güter in kleine Wirtschaften ist wieder durchweg so erfolgt, daß die neuen Wirtschaften ein neues Netz von Einzelhöfen bilden werden. Nur selten war es nötig, auch Streustücke einzuteilen, wenn Heuschläge und genügendes Weideland innerhalb der vermessenen Wirtschaftsfläche fehlten. Im ganzen kann die Arrondierung der Wirtschaften als gelungen angesehen werden. Eigene Gemeinden entstehen durch die Aufteilung nicht; die bisherige Bauerngemeinde des Gutsbezirks nimmt die neuen Wirtschaften in sich auf.

Wo es nötig und möglich erschien, etwaige Streustücke gegen Teile des Landfonds auszutauschen, ist dies geschehen. Die estnische Statistik führt solche Fälle nicht einzeln auf, in der lettländischen Statistik werden 229 Stücke als Austauschstücke und 85 Stücke zu Grenzarrondierungen nachgewiesen, ein Zeichen, daß die Arrondierung nur selten verbessert zu werden brauchte.

Anders war es in Lettgallen, wo zahlreiche Kleinbauern Schnurländereien mit stark verstreuter Lage besaßen. Dazu kam die Notwendigkeit, das Weiderecht der Bauern auf dem Gutslande zu beseitigen. Vor Beginn der Agrarreform waren nur 37,5% der Bauernwirtschaften Einzelhöfe oder Höfe mit arrondiertem Besitz, während 62,5% der Bauernwirtschaften ihren Besitz in schwierigster Gemengelage nutzen mußten. Die Agrarreformbehörden haben hier durch planmäßige Zusammenlegung eingegriffen: bis zum 1. Jan. 1928 war in 1 494 Dörfern mit 272 590 ha die Gemengelage beseitigt, für 2 500 Dörfer war die Reform noch durchzuführen.

2. Das Schicksal der Enteigneten.

Die Wucht des Schlages, der mit den Agrargesetzen beabsichtigt war, hat die Großgrundbesitzer ihres Vermögens beraubt. Die Gesetze räumten dem Grundeigentümer nur wenig Rechte ein, und auch diese suchte man in gehässiger Auslegung der Bestimmungen nach Möglichkeit den Betroffenen vorzuenthalten. Am grausamsten ist die Methode gewesen, den Besitzern auch die Wohnhäuser auf dem Lande zu nehmen und sie von ihrer Scholle, auf der sie und ihre Vorfahren gesessen hatten, zu vertreiben.

Nach dem estnischen Agrargesetz richtete sich die Entschädigung für die Enteignung des lebenden Inventars nach dem Marktpreis von 1914, für das tote Inventar nach dem Anschaffungspreis. Diese Grundsätze wurden durch die Ausführungsbestimmungen ihres Wertes beraubt, indem sie für die Taxation Richtlinien unter Angabe äußerst niedrig gehaltener Preise festlegten. Überdies setzte die Regierung für die Umrechnung des Goldrubels in estnische Mark willkürlich einen viel zu niedrigen Kurs fest.

Die Größe der Differenz zwischen Schätzungs- und Marktpreis ergibt sich aus Doppelschätzungen, die auf 2 Gütern von ausländischen Staatsangehörigen vorgenommen worden sind. Die erste Schätzung ist in beiden Fällen das Ergebnis einer Taxation nach den Bestimmungen der Regierung, die zweite ist im Beisein eines Vertreters der auswärtigen Macht zustande gekommen.

Der erste Fall auf dem Gute A in Harrien ergab in Eestimark, deren Wert im Durchschnitt des Jahres 1921 1,04 Goldpfennig betrug,

	laut I. Taxation vom 15. 3. 21	laut II. Taxation v. 14. 4. 21
Pferde	186 000.—	1 228 000.—
Rinder	218 015.20	1 888 000.—
Totes Inventar u. Vorräte	725 223.60	4 649 934.—
Sa.	1 129 238.80	7 065 934.—

Der andere Fall einer Doppelschätzung auf dem Gute Teilitz im Kreise Werro brachte folgende Summe in Eestimark:

	laut I. Taxation	laut II. Taxation
Pferde	36 400.—	253 000.—
Rinder	73 566.80	247 062.50
Totes Inventar	159 966.—	682 175.—
Feldprodukte	52 216.—	496 040.—
	322 148.80	1 678 277.50

Dieser Vergleich beweist, daß nach der amtlichen Schätzung für Pferde nur etwa 1/6, für Rinder 1/4, für totes Inventar 1/5, für Feldprodukte nur 1/9 des Marktwertes bezahlt wurden.

Nach den Taxationen auf 108 Gütern sind durchschnittlich für das Inventar jedes Gutes 402485 Eestimark gezahlt worden. Für 907 enteignete Güter ergibt das eine Gesamtentschädigung von 365,5 Millionen Eestimark. Wenn man nach den Beispielen der Doppeltaxation den Schätzungspreis gleich 1/5 des Marktwertes setzt, so würde sich der dieser Entschädigungssumme gegenüberstehende Wert an

Inventar auf	1 827,7 Mill. Eestimark
belaufen, so daß der Staat nach Abzug von	365,5 „ „
	1 462,2 Mill. Eestimark

allein an Entschädigungen für Inventar den Gutsbesitzern zu wenig ausgezahlt hat. Die Beschreitung des Rechtsweges hilft dagegen nicht, weil nur aus Verletzung der Formvorschriften geklagt werden kann.

In Lettland liegen die Verhältnisse ganz ähnlich. Auch hier hat der Staat für das Inventar nur eine ganz ungenügende Entschädigung gegeben. Charakteristisch ist für die Entschädigungsmethode, daß die Regierung den Goldrubel 0,66 Lettenrubel gleichsetzte, während der Lettenrubel 1921 nur 1,3, 1922/23 nur $1^2/_3$ Goldpfennig wert war.

Das Land war den Besitzern ersatzlos genommen, für das Inventar erhielten sie eine lächerlich geringe Entschädigung. Es blieb ihnen nur die Hoffnung, auf einem Restgute eine neue Existenz aufbauen zu können. Nur zum Teil hat sich diese Hoffnung erfüllt. Lettlands Agrargesetz schrieb vor, den früheren Eigentümern ein Landstück in der Größe einer mittleren Wirtschaft zu belassen. Aber es war nicht vorgeschrieben, daß das Restgut im Wirtschaftszentrum des ehemaligen Gutes liegen sollte; und die Verwaltung wies oft ein Landstück an, das nicht einmal ein Wohnhaus besaß. Meist hatte es völlig unzureichende Wirtschaftsgebäude. Die Restgüter liegen zu 17% in den Gutszentren, zu 42,2% in Teilen der Gutszentren, zu 28,3% in ehemaligen Vorwerken, zu 10,3% in Bauernhöfen und zu 2% in Krügen. Über die ausgegebenen Restgüter gibt folgende Tabelle Auskunft:

Fläche	45—50 ha	50—60 ha	60—90 ha	90—100 ha	Zusammen
Zahl	77	563	23	91	754
in Prozenten	10,2	74,7	3,0	12,1	100

Wenn $^3/_4$ der Restgüter 50—60 ha und immerhin noch $^1/_8$: 90—100 ha groß sind, so erklärt sich das aus den in Anmerkung 16, S. 94, und auf S. 100 angeführten Bestimmungen.

In Estland enthielt das Agrargesetz keine Vorschrift über die Zuteilung von Land an die früheren Eigentümer; es ließ aber die Möglichkeit dazu offen. Es kam daher in der Hauptsache auf die Stellungnahme der Gemeinde an, ob der Eigentümer Land erhielt. Doch konnte ihm bei Zustimmung der Gemeinde nur eine Normalparzelle (also etwa 15—25 ha) zugeteilt werden, die er hier und da vergrößern konnte, sei es durch Hinzupachtung anderer Parzellen, deren Empfänger sie nicht nutzen wollten, sei es dadurch, daß ein oder mehrere Familienmitglieder als Teilnehmer am Kriege gegen die Bolschewisten die gesetzliche Landzuweisung erhielten.

Der *Estnische Landwirtschaftliche Verein* hat 1922 das Ergebnis dieser Berücksichtigung von früheren Besitzern bei der Landzuteilung gesammelt; sie fiel danach so aus:

Zahl der aufgeteilten Güter	369 = 100%
Auf wieviel Gütern haben die Besitzer Parzellen erhalten?	142 = 38,4%
In wieviel Fällen bildet die Parzelle das Zentrum des Gutes?	64 = 17,3%
In wieviel Fällen gehören Garten und Park zur Parzelle?	57 = 15,4%
In wieviel Fällen hat der Besitzer das Wohnhaus erhalten?	
a) ganz	49 = 13,2%
b) zum Teil	40 = 10,8%

Nach Angabe der estländischen amtlichen Statistik besaßen 1926 die enteigneten Gutsbesitzer 112 Stellen mit insgesamt 4283 ha, durchschnittlich also 38,3 ha. In ganz wenigen Einzelfällen ist es den früheren Besitzern gelungen, kleine Teile ihres Gutes zurückzukaufen. Ebenso wurden einzelne selbständige ländliche Industrieunternehmen ihren früheren Eigentümern zurückgegeben. Im Jahre 1925 wurde ein Gesetz betr. Ergänzung und Abänderung des Agrargesetzes erlassen, das eine Reihe von Bestimmungen über die Rückgabe von Land und von Villen an die früheren Rittergutsbesitzer und an die Landpastorate enthält. Aber die Rückgabe ist von soviel Voraussetzungen abhängig, daß dieses Gesetz nur geringe praktische Bedeutung hat. Und selbst dort, wo ein unbestrittener Rechtsanspruch auf Landrückgabe besteht, wird das Land de facto nicht zurückgegeben, wenn es schon vorher an Siedler, Anlieger usw. verteilt worden ist. Dann sollen entweder Parzellen aus dem staatlichen Landfond oder in spätestens 3 Jahren Geldentschädigungen gegeben werden, deren Höhe sich nach dem Preis richtet, zu dem der Staat Land verkauft.

Die Agrargesetzgebung hat die früheren Großgrundbesitzer entwurzelt oder zu Bauern herabgedrückt. Ein Teil von ihnen ist in das Ausland abgewandert. Ein namhafter Teil aber ist in der Heimat auf den Restgütern und den zugeteilten Parzellen geblieben und bewirtschaftet sie mit eigener Hand. Es ist erstaunlich zu sehen, mit welch zäher Kraft diese früheren Großgrundbesitzer, ihre Frauen und Kinder ihr Schicksal auf sich genommen haben und mit welcher Energie sie an dem Ausbau ihrer Großbauernwirtschaft arbeiten. Fast überall, wo die Besitzer auf dem Lande verblieben sind, beginnt sich ein menschliches Vertrauensverhältnis zwischen den Trägern vornehmer Namen, jetzigen deutschstämmigen Standesgenossen, und der heimischen Landbevölkerung anzubahnen. Häufig wird der Deutschbalte in Vertrauensfragen von den Esten und Letten auf dem Lande in Anspruch genommen, zum Leiter von genossenschaftlichen Betrieben gewählt und in einigen Fällen auch zur politischen Gemeindeverwaltung herangezogen — fehlt es doch auf dem flachen Lande in Estland und Lettland im übrigen an einer höhergebildeten Schicht, die für die Entwicklung der ländlichen Kultur wie auch für alle öffentlichen Aufgaben so außerordentlich notwendig ist. So ist die Entwicklung guter Beziehungen zwischen den Deutschbalten einerseits und den Esten und Letten andererseits für beide Teile wünschenswert. Allerdings muß es dem Deutschbalten schwer werden, dem Staatsvolke mit ganzem Herzen zu dienen, bevor es das den Enteigneten zugefügte Unrecht in irgend einer Weise wieder gut gemacht hat.

IV. Die Ergebnisse der Agrarreform.

1. Die Verteilung des enteigneten Landes und die Gliederung der Neuwirtschaften nach Größenklassen.

Die Forderung der Agrarrevolutionäre, die auf die Masse des Volkes den tiefsten Eindruck machte, lautete, daß jedem Manne ein Stück Landes zu eigen gehören müsse. Trotz der dünnen Besiedlung der Länder ist diese Forderung nicht entfernt erfüllt worden, weil alles Gewicht auf die Schaffung selbständiger bäuerlicher Betriebe gelegt worden ist.

In Lettland wurden 3 710 414 ha enteignet. Davon fielen der Forstverwaltung 2 058 876 ha zu, so daß für die Agrarreform insgesamt noch 1 651 538 ha zur Verfügung standen. Diese Fläche konnte man aber nicht ganz an Neuwirtschaften verteilen; denn unter jene Gesamtfläche fallen sowohl die bestehenden Pachtwirtschaften wie auch die zugestandenen Restgüter. Außerdem sollten noch Tausende von Anliegern befriedigt werden.

Bis zum 1. Januar 1928 hatten die lettischen Behörden über 1 490 600 ha folgendermaßen verfügt[20]):

[20]) Vgl. F. W. v. Bülow a. a. O., S. 45 ff.

Art der Verwendung	Zahl der Wirtschaften oder Parzellen	Fläche in ha
bäuerliche Neusiedlungen	53 959	913 503
alte Pachthöfe	6 780	238 690
Handwerker-, Gärtner- u. Industriearbeiterstellen	10 300	48 000
Restgüter	1 249	85 000
Anliegersiedlung	12 816	93 040
für verschiedene andere Zwecke	14 543	112 334
	99 647	1490 567

Der Siedlungsplan ist also zum größten Teil durchgeführt. Die Neusiedlungen wurden mit durchschnittlich 16 ha ausgestattet. In der folgenden Aufgliederung der Neusiedlungen nach Größengruppen sind 6534 ha vor dem 1. Januar 1925 gegründeter nichtbäuerlicher Stellen eingeschlossen.

Die in Lettland bis 1. Januar 1928 gegründeten Stellen[21]):

Größenklasse ha	Zahl der Stellen	Fläche in ha zus.	Fläche in ha durchschittl. je Stelle
bis 10	10 194	36 701	4
10—15	11 089	143 663	13
15—22	32 232	595 471	18
über 22	7 131	173 952	27
zusammen	60646	949787	15

Die überwiegende Zahl der Wirtschaften ist größer als 10 ha; die in Lettlands früherer Grundbesitzverteilung geringe Zahl an kleineren Stellen bleibt nach wie vor niedrig.

In Estland stellte das Agrargesetz für die künftige Siedlung verhältnismäßig wenig Land zur Verfügung. Von den enteigneten[22]) 2147822 Desj. waren 23% schon vor dem Kriege an Pächter und Häusler vergeben, 48,7% fielen als Wald und Unland der Hauptforstverwaltung zu und nur 607505 Desj. unterliegen der Parzellierung.

Fast die Hälfte der staatlichen Landreserve kommt also der Hauptforstverwaltung zugute. Annähernd ein Viertel des enteigneten Landes scheidet für die Ansiedlungstätigkeit aus, weil sich auf ihm schon Pacht- und Häuslerstellen von früher her befinden. Für die Besitzer dieser Landkategorie besteht die einzige Neuerung darin, daß sie die Pachten nicht wie bisher an den Eigentümer, sondern an den Staat zu zahlen haben. Es bleiben für Siedlungszwecke nur 28,3 % des enteigneten Landes. Bei all-

[21]) Vgl. F. W. v. Bülow a. a. O., S. S. 46, 48.
[22]) *Eesti Statistika Kumkiri*, Heft 6—8.

mählicher Enteignung des landwirtschaftlichen Nutzlandes der Güter, das 628 555 Desj. betrug, hätte man die gleiche Fläche für Siedlungszwecke verwenden können, aber zum Nutzen der Volkswirtschaft Estlands Restgroßbetriebe bestehen lassen, die den erlittenen Landverlust durch Kultivierung von Ödland ausgleichen konnten.

Aus dem gesamten Parzellierungsfonds können 35 735 neue Wirtschaften in Größe von 17 Desjatinen geschaffen werden. Wenn wir auf die Wirtschaft 6 Personen rechnen, so ergibt das eine Gesamtzahl von 214 410 angesiedelten Personen. Auch in Estland ist die Siedlungstätigkeit so gut wie vollendet. Schon im Jahre 1921 war die Hälfte der projektierten Wirtschaften errichtet (17 549), bis 1927 waren 33 438 Stellen mit einem Areal von 707 420 ha gegründet. Man hat in beiden Zeitabschnitten eine Durchschnittsgröße von rund 17 Desjatinen je Wirtschaft erzielt. Infolgedessen mag die folgende Aufstellung aus dem ersten Abschnitt (1921) eine Vorstellung geben von der Verteilung der Wirtschaften auf die einzelnen Größengruppen:

Der prozentuale Anteil der verschiedenen Größenklassen an der Gesamtzahl der Neusiedlungen in Estland (1921):

Größenklassen	%
bis 5 Desjat.	6,5
5—10 „	5,4
10—15 „	10,5
15—20 „	27,1
20—25 „	25,4
25—30 „	13,6
über 30 „	11,5
	100%

Die meisten neuen Siedlerstellen besitzen eine Fläche von 15—20 Desjatinen Land; 77,6%, also über $^3/_4$ der gesamten Parzellen, haben mehr als 15 Desj. Die durchschnittliche Größe aller landwirtschaftlichen Betriebe beträgt in Estland 24,3 ha.

Die Änderungen, die sich in der gesamten Grundbesitzverteilung beider Länder ergeben haben, sind natürlich sehr groß. Einen Ausschnitt aus diesen Veränderungen gibt die folgende Erhebung, die in Estland im Jahre 1925 vorgenommen wurde, also zu einer Zeit, als die Aufteilung noch im Gange war:

	Zahl	%
Zu Eigentum gekaufte Höfe (alte Bauernhöfe)....	50,677	40,04
Siedlungshöfe, durch Aufteilung d. Güter entstanden	29,860	23,59
Pachthöfe, die schon vor der Reform bestanden		
a) auf Gütern	17 679	13,97
b) auf Bauernhöfen	9 375	7,41
Seelenlandhöfe, nur in Petschur	5 104	4,03
Seelenlandhöfe in Eigenbesitz, nur in Petschur ..	4 284	3,39
Sonstige Höfe (Forst, Schulen usw., Pfarren und noch vorhandene Rittergüter)	9 582	7,57
	126 561	100,00

Nicht ganz der vierte Teil entfällt auf die neugeschaffenen Siedlungen: an Stelle von rund 1000 großen Gütern sind rund 30 000 Bauernstellen geschaffen worden, die die schon früher bestehenden Bauernhöfe und Pachtstellen (77 731) stark vermehren.

Auf die einzelnen Größenstufen entfallen unter Einschluß der alten Besitzungen

Hektar	Zahl der Höfe
0,5— 5	21 883
5— 10	19 420
10— 20	32 025
20— 30	23 497
30— 60	26 170
60—120	3 220
über 120	346

Leider gibt die Statistik den Landumfang der einzelnen Stufen nicht an, sodaß nicht ersichtlich ist, wieviel Land in der letzten Stufe, im Großbetriebe bewirtschaftet wird. Nach einer Angabe des estländischen Landwirtschaftsministers waren 1928 noch 38 Großbetriebe von 500—1000 ha Umfang erhalten. Die meisten Besitzungen der letzten Gruppe, etwa 300, sind daher als Großbauernhöfe anzusehen. Estland ist also ein Agrarland mit vorwiegend mittel- und großbäuerlichem Besitz geworden.

Über Lettland liegt eine Übersicht noch nicht vor. Man kann aber annehmen, daß die Grundbesitzverteilung sich ähnlich wie in Estland entwickelt hat.

2. Der Einfluß der Reform auf die Produktivität der Landwirtschaft und den Außenhandel.

Eine so tief in alle Verhältnisse eingreifende Agrarreform mußte auch die landwirtschaftliche Produktion aufs stärkste beeinflussen und die Struktur des Außenhandels verändern. Die Erkenntnis dieser Veränderungen wird erschwert durch starke Einflüsse von anderer Seite: unmittelbare Kriegsschäden und Verlust wichtiger volkswirtschaftlicher Verflechtungen. Infolgedessen kann nur die Richtung festgestellt werden, in der die Agrarreform gewirkt hat, nicht aber das Ausmaß ihrer Wirkung.

Zunächst geben wir eine Übersicht über die Anbauflächen:

Die Anbauflächen in Estland in Hektar.

Jahr	Roggen	Gerste	Hafer	Flachs	Kartoffeln
1909/13 [23])	168 541	131 534	134 817	42 192	79 739
1919	132 345	104 764	135 661	13 791	54 772
1920	142 728	111 127	146 482	23 531	65 546
1921	155 134	114 391	142 882	20 373	78 000
1922	158 743	134 067	161 411	23 949	75 544
1923	164 377	126 279	152 846	30 637	72 304
1924	159 534	124 327	166 099	30 721	67 307
1925	154 791	114 820	150 303	45 660	68 921
1926	136 111	121 381	146 499	33 765	69 532
1927	148 456	119 286	145 500	35 648	71 342
1928	144 000	114 000	139 000	37 000	71 000

Die Anbauflächen in Lettland in Hektar.

Jahr	Roggen	Gerste	Hafer	Flachs und Hanf	Kartoffeln
1909/13 [23])	350 732	190 974	305 938	69 619	79 565
1920	196 696	123 777	215 563	30 499	49 207
1921	226 836	146 100	251 581	34 130	58 886
1922	236 292	156 673	273 389	37 705	69 062
1923	266 504	178 315	309 289	56 816	79 469
1924	266 064	179 111	334 254	60 496	74 877
1925	266 800	176 600	329 600	78 100	79 100
1926	251 300	190 300	320 800	63 800	82 100
1927	256 300	185 300	305 200	63 200	85 500
1928	258 000	146 000	239 000	69 000	78 000

[23]) Innerhalb der heutigen Grenzen (für Lettland jedoch ohne ein kleines 1920 im Vertrag mit Rußland erworbenes Gebiet).

Die Veränderungen des Anbaues 1909/13 = 100.

Jahr	Estland					Lettland				
	Roggen	Gerste	Hafer	Flachs	Kartoffeln	Roggen	Gerste	Hafer	Flachs	Kartoffeln
1919	79	80	101	31	69	—	—	—	—	—
1920	85	85	105	55	82	56	65	71	44	62
1921	92	87	109	48	98	65	77	82	49	74
1922	94	102	120	56	95	67	82	89	54	87
1923	98	96	113	72	91	76	93	101	82	100
1924	95	95	123	72	84	76	94	109	87	94
1925	92	87	112	108	86	76	92	108	112	100
1926	81	92	109	80	87	72	99	105	93	103
1927	88	91	108	84	89	73	97	100	91	107
1928[24])	85	87	103	88	89	74	76	78	99	98

Wenn auch die Vorkriegszahlen unsicher sind, so muß man doch bei beiden Ländern einen Rückgang der Anbauflächen feststellen, der am stärksten zu Beginn der Agrarreform (1920) in Erscheinung trat als unmittelbare Folge der Kriegshandlungen, von denen aber Estland weniger als Lettland betroffen wurde.

In den Jahren von 1924 bis 1928 sind die Anbauflächen für Gerste noch etwas hinter 1909/13 zurückgeblieben, auch Flachs wurde nach einmaligem Aufschwung (1925) weniger angebaut. Stark ist aber der Rückgang im Anbau von Roggen. Ungefähr 100000 ha früherer Roggenflächen werden heute anderweitig verwandt, sie dienen wohl in erster Linie der stärkeren Viehhaltung (vgl. S. 119) als Futterflächen. Recht beträchtlich ist dagegen der in die obigen Tabellen nicht aufgenommene Weizenanbau gestiegen: in Lettland allein seit 1909/13 von 33 auf 59 Tsd. ha.

Der Rückgang in den Anbauflächen könnte nur durch höhere Erträge auf den reduzierten Flächen wieder ausgeglichen werden. Daß dies nicht der Fall gewesen ist, zeigen nachstehende Tabellen.

---

24) Für 1928 sind in dieser und in den beiden vorhergehenden Tabellen vorläufige Zahlen gegeben.

Die Ernten in Estland in 1000 Doppelzentnern.

	1909/13[25]	1920	1921	1922	1923	1924	1925	1926	1927[26]
Roggen	1 852	1 566	1 501	1 473	1 664	1 385	1 826	1 141	1711
Gerste	1 348	888	1 021	1 452	892	1 206	1 152	1 315	944
Hafer.........	1 234	1 164	1 283	1 460	1 153	1 405	1 266	1 331	976
Flachs	169	64	72	94	98	107	136	93	96
Kartoffeln.....	8 340	7 025	—	7 177	6 824	6 754	6 497	9 259	7417

Die Ernten in Lettland in 1000 Doppelzentnern.

	1909/13[25]	1920	1921	1922	1923	1924	1925	1926	1927[26]
Roggen	3254	1 191	2 491	1 739	2 735	1 994	3 151	1 554	2588
Gerste	1728	666	1 414	1 473	1 311	1 619	1 779	1 886	1301
Hafer........	2790	1 131	2 445	2 638	2 382	2 709	3 039	2 759	1772
Flachs	302	96	139	170	192	212	300	253	186
Kartoffeln....	6385	3 748	6 738	6 751	5 784	6 757	7 505	10 135	7174

Die Statistik der Ernteerträge ist in diesen Ländern noch unzuverlässiger als in Westeuropa. Die Erhebungsmethode ist eine bloße Schätzung, und eine Nachprüfung dieser Schätzungen durch Kontrolle von Druschergebnissen wird nur selten vorgenommen. Nach den vorliegenden Daten gaben die Hauptfrüchte im Verhältnis zur Vorkriegszeit (1909/13 = 100) folgende Erträge je Hektar:

	Estland		Lettland	
	1920	1921/27	1920	1921/27
Roggen	100	93	66	100
Gerste	77	92	59	98
Hafer	86	90	57	92
Flachs	68	80	72	91
Kartoffeln	103	99	95	121

Der Rückgang der Ernteerträge, der sich im allgemeinen unter 10% hält, ist auf den von der Agrarreform betroffenen Flächen sicher größer gewesen: daß die Zeit der rigorosen Güteraufteilung und der teilweise korrupten Zwischenwirtschaft große Produktionsverluste gebracht hat, folgt notwendig aus der Natur dieser Maßnahmen selbst. Zur selben Zeit aber setzte auf den von der Agrarreform unberührten Bauerhöfen eine erfolgreiche Aufbauarbeit ein, die jene Verluste zum Teil wieder ausgeglichen hat.

---

[25]) Vgl. Anmerkung 23, Seite 116.

[26]) In diesem Jahre war die Witterung so ungünstig, daß alle Früchte, außer Roggen, eine Mißernte brachten.

Leider gibt es keine Statistik, welche die Ergebnisse der älteren Bauern- und Pachtwirtschaften von den der neuen Wirtschaften trennt. Waren doch in Lettland etwa 65—70% und in Estland 78% des landwirtschaftlichen Nutzlandes von bäuerlichen Eigentümern und Pächtern bewirtschaftet, die durch die Agrarreform nur sehr wenig betroffen wurden.

Kritiker der Agrarreform haben gemeint, daß die neuen Siedlerstellen sich auf eine Wirtschaft der Selbstversorgung unter dem Zwange der Größenabmessung der Stellen hätten entwickeln müssen. Auffallend ist jedenfalls die Vernachlässigung des Roggenanbaues, des wichtigsten Marktgetreides der Länder. Auch der steigende Anbau von Hülsenfrüchten deutet darauf hin. Andererseits aber weist der gleichgebliebene oder gestiegene Anbau von Gerste, Hafer, Kartoffeln, Mengkorn und Futtergewächsen darauf hin, daß die Agrarreform das Schwergewicht der landwirtschaftlichen Produktion auf die Viehzucht hingedrängt hat. Und so ist es in der Tat, wie folgende Übersichten zeigen:

Der Viehbestand Estlands

	Pferde	Rindvieh (in Tausend)	Schafe	Schweine
1913	164,5	478,5	518,4	274,5
1920	164,7	442,3	530,7	260,7
1922	198,8	527,4	744,9	272,3
1923	209,8	512,6	665,9	338,4
1924	208,1	502,2	608,6	287,5
1925	223,7	555,3	719,8	338,6
1926	226,4	599,1	666,0	333,1
1927	229,5	633,9	666,7	354,4

Der Viehbestand Lettlands.

	Pferde	Rindvieh (in Tausend)	Schafe	Schweine
1913	320,0	912,0	996,0	557,0
1920	261,0	768,0	978,0	481,0
1921	282,5	799,5	1132,0	482,0
1922	303,0	810,5	1161,5	420,0
1923	341,2	910,9	1488,2	487,3
1924	340,2	905,0	1235,0	458,0
1925	351,9	915,8	1181,6	497,1
1926	365,0	955,0	1152,0	521,0
1927	369,3	966,6	1127,5	534,6

Die hohe Zahl der Pferde entspricht dem Bedarf der an Zahl vermehrten Einzelwirtschaften. Die hohen Viehzahlen sind die unmittelbare Folge der Umstellung vom Großbetrieb auf den Bauernbetrieb. Daß auf die Steigerung der Viehzucht der größte Nachdruck gelegt wird, dafür sorgt auch die staatliche Agrarpolitik, die sich Dänemarks Landwirtschaft zum Vorbild genommen hat. Die Zahl der Schafe ist zunächst stark gewachsen, die hohen Weltmarktpreise für Wolle reizten zu gesteigerter Schafhaltung; die Weide fanden die Schafe auf den nicht bestellten Flächen. Gegenwärtig wird das Schaf allmählich vom Milchvieh wieder zurückgedrängt. Die Zahl der Schweine hat in Lettland den Friedensstand noch nicht ganz wieder erreicht, da das russische Hinterland als Abnehmer verloren gegangen ist. Unzweifelhaft sind aber die Leistungen des Viehs gegenüber der Vorkriegszeit weniger gestiegen als die Kopfzahl der Tiere. Die Siedlerkühe sind noch längst nicht so leistungsfähig wie die hochgezüchteten Kontrollherden der ehemaligen Güter.

Wenn man nun das volkswirtschaftliche Ergebnis der Agrarreform feststellen will, so ist ein sicheres Urteil angesichts der lückenhaften Statistik sehr schwierig. Allerdings kann in einer Hinsicht kein Zweifel bestehen, daß die Jahre, in denen die Agrarreform begonnen wurde, Verlustjahre größten Ausmaßes gewesen sind. Die damaligen Rückgänge kommen auf das Konto der mangelhaften Schulung der Neusiedler, ihrer Kapitalarmut, der schlechten Geräte- und Inventarausstattung, also letzten Endes der vom Staate gemachten Fehler in der Anlage und Durchführung der Agrarreform. Diese Durchführung hat viel Kapital vernichtet. Besonders verhängnisvoll ist der Verfall der Entwässerungsanlagen der aufgeteilten Güter, so daß große Flächen Kulturland wieder der Versumpfung anheimzufallen drohen. Ferner sind die wertvollen Rindviehstammherden der Güter auseinandergerissen und zum großen Teil vernichtet worden. Der Maschinenpark ist verkommen, und die Gutsgebäude sind ganz in Verfall geraten[27]). Die Einbuße und die fehlende Neuanschaffung von Kapital in diesen Jahren wird sich noch lange Zeit in der Volkswirtschaft der beiden Länder ausprägen.

Über den Einfluß auf den Staatshaushalt in Estland hat Alexander v. Tobien[28]) eine interessante Berechnung ange-

[27]) Vgl. Hugo Richarz, »Die Entwicklung der Landwirtschaft in Estland nach der Agrarreform«, *Berichte über Landwirtschaft*, N. F. Bd. X, Heft 2. 1929.
[28]) Alexander v. Tobien, »Die Agrarreform in Estland«, Reval 1923.

stellt, wonach die enteigneten Ländereien und Wälder bei 5 Goldrubel Reinertrag vom Hektar insgesamt 7 850 000 Goldrubel jährlich erbringen müßten. Statt dessen erzielte der Staat im Jahre 1922 nur 2,14 Millionen und 1923 nur 2,4 Mill. Goldrubel an Einnahmen. Dieses Ergebnis ist um so dürftiger, als der Großgrundbesitz eine große Hypothekensumme verzinsen mußte, während der Staat keinerlei Zinsen zahlt.

Noch deutlicher wird der anfängliche Verlust an agrarischer Produktionskraft aus den Außenhandelszahlen. Estland ernährte sich vor dem Kriege aus dem eigenen Boden und besaß darüber hinaus in der Ausfuhr landwirtschaftlicher Produkte eine lohnende Einnahmequelle. Nach der Reform ist diese Ausfuhr stark eingeengt und einer Nahrungsmitteleinfuhr gewichen. So mußten 1920 mehr als 345000 Pud und 1921 sogar über 2000000 Pud an vegetabilischen Nahrungsmitteln eingeführt werden. Einer beachtenswerten Ausfuhr an tierischen Produkten vor dem Kriege stand 1920 und 1921 eine nicht unbedeutende Einfuhr gegenüber. Sehr beträchtlich war die Ausfuhr Estlands an Milchprodukten; bei einer jährlichen Milchproduktion von 61 Millionen Liter konnten täglich 189000 kg Milch in Form von Butter oder in unverarbeitetem Zustande exportiert werden. Im Jahre 1920 erreichte aber die gesamte jährliche Milchproduktion nur 17,4 Millionen Liter. Hierin ist in den letzten Jahren eine Besserung eingetreten, sodaß schon im Jahr 1922 über 1,5 Millionen kg Butter außer Landes gehen konnten gegen 6,3 Millionen kg 1910/13. Ähnlich ist die Wirkung auf die wichtige und gewinnbringende Flachsausfuhr; die Flachsernte betrug 1922 etwa die Hälfte der Ernte von 1913/14. Am schärfsten ist infolge der fast völligen Vernichtung der Kartoffelbrennereien der Rückgang im Spiritusexport. Dieses einst blühende landwirtschaftliche Nebengewerbe konnte 1913/14 42 Millionen hl erzeugen und davon 38 Millionen hl an das Ausland abgeben. Daneben konnten noch 500000 Tonnen Kartoffeln jährlich exportiert werden. Im Jahre 1920 ging die Spirituserzeugung auf 3,5 Millionen hl und der Export auf 2,5 Millionen hl zurück, im Jahre 1922/23 sogar auf 2 Millionen hl bzw. 1 Million hl. Der Import an Nahrungsmitteln wurde also nur zum kleinsten Teil aus dem landwirtschaftlichen Überschuß gedeckt, die Ernährung der Bevölkerung mußte daher zum Teil mit dem gefällten Holz der enteigneten Wälder bezahlt werden.

Der so charakterisierte Abschnitt in der Entwicklung des Außenhandels dauerte bis 1924. Seit diesem Jahre hat Estland eine aktive Warenhandelsbilanz, und zwar in erster Linie infolge des außerordentlich gestiegenen Butterexports, der heute über ein Viertel der Gesamtausfuhr Estlands ausmacht. So konnte selbst der seit 1924 noch bedeutend gestiegene Einfuhrüberschuß an Roggen, Weizen und Zucker noch ausgeglichen werden. Das Jahr 1928 brachte infolge einer fast allgemeinen Mißernte einen Rückschlag. Die Handelsbilanz war seit 1924 zum ersten Male wieder passiv, wenn auch nur mit 4,2 Mill. Eest.-Kr. Der Außenhandel in landwirtschaftlichen Erzeugnissen spiegelt mit aller Deutlichkeit die Veränderungen in der Richtung der landwirtschaftlichen Erzeugung, Veränderungen, die zu einem erheblichen Teil auch die Agrarreform bewirkt hat:

Außenhandelsbilanz in Millionen Eestimark[29]).

(Ausfuhrüberschuß +, Einfuhrüberschuß —)

Jahr	pflanzliche Erzeugnisse	tierische Erzeugnisse
1922	+1170,4	+ 375,0
1923	+ 206,6	+ 658,8
1924	+ 203,4	+1188,0
1925	— 501,9	+2352,6
1926	— 546,6	+2547,8
1927	— 10,7	+3386,1

In Lettland liegen die Verhältnisse ganz ähnlich. Leider fehlen hier genügend klare Angaben über den Außenhandel vor dem Kriege. Doch führte es von landwirtschaftlichen Erzeugnissen vor allem Flachs und Milchprodukte aus. Seinen Nahrungsbedarf deckte es vom eigenen Boden, nur Weizen mußte in geringen Mengen eingeführt werden. Seit der Reform der Agrarverfassung hat Lettland Getreide in großen Mengen einführen müssen. Auf der anderen Seite hat es sich bemüht, wie Estland Butter in wachsenden Werten auszuführen, und damit bemerkenswerte Erfolge erzielt. So ist der Butterexport im Jahre 1927 auf das Dreifache des Jahres 1924 gestiegen, von 14 auf 41 Mill. Lat. Im Jahre 1928 kam ein weiterer Aufschwung von 11 Mill. Lat. Der Butterexport bildet damit etwa ein Fünftel der gesamten Ausfuhr und konnte in den letzten beiden Jahren die ganze Einfuhr an Textilwaren bezahlen. Der stärkste Aktivposten der lettischen Handelsbilanz besteht in der Ausfuhr von Holz und Holzwaren, die in den letzten Jahren besonders forciert worden ist (1928 betrug sie 93 von 259 Mill. Gesamtausfuhr).

In einem Agrarstaate, wie Lettland es ist, muß die Handelsbilanz in erster Linie mit Hilfe der landwirtschaftlichen

29) »Die Wirtschaft des Auslandes« 1900—1927, Einzelschriften zur Statistik des Deutschen Reiches, Nr. 5, Berlin 1928, S. 468, berichtigt.

Produktion ausgeglichen werden. Dieser Ausgleich ist aber bisher noch nicht gelungen. Lettland hat noch immer eine passive Handelsbilanz.

Die Einfuhr und Ausfuhr Lettlands betrug in Millionen Lat:

	1922	1923	1924	1925	1926	1927	1928
Einfuhr	107,4	211,9	256,4	280,5	260,3	249,1	308,1
Ausfuhr	101,9	162,0	170,5	179,5	188,5	221,2	258,7
Einfuhrüberschuß	6,4	49,9	85,9	101,0	71,8	27,9	49,4

Es wird noch erheblicher Anstrengungen bedürfen, um das Defizit durch Produktionssteigerung auszugleichen. Dabei werden Maßnahmen, die zu höheren und sicheren Ernten führen, an erster Stelle stehen, wie z. B. umfangreiche Meliorationen.

3. Der Erfolg hinsichtlich der Ziele der Agrarreform.

Es ist noch nicht möglich, ein abschließendes Urteil über die Erfolge des Reformwerkes abzugeben. Eine so tiefgreifende Umwälzung in der Agrarverfassung braucht geraume Zeit, bis sich alle politischen, sozialen und ökonomischen Wirkungen klar erkennen lassen. Heute läßt sich folgendes sagen:

Das politische Ziel ist völlig erreicht; die Vorherrschaft des deutsch-baltischen Großgrundbesitzers auf dem flachen Lande ist zu Ende. Damit sind auch die Mängel, die der alten Agrarverfassung anhafteten, restlos beseitigt. Es muß sich in den kommenden Jahren erweisen, inwieweit der völlige Bruch mit der Agrarentwicklung einen Gewinn für die Gesamtheit bedeutet. Dem politischen Ziele sind auch diejenigen Teile der Großlandwirtschaft geopfert worden, die höchst produktive Arbeit leisteten. Daß hierdurch die Volkswirtschaft Verluste gehabt hat, ist nicht zu bezweifeln, wenn sie auch zahlenmäßig nur schwer zu erfassen sind. Die Agrarreform stellt auch nach vollendeter Einrichtung der neuen Siedlungen beide Länder vor große Aufgaben der Landeskultur, die sie sich hätten erleichtern können, wenn sie nicht so rücksichtslos und grundsätzlich die Gutsbesitzer und Gutsverwalter von der Mitarbeit ausgeschlossen hätten.

Nur dann wird die Agrarreform als volkswirtschaftlicher Erfolg anzusprechen sein, wenn nicht nur die Bodenproduktivität der Vorkriegszeit wieder erreicht wird, sondern die Landwirtschaft einen neuen Antrieb erhalten hat. Beratende und finanzielle Fürsorge für die neuen Siedler und weitere produktionsfördernde Maßnahmen sind dazu erforderlich. Keinesfalls dürfen die wenigen besonders in Estland noch als Großbetriebe bestehenden Güter, sämtlich bestbewirtschaftete Mustergüter, die mit den besten Betrieben im Deutschen Reiche völlig Schritt halten, zerstückelt werden. Ihre Zerschlagung würde einen Verlust bedeuten, der in Jahrzehnten nicht wieder eingeholt werden kann.

Die Verstaatlichung der Wälder ist in Estland und Lettland — was die Größe der Fläche anlangt — die wichtigste Wirkung der Enteignung gewesen. Beide Länder haben sich dadurch eine äußerst ergiebige Einnahmequelle verschafft. Nach den bisherigen Erfahrungen in Estland wie in Lettland hat aber die Übernahme der Wälder einen Rückschritt in der Forstkultur bedeutet. Bisher hat man auf Abholzungen mehr Wert gelegt als auf Aufforstung, man hat zur Vermehrung der staatlichen Einnahmen vom Kapital gelebt. Wenn auch die Pflege der Waldungen von den alten Besitzern nicht überall nach den besten forsttechnischen Methoden erfolgte, so haben sie jedenfalls sparsamer mit den Baumbeständen gewirtschaftet.

Mit dem volkswirtschaftlichen Ergebnis ist das soziale eng verknüpft. Die soziale Beruhigung ist mit dem Abschluß des Siedlungswerks nicht ohne weiteres gesichert. Sie hängt auch davon ab, ob die Siedler auf der neuen Scholle gedeihen und ohne erdrückende Sorgen arbeiten können. Wenn das nur von dem guten Willen, dem Fleiß und der Ausdauer der Angesiedelten abhängig wäre, könnte die Zukunft der Masse der Siedler sehr optimistisch beurteilt werden; der Eindruck, daß die Ansiedler in Estland und Lettland alle Anstrengungen machen, den gewonnenen Boden auch unter starken Einschränkungen in der Lebensführung festzuhalten und für den Besitz jedes Opfer an möglicher Arbeitsleistung zu bringen, herrscht durchaus vor. Wenn trotzdem die augenblickliche Lage der Ansiedler sehr schwierig ist und mancher der Angesiedelten mit großer Sorge in die Zukunft blickt, so ist das den bei der Anlage der Agrarreform gemachten Fehlern zuzuschreiben. Die Agrargesetze überschätzten die Leistungsfähigkeit des Staates, soweit es sich darum handelte, aufbauende produktive Arbeit zu leisten; vor allem übersahen sie, daß eine solche Arbeit überhaupt, besonders aber wenn der Staat sie durchführen will, eine geraume Zeit erfordert. Die Agrargesetze waren darauf angelegt, die Reform im Verlaufe eines halben Jahrzehnts zu Ende zu bringen. Die Gesetze unterschätzten auf der anderen Seite die Kosten, welche die Neuschaffung einer großen Zahl von Wirtschaften auch dann macht, wenn das Land nahezu kostenlos zur Verfügung steht. Die hohen Summen, die Aufbau und Einrichtung der neuen Wirtschaften erforderte, standen den beiden Staaten nicht zur Verfügung, wenigstens nicht in der kurzen Zeit, in der die neuen Wirtschaften geschaffen werden sollten. So mußten viele Siedler mit ungenügendem lebenden und toten Inventar, mit unzureichenden Wirtschaftsgebäuden und mit zu knappen Betriebsmitteln die Arbeit beginnen. Ihr Vorwärtskommen ist wesentlich abhängig von einer ausgiebigeren Gewährung billiger Kredite.

Als soziales Ziel hatte man auch in beiden Ländern von Anfang an die Ausstattung der Besitzlosen mit Land verkündet. Damit war aber unvereinbar, daß man fast ausschließlich mittelbäuerliche Stellen schuf und daß die Großbauern ihr ganzes Land behielten. Eine groß- und mittelbäuerliche Agrarverfassung setzt eine zahlreiche Klasse von besitzlosen Gesindepersonen voraus. Diese Schicht ist deshalb auch nach der Agrarreform noch sehr beträchtlich[30]). Auf den Bauerhöfen in Lettland wurden nach dem Zensus von 1923 129000 Arbeiter beschäftigt, davon allein 100000 in Betrieben über 30 ha. Aber auch die Neusiedler können bei der Größe ihrer Stellen zum Teil ohne Lohnarbeit nicht auskommen. Schon in den bis 1923 gegründeten Wirtschaften waren 16000 Landarbeiter beschäftigt, davon die Hälfte das ganze Jahr, die Hälfte nur im Sommer. Die gesamte Lohnarbeiterklasse war 1923 in Lettland 186678 Personen stark; darunter sind allerdings auch Söhne und Töchter von Kleinbauern aus Lettgallen, die regelmäßig Saisonarbeiten in anderen Gegenden machen. In Estland wurde 1926 die Zahl der Arbeiter auf den Höfen auf 71000 Personen geschätzt[31]).

Während die Agrarreform das bäuerliche Gesinde gar nicht berührte, hat sie die Klasse der Gutsarbeiter aufgespalten: ein Teil erhielt bäuerliche Siedlungen, der größte Teil aber verlor ersatzlos seine Arbeitsstelle. In Estland sah das Gesetz zwar die Übernahme von Gütern durch Landarbeitergenossenschaften vor, aber diese Bestimmung ist nur in wenigen Fällen zur Anwendung gekommen. Denn wie überall in Europa liegt auch in diesen Ländern der Gedanke einer genossenschaftlichen Produktion den Bauern fern, vollends war eine solche Kooperation bei den unsicheren Verhältnissen der Nachkriegszeit der Bewirtschaftung eines großen Gutes nicht gewachsen.

---

30) Vgl. hierzu und zum Folgenden F. W. v. Bülow, a. a. O., SS. 57, 58, 63, 64.

31) Vgl. M. Martna, »*Les aspects sociaux de la réforme agraire en Esthonie*« *Revue Internationale du Travail*, Vol. XIII, Nr. 1, Jan. 1926.

In Lettland hatten die Landarbeiter auch gesetzlich keine Priorität bei der Landzuteilung, im Gegenteil, bevorzugt waren zunächst die Anlieger und dann solche Bewerber um Siedlungsstellen, die einen genügend großen Viehbestand nachweisen konnten. Damit rückten die Landarbeiter in ihrer größten Masse an die letzte Stelle der Bewerber: sie besaßen von allen Bewerbern am wenigsten, sie hatten weder genügend Vieh und Geräte, noch das nötige Betriebskapital. Viele versuchten, in der Stadt neue Arbeitsgelegenheit zu finden, was aber bei der langsamen Entwicklung der Industrie sehr schwer war, besonders in Estland, wo die Zahl der in der Industrie Beschäftigten seit 1923 kaum zugenommen hat. Die Abwanderung vom Lande in die Städte erhöhte nur die Arbeitslosenziffern. Vielen blieb nur die Auswanderung übrig. Die auf dem Lande Zurückgebliebenen aber wurden entlastet, ihre Löhne sind vor allem in Lettland ganz erheblich gestiegen. Sie sind hier höher als vor dem Kriege und in den Nachbarländern. Infolgedessen haben in den letzten Jahren wieder, wie vor dem Kriege, polnische und litauische Wanderarbeiter auf den lettischen Bauernhöfen Saisonarbeit gefunden.

Wenn man der Mehrzahl der Landarbeiter keine Bauernstellen geben konnte, so war doch Gelegenheit, durch Zuteilung von kleinen Stellen einen seßhaften Tagelöhnerstand zu schaffen. Eine solche Lösung wäre aber bei dem herrschenden Einzelhofsystem ohne Landhergabe der Großbauernbetriebe wohl nicht möglich gewesen. In Lettland hat man sich erst neuerdings der Landarbeiter etwas angenommen, nachdem die Abwanderung vieler infolge ihrer Zurücksetzung einen Arbeitermangel hervorgerufen hat. Ein Gesetz vom 13. Juni 1927 bestimmt, daß in unbenutzten Gutsgebäuden Arbeiterwohnungen eingerichtet werden sollen. Auch Gartenland soll den Arbeitern gegeben werden. Solche, die selbst bauen wollen, können bis zu 10 ha Land erhalten, sofern ausreichend Land örtlich zur Verfügung steht. Dazu wird billiges Baumaterial und Kredit gegeben.

Infolge der Agrarreform verfielen auch die vorher starken und politisch bedeutungsvollen Landarbeiterorganisationen. Die angesiedelten Landarbeiter haben kein Interesse mehr an ihnen und die übrigen sind nun zum großen Teil auf den Bauernhöfen verstreut. In den beiden Ländern hat die Agrarreform den sozialistischen Gegenspieler der Feudalherren ebenso vernichtet wie diese selbst und nationale Bauerndemokratien an die Stelle gesetzt.

Die Esten und Letten haben zum ersten Male seit Jahrhunderten als Staatsvölker über ihr Geschick selbst entscheiden können. Die neue Agrarverfassung soll das Fundament der jungen Staaten bilden. Die Zukunft muß beweisen, ob die neue Agrarverfassung gesicherte Verhältnisse schaffen und damit die Grundlage zur inneren Erstarkung der neuen Staaten bilden kann. Die Stabilisierung der ländlichen Verhältnisse ist eine staatspolitische Notwendigkeit. Diese kann aber nur erreicht werden in der Zusammenfassung aller Geister und Mittel zum Aufbau der neuen Volkswirtschaft.

IV.

Die Agrarreform in Litauen.

Von

Silvio Broedrich.

Einleitung.

Die vorliegende Darstellung der Agrarreform in Litauen bezieht sich auf das sogenannte unbesetzte Gebiet der heutigen litauischen Republik, wie es in zwanzig Kreisen der Verwaltung des litauischen Staates untersteht, nachdem die Grenzregulierung gegen Lettland erfolgt ist und von der lettischen bis zur preußischen Grenze durch Entscheidung des Völkerbundes 1923 die sogenannte neutrale Zone zwischen Litauen und Polen, welches das Wilnagebiet und andere Gebietsteile im Süden bis zur ostpreußischen Grenze okkupiert hatte, aufgeteilt worden ist. Damit ist unter dem Protest Litauens seine Grenze nach Osten und Süden gegen das benachbarte Polen festgelegt und von den Mächten, nicht aber von Litauen, anerkannt worden. Im Westen sind es die alten russischen Grenzen. Nach der früheren russischen Verwaltungseinteilung umspannt dieses Gebiet fast das ganze Gouvernement Kowno, mit Ausnahme des äußersten Ostens des Kreises Nowo Alexandrowsk, sowie vom Gouvernement Wilna kleinere Teile der Kreise Swenzjany und Wilna und den größeren Teil des Kreises Troki. Dazu kommen noch vom Gouvernement Suwalki, das in der russischen Zeit zum Zartum Polen gehörte, die Kreise Wladislawow, Wilkowischki, Mariampol, Kalwarija und Sejny. Zusammen sind das rund 53000 Quadratkilometer.

Ethnographisch ist diese Fläche das Siedlungsgebiet des litauischen Volkes, das hier in geschlossenen Massen die Landbevölkerung ausmacht. Im Osten des ehemaligen Gouvernements Kowno finden sich auch recht zahlreiche russische und weißrussische Bauern. Um Ukmerge (russisch: Wilkomir) und im Tale der Newascha, eines Nebenflusses des Njemen, der auf seinem Laufe die Orte Ponewesch, Kejdani und Bobty berührt, wie auch an der Südgrenze, sitzen auch polnische Bauern. Im Westen des Landes, besonders auf dem linken Njemenufer und längs der langgestreckten Memellandgrenze gibt es zahlreiche deutsche, im Norden an der lettländischen Grenze viele lettische Bauernsiedlungen. In den Städten sind die Litauer überall in der Minderzahl — da ist das am meisten hervortretende Element der Ostjude, dann der Pole; schließlich leben überall in den Städten noch Russen und Deutsche, letztere in Kowno selbst und im Westen, die Russen in Kowno und im Osten.

Als Kopfzahl der Bevölkerung der litauischen Republik in den angedeuteten Grenzen, also ohne das Memelland, hat die Volkszählung vom Jahre 1923 2029000 ermittelt. Davon sollen 83,9% Litauer, 7,6% Juden, 3,2% Polen, 2,5% Russen sein, während 2,4% auf die anderen Nationalitäten und 0,4% auf Angehörige fremder Staaten entfallen. Die Dichte beträgt 38,1 auf 1 Quadratkilometer. Von dieser Bevölkerung leben etwa 15% in den Städten und Marktflecken und 85% auf dem flachen Lande.

I. Die litauische Agrarverfassung vor dem Kriege und ihre Geschichte.

Litauen war, bis es durch die Teilungen Polens an Rußland fiel (Suwalki hat 1795—1807 zu Preußen, dann zum Herzogtum Warschau gehört) und im Wiener Kongreß endgültig Rußland zuerkannt wurde, Bestandteil des polnisch-litauischen Föderativstaates gewesen (seit der Lubliner Union). In Jahrhunderten gemeinsamer Geschichte war der litauische Adel, die Geistlichkeit des Landes und die städtische Bevölkerung, soweit sie nicht jüdisch war oder sich ihr Deutschtum bewahrt hatte, polonisiert worden, und nur der in härtester Leibeigenschaft gehaltene Bauer erhielt sich sein litauisches Volkstum.

Der harte Druck, mit dem der polnische Feudalherr seinen litauischen Leibeigenen ausnutzte und niederhielt, änderte sich auch zu russischer Zeit kaum und fand erst ein Ende mit dem Jahr 1861, als Alexander II. für sein unermeßliches Reich die Bauernbefreiung durchführte.

Im Unterschiede zur großrussischen Dorfverfassung, zum *Mir*, die das gemeinsame Nutzungsrecht aller männlichen Seelen des Dorfes am Gemeindelande, das Anteilland des einzelnen am gemeinsamen Eigentum festsetzte, wurde hier der Anteil des einzelnen Bauern als sein Eigentum anerkannt. Der individuelle Besitz blieb die Grundlage der bäuerlichen Landwirtschaft, die sich infolgedessen nach der Befreiung viel günstiger zu entwickeln begann im großrussischen Gebiet, wo die Feldgemeinschaft alle Entwicklung zwangsläufig niederhielt.

Allerdings war bis in die neueste Zeit Litauen, besonders soweit es zu den Gouvernements Kowno und Wilna gehörte, das von der zaristischen Regierung am meisten vernachlässigte und mit Absicht in wirtschaftlicher Ohnmacht niedergehaltene Gebiet des Reiches. Damit wollte man das aufsässige Polentum bändigen, das mehrmals gegen die russische Krone in offener Empörung losgeschlagen und in diesen Gebieten seine litauischen Bauern mit dem Auslande gezwungen hatte. Infolgedessen hat die russische Regierung eine ganze Reihe von Maßnahmen durchgeführt und gesetzliche Bestimmungen erlassen, die wohl geeignet waren, die Bevölkerung auf die Dauer mit größter Abneigung gegen alles Russische zu erfüllen. So z. B. wurden in großem Maßstabe Güter, die der katholischen Kirche und polnischen Gutsbesitzern gehörten, vom Staat konfisziert und dem Zaren zur Verfügung gestellt. Aus ihnen stiftete dieser Majorate, die er an seine Günstlinge, hohe russische Beamte und Generäle, verlieh, mit der Verpflichtung, daß die neuen Majoratsherren, um die Russifizierung zu fördern, dauernd in diesen Gebieten leben und die Güter nicht verpachten sollten; der Rest wurde in den siebziger Jahren des vorigen Jahrhunderts zu sehr günstigen Bedingungen öffentlich versteigert, russische Staatsangehörige katholischen Glaubens durften an diesen Versteigerungen nicht teilnehmen. Gemeint waren damit natürlich die Polen; da aber die Litauer auch katholisch sind, so fühlten sie sich ebenso durch diese Instruktionen vom freien Erwerb ihres Heimatbodens ausgeschlossen, und auf diesem Wege kamen dann die großen konfiszierten Ländereien in russische und landfremde Hände. — Gleichzeitig war den Polen verboten, Güter zu erwerben, und die Bauern durften nicht Landstücke von mehr als 70 ha Größe kaufen, wodurch die Litauer, da sie ja die Bauernschaft im Lande darstellten, vom größeren Gutsbesitz ausgeschlossen waren. Außerdem wurde im ganzen Gebiet nicht das geringste für die Entwicklung der Landwirtschaft und gesamten Volkswirtschaft getan und die Volksbildung auf das äußerste niedergehalten: der Druck und die Einfuhr litauischer Bücher wurden mit schweren Strafen belegt, und auch russische Schulen kaum eingerichtet. Die katholische Kirche und ihre Priester wurden auf das schwerste von der russischen Regierung bedrückt und verfolgt. So war es verständlich, daß, obgleich der polnische Gutsbesitzer so wenig für die Lage der litauischen Bauernschaft und seiner Gutsarbeiter leistete, doch der Druck, unter dem sowohl er als auch die litauische Bauernschaft und die katholische Kirche, in der sie konfessionell vereint waren, gemeinsam litten, den gemeinsamen Haß gegen den moskowitischen Bedrücker aufs äußerste anfachte. Der so vertiefte, Jahrhunderte alte Gegensatz gegen das griechisch-orthodoxe, großrussische Moskowitertum hielt aber auch dem litauischen Volk die geistige Entwicklung Rußlands und damit die revolutionären Tendenzen des russischen Nihilismus vollkommen fern. Nur ganz vereinzelt kamen Söhne litauischer Bauern in die Gymnasien und von dort auf die Universität; gewöhnlich ging der Weg zu höherer Bildung für sie in die katholischen Priesterseminare, in denen äußerste Abneigung gegen alles, was russisch war, selbstverständlich war. Beziehungen zum russischen revolutionären Schrifttum gab es fast gar nicht, und die litauische Schriftsprache fand eine Freistätte nur im litauischen Volkstum des Memellandes und Ostpreußens, von wo litauische Bücher insgeheim eingeführt wurden. Dieser Literatur aber lag nichts ferner, als die Behandlung revolutionärer Ziele und ihre Ausbreitung.

Materialien, die vom Landwirtschaftsministerium zu Kowno im Jahre 1922 ausgestellt wurden, zeigten die Kulturartenverhältnisse in zwanzig Kreisen. Danach waren von 4943 Tausend ha 49,1% Ackerland, 16,9% Wald, 14% Wiesen, 12% Weiden und 8% Unland. In den verschiedenen Kreisen sind die Verhältnisse ganz verschieden: Während z. B. Wilkowischki mit seinen herrlichen humosen Lehmböden 68,5% Ackerland aufweist, hat der Kreis Troki mit seinem mageren Waldboden nur 32,2% Acker. Auch die Bewaldungsziffer schwankt naturgemäß von einem Kreis zum andern bedeutend; so hat Troki 41,4% und Wilkowischki nur 5,4%. Litauen ist noch waldärmer als Ostpreußen mit seinen 17% Waldfläche. Die großen sogenannten litauischen Waldgebiete, wie das Wilnagebiet, der Augustowoer Wald und der Grodnoer Forst sind alle an Polen gefallen. Jedoch sind auf der litauischen Seite die schönen landwirtschaftlich wertvollen Böden verblieben, auf denen sich das litauische Bauernvolk nach seiner

Befreiung aus der Leibeigenschaft in einer glücklichen Besitzverteilung entwickelt hatte. Die durch den Ukas Alexander II. vom 19. Februar 1861 befreiten Bauern Litauens erhielten 45% der Fläche des Gouvernements Kowno als Eigentum gegen eine mäßige Loskaufzahlung an den Staat, während 48,3% als Privatbesitz hauptsächlich in Händen von polnischen Adligen verblieben, 5,8% der Flächen Staatsbesitz waren und 0,5% verschiedene Besitzer hatten. Zu diesen ursprünglichen 45% mögen die Bauern im Laufe der Zeit bis zum Kriegsausbruch von den Privatgütern mit Hilfe der Bauernagrarbank weitere 5% hinzuerworben haben, so daß ihr Gesamtbesitz die Hälfte der ganzen Fläche ausmachte. Diese Besitzfläche bestand zu mehr als 90% aus Bauernwirtschaften, die über 10 ha groß waren, und weniger als 1% dieser bäuerlichen Fläche zerfiel in Wirtschaften, die kleiner als 5 ha waren. Ähnlich stellte sich der Anteil des bäuerlichen Besitzes an der Gesamtfläche in dem kleinen Teil des ehemaligen Gouvernements Wilna, der zu Litauen gehört, und noch viel günstiger auf den reichen Böden des linken Njemenufers im ehemaligen Gouvernement Suwalki, wo die Bauern in den ehemaligen Kreisen Wladislawow, Wilkowischki, Mariampol und Kalvarija über 60% des ganzen Bodens und im Kreise Sejny ebensoviel wie im Kownoschen Gebiet besaßen. Jedoch war die Durchschnittsgröße der Bauernwirtschaften links des Njemen mit 11 ha kleiner als im übrigen Litauen rechts der Memel, wo sie im Durchschnitt 16 ha betrug. Während links der Memel immerhin annähernd 30% aller bäuerlichen Wirtschaften Zwergbetriebe mit weniger als 5 ha darstellten, hatten auf der rechten Memelseite kaum 5% aller vorhandenen Wirtschaften unter 5 ha. Nach Angaben des Landwirtschaftsministeriums zur Ausstellung 1922 hatte ganz Litauen in seinen 20 Kreisen 240000 selbständige Wirtschaften, die in 7 Größenklassen eingeteilt wurden. Von je 100 selbständigen Wirtschaften hatten

31,4	bis	11 ha
50,0	12—	22 „
12,2	23—	33 „
2,8	34—	44 „
0,7	45—	55 „
1,45	56—100	„
1,45	über 100	„

Da fast das ganze Bauernland aus landwirtschaftlich nutzbarer Fläche besteht, während die Forstfläche und das Unland zum allergrößten Teil der nicht bäuerlichen Fläche angehört, so kann man die wirtschaftliche Grundlage des litauischen Bauernvolkes und seine soziale Gliederung nach der Befreiung von 1861 als gut bezeichnen.

Indessen war die bäuerliche Landwirtschaft durch die Gemengelage in der Dorfmark (in sehr langen, schmalen Landstreifen) rettungslos an die Dreifelderwirtschaft gekettet, und nur wo sich eine Zusammenlegung hatte ermöglichen lassen, konnten bessere Wirtschaftsmethoden eingeführt werden. Deshalb drängten die Bauern schon gleich nach der Befreiung, wo es ihnen möglich war, zur Zusammenlegung ihrer Höfe; und namentlich links von der Memel, aber auch rechts im Gouvernement Kowno, fand schon bald nach der Bauernbefreiung für einen beträchtlichen Teil der Ländereien, namentlich durch freiwillige Auseinandersetzungen der Bauern, eine Flurbereinigung statt. Die Anregung dazu kam von der Einzelwirtschaft in dem benachbarten Ostpreußen und Kurland, wo sich die Landwirtschaft in freiwirtschaftenden Einzelhöfen günstig entwickelte. Dann kamen im letzten Jahrzehnt vor dem Weltkriege die Stolypinschen Anregungen in der russischen Agrarreform. Stolypin war selbst Gutsbesitzer im Gouvernement Kowno. Seine Besitzungen nahe der kurländischen Grenze boten ihm vielfach Gelegenheit, die großen Fortschritte der lettischen bäuerlichen Wirtschaft an den schönen Einzelhöfen der kurländischen Bauern zu sehen, die ihren Bestand der vorbildlichen Lösung der Bauernfrage durch die kurländische Ritterschaft in ihren Agrargesetzen des vorigen Jahrhunderts verdankten. Daher ließ er besondere Förderung dem Gouvernement Kowno angedeihen, in welchem von 1907—1913, also in 6 Jahren, 20% aller vorhandenen bäuerlichen Wirtschaften zusammengelegt wurden. Nach der offiziellen Zählung hatte Kowno 1905 110400 Höfe; von diesen wurden in den genannten Jahren 1907—1913 im ganzen 22920 Höfe aus der Streifengemengelage der Dorfmark befreit und zu einheitlichen Wirtschaften zusammengelegt — und dadurch eine großartige Verbesserung der bäuerlichen Wirtschaften erreicht!

Da indessen infolge der Vernachlässigung durch den Staat das litauische Gebiet von 1863 bis zum Beginn der Stolypinschen Reformen weder in seiner Landwirtschaft — von ganz vereinzelten Ausnahmen abgesehen — zu intensiven Betriebsformen überging noch auch in seinen Städten nennenswerte Industrie entwickelte, so konnte es trotz der günstigen Grundbesitzverteilung die wachsende Bevölkerung nicht ernähren und beschäftigen. Wenn auch in Litauen die Lebensmittel billiger, die Bedürfnisse bei größerer Naturalwirtschaft und die Leistungsfähigkeit geringer waren als im benachbarten Ostpreußen und Kurland, so waren auch die Löhne viel niedriger. Die Landwirtschaft auf den Gütern war sehr extensiv und krankte fast überall am Mangel an Betriebskapital und Fachbildung der Gutsbesitzer. Es fanden deshalb nirgends genügende Entwässerungen und Meliorationen der großen Sumpfflächen oder Senkungen des Grundwassers statt; dazu mangelte es an Wegen und an jeder Staatshilfe. Auch in den Städten gab es bei fehlender Industrie keine Arbeitsgelegenheit für die überschüssige Landbevölkerung. Infolgedessen entstand ein großer Landhunger, der nicht befriedigt werden konnte. Es blieb nur ein Ausweg, die Auswanderung. Wie groß die Zahl dieser Ausgewanderten ist, läßt sich nicht genau feststellen, jedoch wird die Zahl der Litauer in Amerika auf 5 bis 800000 angegeben, und es mögen wohl annähernd eine halbe Million drüben leben, die den Zusammenhang mit ihrem Volkstum noch nicht ganz verloren haben. Auch nach Riga mit seiner großen Industrie wanderten viele Litauer ab, und ebenso fanden sie im menschenarmen Lettland auf Gütern und Bauernhöfen besser bezahlte Arbeit als in ihrer Heimat, während Polen und Weißrußland keinen Bedarf an Arbeitskräften hatten. Die landlosen oder landarmen Litauer zogen nicht als Saisonarbeiter hin und her, etwa wie die Polen aus dem Zartum oder Galizien; sie nährten sich entweder schlecht und recht in der Heimat oder wanderten ganz aus.

Die erste große Revolution, die das zaristische Rußland bis in seine Grundfesten erschütterte, ging an Litauen vorüber, ohne eine besondere Bewegung hervorzurufen, obwohl seit der Bauernbefreiung ein bewußter Gegensatz gegen die polnische Oberschicht entstanden war. Ihre Führer fand die litauische Bauernschaft in der aus ihr hervorgegangenen nationalen Geistlichkeit, die sich in bewußten Gegensatz zu ihren polnischen Amtsbrüdern stellte und mit ihnen gelegentlich in große Zwistigkeiten geriet. Nun brachte die Revolution von 1905 auch Litauen das Recht, in der Sprache seines Volkstums drucken und schreiben zu können; die Stolypinsche Agrargesetzgebung begann zu wirken, und sie brachte nicht nur die Flurbereinigung, sondern vermehrte auch das Bauernland durch die staatliche Bauernagrarbank, die wie überall in Rußland, auch in Litauen Abteilungen eröffnete. Bei der schlechten wirtschaftlichen Entwicklung des Gebietes konnte die Bank leicht zu billigen Preisen viele verschuldete, extensiv bewirtschaftete große Güter aufkaufen, die sich nach ihrer Bodenbeschaffenheit ausgezeichnet zur Zerlegung in Bauernstellen eigneten, und überall fanden sich in großer Menge geeignete Siedler. Die Regierung wäre durch diese Bodenpolitik sehr populär geworden in Litauen, aber bald schon vernichtete der Chauvinismus des Moskowitertums die Hoffnungen der landhungrigen Litauer; die Agrarbank mußte, auf höhere Weisung, beginnen, die aufgekauften Ländereien nur an russische Bauern abzugeben, die aus den inneren Gouvernements herangeholt wurden, um das Gebiet zu russifizieren. — Der litauische Bauer fühlte sich dem russischen in jeder Beziehung überlegen und mußte nun sehen, wie seine Heimaterde zu billigsten Preisen diesen Fremden zugeteilt wurde, während er selbst kein Land erhalten konnte. Hätte diese Bewegung angedauert, so wären durch dieselbe große Scharen von Russen ins Land gebracht worden und hätten die geschlossene litauische Siedlung sehr stark durchbrochen. Der Einmarsch der deutschen Heere im Weltkriege rettete das litauische Siedlungsgebiet für die Litauer. Vor dem gewaltigen Anprall der deutschen Truppen wichen nicht nur die russischen Millionenheere, sondern es flohen für immer auch fast die gesamte russische Beamtenschaft und auch die meisten von der Agrarbank ins Land gebrachten russischen Siedler.

II. Die Agrarreform.

1. Die Agrargesetze von 1920.

Nach dem Zusammenbruch Deutschlands im Weltkriege entstand — unterstützt in ihren Anfängen von der deutschen Okkupationsverwaltung und vom Deutschen Reich — die litauische Republik in ihrer heutigen Gestalt, umwogt von vielgestaltigen Gefahren: leicht konnte sie eine Beute des machtgierigen Bolschewismus werden; ebenso lauerte auf den ersten günstigen Augenblick, Litauen zu verschlingen, das unersättliche Polen; und schließlich tat sich im Norden der Republik unter dem Vorwande der Bekämpfung des Bolschewismus die zaristische »Westrussische Regierung« unter ihrem Chef Bermondt-Awalow auf, den sein Parteigänger Wirgolitsch unterstützte. Die russischen Reaktionäre aus allen Lagern sammelten sich unter Bermondt, und der General Graf von der Goltz, Führer der deutschen Truppen, der die Baltische Landeswehr in ihrem Kampf um die Befreiung Lettlands von den Bolschewisten unterstützte, begünstigte die Unternehmung der russischen Reaktionäre zur Aufrichtung einer zaristischen Regierung. Indessen wurde Graf von der

Goltz von der deutschen Regierung abberufen, und das Gros der deutschen Truppen schloß sich dieser Westrussischen Regierung ebensowenig wie die Baltische Landeswehr an. Die Deutschland treu gebliebenen Truppen zogen gegen Ende des Jahres 1919 aus Litauen ab, das nun selbst ein Heer zum Schutz seines Territoriums bilden mußte. Für die Freiwilligen, die sich an erster Stelle für dieses Heer gemeldet hatten, sowie für alle zur nationalen Fahne Gerufenen wurden nun von der Konstituierenden Nationalversammlung schon am *3. und 14. August 1920* Agrargesetze angenommen, die als Kriegerheimstättengesetz die Krieger und ihre Angehörigen für die dem Vaterlande geleisteten Dienste belohnen sollten. In erster Linie werden berücksichtigt Verwundete, Invaliden, Angehörige von Gefallenen; in zweiter Linie alle übrigen Krieger nach der Entlassung; in dritter Linie auch sonstige Landlose und Landarme, falls noch Land vorhanden ist. Als Landarme bezeichnet das Gesetz Bauern, die nicht mehr als 10 Desjatinen besitzen. Verteilt werden sollen: 1. Staatsländereien, die der Regierung zur Verfügung stehen, 2. enteignetes Privatland, und zwar von Grundbesitzungen von 300—800 Desjatinen bis zu 15% und von Besitzungen von über 800 Desjatinen bis zu 30%.

Die Enteignungskommission besteht aus dem Friedensrichter, der den Vorsitz führt, aus einem Vertreter des Landwirtschaftsministers und einem Gliede der Kreisselbstverwaltung. Appellationsinstanz ist die Oberste Landkommission, die aus Landwirtschafts-, Innen-, Kriegs- und Justizminister unter Vorsitz des letzteren besteht.

Die zugeteilten Grundstücke sollen je nach ihrer Güte 8—12 Desjatinen, 12—16 oder 16—20 Desjatinen umfassen. Den Siedlern soll der Staat 100 Baumstämme und 26,3 Ztr. Saatgetreide als Beihilfe geben. Was sie für ihre Grundstücke zu zahlen haben und wie die Verrechnung mit den enteigneten Besitzern stattfinden würde, sollte von der Konstituierenden Versammlung festgelegt werden.

Das Einführungsgesetz zur Bodenreform vom 14. August 1920 enteignete zugunsten der Republik Litauen a) alle Wälder, die größer als 25 Desjatinen waren, sowie alle Gewässer, alle Moore und Sümpfe, und schließlich alle Bodenschätze und Mineralwasserquellen; b) Majoratsgüter und andere Güter, die vom russischen Zaren und seiner Regierung Einzelpersonen oder Instituten in Litauen geschenkt oder zu erleichterten Bedingungen von solchen Personen erworben worden waren, mit allem Zubehör und Inventar.

Diese außerordentlich schroffen Bestimmungen finden ihre psychologische Erklärung in der Bedrückung durch die russische Regierung, die das litauische Volk hatte erdulden müssen. Nach der öffentlichen Meinung des ganzen Volkes waren diese Majoratsländereien und die später auf Grund der besonderen Instruktionen des Zaren zu günstigen Bedingungen an Landfremde (Nichtkatholiken) verkauften Güter mit Gewalt der Nutzung durch das bodenständige Volk entrissen worden, um Land und Leute zu russifizieren und der orthodoxen Kirche zuzuführen. Dazu kamen noch die Erfahrungen mit der Bauernagrarbank in den letzten Jahren vor dem Kriege, die den Haß gegen das Moskowitertum so vertieft hatten, daß die entschädigungslose Enteignung dieser russischen Besitze auch von den objektiv und rechtlicher denkenden gebildeten litauischen Politikern als eine selbstverständliche Zurücknahme entwendeten und geraubten Eigentums angesehen wurde. Nicht gebilligt wurde in weiten Kreisen, daß man auch das Inventar enteignete, das ja doch Privateigentum der Besitzer darstellte. In der Tat: wer die Härte und Willkür des russischen Zarismus gegen die nichtrussischen Gebiete und ihre Bewohner kennt, der wird sich über diese seelische Entwicklung und ihre logische Fortbildung in den Agrarrevolutionen nicht weiter wundern. In diesem Fall fand aber auch der litauische Staat als Rechtsnachfolger des russischen Reiches für das Gesetz eine vollkommene Rechtfertigung. Der Zar hatte die Majorate an seine Günstlinge nur unter der Bedingung verliehen, daß sie auf diesen Gütern selbst lebten und selbst wirtschafteten, um so ein Gegengewicht gegen den polnischen Großgrundbesitz zu bilden und die Russifizierung des Gebietes herbeizuführen. Nirgends war aber diese Bedingung von den Nutznießern eingehalten worden, fast überall hatten sie die Majorate verpachtet und verlebten deren Einkünfte meist in Petersburg oder Paris. Die Regierung konnte ihnen daher auf Grund der Verleihungsurkunde wegen Nichtbefolgung der Verleihungsbedingungen die Nutznießung entziehen. Auch an diesem Beispiel zeigt es sich, daß Großgrundbesitz niemals geeignet ist, einem Volkstume seinen Volksboden zu erhalten oder zu gewinnen. Litauen ist Siedlungsgebiet des litauischen Volkstumes auch auf den Flächen geblieben, die der Zar als Großgrundbesitz an russische Würdenträger verliehen hat. Nur Bauerntum, das in tausendfacher Verwurzelung fest mit dem Heimatboden verwächst, ist geeignet, dem Volkstume seinen Siedlungsboden zu sichern. Diese Tatsache richtig erkannt und dem litauischen Volk seinen tausendjährigen Siedlungsboden endgültig gesichert zu haben, ist das Verdienst der Männer um ihr Volk, welche die Agrarreform gemacht haben. An dieser Arbeit hat sich neben andern ein besonderes Verdienst Herr Rimka erworben, der im Agrarreformausschusse der Konstituierenden Nationalversammlung Litauens eine führende Stellung einnahm.

Auf Grund der Augustgesetze von 1920 sind noch im selben Jahr im ganzen 114 Gutswirtschaften und Vorwerke von solchen — meist kriegszerstörte Majorate — in 1830 Einzelwirtschaften mit 15,3 ha Fläche im Durchschnitt, 28 065 ha insgesamt, aufgeteilt worden. Fast alle Parzellen gingen an Krieger oder Hinterbliebene von solchen; nur wenige wurden landarmen Anliegern von parzellierten Gütern zugewiesen. Die neuen Wirtschaften, von denen ich 10% eingehend untersucht habe, waren geeignet, eine hohe Meinung von den Fähigkeiten des litauischen Siedlers zu schaffen. Der litauische Bauer versteht es vorzüglich, mit Axt und Säge umzugehen und sich aus Holz ein einfaches Haus und einen Stall zu bauen; jeder von ihnen versteht es noch, selbst ein hübsches Strohdach zu binden. Mit ganz vereinzelten Ausnahmen waren die Siedler Landarbeiter und Bauern, einige waren Söhne von Großbauern mit 20 ha und mehr; die übrigen waren Söhne von Landarmen, Landlosen oder von Mittelbauern mit 10—20 ha. Fast alle waren, als sie sich um das Land bewarben, noch unverheiratet gewesen, hatten aber fast alle im ersten Jahr ihrer Wirtschaft entweder geheiratet oder waren im Begriff, es zu tun. Die meisten besaßen selbst etwas an lebendem und totem Inventar; ihre Eltern gaben ihnen auch davon ab; oder sie erhielten durch die Mitgift der Frauen einen verhältnismäßig großen Zuwachs an Inventar und Betriebskapital. Sehr günstig war für die Bebauung der Stellen, daß die Angehörigen und Verwandten des Siedlers, sowohl seine wie auch die Verwandten der jungen Frau mit Gespannen und Handlangerdiensten bei der Zufuhr des Baumaterials aus dem Walde und beim Aufbau halfen. Da die Siedler das Land in den ersten Jahren frei hatten, gaben viele im ersten Jahr einen Teil der Parzellen Nachbarn in Pacht, wofür diese ihnen bei der Bearbeitung und beim Bau halfen. Es unterliegt gar keinem Zweifel, daß diese Siedlung in jeder Beziehung als gelungen bezeichnet werden kann und infolge der Genügsamkeit und Tüchtigkeit der Siedler einen vollen Erfolg und eine große Stärkung des litauischen Bauerntums bedeutet. Nicht nur bevölkerungs- und nationalpolitisch, sondern auch volkswirtschaftlich ist es ein großer Erfolg, wenn es durch geeignete Mittel gelingt, diese neuen bäuerlichen Wirtschaften zusammen mit den alten zu moderner Wirtschaftsführung zu bringen. Im Jahre 1921 sind dann noch in gleicher Weise 118 Güter und Vorwerke an 1391 Krieger und landlose Bauern aufgeteilt worden, die durchschnittlich 13,3 ha, 18506 ha im ganzen, erhielten; außerdem erhielten 558 landarme Anlieger der an aufgeteilte Güter angrenzenden Dörfer zusammen 3668 ha — durchschnittlich etwas mehr als 6,5 ha.

Um die praktische Durchführung dieser Siedlungen in den Jahren 1920—1922 hat sich unter dem damaligen Landwirtschaftsminister Alexa besonders der von ihm damit betraute Gelehrte Agronom Tonkunas verdient gemacht, dessen Arbeiten in der Zerlegung der Siedlungsgüter und Ausgestaltung der einzelnen Stellen, wie auch in der Auswahl geeigneter Siedlungsanwärter usw. vorbildlich genannt werden können. Herr Tonkunas ist heute Rektor der Landwirtschaftlichen Hochschule Litauens in Dotnava.

2. Die Radikalisierung der Agrarreform.

Unterdessen wurde die Agrarvorlage in der Konstituierenden Versammlung weiter beraten und wurde Gesetz. Wenn dieses *Gesetz vom 29. März 1922* unendlich viel radikaler ausgefallen ist, als das Augustgesetz von 1920, so findet das seine Erklärung in der ungeheuren Erbitterung, die in ganz Litauen und in der Konstituierenden Versammlung der gewaltsame Einmarsch der polnischen Freischärler unter Zeligowsky ins Wilnagebiet im Oktober 1920 hervorrief. Dieser entriß Litauen das Wilnagebiet und außerdem gewisse Landstriche an der Südgrenze. An diesem Unternehmen nahmen viele Polen aus dem litauischen Gebiet, besonders Gutsbesitzer, teil, und dadurch entstand die berechtigte Auffassung, daß diese die Agrarreform überhaupt verhindern, ja Litauen unter polnische Herrschaft bringen wollten. Das beeinflußte die Mitglieder der Konstituierenden Versammlung aufs stärkste: sie nahmen in das Agrargesetz sofort die Bestimmung auf, daß keine Person, der eine Anteilnahme an dem Unternehmen Zeligowskys nachgewiesen werden konnte, Land in Litauen erhalten dürfe und daß alle solche Guts- und Landbesitzer als Hochverräter mit Vermögenskonfiskation bestraft wurden. Dieselben Bestimmungen wurden auch auf die Leute ausgedehnt, die Beziehungen zum Unternehmen Bermondt-Awalows und Wirgolitsch' hatten oder als Bolschewisten gegen Litauen gekämpft und konspiriert hatten. So wurde nun eine ganze Reihe von Gütern, deren Besitzer im Verdacht standen, an diesen litauenfeindlichen Unternehmungen beteiligt gewesen zu sein, konfisziert, wenn die Besitzer sich nicht von diesem Verdacht reinigen konnten oder wollten. Unstreitig ist mit diesen Bestimmungen auch mancher Mißbrauch getrieben worden, was aber nicht möglich gewesen wäre, wenn nicht tatsächlich die polnischen Kreise Litauens mit Zeligowsky gemeinsame Sache gemacht hätten. So griff denn auch die endgültige Fassung des Agrargesetzes den Großgrundbesitz viel schärfer an, als es die Augustgesetze getan hatten. Statt Güter bis 300 ha zu verschonen, werden jetzt alle Güter bis auf ein Restgut von 80 ha enteignet. Als Entschädigung sollte der durchschnittliche Friedenspreis der Jahre 1910—1914 gelten, in Ostmark berechnet (1 Friedensrubel = 2 Ostmark), wobei der Höchstpreis 480 Mark je ha nicht übersteigen durfte. Das war bei der Entwertung der Ostmark nur ein Bruchteil eines Friedenspfennigs — eine Bestimmung, die noch abgeändert werden soll. Nur die Einschränkung wird gemacht, daß Güter in einer Gesamtgröße bis zu 150 ha erst zur Aufteilung herangezogen werden sollen, wenn alle übrigen verteilt sind, und wenn dieser Fall eintritt, so ist das Land dieser Güter nicht zum Friedenspreise, sondern zum Tagespreise zu bezahlen. Dasselbe Privileg sollen auch Güter bis zu 200 ha Größe haben, d. h. ihnen soll zum Friedenspreise nur die Fläche enteignet werden, die über 150 ha hinausgeht; das Land von 80—150 ha soll gleichfalls zum Tagesmarktpreise bezahlt werden. Das bedeutet einen Schutz dieser oft in litauischen Händen befindlichen kleinen Güter bis zur Größe von 150 ha vor der Aufteilung. Was den (fast ausschließlich polnischen) Großgrundbesitz der litauischen Republik angeht, so beansprucht das Augustgesetz z. B. von Gütern von 800 ha nur 30% oder 240 ha zu Ansiedlungszwecken, das Märzgesetz 90% oder 720 ha, und beläßt dem Besitzer nur 80 ha. Allerdings besteht zwischen der lettischen und estnischen Agrarreform auf der einen Seite und der litauischen auf der anderen ein großer Unterschied insofern, als der Gutsbesitzer sich in Litauen die 80 ha seines Restgutes aus der enteigneten Fläche selbst wählen kann.

Eine weitere Folge des Zeligowsky-Unternehmens war, daß die Konstituierende Versammlung beschloß, für die durch das Augustgesetz von 1920 enteigneten Wälder usw. keine Entschädigung zu leisten. Durch das ganze Gesetz zieht sich außerdem die Reaktion gegen die frühere russische Unterdrückung. Gleich im § 1 wird bestimmt, daß die Ländereien konfisziert werden, welche die russische Regierung nach dem 1. Januar 1863 beschlagnahmt und für Zwecke der Russifizierung an Kolonisten und andere Personen verteilt hat, falls dieses Land von den Personen, die es damals erhalten haben, oder von deren Erben verwaltet wird. Da solche Personen nicht mehr leben dürften, handelt es sich um russische Bauern, die in zweiter und schon dritter Generation in ihren Dörfern leben. Dabei ist es fraglich, ja unwahrscheinlich, daß diese aus dem inneren Rußland stammen, vielmehr ist ziemlich sicher anzunehmen, daß sie sämtlich von der weißrussischen Bevölkerung des Landes selbst abstammen, die im östlichen Litauen sitzt und namentlich in geschlossener Siedlung fast das ganze angrenzende Wilnagebiet bevölkert. Sie sind Bürger der Republik und berechtigt, hier zu leben, wo ihre Eltern schon den Boden bebaut haben. Diese Maßnahme stellt eine ganz unzulässige Härte dar. Ebenso wie die russischen Majorate werden auch alle Ländereien konfisziert, die der russisch-orthodoxen Kirche und ihren religiösen Einrichtungen verliehen waren; diese Ländereien werden, soweit sie seinerzeit der katholischen Kirche gehört haben, dieser wieder bis zu 80 ha (in der für ein Restgut festgesetzten Größe) zurückgegeben. Auch die früheren Besitzer der konfiszierten Privatgüter und Ländereien erhalten bis zu 80 ha Land aus ihrem früheren Eigentum zurück, während das übrige Land dem Landfonds zur Besiedlung einverleibt wird.

Aus diesem allem ergibt sich die durch nationale und konfessionelle Gesichtspunkte sehr stark beeinflußte Richtung des litauischen Reformgesetzes.

Die nationalen und konfessionellen Gesichtspunkte waren in Litauen viel stärker als die sozialen, die wiederum die volkswirtschaftlichen weit zurückdrängten. Indessen wurde 1922 doch insofern der Charakter des reinen Agrargesetzes und der inneren Kolonisation gewahrt, als nur zu Siedlungszwecken Land enteignet wird, und alle Industrieanlagen, die von den Besitzern des Landes errichtet waren, nicht enteignet werden. Alle Fabriken, Brennereien, Mühlen, Ziegeleien, Kalkbrennereien, Sägewerke usw. mit dem für die Betriebe erforderlichem Lande und ihren Einrichtungen verbleiben ihrem rechtmäßigen Eigentümer.

Land soll erhalten nach § 13 das Oberhaupt jeder selbständig lebenden landlosen oder landarmen Landarbeiterfamilie oder jede selbständig lebende Einzelperson. Das Vorrecht vor allen anderen sollen haben solche Bauern und Personen oder deren Erben, denen nach 1861 ihr Land von der russischen Regierung abgenommen ist. Diese können aber nicht mehr als 80 ha des ehemals konfiszierten Landes erhalten. An zweiter Stelle stehen die Gutsarbeiter, die auf den zur Aufteilung kommenden Gütern wohnen und vor dem Kriege beschäftigt waren; ferner Landarme, die nicht mehr als 10 ha besitzen und deren Land an den aufzuteilenden Boden angrenzt oder in nächster Nähe liegt; schließlich Gutspächter, die nicht mehr als 50 ha des aufzuteilenden Gutes gepachtet haben. Landlose erhalten 8—20 ha, Landarme einen Bodenzuschlag bis zu dieser Norm; Dorfhandwerker (Stellmacher, Schmiede usw.) können $^1/_2$ bis 2 ha erhalten.

Land können nicht erhalten fremde Staatsangehörige und Personen, die durch gerichtliches Urteil ihrer Rechte verlustig gegangen sind. Erst nachdem alle zur Landversorgung berechtigten Personen mit Land versehen sind, können auch solche Leute Land erhalten, die sich nicht mit Landwirtschaft beschäftigen und auch nicht beschäftigt haben. Aus diesen Bestimmungen ergibt sich, daß Land nur an solche abgegeben werden kann, die sich unmittelbar mit der Landwirtschaft beschäftigt haben; es genügt nicht für den litauischen Bürger, daß er landlos ist. Dadurch sind die jüdischen Bürger des Landes von den Zuwendungen dieses Gesetzes ausgeschlossen, da sie sich nicht mit Landwirtschaft beschäftigt haben, was sie ja nach dem russischen Gesetz nicht durften.

Das Land wurde nach dem Gesetz von 1922 an die Siedler gegen eine Roggenwertrente abgegeben, die 36 Jahre hindurch zu zahlen ist, jedoch kann der Siedler auch — falls er es will — diese Last schneller ablösen. Die Zahlung begann mit dem dritten Jahr der Bewirtschaftung und konnte bei Militärpersonen mit dem vierten Jahr beginnen. Die Siedler hatten somit drei oder vier Freijahre, da der Zahlungstermin am 1. Dezember ist. Die Höhe der Rente richtet sich nach den Bodenklassen. Solcher werden vier unterschieden, und von diesen zerfällt jede der Verkehrslage nach in 2 Abteilungen, eine bessere und eine schlechtere. Für 1 ha waren zu bezahlen (in Kilogramm Roggen)

Klasse I	60	50
Klasse II	30	25
Klasse III	15	12
Klasse IV	7	6

Im allgemeinen werden die Klassen II und III die vorherrschenden sein. Wenn wir ihren Anteil an der besseren und schlechteren Verkehrslage gleich setzen, kommen wir auf einen Durchschnitt von 20,5 kg Roggenwert je ha, also eine ganz außerordentlich niedrige Rente. Nur bester Boden in bester Lage sollte

60 kg Roggenwert zahlen, geringster Boden in weniger guter Verkehrslage gar nur den 10. Teil dieser Rente = 6 kg. Die *in natura* festgesetzten Abschlagszahlungen wurden in bar nach dem durchschnittlichen litauischen Inlandspreise für Roggen bezahlt, der nach den von den Ministerien für Landwirtschaft und Handel bestätigten Richtlinien festgesetzt wurde (§ 23).

In § 30 wird dann nochmals ausgedrückt, daß landlose oder landarme Militärpersonen, die unbescholtenen Dienst geleistet haben, vor allen anderen das Vorrecht zum Landempfang haben. Von diesen haben wieder das Vorrecht vor anderen Militärpersonen: a) die als Invaliden entlassenen, b) die Hinterbliebenen der ums Leben gekommenen Militärpersonen, c) die, welche ihre Dienstzeit abgeleistet haben und trotzdem weiter dienen. Kriegsfreiwillige erhalten unter Umständen das Land ohne jede Entschädigung.

Bei der dritten Lesung des Gesetzes wurden die Zuwendungen eingeschränkt und in Abänderung des Gesetzes vom August 1920 festgesetzt, daß nur jede Militärperson eine einmalige Unterstützung von 100 Baumstämmen und 26,3 Zentnern Saatgetreide erhält. Der Wert dieser Zuwendung gilt als unverzinsliches 10jähriges Darlehen; mit der Rückzahlung muß 5 Jahre nach Empfang begonnen werden; im Lauf von 5 Jahren ist die Schuld zum entsprechenden Tagespreise dieser 5 Jahre zu bezahlen. Es unterliegt gar keinem Zweifel, daß diese bäuerlichen Siedler, die durch eigenes und erheiratetes Kapital und mit Hilfe ihrer Verwandten in den Stand gesetzt sind, ihre Wirtschaft zu beginnen, durch die vier Freijahre reichlich in die Lage versetzt sind, ihre Wirtschaften so einzurichten, daß sie ihre geringen Renten leisten können. Siedler, die keinen Militärdienst geleistet haben, sollten dagegen diese Unterstützung nach dem Gesetz nicht mehr haben. Bei drei Freijahren können sie sich bequem das Saatgetreide gegen Rückgabe im Herbst von Nachbarn und Händlern verschaffen. Drei Freijahre stellen ein großes Betriebskapital dar, und die dann zu zahlende Rente ist wahrlich gering genug! Schlimmer ist es schon mit dem Bauholz, doch war nicht daran zu zweifeln, daß der Siedler sich solches verschaffen konnte. Er mußte nur überall dort, wo das Holz nicht so bequem und billig auf Umwegen in genügendem Maß zu beschaffen war, dazu übergehen, statt reiner Holzbauten gemischte und massive Bauweise anzuwenden. Überall fast ist in Litauen guter Lehm zum Lehmschlag vorhanden. Aber bei der lässigen Forstaufsicht holt sich doch jeder Bauer, der es nicht zu weit bis zum Walde hat, seinen Bedarf aus diesem. Da wenig

Betriebskapital im Lande vorhanden ist, auch die nötige Fachkenntnis fehlt und bei der geringen Kaufkraft der Bevölkerung der Absatz der industriellen Erzeugnisse unsicher ist, so entwickelt sich nicht einmal eine bodenständige landwirtschaftliche Industrie, zumal die Besteuerung ganz unsinnig und volkswirtschaftlich ungesund ist. Daher gibt es im Lande nicht einmal genügend Ziegeleien, so daß es trotz der teuren Fracht billiger ist, aus Preußen und Lettland Ziegel zu beziehen als einheimische zu kaufen. Das ist neben der leichten Möglichkeit freier Waldnutzung der Hauptgrund, warum trotz reger Siedlungstätigkeit und trotz der sehr geringen Waldfläche des Landes fast nur in Holz gebaut wird — was eine Verschwendung dieses wichtigen Rohstoffes bedeutet.

So sind in dem waldärmsten Kreise Wilkowischki nur 29,55% aller Neusiedlerhöfe nicht mit Holzgebäuden bebaut, an zweiter Stelle steht der Kreis Schaulen mit 28% und an dritter der Kreis Moschaiki mit 19,5% von Neusiedlerbauten, die nicht aus Holz, sondern aus Stein, Ziegeln, Kalk- oder Zementguß oder Lehmschlag gebaut sind. Am wenigsten massive Bauten weisen die Siedlerneubauten des waldreichen Kreises Troki auf, nämlich nur 0,27%, wenig mehr hat der Kreis Utenai mit 1,27% und dann der Kreis Rossieni mit 1,44%. In den 14 übrigen Kreisen des Landes beträgt der prozentuale Anteil der massiven Bauten 2 bis 12%.

Durch *Gesetz vom 5. August 1925* hat die Volksvertretung weitere Vergünstigungen für die Neusiedler bewilligt. Das Bauholz wird nun doch allen Neusiedlern, nicht nur gewesenen Militärs, mit 10jährigem Kredite gegeben und im Walde angewiesen. Sie brauchen in den ersten 5 Jahren nichts abzuzahlen und müssen in den nächsten 5 Jahren in Raten das Bauholz bezahlen. Zinsen werden nicht berechnet. Für das Land haben nunmehr alle Neusiedler 12 Freijahre vom Tage der Übergabe der Landstelle an. Ferner ist die Rente geradezu lächerlich niedrig neu festgesetzt worden, so daß der Siedler im Laufe von 36 Jahren durch die Rente Eigentümer des Landes wird, ohne sie überhaupt zu empfinden. Dieses Gesetz vom 5. August 1925 setzt nämlich die im Gesetz vom März 1922 bereits sehr niedrig festgelegte Rente den Neusiedlern auf folgende Beträge für 1 ha herab:

	Gute Verkehrslage.	Schlechte Verkehrslage.
1. Klasse	7 Lit	5 Lit
2. „	3½ „	2½ „
3. „	1½ „	1 „
4. „	¾ „	½ „

Da ein Lit etwa 42 Pfennig ausmacht, so erwirbt auf Grund dieses Gesetzes ein Siedler in Litauen einen preußischen Morgen allerbesten Landes in allerbester Verkehrslage, den er zuerst 12 Jahre zu freier Nutzung zugewiesen erhalten hat, durch eine Rente von 73,5 Pfennigen jährlich, die er nach den 12 Freijahren 36 Jahre hindurch zu zahlen hat. Für einen Boden 4. Klasse in schlechter Verkehrslage beträgt diese Rente nach den 12 Freijahren je preußischen Morgen jährlich sogar nur 5 Pfennig. Dieses Gesetz hat der *Sejm* angenommen, als die *Christlich-Demokratische Partei* in ihm die absolute Majorität besaß und die Regierung in Händen hatte. Es sollte wohl dazu dienen, der Partei die Stimmen der Neusiedler und Landlosen bei den Wahlen von 1926 zu sichern. Durch dieses Gesetz ist den Neusiedlern auf Kosten der gesamten übrigen Bevölkerung ein unverdientes sinnloses Geschenk gemacht worden, das durch erhöhte Steuern der Gesamtheit bezahlt werden muß. Weder ist dieses demagogische Gesetz christlich noch demokratisch, sondern ebenso töricht wie ungerecht, und es hat diese Partei auch nicht vor dem Zusammenbruche bei den Wahlen 1926 gerettet.

Von großer Bedeutung ist es auch, daß das Agrargesetz [5. Teil, § 44] die Zusammenlegung und Flurbereinigung als beschlossen ansieht, wenn $^1/_3$ der Wirte eines Dorfes sie verlangt. Es ist also dazu nicht mehr der Wille der Mehrheit erforderlich. Die Bevölkerung wünscht die Zusammenlegung auch ganz allgemein, und die Regierung trägt diesem Wunsch weitestgehend Rechnung. Sie hat sich bemüht, die Zahl der Landmesser durch Ausbildungskurse möglichst zu vermehren. So konnte sie die Auseinandersetzung schon im Jahr 1919 für 27 Dörfer mit 640 Einzelhöfen und 8261 ha Fläche durchführen. 1920 waren die entsprechenden Zahlen 59 Dörfer mit 1158 Wirtschaften mit 15480 ha und 1921 bereits 165 Dörfer mit 53546 ha Fläche. Diese Tätigkeit hat sich im Laufe des Jahres 1922 noch außerordentlich stark weiter entwickelt. Da es fast nur Holzbauten und Strohdächer gibt, so ist die Auseinanderteilung nicht schwierig, die Gebäude lassen sich leicht auseinandernehmen und wiederaufstellen.

Das Jahr 1922 brachte in der Siedlungsbewegung einen gewissen Stillstand, weil nach Annahme des Landreformgesetzes die neue Siedlungsbehörde, die nun von den bisherigen Abteilungen des Landwirtschaftsministeriums, die auf Grund des Augustgesetzes von 1920 die Kriegerheimstättensiedlung geleitet hatten, alle Geschäfte übernahm, erst organisiert werden mußte. Seit

1923 ist der neue Apparat in voller Tätigkeit und hat in diesem Jahr bereits über 100 000 ha zur Besiedlung enteignet.

An der Spitze steht der Präsident der zentralen Landsiedlungsbehörde, dem als Kollegen die Vorsitzenden der einzelnen Abteilungen der Behörde zur Seite stehen, vier im ganzen. Dieser Zentralbehörde unterstehen alle mit der Siedlung zusammenhängenden Angelegenheiten; sie hat den jährlichen Siedlungsplan zu entwerfen, die enteigneten Ländereien zu verwalten, das Land zu vermessen und zu verteilen, die Kaufpreise festzusetzen, Verträge abzuschließen, die Wertrente einzureichen, Vermessung, Bodenverbesserung, Bauten mit den enteigneten Gutsbesitzern abzurechnen, die Siedlung zu finanzieren, Bodenverbesserungen und Bauten vorzunehmen usw. — Dieser obersten Behörde sind in den zwanzig Kreisen unterstellt die *Kreissiedlungsstellen* unter Leitung eines *Kreislandordners*. Diesen Beamten sind drei Abgeordnete der Kreisselbstverwaltung als Mitglieder der Kreissiedlungsstelle beigeordnet. Die Kreissiedlungsstelle hat die Landenteignung und die dazu nötigen Pläne vorzubereiten und das Datum der Übernahme des Landes festzusetzen, den Schätzungsentwurf für die enteigneten Güter anzufertigen, die Kandidatenlisten für die Siedler zusammenzustellen und alle anderen Arbeiten zu erledigen, die ihr die Zentralbehörde aufträgt. — Da jeder Kreis ungefähr 15 Amtsbezirke hat (Valdcius), so untersteht in jedem Amtsbezirk eine *Landbezirkskommission* der Kreiskommission. Diese Bezirkskommission besteht aus einem Vorsitzenden, der von der Kreiskommission ernannt wird, und vier Mitgliedern, die vom Bezirksausschuß gewählt werden. Außerdem hat das Recht, an den Sitzungen teilzunehmen, der Bezirkslandmesser oder sein Vertreter. Die Amtsbezirksstelle macht 1. Vorschläge über das zu enteignende Land, 2. stellt die Kandidatenlisten der Siedler im Bezirk auf, 3. erledigt alle ihr übertragenen Arbeiten. Die Beschlüsse dieser Kommissionen sind rechtskräftig, wenn außer dem Vorsitzenden noch zwei Mitglieder mitgewirkt haben. Gegen die Beschlüsse der Kreiskommissionen kann von Interessenten im Lauf von zwei Wochen bei der Zentralbehörde Klage erhoben werden; die Beschlüsse der Kreiskommissionen bedürfen ebenso der Bestätigung derselben.

Die Siedler, die ihr Land antreten, erhalten einen Vor-Vertrag, der zwischen ihnen und dem Kreislandordner auf Grund der Verordnung des Ministeriums vom 17. September 1922 abgeschlossen wird. Der Ordner überläßt dem Siedler aus dem in Staatseigentum übergegangenen Gut, das früher dem Gutsbesitzer X. gehörte und sich im Kreise Y., Amtsbezirk Z. befindet, ein Stück in nachstehend angegebener Größe und Grenzen laut beiliegendem Plane. — Der Siedler verpflichtet sich dafür, die entsprechende Roggenwertrente zu zahlen. Falls die Rente nicht zum festgesetzten Termin eingeht, wird sie ebenso wie eine rückständige Steuer ohne weiteres beigetrieben. Der Siedler ist verpflichtet, die Wirtschaft im Lauf von 8 Jahren voll in Betrieb genommen zu haben, wobei angeführt wird, was darunter zu verstehen ist (Wintersaat, Bauten usw.). Nach 10 Jahren ist er von allen Einschränkungen frei — d. h. er kann beliebig sein Land verpachten und verkaufen. — Einen endgültigen Vertrag erhält der Siedler, wenn er eine Reihe von Jahren regelrecht seine Zahlungen geleistet hat. Durch diese Hinausschiebung des endgültigen Abschlusses wird Unsicherheit und Ungewißheit in die Siedlung hineingetragen. Die Leute sagen sich, daß die Regierung offenbar selbst nicht ganz von der Rechtmäßigkeit ihres Vorgehens überzeugt ist, wenn sie nur vorläufige Verträge abschließt, in denen als *Mene tekel* noch der Name des entschädigungslos enteigneten früheren Besitzers des Landes steht. Viel lieber würden die Siedler das Land von diesem früheren Besitzer selbst haben und lieber einen viel höheren Preis zahlen, wenn sie nur dann auch zugleich einen endgültigen notariellen Vertrag erhalten könnten. — Für die ganze Arbeit wäre nichts so notwendig, als ein einheitliches Grundbuchrecht. Nur auf Grund eines solchen werden die Neusiedler zu rechtssicheren Verträgen kommen. Wahrscheinlich ist der Grund, warum sie nur vorläufige Verträge erhalten, der, daß man inzwischen ein solches Grundbuchrecht schaffen will.

III. Würdigung der litauischen Agrarreform.

Durch die Organisation der Siedlungsbehörden ist der Vorschlag zur Erfassung des Siedlungslandes und die Auswahl der Siedler in die Hände der Landgemeinden selbst gelegt, in deren Mitte naturgemäß mehr Landhungrige leben, als mit dem vorhandenen Landfonds befriedigt werden können. Da jedenfalls weit mehr als 80% der Gesamtbevölkerung des Landes Landwirte im Hauptberuf oder ländliche Handwerker sind, ist es begreiflich, daß großer Andrang herrscht und daß die Behörde alle Hände voll zu tun hat, um die Landverteilung durchzuführen. Bei dem geringen Bildungsniveau der meist aus der früheren russischen subalternen Beamtenschaft hervorgegangenen Beamten war mit vielen Mißgriffen zu rechnen und mußten gewiß manche Willkürakte vorkommen — aber der durchschnittliche Siedler steht noch so vollkommen in der bäuerlichen Wirtschaft und Lebensweise und erhält das Land infolge der Freijahre und der niedrigen Rente zu so günstigen Bedingungen, daß der Erfolg der Siedlung keineswegs — wie von oberflächlichen Beurteilern oft geäußert wird — durch den Kapitalmangel und die Unfähigkeit der Siedler in Frage gestellt wird. Die durchschnittlichen Bodenverhältnisse sind ausgezeichnet; Kapitalanzahlungen sind nicht erforderlich; die 12 Freijahre bedeuten in der Tat die Zuwendung eines Wertes, der die Kreditfähigkeit des Siedlers gewaltig hebt und dadurch eine große Beihilfe zum Aufbau und zur Inventarbeschaffung bedeutet. Die folgende Zahlenreihe zeigt, wie die litauischen Neusiedler sich allmählich Gebäude und Inventar beschaffen. Um sich weiter entwickeln zu können, mag der Neusiedler zu seiner Wirtschaftsführung im Durchschnitt 1,5 Pferde, 3 Kühe und 3 Gebäude brauchen. Setzen wir diese Norm der Ausstattung mit Gebäuden und Inventar gleich 100, so ergeben sich 1928 für die verschiedenen Jahrgänge der Neusiedler folgende Sätze. Es hatten erreicht:

die im Jahre	1920	Angesetzten	98,7%	der Normalausstattung
„ „	1921	„	101,7%	„ „
„ „	1922	„	88,8%	„ „

die im Jahre	1923	Angesetzten	74,8%	der Normalausstattung	
,, ,,	1924	,,	70,9%	,,	,,
,, ,,	1925	,,	63,7%	,,	,,
,, ,,	1926	,,	59,3%	,,	,,
,, ,,	1927	,,	39,2%	,,	,,

Die im Jahre 1927 angesetzten Siedler hatten nach Ablauf des ersten Jahres also im Durchschnitt nur 39,2% des normalen Satzes für die Ausstattung mit Inventar und Gebäuden erreicht; dagegen hatten die 1920 und 1921 Angesetzten die Norm erreicht oder überschritten. Die Neusiedler scheinen also 6 Jahre zu brauchen, um ihre Gebäude fertigzustellen und sich das normale Inventar zu verschaffen. Der meist unverheiratete Siedler wird schon durch Zuwendung der Parzelle in den Augen der besitzenden Bauern und ihrer Töchter ein begehrenswerter Freier, so daß sich die Frage der Betriebsmittel meist durch Mitgift bedeutend erleichtert. Dazu kommt die leichte Herstellung der Gebäude und die Fähigkeit der litauischen Siedlerschicht, selbst zu bauen und das Strohdach zu binden, sowie die Genügsamkeit in bezug auf die Wohnräume. Das alles sind Umstände, welche die Sorgen um die Finanzierung der Siedlung in diesem geldarmen Lande nebensächlich erscheinen lassen. Die Siedlung ist tatsächlich durch die Freijahre, die leichte Holzbeschaffung usw. finanziert. Viel ist über die Gründung einer Hypothekenbank zur Förderung der Siedlung gesprochen worden — doch darf man nicht übersehen, daß eine Hypothekenbank nur dann einen Wert hat, wenn ihre Pfandbriefe gekauft werden. Litauen selbst aber bildet kein Kapital und kann daher im Inlande nicht in irgendwie wesentlicher Menge Pfandbriefe unterbringen. Auf dem Weltmarkt werden aber Pfandbriefe einer litauischen Landespfandbriefbank deshalb schwer unterzubringen sein, weil in Litauen kein einheitliches Hypothekenrecht vorhanden ist. Links der Memel herrscht das Grundbuchwesen des *Code Napoléon*, rechts der Memel das russische bürgerliche Recht mit seinen Notariatsregistern. Ehe nicht ein einheitliches Grundbuchrecht in Litauen eingeführt ist, hat daher eine Pfandbriefbank keinen Zweck. Da durch die Landreform das ganze Land betriebstechnisch in bäuerliche Wirtschaften aufgelöst wird, so ist die gegebene Organisation für die Kreditbeschaffung zunächst das ländliche Genossenschaftswesen, und dessen Organisation müßte die wichtigste Aufgabe aller wahrhaften Patrioten und verständigen Volkswirte des Landes sein. Leider ist auf diesem Gebiete bisher noch viel zu wenig geschehen, und von seiten der Regierung haben die Genossenschaften bisher wenig Förderung erfahren. Es scheint jedoch augenblicklich die Einsicht allmählich Platz zu greifen, daß es ohne energische Betätigung auf diesem Wege nicht gehen wird.

Die Hemmungen, welche die Durchführung der Siedlungsgesetze in Preußen durch die kostspielige Schaffung öffentlicher Einrichtungen findet, fehlen in Litauen fast vollständig. Für Kirchen und Schulen brauchen die Siedlungsbehörden hier nicht besonders zu sorgen, wie das in Preußen verlangt wird. Da es hier Sache der Gemeinde und des Amtsbezirkes ist, für die kulturellen Angelegenheiten zu sorgen, so ist es selbstverständlich, daß ein Gut, wenn es durch die Siedlung in neue Wirtschaften zerlegt wird, als Gutsbezirk einfach verschwindet und diese neuen Wirtschaften steuerzahlende Einheiten des Amtsbezirkes werden, in denen sie liegen. Da ihre Abgaben in die Kasse des Amtsbezirkes fließen, so hat letzterer auch für ihre kirchlichen und Schulbedürfnisse zu sorgen. Ebensowenig wird die Siedlungsarbeit durch Verordnungen der Baupolizei und Wegebauordnungen gestört. Bei der Zerlegung eines Gutes wird darauf geachtet, daß jede Parzelle entweder unmittelbar an die Straße angrenzt oder eine Zufahrt zu ihr erhält. Letztere in Ordnung zu halten ist Sache des Siedlers, Erhaltung des Hauptstraßennetzes Sache der Allgemeinheit, und die Siedlungsbehörde hat nichts mit Straßenbau zu tun.

Die Form der neuen Siedlungen ist fast ausschließlich die des Einzelhofes. Sie läßt sich fast überall sehr gut durchführen. Da mit der Neusiedlung die Zusammenlegung Hand in Hand geht und die an den Siedlungsländereien anliegenden Landarmen auch Land zugeteilt erhalten, so verbessert sich durch diese Agrarreform die Flurverfassung des Landes in hohem Maße.

Zweifelsohne bedeutet diese Reform eine außerordentliche Stärkung des litauischen Volkes und eine Befestigung seiner starken bäuerlichen Schicht auf dem heimatlichen Boden, die vom nationalen und sozialen Standpunkt aus gar nicht hoch genug eingeschätzt werden kann. Die Grundlagen jedes Volkstums wurzeln in seiner bäuerlichen Schicht, und deren Gedeihen wird bedingt von der Besitzverteilung des von ihr bearbeiteten Bodens. Die Landreform in Litauen führt die bisher im Großbetrieb befindliche volle Hälfte des Landes der bäuerlichen Betriebsform zu. Aber es besteht die Gefahr, daß sie den wirtschaftlichen Fortschritt hemmt.

Durch die Agrarreform sind fast alle größeren Wirtschaften des Landes aufgehoben, die großen Gutswirtschaften fast alle erledigt.

Es unterliegt gar keinem Zweifel, daß dadurch die Entwicklung der gesamten Landwirtschaft Litauens auf das schwerste beeinträchtigt werden kann. Man kann weit entfernt von der Ansicht sein, die Mehrzahl der durch Aufteilung dem Untergange preisgegebenen Großbetriebe für mustergültig und vorbildlich zu halten, und wird trotzdem feststellen, daß in einem Analphabetenlande mit so rückständiger landwirtschaftlicher Betriebstechnik und in jeder Hinsicht veralteter und fehlerhafter Wirtschaftsführung die Gutsbetriebe doch z. T. wirtschaftliche Motoren darstellten, die den Fortschritt in die Landwirtschaft Litauens durch Saat- und Viehzucht, durch Anwendung von Landmaschinen und Kunstdüngung, sowie durch die Verbesserung und Verarbeitung landwirtschaftlicher Erzeugnisse brachten. — Insofern muß für sie Ersatz geschaffen werden.

Auch aus diesem Grunde ist es bedauerlich, daß die Wälder den ehemaligen Gutsbesitzern ohne Entschädigung weggenommen sind; denn wenn man ihnen etwas größere Restgüter und dazu Moore und Sümpfe belassen hätte, so hätten sie von selbst die Einnahmen aus den Forsten als Betriebskapitalien in ihre kleinen Gutswirtschaften gesteckt und außerdem ihre Moore und Sümpfe in Kultur genommen. Dadurch hätte das ganze Land außerordentlich gewonnen, und die Motoren des wirtschaftlichen Fortschritts wären nicht ausgeschaltet worden, sondern hätten an Wirkung gewonnen. — Die Gefahr, den Antrieb zum wirtschaftlichen Fortschritt durch Aufhebung des Großgrundbesitzes ganz auszuschalten, hat man auch in den Verwaltungskreisen und der Regierung erkannt und deshalb bestimmt, daß solche Güter, die sich durch eine ganz besonders mustergültige Bewirtschaftung auszeichnen, nicht bis auf 80 ha herabzusetzen sind, sondern daß ihren Eigentümern zur Fortsetzung ihrer Wirtschaften mehr Land zur Verfügung zu belassen ist. Gewiß eine sehr segensreiche Maßregel, von der man nur wünschen kann, daß sie in genügendem Maß durchgeführt wird. Solchen Wirtschaftern sollte dann aber auch billiger Kredit zur Verfügung gestellt werden, um ihre Betriebe als Musterwirtschaften auszubauen und dadurch befruchtend auf die Entwicklung der gesamten Landwirtschaft des Landes zu wirken. Allerdings ist es notwendig, daß das ganze Land mit einem gleichmäßigen Netz von solchen und anderen Beispielswirtschaften überzogen wird. Der Bauer ist nur durch das ihm vor seinen Augen vorgeführte Wirtschaftsbeispiel zu gewinnen — nichts anderes überzeugt ihn — daher ist ebenso wichtig wie Hypothekenbank und Kreditbeschaffung für die Siedler — neben der Entwicklung des Genossenschaftswesens — die Schaffung dieses Netzes von Beispielswirtschaften; dann werden sich die neuen Siedler nicht nur im Rahmen der bisherigen Wirtschaftsform einrichten und behaupten, sondern zusammen mit der gesamten Landwirtschaft des Staates zu einer Wirtschaftsführung fortschreiten, welche die Erzeugung der Wirtschaft so steigert, daß ihre Erträge es dem litauischen Staate ermöglichen, eine selbständige Staatswirtschaft fortzuführen und seine Selbständigkeit zu behaupten. Bei der heutigen Wirtschaftsweise ist das auf die Dauer nicht möglich, weil sie zu wenig einbringt. Trotz einer durchschnittlich viel besseren Bodenbeschaffenheit als in Ostpreußen und trotz seiner dichteren ländlichen Bevölkerung erzeugt Litauen je Morgen kaum die Hälfte der ostpreußischen Durchschnittsernte. Wenn man überlegt, daß die Landwirtschaft in Ostpreußen wohl von allen preußischen Provinzen noch am wenigsten entwickelt ist, so ergibt sich daraus, wie rückständig die litauische Landwirtschaft ist. Ihre Hebung ist eine Lebensfrage für den litauischen Staat, darin liegt auch die Förderung, welche die neuen Siedler am nötigsten brauchen.

Wenn der gesamten Landwirtschaft und Volkswirtschaft und damit auch den Neusiedlern Litauens schwere Zeiten beschieden sind, so liegt der Grund nicht im Agrargesetz, das die Gutsbetriebe in bäuerliche Wirtschaftsform überführt, sondern in der Unsicherheit seiner wirtschaftlichen und politischen Lage. Dazu kommt die Zollpolitik mit ihren Aus- und Einfuhrzöllen und die Steuerpolitik, welche die Landwirtschaft auf das äußerste belastet. Andererseits wird für die Entwicklung und Förderung der Landwirtschaft nichts getan; es fehlt an wissenschaftlichen und fachlichen Kräften dazu, und ausländische zieht man bei dem steigenden Chauvinismus nicht heran. — Dazu kommt, daß die Landbevölkerung durch die Kursverluste in Zarenrubeln wie in Mark zweimal in kurzer Zeit durch den Niedergang der russischen und deutschen Währung ihre Ersparnisse verloren hat. Kurz, nicht vom Agrargesetz, sondern von der Frage der Verwaltung des litauischen Staates im allgemeinen wird auch das Gelingen der Siedlung abhängen. Gelingt es nicht, die Ausfuhr zu beleben, so kann die litauische Landwirtschaft nicht bestehen und damit auch nicht mehr der litauische Staat. Auf die Dauer kann man nicht aus Zöllen und Steuern ein verarmtes Agrarland mit passiver Handelsbilanz erhalten. Es gibt nur ein Mittel, Litauens Wirtschaft und damit auch seine innere Siedlung zu retten — das ist der

Export seiner landwirtschaftlichen Erzeugung und die Förderung und Intensivierung der Landwirtschaft. Das ist auch die einzige Unterstützung, die der litauische Neusiedler braucht; mit seiner eigenen Scholle wird er schon selbst zurechtkommen, er hat alle guten Eigenschaften des Bauern, sie müssen nur gefördert und entwickelt werden. Wie überall, so ist auch hier eine Steigerung der landwirtschaftlichen Erzeugung in erster Linie ein Bildungsproblem. Nur ein gebildetes Bauerntum wird seinem Boden Höchsterträge abringen und diese Erträge durch Veredlung wertvoller machen können.

Nachdem im Jahre 1922 die Organisation der Siedlungsbehörden durchgeführt worden war, hat mit 1923 eine sehr energische Arbeit auf Grund des neuen Agrargesetzes begonnen. Deren Umfang zeigen die folgenden Zahlen. Es wurden aufgeteilt:

1923	383	Güter mit	81 685	ha	an	7 553	Siedler
1924	703	,, ,,	141 886	,,	,,	16 563	,,
1925	744	,, ,,	127 577	,,	,,	12 452	,,
1926	576	,, ,,	98 916	,,	,,	9 032	,,
1927	298	,, ,,	38 005	,,	,,	3 539	,,

Zusammen mit den früheren Siedlungen von 1919—1922 sind bis zum 1. Januar 1928 552755 ha an 54184 Neusiedler und Anlieger aufgeteilt worden. Der Landfonds, der auf Grund des Gesetzes von 1922 vom Staate durch Enteignung der Güter zur Besiedlung zusammengebracht wurde, umfaßte insgesamt 776617 ha, von denen 503784 ha verteilt worden sind, so daß am 1. Januar 1928 dem Staat in seinem Landfonds noch 272 833 ha verblieben. Vorher waren schon auf Grund des August-Gesetzes von 1920 annähernd 50000 ha aufgeteilt worden. (Vgl. S. 138, 139).

Aus den Ländereien, die der Staat bis zum 1. Januar 1928 abgegeben hat, sind an charitative Anstalten rund 5730 ha gegeben worden, für Kirchenland 1 356 ha, für Friedhöfe 281 ha, für Wohnungsheimstätten im Weichbild der Städte im ganzen 3401 ha an 5489 Personen, die sich als städtische Siedler ein Eigenheim bauten. 2034 ha wurden 1085 Handwerkern zu ländlichen Handwerksstellen zugeteilt, 4745 ha erhielten 2712 ländliche Arbeiter zu Landarbeiterstellen. 41 255 ha erhielten 6907 Ansiedler für Stellen in Größe von 2—8 ha, 334454 ha erhielten 19602 Siedler in Stellen von 8—20 ha, 8892 ha erhielten 370 Siedler in Stellen von mehr als 20 ha Größe. 76280 ha wurden in verschiedenen Größen an 14182 Anlieger abgegeben und dadurch die Stellen dieser Anlieger bis auf 8 ha vergrößert; 63499 ha wurden gleichfalls in verschiedenen Größen an 5242 Anlieger verteilt, deren Wirtschaftseinheiten dadurch auf mehr als 8 ha Größe gebracht wurden. An 161 Mustergüter wurden 11310 ha aus dem Landfonds zugeteilt. Diese Mustergüter gehören fast alle zu den 860 Restgütern, die dem bisherigen Großgrundbesitz verblieben sind und die je etwa 80 ha, insgesamt 70923 ha erhalten haben. Der Rest des verteilten Landes wurde zur Ablösung von Servituten an benachbarte Dörfer und zu anderen Zwecken, wie Gemeindeland, Kies- und Lehmgruben verwandt.

Die heutige Regierung geht bei der Aufteilung der Güter langsamer vor und fördert vor allem, wie aus den Angaben für 1927 ersichtlich ist, die Zusammenlegung der Streuländereien in den alten Dorfschaften, eine Lebensfrage für alle Gemeinden, in denen die Zusammenlegung noch nicht durchgeführt ist. Es besteht die Absicht, einen Teil der vom Landfonds erfaßten Güter nicht mehr aufzuteilen, um dadurch eine genügende Anzahl von größeren Wirtschaften zu erhalten, auf denen Saat- und Viehzucht für die gesamte Landwirtschaft des Landes gefördert werden kann. Auch werden wohl die Güter bis 200 ha aufwärts überhaupt nicht mehr zur Aufsiedlung gebracht werden. In Bearbeitung befindet sich eben die Frage der Entschädigung des enteigneten Großgrundbesitzes, deren Regelung nach dem Gesetz vom März 1922 durch die Inflation der Ostmark gegenstandslos wurde.

Man kann gespannt sein darauf, welche Lösung die heutige Regierung für die Entschädigung finden wird. Die natürlichste, daß die Entschädigung durch eine tragbare langjährige Rente der Neusiedler sichergestellt würde, ist durch das Gesetz vom 5. August 1925 vereitelt worden, das den Siedlern tatsächlich das Land fast umsonst übereignet hat.

Als endgültiges Resultat der litauischen Agrarreform ist festzustellen, daß sie den Heimatboden des litauischen Volkes dem litauischen Bauerntume übereignet und so diesem feste und unverrückbare Grundlagen innerhalb der Grenzen des heutigen litauischen Staates geschaffen hat.

V.

Agrarverfassung und Agrarreform in Polen.

Von

Dr. Friedrich Hellwege.

I. Die Agrarverfassung.

Unter den innerpolitischen Problemen Polens steht die Frage der Agrarreform oben an. Nur das Problem der nationalen Minderheiten, das freilich mit den Agrarfragen eng verknüpft ist, ist noch wichtiger. Polen ist ein Agrarland. Im Königreich Polen lebten (1897) von Ackerbau und Forstwirtschaft 57% der Bevölkerung, in Galizien und in den Ostgebieten (1897) je 73%, in Posen und Westpreußen (1907) 54 und 50%; Industrie und Bergbau überwiegen nur in Polnisch-Oberschlesien[1]) und im Teschener Schlesien, von dem allerdings der Hauptteil der Industrie an die Tschechoslowakei gefallen ist. Im ganzen Staatsgebiet waren 1921 etwa 64,3% der Gesamtbevölkerung von 27,2 Millionen Berufszugehörige der Land- und Forstwirtschaft. Für das wirtschaftliche Gedeihen des Landes ist deshalb die Entwicklung der landwirtschaftlichen Produktion und der Agrarverfassung von größter Bedeutung; aber auch in sozialer und nationaler Beziehung liegen auf diesem Gebiet für Polen die wichtigsten und schwierigsten innerpolitischen Probleme.

Die Polnische Republik fällt ihren inneren Verhältnissen

---

[1]) Im Jahre 1921 waren 49% der Gesamtbevölkerung Berufszugehörige der Industrie und des Bergbaus, 29% Berufszugehörige der Land- und Forstwirtschaft. Vgl. »Wirtschaft des Auslandes 1900—1927«, Berlin 1928, S. 426.

nach fast auf jedem Gebiet in die drei Hauptteile auseinander, aus denen sie zusammengesetzt ist: den preußischen, den österreichischen und den russischen Anteil. Damit sind aber die politischen, wirtschaftlichen und kulturellen Unterschiede, welche die einzelnen Gebiete des heutigen Polens infolge ihrer völlig verschiedenen historischen Entwicklung aufweisen, selbst in den Hauptzügen noch nicht erschöpft: in Russisch-Polen ist die Entwicklung des ehemaligen Königreichs Polen, das ja immer eine besondere Stellung und Verfassung hatte, auf allen Gebieten viel weiter vorgeschritten als die der sogenannten Ostmarken, der Gebiete zwischen Bug und Njemen einerseits und der heutigen russisch-polnischen Grenze andererseits; in Preußen hatten die polnisch gewordenen Teile Posens und Westpreußens (der *Preußische Anteil* im eigentlichen Sinne) einen ganz anderen Charakter als die Oberschlesiens, und im österreichischen Teilgebiet zeigen sich zwischen den polnisch gewordenen Teilen Österreich-Schlesiens und Galiziens ähnlich große Unterschiede. Infolgedessen ist die Agrarverfassung Polens von großer Mannigfaltigkeit.

1. Der Preußische Anteil und Schlesien.

In der Provinz Posen sind die preußischen Agrargesetze in der ersten Hälfte des 19. Jahrhunderts energischer durchgeführt worden als in den alten Provinzen des Staates; der Träger der polnischen Idee war damals nur der Großgrundbesitz; dem polnischen Bauern wurden die Wohltaten der Agrarreform in vollerem Ausmaß zuteil als dem deutschen Bauern in Pommern und Schlesien. Durch das Gesetz vom 8. April 1823 war vorgeschrieben, daß die vor 1819 und 1823 eingezogenen bäuerlichen Stellen wieder zu besetzen wären; der Ausgleich zwischen Gutsherrschaft und bäuerlichen Wirten vollzog sich lediglich nach Leistung und Gegenleistung, ohne daß noch eine besondere Entschädigung für den Verlust des Obereigentums gegeben wurde; gleichzeitig wurde eine vollständige Gemeinheitsteilung zwischen Gutsherrschaft und Bauern und unter den Bauern selbst durchgeführt. Auch der Kreis der regulierbaren Stellen war größer als nach der Deklaration von 1816; er blieb es auch, trotzdem er 1831 wesentlich eingeschränkt wurde. Schutz der vorhandenen Stellen und schnelle Umwandlung verhältnismäßig zahlreicher Bauern in dienstfreie Eigentümer zeichnen die Posener Regulierung vor der Reform in den alten Provinzen aus. So war die Umwandlung der spannfähigen Stellen 1850 bereits fast vollständig durchgeführt, und die der bis dahin vollständig erhaltenen kleineren Stellen folgte dem rasch nach. Damit war die Grundlage für den großen landwirtschaftlichen Aufschwung der Provinzen in den nächsten Jahrzehnten gelegt.

Im neuen Polen ist eine Erhebung über das große Boden*eigentum* veröffentlicht, die den Stand von Mitte 1921 wiedergibt und sich auf Besitzungen über 50 ha erstreckt[2]).

Die wichtigsten Ergebnisse der Großeigentumsstatistik für die beiden Wojewodschaften des Preußischen Anteils, getrennt und zusammen, sowie für Polnisch-Schlesien sind in der Tabelle S. 157, die in ihrer letzten Spalte auch die Zahlen für ganz Polen aufführt, wiedergegeben.

Der Staatsbesitz umfaßte nach der polnischen Statistik in ganz Polen 3343 Tsd. ha (darunter 2987 Tsd. ha Wald), im preußischen Anteil 669 Tsd. ha (539 Tsd. ha Wald), und zwar in Posen 294 (220), in Pommerellen 375 (319) Tsd. ha. In Schlesien betrug er 26 Tsd. ha, wovon 10 Tsd. ha Wald waren. Der Kirche gehörten in ganz Polen 229 Tsd. ha, in Posen 31, in Pommerellen 15 Tsd. ha.

Die Wojewodschaft Posen, in der die Hauptmasse der preußischen Provinz gleichen Namens (26 von 29 Tsd. km^2) und $^1/_2$ Tsd. km^2 niederschlesischen Landes vereinigt sind, ist ein Gebiet starken Großgrundbesitzes.

In Posen zeigen von 36 Landkreisen acht ein völliges Übergewicht des privaten Großbesitzes, was sonst in Polen nur in 3 schlesischen, 2 pommerellischen, 1 galizischen und in 3 Kreisen nahe der russischen Grenze (Baranowicze, Łuniniec, Sarny) vorkommt: Ostrowo 56,4% der Gesamtfläche, Pleschen 56,6, Jarotschin 57,8, Koschmin 51,3, Gostyn 57,9, auch Strelno 51,8, Posen-West 52,2, Schmiegel 50,8. In 14 anderen Kreisen nimmt er mehr als 40% der Gesamtfläche ein; weniger in Gnesen: 36,3, Witkowo: 36,1, Znin: 30,9, Obornik: 28,7 und in den Grenzkreisen Kolmar: 30,7, Czarnikau: 28,9, Birnbaum: 33,7, Neutomischel: 39,4, Wollstein: 28,7, Rawicz: 38,6, Adelnau: 36,9. In 2 Kreisen nur sinkt er unter den gesamt-polnischen Durchschnitt: in Bromberg mit 20,4 und in dem südlichen Grenzkreis Schildberg mit 17,7% der Gesamtfläche.

Auf die Besitzungen von 50 bis 100 ha entfielen in ganz Polen nur 1,1% der Gesamtfläche, in Posen aber 2,9%. Es zeigt

---

[2]) In den Kreisen Wilna, Oszmiana und Święciany des Bezirks Wilna und in dem Polen zugeschlagenen Teil Oberschlesiens fanden entsprechende Erhebungen Anfang 1923 statt. Hinlänglich genau will die Erhebung nur für das Eigentum der Privaten, der Kirchen und der Gemeinden sein. Das Staatseigentum konnte nur annähernd (durch Schätzungen von Ende 1922, für Wilna und Oberschlesien Mitte 1923) ermittelt werden. Veröffentlicht ist die Erhebung im Bd. V der *Statystyka Polski* : »*Wielka Własność Rolna*«, Warschau 1925.

Das größere Privateigentum im Preußischen Anteil, in Schlesien und in ganz Polen 1921.

	Posen (26 603 km²)	Pommerellen (16 386 km²)	Preußisch. Anteil (42 989 km²)	Schlesien (4230 km²)	Polen insgesamt (388 279 km²)
			nach Größenklassen		
Besitze von 50—100 ha					
Anzahl	1133	1452	2585	20	6253
Fläche in Tsd. ha	77,7	**101,0**	178,7	1,4	**436,3**
Besitze von 100—500 ha					
Anzahl	892	695	1587	43	8945
Fläche in Tsd. ha	213,6	144,3	357,9	10,2	2119,5
Besitze von 500—1000 ha					
Anzahl	293	145	438	22	2292
Fläche in Tsd. ha	211,1	100,5	311,6	16,5	1 593,7
Besitze über 1000 ha					
Anzahl	258	63	321	30	1964
Fläche in Tsd. ha	581,8	128,7	710,5	**159,7**	6 348,6
Besitze über 50 ha überhaupt					
Anzahl	2576	2355	4931	115	19 454
Fläche a) in Tsd. ha	**1 084,1**	**474,5**	**1 558,6**	**187,8**	**10 498,1**
b) *in % der Gesamtfläche des Gebietes*	**40,8**	*29,0*	*36,3*	**44,4**	**27,0**
c) *in % des ganzen priv. Großgrundbesitzes Polens*	*10,4*	*4,5*	*14,9*	*1,8*	*100,0*
Es gehörten			*nach Nationalitäten*		
Deutschen Anzahl	1051	755	1806	54	1938 [3]
Fläche in Tsd. ha	389,5	207,3	**596,8**	152,7	816,4
Polen Anzahl	1509	1591	3100	41	15 857
Fläche in Tsd. ha	678,9	265,9	944,8	14,5	8 298,2
			nach Kulturarten in %		
Ackerland	64,4	65,2	**64,7**	24,7	36,6
natürliche Wiesen	7,7	7,1	7,5	5,7	9,1
Weiden	2,3	5,2	3,2	3,5	4,5
Ödland	1,3	4,4	2,2	1,5	8,0
Wald	19,6	13,1	17,5	**60,3**	38,3

3) Davon liegen 35 mit 18,8 Tsd. ha in Galizien, 6 mit 6,7 Tsd. ha in Wilna, 2 mit 4,5 Tsd. ha in Kielce, 11 mit 2,9 Tsd. ha in Wolhynien. Ganz fehlt der deutsche Großbesitz nur in einer Wojewodschaft: in Polesien.

sich schon hier, daß der großbäuerliche Besitz (von 50—100 ha) in Polen außergewöhnlich schwach vertreten ist, was seinen Grund in der Neigung des polnischen Bauern hat, seinen Besitz beim Erbgang zu teilen. Obwohl die Provinz Posen unter den preußischen Ostprovinzen am wenigsten Besitzungen zwischen 50 und 100 ha hatte und diese Besitzungen zum weitaus größeren Teil in den deutsch gebliebenen Kreisen der Provinz lagen, steht die Wojewodschaft Posen in dieser Beziehung unter den polnischen Landesteilen nur hinter Pommerellen zurück; ähnlich stark ist die bäuerliche Besitzgrößenklasse nur in der benachbarten Wojewodschaft Warschau, wo namentlich in der Gegend von Łowicz eine wohlhabende Bauernschaft sitzt, und im Bezirk Wilna, wo aber die Wirtschaft viel extensiver ist. Nach den deutschen Erhebungen ist der Kleinbesitz in Posen stärker, aber nicht abnorm stark, verhältnismäßig am stärksten sind in Posen »die selbständigen oder am Rande der Selbständigkeit stehenden Kleinbauernwirtschaften von 5 bis 10 ha«[4]).

In Pommerellen war der Großgrundbesitz nicht so stark vertreten wie in Posen. Die landwirtschaftlich schlechte nördliche Hälfte der Wojewodschaft, die Kaschubei, hat sogar überwiegenden Kleinbesitz; die Ursache liegt hier zu einem Teile ebenfalls in der slawischen Sitte der Erbteilungen. Z. B. ist im schlechtesten, südwestlichen Teile der Kaschubei, wo der kaschubische Kleinadel am dichtesten sitzt, die Bodenzersplitterung sehr groß; der Adel war hier schon 1772 völlig verarmt und wirtschaftlich vom Bauern nicht zu unterscheiden. Ganz anderer Natur ist der bäuerliche Besitz im Weichseltal und -Delta, wo er ebenfalls vorherrscht; hier liegen die vom Deutschen Orden geschaffenen Großhufen der deutschen kulmischen Bauernhöfe oder die im 16. Jahrhundert von Holländern und Deutschen gegründeten Dörfer. Nach der polnischen Statistik von 1921 entfällt der Besitz zwischen 50 bis 100 ha zu 23% auf diese kleine Wojewodschaft, von deren Gesamtfläche er 6,2% umfaßt. Das größere Privateigentum (über 50 ha) ist im Kulmerland am stärksten in Soldau mit 53,3%, in Strasburg mit 42,2% und in Kulm mit 43,7%, westlich des Stromes am stärksten in den Kreisen Dirschau (58,4%), Mewe (45,8%) und Zempelburg (39,0%). In der Kaschubei steht nur der Kreis Putzig mit 29,3% privaten Großbesitzes über dem gesamtpolnischen Durchschnitt.

---

[4]) Vgl. hierzu die Tabelle bei Sering, »Verteilung des Grundbesitzes und Abwanderung vom Lande«, Berlin 1910, S. 6ff. u. S. 20ff., ferner S. 25 des Textes.

In beiden Wojewodschaften stimmt die Betriebsgrößenverteilung weitgehend mit der Eigentumsverteilung überein. In der früheren Provinz Posen wurden 1907 46% der Gesamtfläche aller landwirtschaftlichen Betriebe im Großbetrieb bewirtschaftet, in der Provinz Westpreußen, von deren Fläche $^{3}/_{5}$ heute zusammen mit dem ostpreußischen Kreis Soldau die Wojewodschaft Pommerellen bilden, entfielen auf den Großbetrieb 36,8%.

Die polnische Betriebszählung von 1921 weist gegenüber 1907 in 36 vergleichbaren Kreisen beider Wojewodschaften einen Rückgang des Großbetriebes um mehr als 50 Tsd. ha auf, den sie z. T. aus der Tätigkeit der *Ansiedlungskommission* und der Parzellierung erklärt.

Die Bodenzersplitterung ist in beiden Wojewodschaften infolge des Einflusses der deutschen Bauernschaften nicht übermäßig stark. Auf je 100000 ha entfallen in Westpreußen 1398 Privatbesitzungen unter 2,5 ha, in Posen 1136. Das entspricht etwa dem Durchschnitt der östlichen Provinzen Preußens.

Anders liegt es in Polnisch-Oberschlesien, das ein Land übermäßig großen Latifundienbesitzes einerseits, weitgehender Bodenzersplitterung andererseits ist. Auch hatte das größere Privateigentum der Wojewodschaft 30,3% seiner landwirtschaftlichen Fläche (19 Tsd. ha) an 31 Tsd. Parzellenpächter verpachtet.

Über $^{1}/_{4}$ des Abstimmungsgebietes Oberschlesien (von den Kreisen Kreuzburg und Namslau abgesehen) gehörte sieben Magnaten; der Fürst Pleß besitzt 36% des Kreises Pleß, außerdem liegen die großen Herrschaften der Grafen Henckel von Donnersmarck und Tiele-Winkler in dem polnisch gewordenen Teile Oberschlesiens. So steigt der Anteil des großen Privateigentums in Tarnowitz auf 73,4, in Lublinitz auf 59,2%. Daneben sind überaus häufig Parzellen von einigen Morgen die Grundlage für die Gründung einer Familie ländlichen Proletariats geworden. Die Wirtschaften unter 2 ha bildeten (1882) in den Kreisen Pleß und Rybnik 57% der landwirtschaftlichen Betriebe, in den Kreisen Kattowitz, Hindenburg, Beuthen, Gleiwitz und Tarnowitz sogar 72%. Im Industriebezirk mögen diese landwirtschaftlichen Betriebe durchweg nur einen Nebenerwerb darstellen, aber in den heute noch überwiegend ländlichen Teilen von Pleß und Rybnik trifft das sicher in vielen Fällen nicht zu. Hier lebt in den dürftigsten Verhältnissen ein großes, jeder Agitation zugängliches ländliches Proletariat.

Im Teschener Schlesien nimmt der Großgrundbesitz (über 50 ha) 42 Tsd. ha = 41,8% der Fläche ein, davon gehörten aber über 30 Tsd. ha (30,6%) der Familie Habsburg, ein Besitz, der jetzt unter der Zwangsverwaltung des polnischen Staates steht.

Aufs engste verknüpft sich nun in diesen jetzt polnischen Westprovinzen mit den wirtschaftlichen und sozialpolitischen Fragen, die im Anschluß an die Agrarverfassung entstehen, die Minderheitenfrage: ein erheblicher Teil des Großgrundbesitzes im ehemals preußischen Anteil ist deutsch. Es ist wohl kein Zufall, daß die polnische Statistik von 1921 in dieser Hinsicht besonders ausführlich ist.

Nach dieser war der Großgrundbesitz in Posen noch 1921 zu 36,2%, in Pommerellen zu 43,7% deutsch. Von den Gütern über 500 ha in Pomerellen waren nach den polnischen Angaben 116 deutsch, 92 polnisch. In Posen gehörten die deutschen Güter zur Hälfte in die großbäuerliche Größenklasse. Es wäre dankenswert, wenn die deutschen Zahlen für den Großgrundbesitz und für die einzelnen Kreise einmal mit der polnischen Statistik im einzelnen verglichen würden. Der deutsche Großgrundbesitz überwog 1921 nach den polnischen Angaben noch in 7 posenschen Kreisen (Wirsitz und Colmar, Neutomischel, Lissa, Krotoschin, Adelnau und Kempen) und in 8 pommerellischen Kreisen (Soldau, Culm, Graudenz, Mewe, Dirschau, Neustadt, Putzig und Zempelburg).

2. Galizien.

In Galizien ist der Großgrundbesitz über 100 ha nicht so stark vertreten wie in Posen, aber etwas stärker als in Pommerellen. Der *Tabularbesitz*[5]) nahm 1912 in Galizien 34,3% der Fläche ein. Er umfaßte etwa 2169000 ha, wovon mehr als die Hälfte (1,4 Millionen ha) auf große Güter über 3000 ha entfielen. Allerdings lagen die Verhältnisse in Ost- und Westgalizien verschieden. In Westgalizien war der Großgrundbesitz weniger umfangreich. Staatsbesitz gab es dort fast gar nicht (2%), und auch der private Großbesitz nahm nur 24% der Fläche ein (1912). In Ostgalizien umfaßte 1912 der Staatsbesitz 8,2%, der private

5) Im alten Österreich waren Güter, die Sitz einer Grundherrschaft oder eines Gerichtes gewesen waren, nicht ins Grundbuch, sondern in die Landtafel eingetragen und im ständischen Wahlrecht privilegiert. Vgl. über diese veraltete Einteilung Wilhelm v. Medinger, »Großgrundbesitz, Fideikommiß- und Agrarreform«, Wien u. Leipzig 1919, S. 63/64.

Tabularbesitz 29,6%. Die polnische Statistik von 1921 läßt sich mit den früheren Erhebungen nur schwer vergleichen, da die polnische Verwaltung nicht, wie herkömmlich, den San als Grenze zwischen Ost- und Westgalizien betrachtet, sondern aus politischen Gründen eine ganze Reihe westlich des San gelegener rein polnischer Kreise zur Wojewodschaft Lemberg geschlagen hat, deren Westgrenze jetzt östlich der Wisłoka verläuft.

1921 wurden für das größere private Eigentum (über 50 ha) in den 4 galizischen Wojewodschaften folgende Zahlen ermittelt:

Das größere Privateigentum in Galizien 1921.

	Krakau (17 448 km²)	Lemberg (27 024 km²)	Tarnopol (16 240 km²)	Stanislau (18 368 km²)	Galizien (79 080 km²)
	nach Größenklassen				
Besitze von 50—100 ha					
Anzahl	142	103	49	57	351
Fläche in Tsd. ha	10,4	7,5	3,6	4,2	25,7
Besitze von 100—500 ha					
Anzahl	363	491	254	209	1317
Fläche in Tsd. ha	87,1	129,8	72,5	56,8	346,2
Besitze v. 500—1000 ha					
Anzahl	57	178	150	94	479
Fläche in Tsd. ha	39,4	127,3	110,7	66,2	343,6
Besitze über 1000 ha					
Anzahl	56	176	137	66	435
Fläche in Tsd. ha	201,0	486,8	308,1	213,1	**1209,0**
Besitze über 50 ha überhaupt					
Anzahl	618	948	590	426	2582
Fläche a) in Tsd. ha	**338,0**	**751,4**	**495,0**	**340,3**	**1 924,7**
b) *in % der Gesamtfläche des Gebietes*	*19,4*	*27,8*	**30,5**	*18,5*	*24,3*
c) *in % des gesamten priv. Großbesitzes Polens*	*3,2*	*7,1*	*4,7*	*3,2*	*18,2*
	nach Kulturarten in %				
Ackerland	25,1	27,1	**54,4**	26,9	33,7
natürliche Wiesen	4,8	8,4	6,4	6,8	7,0
Weiden	3,1	3,2	2,2	6,8	3,6
Ödland	0,4	0,8	0,9	1,4	1,0
Wald	**62,1**	**58,6**	33,6	**56,5**	**52,4**

In Krakau zeigen nur ganz wenige Kreise stärkeren privaten Großgrundbesitz, z. B. Chrzanów (37,8%) und Saybusch (35%), wo wie im benachbarten Teschener Schlesien große Waldgüter der habsburgischen Familie liegen.

In **Lemberg** ist der Anteil des Großbesitzes am stärksten in der Weichsel-San-Niederung (in Nisko 51,9%, in Tarnobrzeg 39,6 %, in Jaroslau 34,4, in Lańcut 30,5%), bedeutend auch im Osten, wenn man vom Landkreise Lemberg (17,7%) absieht. In den südlichen Kreisen ist das größere Privateigentum an der Gesamtfläche weit schwächer (mit 15—25%) beteiligt, nur in Lisko steigt es auf ein Drittel. Das gilt auch von den benachbarten Karpathenkreisen der Wojewodschaft Stanislau. Aber in deren südöstlichen Gebirgskreisen fehlt der größere Privatbesitz fast ganz. In der östlichsten Wojewodschaft, Tarnopol, ist im ganzen der Anteil des privaten Großeigentums größer als selbst in Lemberg, aber von einem Kreise zum anderen schwankt er auch hier sehr stark (von 17,4% in Podhajce bis zu 43,6% in Zaleszscyki).

Vor allem aber besteht der Großgrundbesitz in Tarnopol nicht wie in den anderen galizischen Wojewodschaften überwiegend aus Wald, sondern aus Ackerland.

Recht ausgedehnt ist in Galizien das Eigentum der Kirchen, denen (in Besitzungen über 50 ha) 156 Tsd. ha gehören, d. s. über $^2/_3$ des gesamten Kirchenlandes in Polen. Wie in Westpolen handelt es sich beim Kirchenbesitz in Galizien fast ausschließlich um Eigentum der katholischen Kirche, die griechisch-katholische ist beteiligt in Stanislau zu 81%, in Tarnopol zu 32,5%, in Lemberg zu 20,6%, in Krakau zu 6,1%.

Der Staat besitzt in Galizien fast nur Wald, und zwar erhebliche Flächen nur in Stanislau (261 Tsd. ha).

Es wäre aber falsch, aus dem nicht übermäßigen Anteil des Großgrundbesitzes auf gesunde Agrarverhältnisse zu schließen. Im Gegenteil, unter allen Teilgebieten des polnischen Staates hat das rein ländliche, aber sehr dicht bevölkerte (1910: 102,3 Einwohner auf 1 qkm) Galizien die ungünstigsten Besitzverhältnisse. Das wird klar, wenn man die Verhältnisse des Kleinbesitzes näher betrachtet. Sie werden am besten erläutert durch einen Vergleich mit Posen und Westpreußen. Die Wirtschaftsfläche verteilte sich prozentual auf die verschiedenen Betriebsgrößenklassen wie folgt:

Betriebsgrößenklassen	Posen	Westpreußen	Galizien
	1907		1902
Zwergbetriebe (unter ½ ha)	0,7	0,6	9,2
Parzellenbetriebe (½—2 ha)	2,0	1,4	
kleinbäuerliche Betriebe (2—5 ha)	4,0	4,2	19,8
Betriebe bis zu 5 ha zusammen	**6,7**	**6,2**	**29,0**
mittelbäuerliche Betriebe (5—20 ha)	25,7	17,5	23,8 [6]
großbäuerliche Betriebe (20—100 ha)	21,6	37,9	6,7
Betriebe von 5 bis 100 ha	**47,3**	**55,4**	**30,5**

[6]) davon 5—10 ha: 15,7, 10—20 ha: 8,1.

29% der Wirtschaftsfläche Galiziens sind also in Wirtschaften zersplittert, die selbst auf den fruchtbaren Böden Ostgaliziens nicht die Möglichkeit einer selbständigen Existenz gewähren. Noch deutlicher wird das durch die Angaben über die Zahl der Betriebe: 1902 waren 42,6% aller bäuerlichen Betriebe unter 2 ha, 37,5% zwischen 2 bis 5 ha groß. Von diesen 80% der galizischen Bauern mag vielleicht auf besonders guten Böden und bei dem tiefen sozialen und wirtschaftlichen Niveau der dortigen Bevölkerung ein kleiner Teil eine selbständige Existenz haben, der ganz überwiegende Teil ist auf Nebenerwerb eines oder mehrerer Mitglieder angewiesen und lebt in völlig proletarischen Verhältnissen. Man kann demnach wohl ohne Übertreibung sagen, daß etwa 80% der galizischen Gesamtbevölkerung, d. h. etwa 6 Millionen Menschen, städtische oder ländliche Proletarier sind. Der Vergleich mit Posen und Westpreußen zeigt, wie viel gesünder die Agrarverhältnisse des preußischen Anteils sind. Selbst polnische Schriftsteller haben mit Recht darauf hingewiesen, daß die günstigere Besitzverteilung in Preußisch-Polen letzten Endes ein Produkt der deutschen Kolonisation des Mittelalters ist. Die Gepflogenheit, den deutschen Kolonisten mit der größeren deutschen Hufe zu 30 Morgen (die polnische betrug nur 15 Morgen) auszustatten, und weiter das Beispiel des deutschen Bauern, der sich bemühte, seinen Besitz zusammenzuhalten, haben hier lange nachwirkende Spuren hinterlassen. In Galizien und Kongreßpolen, die ja von der deutschen Kolonisation nicht mehr erreicht sind, hat sich dagegen die Unsitte der Realteilungen stets ungehemmt ausgewirkt.

Die Schuld an den Zuständen in Galizien trägt zum Teil ohne Zweifel das Polentum selbst, das ja seit 1866 in Galizien herrscht. Die österreichische Verwaltung hat allerdings auf dem Gebiete der Agrarreform nicht viel getan; nach den *Josefinischen Reformen* (Aufhebung der Leibeigenschaft 1782, Beschränkung der Fronpflichten 1786) ruhte die Frage jahrzehntelang. Der Bauernaufstand von 1846 war in diesen ungesunden sozialen Verhältnissen begründet. Erst 1848 wurde alle Fronarbeit aufgehoben, den befreiten Bauern jedoch weiter die Mitbenutzung der gutsherrschaftlichen Wälder und Wiesen zugestanden. Seitdem hat der Staat nur die Ablösung der Servituten, die auch im Interesse des Großgrundbesitzes lag, gefördert. Der bäuerliche Besitz hat sich trotzdem von 1852 bis 1902 um 406000 ha vermehrt, auch später sind noch Parzellierungen erfolgt.

Der Großgrundbesitz in Galizien ist fast durchweg polnisch;

der ukrainische größere Besitz soll nach der polnischen Statistik nur 61 Güter mit 14 Tsd. ha ausmachen. Das Nationalitätenproblem spielt deshalb, soweit es sich um die Aufteilung des Großgrundbesitzes handelt, vornehmlich nur bei der Auswahl der Ansiedler eine Rolle. Sieht man von dem Bezirk um Lemberg ab, so ist das ganze Land östlich des San überwiegend ukrainischer Nationalität. In manchen Bezirken, z. B. Kolomea und Stryj, sinkt das polnische Element unter 25%, 40% erreicht es nur in Przemysl und in Lemberg selbst. Die ostgalizische Frage war nach dem Kriege international lange offen, da die ukrainischen Parteien Unabhängigkeit oder Vereinigung mit der Sowjet-Ukraine anstrebten. Am 25. Juni 1919 erteilte die Friedenskonferenz ein Mandat zur militärischen Besetzung. Der Völkerbundsrat erklärte am 20. Februar 1921 Polens Herrschaft in Ostgalizien als bloße tatsächliche militärische Okkupation. Erst durch den Beschluß der Botschafterkonferenz vom 15. März 1923 ist Ostgalizien Polen zuerkannt worden, nachdem ein polnisches Gesetz vom 26. Sept. 1922 den drei ostgalizischen Wojewodschaften eine sehr beschränkte Wojewodschaftsselbstverwaltung (ohne Zuständigkeit für die Agrarreform) in Aussicht gestellt hatte, die innerhalb von zwei Jahren in Kraft treten sollte; das ist bis heute nicht geschehen. Der nationale Kampf wird gerade hier von beiden Seiten besonders scharf und mit allen Mitteln geführt, und naturgemäß wird von polnischer Seite als eines der hauptsächlichsten zu Gebote stehenden Mittel die Agrarreform, d. h. die Durchsetzung dieses Gebietes mit polnischen Kolonisten, angesehen.

3. Kongreßpolen und Białystok.

Kongreßpolen hat seit 1864 aufgehört, ein Land der Vorherrschaft des Großgrundbesitzes zu sein. Der Ukas vom 19. Februar 1864 hat 3600000 Desjatinen, alles Pacht- und Deputatland, das von den Bauern bearbeitet wurde, in ihren erb- und eigentümlichen Besitz überführt. Seit 1864 hat sich der Großgrundbesitz durch Parzellierung weiter stark vermindert, namentlich seitdem 1890 die Bauernbank ihre Tätigkeit begann. 1904 umfaßte der private Großgrundbesitz noch 3900000 Desjatinen oder 35% der Fläche, während die polnische Statistik von 1921 ihn, bei allerdings etwas veränderten Grenzen[7]), nur noch auf 2900000 ha oder 21,5% der Fläche beziffert:

---

7) 19 Tsd. km² sind vom alten Gouvernement Grodno hinzugekommen, 7 Tsd. km² des alten Gouvernements Suwałki sind litauisch geworden.

Das größere Privateigentum in Zentralpolen 1921.

	Warschau (29431 km²)	Lodz (19034 km²)	Kielce (25736 km²)	Lublin (31160 km²)	Bialystok (32745 km²)	Kongreßpolen [8]) (138106 km²)
			nach Größenklassen			
Besitze von 50—100 ha						
Anzahl	817	156	129	179	293	1574
Fläche in Tsd. ha	58,0	11,1	9,2	12,8	20,0	111,1
Besitze von 100—500 ha						
Anzahl	1440	545	486	424	472	3367
Fläche in Tsd. ha	356,2	141,0	117,4	105,7	107,5	827,8
Besitze v. 500—1000 ha						
Anzahl	292	148	134	163	118	855
Fläche in Tsd. ha	194,2	100,6	92,1	114,0	81,4	582,3
Besitze über 1000 ha						
Anzahl	112	97	97	145	82	533
Fläche in Tsd. ha	236,8	193,1	**275,1**	**509,9**	185,8	1400,7
Besitze über 50 ha überhaupt						
Anzahl	2661	946	846	911	965	6337
Fläche a) in Tsd. ha	**845,2**	**445,9**	**493,8**	**742,4**	**394,6**	**2923,0**
b) *in % der Gesamtfläche des Gebietes*	**28,8**	*23,4*	*19,2*	*23,8*	*12,1*	*21,2*
c) *in % des gesamten priv. Großbesitzes in Polen*	*8,1*	4,3	4,7	7,0	3,7	27,8
			nach Kulturarten in %			
Ackerland	**60,7**	47,5	36,8	39,4	42,2	46,7
natürliche Wiesen	7,0	6,8	4,8	7,9	10,9	7,4
Weide	5,7	5,2	4,1	3,2	6,5	4,9
Ödland	3,4	2,4	3,4	2,9	5,7	3,5
Wald	18,2	32,9	**47,1**	**42,3**	31,5	33,2

Kirchenbesitz ist nur in Białystok, und auch dort in ganz geringem Maße vorhanden, da die römische Kirche 1865 durch die Russen enteignet worden ist. Der Staatsbesitz soll 1212 Tsd. ha (davon 1100 Tsd. ha Wald) umfassen, wovon 611 (578) in Białystok und 281 (252) in Kielce. 29 Russen und 23 Weißrussen sind am Großgrundbesitz in Białystok mit 5,4% der Fläche beteiligt (5,5 Tsd. ha weißrussische und 15,6 Tsd. ha russische Güter).

Im allgemeinen hat der Großgrundbesitz die guten Böden inne; er überwog deshalb vor allem in der Nordwestecke Kongreßpolens, in der Südostecke, wo das Schwarzerdegebiet nach Kongreßpolen hineinreicht, und in der Mitte westlich Warschau, da Kongreßpolen in der Diagonale von Südosten nach Nord-

[8]) Mit dem Gebiet der Hauptstadt Warschau, daß 8 größere Privatbesitze mit 985 ha Gesamtfläche enthält.

westen von einem breiten, freilich oft unterbrochenen Streifen Weizen- und Rübenbodens durchzogen wird. Durch die starke Parzellierung in den letzten Jahrzehnten sind diese Verhältnisse allerdings verwischt. Immerhin ist auch heute noch der Großgrundbesitz am stärksten im Nordwesten, nördlich und südlich der Weichsel, also in den fruchtbaren Gebieten des alten Kujawiens; von den 4 Kreisen Kongreßpolens, in denen 1921 noch über 40% der Fläche in der Hand des privaten Großgrundbesitzes waren (1904 waren es noch 34 Kreise von 84!) liegen 3 (Kutno 48,1, Płock 42,5, Lipno 40,4%) im Nordwesten, während andere hier gelegene Kreise (Rypin 39%, Włocławek 37%, Płońsk 35,4%, Ciechanów 36,3%) dieser Grenze nahekommen. Ähnliche Anteile gehören nur in 2 südöstlichen Kreisen dem Großgrundbesitz (Zamość 48,2 und Biłgoraj 38,7%). Am schwächsten ist der Großgrundbesitz im Kreise Suwałki (3,5%). Überhaupt ist der ganze Nordosten Kongreßpolens fast rein bäuerlich. Die Kreise im Osten und Südosten von der ostpreußischen Grenze hatten 1921 durchweg weniger als 15% Großbesitz. Auch in den östlichen Kreisen von Bia ystok ist der private Großgrundbesitz nicht viel stärker. Alles in allem ist also Kongreßpolen im Gegensatz zu Galizien und Preußisch-Polen ein ausgesprochenes Bauernland. Auch durch den Staatsbesitz wird dieses Bild nicht verändert; er betrug 1904 nur 670000 Desjatinen, die zweifellos großenteils Wald sind; jetzt ist er in den obigen 5 Wojewodschaften um $^1/_2$ Million ha größer[9]). Dieser Zuwachs erklärt sich aber ganz aus der Angliederung des ungemein waldreichen Gebietes von Białystok, in welchem der Urwald von Białowież liegt.

Der Kleinbesitz trägt von jeher stark individuellen, westeuropäischen Charakter. Umteilungen wie im russischen *Mir* hat es in Polen nie gegeben. Im polnischen Kleinbesitz bestehen erhebliche Unterschiede. Da ist zunächst die *Kleine Schlachta*, der Kleinadel, der wirtschaftlich ganz bäuerlichen Charakter trägt und im Nordosten Kongreßpolens, vor allem im ehemaligen Gouvernement Łomża, sitzt. Über die Masse der Kleinbauern erheben sich ferner Bauernstellen, die schon vor 1864 mit einem guten Besitzrecht, zum Beispiel einem Erbzinsrecht, ausgestattet waren; nach Grabskis Berechnungen waren das 58% der damals vorhandenen Bauern[10]). Wirtschaft-

9) Weinfeld-Szturm de Sztrem-Pickalkiewicz, »*Atlas Statystyczny Polski*« 1. Heft, S. 9.

10) »*Materiały w sprawie włościańskiej*« (Materialien zur Bauernfrage), Warschau 1907.

lich erheblich unentwickelter waren die Bauern, die teils auf Zeitpacht angesetzt waren oder bis 1864 Frondienste zu leisten hatten, und ferner die Bevölkerung, die erst 1864 mit Land ausgestattet wurde. Wie sich die einzelnen Kategorien weiter entwickelt haben und wie in jeder die Besitzverhältnisse sind, ist nicht bekannt; ganz verwischt sind die alten Unterschiede noch nicht; namentlich die Servituten und Streuländereien mit ihrer Landverschwendung auf Wege und Ackerraine, die in den von Erbzinsbauern bewohnten Dörfern selten sind, sind für die alten Fronbauern charakteristisch.

Aber in jedem Falle steht fest, daß alle diese Kategorien von Kleinbesitzern mit wenig Land ausgestattet sind. Das ist zum Teil Schuld der Agrarreform von 1864. Damals wurden zum Beispiel auf 158000 *neupolnischen Morgen*[11]) Regierungsland nicht weniger als 42344 Stellen geschaffen, d. h. auf die Stelle entfielen nur 3,7 Morgen. Auch die anderen 1864 geschaffenen Stellen sind durchweg mit zu wenig Land ausgestattet. Zum Teil liegt die Ursache dieser schlechten Ausstattung mit Land jedoch auch hier wieder in der alten polnischen Sitte der Erbteilungen. Im einzelnen gibt über die Besitzverhältnisse der Kleinbesitzer die folgende Tabelle Auskunft[12]).

Die Anzahl der Landwirtschaften von Bauern, Kleinadligen und Kleinbürgern in Kongreßpolen 1904.

Gouvernement	Zahl der Besitzungen von bis 3	3 bis 9	9 bis 15	15 bis 30	über 30
	Morgen (zu etwa 0,58 ha)				
Kalisch	20 197	36 249	21 697	15 482	4 018
Petrikau	20 388	51 613	28 380	15 927	3 045
Kielce	26 747	54 592	23 218	8 727	976
Radom	24 903	49 297	26 365	16 131	3 526
Lublin	20 546	72 049	36 118	19 388	3 266
Siedlec	10 877	37 111	31 786	21 445	6 863
Warschau	15 949	35 726	27 240	26 689	8 509
Płock	8 934	16 428	9 492	10 323	7 494
Łomża	11 939	18 746	15 761	14 398	7 568
Suwałki	10 835	16 088	10 054	14 504	12 961
Kongreßpolen	171 250	379 925	238 311	163 600	59 137

11) Der neupolnische Morgen ist gleich 0,58 ha, also etwa gleich einer halben Desjatine.

12) Zechlin, »Bevölkerungs- und Grundbesitzverteilung im Zartum

Gouvernement	Zahl der Besitzungen von bis 3	3 bis 9	9 bis 15	15 bis 30	über 30
	Morgen (zu etwa 0,58 ha) in Prozent				
Kalisch	**20,7**	37,1	22,2	15,9	4,1
Petrikau	17,0	**43,3**	23,8	13,4	2,5
Kielce	**23,4**	**47,9**	20,3	7,6	0,8
Radom	**20,7**	41,1	21,9	13,4	2,9
Lublin	13,6	**47,3**	24,0	12,9	2,2
Siedlec	10,0	34,3	29,4	19,9	6,4
Warschau	14,0	31,3	23,9	**23,4**	7,4
Płock	16,9	31,2	18,1	19,6	**14,2**
Łomża	17,3	27,2	22,8	**20,9**	**11,8**
Suwałki	16,8	25,0	15,6	**22,4**	**20,2**
Kongreßpolen	17,0	37,5	23,5	16,2	5,8

Unter den 972223 Stellenbesitzern haben eine sichere bäuerliche Existenz nur 22%, nämlich die der beiden letzten Kategorien über 15 Morgen. Der Kleinbesitzer in der Gruppe von 9 bis 15 Morgen kann nur auf gutem Boden seine Familie durch den Ertrag der Stelle ernähren. Wenn auch hie und da auf den besten Böden die Grenze der Selbständigkeit bei kümmerlichster Lebensweise noch tiefer liegen mag, so kann man doch rechnen, daß mindestens die beiden kleinsten Besitzklassen, d. h. 511175 Stellenbesitzer, also mehr als die Hälfte, von ihrem Grund und Boden nicht leben können. Dabei ist dies noch zu günstig gerechnet, denn zweifellos kann sich auch von den 238311 Stellenbesitzern der Gruppe 9 bis 15 Morgen ein erheblicher Teil nicht ohne Tagelöhnerei durchschlagen. Geographisch sind die beiden Gruppen über 15 Morgen in den nördlichen Gouvernements Suwałki, Łomża, Płock, Siedlec und Warschau stärker vertreten als im Durchschnitt in Kongreßpolen, während in den 5 südlichen Gouvernements Kalisch, Petrikau, Kielce, Radom und Lublin die kleinsten Betriebsgrößen stärker vertreten sind als im Durchschnitt des Landes. Die beiden Hälften Kongreßpolens unter-

Polen«, Berlin 1916, Seite 59. Die Gouvernements entsprechen der Einteilung, wie sie von 1867 bis zum Kriege bestand. Heute sind die beiden alten Gouvernements Warschau und Płock mit den Kreisen Maków und Pułtusk des Gouvernements Łomża zur Wojewodschaft Warschau vereinigt. Die beiden Gouvernements Kalisch und Petrikau (ohne Tschenstochau) sind zur Wojewodschaft Łódź zusammengefaßt. Zu Kielce sind der Kreis Tschenstochau und das Gouvernement Radom gekommen, zu Lublin das Gouvernement Siedlec. Der größere Teil von Łomża und die bei Polen verbliebenen Teile von Suwałki (die Kreise Augustów, Sejny und Suwałki) sind mit 5 Kreisen des Gouvernements Grodno, welche 1807 russisch geworden waren, zur Wojewodschaft Białystok vereinigt.

scheiden sich in dieser Beziehung sehr voneinander; in Kielce zum Beispiel, wo die Bodenzersplitterung freilich am schlimmsten ist, entfallen auf die Stelle durchschnittlich nur 3,9 Desjatinen gegen 10,1 Desjatinen in Suwałki. 81 Tsd. = 71,3% aller bäuerlichen Betriebe entfallen in Kielce auf die beiden kleinsten Größenklassen. Aber auch im Gouvernement Łomża gab es fast 31 Tsd. Stellen unter 9 Morgen. So erhält man das Bild einer außerordentlich dichten Schicht bäuerlicher Zwergbesitzer, die ebenso wie in Galizien in der ganzen südlichen Hälfte Kongreßpolens vorherrscht und die Bevölkerungsdichte in diesen rein ländlichen Bezirken auf über 120 Köpfe auf den qkm steigen läßt.

Wie schon erwähnt, hat durch eine starke Parzellierung der Großgrundbesitz in den letzten Jahrzehnten in Kongreßpolen erheblich abgenommen. Diese Parzellierung muß, wenn die oben angeführten Erhebungen den jeweiligen Sachverhalt richtig wiedergeben, außerordentlich stark gewesen sein, hat sich doch danach der private Großgrundbesitz von 1904—1921 um über 1 Million ha vermindert. Eine Darstellung hat dieser Prozeß meines Wissens bisher nicht gefunden. Grabski (a. a. O., S. 166) hat ihn mit dieser Verteilung des Kleinbesitzes in Verbindung zu bringen gesucht. Wo der Prozentsatz der Stellen über 15 Morgen groß sei, sei die Parzellierung verhältnismäßig schwach, dagegen sei sie dort stärker, wo diese Kategorien des größeren bäuerlichen Besitzes nur im geringeren Maße vertreten seien. Dort erkläre sich die starke Parzellierung durch das Übergewicht der an der Grenze der Selbständigkeit stehenden Kleinbauern, die ständig in Gefahr seien, in die Kategorien der Landarmen herabzusinken und die deshalb an der Parzellierung der Güter ein so starkes Interesse hätten. Man kann in der Tat ohne weiteres annehmen, daß der Landhunger in der südlichen Hälfte Kongreßpolens größer ist als in der nördlichen. Wenn man freilich die Zahlen von 1904 und 1921 über den privaten Großgrundbesitz nebeneinanderhält, so ist zum Beispiel in den Gouvernements Kalisch und Kielce der Rückgang des Großgrundbesitzes stärker als in Łomża und Płock, aber man weiß einstweilen nicht, ob die beiden Erhebungen überhaupt vergleichbar sind, und es fällt ferner auf, daß danach, im ganzen gesehen, doch der Rückgang des Großgrundbesitzes in Kongreßpolen verhältnismäßig gleichmäßig erfolgt ist; wären die oben angedeuteten Gründe allein oder vornehmlich maßgebend, so würde man stärkere Unterschiede sehen.

4. Die Ostmarken Polens.

Über die Agrarverhältnisse in den Ostmarken Polens liegt wenig zuverlässiges Material vor; die polnische Statistik von 1921 gibt für die 4 Wojewodschaften Wilna, Nowogródek, Polesien, Wolhynien folgendes Bild:

Das größere Privateigentum in den Ostmarken Polens 1921.

	Wilna (27 849 km²)	Nowogródek (23 451 km²)	Polesien (42 286 km²)	Wolhynien (30 288 km²)	Nordosten (123 874 km²)
			nach Größenklassen		
Besitze von 50—100 ha					
Anzahl	1020	387	180	132	1719
Fläche in Tsd. ha	69,9	27,2	12,5	9,4	119,0
Besitze von 100—500 ha					
Anzahl	1255	625	319	428	2627
Fläche in Tsd. ha	256,7	141,0	75,6	103,4	473,3
Besitze v. 500—1000 ha					
Anzahl	128	122	107	141	498
Fläche in Tsd. ha	86,1	83,0	72,7	97,8	339,6
Besitze über 1000 ha					
Anzahl	133	111	250	151	645
Fläche in Tsd. ha	**391,2**	**437,0**	**1 497,2**	**543,2**	**2 868,6**
Besitze über 50 ha überhaupt					
Anzahl	2536	1245	856	852	5489
Fläche a) in Tsd. ha	**803,9**	**688,2**	**1 658,0**	**753,9**	**3 904,0**
b) *in % der Gesamtfläche des Gebietes*	*28,3*	*29,9*	**39,2**	*24,9*	*31,5*
c) *in % des gesamten priv. Großbesitzes Polens*	7,6	6,6	*15,9*	*7,2*	*37,3*
Es gehörten			*nach Nationalitäten*		
Russen, Ukrainern u. Weißrussen					
Anzahl	286	137	270	280	973
Fläche in Tsd. ha	64,8	103,3	460,5	243,1	**871,7**
Polen					
Anzahl	2182	1087	555	523	4347
Fläche in Tsd. ha	712,1	579,4	1 093,2	482,4	2 867,1
			nach Kulturarten in %		
Ackerland	24,1	27,6	8,9	32,5	19,9
natürliche Wiesen	10,2	12,4	14,3	9,2	12,2
Weiden	9,0	6,2	4,3	3,0	5,3
Ödland	**18,3**	6,9	**26,0**	6,9	**17,3**
Wald	**32,8**	**44,9**	**44,8**	**45,2**	**42,4**

Der Kirchenbesitz umfaßt in diesen Wojewodschaften 26 Tsd. ha und entfällt überwiegend auf die orthodoxe Kirche. Der Staat besitzt 1124 Tsd. ha, wovon 1028 Tsd. ha Wald sind.

Mit etwa 3,9 Mill. ha ist der absoluten Fläche nach der Großgrundbesitz in diesem Teile Polens am umfangreichsten.

Diese Gebiete, die in Polen oft als Kolonisationsgebiet *par excellence* gelten, haben in nationaler Beziehung ganz ähnliche Verhältnisse wie Ostgalizien, sind aber international nicht so umstritten gewesen; sie sind durch den Frieden von Riga (18. März 1921) zu Polen gekommen; selbst der kleine Ansatz zur Selbstverwaltung, der in Ostgalizien mit dem Statut vom 26. September 1922 gemacht werden sollte, fehlt infolgedessen. Der Großgrundbesitz ist zwar auch hier überwiegend polnisch, im ganzen ist das Polentum hier aber noch erheblich schwächer als in Ostgalizien. Nach polnischen Quellen hatten 1911 das frühere Gouvernement Wolhynien 7% Polen, Wilna 15%. Die Statistik von 1921 gibt freilich viel höhere Zahlen an (für Wolhynien 16,8%, für Polesien 24,3%, für Nowogródek 54%, für Wilna 57,4%); aber die Richtigkeit dieser Zahlen unterliegt stärksten Zweifeln und wird selbst von polnischen Kennern dieser Gebiete nicht angenommen. Die ganz überwiegende Masse der Bevölkerung bilden Ukrainer und Russen, Weißrussen, die von den Polen nicht nur der nationale, sondern auch der kirchliche Gegensatz trennt; nur der westliche Teil der Weißrussen ist katholisch. Die polnische Verwaltung hat hier ganz ungehemmt mit stark polonisierenden, minderheitenfeindlichen Tendenzen geherrscht, sowohl auf dem Gebiet der Sprache, der Schule als auch der Kirche. Auch die Politik, hier polnische Ansiedler anzusetzen, hat die örtliche Bevölkerung stark aufgeregt. Zwar hat der Kleinbesitzer hier durchweg viel mehr Land als in Kongreßpolen, aber bei den schlechteren Böden und der primitiveren Wirtschaftsweise bedarf er auch größerer Flächen, und der Landhunger besteht hier ebenfalls in hohem Maße. Aber konsequent ist die polnische Politik anscheinend nicht getrieben; in Polen stehen sich hinsichtlich der Behandlung dieser Gebiete die Rechte, welche die Fragen vom Standpunkt des polnischen »Nationalstaats« lösen, und die Linke, die diesen Gebieten eine mehr oder minder weitgehende Autonomie verleihen will, schroff gegenüber. Jedenfalls sind in den Ostmarken allmählich sehr gespannte Verhältnisse entstanden, die zeitweise die polnische Öffentlichkeit stark beschäftigt haben. Ob und in welcher Weise die Agrarreform hier und in Ostgalizien durchgeführt wird, hängt ganz davon ab, welche Minderheitenpolitik der polnische Staat einschlagen wird. Bleibt es bei dem bisherigen Nationalstaatsprogramm, so wird die Ansiedlung polnischer Kolonisten weitergehen; setzen sich, was freilich heute nicht wahrscheinlich ist, andere Strömungen durch, so braucht zwar die Kolonisation in den Ostmarken nicht aufzuhören, aber als Ansiedlungsgebiet für polnische Kleinbesitzer und Landlose kommt dann dieses Hauptgebiet des Großgrundbesitzes nicht mehr in Frage.

* * *

Für die Möglichkeiten einer Reform der Bodeneigentumsverteilung in Polen ist von erheblicher Bedeutung der Umfang der Parzellenpacht. 1921 hatten 133 Tsd. Pächter 309 Tsd. ha, d. h. 5,9% der landwirtschaftlichen Flächen des größeren Privateigentums gepachtet. Besonders stark war die Parzellenpacht in Schlesien verbreitet, wo 31 Tsd. Parzellenpächter 19 Tsd. ha = 30,3% der landwirtschaftlichen Fläche des größeren Privateigentums in Pacht hatten, in der Wojewodschaft Krakau (17 Tsd. Pächter mit 21 Tsd. ha = 18,7% der landwirtschaftlichen Fläche des größeren Privateigentums) und in Wolhynien (10 Tsd. Pächter, 62 Tsd. ha = 18,5% der landwirtschaftlichen Fläche des größeren Privateigentums), wo viele Gutsvorwerke im Kriege zerstört waren. Viel geringer als in den beiden südwestlichen Wojewodschaften mit ihren großen Massen landloser und landarmer Bauern ist die Parzellenpacht in den westlichen Teilen Polens.

II. Die Agrarreform.

1. Die Entstehung der Agrargesetze.

So ist für die Lage in Polen charakteristisch, daß im ethnographischen Polen, in Kongreßpolen und Westgalizien, der private Großgrundbesitz nur $^1/_5$ der Gesamtfläche ausmacht. Die Gebiete, in denen er stärker ist (in den Ostmarken mit 31,5%, in Ostgalizien mit 25,7%, im preußischen Anteil mit 36,3%), sind zugleich die Sitze der weißrussischen, ukrainischen oder deutschen Minderheit.

Die absoluten Zahlen für die landwirtschaftlichen Flächen (in Tausend ha), die in den einzelnen Landesteilen im Beginn der Agrarreform größeren Privatbesitzern gehörten, stellt die folgende Tabelle zusammen:

Landesteile	Äcker	natürliche Wiesen	Weiden	Zusammen in Tsd. ha	Zusammen in % der entsp. Fläche in ganz Polen
Kongreßpolen u. Krakau	1 450,2	231,4	152,7	1 834,3	34,8
Ostgalizien u. Nordosten	1 340,2	593,1	266,5	2 199,9	41,7
Posen und Pommerellen	1 007,7	117,0	49,8	1 174,5	22,3
Schlesien	46,4	10,8	6,5	63,7	1,2
Ganz Polen	3 844,5	952,3	475,5	**5 272,4**	100,0

Nach dieser Zusammenstellung liegen fast $^2/_3$ der eigentlich landwirtschaftlichen Flächen, soweit sie zum größeren Privateigentum gehören, im Siedlungsgebiet der Minderheiten (den ethnographisch polnischen Teilen im Westen der Wojewodschaft Lemberg usw. stehen die viel größeren, ukrainisch und weißrussisch besiedelten Ostteile von Lublin und Bia ystok gegenüber).

Auf der anderen Seite hat Polen neben der landlosen Arbeiterbevölkerung eine ungemein starke Schicht landarmer Kleinbesitzer, die in Kongreßpolen und Westgalizien durchweg polnischen Stammes, in Ostgalizien und den Ostmarken dagegen ukrainischen oder weißrussischen Stammes ist. Auch nach dieser Richtung spielt also die Minderheitenfrage stark in das Agrarproblem hinein — aber mit einem Unterschied zwischen dem Westen und Osten Polens: Die ukrainischen und weißrussischen Minderheiten im Osten sind bei ihrem ganz überwiegend bäuerlichen Charakter und bei 1 Million ukrainischer Zwergbauern mit $^1/_2$—$1^1/_2$ ha[13]) zwar an der Aufteilung des — in Galizien fast ganz, im Nordosten zu $^3/_4$ polnischen — Großgrundbesitzes stark interessiert, kommen aber bei der auf Polonisierung bedachten Methode der Landzuteilung zu kurz. Die deutsche Minderheit wird darüber hinaus schon bei der Aufteilung des Großgrundbesitzes ungünstiger behandelt.

Ebenso sehr wie durch diese Beziehungen zur Minderheitenfrage wird die Agrarfrage durch die allgemeinen innerpolitischen Verhältnisse Polens zu einem politischen Problem. Die bäuerliche Bevölkerung macht etwa $^2/_3$ der Bevölkerung Polens aus. Es war infolgedessen klar, daß die Konstituante, die im Februar 1919 auf Grund eines allgemeinen, gleichen, geheimen und direkten Wahlrechtes für Männer und Frauen zusammentrat, im wesent-

13) W. Kochan, »Die Lage des ukrainischen Volkes unter der polnischen Fremdherrschaft« (in der Artikelsammlung *»Die Ukraine unter Fremdherrschaft«*) Berlin 1928, S. 23/24.

lichen von den gewählten Bauernvertretern beherrscht wurde. Soweit die bäuerlichen Massen bereits parteimäßig organisiert waren — das war vornehmlich im südlichen Kongreßpolen und in Westgalizien der Fall — verstand es sich von selbst, daß ihre Abgeordneten die Agrarreform an die Spitze aller ihrer Forderungen stellten. Historische Erinnerungen kamen hinzu; die russische Politik und in der ersten Hälfte des 19. Jahrhunderts auch die preußische Politik hatten zwischen dem polnischen Großgrundbesitzer und dem polnischen Bauern unterschieden und unterscheiden müssen: sie hatten den Bauer auf Kosten des Großgrundbesitzes begünstigt. Im alten Polen hatte gerade die bäuerliche Bevölkerung in namenloser Verkommenheit dahingelebt; dies Herabdrücken des Bauern auf eine kaum noch menschenwürdige Stufe war eine der Hauptsünden des polnischen Adels gewesen. Jetzt wurden Stimmen laut, daß im neuen Polen die alte Adelsherrschaft und die Herrschaft des Großgrundbesitzes wieder aufleben würden. Dem galt es entgegen zu wirken, man mußte die bäuerliche Bevölkerung an den neuen Staat fesseln; eine bauernfreundliche Politik war deshalb vom staatlichen Standpunkt aus in der Tat das Gebot der Stunde. Aber zwischen der Rechten, in welcher der Großgrundbesitz eine wichtige Rolle spielte, und den radikalen Forderungen der Bauern war nicht leicht ein Ausgleich zu erzielen; Linke und Rechte waren im Parlament fast genau gleich stark.

So kam erst am 10. Juli 1919, und nur mit einer Stimme Mehrheit, eine Resolution des Sejm zustande, welche die Grundlage der künftigen Agrarreform festlegte. Deren Grundsätze sind von der polnischen Agrargesetzgebung bis heute festgehalten. Die Bauernwirtschaften von 15 bis 25 ha sollten das Kernstück der polnischen Agrarreform werden, die kleinen bäuerlichen Besitzungen sollten vergrößert und verselbständigt werden. Das Privateigentum wurde grundsätzlich anerkannt, eine Enteignung sollte nur gegen Entschädigung stattfinden und ein gewisses Minimum eines jeden Gutes von der Enteignung ausgenommen werden. Die Produktionsinteressen sollten berücksichtigt werden, insbesondere soweit landwirtschaftliche Gewerbe, Musterwirtschaften und dergleichen in Frage kamen. Wenn auch die Entschädigung, welche die polnischen Agrargesetze gewähren, wie wir noch sehen werden, nur gering ist und deshalb hierin praktisch zur Agrargesetzgebung anderer osteuropäischer Staaten kein allzu großer Unterschied liegt, so hat doch die Anerkennung des Privateigentums in Polen unter dem starken Einfluß des polnischen Großgrundbesitzes immer die Folge gehabt, daß den Großgrundbesitzern stets der Anspruch auf ein Restgut von bestimmter Größe zuerkannt ist.

Das erste Gesetz über die Durchführung der Agrarreform wurde erst ein Jahr nach dieser Resolution, am 15. Juli 1920, angenommen. Es geschah in den Tagen, als der bolschewistische Einfall Polen aufs äußerste bedrohte und die Gefahr einer neuen russischen Okkupation unvermeidlich schien. Jetzt mußte der Streit zurückgestellt werden; die bäuerliche Bevölkerung mußte — es war vielleicht der letzte Augenblick — einen untrüglichen Beweis der Bauernfreundlichkeit des jungen polnischen Staates erhalten. Auch waren in der damaligen Lage lange Diskussionen im *Sejm* ausgeschlossen; das Gesetz wurde einstimmig angenommen. Das Gesetz war in jeder Beziehung unzulänglich. Die Siedlung auf privatem Wege wurde nicht geregelt; die Bestimmungen über den Zwangsverkauf von Privatgütern zum Zwecke der Parzellierung erwiesen sich als undurchführbar, und hierdurch und durch seine mannigfachen Unklarheiten hat das Gesetz wohl manchmal die Agrarreform mehr behindert als gefördert.

Am 12. Dezember 1920 wurden mehrere Zusatzgesetze erlassen, welche die private Parzellierungstätigkeit erleichterten. Aber die Agrarfrage kam keineswegs zur Ruhe. Eine ganze Reihe von Entwürfen haben den *Sejm* beschäftigt; am weitesten gedieh ein Entwurf im Herbst 1923. Er war ein Ergebnis des Zusammenwirkens der *Nationaldemokratie* (der Rechten), in welcher der Großgrundbesitz, namentlich aus den ehemals preußischen Gebietsteilen, einflußreich ist, mit der *Piast-Partei* (Führer: Witos), des gemäßigten und, soweit man das in Polen sagen kann, groß- und mittelbäuerlichen Flügels der Bauernparteien. Dieser Entwurf kam dem Großgrundbesitz verhältnismäßig am weitesten entgegen, wenn er auch radikal genug aussah. Er zeigte vor allem besonders deutlich die Tendenz der polnischen Agrargesetzgebung, in dem Gegensatz zwischen der Rechten und den radikalen Wünschen der Bauernparteien dadurch einen Ausgleich zu finden, daß in erster Linie der Besitz der nationalen Minderheiten zur Agrarreform herangezogen wird. Der Entwurf ist nicht Gesetz geworden, da das Kabinett Witos und damit die Parteikonstellation, auf welcher der Entwurf beruhte, im Dezember 1923 stürzte.

Das im wesentlichen nationaldemokratische Kabinett Grabski, das dann ans Ruder kam, stellte sich die finanzielle Sanierung Polens zur Hauptaufgabe und ließ die Agrarfrage zunächst ruhen.

Im Frühjahr 1925, als sich eine große Finanz- und Wirtschaftskrisis ankündigte und sich damit auch die Opposition zu regen begann, wurde die Frage der Agrarreform wieder angeschnitten, und zwar jetzt mit der Tendenz, die Linke zu beruhigen und in der Regierung festzuhalten. Sehr schnell wurde das Gesetz durchberaten und schon am 20. Juli im *Sejm* in dritter

Lesung angenommen. Der *Senat* nahm eine große Anzahl Verbesserungen vor, aber als der Sejm im Herbst wieder zusammentrat, war die Wirtschafts- und Währungskrise bereits so groß, daß der baldige Rücktritt Grabskis nicht mehr zweifelhaft sein konnte. Er erfolgte dann auch im November 1925. Das neue Kabinett des Grafen Skrzyński — in Anbetracht der außerordentlich schwierigen Finanz- und Wirtschaftslage Polens ein Koalitionskabinett aus fast allen Parteien, auch der Sozialdemokratie, aber natürlich ausschließlich der Minderheiten — erhob, wiederum um die Linke bei dieser großen Koalition festzuhalten, diesen Entwurf zum Gesetz, und zwar wurden jetzt, entsprechend der stärkeren Vertretung der Linken im Kabinett, die einschränkenden Änderungen des Senats wieder gestrichen; nur seine Verbesserungen zur Entschädigungsfrage sind im wesentlichen berücksichtigt worden. Nach vorhergehenden Beratungen der Parteien hat das Plenum des Sejms das zweite Gesetz über die Durchführung der Agrarreform an einem Tage durchberaten und endgültig angenommen (28. Dezember 1925).

2. Die Durchführung des Agrargesetzes von 1920 und verwandter Gesetze.

Bevor dieses zweite Gesetz, mit dem die Agrarreform in Polen in ein neues Stadium tritt, inhaltlich wiedergegeben und besprochen wird, soll kurz skizziert werden, was bis zu seinem Erlaß praktisch auf dem Gebiet der Agrarreform auf Grund des Gesetzes von 1920 in Polen geschehen ist. Im ganzen wurden von 1919—1924 einschließlich[14]) durch Bereitstellung staatlicher Ländereien und im Wege freiwilligen Verkaufs 608229 ha parzelliert. Davon wurden zerschlagen:

durch die Landämter	1684	Güter	mit	232058 ha
durch bevollmächtigte Institutionen	1079	„	„	193701 „
durch Privatpersonen	4123	„	„	182470 „
zusammen	6886	Güter	mit	608229 ha

Nach einer neuen — allerdings nicht sehr ergiebigen — Publikation des Warschauer Statistischen Hauptamtes über die Durchführung der Agrarreform von 1919—1925, die nur Tabellen gibt und ihre Angaben für unvergleichbar mit den früher ver-

[14]) Nach dem »Jahrbuch des Finanzministeriums für das Jahr 1924«, S. 17, Warschau 1925.

öffentlichten erklärt[15]), sind 1919—1925: 740688 ha parzelliert, worden.

In ein schnelleres Tempo ist die Parzellierung erst seit 1921 gekommen, in den Jahren 1921—1925 sind durchschnittlich etwa 138 000 ha parzelliert worden, 1922 weist mit 196 000 ha die Höchstziffer auf, seitdem ist ein langsamer Rückgang eingetreten. Am stärksten ist nach der *Publikation von 1928* die private Parzellierung gewesen (297 335 ha), dann die der Landämter (236972 ha), während die autorisierten Institutionen 206381 ha parzelliert haben. Räumlich verteilt sich diese Parzellierung bis Ende 1922 auf die polnischen Landesteile ziemlich gleichmäßig, besonders stark war sie freilich in der Wojewodschaft Lublin, um die Ukrainer und Polen heiß kämpfen, und in Tarnopol. Im ehemals preußischen Gebiet ist das Agrargesetz von 1920 nicht angewandt. Für das Jahr 1925 bringt die Publikation von 1928 noch nähere Angaben: Danach ist in diesem Jahre der Nord-Osten am stärksten herangenommen worden. Von den 100433 ha, die 1925 parzelliert wurden, entfielen 59299 auf die 5 östlichen Wojewodschaften, und zwar steht das Wilna-Gebiet mit 17 948 ha an der Spitze, es folgen Nowogródek mit 13 554 ha und Polesien mit 10370 ha; auch in Wolhynien und Białystok ist die Parzellierung nicht viel geringer gewesen.

Die Publikation von 1928 bringt gar kein Material über die parzellierten Güter; sie erklärt den Begriff des »Gutes«, auf dem die früher veröffentlichten Zahlen dieser Art beruhen, für zweifelhaft, da darunter sowohl ganze Gutsbezirke als auch einzelne Teile verstanden werden könnten. Karol Kasiński, Departementsdirektor im Agrarreformministerium[16]), teilt für die Jahre 1919—1926 die durchschnittliche Größe der Landzulagen in den einzelnen Landamtsbezirken mit: sie ist am größten in Warschau (4,4 ha), Brest und Pommerellen (4,0 ha), 2,8 in Posen, aber nur 2,0 in Kielce, 1,6 in Lemberg und 1,4 in Krakau. Nach der Publikation von 1928 sind die von 1919 bis 1925 parzellierten 740 688 ha in folgender Weise verteilt worden:

Neugegründete Bauernwirtschaften	44 632	mit	438 102 ha
Arbeiter-, Handwerker- und Beamtenstellen	17855	„	17668 „

---

15) *»Réforme agraire en les années 1919—1925«*, Varsovie 1928, im folgenden als *Publikation von 1928* bezeichnet.

16) *Działalność Ministerstwa Reform Rolnych i Urzędów Ziemskich w okresie od roku 1918 do* 1. I. 1928 *roku*, Warschau 1928, S. 63.

Für Spezialzwecke	1768	mit	22543 ha
Vergrößerte Wirtschaften	109542	„	262375 „

Die an Anlieger verkauften Stücke waren also durchschnittlich fast 2,4 ha groß. Die neubegründeten Stellen bekamen durchschnittlich 9,8 ha. Im einzelnen liegen nur Angaben für 1925 vor. Danach entfallen von den in diesem Jahre ausgelegten 5335 neuen Stellen mit zusammen 56746 ha die Mehrzahl auf die Ostgebiete (Wilna, Nowogródek, Polesien, Wohlynien, Białystok und Lublin), nämlich 3544 Stellen mit 40146 ha, so daß durchschnittlich auf die Stelle etwas mehr als 11 ha kommen. Doch steigt im Wilna-Gebiet, in dem 1925 allein 1023 Stellen ausgelegt wurden, die durchschnittliche Größe auf 14 ha, während sie im Gouvernement Kielce nur 6,5 ha erreicht, d. h. an der untersten Grenze der Selbständigkeit liegt.

Über die Landempfänger entnehmen wir der Publikation von 1928 folgende Zahlen: In den Jahren 1919—1925 waren von den 168598 Käufern 36812 Landlose, 100876 Landarme, 13594 genügend mit Land Ausgestattete, 5193 waren Nichtlandwirte, der Rest bestand aus Invaliden, dekorierten Soldaten, durch die Aufteilung arbeitslos gewordenen Gutsarbeitern usw. Wie sich diese Käufer zu den einzelnen Stellenkategorien verhalten, ist nicht ersichtlich. Dem Ursprung nach gehörten von den 26470 Käufern des Jahres 1925: 24497 zur »örtlichen Bevölkerung« und nur 1973 waren in das Siedlungsgebiet »eingewandert«. Die Einwanderer rekrutierten sich natürlich überwiegend aus den Landlosen; ihre Zahl ist am größten in den Ostgebieten. Da man aber nicht sieht, was unter »örtlicher Bevölkerung« verstanden ist, ist dieser Statistik kein großer Wert beizumessen. Die Konfessionsstatistik der 26470 Käufer des Jahres 1925 weist allerdings neben 17090 Römisch-Katholischen 7251 Orthodoxe auf, aber man vermißt hier ebenso wie bei der Statistik über die örtliche Bevölkerung und die Eingewanderten Angaben über die auf sie entfallenden Flächen; auch sind die Angaben über die räumliche Verteilung der Orthodoxen nur summarisch.

Über die Regulierungsarbeiten im früheren Königreich Polen, in Galizien und den Ostgebieten 1919—1925, die für die Intensivierung der Landwirtschaft von so entscheidender Bedeutung sind, enthält die Publikation von 1928 u. a. folgende Zahlen:

die Servituten wurden liquidiert in 744 Ortschaften bei 14777 Wirtschaften mit 748639 ha[17]).

[17]) Hierfür sind den servitutenberechtigten Stellen 29707 ha zugeteilt. Zur Würdigung der obigen Zahlen vergleiche man, daß 1902 allein in Kongreß-

Gemeinheitsteilungen erfolgten im Umfange von 4679 ha in 82 Ortschaften unter 3097 Wirtschaften.

Zusammenlegungen erfolgten in 671 Ortschaften bei 24640 Wirtschaften im Umfange von 216771 ha.

Grundstücksaustausche erfolgten im Umfange von 1406 ha in 122 Ortschaften bei 961 Wirtschaften.

Das sind bedeutende, aber im Verhältnis zum Umfang der Gesamtaufgabe doch nur bescheidene Anfänge. Denn zu kommassieren sind im ganzen etwa $1^1/_2$ Millionen Wirtschaften mit über 10 Millionen ha Fläche[18]).

Neben dem Agrargesetz von 1920 ist auch durch einige andere Gesetze mehr oder weniger stark, aus politischen Gründen, in die bestehende Besitzverteilung eingegriffen. Im Osten ist zunächst das Gesetz über die Militäransiedlung in den Ostmarken (in den Wojewodschaften Białystok, Nowogródek, Polesien, Wolhynien) vom 17. Dezember 1920 zu nennen. Durch dieses Gesetz sind die Staatsgüter und die verlassenen Güter bzw. die Güter, deren Besitzer vor dem 1. April 1921 nicht zurückgekehrt waren, zu zwei Dritteln zur Militäransiedlung, zu einem Drittel zur Agrarreform bestimmt. Bis zum 1. Januar 1923 waren kraft dieses Gesetzes im ganzen 366738 ha, darunter 51478 ha Wald, überwiegend in Wolhynien und Polesien, vom Staate übernommen worden. Von diesem Land waren

Staats- und Apanagegüter	90351 ha
Kirchengüter	16854 „
Güter polnischer Staatsbürger	82614 „
Güter von Ausländern	197319 „

Bis zum 1. Januar 1923 waren von diesem Lande 111835 ha für die Militärsiedlung, 79174 ha für die Zwecke der Agrarreform bestimmt. Was die Militäransiedlung betrifft, so schuf man 8732 Parzellen, auf denen man 6563 Invaliden usw. — Offiziere und Mannschaften — ansiedelte, darunter 1953 in Gruppen und 4610 individuell. Im ganzen sind 1921—1927 auf Grund des Gesetzes über die Militäransiedlung über 136 Tsd. ha parzelliert worden. Diese Militäransiedlung hat sich aber nicht bewährt, allgemein wurde darüber geklagt, daß die Ansiedler teils ungeeignet, teils nicht auf ihren Stellen zu halten seien: ein großer Teil der fraglichen Ansiedlungen ist anscheinend an

polen 125 855 servitutenberechtigte Stellen vorhanden waren. Zechlin, »Die Bevölkerungs- und Grundbesitzverteilung im Zartum Polen«, Berlin 1916, S. 39.

[18]) Kasiński, a. a. O., S. 31.

die umwohnenden Bauern verpachtet. Das Gesetz ist deshalb durch das neue Agrargesetz von 1925 außer Kraft gesetzt worden.

Ferner ist für den Osten wichtig ein Gesetz vom 18. März 1924, das sich gegen die Zinspächter in den Ostgebieten, in den Wojewodschaften Nowogródek, Polesien, Wolhynien, im Verwaltungsgebiet Wilna und in einigen Kreisen der Wojewodschaft Białystok richtet. Zwar gibt das Gesetz diesen Pächtern das Recht, die Pachtgrundstücke zu kaufen, aber nach Artikel 5 können diejenigen gegenwärtigen Zinspächter ihre Grundstücke nicht zu eigen erwerben, die

a) nicht polnische Bürger sind,

b) doppelte Staatsangehörigkeit besitzen,

c) aus der polnischen Armee desertiert sind oder sonst ihre feindliche Gesinnung gegen den polnischen Staat zum Ausdruck gebracht haben,

d) länger als 1 Jahr von dem Pachtgrundstück abwesend waren, sofern die Abwesenheit nicht durch Zwangsevakuierung auf Grund ihrer polnischen Nationalität hervorgerufen war,

e) die Grundstücke am 31. Oktober 1923 nicht bewirtschafteten und zum vorgesehenen Termin aus eigener Schuld den Pachtzins nicht entrichtet haben.

Dieses Gesetz richtet sich fast ausschließlich gegen die Minderheiten: Die Zinspächter sind nur zu $^1/_2$% Polen; in der großen Mehrheit Deutsche, Weißrussen, Russen und Ukrainer. Von der deutschen Bevölkerung der Ostgebiete wird durch das Gesetz etwa ein Drittel — 20 bis 25000 Pächter — betroffen; nach dem Wortlaut des Gesetzes ist ihnen der Kauf ihrer Grundstücke verwehrt, sie können zwar weiterhin als Pächter bleiben, müssen aber befürchten, daß nach dem polnischen Exmissionsgesetz über sie alle vom Gericht die Exmission verfügt wird, weil sie, von der zaristischen Regierung vertrieben, während der Evakuierungszeit den Pachtzins nicht bezahlt haben. Bis zum 1. Juli 1927 haben erst 854 Anträge von 7891 Rechtsgültigkeit erlangt und zur Ablösung von 6800 ha geführt.

In den Westmarken, im ehemals preußischen Gebiet, ist das erste Gesetz über die Durchführung der Agrarreform von 1920 nicht angewandt worden; dafür wurde mit äußerster Schärfe hier durchgeführt vor allem das *Annullationsgesetz* vom 14. Juli 1920 und das *Liquidationsgesetz* vom 15. Juli 1920.

Durch das Annullationsgesetz zog der polnische Staat auf Grund von Artikel 256 des Versailler Vertrages allen Grund

und Boden ein, für den am 11. November 1918 das Reich, die Bundesstaaten oder Mitglieder der deutschen Fürstenhäuser als Eigentümer oder Inhaber von dinglichen Rechten im Grundbuche eingetragen waren. Die Eigentümer und Insassen dieser Besitzungen mußten ohne Entschädigung ihr Eigentum verlassen; sie wurden darauf verwiesen, daß der Gegenwert dieses Staatseigentums dem Deutschen Reiche auf Reparationskonto gutgeschrieben werden sollte. Praktisch war das Gesetz vor allem deshalb bedeutungsvoll, weil Polen 3964 Ansiedler mit etwa 60 Tsd. ha[19]) darunter fallen ließ, die ihre Rentengutsverträge mit der Ansiedlungskommission vor dem 11. November 1918 abgeschlossen, aber die Auflassung erst später erhalten hatten.

Diese Annullationen haben den Völkerbundsrat und den Ständigen Internationalen Gerichtshof im Haag beschäftigt; in seinem Gutachten vom 10. September 1923 stellte der Haager Gerichtshof fest, daß das Gesetz mit den Verpflichtungen Polens aus dem Versailler Vertrage und dem Minderheitenvertrage unvereinbar sei; auch den Stichtag des 11. November 1918 hatte Polen unberechtigterweise gewählt. Nach langwierigen Verhandlungen des Völkerbundrats mit Polen erklärte sich Polen bereit, jenen Ansiedlern, die sämtlich ohne Entschädigung aus ihren Stellen vertrieben waren, eine Entschädigung zu zahlen, allerdings nur, soweit es sich um polnische Staatsangehörige handelt. Durchschnittlich entfielen danach auf den Ansiedler 5000 Schweizer Franken, etwa ein Drittel bis ein Fünftel des tatsächlichen Wertes; die Auszahlung dieser Beträge ist erst in den letzten Jahren in Gang gekommen und war auch Anfang 1929 noch nicht beendet.

Zur Liquidation des reichsdeutschen Eigentums gegen angemessene Entschädigung ist Polen nach Artikel 92 und 297 des Versailler Vertrages berechtigt, dessen Artikel 91 deutschen Reichsangehörigen, die sich nach dem 1. Januar 1908 in den polnisch werdenden Gebieten niedergelassen haben, den Erwerb der polnischen Staatsangehörigkeit »nur mit besonderer Genehmigung des polnischen Staates« gestattet, offenbar, weil 1908 das preußische Enteignungsgesetz gegen die Polen ergangen war und die Polen die deutsche Ansiedlung nach 1908 auf dieses Gesetz zurückführten, das nur in drei unbedeutenden Fällen zur Anwendung gekommen ist. Auf dieser Grundlage erging das Liquidationsgesetz vom 15. Juli 1920. Bis Anfang 1925 waren über 94000 ha teils li-

---

19) Nach der deutschen Eingabe an den Völkerbund vom 16. 8. 1927. Nach dieser sind auch an 200 Domänenpächter mit insgesamt etwa 40 Tsd. ha vertrieben worden, nach Dr. Albrecht Schubert (»Die Entwicklung der Posener Landwirtschaft im Rahmen der gesamten Staatswirtschaft«, *Deutsche Wissenschaftliche Zeitschrift für Polen*, 14. Sonderheft, Posen 1928, S. 114) betraf diese Maßnahme etwa 170 Staatsgüter mit etwa 100 000 ha Fläche.

quidiert, teils unter der Drohung des Liquidationsverfahrens freiwillig veräußert. Darunter waren 80 Landgüter mit einer Fläche von etwa 66 000 ha und 1796 bäuerliche und Ansiedlerstellen im Umfange von 28 000 ha. Für die Liquidation verblieben damals etwa 100000 ha, unter denen sich 20 größere Güter mit 65000 ha und 2500 Bauernstellen mit 35000 ha befanden. Bis 1929 hat Polen etwa 120000 ha deutschen Grundbesitzes durch die Liquidation enteignet[20]).

Im einzelnen knüpfen sich an Polens Liquidationsrecht eine große Anzahl von Streitfragen. Polen, das in der Liquidation ein starkes Mittel zur »Degermanisation« der ehemals preußischen Gebietsteile sieht, hat einerseits das ihm zustehende Recht in recht extensiver Weise ausgeübt und ist andererseits seiner Verpflichtung, die Liquidanten angemessen zu entschädigen, nur höchst mangelhaft nachgekommen. Vor dem deutsch-polnischen Gemischten Schiedsgerichtshof, der durch den Vertrag von Versailles zur Entscheidung der hierdurch entstandenen Streitfragen eingesetzt ist, schweben infolgedessen mehr als 1000 Prozesse gegen Polen.

In vielen Fällen hat Polen das Wiederkaufsrecht angewandt, um den Übergang an deutschstämmige Anerben zu verhindern und den Verkauf an Polen zu erzwingen[21]).

Im ganzen wird die Fläche, die der neue Staat im Preußischen Anteil bis 1927 (größtenteils in den Jahren 1920—1923) aus deutscher in polnische Bewirtschaftung überführt hat, auf eine Million ha geschätzt[22]).

Als ein wirksames weiteres Mittel zur Entdeutschung des preußischen Anteils benutzt der polnische Staat zu Unrecht das Vorkaufsrecht für jedes ländliche Grundstück über $^1/_8$ ha Umfang und das Recht, die Auflassung zu verweigern[23]).

3. Das Agrargesetz vom 28. Dezember 1925.

Im folgenden soll der Inhalt dieses Gesetzes[24]), das die Agrarverfassung und die Besitzverteilung in Polen von Grund auf ändern will, kurz charakterisiert werden, wobei zum Vergleich das Gesetz von 1920[25]) und der Entwurf von 1923 gelegentlich

---

20) *»Der Heimatdienst«*, Jahrgang IX, Nr. 22, Berlin 1929, S. 390.

21) Die Deutsche Eingabe an den Völkerbund vom 16. 8. 1927 nennt 253 Fälle, Dr. Albrecht Schubert (a. a. O., S. 118) 380.

22) Dr. Albrecht Schubert, a. a. O., S. 111.

23) Vgl. Jakob Gmelin, »Die polnische Agrarreform und ihre Bedeutung für die polnische Minderheitenpolitik«, *»Archiv für Innere Kolonisation«* 1925, S. 89, und Kasiński, a. a. O., S. 13.

24) Eine deutsche Übersetzung hat das *»Archiv für innere Kolonisation«* 1926, S. 45—78, veröffentlicht.

25) Eine deutsche Übersetzung des Gesetzes und dessen Ausführungsvorschriften im *»Archiv für innere Kolonisation«* 1921/22, S. 72—85.

herangezogen werden sollen. Im ganzen stellt das Gesetz von 1925 nur eine, freilich in technischer Hinsicht vielfach verbesserte Neuauflage des Gesetzes von 1920 dar. Das neue Gesetz nimmt wenigstens theoretisch auf die Produktion Rücksicht; »der landwirtschaftliche Charakter der Republik Polen«, lautet der einleitende Artikel, »wird auf starke, gesunde und produktionsfähige landwirtschaftliche Betriebe verschiedener Art und Größe gestützt sein, welche privates Eigentum ihrer Besitzer sind«. Die Gründung neuer sich selbst genügender landwirtschaftlicher Betriebe und die Vergrößerung bestehender kleinbäuerlicher Wirtschaften zu sich selbst genügenden Wirtschaften sind die Hauptmittel zur Erreichung dieses Zweckes; daneben sollen Kleinwirtschaften für Gärten und Gemüsebau, Arbeiter- und Beamtenkolonien und Terrains für landwirtschaftliche Schulen und Musteranstalten zur Verfügung gestellt werden.

Die bereitzustellende Bodenfläche. Im Gegensatz zu dem Gesetz von 1920 werden Wälder, in denen rationelle Forstwirtschaft besteht, und Gewässer, die industriell oder zu Fischereizwecken benutzt werden, von der Parzellierung ausgenommen. Im übrigen wird grundsätzlich aller öffentliche Grundbesitz (Besitz des Fiskus, der früheren preußischen Ansiedlungskommission, der ehemaligen russichen Bauern- und Adelsbank, die liquidierten Güter, der Besitz der toten Hand (soweit das Konkordat vom 23. April 1925 es gestattet), der Kirchen, Stiftungen usw. zur Parzellierung bestimmt, insbesondere wird für die Parzellierung der gesamte Privatbesitz, auch die Majorate und sonstiger gebundener Besitz, zur Verfügung gestellt, soweit er 180 ha (in den Industriezentren oder in Vorstädten 60 ha) übersteigt; in den Ostgebieten (Wojewodschaft Nowogródek, Polesien, Wolhynien, im Verwaltungsbezirk Wilna sowie in den Kreisen Grodno, Wołkowysk, Bielsk, Białystok, Sokółka der Wojewodschaft Białystok) sind bis zu 300 ha von zwangsweiser Parzellierung freigegeben, sofern die Eigentümer mindestens seit dem 1. Januar 1864 im Gebiet der Polnischen Republik gewirtschaftet haben. Die Normen von 60 und 180 ha fanden sich schon in dem Gesetz von 1920; für bestimmte Teile der Ostgebiete und auch der früheren deutschen Gebietsteile war jedoch 1920 eine jetzt weggefallene Freigrenze von 400 ha vorgesehen — schon hier zeigt sich, daß das neue Gesetz gegen die Minderheiten schärfer vorgeht. Für den Großgrundbesitz im allgemeinen finden sich allerdings im neuen Gesetz einige wesentliche Verbesserungen. Zunächst scheidet jetzt nicht mehr das Bezirkslandamt, sondern der Eigentümer selbst das Restgut aus seinem Besitz aus; sein darauf bezüglicher Antrag ist vom Bezirksamt innerhalb eines Monats zu erledigen; Nichterledigung gilt als Zustimmung, Ablehnung ist nur zulässig, falls der Antrag den Bestimmungen des Gesetzes widerspricht. Ferner werden jetzt Obstgärten, Wege und bebaute Flächen, auch Wälder über 30 ha (in den Ostgebieten über 50 ha) und ablaßbare Teiche über 3 ha oder andere Wasserflächen über 20 ha in jene Freigrenze nicht mehr eingerechnet, was eine Besonderheit der polnischen Agrargesetzgebung ausmacht. Vor allem aber ist es wichtig, daß das neue Gesetz mit Rücksicht auf die landwirtschaftliche Kultur oder auf Meliorationen namentlich bei Gütern, die Saatzucht oder Viehzucht betreiben, — abgesehen von den oben erwähnten Grundnormen — noch Zusatzflächen von der Zwangsenteignung freistellt. Das Gesetz von 1920 hatte in dieser Beziehung nur eine vage Klausel. Und zwar wird bei Landgütern, die vor dem 1. Januar 1925 in Tätigkeit befindliche Brennereien, Stärkefabriken oder Kartoffeldarren besaßen, bis zum Vierfachen der Fläche, die 1914 oder 1923 oder 1924 mit Kartoffeln bebaut war, freigegeben, jedoch im ganzen, einschließlich der obigen Grundnormen, nicht mehr als 350 ha. Bei Gütern, die vor dem 1. Januar 1925 intensiven Zuckerrübenbau betrieben haben, wird bis zum sechsfachen der mit Zuckerrüben bebauten Fläche von der Zwangsparzellierung freigegeben, jedoch alles in allem nicht mehr als 700 ha. In beiden Fällen kann der Besitzer die betreffenden Flächen auswählen; doch wird dieses Zugeständnis durch zwei Bestimmungen wieder eingeschränkt. Zunächst darf die allgemeine Fläche dieser Ausscheidungen 550000 ha nicht übersteigen. Wesentlicher ist noch, daß über die Gewährung dieses zusätzlich freizugebenden Landes endgültig die Minister für Landwirtschaft und für Agrarreform oder der Ministerrat entscheiden; die betreffenden Anträge der Eigentümer können ohne Angabe von Gründen abgelehnt werden. Auch diese Bestimmung ist hauptsächlich gegen die Minderheiten gerichtet, zumal dadurch jede Möglichkeit der Beschwerde, des Rechtsweges zum Obersten Verwaltungsgericht, ausgeschaltet wird.

Eine Sonderbestimmung stellt der Artikel 3 dar, der eine Totalenteignung gewisser Grundstücke bis auf ein Restgut von 35 ha vorsieht und der in der Hauptsache als Strafbestimmung für Nichtinnehaltung gewisser Vorschriften dient, aber auch den Grundbesitz abwesender Personen trifft. Daneben aber enthält er für die Ostmarken noch eine Sondervorschrift, indem bis auf 45 ha aller Besitz, der dort namentlich 1864 und 1865 nach dem polnischen Aufstande mit Hilfe der russischen Verwaltung erworben wurde, enteignet werden kann. Ob diese Bestimmung mit dem Minderheitenvertrag vereinbar ist, kann zweifelhaft erscheinen, wenn auch das Gesetz von 1925 in dieser Beziehung nicht mehr soweit geht wie der Entwurf von 1923, der auch die Enteignung z. B. aller durch die russische *Bauernbank* geschaffenen Stellen vorsah. Welche Flächen jetzt unter diese Bestimmung fallen, läßt sich genau nicht angeben. Nach der oben erwähnten polnischen Statistik von 1921, die allerdings gerade für die östlichen Wojewodschaften noch recht unvollständig ist, würde der russische Privatbesitz über 50 ha in den Wojewodschaften Wilna, Nowogródek, Polesien und Wolhynien etwa 900000 ha betragen. In Wirklichkeit ist die Ziffer zweifellos viel höher. Waclaw Schmidt[26]) gibt in seiner verdienstvollen Arbeit über die »Entstehung des privaten russischen Landeigentums in den früheren Gouvernements Wilna, Grodno und Minsk 1793—1875« den Umfang der polnischen Güter, die nach dem polnischen Aufstande von 1863 in der Zeit von 1866 bis 1873 dem Zwangsverkauf an Russen unterlagen, auf 288 000 Desjatinen an; ferner gingen von 1864 bis 1873 in freiwilligen Verkäufen, bei denen polnische Käufer ausgeschlossen waren, in russische Hände über 561 000 Desjatinen, wozu noch 390 000 Desjatinen kommen, die von 1793 bis 1801 an russische Familien verliehen wurden, welch letztere allerdings nicht sämtlich in russischer Hand blieben. Bei diesen Zahlen ist freilich zu berücksichtigen, daß nur ein kleiner Teil des früheren Gouvernements Minsk und nicht das ganze Gouvernement Wilna zum heutigen Polen gehören. Unter die Enteignung bis auf 45 ha fallen nach der erwähnten Bestimmung weiter alle Güter, die mit Hilfe der *Adelsbank* erworben sind, jener russischen Regierungsbank, die im Nordwest- und Südwestgebiet dem russischen Adel auf die bloße Absicht des Landkaufs hin Darlehen bis zu 75% des Wertes des zu kaufenden Gutes gewährte. Die Adelsbank hatte am 1. Januar 1912 in den Gouvernements Wilna, Kowno, Grodno 469000 ha, in Wolhynien und Podolien 1042000 ha beliehen; wieviel hiervon unter die erwähnte Bestimmung fallen, ist nicht zu übersehen.

Das jährliche Parzellierungskontingent und der Zwangsankauf. Für die nächsten 10 Jahre wird das Parzellierungskontingent auf 200000 ha jährlich festgesetzt. In das jähr-

---

26) »*Geneza prywatnej rosyjskiej wlasnosci ziemskiej w b. gubernjach wileńskiej, grodzieńskiej i mińskiej 1793—1875*«, Warschau 1923.

liche Parzellierungskontingent wird die private Parzellierung eingerechnet, sofern die Parzellen durch qualifizierte Bewerber in Besitz genommen sind und wenn der Parzellierungsplan durch das Bezirksamt aufgestellt ist. Durch diese Bestimmung unterscheidet sich das neue Gesetz vornehmlich von dem Gesetz von 1920, das die gesamte Parzellierung in die Hände der staatlichen Bürokratie zu legen schien, die dieser Aufgabe nicht im entferntesten gewachsen war.

Für jedes Planjahr (Kalenderjahr) veröffentlicht der Ministerrat mindestens 11 Monate[27]) vor dem Beginn den Parzellierungsplan *(plan parcelacyjny)*; in diesem setzt er fest, wieviel Hektar Staatsland und wieviel Hektar privaten Eigentums in den einzelnen Landamtsbezirken zu parzellieren sind; manchmal gibt er auch schon eine Unterteilung des Parzellierungskontingents auf einzelne Kreise oder Kreisgruppen. Wird dieses bis zum 1. November nicht erreicht, so vervollständigt er den Parzellierungsplan ein Jahr nach dessen Veröffentlichung, also im Januar des Planjahres selbst, durch ein namentliches Verzeichnis (*imienny wykaz*) der Güter oder Gutsteile, die dem Zwangsankauf (*wykup przymusowy*) in dem Fall unterliegen, daß die Eigentümer sie nicht bis zum 1. Dezember des Planjahres parzelliert oder an die Staatliche Agrarbank verkauft haben. Bei der Aufstellung des Parzellierungsplanes kann der Ministerrat nach Belieben ganze Bezirke freigeben, andere sehr stark heranziehen. Rücksicht auf die bestehende Grundbesitzverteilung braucht er nicht zu nehmen. Daher ist auch die Auswahl der Güter bei der Aufstellung der Namensliste sehr willkürlich: da schon der Parzellierungsplan das Jahreskontingent nach Belieben auf die Gebietseinheiten verteilen und die Kreise willkürlich und wechselnd gruppieren kann, so bot auch die Vorschrift, daß in den einzelnen Bezirken, Kreisen und Kreisgruppen, die größeren Güter vor den kleineren herangezogen werden sollen, keinen wirksamen Schutz vor Ungerechtigkeiten — und auch diese Bestimmung des Gesetzes ist durch *Verfügung des Präsidenten der Republik vom 13. Februar 1928* gestrichen worden. Diese Willkür öffnet politischen Mißbräuchen, namentlich gegen die Minderheiten, Tür und Tor und gefährdet den gesunden Zweck des Gesetzes, die Grundbesitzverteilung dort zu bessern, wo es vor allem notwendig wäre. Mit der vorherigen Ankündigung der Parzellierungsabsichten wird bis zu einem gewissen Grade den Produktionsbedürfnissen Rechnung

---

27) Nach der *Verordnung des Präsidenten der Republik vom 19. Dezember 1927* bis zum 15. Februar.

getragen, der Gutsbesitzer kann noch die Ernte einbringen. Doch sei schon hier bemerkt, daß auch in Polen eine rationelle Wirtschaft dem Großgrundbesitzer kaum noch möglich ist: völlig willkürlich kann er zur Parzellierung von 100 oder 500 ha oder 1000 ha Ackerbodens gezwungen werden; die Enteignung in einem Jahre schützt ihn nicht davor, im nächsten Jahre wieder betroffen zu werden, solange die Grenze von 180 ha (bzw. 60 oder 300 ha) nicht erreicht ist. Abgesehen von der ungeheuren Unsicherheit, die damit in jede Gutswirtschaft getragen wird, werden aber auch Meliorationen und Investitionen, wie wir noch sehen werden, nur ganz unzulänglich entschädigt. Die Auswahl der zu enteignenden Fläche und die Festsetzung ihrer Grenzen erfolgt durch das Bezirkslandamt; doch ist dabei natürlich der Antrag des Eigentümers, betreffend die ihm in jedem Falle zu belassende Restgutfläche zu berücksichtigen. Der enteignete Teil des Gutes ist von allen Bewohnern, ausgenommen Pächter, Angestellte, Gesinde und die alten Landarbeiter (Gratialisten), 3 Monate nach erhaltener Aufforderung, die wohl meist unmittelbar nach der Besitzergreifung durch das Bezirkslandamt ergehen wird, zu verlassen, ohne daß die betroffenen Personen wegen der Exmission einen Anspruch gegen den Fiskus erheben können.

Für 1926 hat man an die Aufstellung eines Parzellierungsplanes nicht mehr denken können; dafür ist am 9. Januar 1926 gleich die namentliche Liste der zu enteignenden Grundstücke erschienen. Die Listen für 1926—1929 und die Parzellierungspläne für 1927—1930 ergeben folgende regionale Verteilung der privaten zu parzellierenden Flächen (in ha).

		Kongreßpolen und Westgalizien	Nordosten und Ostgalizien	Posen	Pommerellen	Preußischer Anteil insgesamt	Schlesien
1926	**Liste**	**19 135**	**18 925**	4 450	7 300	**11 750**	
1927	Plan	38 000	65 200	8 300	8000	16 300	500
	Liste	**10 653**	**24 298**	7 162	7 048	**14 210**	**500**
1928	Plan	43 100	40 500	8 200	7 200	15 400	500
	Liste	—	—	2 517	4 909	**7 426**	**492**
1929	Plan	87 100	58 100	7 700	6 600	14 300	500
	Anrechnung	58 613	22 465	793	—	793	—
	Rest	28 487	35 635	6 907	6 600	13 507	500
	Liste	—	—			**7 862**	**420**

		Kongreßpolen und Westgalizien	Nordosten und Ostgalizien	Posen	Pommerellen	Preußischer Anteil insgesamt	Schlesien
1930	Plan	49 000	88 000	10 000	8 000	18 000	
	Anrechnung	28 109	37 026	—	—	—	
	Rest	20 891	50 974	10 000	8 000	18 000	
Listen insgesamt		**29 788**	**43 223**			**39 248**	**1 412**
Anrechnungen insgesamt		86 722	59 491			793	

Das Verzeichnis für 1926 umfaßte nicht ganz 50000 ha; darüber hinaus ist 1926 außer Staatsland sehr viel Privatbesitz, besonders in Kongreßpolen und Galizien, wo die Kleinbauern im freien Verkehr den preußischen Morgen mit 12—1500 Złoty (allerdings bei sehr geringer Anzahlung) bezahlen, freiwillig parzelliert worden, so daß die 1926 parzellierte Fläche auf 217000 ha geschätzt wird [28]).

Von den 50 000 ha, welche die Namensliste zur Enteignung bestimmt, entfallen 14,6 % auf die Wojewodschaft Pommerellen (Bezirkslandamt Graudenz), obwohl die Wojewodschaft nur 3,7 % des polnischen Großgrundbesitzes enthält und obwohl sie ungleich gesündere Agrarverhältnisse als die meisten anderen polnischen Wojewodschaften hat. Die Flächen, die von den einzelnen Gütern zur Parzellierung bestimmt wurden, waren sehr verschieden, von 25 ha stiegen sie bis zu 1450 ha (bei Gütern des Fürsten von Thurn und Taxis in Südposen). Im ethnographischen Polen hatten die betroffenen Güter überwiegend 100 ha, auch 100—150 ha beizusteuern; in den Ost- und Westgebieten sind die Flächen größer. Am stärksten wurden auch hinsichtlich der Größe der Flächen für die einzelnen Güter die ehemals preußischen Landesteile herangenommen; 300 ha sind hier, wenigstens bei den deutschen Eigentümern, die Regel, aber auch Flächen von 600 bis 700 ha, ja 1000 ha kamen bei deutschen Besitzern vor. In den Ostgebieten mußten allerdings auch einige polnische Magnaten ähnliche Flächen abgeben, aber hier handelt es sich ausnahmslos um große Latifundien der Radziwills, Sanguszkos, Lanckoronskis usw. Noch deutlicher wird die Tendenz der Verordnung aus der nächsten Ta-

[28]) Dr. Albrecht Schubert, a. a. O., S. 45.

belle. In den Ostgebieten sind die Verhältnisse schwerer zu beurteilen; immerhin scheinen z. B. im Verwaltungsbezirk Wilna 16 russische (2570 ha), ein deutsches (50 ha) und 9 polnische Güter mit 1830 ha betroffen zu sein, in Łuck 8 ukrainische Güter (1 140 ha) und 9 polnische Güter (2860 ha); auch jüdische Güter, die ja selten sind, wurden betroffen. Im übrigen steht Polen in den Ostgebieten ja die oben erwähnte Ausnahmebestimmung gegen die russischen Güter zur Verfügung; diese Güter können zudem jederzeit und ohne Veröffentlichung im namentlichen Verzeichnis zwangsweise parzelliert werden!

Der Parzellierungsplan für 1927 legt in Posen nur den Grenzkreisen, die vornehmlich stark deutsch durchsetzt sind, eine Landabgabe auf, die inneren (überwiegend polnischen) Kreise bleiben völlig verschont.

Es haben abzugeben:

Wirsitz	1300 ha	Lissa	800 ha
Kolmar	1000 ,,	Rawitsch	600 ,,
Czarnikau	600 ,,	Krotoschin und Adelnau	600 ,,
Birnbaum	1000 ,,		
Wollstein	600 ,,	Kempen	1800 ,,

Dem entspricht, daß die Grenzprovinz im höchsten Wortsinn, der Korridor, weit schwerer belastet wird als Posen. Hier in Pommerellen sind die Zahlen für die einzelnen Kreise und Kreisgruppen weniger bedeutungsvoll, da der nichtpolnische Großgrundbesitz hier auch in fast allen ethnographisch polnischen Kreisen beträchtlich ist, also auch in diesem die geforderten Flächen in der Hauptsache deutschen Gütern entnommen werden können.

Wie willkürlich die Kreisgruppen gebildet worden sind, zeigt, daß abzugeben haben die Kreise:

Kulm, Thorn, Briesen; Zempelburg, Konitz, Tuchel	4000 ha
Graudenz, Schwetz, Mewe	1000 ,,
Dirschau, Pr.-Stargard, Berent	900 ,,
Putzig und Neustadt	800 ,,
Strasburg und Soldau	700 ,,
Karthaus	300 ,,
Löbau	300 ,,

Der Parzellierungsplan für 1928 trifft in der Wojewodschaft Posen wieder die stark deutsch durchsetzten Grenzkreise am schärfsten.

Er verlangt von den Kreisen:

Bromberg, Kolmar und Wirsitz	1250	ha
Czarnikau, Samter und Grätz	250	,,
Birnbaum, Neutomischel und Wollstein	1650	,,
Lissa, Schmiegel, Kosten, Costyn, Rawitsch	1150	,,
Krotoschin, Adelnau, Schildberg, Kempen	1200	,,

und nur den Rest von 2700 ha von den inneren Kreisen.

Wieder wird der Korridor schärfer herangezogen als Posen.

Es haben abzugeben die Kreise:

Putzig und Neustadt	mit 1500	ha
Karthaus und Berent	,, 700	,,
Dirschau, Pr.-Stargard und Mewe	,, 1000	,,
Konitz, Zempelburg und Tuchel	,, 900	,,
Soldau, Löbau, Graudenz, Schwetz	,, 2000	,,
Kulm, Thorn, Briesen, Strasburg	,, 1100	,,

Für 1929 entfällt mehr als die Hälfte der noch zu parzellierenden Fläche in Posen auf südliche Grenzkreise, in Pommerellen auf 5 Kreise des eigentlichen Korridors.

Es haben abzugeben (ohne die angerechneten Parzellierungen) die Kreise:

Adelnau, Krotoschin	3600	ha
Lissa, Schmiegel, Wollstein, Neutomischel, Birnbaum	442	,,
Czarnikau, Grätz, Samter	228	,,
Kolmar, Obornik, Wirsitz, Bromberg	550	,,
Koschmin, Jarotschin, Pleschen	400	,,
die übrigen Kreise Posens	1687	,,
Putzig und Neustadt	1300	,,
Dirschau, Kr. Stargard, Mewe	900	,,
Karthaus und Berent	1400	,,
Zempelburg, Konitz, Tuchel, Schwetz	700	,,
Graudenz, Löbau, Soldau	1300	,,
Kulm, Thorn, Briesen, Strasburg	1000	,,

Tatsächlich treffen die namentlichen Enteignungslisten auch der folgenden Jahre die Deutschen absolut und erst recht relativ viel härter als die Polen, wie folgende Zusammenstellung für die ehemals preußischen Gebiete zeigt [29]):

Namenliste für das Jahr	Deutsche		Polen	
	Zahl	Fläche in ha	Zahl	Fläche in ha
1926	32	10 800	7	950
1927	35	7 813	27	4397
1928	19	5 109	7	2809
1929	25	7 292	5	570
zusammen	111	**31 014**	46	**8726**
Gesamter Besitzstand	1806	**596,8** Tsd.	3100	**944,8** Tsd.

[29]) Vgl. hierzu H. v. Wedel, »Die Agrarreform in Polen«, »*Osteuropa*«

Aus den obigen Zahlen ergibt sich, daß die Enteignung nur die Westgebiete trifft; 1928 und 1929 werden in den namentlichen Enteignungslisten die anderen Landamtsbezirke gar nicht mehr aufgeführt; bei den Plänen für 1929 und 1930 finden fast überall außerhalb des früheren deutschen Anteils sehr hohe Anrechnungen statt, sodaß man annehmen kann, daß hier die Agrarreform größtenteils nur die natürliche Entwicklung sanktioniert. Für das Privatland im gesamten Gebiet der Polnischen Republik übertreffen 1926—1928 die tatsächlichen Parzellierungen (487 Tsd. ha) das Parzellierungssoll, das 269 Tsd. ha beträgt nach der Namenliste von 1926 und den Plänen für 1927—1928, und 429 Tsd. ha, wenn man den Plan für 1929 schon mitrechnet. Nur im preußischen Anteil übersteigt das vom Staat auferlegte Soll erheblich die tatsächliche Parzellierung.

In ganz Polen	Plan-Kontingent	Es sind tatsächlich parzelliert worden [30]			Es verbleiben für 1929
		1926	1927	1928	
Namenliste 1926	49,8	L 49,8			
Parzellierungsplan 1927	120,0	70,3	L 49,7		
Parzellierungsplan 1928	99,5		92,6	L 7,9	
Parzellierungsplan 1929	160,0		A 81,9	70,2	L 7,9
Parzellierungsplan 1930	155,0			A 65,1	89,9
Summe		120,1	224,2	143,2	
			487,5		
Nach Landesteilen	*L 1926 — Plan 1929*				
Kongreßpolen u. Krakau	187,4	46,5	112,5	56,6	20,1
Nordosten und Lemberg	182,7	59,9	87,1	72,7	51,0
Preußischer Anteil	57,8	13,8	22,9	13,1	25,9
Schlesien	1,5	—	0,5	0,5	0,4

1927/28, S. 361; »*Kreuzzeitung*« vom 19. 2. 1929; Eingabe an den Völkerbund vom 16. 8. 1927.

[30]) 1926: (Namenliste 1926) + (Plan 1927 — Liste 1927);
1927: (Namenliste 1927) + (Plan 1928 — Liste 1928) + (Anrechnung 1929);
1928: (Namenliste 1928) + (Rest 1929 — Liste 1929) + (Anrechnung 1930).

Die Zahlen mit vorgesetztem L (Liste) geben die Flächen an, die in den namentlichen Zwangsankaufslisten aufgeführt wurden, die Zahlen mit vorgesetztem A (Anrechnung) die Flächen, die schon parzelliert wurden, ehe auch nur der Parzellierungsplan erschienen war, und deshalb auf einen späteren Parzellierungsplan angerechnet wurden.

Die 1926—1928 parzellierten 487 Tsd. ha aus Privatbesitz entfallen also mit 216 Tsd. auf das ethnographische Polen, mit 220 Tsd. auf das Siedlungsgebiet der ostslawischen Völker, mit 50 Tsd. auf den preußischen Anteil. 1929 sollen die Grenzgebiete, soweit man bis jetzt sehen kann, viel schärfer herangezogen werden als das ethnographische Polen.

Zu den Parzellierungen des Privatlandes kommen noch die von Staatsland und Grundbesitz der Staatlichen Agrarbank.

Nach Kasiński[31]), dessen Zahlen im einzelnen allerdings beträchtlich von denen in der amtlichen Publikation von 1928 abweichen, stellen wir folgende Tabelle zusammen:

Ergebnisse der Parzellierung in den Jahren 1919—1927.

Bezirkslandamt	1919—1925	1926 und 1927	1919—1927 in ha	insgesamt *in % der ges. parzell. Fläche*
Warschau	69 621	51 574	121 168	*8,6*
Petrikau	34 507	20 710	55 217	*3,9*
Kielce	69 929	41 309	111 238	*7,9*
Lublin	118 580	41 090	159 670	*11,3*
Białystok	50 109	21 039	71 148	*5,0*
Zentralpolen	342 742	175 695	**518 437**	***36,7***
Krakau	40 811	19 461	60 272	*4,3*
Lemberg	113 343	33 394	146 737	*10,4*
Galizien	154 154	52 895	**207 009**	***14,7***
Łuck	142 022	37 673	179 695	*12,8*
Brest	67 145	32 350	99 495	*7,1*
Grodno	121 305	53 220	174 525	*12,4*
Wilna	74 490	49 914	124 404	*8,8*
Ostgebiete	404 962	173 157	**578 119**	***41,1***
Posen	28 810	26 765	55 575	*3,9*
Pommerellen	20 988	25 631	46 619	*3,3*
Preußischer Anteil	49 798	52 396	**102 194**	***7,2***
Schlesien	60	3 170	3 230	*2,2*
Polen insgesamt	951 720	457 273	**1408 993**	*100*

Von der Gesamtfläche parzellierte der Staat rd. 40%, die Institutionen und die Staatsagrarbank 23%, Private 37%. Stellen wir wie schon früher das ethnographische Polen (Zentralpolen und Krakau) den anderen Gebieten gegenüber, so ist es mit 41% am Parzellierungsergebnis beteiligt, der Nordosten und Ostgalizien mit 51$^1/_2$, der Westen mit 7$^1/_2$%. Dabei ist aber zu berücksichtigen, daß der Staat in Posen-Pommerellen durch direk-

31) A. a. O., S. 61/62.

ten und indirekten Zwang mehr als 15000 deutsche Siedler- und Bauerngüter in polnische Hände brachte. Freihändige Parzellierungen großer Güter finden dort nicht statt, weil polnische Bewerber dafür fehlen. Diese rechnen mit Bestimmtheit darauf, daß die wertvollen deutschen Landgüter ihnen durch Liquidation und Enteignung billiger zufallen.

In ganz Polen wurden von der parzellierten Gesamtfläche, die amtlich auf 1414,3 Tsd. ha angegeben wird, 806,7 Tsd. ha (57%) in 80606 selbständigen Siedelungen (mit durchschnittlich 10 ha) ausgelegt, 445,8 Tsd. ha (31,5%) kamen in 200321 Losen (durchschnittlich 2,2 ha) an Anlieger; der Rest von 161,8 Tsd. ha (11,5%) diente zu Mustergütern, Handwerker- und Arbeiterstellen.

Die Abschätzung und die Entschädigung für die enteigneten Güter. Die Abschätzung eines zwangsweise gekauften Gutes geschieht durch das Bezirkslandamt, das sich dabei auf das Gutachten der Klassifizierungs- und Schätzungskommission stützt. Sie setzt sich zusammen aus Vertretern der drei Minister für Agrarreform, Landwirtschaft und Finanzen und je einem vereidigten Sachverständigen aus der Mitte des Großgrundbesitzes (über 180 ha), der kleineren Besitzer und der landlosen Arbeiter. Das Verfahren wird durch besondere Verordnung geregelt. Nach der bisherigen Gesetzgebung überwog das bürokratische Element in dieser Kommission noch stärker, auch so sind diese Kommissionen aber ganz in der Hand des Staates. Nach der erfolgten Abschätzung setzt die Bezirkslandkommission auf Antrag des Bezirkslandamtes die Entschädigung endgültig fest; doch kann der Eigentümer innerhalb 30 Tagen gegen diese Entschädigung den Zivilrechtsweg beschreiten. Da dies Verfahren aber durch besonderes Gesetz geregelt werden soll, steht noch nicht fest, wie weit hierin eine wirkliche Garantie für den Eigentümer liegt. Bei den oben erwähnten russischen Gütern wird der Preis von der Bezirkslandkommission auf Grund des beim letzten Verkauf gezahlten Preises oder auf Grund von Preisen festgesetzt, die für Güter in ähnlichen Umständen und zur gleichen Zeit gezahlt werden. Im Normalfalle aber bemißt sich die Entschädigung nach dem geschätzten Wert der Grundstücke, der Baulichkeiten, des Holzstandes und der Gewässer, sowie des nicht amortisierten Teiles von Meliorationsanlagen abzüglich der Servituten. Doch sind dafür maßgebend die Grundsätze, nach denen die Feststellung der Vermögenssteuer erfolgt, d. h. die Schätzung beträgt nur ein Viertel bis ein Drittel des tatsächlichen Wertes. Einen

Antrag, wonach diese Anlagen nach ihrem wirklichen Werte geschätzt werden sollen, lehnte der Sejm in der endgültigen Beschlußfassung ab. Die Entschädigung wird teils in bar, teils in 5%igen staatlichen Goldlandrentenbriefen bezahlt; der Kurs dieser letzteren wird alljährlich festgesetzt, jedoch nicht unter 70%. Für das Verhältnis der beiden Zahlungsarten, das von der allgemeinen Fläche der zu enteignenden Güter abhängig ist, stellt das Gesetz folgende Tabelle auf:

Fläche des Gutes:	in bar:	in Renten zum Nominalwert:	in Renten zum Kurse von nicht mehr als 70%
bis 1000 ha	50%	50%	—
von 1000—1500 ha	45%	45%	10%
„ 1500—2000 „	40%	40%	20%
„ 2000—2500 „	35%	35%	30%
„ 2500—3000 „	30%	30%	40%
„ 3000—4000 „	25%	25%	50%
über 4000 ha	20%	20%	60%

Die Landrentenbriefe, die nach dem Nominalwert ausgezahlt werden, werden in der Staatlichen Agrarbank deponiert und erst fünf Jahre nach dem Fälligkeitstermin ausgezahlt; in der Zwischenzeit erhält der Eigentümer nur die Zinsen. Die 5%ige Goldlandrente, die eine 41 jährige Amortisationsfrist hat und durch das gesamte Vermögen des Fiskus gesichert ist, soll den Gesamtbetrag von 300 Millionen neuen Złoty, 141,3 Millionen RM., für die Zwecke der Agrarreform nicht übersteigen.

M. W. liegt kein Material darüber vor, wie die Entschädigung in der Praxis gezahlt worden ist. An sich wird ihr größter Teil (75%) bereits bei der Einleitung des Verfahrens auf Feststellung der Entschädigung fällig und der Rest 30 Tage, nachdem der Entschädigungsbescheid rechtskräftig geworden ist. Bei der Landrente erleidet der Besitzer große Verluste. Ihr vom Agrarreformminister festgesetzter Kurs ist (Nov. 1929) 77%, ihr wahrer Kurswert etwa 55%. Ohnehin ist ja der Betrag von 300 Millionen viel zu klein, um auch nur die Hälfte der zu enteignenden Fläche von 2 Millionen ha annähernd dem Wert entsprechend zu bezahlen; nach dem Durchschnitt der Vorkriegspreise wären dazu etwa 1,1 Milliarden Goldzłoty nötig. Im einzelnen läßt sich nicht übersehen, wie viel oder wie wenig der Besitzer erhalten hat; daß es sich aber nur um einen Bruchteil des tatsächlichen Wertes handeln kann, ist sicher.

Es kommt hinzu, daß der Eigentümer unter Umständen noch

erhebliche Abstandssummen zahlen muß. So ist einem infolge der Parzellierung zu entlassenden Arbeiter, der sich nicht mit einer Parzelle abfinden läßt und mindestens 10 Jahre auf dem Gut beschäftigt gewesen ist, abgesehen von der normalen Erfüllung des Arbeitsvertrages eine einmalige Abfindung von 500 Zloty zu zahlen. War der Arbeiter 25 Jahre auf dem Gut beschäftigt (Gratialist), so steht ihm dort, wo über die Bezüge dieser Gratialisten bestimmte Sitten bestehen, das 10fache einer Jahresleistung, sonst das $2^1/_2$fache der jährlichen Naturallieferungen zu. Gestaltet sich auch die Hypothekenregelung, über die ein besonderes Gesetz ergeht, ungünstig, so können hier ähnliche Verhältnisse entstehen, wie sie der polnische Staat bei der Liquidation des reichsdeutschen Eigentums geschaffen hat: in einer ganzen Anzahl von Fällen sind dem Eigentümer, den der polnische Staat nach dem Vertrage von Versailles voll zu entschädigen hat, von dem niedrigen Schätzungsergebnis so große Abzüge gemacht, daß der Eigentümer des liquidierten Gutes nach Abschluß der Liquidation dem polnischen Staate einen Betrag zu zahlen hatte, der freilich auch im Gnadenwege erlassen werden konnte.

Die Parzellierung. Die Parzellierung kann einmal durch die dem Minister für Agrarreform unterstehenden Organe, Bezirkslandämter und Staatliche Agrarbank, geschehen oder durch Institute, die zur Parzellierung berechtigt sind, oder durch Eigentümer, die ihre Landgüter zur Parzellierung angemeldet und die Erlaubnis der Landämter dazu erhalten haben. Es ist schon hervorgehoben, daß sich durch die Wiederzulassung der privaten Parzellierung das Gesetz vornehmlich von dem von 1920 unterscheidet. Dabei müssen aber die Parzellierungspläne und die Verzeichnisse der Käufer durch den Vorsitzenden des Bezirkslandamtes endgültig bestätigt werden. Auch diese Bestimmung enthält eine große Gefahr für die Angehörigen der slawischen und der deutschen Minderheiten; Käuferverzeichnisse, in denen deutsche, ukrainische oder weißrussische Ansiedler enthalten sind, haben wenig Aussicht auf Bestätigung.

Bei der Parzellierung ist auf die Lebensfähigkeit der einzelnen Stellen Bedacht zu nehmen, auf die Sicherung der Zufahrtswege, Beseitigung der Gemengelage usw.; auch sollen die Grundstücke von den Ansiedlungen nicht übermäßig weit entfernt sein. Die neuen Stellen sollen 20 ha nicht übersteigen; nur in den vier nordöstlichen Wojewodschaften sowie in Pommerellen und in den Karpathenkreisen dürfen sie 35 ha groß sein. Der Grund hierfür liegt in den schlechteren Bodenverhältnissen und — in den Ostgebieten — in der extensiven Wirtschaft sowie darin, daß der polnische Kolonist nicht ärmlicher mit Land ausgestattet sein kann als der ukrainische und weißrussische Bauer. Das Gesetz von 1920 (Art. 27) hatte als Maximalgröße 15 ha festgesetzt; mit 20% des zu parzellierenden Bodens sollten schon bestehende Wirtschaften aber bis zu 23 ha (in den West- und Ostgebieten bis auf 45 ha) vergrößert werden können. Parzellen für Gemüse- und Gartenbau sollen nach dem Gesetz von 1925 nicht größer als 5 ha, Dorfhandwerkerparzellen nicht größer als 2 ha und Arbeiter-, Beamten- usw. Parzellen in der Nähe von Städten und Industrieorten nicht größer als 1 ha sein.

In erster Linie sollen aus den parzellierten Flächen die Zwergbetriebe auf jene Normalgrößen gebracht werden; sodann, in zweiter Reihe, können die Parzellen auch zur Bildung neuer selbständiger Ansiedlungen verwandt werden. Die Parzellierung in Polen soll also vor allem Anliegerparzellierung sein, was sie früher in Kongreßpolen auch ganz überwiegend war; aus dem Vorhandensein der großen Masse ländlicher Kleinbesitzer und landloser Arbeiter ergibt sich das ohne weiteres. Aber dieser Grundsatz ist wieder aus politischen, minderheitenfeindlichen Gründen durchbrochen. Die ursprüngliche Fassung des Gesetzes sah vor, daß die parzellierten Flächen in erster Linie zur Vergrößerung der Kleinbetriebe »in den benachbarten Dörfern« verwandt werden sollten, dann hätten namentlich die ukrainischen Anlieger in den Ostgebieten das erste Anrecht auf Berücksichtigung gehabt. Doch hat der Senat — und der Sejm hat dies bestätigt — die Worte »in den benachbarten Dörfern« gestrichen.

Ganz ähnlich ist es bei den Bestimmungen über die Auswahl der Bewerber. An sich werden als Ansiedler nur Leute zugelassen, deren Hauptbeschäftigung in landwirtschaftlicher Tätigkeit oder Garten- und Gemüsebau besteht oder die ihre Fähigkeit zur Führung eines selbständigen landwirtschaftlichen oder gärtnerischen Betriebes in anderer Weise nachweisen können. Soweit sie nicht bereits Eigentümer selbständiger Betriebe sind, werden die Bewerber in folgender Reihenfolge berücksichtigt:

a) Pächter und Angestellte der parzellierten Güter,

b) verdiente Soldaten und Invaliden der polnischen Armee und der Freiwilligenformationen,

c) die Hinterbliebenen solcher Militärpersonen,

d) Absolventen landwirtschaftlicher Schulen,

e) Rückwanderer, die aus politischen Gründen aus fremden Staaten auswandern mußten.

Für die erste Kategorie der Pächter und Angestellten der parzellierten Güter ist ausdrücklich bestimmt, daß bei der Parzellierung für die arbeitslos werdenden Teile der Gutsarbeiterschaft Parzellen vorzusehen sind; verzichten die Leute darauf, so steht ihnen die obenerwähnte geldliche Abfindung zu. Bei allen Kategorien soll vor allem die Bevölkerung der benachbarten Dörfer berücksichtigt werden. Aber auch dieser Grundsatz wird durchbrochen: der Minister für Agrarreform kann verfügen, daß die ganze parzellierte Fläche oder Teile davon an Bewerber aus übervölkerten Kreisen oder Gemeinden vergeben werden können; so kann er in beliebigem Umfange polnische Ansiedler in die Ost- oder Westgebiete bringen. Auch in einem solchen Falle hat die arbeitslos werdende Gutsarbeiterschaft Anspruch auf Parzellen; aber nur in anderen Gebieten; verzichtet sie auf die Umsiedlung, so hat in diesem Falle das Bezirkslandamt die Abfindung von 500 Złoty zu bezahlen. Durch diese Bestimmungen wird es ermöglicht, eins der Hauptziele der polnischen Agrargesetzgebung, die Kolonisierung der östlichen und westlichen Grenzmarken Polens mit polnischen Ansiedlern zu erreichen.

Musterwirtschaften sollen in den Wojewodschaften Posen, Pommerellen, Tarnopol, Stanislau, Białystok, Nowogródek, Polesien, Wolhynien und im Verwaltungsbezirk Wilna 75 ha, im übrigen Polen 60 ha nicht überschreiten.

Der Verkaufspreis für die Parzellen ist für jede einzelne unter Zugrundelegung des tatsächlich wirtschaftlichen Wertes der betreffenden Grundstücke sowie der überwiesenen Gebäude, Materialien und des Holzbestandes festzusetzen. Der Preis bildet einen integrierenden Bestandteil des Parzellierungsplanes und unterliegt der Bestätigung durch das Bezirkslandamt. Landlose Erwerber haben 5% der Schätzungssumme, Eigentümer von Zwergwirtschaften 10% und Eigentümer selbständiger Wirtschaften 20% beim Abschluß des Kaufvertrags anzuzahlen; das Restkaufgeld wird den ersten beiden Kategorien zu 41 jähriger Tilgung, der dritten Kategorie zu 20 jähriger Tilgung überlassen. Finanziell schwachen Erwerbern, umzusiedelnden Gutsarbeitern, Invaliden usw. werden außerdem aus einem besonderen Fonds auch weitergehende Erleichterungen und Kredite gewährt; die Rückzahlung dieser besonderen Beihilfen beginnt erst nach 5 Freijahren. Dieser besondere Hilfsfonds wird im wesentlichen aus

Zuschüssen des Staates und aus dem Gewinn, den die Bezirkslandämter aus der Parzellierung erzielen, gebildet.

Schließlich sei noch erwähnt, daß das Gesetz auf Polnisch-Oberschlesien keine Anwendung findet. Dort gilt das deutsche Reichssiedlungsgesetz von 1919.

4. Die Agrarbehörden.

Dem Minister für Agrarreform untersteht nicht nur die Durchführung des Agrargesetzes, sondern auch die Fragen der Zusammenlegung usw. gehören zu seiner Zuständigkeit. Seine Ausführungsorgane sind die Bezirkslandämter, denen, soweit es nötig erscheint, wieder Kreislandämter unterstehen. Neben dem Ministerium für Agrarreform und unabhängig von ihm besteht die Hauptlandkommission, neben den Bezirksämtern ebenso die Bezirkslandkommissionen. Doch ist der Minister der Vorsitzende der Hauptlandkommission, wie die Präsidenten der Bezirkslandämter den Bezirkslandkommissionen vorsitzen. In diesen Kommissionen überwiegt zahlenmäßig allerdings das Laienelement; in den Bezirkslandkommissionen sitzen außer dem Vorsitzenden 4 Beamte, 3 Vertreter der Kleingrundbesitzer, 2 Vertreter der landlosen Arbeiter und 1 Vertreter des Großgrundbesitzes; die Hauptlandkommission ist ebenso zusammengesetzt. Aber die Kompetenzen dieser Kommissionen sind außerordentlich beschränkt: die Hauptlandkommission entscheidet nur als Berufungsinstanz, die Bezirkslandkommissionen entscheiden über den Aufkauf jener russischen Güter, die bis auf ein kleines Restgut von 35 ha ganz enteignet werden können, und sie setzt ferner den Übernahmepreis der zwangsweise aufgekauften Güter fest, beides auf Antrag des Bezirkslandamtes. Man sieht, das Schwergewicht ruht völlig in der bürokratischen Organisation, dem Laienelement ist nur eine höchst geringe Mitwirkung zugestanden, zumal die 5 beamteten Mitglieder in den Kommissionen wohl fast immer den Ausschlag geben werden. In einem Staate, dessen Bürokratie noch so mangelhaft ausgebildet und so unfertig ist wie in Polen ist diese Regelung höchst bedenklich. Um so mehr, als die Berufung an die ordentlichen Gerichte nur wegen der Festsetzung der Entschädigung zulässig ist, bei den mehrmals erwähnten russischen Gütern, die einer Ausnahmebehandlung unterliegen, auch in diesem Falle nicht. Die Klage beim Obersten Verwaltungsgericht gegen die Agrarbehörde ist möglich, aber auch diesen Weg sucht das Agrargesetz in den wichtigsten Fällen möglichst auszuschalten, indem Ablehnung der Anträge auf Zusatzland ohne Angabe von Gründen erfolgen kann und indem der Vorsitzende des Bezirkslandamtes über die Parzellierungspläne und die Verzeichnisse der Käufer endgültig entscheidet.

5. Kritik der polnischen Agrargesetzgebung.

Zusammenfassend kann man sagen, daß das polnische Agrargesetz sowohl bei der Auswahl des zu besiedelnden Landes wie bei der Auswahl der Ansiedler der bürokratischen Willkür völlig freie Hand läßt, eine Bestimmung etwa, welche die Menge und die Auswahl des zu enteignenden Landes zu der Grundbesitzverteilung in einem Bezirke in Beziehung setzt, fehlt. Auch ein Zusammenwirken der Grundbesitzer mit den Agrarbehörden ist, abgesehen von der sehr beschränkten Zusammenarbeit in den Bezirkslandkommissionen, nicht vorgesehen. Die seitherige Erfahrung zeigt, daß jedem Gutsbesitzer willkürlich jede Fläche genommen werden kann, welche die Norm von 180 ha (bzw. 60 ha oder 300 ha) übersteigt. Auch bei diesem Gesetz haben wie so oft in Polen die politischen Gesichtspunkte die wirtschafts- und sozialpolitischen Interessen in den Hintergrund treten lassen.

Bei dem Gesetz vom 15. Juli 1920 konnte man noch auf die Not der Stunde verweisen; es kam damals auch darauf an, der bolschewistischen Agitation und den Desertionen in der Armee entgegen zu wirken, und es konnte deshalb notwendig erscheinen, durch eine radikale Reform zu zeigen, daß man den Landhunger der bäuerlichen Bevölkerung weitgehend befriedigen wollte. Immerhin sollte schon das Gesetz von 1920 mehr sein als nur ein Stück politischer Taktik, es wollte bereits die Agrarfrage für Polen endgültig lösen.

In weit höherem Maße gilt das von dem Gesetz von 1925, bei dem alle außenpolitischen Gesichtspunkte weggefallen sind. Das Gesetz beweist nun aber, daß sich die beiden Ziele, Befriedigung der kleinbäuerlichen Massen und Schaffung gesunder wirtschafts- und sozialpolitischer Verhältnisse in Polen nicht vereinigen lassen. Denn dazu reicht der Landvorrat Polens schlechterdings nicht aus. Die Statistik von 1921 weist für ganz Polen in privatem Eigentum über 50 ha 5,3 Millionen ha Acker, Wiese und Weide nach. Dazu mögen noch einige Hunderttausend ha staatliches, kirchliches und anderes öffentliches Eigentum kommen. Von diesen $5^1/_2$ Millionen ha kommen für die Agrarreform im ganzen nicht in Betracht: die Güter von 50 bis 200 ha mit 790000 ha insgesamt, ferner 9057 Restgüter von je 180 ha mit insgesamt 1,63 Millionen ha, ferner 550000 ha

Zusatzfläche für Güter intensivster Kultur, ferner etwa die Fläche, die 1922 bis 1925 parzelliert ist, mit 527000 ha, und endlich eine gewisse Fläche für die größeren Restgüter im Nordosten. Abzusetzen sind also insgesamt etwa $3^1/_2$ Millionen ha, so daß für die Agrarreform gerade die 2 Millionen ha übrig bleiben, die das Agrargesetz in 10 Jahren parzellieren will.

Aus diesen Zahlen erhellt zunächst die ungeheure wirtschaftliche Bedeutung des Agrargesetzes für Polen: der gesamte größere private, öffentliche und kirchliche Besitz an Acker, Wiese und Weide wird auf eine niedrige Normalgröße reduziert, die allerdings auf Grund besonderer Bewilligung überschritten werden kann. Jeder, wenigstens jeder fremdstämmige Besitzer muß damit rechnen, daß ihm sein überschießendes Land zu einem Bruchteil des wirklichen Wertes abgenommen wird. Wenn Polen diesen Plan und dies Gesetz innerhalb 10 Jahren wirklich durchführt, so vollzieht es sicherlich eine der großen Agrarrevolutionen.

Aber was bedeutet das für die Landnot in Polen? Durch das Agrargesetz lassen sich 100000 neue Stellen zu 20 ha schaffen; da es sich zum großen Teile um Anliegerparzellierung handeln wird, könnten vielleicht 150000 Stellen dieser Größe entstehen; doch ist zu berücksichtigen, daß in den Ostmarken die Normalgröße 35 ha betragen soll. Vergleicht man aber damit, daß 1901 allein in Kongreßpolen die landlose Bevölkerung 1,2 Millionen Köpfe betrug, also 200000 Familien umfaßt, daß ferner in ganz Polen etwa je 1 Million Wirtschaften unter 2 ha, in der Größe zwischen 2 und 5 ha und zwischen 5 und 20 ha vorhanden sind und auch von den letzteren jedenfalls ein erheblicher Teil lebensunfähig ist, so sieht man schon aus diesen summarischen Zahlen, daß auch die radikale Lösung des Agrargesetzes von 1925 die radikalen Bauernmassen nicht befriedigen kann. Gewiß ist es ein Vorteil für Polen, daß der bäuerliche Mittelstand gestärkt wird; Polen besitzt ja bis heute eigentlich weder in der Stadt noch auf dem Lande einen Mittelstand, und es ist wünschenswert, daß durch einen bäuerlichen Mittelstand die tiefe Kluft überbrückt wird, die von jeher in Polen zwischen Ober- und Unterschichten klaffte. Das Gesetz von 1925, das die Maximalgröße der Bauernstellen gegenüber dem Gesetz von 1920 von 15 auf 20 ha erhöht, hat vielleicht theoretisch dieses Ziel, und es verbietet für die Dauer der Rentenzahlung auch die Teilung dieser Stellen. Aber ob das Gesetz dies erreichen wird, ist sehr zweifelhaft; es liegt zu nahe, daß unter dem Druck der landlosen und kleinbäuerlichen Massen der Landfonds von 2000000 ha im Laufe der 10 Jahre in kleine Parzellen zersplittert wird und so zu einem guten Teil in der Masse des ländlichen Proletariats untergeht, ohne daß diese Unterschicht dadurch wirklich zu selbständigen landwirtschaftlichen Existenzen emporgehoben wird. Das neue Gesetz trifft hierzu nur die allgemeine Bestimmung, »daß die neugeschaffenen und vergrößerten Wirtschaften lebensfähig und selbständig und zu einer ausgiebigen Produktivität fähig« sein müssen; nähere Festsetzungen fehlen. Ein Sachkenner wie Professor Bujak hatte schon bei einer Besprechung des Agrargesetzes von 1920 darauf hingewiesen[32]), daß in Kleinpolen und im südlichen Kongreßpolen 33%, in den übrigen Teilen Polens 20% des zu parzellierenden Landes für die Bildung großer Bauernwirtschaften verwandt werden müßten. Wirkliche Sicherungen nach dieser Richtung enthält das Gesetz jedoch nicht.

Sind so die Vorteile des Gesetzes zweifelhafter Natur, so liegen die Nachteile auf der Hand. Es wurde schon davon gesprochen, das die landwirtschaftliche Produktion durch das Gesetz in höchste Ungewißheit gestürzt wurde; und das in einem Zeitpunkt, wo Polens Wirtschaft und Währung eine beispiellose Krisis durchmachte. Fast alle Zweige der polnischen Industrie befanden sich im Winter 1925/26 in einem schweren Siechtum, die Währung unterlag großen Schwankungen, und die erschöpfte Wirtschaft vermochte die Steuern bei weitem nicht mehr in der veranlagten Höhe zu liefern. Der Staat mußte deshalb seinen Ausgabenetat um ein Viertel herabsetzen und ist trotz zunehmender Teuerung vor einer Kürzung der ohnehin kargen Beamtengehälter nicht zurückgeschreckt; selbst die Notwendigkeit von Ersparnissen in dem sonst als unantastbar geltenden Heeresetat wurde damals allgemein anerkannt. Es war schwer zu verstehen, daß Polen gerade damals das kostspielige Reformwerk der Agrarreform begann, das zunächst die leeren Staatskassen unmittelbar belastete durch die Kosten für die Behörden, die Parzellierung usw., namentlich aber durch die Kredite und Unterstützungen, die den kapitalschwachen Ansiedlern gewährt werden mußten.

Im Jahre 1926 brachte nun der glückliche Zufall des englischen Bergarbeiterstreiks eine Besserung der wirtschaftlichen Lage Polens. Unter seiner Einwirkung schloß die Handelsbilanz für das Jahr 1926 mit einem Aktivsaldo, und zwar von 704

---

[32]) »*Uwagi krytyczne o naszej reformie rolnej*« (Kritische Bemerkungen über unsere Agrarreform), Warschau 1921.

Millionen neuen Złoty, ab; seit Ende 1926 ist der Ausfuhrüberschuß gesunken, und seit April 1927 ist die Handelsbilanz wieder passiv — für das letzte Jahr 1928 mit 1160 Millionen Złoty. Jedoch ist es Polen im Herbst des Jahres 1927 gelungen, wenn auch unter sehr harten Bedingungen, eine amerikanische Anleihe von 70 Millionen Dollar zu bekommen. Aber hiervon ist der polnischen Volkswirtschaft, insbesondere der Landwirtschaft, nur ein unbedeutender Bruchteil zugeflossen. Ist eine Besserung gegenüber dem Stande von 1925/26 auch unverkennbar, so steht doch die polnische Volkswirtschaft noch vor großen Schwierigkeiten und ist von einer endgültigen Festigung noch weit entfernt. Dazu wäre aber vor allem wichtig, daß die Exportfähigkeit der polnischen Landwirtschaft und Industrie gesteigert wird. Polen hat im Jahre 1927 für nicht weniger als 314 Millionen Goldmark mehr Lebensmittel ein- als ausgeführt. Man sollte glauben, daß die Intensivierung der Landwirtschaft deshalb das erste Ziel der polnischen Wirtschaftspolitik sein müßte. Positiv ist dafür bisher nicht viel geschehen; nur die Ablösung der Servituten und die Zusammenlegung der Grundstücke scheint in den letzten Jahren gut vorwärts gegangen zu sein. Als Haupthindernis steht der Intensivierung der Landwirtschaft das Agrargesetz insofern im Wege, als es den Großgrundbesitz gerade da schwächt und extensiviert, wo er am höchsten entwickelt ist und am ehesten exportieren könnte, nämlich in den ehemals preußischen Landesteilen.

Über 50% der Fläche von Posen und Pommerellen waren in deutscher Bewirtschaftung. Der Übergang deutschen Besitzes in polnische Hand bedeutete meist einen Übergang an den schlechteren Wirt; von den Erwerbern der neuen Stellen kamen 43% aus kulturell tieferstehenden Landesteilen[33]). »Die Mittel, durch die der Besitzwechsel hervorgerufen wurde, und die Formen, in denen er sich abspielte, wirkten stark vermindernd auf die Ertragsfähigkeit der Landwirtschaft in den abgetretenen Gebieten ein. Die Unsicherheit der Rechtslage, die sich nicht nur für den von unmittelbarer Enteignung betroffenen Besitz ergab, sondern auch einen Einfluß auf den nicht unmittelbar bedrohten deutschen Grundbesitz ausübte, wirkte störend auf die volle Entfaltung der wirtschaftlichen Kräfte der deutschen Be-

---

33) Vgl. dazu und zum folgenden: Dr. agr. Albrecht Schubert, »Die Entwicklung der Posener Landwirtschaft seit 1919«, *»Deutsche Wissenschaftliche Zeitschrift für Polen«*, Posen 1928.

völkerung. Fragen der Ertragsgewinnung traten zurück hinter den Aufgaben, die sich aus dem Kampf um die Erhaltung des Besitzes ergaben«.

Die Agrarreform brachte eine Tendenz zur Umstellung von den anspruchsvollen Kulturen auf die anspruchsloseren mit sich. Die Eignung der Betriebsgrößen für die verschiedenen Ackerfrüchte geht aus folgendem Vergleich der Erträge hervor: beim Großbetrieb sind im Durchschnitt Polens die Erträge größer als im Bauernbetrieb: bei Weizen 28% — Roggen 20%; Gerste 21% — Hafer 17%; Zuckerrüben 20% — und Kartoffeln 13%. Der Bauernbetrieb steht also hinter dem Großbetrieb am wenigsten zurück in der Produktion jener Früchte, welche die verhältnismäßig geringsten Aufwendungen erfordern, die sichersten Ernten geben und im Hinblick auf die Selbstversorgung die wichtigsten sind. Da diese Gesichtspunkte durch die Agrarreform in den Vordergrund getreten sind, so folgt daraus eine geringere Anpassungsfähigkeit der polnischen Landwirtschaft an die Preisbeziehungen der landwirtschaftlichen Erzeugnisse. So haben z. B. die zeitweilig sehr hohen Weizenpreise den polnischen Bauer nicht gehindert, seinen Weizenanbau stark zu beschränken. Die Parzellierung intensiver Großbetriebe bringt einen Ertragsrückgang, der heute allein bei den obengenannten vier Getreidearten auf etwa 200000 t geschätzt wird. Ein gewisser Ausgleich ist jedoch durch die Verschiebung des Angebots — weniger Getreide, mehr Vieherzeugnisse — erreicht. Im ganzen zeigt die Agrarbilanz ein Passivum beim Getreide. Sie ist aktiv hinsichtlich von Vieh und Vieherzeugnissen; steigende Richtung hat vor allem die Ausfuhr von Eiern, Geflügel und Butter. Wieviel hiervon auf Rechnung der Agrarreform, wieviel auf Hebung und Einbeziehung der bäuerlichen Wirtschaft in den Marktverkehr entfällt, wird schwer auszumachen sein. Aktiv ist auch die Zuckerbilanz. Ein Rückgang wurde hier vermieden durch den vermehrten Rübenanbau auf den kaufmännisch eingestellten Großbetrieben im ehemaligen Posen-Westpreußen.

Günstiger als in den westlichen Gebieten ist die Parzellierung zu beurteilen auf den extensiven Großbetrieben des Ostens; dort stellt die Siedlung vielleicht eine gesteigerte Bodenproduktion in Aussicht. Zu beklagen ist aber, daß dort wie im westlichen Polen die Politik einen Mißklang hineinbringt. Hier die planmäßige Verdrängung der Deutschen, dort eine Bevorzugung der heimatfremden polnischen Siedler vor den ansässigen Ukrainern und Weißrussen. Es ist das Unglück Polens, daß es überall, wie auch das Agrargesetz im ganzen und im einzelnen zeigt, die wirtschaftlichen Gesichtspunkte durch die politischen überwuchern läßt. Als Kampfmittel gegen die nationalen Minderheiten kann das Agrargesetz nur verhängnisvoll für Polen sein. Daß Polen sich noch von dem Wege der nationalistischen Politik abwenden wird, ist nach seiner ganzen Eigenart und nach allen geschichtlichen Erfahrungen nicht anzunehmen.

VI.

Die Bodenreform in der Tschechoslowakischen Republik.

Von

Dr. Wilhelm Flöter,

Berlin.

I. Das Agrarproblem der Tschechoslowakei und seine historische Entwicklung.

Die tschechoslowakische Republik, ein 1918 aus $79^1/_2$ Tsd. km² österreichischen, $61^1/_2$ Tsd. km² ungarischen, und aus einigen Hundert Geviertkilometern reichsdeutschen Gebietes neugebildeter Nationalitätenstaat, umfaßt, schmal und sehr lang, über manche alte deutsche Sprachinsel hinwegreichend, nicht nur die fruchtbaren Ebenen der Tschechen und das wechselvolle Hochland der Slowaken, sondern begreift auch im Westen das geschlossene Siedlungsgebiet der Deutschen in Schlesien und an den Rändern Böhmens und Mährens, im Osten lange Streifen des magyarischen Tieflandes und die wenig erschlossene Gebirgslandschaft der Karpathenukrainer mit ihren jüdischen Kleinstädten.

Die Bodenreform soll das Land, über das Tschechen und neben ihnen Slowaken durch den Sieg der westlichen Imperien die politische Herrschaft erlangt haben, soweit wie möglich auch in ihre pritvatrechtliche Verfügungsgewalt bringen.

Das gesamte Staatsgebiet umfaßt 140 Tsd. km²; es ist zu einem Drittel waldbedeckt. In Karpathenrußland erfüllt der Wald 48,9% der Fläche, in der Slowakei 34,1% und war schon 1910 dort zu $^2/_3$, hier zu $^1/_3$ Staats- oder Gemeindebesitz. In den Sudetenländern dagegen hatte der Staat in den ersten zwei Dritteln des 19. Jahrhunderts fast all seine Forsten, etwa $^1/_4$ Million ha verkauft; die Gemeinden besaßen nur $^1/_{10}$ der Waldfläche, und zwar meist Kleinwälder bis zu 250 ha; auch der Kirchenbesitz (6,5%) war unbeträchtlich [1]). Es überwog durchaus die private Großwaldung. Nun enthalten die rein deutschen Bezirke der Sudetenländer, die 19702 km² groß sind [2]), 37,8% Wald, die rein tschechischen nur 27,8%. Deshalb ist die tschechoslowakische Bodenreform, im Gegensatz zur polnischen, besonders auch Waldreform.

Die drei Sudetenländer, Böhmen, Mähren und Schlesien, die den in jeder Hinsicht maßgebenden Teil der tschechoslowakischen Republik bilden, waren im alten Österreich die fruchtbarsten Kronländer und marschierten bezüglich der landwirtschaftlichen Produktion zweifellos an der Spitze. Dabei waren sie typische Latifundiengebiete. Nach der Erhebung vom Jahre 1896 verteilten sich die Besitzgrößen wie folgt [3]):

---

[1]) Wiehen, »Die Bodenreform der tschechoslowakischen Republik«, Berlin 1924, S. 71/72; Jan Voženík, »Die Bodenreform des Waldbodens«, »*Prager Presse*« vom 19. Mai 1929.

[2]) Wilhelm Winkler, Statistisches Handbuch für das gesamte Deutschtum«, Berlin 1927, S. 406. Ein Vergleich der sozialen Gliederung des Landvolkes beider Nationalitäten in den Sudetenländern zeigt 1921 noch unter den Deutschen einen stärkeren Anteil der Selbständigen, unter den Tschechen einen stärkeren Anteil der Taglöhner.

Berufstätige*) in Land- und Forstwirtschaft der Sudetenländer 1921.

	Absolute Zahlen in Tausend			*Prozentzahlen*	
	Alle Nationalitäten **)	Deutsche	Tschechen	Deutsche	Tschechen
Selbständige und Pächter	835	181	482	**45,9**	43,5
Beamte und Lehrlinge	22	6	12	1,6	1,1
Knechte, Mägde	449	128	311	32,4	28,2
Taglöhner	503	79	301	20,1	**27,2**
Berufstätige *) insgesamt	1809	394	1106	100	100

*) Ohne mithelfende Familienangehörige.
**) Gesamtes Staatsgebiet.

[3]) Österreichische Statistik, Band 56, und zwar für Böhmen Heft 4, S. XXII—XXIII; für Mähren Heft 5, S. XIV/XV; für Schlesien Heft 5,

Böhmen.

Größenklassen	Zahl der Besitzfälle	%	Fläche in ha	%
0—1/2 ha	373 088	42,9	50 439	1,0
1/2— 2 „	220 945	25,5	236 512	4,7
2— 5 „	109 544	12,6	348 794	6,8
5— 20 „	124 309	14,4	1 328 804	26,1
20—100 „	38 968	4,5	1 201 868	23,7
100—200 „	772	0,1	104 406	2,1
über 200 „	776	0,0	1 804 542	35,6
davon:				
200— 500 „	380	0,0	116 143	2,3
500—1000 „	141	0,0	101 748	2.0
1000—2000 „	104	0,0	150 567	3,0
über 2000 „	151	0,0	1 436 084	28,3

Mähren.

Größenklassen	Zahl der Besitzfälle	%	Fläche in ha	%
0—1/2 ha	268 940	49,6	48 232	2,2
1/2—2 „	142 804	26,3	143 671	6,6
2— 5 „	53 599	9,9	170 212	7,8
5— 20 „	62 170	11,5	646 845	29,6
20—100 „	13 722	2,5	423 345	19,4
100—200 „	287	0,1	38 198	1,8
über 200 „	327	0,1	710 722	32,6
davon:				
200— 500 „	151	0,1	46 411	2,1
500—1000 „	60	0,0	42 611	2,0
1000—2000 „	43	0,0	63 075	2,9
über 2000 „	73	0,0	558 625	25,6

S. XXXXII—XXXXIII. Die Zahlen beziehen sich auf die alten österreichischen Kronländer Böhmen, Mähren und Schlesien. Von letzterem ist ein Teil zu Polen gelangt (vgl. S. 160 dieser Sammlung), andrerseits sind tschechoslowakisch geworden das Hultschiner Ländchen von Preußisch-Schlesien, aus österreichischem Gebiet Weitra und Feldsberg. Wir geben die Zahlen nach C. Worliczek wieder (vgl. »Grundlagen, Grundgedanken und Kritik der tschechoslowakischen Bodenreform«, S. 23/24.) In der Größenklasse von 0—1/2 ha ist eingeschlossen der nicht landwirtschaftliche Besitz — auch der städtische Hausbesitz. Die Bodenzersplitterung erscheint nach dieser Statistik auch deshalb größer als sie wirklich ist, weil sie Personen, die kleinen und mittleren Grundbesitz in mehr als einem Steuerbezirk haben, mehr als einmal zählt.

Schlesien.

Größenklassen	Zahl der Besitzfälle	%	Fläche in ha	%
0—1½ ha	25 498	35,0	3 561	0,7
1½—2 „	18 182	25,0	20 894	4,1
2— 5 „	13 683	18,8	43 849	8,7
5— 20 „	11 978	16,5	123 119	24,3
20—100 „	3 304	4,5	101 064	20,0
100—200 „	67	0,1	9 380	1,9
über 200 „	79	0,1	204 117	40,3
davon:				
200— 500 „	36	0,0	11 400	2,2
500—1000 „	13	0,0	9 881	1,9
1000—2000 „	18	0,0	26 861	5,3
über 2000 „	12	0,0	155 975	30,9

Ähnliche Besitzverhältnisse herrschten in den früher zu Ungarn gehörigen Karpathenländern (Slowakei und Karpathorußland), deren Bewirtschaftung allerdings nicht so hochintensiv war:

Slowakei und Karpathorußland.

			Fläche in Kat.-Joch zu 0,5754 ha	
0—1 Kat.-Joch	112 894	20,8	46 010	0,5
1—5 „ „	168 879	31,1	466 933	5,3
5—10 „ „	115 912	21,3	835 681	9,4
10—50 „ „	133 281	24,5	2 486 549	28,1
50—200 „ „	8 709	1,6	726 888	8,2
200—500 „ „	1 653	0,3	523 934	5,9
500—1000 „ „	871	0,2	615 996	7,0
über 1000 „ „	935	0,2	3 151 881	35,6
	543 134	100,0	8 853 872	100,0

Was die Verteilung des Bodeneigentums im Gebiet der Tschechoslowakischen Republik charakterisierte, waren demnach zwei Züge:

1. überaus zahlreiche Kleinbetriebe unter der Grenze der Selbständigkeit (Ergänzungswirtschaften).

1902 hatten von 918 Tausend sudetenländischen Landwirtschaftsbetrieben 654 Tsd. weniger als 5 ha; darunter waren sehr viele Pachtbetriebe: 185 Tsd. Zwergbetriebe (unter 2 ha) und 49 Tsd. Kleinbetriebe (von 2—5 ha) bearbeiteten nur oder überwiegend Pachtland. Die Bodenzersplitterung soll in der Zeit vor dem Kriege noch weitere Fortschritte gemacht haben: Von 1900—1910 sollen 29 000 Kleinbesitze neu entstanden sein, ohne daß die Gesamtfläche des Kleinbesitzes sich vermehrt hätte [4]).

2. ein ausgedehnter Großbesitz besonders in den Karpathenländern und innerhalb des Großbesitzes wieder ein starkes Übergewicht der Latifundien.

In den Sudetenländern umfaßte der Großbesitz (über 100 ha) 37% der gesamten Landesfläche, in den Karpathenländern nahmen die etwa entsprechenden Größenklassen (über 115 ha) sogar 48½% ein. Selbst wenn man als Großbesitz in den Sudetenländern nur die Güter über 200 ha, in den Karpathenländern nur die über 288 ha (500 Kat.-Joch) rechnet, ergaben sich für ihn Anteile von 35,0 und 42,6%, im ganzen Staatsgebiet etwa 38%.

Es fehlte in den Sudetenländern an größeren Landwirten vom Typ des preußischen *Rittergutsbesitzers*, der ein Eigentum von einigen Hundert Hektar selbst bewirtschaftet und das Landvolk seiner Gegend auch wirtschaftspolitisch führt; charakteristisch war vielmehr der *grand seigneur* mit seiner Administration, der allerdings eine reiche Industrialisierungstätigkeit entfaltet hatte [5]). In den Sudetenländern teilten sich 236 Eigentümer in eine Fläche, die 21 507 km² — mehr, als die ganze Provinz Westfalen umfaßte.

1920 hatten 10 Großgrundbesitzer 838 Tsd. ha inne [6]). Dem Fürsten Adolf Schwarzenberg gehörten in Böhmen 1764 km², dem Fürsten Liechtenstein in Böhmen und Mähren 1462 km², dem Fürsten Colloredo-Mannsfeld 580 km², dem Grafen Waldstein 470 km² usw. Latifundien besaßen auch das Bistum Breslau (338 km² in Schlesien) und das Erzbistum Prag (320 km² in Böhmen) [7]).

Weithin war der Boden fideikommisarisch gebunden: in den Sudetenländern umfaßten 81 Fideikommisse 299 Güter mit 774 Tsd. ha = fast 10% der Landesfläche [8]).

Für die Landwirtschaft hat nun aber der Großbesitz längst nicht so große Bedeutung, wie man nach den Zahlen über die Verteilung des Eigentums am Boden überhaupt meinen könnte. Die Großbesitzungen bestanden zum größten Teil aus Wäldern.

---

4) *Revue Internationale du Travail*, Bd. XII, Genf 1925, S. 54.

5) Nach Wilhelm von Medinger (»Großgrundbesitz, Fideikommiß und Agrarreform«, Wien und Leipzig 1919, S. 47) gehörten in Böhmen (1906), Mähren und Schlesien (1912) Großgrundbesitzern 485 Brauereien, 56 Mälzereien, 311 Mühlen, 62 Zuckerfabriken, 378 Brennereien, 49 Stärkefabriken, 70 Molkereien und Käsereien, 409 Sägemühlen, 570 Ziegeleien.

6) Voženílek, »*Pozemková Reforma v Čsl. Republice*«, Prag 1924.

7) Wilhelm v. Medinger, a. a. O., S. 15.

8) »Die Lage der Deutschen der Tschechoslowakei, Eine Ergänzung der im Sommer 1922 dem Völkerbunde überreichten Denkschrift deutscher Parlamentarier.« Im Auftrag der nationalen deutschen Parteien herausgegeben von der *Deutschpolitischen Arbeitsstelle*. Prag und Reichenberg (1923), S. 112.

1896 waren in den Sudetenländern von den Besitzen über 200 ha und 200 k Grundsteuer $^2/_3$ Wald, von den kleineren dagegen nur $^1/_{10}$. Von der landwirtschaftlichen Fläche entfielen auf die Größenklassen über 150 ha landwirtschaftlichen Bodens und über 250 ha Fläche überhaupt im ganzen Gebiet der Republik nur 16,5% (in den Sudetenländern 15,7%, in den Karpathenländern 17,5%)[9]). Über $^4/_5$ der landwirtschaftlichen Fläche waren dem mittleren und kleinen Besitz zuzurechnen, das ist mehr als in irgendeinem der ostelbischen Gebiete des Deutschen Reiches.

Ferner entsprach dem Latifundieneigentum nicht ein landwirtschaftlicher Latifundienbetrieb. Die landwirtschaftliche Betriebseinheit des Großbesitzes war vielmehr der Meierhof, der auf dem beschlagnahmten Boden der Sudetenländer durchschnittlich 180 ha landwirtschaftlicher Fläche umfaßte (4064 Meierhöfe auf 733 786 ha)[10]). Doch führte man diese Besitzzusammenballung und die starke Zersplitterung der Kleinwirtschaften für die Notwendigkeit einer durchgreifenden Bodenbesitzreform ins Feld, weil die erstere, besonders durch das oft vorhandene Fideikommißband eine zweckmäßige Verteilung des Grundbesitzes verhindere, strebsamen Kleinbesitzern den Aufstieg versperre und so das starke Überwiegen der Splitterbetriebe mittelbar verursache. Eine starke Auswanderung, die in dem Jahrzehnt vor dem Kriege 3% der sudetenländischen und 7,5% der karpathenländischen Bevölkerung erreichte, wurde großenteils den Mißständen in den Bodenbesitzverhältnissen zugeschrieben. Die slowakischen Auswanderer waren zu $^2/_3$ Pächter, Halbpächter und Landarbeiter[11]). Diese Argumente sind nicht von der Hand zu weisen; die oben dargestellte Besitzverteilung war unbedingt reformbedürftig.

Ein weiterer Mangel der tschechoslowakischen Agrarverfassung, der allerdings verhältnismäßig wenig Beachtung gefunden hat, ist die sehr ungesunde Flureinteilung. Hatten doch nach Schiff[12]) in Böhmen und Mähren noch zu Ende des neunzehnten Jahrhunderts 75%, in Schlesien immerhin 37,1%, aller Gemeinden ihre Grundstücke vorwiegend im Gemenge liegen.

Von Wichtigkeit ist die historische Entwicklung des böh-

[9]) Nach einer Statistik des Bodenamtes über die auf Grund der Agrarreform *beschlagnahmten* Besitzungen. Vgl. unten S. 220 und Worliczek, »Bodenreform und Gemeinwirtschaft in der Tschechoslowakischen Republik«, »*Annalen der Gemeinwirtschaft*« 1928, S. 188.

[10]) Worliczek, in den »*Annalen der Gemeinwirtschaft*«, 1928.

[11]) Prof. Béla Kenéz in »*Magyar Stat. Közlem nyek*«.

[12]) Schiff, »Österreichs Agrarpolitik seit der Grundentlastung«, Tübingen 1898, Seite 320.

mischen Großgrundbesitzes. Die tschechische Auffassung ist, daß in Böhmen und seinen Nebenländern im Mittelalter ein zahlreicher tschechischer Kleinadel bestanden habe, der nach der Schlacht am Weißen Berge 1620 seiner Besitzungen durch Konfiskation verlustig gegangen sei; an seine Stelle seien landfremde Feldherren und Günstlinge des Kaisers, meist deutscher Herkunft, getreten. Es handle sich hier um ein Unrecht am tschechischen Volk, das wieder gut gemacht werden müsse. Die historische Wahrheit gebietet aber festzustellen, daß es sich bei den damaligen Kämpfen nicht um Streitigkeiten zwischen Deutschen und Tschechen, sondern um das große Ringen zwischen Katholizismus und Protestantismus, sowie zwischen ständischer Autonomie und habsburgischem Zentralismus handelte. Nach der Schlacht am Weißen Berge verloren nicht nur Tschechen, sondern auch viele Deutsche ihre Güter; und die damals mit Land beteilten Familien wurden nicht wegen ihrer Nationalität (es waren nicht wenige Tschechen darunter), sondern als Anhänger des Kaisers bevorzugt. Allerdings bediente sich der Adel mehr und mehr der deutschen Umgangssprache, aber auch das wieder nicht aus nationalen Gründen, sondern lediglich unter dem Einfluß des deutschsprachigen Wiener Zentralismus. Diese Familien waren österreichisch, aber nicht national deutsch gesinnt; ja viele von ihnen gingen oft, besonders in der Autonomiefrage, politisch mit den Tschechen Hand in Hand, und bedeutende Führer in der tschechischen *Wiedergeburt* haben von böhmischen Adligen wirksamste Förderung erfahren[13]).

Der im Anfang des 17. Jahrhunderts geschaffene Zustand der landwirtschaftlichen Besitzverhältnisse hielt sich im großen und ganzen bis zum Weltkrieg. Das Interesse für eine Reform der Agrarverhältnisse wurde im Österreich der Vorkriegszeit durch den Streit um Schul- und Sprachenfragen sowie durch das politische Übergewicht des Hochadels zurückgedrängt. Selbstverständlich hatten alle tschechischen Parteien auch agrarpolitische Programmpunkte, doch waren dies meist rein platonische Kundgebungen. Die wirtschaftlich Unzufriedenen auf dem Lande hatten reichlich Gelegenheit, anderweitig Beschäftigung zu finden, sei es in den einheimischen Industriegebieten, sei es in Wien.

Dies alles wurde mit dem Umsturz 1918 anders. Es lag nahe, daß er sich in der allgemeinen revolutionären Stimmung und an-

---

13) Vgl. Josef Pekař, Professor an der tchechischen Universität Prag, »Irrtümer und Gefahren der Bodenreform«, Prag, 1925, S. 7—13 19 ff., 63.

gesichts des russischen Beispiels auch gegen den Großgrundbesitz als Hauptstütze des bisherigen sozialen und politischen Systems richtete. Dazu kam das in den Hungerjahren der Kriegszeit stark gewachsene Interesse am Besitz einer eigenen Scholle. Um die Jahreswende 1918/19 trugen hauptsächlich die tschechischen Sozialdemokraten, Nationalsozialisten und Häusler-Organisationen eine wilde Agitation unter die Landarbeiter und Kleinbesitzer, die zu gewaltsamer Aufteilung des Großgrundbesitzes aufforderte. »Das Land dem, der er bebaut« hieß es, »der Grund und Boden dem tschechischen Volke«, »Weg mit den fremden Familien«. Unter dem Druck dieser bedrohlich anschwellenden Bewegung ging die Regierung an das Reformwerk. Der (ernannte) Nationalausschuß (*národní výbor*), in welchem die Minderheitsvölker nicht vertreten waren und der vom Oktober 1918 bis zum April 1920 das gesetzgebende Organ der Republik war, schuf die Rechtsgrundlage der tschechoslowakischen Bodenreform. Diese Gesetze tragen deutlich genug die Merkmale ihrer Entstehung.

II. Die Bodenreformgesetze.

Am 9. November 1918 (für die Slowakei am 10. Dezember 1918) erging ein Gesetz, das für die Veräußerung, Verpfändung und Belastung *landtäflicher*[14]) Güter die staatliche Genehmigung vorschrieb. Am 17. Dezember 1918 wurde das Veräußerungs- und Belastungsverbot auf die forstwirtschaftlichen Betriebe ausgedehnt. In ihren Grundlinien festgelegt und durch die Schaffung des eigenartigen Rechtsinstitutes der Beschlagnahme (*zábor*) eingeleitet wurde die tschechoslowakische Agrarreform durch das Beschlagnahmegesetz vom 16. April 1919 (*záborový zákon*). Es bestimmt in seinem § 1:

> »Zur Durchführung der Regelung des Grundeigentums wird der in der tschechoslowakischen Republik gelegene Großgrundbesitz einschließlich des gebundenen Großgrundbesitzes in Beschlag genommen und ein Bodenamt geschaffen.«

Unter Großgrundbesitz versteht das Gesetz jeden Besitz einer Person oder derselben Miteigentümergruppe, der innerhalb des ganzen Staatsgebietes ein Ausmaß von zusammen 150 ha landwirtschaftlichen Bodens (Äcker, Wiesen, Gärten, Weingärten, Hopfengärten) oder 250 ha Bodens überhaupt übersteigt.

---

[14]) Vgl. S. 160 dieser Sammlung.

Landes-, Bezirks- und Gemeindebesitz ist von der Beschlagnahme ausgeschlossen. Der private Großbesitz wird zunächst nur »beschlagnahmt«, d. h. eine Änderung im Eigentumsverhältnis tritt nicht ein [15]), der Eigentümer bewirtschaftet seinen Grundbesitz weiter, hat aber jederzeit die Enteignung zu gewärtigen und muß sich einer staatlichen Aufsicht unterwerfen. Außerdem ist er in seiner Verfügungsgewalt stark beschränkt. Jede Veräußerung, Teilung, Verpachtung und Belastung bedarf der Zustimmung des Bodenamtes. Im ganzen eine Rechtsform, die sich streng juristisch sehr schwer definieren läßt.

Auch die zum Großbesitz gehörigen landwirtschaftlichen Industrien fallen unter diese Beschlagnahme. Werke, die mit dem beschlagnahmten Grundbesitz in keinem rechtlichen und wirtschaftlichen Zusammenhang stehen, sind *de jure* von der Beschlagnahme ausgeschlossen, doch liegt die Beweislast dafür, daß ein Industrieunternehmen in keinem derartigen Zusammenhang mit dem beschlagnahmten Boden steht, dem Besitzer ob, sodaß *in praxi* viele solche Betriebe in die Bodenreform einbezogen worden sind.

Die logische Folge des Beschlagnahmegesetzes waren die *Verordnungen vom 18. Juni 1919* und *vom 24. Oktober 1919*, die zuerst dem Landwirtschaftsministerium, dann dem Bodenamt das Recht der *Zwangsverwaltung* des beschlagnahmten Bodens für den Fall unzweckmäßiger Bewirtschaftung durch den Eigentümer gaben. *Das Gesetz über die Bewirtschaftung des beschlagnahmten Grundbesitzes vom 12. Februar 1920* fügte zu der Möglichkeit dieser *amtlichen Verwaltung* noch die *Aufsicht* hinzu und gestattet der Behörde jeden Eingriff in die Wirtschaft. Dem Bodenamt muß jeder größere Holzverkauf zur Genehmigung vorgelegt werden, die Beamten und Angestellten der Großgrundbesitze schulden ihm Gehorsam und müssen ihm Informationen geben; es kann die Bücher prüfen, ja, sich die Vorräte ausliefern lassen. 1922 erhielt das Bodenamt noch das Recht, für noch nicht übernommene Güter einen Zwangspächter zu bestimmen. Gegen etwaige Verfügungen der Aufsichtsbehörde steht dem Besitzer wohl eine Beschwerde an das Bodenamt offen, diese besitzt aber keine aufschiebende Wirkung.

Träger aller staatlichen Befugnisse aus den Bodengesetzen und Mittelpunkt der ganzen Reformtätigkeit ist das staatliche Bodenamt. Seit dem 15. Oktober 1919 [16]) verwaltet es nach dem *Gesetz über das Bodenamt vom 11. Juni 1919* den

---

15) Vgl. Freudenfeld: »Bodenreformgesetze«, Band 1, S. 9. Erläuterung zum § 1 des Beschlagnahmegesetzes.

16) Freudenfeld, a. a. O., Bd. III, S. 143.

mit der Durchführung des Beschlagnahmegesetzes der Staatsverwaltung anheimfallenden Besitz und trifft Verfügungen und Entscheidungen in allen durch die Bodengesetze zu regelnden Angelegenheiten innerhalb des ganzen Staatsgebietes. Es hat den beschlagnahmten Großgrundbesitz festzustellen, die Zustimmung zu seiner Veräußerung usw. zu erteilen, die Übernahme, d. h. die Enteignung anzuordnen. Es setzt die Entschädigung im Rahmen des Gesetzes fest, regelt die Zuteilung und führt die Besiedlung in allen Einzelheiten durch.

Die Aufsicht über die Tätigkeit des Bodenamtes führt ein durch den *Nationalausschuß* gewählter Verwaltungsausschuß, in welchem bis heute die Minderheitsvölker nicht vertreten sind. Dem Parlament selbst ist das Bodenamt keine Rechenschaft schuldig, ist also tatsächlich unverantwortlich.

Es untersteht zwar nach dem Gesetze dem Ministerrat; doch bedeutet dies praktisch wenig, da dem Ministerrat nach den Bodengesetzen keine Entscheidung zusteht. Auch kennt das tschechoslowakische Staatsrecht keinen Ministerrat als Instanz.

Auch der Verwaltungsausschuß hat keine Bedeutung gewonnen.

Den von Verfügungen des Bodenamtes Betroffenen stehen Berufungsmöglichkeiten im Verwaltungsgerichtsverfahren und im ordentlichen Gerichtsverfahren zu Gebote, doch kann es sich dabei nur um untergeordnete Fehlentscheidungen formaler Art handeln. Eine Nachprüfung der materiellrechtlichen Vorschriften der Agrarreform können die Gerichte unter keinen Umständen vornehmen, und die Bodengesetze geben dem Bodenamt eine ungemein weit gespannte Entscheidungsfreiheit.

Die eigentliche Enteignung ist in dem *Gesetz über die Übernahme und Entschädigung vom 8. April 1920* geregelt. Eine Übernahme von Staatsgütern zu Siedlungszwecken ist nicht grundsätzlich ausgeschlossen, doch verhindern die später zu besprechenden niedrigen Übernahme- und die sich daraus ergebenden Zuteilungspreise die Einbeziehung des Staatsbesitzes, weil die Möglichkeit bestand, daß für den übernommenen Staatsbesitz (auch für den Besitz der früheren Dynastie) der Vorkriegsgoldwert in Schweizer Franken an die Reparationskommission zu zahlen war. Auch abgesehen von diesen Erwägungen ist es nach der ganzen Tendenz der Gesetze der Privatbesitz, der getroffen werden soll. Hat man doch den Staat sogar als Bodenbewerber in Aussicht genommen. Falls Staatsgüter aufgeteilt wurden, überwies man dem Staat in der Regel dafür andere beschlagnahmte Objekte.

Bei einer so durchgreifenden Reform bedarf natürlich das Schicksal der auf den übernommenen Gütern beschäftigten Angestellten und Arbeiter einer besonderen gesetzlichen Regelung. Es wird nach § 72ff. des Übernahmegesetzes ein Pensionsfonds (für die bestehenden Pensionsansprüche) gebildet, zu dem die Eigentümer einen laufenden Beitrag zu leisten haben. Ferner werden für diese Zwecke gewisse Zuschläge zu den Zuteilungspreisen erhoben. Der Staat hat einen einmaligen Beitrag von 5 Millionen Kronen geleistet. Die vorgesehene Sicherstellung der Pensionsansprüche aus dem Entschädigungspreis spielt keine erhebliche Rolle, da dieser zu niedrig ist.

Die Versorgung der aktiven Angestellten und Arbeiter kann erfolgen:

1. durch Alters- und Invaliditätsversorgung,
2. durch Geldentschädigung,
3. durch Zuweisung einer angemessenen anderweitigen Beschäftigung,
4. durch Zuteilung von Liegenschaften.

Der erste Fall tritt nur dann ein, wenn der betreffende am Tage der tatsächlichen Übernahme 65 Jahre erreicht oder seine Invalidität nach Erreichung eines Alters von 60 Jahren nachgewiesen hat.

Der zweite Fall soll nur eintreten, wenn andere Formen der Versorgung nicht möglich sind. Nach Angaben Worliczeks[17]) übersteigen die gesetzlich fixierten Abfindungssummen oft kaum ein Jahreseinkommen.

Angestellte und Arbeiter, die nicht mindestens 2 Jahre ununterbrochen auf dem beschlagnahmten Besitz tätig waren, haben keinerlei Ansprüche.

Für die Eigentümer des übernommenen Besitzes ist grundsätzlich Entschädigung vorgesehen. Ursprünglich wollte man in weitem Umfange entschädigungslos enteignen, doch ist man davon im Hinblick auf die Friedensverträge und Minderheitsschutzbestimmungen sowie mit Rücksicht auf die internationale Kreditwürdigkeit abgekommen. Die Übernahmepreise sind aber so festgesetzt, daß sie mit einer verschleierten Konfiskation eine große Ähnlichkeit haben.

---

17) Worliczek, »Grundlagen, Grundgedanken und Kritik der tschechoslowakischen Bodenreform«, Reichenberg 1925, S. 223 und 224.

Die Höhe der Entschädigung ist gesetzlich festgelegt. Eine gütliche Einigung ist zwar auch möglich, doch steht sie immer unter dem Druck der gesetzlichen Bestimmungen. Diese sehen ein kompliziertes Berechnungssystem vor. Grundsätzlich soll der Wert maßgebend sein, der sich aus dem Durchschnitt der in den Jahren 1913 bis 1915 beim Verkauf von entsprechendem Grundbesitz erzielten Preise im freien Verkehr ergeben hat. Die Entwertung der Krone (bis auf 5,1% im Oktober 1921, auf 16,17% im Oktober 1922, auf 14,6% seit Februar 1923) wird also nicht berücksichtigt. Außerdem treten bei Besitzungen über 1000 ha Abzüge bis zu 40 Prozent (*Latifundienabschlag*) ein. Ferner hat die Regierung für Grundstücke gleicher Benutzungsart, Kultur usw. unter Berücksichtigung des oben erwähnten Wertdurchschnitts eine tabellarische Preisfestsetzung angeordnet.

Die so entstandenen Forderungen können vom Staate entweder bar bezahlt oder in das Entschädigungsbuch mit 4%iger Verzinsung eingetragen werden. Sie sind von seiten des Gläubigers unkündbar; der Staat jedoch kann sie vierteljährlich kündigen und entweder in bar oder in amortisierbaren Teilschuldverschreibungen in gleichem Nennwerte und mit gleichem Zinsfuße bezahlen.

Das lebende und tote Inventar, von dem ein angemessener Teil mit übernommen werden darf, muß dem Eigentümer bar nach seinem derzeitigen gemeinen Wert bezahlt werden. Auch nach dem April 1919 durchgeführte Investitionen sollen mit ihrem vollem Wert berücksichtigt werden. Doch kommt die Entschädigungsfestsetzung im ganzen praktisch nur auf einen Bruchteil des wirklichen Wertes heraus.

Nach dem *Zuteilungsgesetz vom 30. Januar 1920* sind zwei Verwendungsarten für den übernommenen Boden vorgesehen: Entweder der Staat behält ihn selbst oder das Bodenamt übergibt ihn anderen öffentlichen Körperschaften oder es führt ihn in der gesetzlich vorgeschriebenen Weise Siedlungszwecken zu.

Als Anwärter sind zugelassen: Einzelpersonen, und zwar kleine Landwirte, Häusler, Kleingewerbetreibende, landwirtschaftliche Angestellte und Arbeiter, grundbesitzlose Personen, besonders Legionäre und Kriegsbeschädigte. In dem sehr weit gezogenen Kreise von anforderungsberechtigten Einzelpersonen gibt der § 17 den Vorzug: Legionären und ihren Hinterbliebenen, Kriegsinvaliden und -hinterbliebenen, bisherigen Kleinpächtern, Anliegern und Rückwanderern aus der Landwirtschaft. Die Übernahme des Bodens durch den Staat, die im Beschlagnahmegesetz als Hauptziel vorgesehen war, spielt nach den Bestimmungen des Zuteilungsgesetzes und nach der bisherigen Praxis bei landwirtschaftlichem Boden keine erhebliche Rolle. Für diesen kommt in der Hauptsache die Zuteilung an Einzelpersonen in Frage, deren Auswahl bei der ungenügend scharfen Abgrenzung der Berechtigten (es gibt kein subjektives Recht auf Zuteilung!) ganz im Belieben des Bodenamtes steht.

Als Rechtsform des Bodenerwerbs ist sowohl Eigentum als auch Pacht zugelassen. In der Regel soll für Einzelbewerber aber das Eigentum gewählt werden, und zwar muß die Neusiedlung in einer neuen, dem deutschen Rentengut und dem österreichischen Höferecht nachgebildeten Rechtsform, der unveräußerlichen und unteilbaren bäuerlichen Heimstätte (*nedil*) erfolgen. Bei der Anliegersiedlung kann das Bodenamt die Zuteilung von der Erklärung zur Heimstätte abhängig machen (§ 30).

In praxi ist es indessen kaum zur Bildung von solchen Heimstätten gekommen. Die Regel ist vielmehr die reine Eigentumsübertragung mit einem Verkaufsverbot für die nächsten 10 Jahre.

Als Personenvereinigungen kommen in Betracht:

1. landwirtschaftliche Produktivgenossenschaften anspruchsberechtigter Einzelpersonen,
2. Konsumgenossenschaften,
3. Vereinigungen von vorwiegend kleinen Landwirten, die Boden zur Förderung einzelner landwirtschaftlicher Betriebszweige brauchen (gemeinschaftliche Weideplätze und dgl.).

Ausgeschlossen von der Zuteilung von landwirtschaftlichem Boden sind nach den gesetzlichen Vorschriften alle Erwerbsgesellschaften.

Gemeinden und andere öffentliche Körperschaften kommen für den Erwerb landwirtschaftlichen Bodens erst in letzter Linie und in besonderen Fällen in Frage.

Der übernommene Wald soll grundsätzlich verstaatlicht, daneben auch anderen öffentlichen Körperschaften, an Einzelpersonen nur ausnahmsweise und in geringem Umfang (zu Arrondierungen) zugeteilt werden.

Bei der eigentlichen landwirtschaftlichen Reform ist trotz der Vielheit der vorgesehenen Zuteilungsmöglichkeiten die Errichtung selbständiger Bauernstellen im Ausmaße von 6—10, auch 15 ha landwirtschaftlichen Bodens durch Neu- und Anliegersiedlung das ausgesprochene Ziel. Doch hat das Bodenamt bei der Verwendung des Bodens praktisch freie Hand. Die bei der Aufteilung entstehenden *Restgüter* sollen in erster Linie zum Tausch gegen nichtbeschlagnahmte Besitzungen, die dann aufzuteilen sind, dienen. Sie können auch an Vereinigungen und geeignete Einzelpersonen zugeteilt werden.

Für die Zuteilung von verstreut liegendem Boden und von Bauplätzen ist ein beschleunigtes Verfahren vorgesehen.

Die beschlagnahmten Industrieanlagen können, soweit sie nicht mit dem Boden zugleich vergeben werden, an Selbsthilfevereinigungen von Produzenten und Konsumenten der betreffenden Erzeugnisse zugeteilt werden. Doch ist auch hier, wie bei der ganzen Durchführung, dem Ermessen des Bodenamtes der weiteste Spielraum gelassen.

Der von den Siedlern zu zahlende Zuteilungspreis ist im Entschädigungsgesetz mit geregelt. Seine Festsetzung liegt ebenfalls dem Bodenamte ob.

Zur Förderung der Siedlungstätigkeit soll Kredit gewährt werden. Nach dem *Kreditgesetz vom 12. März 1920* kann Kredit zum Erwerb des Bodens bis zu $^9/_{10}$ und zum Erwerb oder zur Errichtung von Wirtschafts- und Wohngebäuden bis zur Hälfte des Enteignungspreises oder des vom Bodenamte genehmigten Preises gegeben werden. Betriebskredit wird lediglich an Vereinigungen gegeben.

Der Staat übernimmt, abgesehen von einigen nicht sehr bedeutenden Fonds, die Kreditgewährung nicht selbst; er überläßt sie vielmehr den privaten Kreditinstituten und tritt lediglich mit subsidiärer Haftung ein, die überdies auf 200 Millionen Kč. = 25 Mill. M. beschränkt ist.

Eine umfassende Siedlung ist in alten Kulturländern wie Böhmen und seinen Nebenländern unter allen Umständen eine zeitraubende Aufgabe. Zur Befriedigung des dringendsten Bodenhungers schuf man für den beschlagnahmten Besitz die Möglichkeit der vorläufigen Zwangsverpachtung (§ 63 des Zuteilungsgesetzes). Wer immer beschlagnahmten Boden anfordern durfte, konnte in den Jahren 1919—1921 die Überlassung eines entsprechenden Ausmaßes von Boden unter den gangbaren Bedingungen in Pacht oder Unterpacht auf sechs Jahre beanspruchen. Einigten sich beide Parteien über die Pachtbedingungen nicht, so wurden diese vom Bodenamt für beide Teile verbindlich festgesetzt.

Eine Maßnahme von großer Bedeutung ist auch die Übereignung von Boden an die zahlreichen langjährigen Kleinpächter. Ein Gesetz vom 27. Mai 1919 gab Pächtern, die bis zu 8 ha eignen und gepachteten Boden selbst bewirtschafteten, das Recht, das Land, das sie oder ihre Familie seit Oktober 1901 in Pacht hatten, entweder auf weitere 6 Jahre zu pachten oder es zu Eigentum zu erwerben. Dabei verpflichteten sie sich, es 10 Jahre lang nicht zu veräußern. Einigten sich Pächter und Eigentümer nicht über den Preis, so setzte ihn das Gericht nach den Preisen von 1913 fest. 1920 erhielten die *Želiaren* in der Slowakei (Arbeitspächter) das Recht auf den Kauf ihrer Grundstücke zu $^1/_3$ bis $^1/_2$ der Preise von 1913.

An das Ablösungsgesetz schloß sich am 30. Oktober 1919 ein Pachtschutzgesetz an, das zunächst auf 1 Jahr Geltung erhielt, dann aber immer wieder verlängert wurde. Es schützt Pachtverträge zwischen Verpächtern, die schon vor dem Kriege verpachtet hatten und mehr als 15 ha besitzen, und Pächtern, die weniger als 8 ha eigenes oder gepachtetes Land haben. 1924 wurden diese Grenzen auf 25 und 6 ha neu festgesetzt.

Denkt man sich die Gesetzgebung restlos durchgeführt, so wäre es mit dem privaten Großgrundbesitz vorbei. Den bisherigen Eigentümern stehen nach den Gesetzen je 150 ha landwirtschaftlicher Fläche und je 250 ha insgesamt zu. Nach Worliczeks Berechnungen[18]) wären das 259 000 ha landwirtschaftlicher und 173000 ha sonstiger Fläche. Es würden ungefähr 3,1% der Landesfläche in den Händen der bisherigen Großgrundbesitzer im Sinne des Beschlagnahmegesetzes verbleiben statt bisher etwa 28,2%. Ihr Anteil an der landwirtschaftlichen Fläche würde sich von 16,5% auf 3,4% vermindern. Allerdings kann in Einzelfällen den bisherigen Eigentümern ein größeres Ausmaß (bis zu 500 ha) verbleiben, doch liegt dies im Ermessen des Bodenamtes. Nach § 20 des Zuteilungsgesetzes können dem Eigentümer gewisse weitere Flächen freigegeben werden (Parkanlagen usw.). Ferner kann das Bodenamt nach § 7 des Beschlagnahmegesetzes den freihändigen Verkauf von beschlagnahmten Gütern gestatten und hat dies auch häufig getan. Dazu kommen noch die bei der Zuteilung vergebenen Restgüter. Worliczek schätzte nach Berücksichtigung all dieser Momente den voraussichtlichen Anteil des Großbesitzes an der landwirtschaftlichen Fläche des Staates nach Durchführung der Reform auf 6,5%.

III. Die Ausführung und die Ergebnisse der Reform bis Ende 1927.

Zur Übersicht über den Umfang der Beschlagnahme diene folgende Statistik[18]):

---

[18]) Worliczek, »Die tschechoslowakische Bodenreform«, »*Zeitschrift für die gesamte Staatswissenschaft*«, 1926, S. 464, 471.

Landesteil	Landwirtschaftlicher Boden			Sonstiger Boden			Zusammen		
	insgesamt in Tsd. ha	hiervon beschlagnahmt inTsd. ha	in %	insgesamt in Tsd. ha	hiervon beschlagnahmt in Tsd. ha	in %	insgesamt in Tsd. ha	hiervon beschlagnahmt in Tsd. ha	in %
Böhmen	3 088,0	528,9	17,1	2 117,3	1045,6	49,4	5 205,3	1 574,5	30,2
Mähren	1 358,7	163,8	12,1	871,6	474,3	54,4	2 230,4	638,1	28,6
Schlesien	239,5	41,1	17,1	202,5	94,7	46,7	442,0	135,8	30,7
Slowakei[19]	2 839,2	495,9	16,5	3 332,5	1118,8	36,6	6 171,7	1 614,7	26,2
Gesamtstaat	**7525,4**	**1229,7**	**16,5**	**6 523,9**	**2733,4**	**41,9**	**14 049,3**	**3 963,1**	**28,2**

Für die Aufteilung standen dem Staat bei Beginn der Reform etwa 0,9 Millionen ha landwirtschaftlichen und 2,5 Millionen sonstigen (hauptsächlich forstwirtschaftlichen) Bodens zur Verfügung.

Die folgenden Zahlen über die Ergebnisse der Reform beziehen sich auf die Zeit bis zum 31. Dezember 1927[20]):

Art der Zuteilung	Landwirtschaftlicher Boden ha	Sonstiger Boden ha	Insgesamt ha
A. Es waren **vergeben**	**734 683**	**415 342**	**1 150 025**
1. Zuteilung an die langjährigen Kleinpächter	80 895[21])	—	80 895
2. Bauaktion (Abgekürzte Verfahren)	6 311	—	6 311
3. Zuteilung verstreuter Parzellen (Abgekürzte Verfahren)	9 302	—	9 302
4. Zuteilung im Zuteilungsverfahren	470 301	96 556	566 857
5. Verstaatlicht	18 117	198 140	216 257[22])
6. Freihändige Verkäufe nach § 7 des Beschlagnahmegesetzes (mit Genehmigung des Bodenamtes)	149 757	120 646	270 403

19) Einschließlich Karpathorußland.

20) Worliczek: »*Annalen*« S. 206 ff.

21) Nur vom beschlagnahmten Boden. Außerhalb der Beschlagnahme wurden etwa 20 Tsd. ha abgelöst.

22) Anfang 1929 waren 912 Tsd. ha Bodens (darunter 61 Tsd. ha Hutung und Alpweiden, 11 Tsd. ha Teiche, 19 Tsd. ha Unland, 75 Tsd. ha landwirtschaftliche Fläche, der Rest Wald) in Staatsbesitz, und zwar 347 Tsd. ha in Karpathenrußland, 311 Tsd. in der Slowakei, 255 Tsd. in den Sudetenländern (Vgl. »*Prager Presse*« vom 16. 5. 1929, S. 4).

Art der Zuteilung	Landwirtschaftlicher Boden ha	Sonstiger Boden ha	Insgesamt ha
B. 1587 **Eigentümern** wurden aus der Beschlagnahme ins freie Eigentum entlassen	**303 097**	**385 201**	**688 298**
davon			
a) nach § 3 a Beschlagnahmegesetz (rechtlich und wirtschaftlich selbständige Objekte)	5 813	2 906	8 719
b) 1587 Fälle nach § 11 Beschlagnahmegesetz (150 bzw 250 ha)	277 769	190 975	468 744
c) 587 Fälle nach § 20 Zuteilungsgesetz (Parks, Naturdenkmäler und dgl.)	19 515	191 320	210 835
C. Es **verbleiben**	**191 908**	**1 932 833** [23])	**2 124 741**
Insgesamt waren beschlagnahmt	1 229 688	2 733 376	3 963 064

Die landwirtschaftliche Reform ist also zum größten Teil durchgeführt. Die noch verbleibende Fläche steht nur zum größten Teil, nicht ganz, für die Aufteilung zur Verfügung, weil darin noch Flächen enthalten sind, welche die ehemaligen Eigentümer zu beanspruchen haben (schätzungsweise 40000 ha). Von den 1730 betroffenen Eigentümern hatten bis Anfang 1928 1587 ihren Anspruch auf Freilassung der 150 bzw. 250 ha usw. erledigt. Es standen also zu diesem Zeitpunkt noch die Forderungen von 143 Eigentümern aus.

In den ersten Monaten des Jahres 1928 wurde die Reform auf den Besitzungen der drei Grundbesitzer Schwarzenberg (ursprüngliches Ausmaß etwa 183 900 ha), Schönborn-Buchheim (134 000 ha) und Koburg (75 000 ha) beendet. Der Schönborn-Buchheimsche Besitz wurde einer französisch-schweizerischen Holzverwertungsgesellschaft zugeteilt.

Im *Zuteilungsverfahren* (A. 4 der Tabelle) wurden, von 15 528 ha Wald abgesehen, 551 329 ha vergeben und in den einzelnen Landesteilen wie folgt verwendet:

Land	Ausmaß der Zuteilung ha	hiervon entfallen auf			
		Kleinzuteilung ha	Anzahl der Kleinerwerber	Restgüter ha	Anzahl der Restguterwerber
Böhmen	222 462	156 742	132 060	65 720	853
Mähren u. Schlesien	82 950	63 551	63 527	19 399	239
Slowakei	228 894	209 178	98 932	19 716	127
Karpathorußland ..	17 023	15 714	10 201	1309	12
Gesamtstaat	551 329	445 185	304 720	106 144	1231

[23]) Davon 1 849 967 ha Wald.

Zu den *zugeteilten* 1231 Restgütern kommen noch 301 Restgüter mit 28665 ha, die mit Genehmigung des Bodenamtes *freihändig* verkauft wurden. Es sind also im ganzen 1 532 Restgüter mit 134809 ha, 88 ha im Durchschnitt, vergeben worden. Diese sind folgendermaßen zugeteilt worden:

1.	An ehemalige Pächter	327	Restgüter	= 21,3%
2.	An ehemalige Bedienstete des Großgrundbesitzes	537	,,	= 35,1%
3.	An sonstige Landwirte mit Fachausbildung	84	,,	= 5,5 %
4	Gegen Tausch (von nicht beschlagnahmtem gegen beschlagnahmten Boden)	113	,,	= 7,4 %
5.	An Legionäre	38	,,	= 2,5%
6.	An sonstige physische Bewerber	138	,,	= 9,0%
	An Einzelpersonen insgesamt	1237	Restgüter	= 80,8%
7.	An den Staat	67	,,	= 4,4%
8.	An Länder	16	,,	= 1,0%
9.	An Bezirke	5	,,	= 0,3%
10.	An Gemeinden	37	,,	= 2,4%
11.	An Landeskulturräte	5	,,	= 0,3%
12.	An öffentliche Fonds	7	,,	= 0,5%
13.	An humanitäre Anstalten	12	,,	= 0,7%
14.	An Schulen und Fechtskörperschaften	10	,,	= 0,7%
15.	An Genossenschaften	97	,,	= 6,3%
16.	An Aktiengesellschaften	39	,,	= 2,6%
		1532	Restgüter	= 100,0%

Entsprechende Hektarzahlen gibt es nicht, da über die freihändig verkauften Restgüter nichts Näheres bekannt ist. Nur von den Gemeinden ist festgestellt, daß sie in 37 Gütern insgesamt 7086 ha Restgutfläche erhalten haben, das sind 5,2% der gesamten Restgutfläche. Die öffentlichen Körperschaften haben überhaupt, abgesehen von der Waldzuteilung an den Staat, keinen allzu großen Anteil an der aufgeteilten Fläche erhalten.

Auch die Zuteilung an Genossenschaften und Personenvereinigungen, denen die Gesetze eine bedeutende Rolle zugedacht hatten, hat keinen großen Umfang angenommen. Unter den beteilten Genossenschaften waren 42 aus ehemaligen Angestellten des Großgrundbesitzes, 4 zur Betreibung landwirtschaftlicher Industrien gebildet; daneben kommen Weidegenossenschaften u. a. vor.

Bei der Kleinzuteilung, also dem eigentlichen Siedlungswerk, entfielen von den zugeteilten 445185 ha auf die Neusiedlung (Schaffung von neuen Bauernstellen) nur 26807 ha = 6%, die in

117 alten und in 28 neugeschaffenen Gemeinden an 1679 Siedler kamen. Der Durchschnittsumfang einer solchen Stelle betrug also etwa 16 ha. Die verbleibenden 418378 ha = 94% wurden an 303041 Erwerber hauptsächlich zur Anliegersiedlung (Vergrößerung bestehender Kleinstellen), aber auch zur Zuteilung an Landlose vergeben. Es entfielen dabei auf den Erwerber 1,38 ha.

Die Umwandlung altansässiger landwirtschaftlicher Kleinpächter in Eigentümer ging im allgemeinen reibungslos vor sich.

Durch die vorläufige Zwangsverpachtung konnte man den größten Teil der gesetzlich berechtigten Bodenbewerber schon bis Anfang 1921 in einem gewissen Grade zufriedenstellen, aber man ist bei der Zuteilung sehr wahllos vorgegangen. So konnten die Zwangspächter, oft Nichtlandwirte, infolge Mangels an Inventar und Vieh ihren Acker vielerorts nicht bestellen. Jedoch hat man 1921 bei einer genaueren Revision vielen dieser Zwangspächter den Boden wieder abgenommen.

Es wurden in Böhmen 40291 ha an 101228 Pächter, in Mähren und Schlesien 21005 ha an 69022 Pächter, in der Slowakei 33780 ha an 65034 Pächter, in Karpathorußland 46898 ha an 29898 Pächter zugeteilt. Auf den Pächter entfallen demnach in Böhmen 0,4, in Mähren und Schlesien 0,3, in der Slowakei 0,52 und in Karpathorußland 1,57 Hektar. Im ganzen Staatsgebiet sind 265182 Zwangspächter, die vorher 0,8 ha im Durchschnitt besaßen, mit 141974 Hektar beteilt worden (auf den Pächter 0,54 Hektar).

Die eigentliche Durchführung der Bodenreform auf Grund des Zuteilungsgesetzes hat nur langsam eingesetzt. Bis Ende 1922 waren in den Sudetenländern folgende Flächen zugeteilt: Landwirtschaftlicher Boden (durchweg Anliegersiedlung) 45 065 ha, sonstiger Boden 13999 ha. Das Ausmaß der gebildeten Restgüter betrug 12 946 ha.

Das Bodenamt [24]) bezifferte das Ergebnis der Zuteilungsarbeiten in den Sudetenländern im Jahre 1923 wie folgt:

	Landwirtschaftlicher Boden ha	Sonstiger Boden ha	Ausmaß der gebildeten Restgüter ha
Böhmen	44 627	894	14 129
Mähren u. Schlesien	14 473	1 872	4 059
insgesamt	59 099	2 767	18 188

Nach einer auf der Prager landwirtschaftlichen Ausstellung veröffentlichten Zusammenstellung des Bodenamtes wurden bis Ende 1923 in der gesamten Republik 173 132 ha an 117 152 Bodenbewerber aufgeteilt.

[24]) »*Pozemková Reforma*«, V, Heft 3—5, S. 47—65.

Über das Schicksal der beschlagnahmten landwirtschaftlichen Industriewerke liegen für den Stand von 1924 folgende Zahlen vor[25]):

Art der Objekte		Zahl der beschlagnahmten Objekte	Bis Ende 1924 wurden zugeteilt	Bis Ende 1923 wurden freigegeben
Zuckerfabriken		60	11	5
Brauereien u. Malzfabriken		295	16	4
Spiritusbrennereien		608	7	39
Ziegeleien		496	9	8
Mühlen	in Böhmen, Mähren und Schlesien	276	52	2
Brettsägen		406	10	1
Meiereien		68	1	1

Dazu kamen noch Industriewerke und Unternehmungen verschiedener Art, sowie Wohnhäuser und Gasthäuser.

Die zugeteilten Betriebe wurden in der Regel vergenossenschaftlicht; das gilt von den meisten Brennereien und Kleinbrauereien, aber auch von einzelnen Zuckerfabriken[26]).

Was den Waldboden anlangt, so waren bei Beendigung des Weltkrieges in den Sudetenländern nur $6^1/_2$ Tsd. ha staatlich. Hier enteignete die Republik gleich nach ihrer Entstehung 72,6 Tsd. ha habsburgischen Forstbesitzes. Im Jahre 1919 umfaßte der Staatswald 629,3 Tsd. ha, Anfang 1929 746,7 Tsd., wovon 203 Tsd. in den Sudetenländern, 252 Tsd. in der Slowakei und 292 Tsd. in Karpathenrußland[27]).

Die Zuteilung von Wald an Gemeinden hielt sich bisher in engen Grenzen, da sonst wohl auch deutsche Gemeinden berücksichtigt werden müßten[28]). Ende 1926 waren 19833 ha an Gemeinden verteilt. An Einzelpersonen wurden bis Ende 1925[29]) etwa 100000 ha Forstfläche mit Genehmigung des Bodenamtes verkauft. Neuere Zahlen für den Walderwerb durch Gemeinden und Privatpersonen liegen nicht vor.

---

25) Worliczek, *Zeitschrift für die gesamte Staatswissenschaft*, S. 468.

26) Jan Voženílek, Präsident des Staatlichen Bodenamtes, in »Die Agrikultur der Tschechoslowakischen Republik«, Beilage zur »*Prager Presse*« vom 13. Mai 1928, S. 10.

27) Die hierin enthaltenen Erwerbungen sind in der obigen Tabelle über die Durchführung der Reform nur zum Teil aufgeführt. Vgl. Jan Voženílek, »Die Bodenreform des Waldbodens«, »*Prager Presse*« vom 19. Mai 1929, S. 3.

28) Vgl. »Die Lage der Deutschen der Tschechoslowakei«, S. 157.

29) B. v. d. Decken a. a. O. S. 27.

Die eigentliche Waldreform setzte erst 1928 ein.

Der im Durchschnitt gezahlte Entschädigungspreis betrug etwa 237½ M. (1900 Kč) je ha, während der Zuteilungspreis für Siedler durchschnittlich 372½ M. (2980 Kč), für Restguterwerber 441¼ M. (3530 Kč) ausmachte.

Worliczek bringt einige Beispiele für die Vermögenseinbuße der bisherigen Eigentümer. So ist die Herrschaft Netolitz (3354,79 ha) vom Bodenamt zu einem Preise von 708000 M. übernommen worden (rund 210 M. pro Hektar), 1 ha wurde mit durchschnittlich 500 M. zugeteilt, das Gut also mit einem Gesamtpreise von 1675000 M. weiter gegeben. Die Entschädigung betrug demnach nur rund 42% des an sich niedrigen Zuteilungspreises. Ferner wurden einige beschlagnahmte Flächen beschleunigt für Bauzwecke zugeteilt. Hierbei wurden die Preise zwischen dem bisherigen Eigentümer und dem Erwerber vereinbart. Der erstere erzielte höhere Preise als bei der regulären Übernahme, diese Preise erreichten aber durchaus nicht immer die Sätze für landwirtschaftlichen Boden auf dem freien Markt. Es ergaben sich im Durchschnitt 1312½ M. je ha. Den Durchschnittspreis für nicht beschlagnahmten Boden nimmt Worliczek (1925) mit etwa 1250—1500 M. je ha an.

Jedenfalls kann man, ohne zu übertreiben, den **Entschädigungssatz im Durchschnitt** mit ⅙ bis ⅕, den **Zuteilungspreis mit etwa ⅓ des regulären Marktpreises** annehmen.

Das Bodenamt hat einige **Einzelstatistiken** über bisher aufgeteilte Objekte gegeben. Zu nennen sind hier vor allem die Herrschaften Pardubitz, Povážské Podhradí und Poděbrad[31]).

In Pardubitz gestaltet sich die Verteilung der Größenklassen wie folgt:

Größenklasse in ha	Vor der Zuteilung Anzahl der Eigentümer	%	Nach der Zuteilung Anzahl der Eigentümer	%
0— 2	551	65,37	702	45,83
2— 4	165	19,57	453	29,57
4— 6	87	10,32	252	16,51
6— 8	28	3,32	84	5,48
8—10	12	1,42	41	2,61

Ähnlich liegt der Fall Poděbrad. Diese Herrschaft gehörte dem reichsdeutschen Fürsten von Hohenlohe-Schillingsfürst. Von ihr wurden ⅔, 4661 ha, an zwei tschechische Großgrundbesitzer verkauft, 2461 ha wurden verteilt. Die Größenklassenverteilung gestaltete sich folgendermaßen:

31) Worliczek, »Grundlagen, Grundgedanken und Kritik der tschechoslowakischen Bodenreform«, S. 193/94.

Größenklasse in ha	Vor der Zuteilung Anzahl der Eigentümer	%	Nach der Zuteilung Anzahl der Eigentümer	%
0— 2	569	68,31	723	53,55
2— 4	182	21,85	384	28,44
4— 6	45	5,40	129	9,56
6— 8	13	1,56	56	4,15
8—10	24	2,88	58	4,30

Im Falle Považské Podhradí verhielt sich die Größenklassenverteilung folgendermaßen:

Größenklasse in ha	Vor der Zuteilung Anzahl der Eigentümer	%	Nach der Zuteilung Anzahl der Eigentümer	%
0— 2	224	75,17	384	66,90
2— 4	62	20,80	106	18,46
4— 6	9	3,02	47	8,19
6— 8	2	0,67	18	3,31
8—10	1	0,34	19	3,14

Das auf den Bewerber durchschnittlich entfallende Flächenmaß beträgt in Pardubitz 1,6 ha, in Poděbrad 1,35 ha.

IV. Würdigung der tschechoslowakischen Bodenreform.

Es läßt sich nicht bestreiten, daß die tschechoslowakische Agrarreform mit erstaunlicher Entschlossenheit vorwärtsgetrieben worden ist. Aber wie ist sie mit ihren Absichten und Wirkungen wirtschaftlich und sozial zu beurteilen?

Zunächst ist es bei der praktisch unbeschränkten Machtvollkommenheit des Bodenamtes erforderlich, die Arbeitsweise dieser Zentralbehörde einer Betrachtung zu unterziehen. Das Bodenamt hat die diktatorische Stellung, welche ihm die Gesetze geben, nicht als Bürde empfunden, sondern hat sie bis zur letzten Konsequenz ausgenutzt. Trotz aller Kritik auch der tschechischen Öffentlichkeit ist es unbeirrt seinen Weg gegangen. Ohne auf die Einwände sachverständiger Personen und Körperschaften zu hören, hat es die Reform nach seinem Ermessen durchgeführt. Die Behörde macht bei Anträgen auf freihändige Veräußerung von Teilen beschlagnahmten Besitzes die größten Schwierigkeiten und erteilt die Genehmigung nur in den seltensten Fällen. So hielt das großgrundbesitzfeindliche Bodenamt die

Fideikommisse, die erst durch das Gesetz vom 3. Juli 1924 abgeschafft wurden, noch aufrecht, wenn die Inhaber sie schon auflösen wollten. Ein Beispiel: Im Nachlaßverfahren eines bekannten böhmischen Magnaten wurde dem Haupterben die Erlaubnis verweigert, seine Miterben statt in Geld in Boden abzufinden und so den fideikommissarisch gebundenen Latifundienbesitz in gut abgerundete Mittelbesitze zu spalten. Ebenso hat das Bodenamt einen Gutsbesitzer, der im Böhmer Wald zwei kleine, nur einige hundert Hektar umfassende Fideikommiß-Güter besitzt, verhindert, das eine seiner Güter seinem Sohne ins Eigentum zu übertragen. Das Bestreben, den beschlagnahmten Großbesitz seinem eigenen Zugriff zu erhalten, beherrscht das Bodenamt so sehr, das es vielfach freihändige Abgaben, Schenkungen usw. von zerstreut liegenden und infolgedessen schlecht zu bewirtschaftenden größeren Gutsteilen verbietet. Die Bodenpolitik verhinderte geradezu die im Interesse der Landeskultur gelegene Bildung von Mittelbesitzen und die damit oft verbundene Flurbereinigung, nur um sich die Verfügungsgewalt zu erhalten. Viele Großgrundbesitzer waren durchaus zur freiwilligen Landabgabe bereit, aber das Bodenamt hielt starr an seinem Siedlungsmonopol fest: es verhinderte gelegentlich freiwillige Aufteilungen an Kleinbesitzer. Liberaler war es nur dann, wenn es galt, deutschen oder ungarischen Besitz in tschechische Hände zu bringen. Auch das Übergewicht des Einflusses der tschechischen *Agrarier* und *Nationalen Sozialisten* ist nicht selten wirksam gewesen.

Dies willkürliche Schalten und Walten des Bodenamtes prägt dem ganzen Reformwerk seinen Stempel auf. Die Organisation, welche man zur Durchführung der Gesetze geschaffen hat, ist so bürokratisch-zentralistisch wie kaum bei einer anderen Agrarreform. Es gibt keinerlei Selbstverwaltung; alles liegt in den Händen des Bodenamtes und seiner Beamten, von der Beschlagnahme angefangen bis zur Zuteilung. Gewiß ist es notwendig, daß bei derartig weittragenden volkswirtschaftlichen Maßnahmen der Staat sich die Oberleitung vorbehält, um die Innehaltung der gesetzlichen Bestimmungen zu überwachen. Aber daß sich die Behörde mit den kleinsten Einzelheiten der Übernahme und Zuteilung selbst befaßt, liegt nicht im Interesse der Sache. Immer wieder hört man auch von tschechischer Seite Klagen darüber, daß es den Beamten nur zu oft an der nötigen Sach- und Ortskenntnis fehle.

Die schlimmste Folge der behördlichen Allmacht ist die damit für die Beteiligten verbundene Rechtsunsicherheit. Der

Grundbesitzer ist dem Bodenamt gegenüber so gut wie schutzlos, ein Berufungsrecht gegen bodenamtliche Entscheidungen gibt es nur, wenn eine solche Entscheidung oder Maßnahme formell gegen die Bodengesetze verstößt. Bei dem Umfang der Befugnisse des Bodenamtes ist das Berufungsrecht in der Mehrzahl der Fälle illusorisch. Das Bodenamt kann beliebig bestimmen, daß dieses Gut übernommen wird, jenes andere, das vielleicht größer und besser zur Besiedlung geeignet ist, dagegen nicht. Eine Herrschaft muß diesen Meierhof hergeben, jenen, der vielleicht wegen seiner Lage entbehrlicher wäre, muß sie behalten.

Besonders charakteristisch für die Rechtsauffassung, die in den Bodengesetzen herrscht, ist die Art, in der die Entschädigung geregelt ist. Gewiß handelt es sich hier um eine schwierige Aufgabe, da ja ganz entgegengesetzte Interessen (die des Großgrundbesitzers und des Bodenerwerbers) auszugleichen sind. Aber die Art, wie die Entschädigung festgelegt ist, widerspricht durchaus den Prinzipien des wohlerworbenen Rechtes. Vor allem wird die Geldentwertung so gut wie gar nicht berücksichtigt. Vielfach bedeutet die gesetzliche Entschädigung nur ein Zehntel des Marktpreises. Aber selbst im günstigsten Falle ist die Entschädigung eine weitgehende Vermögenseinbuße für den Betroffenen. Der Latifundienabzug ist jedenfalls bei den Verhältnissen in den Sudetenländern, wo es ja keinen eigentlichen Latifundienbetrieb gab, in dem Umfange nicht gerechtfertigt, schon weil er auch für Waldbesitz gilt, wo er gar keinen wirtschaftlichen Sinn hat.

Die errechneten Entschädigungspreise lagen weit unter den für die Vermögensabgabe geltenden Sätzen. Diese Steuer forderte vom Großgrundbesitz durchschnittlich etwa $^1/_3$ seines Wertes von 1919, und Grundstücke werden nur zu dem viel geringeren Entschädigungs-(Vorkriegs-)Wert in Zahlung genommen. Dieses Mißverhältnis hatte auch der Präsident der Republik getadelt [32]), und 1922 wurde bestimmt, daß der Entschädigungswert für die Schätzung zur Vermögensabgabe maßgebend sein sollte [33]).

Der Zuteilungspreis liegt nach Worliczek 70—100% über dem Übernahme-(Entschädigungs-)Preis, aber immer noch um etwa $^2/_3$ unter den Preisen des freien Marktes. Er stellt also auf jeden Fall eine Bereicherung des Erwerbers dar (vgl. S. 225).

---

32) Masaryks Brief an Viškovský, den Präsidenten des Bodenamtes, ist in Übersetzung abgedruckt bei Worliczek, »Grundlagen, Grundgedanken und Kritik der tschechoslowakischen Bodenreform«, S. 119.

33) Vgl. Pekař, a. a. O. S. 53, 55/57.

Die niedrigen Zuteilungspreise waren aber für das Werk der Neusiedlung von nicht allzu großem Vorteil. Sie haben zweifellos den Bodenhunger auch bei solchen Leuten geweckt, die nach Herkunft und Fähigkeiten zu landwirtschaftlicher Tätigkeit nicht geeignet sind. Dies birgt bei der mangelhaften Abgrenzung der siedlungsberechtigten Gruppen und den starken parteipolitischen Einflüssen große wirtschaftliche und moralische Gefahren in sich. So wohlfeil erworbener Boden wird von weniger verantwortungsbewußten Erwerbern leicht vernachlässigt. Aber wenn auch nach Worliczeks Berechnungen die Preise für den Boden bei Errichtung von neuen Wirtschaften nur etwa 7 bis 13% des gesamten für die Errichtung notwendigen Aufwandes ausmachen, so erfordern doch die Inventarien, die voll bezahlt werden müssen, und die Gebäude in einem Lande mit hochintensiver Landwirtschaft und kulturell hochstehender Bevölkerung, wie es jedenfalls die Sudetenländer sind, recht beträchtliche Kapitalien.

Aus diesem Grunde hat man sich in der Hauptsache auf die Anlieger- und Parzellensiedlung, bei der größere Kapitalbeschaffungen nicht nötig sind, beschränkt. Die überwiegend gewählte Anliegersiedlung ist an sich bei der starken Anzahl von Splitterbetrieben in der Tschechoslowakei durchaus notwendig. Der zentrale Zweck muß aber die Vergrößerung von Kleinstellen auf selbständige Ackernahrungen sein. Wie steht es damit? Professor Brdlík*) hat Berechnungen und Schätzungen für die Verteilung der landwirtschaftlichen Fläche auf die einzelnen Betriebsgrößenklassen vor und nach Durchführung der Reform angestellt, wobei er den Stand von Anfang 1928 zugrunde legt und die Aufteilung der damals noch ausstehenden Fläche mitveranschlagt. Er geht von den Zählungen von 1895, 1896 und 1902 und davon aus, daß zwischen der Betriebsverteilung und der Besitzverteilung ein erheblicher, durch den Anteil des Pachtlandes verursachter Unterschied bestand, und daß infolgedessen die Reform die Betriebsgliederung weniger verändert hat als die Eigentumsverhältnisse. Der zugeteilte Boden war nämlich vorher bereits vielfach als Pachtland beim Kleinbetrieb, auch abgesehen von den Liegenschaften der gesetzlich besonders behandelten langjährigen Kleinpächter.

---

*) Anm. des Herausgebers: Vgl. Prof. Vlad. Brdlík, »Die Bedeutung der landwirtschaftlichen Produktion«, »*Prager Presse*«, vom 13. Mai 1928. Seine dort gegebenen Zahlen hat Prof. Brdlík brieflich in freundlichster Weise erklärt und auf den neuesten Stand gebracht.

Für alle Betriebsgrößenklassen gelangt Brdlík zu folgender Gegenüberstellung:

Betriebsgrößenklasse nach der landw. Fläche in ha	Gesamte landwirtschaftl. Fläche der Größenklasse in Hektar		*Prozentualer Anteil* am landwirtsch. Boden	
	vor	nach	vor	nach
	der Reform			
bis 2	672 899	629 149	*7,8*	*7,3*
2—5	1 239 876	1 352 376	*14,3*	*15,6*
0—5	**1 912 775**	**1 981 525**	***22,1***	***22,9***
5—20	3 819 413	4 119 413	*44,1*	*47,6*
20—100	1 542 657	1 623 907	*17,8*	*18,8*
5—100	**5 362 070**	**5 743 320**	***61,9***	***66,4***
über 100	**1 381 990**	**981 990**	***16,0***	***10,7***
Zusammen	8 656 835	8 656 833	*100,0*	*100,0*

Obgleich dieses Bild, besonders bezüglich der Verringerung des Großbetriebes, erheblich milder erscheint als das oben erwartete, ist auch nach Brdlík der wirtschaftlich wohl bewährte historische Großgrundbesitz in seiner landwirtschaftlichen Tätigkeit stark beschränkt worden. Soweit darüber hinaus Großbetriebe erhalten geblieben sind, ist es fraglich, wie weit sie unter der neuen Leitung einen vollwertigen Ersatz darstellen.

In der Erhöhung des Anteils der Betriebe zwischen 20 und 100 ha wird die Bildung der Restgüter zum Ausdruck kommen.

Die Klasse bis 2 ha hat (durch Aufrücken) abgenommen, aber die fast durchweg unselbständige Gruppe von 0 bis 5 ha hat ihren Anteil durch die Reform von 22,1% auf 22,9% vergrößert (im Deutschen Reich umfaßte sie 1925 17,6%). Auffallend ist die starke Zunahme der Betriebe zwischen 5 und 20 ha, die 300000 ha gewonnen haben. Es kann sich auch hierbei fast nur um Anliegersiedlung handeln, da ja die errichteten Neustellen Anfang 1928 nur 26807 ha umfaßten. Auch wäre es wohl voreilig, daraus auf einen umfangreichen Aufstieg vom Kleinbesitzer zum selbständigen Kleinbauern zu schließen. Durchschnittlich wurden dem Bewerber bei der Anliegersiedlung nur 1,38 ha zugeteilt; es ist zu vermuten, daß die in die Klasse 5—20 aufgerückten Betriebe auch jetzt meist nur wenig über 5 ha innehaben, das heißt an der Grenze der Selbständigkeit stehen.

Die Anliegersiedlung bot nicht nur den siedlungstechnisch einfacheren Weg, sondern dabei auch den politisch-taktischen Vorteil der Landzuweisung an möglichst viele Bewerber.

Das in den Bodengesetzen vorgesehene Bodenbeschaffungsverfahren gibt zu den größten Bedenken Anlaß. Das Institut der Bodenbeschlagnahme mit seiner Aufsicht und seinen Verfügungsbeschränkungen hemmt jede freie Entwicklung. Das Bodenamt hat zwar bis Ende 1927 in 1982 Fällen die Belastung von gesperrtem Boden im Gesamtbetrag von 179 Mill. RM. genehmigt, aber diese Summe dient zu 57,7% der Bezahlung von Steuern und Abgaben[34]).

Die Zwangspacht mit ihrer übereilten Durchführung hat den Boden nachweislich oft in die Hände von Pächtern gebracht, die nicht in der Lage waren, ihn zu bestellen, und ihn brach liegen ließen.

Doch kann man für beide Aktionen mildernde Umstände gelten lassen; die Beschlagnahme hat eigenmächtige Aufteilungen nach russischem Muster verhütet, und die Zwangspacht hat den ersten stürmischen Bodenhunger der Nachkriegsjahre gestillt, ohne vollendete Tatsachen zu schaffen. Sie ist übrigens jetzt liquidiert.

Der beste Teil der Agrarreform ist zweifellos die Übereignung von Boden an langjährige Kleinpächter. Hier handelte es sich um keine betriebsorganisatorische, sondern um eine rechtliche Veränderung, von der man annehmen kann, daß sie psychologisch günstig gewirkt hat.

Diese einzige Maßnahme, die sich wirtschaftlich wirklich bewährt hat, ist von tschechischer Seite sehr stark kritisiert worden, weil auf diese Art auch eine ganze Anzahl deutscher Pächter Boden erhalten hat, was nach Meinung der tschechischen Öffentlichkeit den Zwecken der Gesetze zuwiderläuft.

Bei der Bildung der »Restgüter« ist man nicht mit der nötigen Planmäßigkeit vorgegangen. Man hat den Restgütern vielfach die Stücke überwiesen, die bei der Zuteilung nicht verwendet werden konnten, sodaß oft ganz unorganische Betriebseinheiten entstanden sind.

Besonders zu beanstanden ist die schematische Festsetzung der Höchstgrenzen des landwirtschaftlichen Grundbesitzes (150, 250 bzw. in Ausnahmefällen 500 ha). Tatsächlich sind den bisherigen Besitzern im Durchschnitt 191 ha landwirtschaftlicher Fläche überlassen worden, wenn man die hinzukommenden Sonderflächen für Naturdenkmäler, selbständige Objekte usw. mitrechnet, aber nur 174 ha, wenn man diese gesondert liegenden oder gesondert ge-

34) Voženílek, *»Prager Presse«* vom 13. 5. 1928, S. 11.

arteten Flächen, die mit dem eigentlichen landwirtschaftlichen Betrieb nichts zu tun haben, ausschaltet. Bedenkt man noch, daß bei den »Restgütern« die Durchschnittsfläche 88 ha beträgt, so ergibt sich, daß von einem wirklichen landwirtschaftlichen Großbetrieb eigentlich überhaupt nicht mehr die Rede sein kann. Eine derartige Festsetzung dürfte überhaupt nicht schematisch, sondern nur von Fall zu Fall vorgesehen werden. Will man aber schon eine allgemeingültige Höchstfläche festsetzen, so sind die im Gesetz vorgeschriebenen Flächenmaße zweifellos zu niedrig. Einer der besten Kenner der sudetenländischen Landwirtschaft, Professor Dr. Brdlík[35]), gelangte bei seinem Gutachten auf 1000 ha als angemessene Höchstgrenze. Andere sachverständige Urteile schwanken zwischen 500 und 1000 ha.

Ganz unwirtschaftlich ist die festgesetzte Höchstgrenze von 250 ha für Forstwirtschaften. Tatsächlich sind den bisherigen Besitzern bisher im Durchschnitt je 243 ha »sonstiger Fläche« freigegeben worden, davon dürfte der größte Teil Wald sein. Bei der Mehrzahl der Besitzer (1000 von bisher 1587) beträgt der Durchschnitt sogar nur 122 ha, da nur 587 Besitzer ihren Anspruch auf Grund des § 20 des Zuteilungsgesetzes (Parks, Naturdenkmäler usw.) geltend gemacht und dafür 191 320 ha erhalten haben. Es werden hier Splitterbetriebe geschaffen, die ohne jeden Zweifel wirtschaftlich wertlos sind, denn der rationelle Forstbetrieb beginnt in den böhmischen Ländern erst bei Flächen über 1000 ha. Einheiten unter 500 ha kommen jedenfalls für ihn nicht in Betracht.

Eine weitere Frage ist, ob der Staatswald dem Privatwald tatsächlich überlegen oder mindestens gleichwertig ist. Die Frage läßt sich allgemein kaum beantworten. Es hängt dies davon ab, wie in dem betreffenden Land die Beschaffenheit der Privatwaldungen und die Erfahrungen auf dem Gebiete der staatlichen Forstwirtschaft sind. Die Wälder des privaten Großgrundbesitzes sind in den böhmischen Ländern in einem anerkannt guten Zustand. Nach Angaben des Forstrates Laschtowiczka (Österreichische Forst- und Jagd-Zeitung 48/19) erzielten die österreichischen Staatswälder während des Krieges 11 Kronen Reinertrag vom Hektar; die Privatforsten brachten in derselben Zeit das 6- bis 12-fache ein. Mag dieser große Unterschied auch zum Teil durch die Kriegsverhältnisse verursacht sein, die Überlegenheit des Privat-

35) Vgl. Worliczek, »Grundlagen, Grundgedanken und Kritik der tschechoslowakischen Bodenreform«, S. 82.

waldes in Österreich und damit sicher auch in den Sudetenländern wird durch diese Gegenüberstellung glaubhaft gemacht. Die recht ausgedehnten staatlichen Wälder in der Slowakei sind durchweg in keinem guten Zustand. Selbst wenn man die staatlichen Wälder in den Sudetenländern günstiger beurteilt, liegt bei aller Vorsicht bestimmt kein Grund zu der Annahme vor, daß die Verstaatlichung der Wälder in der Tschechoslowakei einen wirtschaftlichen Fortschritt bedeutet. Tatsächlich sind es auch nicht wirtschaftliche Motive, die man für die Enteignung des Großwaldbesitzes vorbringt, sondern Begründungen anderer Art. So will man die Grenzwälder aus angeblich strategischen Gründen in die Hand des Staates bringen, als ob der Staat nicht andere Mittel hätte, die Interessen der Grenzsicherung zu wahren. Die wahren Ursachen liegen einmal in der sehr einflußreichen staatssozialistischen Doktrin, sodann hofft man bei den Grenzwäldern, welche durchweg im deutschen Sprachgebiet liegen, durch Ansetzen tschechischen Forstpersonals tschechische Sprachinseln zu schaffen, um so das geschlossene deutsche Sprachgebiet mehr und mehr zu durchsetzen.

Aus der ganzen Fassung der Gesetze in der Wald- und Industriefrage wie aus der Enteignung der alten Adelspaläste in Prag ist klar ersichtlich, daß diese Gesetzgebung mehr negativ als positiv gerichtet ist, mehr »gegen den Großgrundbesitz« als »für die Innenkolonisation«. Sie faßt nicht den Betrieb, sondern den Besitz ins Auge; es kommt ihr mehr auf eine Besitzminderung der Grundaristokratie an als auf eine Neuordnung der Betriebsorganisation.

Ein weiteres schwieriges Problem ist die Versorgung der zahlreichen durch die Reform verdrängten landwirtschaftlichen Arbeiter und Angestellten. Wir sahen schon, daß eine Versorgung bzw. Entschädigung gesetzlich vorgesehen ist (Altersversorgung, Geldentschädigung, Zuweisung einer andern Beschäftigung, Zuteilung von Liegenschaften). Über den tatsächlichen Umfang der Entschädigung hat Voženílek, der Präsident des Bodenamtes, Zahlen veröffentlicht, die bis zum Beginn des Jahres 1928 reichen. Danach sind 64311 Bedienstete (nämlich 1890 Beamte, 5296 Angestellte, 23081 Deputatisten und 34044 ständige Arbeiter) entschädigt worden, davon 25,2% durch Bodenzuteilung im Ausmaß von 54898 ha, zu deren Erwerb der Staat $8^1/_2$ Mill. M. beitrug; 46,2% durch einmalige Geldabfindung von fast 20 Millionen Mark, 28,8% durch eine Ersatzstellung und 4,8% durch Pensionierung. Die Pensionen und die Geldentschädigungen sind meist in ganz ungenügender Höhe festgesetzt worden, die letzteren dürften fast nie zur Gründung einer neuen Existenz ausgereicht haben. Bei der Bodenzuteilung kamen bis 1925 auf einen (leitenden) Beamten 65 ha, auf einen Angestellten immerhin 6,1 ha. Bei den Deputatisten und den Tagelöhnern betrug die Durchschnittsfläche dagegen nur 2,2 bzw. 1,3 ha. Dieses Problem dürfte also nur unvollkommen gelöst sein.

Die Frage ist nun, ob die Reform die agrarpolitischen Ziele erreicht hat, die sich aus den landwirtschaftlichen Verhältnissen des Staates ergeben. Wie aus unsern Darlegungen am Eingang hervorgeht, mußte jede Änderung der Agrarverfassung in jenen Ländern dreierlei erstreben: eine Reduzierung der Latifundienbesitze auf leistungsfähige mittlere Großbetriebe, eine gründliche Flurbereinigung und eine Verstärkung der selbständigen Bauernschaft. Die beiden ersten Punkte hat die Reform bewußt vernachlässigt; wir sahen, daß die vorgesehenen Höchstflächen für einen rationellen Großbetrieb im allgemeinen zu niedrig sind; die Flurbereinigung ist vom Gesetzgeber zwar auch als notwendig anerkannt, aber den andern Zielen hintangesetzt worden. Tatsächlich ist die Gemengelage zugestandenerweise verschlimmert worden. Doch wie steht es mit dem ausdrücklich proklamierten agrarpolitischen Hauptziel, der Schaffung möglichst vieler Bauernstellen? Es sind nur 6% der an Kleinerwerber zugeteilten Fläche für Neusiedlungen, d. h. für die Errichtung neuer Bauernstellen verwendet worden. Die übrigen 94% in Parzellen von durchschnittlich 1,38 ha kamen an 303041 Anliegersiedler und Parzellenerwerber, d. h. sie wurden an kleine, unselbständige Besitzer zur Ergänzung ihres Besitzes oder aber an grundbesitzlose Personen in kleinen Parzellen gegeben.

Daß man nicht in größerem Maße neue Bauernstellen geschaffen hat, liegt nicht zuletzt an dem völligen Versagen der Kreditorganisation. Der Staat hat hierfür wohl allgemeine Normen gegeben, hat aber, abgesehen von einigen unzureichenden Fonds und einer begrenzten Bürgschaftsübernahme, die Kreditbeschaffung den privaten Instituten überlassen. Worliczek[36]) hat den Kapitalbedarf für die sachgemäße Durchführung der Reform auf fast eine Milliarde M. berechnet. Bis Ende 1927 wurden vom

---

[36]) »*Annalen*« S. 205: W. legt dabei höhere Zuteilungspreise zugrunde als den oben erwähnten Durchschnittssatz von nicht ganz 3000 Kč pro ha. Möglicherweise hat er die Preise für die Restgüter mit eingerechnet. Auf jeden Fall ist der angenommene Kapitalbetrag so niedrig angesetzt, daß er unbedingt als Mindestbedarf gelten kann.

Bodenamt 26 Millionen M. kurzfristig gestundet und nur etwa 40 Mill. M. Kredite gewährt oder vermittelt, also ein verschwindender Bruchteil des notwendigen Betrages, und das, nachdem die landwirtschaftliche Reform zum größten Teil durchgeführt ist.

Jene Summe entfällt zu 48,6 Millionen M. auf Besitzkredit, zu 6,8 Millionen auf Betriebskredit, zu 9,3 Millionen auf Bau- und zu 0,2 Millionen M. auf Kolonisierungsinvestitionskredite.

Den Eigentümern wurden bis Ende März 1928 64 Mill. M. für die im Zuteilungsverfahren übernommenen Grundstücke ausgezahlt. Die im ordentlichen Zuteilungsverfahren Beteilten und der Staat schuldeten dem Bodenamt 62 Millionen M. Der gesamte Zuteilungspreis für den im ordentlichen Zuteilungsverfahren vergebenen Boden betrug fast 250 Millionen M.

Die Wirkungen der Reform auf die agrarische Produktion lassen sich nicht genau übersehen, denn die jetzigen, gegenüber der Vorkriegszeit vielfach veränderten Ertragsverhältnisse sind durch andere Momente, wie die Preisverhältnisse, die Zollpolitik und produktionsfördernde Maßnahmen mit beeinflußt.

Der Weizenbau hat bei etwa gleichen Erträgen wieder dasselbe Areal inne wie vor dem Kriege, zurückgegangen ist dagegen der Roggen- und Kartoffelbau. Die Kultur der Braugerste hat unter dem Kriege schwer gelitten. Es ist auch heute noch nicht gelungen, die alte Exportstellung von Gerste, Malz und Bier zurückzuerobern. Durch die Agrarreform ist auch die Qualität der Gerste verschlechtert. Die von den Großbetrieben gelieferte Gerste von besonders guter Beschaffenheit erzielte früher unter der Bezeichnung »Herrschaftsware« an der Produktenbörse höhere Preise [37]). Der Haferanbau ist infolge des wachsenden Eigenverbrauchs gestiegen.

Die Zuckerrübenfläche hat einen Zuwachs erfahren (234100 ha im Durchschnitt 1924/1927 gegen 219500 ha 1904/1913). Daß es sich hier in der Hauptsache um eine Folge der bis 1925 im Verhältnis zu anderen Agrarprodukten günstigen Preislage für Zucker handelt, wie Worliczek [38]) annimmt, ist nicht ganz wahrscheinlich, da sich die Rübenfläche 1926 immerhin etwa auf der Vorkriegshöhe hielt und 1927 diese wieder überstieg. Vielmehr hat sich auch der kleine bäuerliche Betrieb (2—20 ha),

37) Ottokar Heinisch, »Die Landwirtschaft in der Tschechoslowakei.« *Berichte über Landwirtschaft*, Neue Folge. Bd. VIII, Berlin 1928. S. 458.

38) Worliczek, »Die Landwirtschaft in der Tschechoslowakischen Republik«, Prag 1928.

der heute 43% der Rüben liefert, statt 35% in der Vorkriegszeit [39]), im Zuckerrübenbau leistungsfähig erwiesen.

Ist die Entwicklung der vegetabilischen Agrarerzeugnisse bisher nur mit großer Vorsicht für die Beurteilung der Reform zu verwerten, so ist zweifellos bedeutsam, daß die Viehbestände, besonders die Rindviehbestände, nicht die Entwicklung genommen haben, die bei einer so großen Zunahme kleinbetrieblicher Wirtschaften zu erwarten war. Worliczek stellt hierbei die Jahre 1910 und 1925 gegenüber. Die Zahl der Kühe hat nur um 2,9% zugenommen, dafür ist als Folge der Entstehung vieler Zwergbetriebe eine Zunahme der Ziegen um 75% festzustellen. Maßnahmen zur Förderung der Viehzucht konnten noch nicht zur vollen Auswirkung gelangen, da besonders die Rindviehzucht unter mehreren Futtermittelmißernten und unter verschiedenen Seuchen zu leiden hatte. Immerhin hat sich die Milchwirtschaft gut entwickelt, besonders nach Österreich wurde in steigender Menge Milch exportiert, was neuerdings durch erhöhte Zölle erschwert wird. Die Buttereinfuhr ist ständig gesunken, während die Ausfuhr von Käse, besonders aus der Slowakei, zugenommen hat. Dies ist jedoch Käse geringerer Qualität, infolgedessen muß die Nachfrage nach hochqualifizierten Erzeugnissen durch die Einfuhr befriedigt werden. Die Agrarreform hat die Zahl der Schweineproduzenten vermehrt. Daß die Schweinemast noch keine größere Ausdehnung als in der Vorkriegszeit gewonnen hat, wird allgemein auf die Konkurrenz des Auslandes zurückgeführt. Erheblich stärker als erwartet ist der Rückgang der Mastochsen (fast um $^2/_3$). Daß die Schafbestände um etwa 40% abgenommen haben, entspricht der Verringerung der Großbetriebe. Zu beachten ist, daß die durch Krieg verursachten Verluste in den Viehbeständen bereits 1923 ausgeglichen waren.

Die Tschechoslowakei versucht, der Agrarreform durch produktions- und handelspolitische Maßnahmen, insbesondere durch den Ausbau des Bildungs- und Versuchswesens, durch Förderung der Kunstdüngeranwendung, durch Meliorationen, zu einem wirtschaftlichen Erfolge zu verhelfen.

VII. Die Grundtendenzen der Gesetze.

Eine große Agrarreform ist nicht nur ein wirtschaftlicher Vorgang, sondern stets von tiefgreifender sozialer und politischer Bedeutung.

---

39) Josef Nebeský: »Der Tschechoslowakische Rübenbau in den ersten zehn Jahren der Republik«, »*Prager Presse*«, vom 13. Mai 1928.

Rein wirtschaftlich waren die Gesetze auch gar nicht verständlich. Maßgebend waren zweifellos in erster Linie politische Gesichtspunkte und soziale Doktrinen. Nun ist die Tschechoslowakei kein Agrarland, wo wirklich das Drängen der ländlichen Massen nach Landbesitz so groß ist, daß man diesem Drängen auch auf Kosten der wirtschaftlichen Einsicht Konzessionen machen muß. Hier liegt eine bewußte Politik vor, die den Bodenhunger zum großen Teile aus nationalistischen Gründen erst künstlich hervorgerufen hat.

Bezeichnend für die ganze Gesetzgebung ist, daß man sehr verschiedene Agrartheorien zu berücksichtigen versucht hat: Zuteilung an Einzelpersonen (Innenkolonisation), Sozialisierung in Form der Verstaatlichung und der Vergenossenschaftung. Diese letzteren Pläne haben sich aber in bezug auf den landwirtschaftlichen Betrieb, wie nicht anders zu erwarten war, als utopisch erwiesen, doch glaubte man immerhin zu einigen Versuchen verpflichtet zu sein.

Dieses ziemlich wahllose Nebeneinander von allen möglichen agrarpolitischen Zielen erklärt sich aus der Entstehung der Gesetze. Es sind drei Grundtendenzen festzustellen: die kleinagrarische, die sozialistische und die nationalistische. Der Hauptantrieb zu der ganzen Gesetzgebung ging von den tschechischen sozialistischen Parteien und von den Agrariern, der Partei der Kleinbauern und Kleinbesitzer, aus. Die ersteren suchten möglichst viel für ihre Sozialisierungstheorien herauszuholen, die letzteren wollten möglichst viele kleine Leute mit Land versorgen, beide Parteien wetteiferten darin, möglichst viele ländliche Wähler durch große Zuteilungsversprechungen zu gewinnen. Den Sieg bei diesem Wettbewerb haben entschieden die Agrarier davongetragen: in der Praxis sind die Sozialisierungsideen fast gar nicht zur Geltung gelangt, die Agrarpartei hat es verstanden, sich den maßgebenden Einfluß im Bodenamt zu sichern.

Die ausschlaggebende Tendenz ist aber, wie heute kaum noch bestritten wird, der tschechische Nationalismus. Man wollte den Boden der Minderheitsvölker weitgehend in tschechische Hände bringen und ihre geschlossenen Siedlungsgebiete mit tschechischen Kolonisten, die bei der Zuteilung gegenüber den Deutschen, Ungarn usw. durchaus bevorzugt werden, durchsetzen. Das nationale Ziel der Tschechen seit dem Wiedererwachen ihres Volksbewußtseins um 1800 war die Loslösung von der gesellschaftlichen Einheit mit den Deutschen. Diese Einheit bestand darin, daß in den slawischen Innengebieten der Sudetenländer die Tschechen die unteren und mittleren Klassen, die Deutschen im wesentlichen die Oberschicht bildeten. Wer in diese emporstieg, wurde Deutscher. Im 19. Jahrhundert entstand dann eine tschechische Oberschicht neben der alten deutschen. Nur der Großgrundbesitz bestand nach wie vor fast insgesamt aus Nichttschechen. Es galt also nach der Staatsumwälzung, diese Schicht zu verdrängen, ihren Landbesitz an tschechische Bauern und Häusler zu geben oder an ihre Stelle in kleinerem Umfange einen tschechischen Großgrundbesitz zu setzen. Dazu kam das Bestreben, das geschlossene deutsche Siedlungsgebiet in den Randgebieten der Sudetenländer sowie die ungarischen Bezirke in den Karpathenländern zu durchsetzen und so das Endziel der tschechischen Nationalpolitik zu erreichen, die Verwandlung des Nationalitätenstaates in einen tschechischen Nationalstaat.

Zweifellos ist es gelungen, große Flächen aus den Händen der Minderheiten in tschechische Hände zu bringen. Doch wird es kaum jemals gelingen, die heutige Tschechoslowakei in einen Nationalstaat zu verwandeln. Dazu sind die Kräfte der Minderheiten zu groß. Der Nationalismus, welcher der Agrarreform seinen Stempel aufdrückt, läuft auch den wohlverstandenen Interessen des tschechoslowakischen Staates zuwider, der in seinem heutigen Umfange nur als ein Staat gleichberechtigter Nationalitäten bestehen kann.

Quellen und Literatur.

Beiträge zur Geschichte der Landeskultur des Königreichs Böhmen. Prag 1891.
Bodenreformgesetze. Herausg. und erläutert von Dr. Franz Freudenfeld, 3 Bände, Brünn, Prag, Leipzig, Wien, 1922—1923.
Österreichische Statistik Bd. 56.
Österreichische Statistische Monatsschrift, Neue Folge, 19. Jahrgang.
Statistisches Handbuch der Tschechoslowakischen Republik. Prag 1920.
Wilhelm Winkler, Statistisches Handbuch des gesamten Deutschtums, Berlin 1927.
Pozemková Reforma, Zeitschrift des Staatlichen Bodenamtes.
Die Bodenreform der tschechoslovakischen Republik und die Minderheiten. Herausg. v. Deutschen parlamentarischen Verband. (1924).
Die Lage der Deutschen in der Tschechoslowakei. 19. *Veröffentlichung der deutsch-politischen Arbeitsstelle.* Prag (im Febr. 1923).
La République Tschécoslovaque (Tschechische Propagandaschrift). Prag 1920.
Burghard von der Decken, Die Wirtschaft der Tschechoslowakei. München u. Leipzig 1928.
Vlad. Brdlík, Die Bedeutung der landwirtschaftlichen Produktion, *Prager Presse* vom 13. Mai 1928.
Hassinger, Die Tschechoslowakei. Wien, Leipzig, München 1925.
E. Foth, Die Agrartheorien in der deutschen Sozialdemokratie. Heidelberg. Dissertation 1916.

O. Heinisch, Die Landwirtschaft in der Tschechoslowakei, *Berichte über Landwirtschaft*, Berlin 1928.
F. Jesser, Innere Kolonisation in den Sudetenländern. Sonderabdruck d. Wiener Zeitschrift: »*Deutsche Soziale Rundschau*«.
Lothring, Die Enteignung des Großgrundbesitzes und die Sozialisierung des Bodens. Prag 1919.
Derselbe, Geschichte der tschechischen Bodenreform (nicht veröffentlicht).
W. Medinger, Großgrundbesitz, Fideikommiss und Agrarreform. Wien 1919.
Josef Pekař, Irrtümer und Gefahren der Bodenreform. Prag. (1925.)
H. Rauchberg, Der nationale Besitzstand in Böhmen. Leipzig 1905.
W. Schiff, Österreichs Agrarpolitik seit der Grundentlastung. Tübingen 1898.
Grünberg, Die Bauernbefreiung und die Auflösung des gutsherrlich-bäuerlichen Verhältnisses in Böhmen, Mähren und Schlesien. Leipzig 1894.
Strakosch, Die Grundlagen der Agrarwirtschaft in Österreich. Wien 1916.
M. Sering, Die innere Kolonisation im östlichen Deutschland. *Schriften d. Vereins f. Sozialpolitik* 1893, Bd. 56.
Viškovský, Die Durchführung der Bodenreform. Presseveröffentlichung d. Bodenamtspräsidenten Mai 1921.
E. H. Vogel, Die agrarstatistischen Grundlagen einer Innenkolonisation und Erhöhung der landwirtschaftlichen Produktion im Ländergebiete Österreichs nach dem Kriege. Wien 1919.
Voženílek, Präsident des Staatlichen Bodenamtes, *Pozemková Reforma v Čsl. Republice*, Prag 1924;— Die bisherigen Ergebnisse der Bodenreform, *Prager Presse* vom 13. Mai 1928; — Die Bodenreform des Waldbodens, *Prager Presse* vom 19. Mai 1929.
Wichen, Die Bodenreform der tschechoslowakischen Republik, Berlin 1924.
Camillo Worliczek, Grundlagen, Grundgedanken und Kritik der tschechoslowakischen Bodenreform. Reichenberg 1925.
Derselbe, Die tschechoslowakische Bodenreform. *Zeitschrift für die gesamte Staatswissenschaft* 1925/26. 3. Heft.
Derselbe, Bodenreform und Gemeinwirtschaft in der Tschechoslowakischen Republik. *Annalen der Gemeinwirtschaft* 1928.
Derselbe, Die Landwirtschaft in der Tschechoslowakischen Republik. Prag 1928.

VII.

Die Wiederbesiedlung in Österreich.

Von

Dr. Anton Freiherrn von Pantz,
Vizepräsident der Agrarbehörden und Sektionschef a. D., Wien.

I. Die Bauernlegungen seit den 70er Jahren des 19. Jahrhunderts und ihre Ursachen.

In jener Ländergruppe, die heute nach dem Diktate von St. Germain Österreich bildet, ist mit Ausnahme des Burgenlandes der landwirtschaftliche Großbesitz gering; er bleibt sowohl an Zahl als auch an Ausdehnung weit hinter dem Prozentsatze zurück, den die landwirtschaftlichen Großbetriebe in den anderen aus der alten Monarchie entstandenen Teilstaaten aufweisen.

Die uns zur Verfügung stehende Grundbesitzstatistik mit ihrer schematischen Einteilung nach Größenklassen ohne Berücksichtigung der Kulturgattungen und mindestens auch der Grundsteuerleistung vermag kein klares und verläßliches Bild von der Grundbesitzverteilung zu geben, denn wenn man einen Grundbesitzer mit mehr als 200 ha zumeist Acker im Flachlande als Großbesitzer bezeichnet, so wäre es verfehlt, einen Gebirgsbauern mit dem gleichen Besitzausmaße an Wiesen, Weiden, Almen und Wald in dieselbe Kategorie einzureihen.

Im allgemeinen kann man mit obiger Ausnahme sagen, daß im heutigen Österreich die Verteilung der landwirtschaftlich genützten Fläche auf Groß-, Mittel- und Kleinbesitz der durch die vorwiegende Gebirgslage gegebenen Wirtschaftsweise völlig angepaßt und zweckentsprechend ist. Es lagen daher, als das Wiederbesiedlungsgesetz erlassen wurde — das Burgenland war damals noch nicht im Besitze Österreichs — keinerlei Voraussetzungen für eine allgemeine grundlegende Änderung der Bodenverteilung vor.

Die einzige Ausnahme betraf eine ganz eigenartige Erscheinung, die sich in den österreichischen Alpenländern und zwar hauptsächlich im Osten, in der Nähe der Reichshauptstadt und der industriellen Zentren, seit der Mitte des vorigen Jahrhunderts zeigte. Es handelt sich um die als »Bauernlegung« bekannte, in die Besitzverteilung, Siedlungs- und Produktionsverhältnisse tief einschneidende Umwandlung: um eine Zunahme des Großbesitzes und Waldlandes auf Kosten der Bauernschaft und der landwirtschaftlich benutzten Fläche.

Österreich hatte schon seit jeher infolge seiner inneren geschichtlichen Entwicklung einen bedeutenden forstlichen Großbesitz aufzuweisen; seine meist mustergültige Bewirtschaftung bot Gewähr für die in Gebirgsländern wichtige Erhaltung und Schonung des Waldes. Die große Ausdehnung des forstlichen Großbesitzes hat zur Folge, daß bäuerliche Liegenschaften in manchen Gegenden kein oder nur ungenügendes eigenes Waldland besitzen. Diesem Mangel wird durch die in Gebirgsländern seit alters bestehenden Rechte zum Bezuge von Forstprodukten sowie zur Weideausübung auf fremdem Grund und Boden abgeholfen. Wenn auch derartige Rechtsverhältnisse zu vielfachen Streitigkeiten Anlaß geben, so bieten sie doch dem bäuerlichen Besitzer in anderer Form das, was ihm sonst sein Eigenbesitz oder seine Anteilsrechte an einer Agrargemeinschaft liefern.

Das Bestreben, den Forstbesitz zu erweitern, vor allem aber die durch unsere Jagdgesetzgebung begünstigte Neubildung und Vergrößerung von Jagdgehegen (Eigenjagdgebieten) führte seit Mitte des vorigen Jahrhunderts, insbesondere seit dem industriellen Aufschwunge der 70er Jahre dazu, zahlreiche Bauernwirtschaften und kleinere Anwesen aufzukaufen und den auf ihnen geführten landwirtschaftlichen Betrieb ganz oder überwiegend einzustellen. Äcker und Wiesen wurden aufgeforstet oder zur Erzeugung von Wildheu verwendet, die Weiden und Almen verwilderten, die Gebäude verfielen. In allen Hochtälern, bald aber auch in den Voralpengegenden konnte man diesen Greuel der Verwüstung, dieses »große Bauernsterben« beobachten.

Es ist eine Reihe wirtschaftlicher und sozialer Momente,

welche diese Umwandlung begünstigten. — Die österreichische Landwirtschaft war in den 70er Jahren des vorigen Jahrhunderts in eine schwere Krise geraten. Die niederen Getreide-, vor allem aber die tiefgesunkenen Viehpreise trafen besonders den Gebirgsbauern schwer, der vielfach noch nach alter Vätersitte wirtschaftete, auf schlechten Böden, in rauher Lage sich von jeher nur mühevoll und in harter Arbeit auf der Scholle erhielt. Weltabgeschieden, vereinsamt, nur durch elende Karrenwege mit dem Tale und den Nachbarhöfen verbunden, fand der Bergbauer nur selten noch einen Dienstboten; er blieb auf die eigenen Familienangehörigen angewiesen. — Der Drang nach Geselligkeit, nach dem Zusammenleben in größeren Orten hatte auch unter der Landbevölkerung zugenommen und die »Höhenflucht« gefördert.

Unter solchen Umständen bedurfte es nur einer günstigen Verkaufsgelegenheit — und diese fand sich in reichem Maße in dem Streben der Jagdfreunde oder solcher, welche die Jagd als Mittel zum Aufstiege in höhere Gesellschaftsschichten benutzten, nach Schaffung eines Eigenjagdgebietes. War einmal in einer Gegend der Anfang gemacht, dann wuchs die Bewegung binnen kurzem lawinenartig an. Das Beispiel, das der eine gab, riß zahlreiche Nachbarn mit. Hatte man den ersten Verkäufern zumeist gute Preise gezahlt, — falls nicht eine im Wege einer Zwangsfeilbietung erworbene Liegenschaft den Ausgangspunkt bildete — so war dies bei den späteren Kaufabschlüssen nicht immer der Fall; es fanden sich eben Mittel und Wege, den Besitzern die weitere Bewirtschaftung ihrer Güter zu verleiden. Nicht nur ganze Güter, auch Teile von solchen, die zur Arrondierung des Jagdgebietes erwünscht waren, Anteilsrechte an Agrargemeinschaften, Holzbezugs- und Weiderechte wurden aufgekauft.

Zweifellos sind auf diesem Wege manche unter den geänderten wirtschaftlichen Verhältnissen nicht mehr lebensfähige Güter verschwunden, aber gewiß fielen noch weit mehr völlig existenzfähige Güter den Auswüchsen eines zum Irrsinn getriebenen Jagdsportes zum Opfer.

Welche Verheerungen diese Aufkäufe angerichtet haben, wurde leider bisher nicht erschöpfend erfaßt; man kann sich aber aus den mustergültigen Erhebungen des Statistischen Landesamtes für Steiermark ein Bild machen. 585 bäuerliche Anwesen mit rund 24000 ha Fläche sind allein im steirischen Oberlande in dem Jahrzehnte 1903—12 an Personen nichtbäuerlichen Standes übergegangen. Mehr als die Hälfte dieser Fläche wurde zur

Neubildung und Vergrößerung von Eigenjagden und Forstgütern verwendet. In zwei Gerichts-Bezirken dieses Landes sind nach einer privaten Erhebung in den letzten vierzig Jahren an 300 ehemals selbständige Bauernwirtschaften verschwunden. Ähnlich liegen die Verhältnisse in den südlich der Donau, also im Alpenvorlande gelegenen Teilen von Nieder- und Oberösterreich, in Salzburg und Kärnten; am wenigsten berührt wurden Tirol und Vorarlberg.

Über das Schicksal der einstigen Besitzer und ihrer Familien geben die vom niederösterreichischen Landesausschusse gepflogenen Erhebungen einigen Aufschluß. In dem Jahrzehnte 1883—93, in welchem in den südlich der Donau gelegenen Vierteln »ob und unter dem Wienerwalde« 2177 Bauerngüter aufgekauft wurden, sind mehr als die Hälfte der betroffenen Familien der Landwirtschaft verloren gegangen; sie waren in die Städte oder Industriegebiete gegangen oder gänzlich verschollen. Die Folge dieser kulturfeindlichen Umwandlung war die Entvölkerung und Verödung ganzer Täler. Hand in Hand damit ging ein ungesundes Anwachsen der Großstädte. —

II. Nach Überwindung zahlreicher Schwierigkeiten und Hemmungen wurde zu Beginn des Jahres 1914 im damaligen österreichischen Ackerbauministerium ein Gesetzentwurf ausgearbeitet, der im Rahmen einer Innenbesiedlung, die hauptsächlich für die Sudeten- und Karpathenländer gedacht war, auch diese Mißstände abzustellen versuchte: er bestimmte, daß jene Grundstücke, die trotz ihrer Eignung weder für den Feldbau noch für die Viehzucht in ausreichendem Masse verwendet werden, als Siedlungsland enteignet werden sollten. Der Ausbruch des Weltkrieges verhinderte zunächst eine weitere Verfolgung dieser Bestrebungen.

Die durch die Hungerblockade in den Alpenländern sehr bald eingetretenen Ernährungsschwierigkeiten öffneten nun auch der städtischen Bevölkerung die Augen, und man begann selbst in diesen Kreisen die schweren Fehler unserer Agrarpolitik einzusehen. Nun erst fragte man sich, warum bei der ungeheuren Milchnot in den Städten die Almen nicht beweidet würden und nur als Wildparks dienten, warum Jagdherr und Personale mit der Brotkarte beteilt werden müßten, wo doch auf diesen Gütern vorher zahlreiche Bauernfamilien lebten!

Dazu wurde noch gerade durch den Krieg die Gefahr dieser schädlichen Aufkäufe wesentlich gesteigert. Zahlreiche Bauern waren schon in den ersten Kämpfen gefallen, ihre Hinterbliebenen konnten unter den schwierigen Verhältnissen nur mit großen Opfern die Wirtschaft fortführen, andererseits strebten die wie Pilze aus dem Boden wachsenden Kriegsgewinner danach, ihre rasch erworbenen Kapitalien in Grund und Boden anzulegen und zu sichern.

Es war daher in letzter Stunde, als die Kaiserliche Regierung mit der *Verordnung vom 9. August 1915* den freien Verkehr mit bäuerlichen Liegenschaften sperrte und die Übertragung des Eigentumes sowie die längere Verpachtung eines dem land- und forstwirtschaftlichen Betriebe gewidmeten Grundstückes durch Rechtsgeschäfte unter Lebenden von der Zustimmung einer Kommission abhängig machte.

Die große Bedeutung dieser Kaiserlichen Verordnung liegt darin, daß nun endlich dem Grund und Boden der Charakter der Ware genommen und dieser als nationales Gut dem bodenständigen Volke bewahrt wurde.

Die gegen eine wirtschaftlich unerwünschte Veräußerung von Grundstücken damals geschaffenen Bürgschaften wurden seither durch das *Grundverkehrsgesetz vom 13. Dezember 1919* wesentlich ausgebaut und erweitert.

III. Die Gesetze über die Wiederbesiedlung vom 31. Mai 1919 und vom 15. Juli 1921.

Mit der durch die Kaiserliche Verordnung vom Jahre 1915 verfügten Sperre des freien Güterhandels konnte es jedoch nicht sein Bewenden haben, es mußte nach Beendigung des Krieges ein Schritt weiter gemacht werden.

Der volksfeindliche Mißbrauch mit Grund und Boden, die Zerstörung einer mühevollen, im Laufe von Jahrhunderten durchgeführten Kultivierungsarbeit hatte in der alpenländischen Bevölkerung einen dumpfen Groll angesammelt, der nach der Zertrümmerung des alten Staates in allen Ländern zum Ausbruche kam und sich zunächst in weitgehenden, vielfach von Neid und Zerstörungssucht beherrschten Vorschlägen einer allgemeinen radikalen Bodenreform Luft machte. Unter diesen Umständen war es auch vom politischen Standpunkte aus — so wenig revolutionär bewegte Zeiten für die Ausführung großer Agrarreformen geeignet sein mögen — unbedingt notwendig, sofort dort mit der Bodenreform einzusetzen, wo sich vor und während des Krieges die ärgsten Mängel und Fehler der österreichischen Agrarpolitik gezeigt hatten. Nur ein rasches Eingreifen in dieser Richtung konnte dem produktionsvernichtenden Radikalismus, der bei der großen Masse Anklang fand, den Wind aus den Segeln nehmen.

Im Interesse der Vermehrung unserer landwirtschaftlichen Produktion, einer gesunden Bevölkerungspolitik und der Erhaltung unseres Volkstums mußte man versuchen, das verlorene Bauernland soweit als möglich unserem Volke wieder zu gewinnen. Diese Aufgabe hat die Wiederbesiedlung gelegter Bauerngüter und Häusleranwesen zu erfüllen.

Durch die Reichsgesetze vom Jahre 1883 über die Zusammenlegung landwirtschaftlicher Grundstücke und über die Teilung und Regulierung von Agrargemeinschaften waren eigene *Agrarbehörden* geschaffen worden, deren Aufgabe zunächst die Durchführung der genannten Gesetze war. Durch allmähliche Ausgestaltung und Übertragung anderer wichtiger landeskultureller Aufgaben wie der Durchführung der Alm- und Weidegesetze sowie der Gesetze über die Neuordnung der in den österreichischen Alpenländern bedeutungsvollen Forst- und Weideservituten war in den Agrarbehörden eine mit der notwendigen Kompetenz und einem speziell geschulten juridischen und technischen Personale ausgestattete Behörde erwachsen, auferzogen in dem Bewußtsein der Pflicht, sich in die rechtlichen und wirtschaftlichen Verhältnisse unserer Landbevölkerung einzuleben und zu vertiefen, helfend und fördernd einzugreifen. Dieser Geist und der ihm zu dankende Erfolg hatten der Agrarbehörde eine große Beliebtheit verschafft; ihre Betrauung mit der Durchführung der Wiederbesiedlung stand daher außer Zweifel. Der Schwerpunkt der behördlichen Organisation, die durch das *Gesetz vom 23. Juli 1925* ihre letzte Ausgestaltung erhielt, liegt in der 1. Instanz, den *Agrarbezirksbehörden*, die aus je einer juridischen und technischen Abteilung bestehen; die 2. und 3. Instanz, die *Agrar-Landes-Behörden* und die *Agrar-Oberbehörde*, fungieren der Hauptsache nach als Aufsichts- und Berufungsstellen, besonders wichtige Entscheidungen sind den Agrar-Landesbehörden in 1. Instanz vorbehalten.

Die Gesetze über die Wiederbesiedlung (Gesetz vom 31. Mai 1919 und Novelle vom 15. Juli 1921) bestimmen:

Bei volkswirtschaftlicher Zweckmäßigkeit können alle Bauerngüter und Häusleranwesen, die seit dem 1. Jänner 1870 ihre Selbständigkeit verloren haben, wiederbesiedelt werden, wenn sie a) der Spekulation (Güterhandel, Holzabstockung u. dgl.) dienstbar gemacht oder b) für Jagd und Luxuszwecke verwendet worden oder c) Bestandteile eines der Hauptsache nach forstlichen Betriebes geworden sind oder d) mit einem landwirtschaftlichen Besitze vereinigt wurden, der gegenwärtig das Ausmaß eines Bauerngutes überschreitet, es sei denn, daß sie ihre wirtschaftliche Selbständigkeit durch den getrennten Übergang auf Kinder oder Geschwister des dermaligen Eigentümers wieder erlangen werden. Als »Bauerngut« gilt hiebei ein land- oder forstwirtschaftlicher Betrieb, wenn sein Durchschnittsertrag das zur Erhaltung einer Familie von 7 Köpfen Erforderliche nicht übersteigt. Ausgenommen von der Wiederbesiedlung sind Grundstücke in Gemeinden mit vorwiegend städtischem Charakter oder solche Grundstücke, die sich im Eigentum oder in der Verwaltung gemeinnütziger Anstalten und Unternehmungen oder landwirtschaftlicher Genossenschaften befinden, ferner alle Grundstücke, die dem öffentlichen Verkehr, gewerblichen oder industriellen Zwecken dienen oder mit Gebäuden bebaut sind, die für den Betrieb des gelegten Gutes nicht erforderlich sind.

Die zur Wiederbesiedlung geeigneten Güter waren gemeindeweise in Verzeichnisse aufzunehmen. Über Einwendungen der Eigentümer gegen die Aufnahme wird instanzmäßig entschieden, worauf die Auflage des feststehenden Verzeichnisses in den Gemeinden zum Zwecke der Bewerbung erfolgt. Hiebei ist es in die Hand der Agrarbehörde gegeben je nach den wirtschaftlichen Verhältnissen schon dermalen nicht einheitlich bewirtschaftete Güter in Teile zu zerlegen, benachbarte Grundflächen zu einem einheitlichen Gute zu vereinigen und für größere Komplexe Siedlungspläne aufzustellen.

Als Bewerber können sowohl physische als auch juristische Personen (Agrargemeinschaften, landwirtschaftliche Genossenschaften, gemeinnützige Siedlungsgenossenschaften, Gemeinden, Bezirke, das Land oder der Bund für Zwecke der Förderung der Landeskultur, Wohlfahrts- und Heimatpflege) auftreten. Erstere brauchen nicht österreichische Bundesbürger zu sein, doch genießen diese den Vorzug. Die Bewerber müssen im Vollgenusse der bürgerlichen Rechte stehen und nach ihren persönlichen und sonstigen Verhältnissen sowie nach ihrer fachlichen Eignung eine erfolgreiche Bewirtschaftung erwarten lassen. Der Bewerber darf nicht ein zur Erhaltung einer Familie von 7 Köpfen ausreichendes landwirtschaftliches Gut besitzen, muß zum Nachweise seiner fachlichen Eignung eine von einer eigens bestellten Kommission ausgestellte Bescheinigung beibringen und seine finanzielle Lage in zuverlässiger Weise darlegen. Unter mehreren Bewerbern um ein und dasselbe Gut hat die Agrar-Landesbehörde die Enteignung zugunsten jenes zu verfügen, der die größere Gewähr für eine erfolgreiche Bewirtschaftung bietet oder das Gut einem volkswirtschaftlich wichtigeren Zwecke zuführen wird.

Unter sonst gleichen Bewerbern haben den Vorzug: Kriegsteilnehmer (insbesondere Kriegsbeschädigte), Witwen und Waisen von solchen, kinderreiche Eltern, der seinerzeitige Eigentümer des gelegten Gutes oder dessen Kinder, bei bisher verpachteten Grundstücken der Pächter sowie Personen, die auf dem Gute landwirtschaftliche Dienste verrichten.

In dem Fall, daß sich innerhalb von 2 Jahren nach Kundmachung und Auflage des Verzeichnisses kein geeigneter Bewerber für ein verzeichnetes Gut meldete, sollte die Agrar-Landesbehörde das Gut der Gemeinde, in der das Gut liegt, dem Lande und dem Bunde angeben. Diese juristischen Personen sollten sich um das Gut bewerben, um es nach einem in Aussicht genommenen Gesetz in Erbpacht weiter zu vergeben. Man hoffte, so die Erbpächter günstiger zu stellen als bei Vergebung durch Private. Dieses Gesetz ist aber nicht ergangen.

Hat die Agrarlandesbehörde einem Bewerbungsantrage Folge gegeben, so ist zunächst der Abschluß eines gütlichen Übereinkommens anzustreben, das der Genehmigung der genannten Behörde bedarf. Wird ein Übereinkommen nicht erzielt, so wird auf Grund von Sachverständigen-Erhebungen das Enteignungserkenntnis gefällt und der Enteignungspreis bestimmt, falls sich nicht gezeigt hat, daß die Enteignung die nachhaltige Bewirtschaftung des Restgutes gefährden würde, oder daß das zu enteignende Objekt wegen der hohen Bewirtschaftungskosten als selbständiges Gut nicht bestehen könnte, somit nicht lebensfähig wäre — es sei denn, daß es sich um die Enteignung von Almen, Weiden oder Wald zugunsten einer Agrargemeinschaft, Gemeinde oder dergl. handelt —, oder endlich, daß die nachgesuchte Enteignung wegen der zweckmäßig eingerichteten und mit nachhaltigem Erfolge geführten Bewirtschaftung nachteilig wirken würde.

Bei Enteignung der Grundstücke ist auf die wirtschaftliche Arrondierung Rücksicht zu nehmen; zu diesem Zwecke können andere dem gleichen Eigentümer gehörige Grundstücke an Stelle der in Anspruch genommenen herangezogen werden. Die Enteignung erstreckt sich auch auf Wohn- und Wirtschaftsgebäude (mit Ausnahme des *fundus instructus*, der meines Erachtens in jenen Fällen einzubeziehen gewesen wäre, wenn der bisherige Eigentümer ihn für seine sonstige Wirtschaft nicht unbedingt benötigt), auf Anteilsrechte an Agrargemeinschaften, Grunddienstbarkeiten aller Art, die zugunsten des gelegten Gutes bestehen oder bestanden haben und durch Vereinigung erloschen sind. Zur gemeinsamen Deckung des Holz- und Weidebedarfes für mehrere wiederzubesiedelnde Güter können geeignete Grundstücke zwecks Bildung einer Agrargemeinschaft enteignet werden.

Außer der Enteignung ganzer Güter auf Grundlage der gemeindeweise anzulegenden Verzeichnisse sieht das Wiederbesiedlungsgesetz auch die Rückgewinnung ehemaliger Bestandteile von noch selbständig bestehenden Bauerngütern und Häusleranwesen vor. Es handelt sich hier um eine Art Besitzfestigung dadurch, daß Grundstücke, Anteilsrechte an Agrargemeinschaften, sowie Holz-Streubezugs- und Weiderechte, die von einem noch selbständig bestehenden Gute seit dem 1. Jänner 1870 abgetrennt wurden, für eine zweckentsprechende Bewirtschaftung dieses Gutes aber notwendig sind, zugunsten desselben enteignet werden können. Die Enteignung kann von dem dermaligen Besitzer des geschmälerten Gutes dann verlangt werden, wenn die Bestandteile mit einem Jagdgute oder mit einem das Ausmaß eines Bauerngutes übersteigenden land- und forstwirtschaftlichen Besitze vereinigt wurden. Auch in diesem Falle können aus Arrondierungsrücksichten Ersatzgrundstücke gegeben werden. Subsidiär können an Stelle des Besitzers des Stammgutes juristische Personen, bei Almen und Weiden insbesondere Agrargemeinschaften als Bewerber auftreten.

Der Enteignungspreis soll in einer Höhe festgesetzt werden, die dem Erwerber eine gedeihliche Wirtschaftsführung ermöglicht, ohne ihn zum Nachteile des Enteigneten zu bereichern. Die Errechnung erfolgt in der Weise, daß die Durchschnittsreinerträge aus den Jahren 1914—1921 zu 5 Prozent kapitalisiert werden. Um jedoch dem seit Erlaß dieser gesetzlichen Bestimmung gesunkenen Geldwerte einigermaßen Rechnung zu tragen, wird die aus den Reinerträgen errechnete Summe je nach Lage des Gutes, Bonität der Grundstücke, Bauzustand, sowie auch unter Berücksichtigung der finanziellen Verhältnisse der Beteiligten auf das vier- bis zwölffache erhöht. Der auf diesem Wege bestimmte Enteignungspreis entspricht ungefähr dem Ertragswerte der enteigneten Güter.

Die großen Vorteile, welche den Erwerbern gelegter Bauerngüter und Häusleranwesen durch die Wiederbesiedlung zugewendet werden, machen es notwendig, diese nun wieder neugeschaffenen Güter unter behördliche Obhut zu nehmen. Sie dürfen daher 50 Jahre lang ohne Zustimmung der Agrarbehörde nur an Ehegatten, nächste Verwandte und Verschwägerte veräußert, sie dürfen nicht verpachtet oder belastet sowie der Exekution durch zwangsweise Pfandrechtsbegründung oder Zwangsversteigerung unterzogen werden. Auch die auf Grund der Wiederbesiedlung rückerworbenen Bestandteile von Bauerngütern unterliegen einer Veräußerungsbeschränkung.

Die neuen Eigentümer sind zu ordentlicher Bewirtschaftung und Instandhaltung der Güter verpflichtet; kommen sie dieser

Verpflichtung trotz wiederholter Ermahnung nicht nach, so kann ihre Abstiftung und Enteignung zugunsten eines anderen Bewerbers veranlaßt werden.

Da nur siedlungsfähige Güter wieder mit Bauern besetzt werden können, so würden gerade jene, die die gelegten Güter am ärgsten devastiert haben, am besten wegkommen. Um dies zu verhindern, war die Stellung von Ersatzgrundstücken und, falls dies nicht möglich wäre, die Zahlung eines Geldbetrages vorgesehen, der mit einem Vielfachen des Katastralreinertrages der in Frage kommenden Güter zu bemessen war. Die letztangeführte Bestimmung der Zahlung eines Geldbetrages ist durch die seit Erlassung des Gesetzes eingetretene Geldentwertung hinfällig geworden.

Hinsichtlich der Kreditgewährung sind eingehende Vorschriften erlassen worden, welche die länderweise Bildung von Siedlungsfonds, die Gewährung von Zuschußdarlehen bis 95 % des Enteignungspreises zu den von Landeshypothekenanstalten zu gewährenden Darlehen vorsehen. Da jedoch Pfandbriefe dermalen nur schwer auf den Markt zu bringen sind und dem Bunde und den Ländern keine Mittel zu einer ausreichenden Dotierung der Siedlungsfonds zur Verfügung stehen, blieben all diese Bestimmungen zumeist auf dem Papiere.

Die Durchführung des Wiederbesiedlungsgesetzes bringt eine nicht zu vermeidende Beunruhigung des Besitzes der betroffenen Realitäten mit sich. Um diese zeitlich möglichst zu beschränken, wurde für die Stellung von Enteignungsanträgen für ganze Güter eine dreijährige Frist vom Tage der Kundmachung des Verzeichnisses festgesetzt, nach deren Ablauf das Gut im Verzeichnisse gelöscht wird. Die Einbringung von Ansuchen um Rückgewinnung ehemaliger Bestandteile von Bauerngütern konnte nur binnen 3 Jahren nach dem 1. August 1921 stattfinden. Für Anträge auf Wiedererrichtung erloschener Holz- und Forstproduktenbezugs- und Weiderechte war die Frist auf 6 Monate nach dem vorgenannten Tage eingeschränkt — ein für unsere ländlichen Verhältnisse zweifellos viel zu kurzer Termin.

Wie sich aus der vorstehenden Darlegung ergibt, handelt es sich bei der »Wiederbesiedlung« um eine den besonderen österreichisch-alpenländischen Verhältnissen angepaßte Art der Bodenreform: um die Vermehrung der Zahl selbständig bewirtschafteter Bauernhöfe durch Besiedlung der noch lebensfähigen gelegten Güter sowie um Festigung der bestehenden selbständigen Höfe durch Rückstellung der zumeist in

Zeiten der Not abverkauften, für die ordentliche Bewirtschaftung jedoch notwendigen Bestandteile.

IV. Die Ergebnisse des Wiederbesiedlungswerkes in Österreich

nach dem Stande vom 30. Juni 1927[1]).

A. Wiederbesiedlung ganzer Güter.

Land[2])	Verzeichnisse der wiederzubesiedelnden Güter bisher behördlich geprüft für		Enteignungserkenntnisse gefällt oder Vergleiche abgeschlossen für		hiervon rechtskräftig	
	Anzahl der Gemeinden	mit Gütern	Anzahl der Güter	Ausmaß in ha	Anzahl der Güter	Ausmaß in ha
Nieder-Österreich	303	959	133	2620	99	2058
Ober-Österreich	197	1110	23	446	18	327
Salzburg	54	139	34	951	26	815
Steiermark	295	2422	469	6151	271	5324
Kärnten	125	1049	70	1222	70	1222
Tirol	10	14	4	174	3	102
Vorarlberg	—	—	—	—	—	—
zusammen:	984	5693	733	11564	487	9848

B. Rückgewinnung ehemaliger Bestandteile bäuerlicher Liegenschaften.

Land	Anzahl der anhängigen Fälle	Enteignungserkenntnisse gefällt oder Vergleiche abgeschlossen		hievon rechtskräftig		Wiederaufrichtung von Holz- u. Weide-Servituten	
		Anzahl der Fälle	Fläche in ha	Anzahl der Fälle	Fläche in ha	Anzahl der anhängigen Fälle	bisher rechtskräftig bewilligt
Nied.-Österreich	2589	1015	1949	810	1461	4	2
Ober-Österreich	163	401	400	387	325	80	37
Salzburg	5	99	7000	99	7000	—	36
Steiermark	306	385	2246	381	1935	—	106
Kärnten	14	247	638	244	622	22	13
Tirol	—	11	1671	10	1649	—	3
Vorarlberg	—	—	—	—	—	—	—
zusammen:	3077	2158	13904	1931	12992	106	197

V. Gleichzeitig mit der Wiederbesiedlung wurde die Ablösung von landwirtschaftlichen Pachtgründen bestimmter Art durch das Luftkeuschen-Ablösungsgesetz vom 26. April 1921 durchgeführt.

---

[1]) Auf Grund der amtlichen Statistik. Neuere amtliche Daten liegen nicht vor.

[2]) Im Burgenlande wurde die Wiederbesiedlung nicht durchgeführt.

Es handelt sich in diesem Gesetze um Grundstücke, die zum Zwecke der Ansiedlung Forstarbeitern, in selteneren Fällen auch Bergarbeitern pachtweise überlassen worden sind. Die auf diesen Pachtgründen vom Pächter errichteten Baulichkeiten blieben in seinem Eigentum. Dadurch entstand eine Anzahl von Häusleranwesen mit Wohn- und Wirtschaftsgebäuden, *Luftkeuschen*, auch *Duckhütten* genannt, zu denen im allgemeinen stets dieselben, einst von den Besitzvorgängern gerodeten Pachtgrundstücke gehörten.

Derartige Grundstücke sind, wenn bestimmte im Gesetze gegebene Voraussetzungen zutreffen, einschließlich der Hausgärten, der verbauten Fläche und des Hofraumes dem Pächter auf sein binnen Jahresfrist nach Erlassung des Gesetzes gestelltes Begehren ins Eigentum zu übertragen. Ausgeschlossen hievon sind jene Grundstücke, mit deren Pachtung eine Verpflichtung des Pächters zu besonderen, an den Ort gebundenen, dauernden Verrichtungen wie als Klauswärter, Heger u. dgl. verbunden ist oder die infolge eines dauernden Dienstverhältnisses in Pacht überlassen wurden.

Die Ablösung, bei der zur Arrondierung ein Austausch der Grundstücke vorgenommen werden kann, erfolgt in Anlehnung an das Wiederbesiedlungsgesetz durch die Agrarbehörden. Die in diesem Gesetze vorgesehenen wirtschaftlichen Beschränkungen sowie das Veräußerungs- und Belastungsverbot finden auch hier Anwendung. Wenn die zweckmäßige Bewirtschaftung des Grundbesitzes, von welchem die Pachtgründe abgetrennt werden, es erfordert, daß diese von Forstarbeitern bewohnt werden, so kann dem Eigentümer dieses Besitzes durch 50 Jahre ein Vorkaufsrecht eingeräumt werden, das für alle Veräußerungen, ausgenommen solche unter nahen Verwandten, geltend gemacht werden kann.

Der Enteignungspreis wird ähnlich wie im Wiederbesiedlungsverfahren festgesetzt.

Über das Ergebnis dieser Luftkeuschenablösung sind bisher keine genauen Angaben vorhanden. Es dürfte sich insgesamt um rund 300 Fälle handeln, die sich auf Niederösterreich und Steiermark verteilen.

VI. Das Wiederbesiedlungsgesetz und seine Novelle sowie das Luftkeuschengesetz wurden nach der damals gültigen Verfassung als Reichsgesetze erlassen. Nach der Verfassungsreform vom 30. Juli 1925 ist jedoch in Angelegenheiten der Bodenreform, zu denen diese Gesetze gehören, nur die Gesetzgebung über die Grundsätze Sache des Bundes (Reiches), während die Ausführungsgesetze von den Ländern erlassen werden. Gleichzeitig wurde im Zuge der Verfassungsreform bestimmt, daß Reichsgesetze, die derartige Angelegenheiten zur Gänze geregelt haben, nur bis zum 30. September 1928 in Kraft bleiben. Es mußten daher, um keine Unterbrechung in der Durchführung der eingangs genannten Gesetze eintreten zu lassen, rechtzeitig ein Bundes-Grundsatzgesetz sowie Ausführungsgesetze der Länder in den gesetzgebenden Körperschaften verabschiedet werden. Das am 13. Juli 1928 erlassene Bundesgesetz betreffend die Grundsätze für die Beendigung der Wiederbesiedlung und Luftkeuschenablösung enthält keine materialrechtlichen Änderungen der bisherigen Gesetze. Die Länder, in welchen die Arbeiten noch nicht beendet sind, haben mit Ausnahme von Oberösterreich rechtzeitig die Ausführungsgesetze erlassen. Nachträglich ist auch in diesem Lande, um schwerwiegende Mißstände zu vermeiden, ein Ausführungsgesetz mit Rückwirkung bis zum 30. September 1928 beschlossen worden.

VII. Wenn wir das Ergebnis der Wiederbesiedlung, die ihrem Ende entgegengeht, mit den Ziffern vergleichen, die über die Bauernlegung in einzelnen Ländern nur für kurze Zeitabschnitte gegeben wurden, müssen wir sagen, daß selbst mäßige Erwartungen nicht erfüllt wurden. Es ist dies vom Standpunkte einer ruhigen und maßvollen Entwicklung unserer Grundbesitzverteilung sehr zu bedauern. Das Streben nach eigener Scholle ist in weiten Kreisen unserer landwirtschaftlichen Bevölkerung vorhanden und drängt nunmehr zu neuen Maßnahmen, trägt Unruhe und Unfrieden in die Bevölkerung.

Die Ursachen des geringen Erfolges der Wiederbesiedlung sind in verschiedenen Richtungen zu suchen. Der ursprüngliche Entwurf des Gesetzes wurde in der parlamentarischen Verhandlung wesentlich erweitert und auf einen weit größeren Kreis von Objekten ausgedehnt, die Gemeinden wurden in dem Gedanken einer Mitwirkung auf breitester Grundlage zu Vorarbeiten herangezogen, die sie auch nach Verlängerung der Fristen nicht oder nur unvollständig lieferten, so daß die Agrarbehörden schließlich die Arbeit selbst machen mußten. Dadurch wurde viel wertvolle Zeit verloren; es kam die ungeheure Geldentwertung, welche die Sparpfennige der Siedlungswerber wie Schnee in der Märzensonne dahinschmelzen ließ und jede Hoffnung auf Wiederherstellung verfallener Bauten vernichtete. Eine recht beträchtliche Anzahl von Gütern wurde infolgedessen aus der Wiederbesiedlung ausgeschaltet. Staats- und Landesmittel für die Siedlungsfonds standen in den ersten Jahren nicht zur Verfügung und sind auch heute noch recht spärlich. Unter diesen Umständen war die Tätigkeit der Agrarbehörden, denen es auch an dem für die rasche Durchführung notwendigen Personale fehlte, äußerst mühevoll, um so mehr, als sie nach Möglichkeit auf den Abschluß von Übereinkommen hinarbeiten mußten. Aus diesen Verhältnissen erklärt sich zum Teile auch die aus der Statistik auf S. 250 ersichtliche Verschiedenheit der Behandlung in den einzelnen Ländern.

Im Burgenlande, das erst, nachdem das Wiederbesiedelungsgesetz schon erlassen war, zu Österreich gelangte, fand dieses Gesetz keine Anwendung. Hier sind ja auch die Grundbesitzverhältnisse wesentlich anders als in den österreichischen Stammländern. Das Burgenland, ausgesprochen agrarisch, zeigt eine bevölkerungspolitisch ungünstige Verteilung von Grund und Boden. Wenige Großbesitze umfassen zusammen mehr als $1/4$ der Gesamtfläche und zwar, nach Abrechnung der zum Teil zu ihnen gehörigen Fläche des Neusiedlersees, etwa zur Hälfte Wald und zur Hälfte landwirtschaftliche Kulturen. Neben diesem, zum Teil verpachteten Großbesitz verschwindet der Mittelbesitz völlig, und auch größere Bauerngüter gibt es nur im Norden. Dagegen besteht ein zahlreicher Zwergbesitz, der insbesondere im Süden vorherrscht — eine Folge der Teilungsgewohnheit im Erbgang[3]). Daß diese Besitzverteilung eine starke Auswanderung verursacht, kann nicht wunder nehmen.

Die altösterreichischen Stammländer dagegen, soweit sie heute zum österreichischen Staatsgebiete gehören, spielten vor dem Kriege und der Zertrümmerung der Monarchie für die Auswanderung keine Rolle. Solange unsere Industrie im Aufblühen war, unsere Städte Ernährungsmöglichkeiten boten, fanden die Abwanderer vom Lande innerhalb des Staatsgebietes ihr Unterkommen. Das hat sich seither gründlich geändert, Industrie und Städte können heute den Überschuß nicht mehr aufnehmen. Wir sind von den Nachbarstaaten ausgesperrt, Kolonien, die übrigens für eine großzügige Siedlung nur dann in Betracht kommen, wenn die klimatischen Verhältnisse von den unseren nicht zu sehr verschieden sind, besitzen wir nicht. Österreich muß daher versuchen, den Bevölkerungsüberschuß, so gut es geht, im eigenen Lande unterzubringen und eine zielbewußte Innenbesiedlung einleiten. Es muß den weichenden Bauernsöhnen und langjährigen landwirtschaftlichen Dienstboten und Arbeitern die Möglichkeit geboten werden,

[3]) Über die Bodenbesitzverteilung im Burgenlande s. Braun, »Die burgenländische Landwirtschaft« im *Österreichischen Volkswirt*, 1928, Nr. 29 u. 30.

sich auf dem Lande selbst einen eigenen Herd und eine eigene Wirtschaft zu gründen. Nur wenn so der Zustrom vom Lande zurückgehalten wird, kann man die Flut der Arbeitslosen eindämmen. Hört der Zuzug vom Lande auf, so wird sehr bald wieder ein normales Verhältnis am Arbeitsmarkte eintreten, denn Städte und Industrieorte ergänzen ihre Bevölkerung überwiegend vom Lande.

Bei dieser Sachlage ist es wohl nur den dermaligen politischen Machtverhältnissen zuzuschreiben, wenn für städtische Siedlungszwecke ungeheure Beträge aus dem Boden gestampft werden, während für die ländliche Siedlung, die eine zielbewußte Siedlungspolitik in erster Linie fördern müßte, da sie in der Folge wesentlich zur Entlastung der Großstädte führen würde, nahezu nichts aufgewandt wird.

Österreich wird den Weg der Innenbesiedlung beschreiten müssen, will es das Elend der Arbeitslosen bannen und Grund und Boden der heimischen Bevölkerung erhalten.

VIII.

Die Agrarreform in Ungarn.

Von

Prof. Dr. **Béla Kenéz, Budapest.**

I. Agrarverfassung und Siedlungspolitik vor dem Kriege.

Die Verteilung des Grundbesitzes zeigte vor dem Kriege in dem durch den Vertrag von Trianon noch nicht verstümmelten Ungarn ein ungünstiges Bild.

Zahl und Fläche der landwirtschaftlichen Betriebe in Ungarn 1895.

		Zahl absolut	Zahl in %	Gesamtfläche absolut in Tsd. ha	Gesamtfläche in %
Zwergbetriebe	(unter 5 Katastraljoch [1])	1 279 718	53,57	1 240	5,84
Kleinbetriebe	(5—100 ,,)	1 085 129	45,44	9 862	46,50
Mittelbetriebe	100—200 ,,	10 275	0,43	808	3,81
	200—500 ,,	6 448	0,27	1 163	5,48
	500—1000 ,,	3 144	0,13	1 288	6,08
	(100—1000 ,,)	19 867	0,83	3 259	15,37
Großbetriebe	(über 1000 ,,)	3 768	0,16	6 849	32,29
	zusammen:	2 388 482	100,00	21 210	100,00

Eine Statistik des Grundeigentums fehlt, und die obige Betriebsstatistik läßt die reinen Wald- und Weidewirtschaften unberücksichtigt. Doch zeigt sie mit hinreichender Deutlichkeit die Schwäche der ungarischen Agrarverfassung. 1,3 Millionen

[1]) 1 Katastraljoch = 57,55 ar.

Zwergwirte drängten sich auf einem Gebiet von 1,2 Millionen Hektar zusammen, 2,4 Millionen Zwerg- und Kleingrundbesitzer bewirtschafteten nur wenig mehr als die Hälfte des Bodens. Zahl und Fläche der gesamten mittleren Betriebe waren äußerst gering. Dagegen bedeckten 4000 Großgrundbesitzungen den dritten Teil des Landes, darunter waren 324 Latifundien, deren jede ein Ausmaß von über 10000 Katastraljoch hatte; jenen gehörte beinahe der fünfte Teil des Nutzlandes.

Geht man in die Einzelheiten, so zeigt sich, daß fast 600000 Inhaber von Zwergbetrieben nicht einmal je 1 Joch Boden zu eigen hatten und sich im Durchschnitt mit 0,4 Joch begnügen mußten. Unter ihnen betrieb der größere Teil die Landwirtschaft nur im Nebenberufe, was übrigens auch noch bei 36 % der Landwirte mit weniger als 50 Joch der Fall war. Der Großbetrieb beanspruchte von den intensiv bewirtschafteten Bodenflächen weniger als es nach obiger Statistik scheinen könnte, er bewirtschaftete nämlich:

19,54 % des Ackerbodens,
49,50 % der Weiden und
74,74 % der Wälder.

Doch bleibt das Bild der Grundbesitzverteilung durch die Tatsache verdunkelt, daß neben den Fideikommissen auch die Besitzungen des Staates, der Gemeinden, der Kirchen usw. nur beschränkt verkehrsfähig waren. Dadurch waren insgesamt 33,5 % der Gesamtfläche dem privaten Grunderwerb entzogen. 92 Fideikommisse hielten 700000 Joch Ackerboden besetzt, während mehr als 1 Million landwirtschaftlicher Arbeiter und landwirtschaftlichen Gesindes ohne auch nur einen Quadratfuß Boden dastanden. Nach der ungarischen Volkszählung vom Jahre 1910 betrug die Zahl der

landwirtschaftlichen Dienstboten	508.003
„ Arbeiter	1.222.676

Starke Abwanderung und häufige Streiks der Landarbeiter gaben den Anstoß zu Bestrebungen, die Besitzverteilung gleichmäßiger zu machen. Die ersten Ansiedlungsversuche schlugen fehl. Als erster methodischer Schritt in dieser Richtung ist der *Gesetz-Artikel V vom Jahre 1894* zu betrachten, der die Grundlinien der Besiedelung feststellte und die zur Durchführung erforderlichen Verwaltungsbehörden schuf sowie die materiellen Mittel zur Schaffung eines Siedlungsfonds in Höhe von 3 Millionen Gulden bereitzustellen trachtete. Auf Grund dieses Gesetzes sind 21 Kolonien entstanden (3 neue

Gemeinden und 18 sogenannte Ansiedlungen in bestehenden Gemeinden), mit 1862 landwirtschaftlichen und 165 Arbeiteranwesen. Die neu begründeten landwirtschaftlichen Anwesen waren 15 bis 54 Joch groß; der zwischen 100 und 400 Kronen (je Joch) schwankende Kaufpreis sollte mit 6—19 Kronen für das Joch innerhalb 50 Jahren getilgt werden. Die Arbeiter-Parzellen umfaßten 1,5 bis 5 Joch, die Tilgungsraten variierten zwischen 6 und 9 Kronen. Die Ansiedler wurden vor dem Kriege mancherlei wertvoller Unterstützungen teilhaftig (Zuchttiere, Saatgut, veredelte Obstbäume, öffentliche Gebäude usw.). Ihre derzeitige Lage ist unbekannt, da sie sämtlich auf den von Ungarn abgetrennten Gebieten angesetzt worden sind.

Der erwähnte Gesetzes-Artikel war zweifellos kein ausreichendes Mittel der Grundbesitzpolitik: die durch ihn beschafften materiellen Mittel waren gering, und die wechselnden Regierungen arbeiteten nicht mit gleicher Kraft und Folgerichtigkeit an der Siedlungspolitik, welche — da sie, ähnlich der preußischen Siedlungspolitik, auch den Zielen des nationalen Schutzes dienen wollte — sich auch den Schutz der ungarischen Sprachgrenzen und der ungarischen Sprachinseln innerhalb des rumänischen Sprachgebietes zum Ziel setzte und eben deshalb sich den gesellschaftlichen, besonders aber den kirchlichen Organisationen und Geldinstituten der Nationalitäten gegenüber sah.

Die Vorlage des damaligen Ministers für Landwirtschaft Darányi, der den Siedlungsfonds durch 12 Jahre mit jährlich 10 Millionen Kronen — einer für die damaligen Verhältnisse sehr bedeutenden Summe — zu dotieren beabsichtigte, wollte nicht nur dem Mangel an materiellen Mitteln abhelfen, sondern auch eine systematische, durchdachte Siedlungspolitik inaugurieren: sie wollte Siedlungen und Parzellierungen unter staatliche Kontrolle stellen, Rentengüter schaffen, die Rückwanderung begünstigen, das Vorkaufsrecht des Ministers für Landwirtschaft sichern, die Großgrundbesitze aus den Ebenen nach den Waldgebieten verlegen usw.

Diese Vorlage vom Jahre 1899 wurde nicht zum Gesetz, ihr Urheber mußte seinen Platz räumen. Einen gewissen, aber nicht ausreichenden Ersatz brachte der *Gesetz-Artikel XV vom Jahre 1911*, der das Privatkapital — unter Ausschluß der Gewinnsucht — in den Dienst der Grundbesitzpolitik zu stellen trachtete. Zu diesem Zwecke begründete er die *Landes-Genossenschaft der Ungarischen Bodenkreditinstitute* mit einem Stiftungskapital von 15 Millionen Kronen, von welchem der Staat 8

Millionen Kronen zeichnete und auf welches Kapital als Dividende höchstens 4% *p.a.* ausgeschüttet werden dürfen. Dieses auch heute noch wirkende und in die jüngste Grundbesitzreform mit Erfolg einbezogene Institut befaßt sich mit Siedlungen (und zwar auch mit der Ansiedlung von Mittelgrundbesitzern und Pächtern), mit der Parzellierung von Liegenschaften, mit der Gründung von Pächtergenossenschaften, und gibt Darlehen zur Beschaffung von Wohnhäusern für die Siedler, für ihre wirtschaftliche Ausrüstung und für die Anlegung von öffentlichen Weiden. Die Landesgenossenschaft beleiht bis zur Höhe von 75% des Innenwertes der Immobilien. Sie war besonders auch dem durch wucherische Kredite schwer belasteten Mittelgrundbesitz behilflich. Dieses Institut erzielte einen immerhin beachtenswerten Erfolg. Bis zum Ende des Jahres 1914 hatte es 20000 Joch überwiegend in Stücke unter 10 Joch parzelliert; ungefähr 50000 übernahm es in Pachtverwaltung zur stückweisen Weiterverpachtung. Für die Beschaffung von Weideland und Arbeiterwohnungen gab es mehr als 4 Millionen Kronen als Darlehen und verhalf etwa 200 Mittelgrundbesitzern zu gesunden Wirtschaftsverhältnissen.

Der Krieg und die in seinem Gefolge eingetretenen Verhältnisse haben nicht nur die tausendjährige geschichtliche, politische, geographische und wirtschaftliche Einheit Ungarns zerrissen, sondern haben als notwendige Begleiterscheinung eine tiefgehende wirtschaftliche und gesellschaftliche Umwälzung hervorgerufen, die ihren Stempel auch der Grundbesitzpolitik aufgedrückt hat.

II. Das Agrarprogramm der ungarischen Revolution.

Nach der Herbstrevolution von 1918 wollte die *Volksrepublik* eine Agrarpolitik inaugurieren, deren Grundsatz war, daß auf durchschnittlich 10, zumindest aber 5 Kat.-Joch eigenen Bodens jeder Anspruch hat, der ihn zu bearbeiten gewillt ist. Die hierzu nötigen Flächen sollte die Enteignung der Grundbesitzer mit über 500, in Gegenden besonders starken Landbedarfes mit über 200 Kat.-Joch landwirtschaftlicher Fläche sichern. Wie leichtsinnig dieser Plan war, ist daraus zu ersehen, daß sich nach Zusammenstellung der erhobenen Ansprüche herausstellte, daß zur Befriedigung der letzteren gar nicht genug Boden vorhanden war.

Dieses *Volksgesetz* sollte im Laufe des Wirtschaftsjahres 1918/19 durchgeführt werden, doch blieb es auf dem Papier stehen und hatte für die Landwirtschaft nur die Folge, daß die alten, gesetzlichen Landeigentümer es nicht wagten, den Boden bearbeiten zu lassen; auch konnten sie keine genügenden Hilfskräfte dazu bekommen, da Gesinde und Landarbeiter in der Hoffnung auf baldigen Besitz eigenen Bodens nicht mehr im Dienste eines Herrn arbeiten wollten. So verfaulten große Mengen der Ernte auf den Feldern und große Flächen blieben unbebaut. Die Zuckerproduktion, die von 5,4 Millionen vor dem Kriege auf 1,5 Mill. dz gegen Ende des Krieges zurückgegangen war, sank im Jahre 1918/19 weiter auf 350 000 dz.

Nach ungefähr vier Monaten wurde die Volksrepublik auf eben so lange Dauer durch die *Räterepublik* (»Diktatur des Proletariats«) abgelöst, die alle Groß- und Mittelgrundbesitze — und zwar ohne jede Entschädigung der früheren Eigentümer — zu Staatseigentum erklärte und dem »den Boden bearbeitenden landwirtschaftlichen Proletariate« zur genossenschaftlichen Produktion übergab. Im Endergebnis wurde aus dieser »Produktion« nichts. Denn Arbeitslust, Disziplin und Fachkenntnis verschwanden (die Zuckerproduktion fiel im Jahre 1919/20 auf 70 000 dz), und es kostete nicht wenig Mühe und Opfer, aus dem durch Volks- und Räterepublik verschlimmerten Zusammensturze die ungarische Landwirtschaft und überhaupt das ganze Wirtschaftsleben wiederherzustellen.

III. Die Bodenpolitik der ungarischen Restauration. (Das Grundbesitzverteilungsgesetz von 1920.)

Der Friedensvertrag von Trianon von 1920 entriß dem geschichtlichen Ungarn 72% seines Gebietes, die den Hauptteil seiner Wälder (9/10) und seiner Mineralien, seine ertragreichsten Steinkohlengruben, seine ganze Erdgas-Produktion, 4/5 seiner Eisenerze enthielten, und schnitt das Land, das früher einen großen Seehafen hatte, vom Meere vollkommen ab. So hat in dem dichter bevölkerten Rumpfungarn der landwirtschaftliche Grundbesitz sowohl für das Volksvermögen als auch für das Volkseinkommen größere Bedeutung als früher, besonders da ja der Absatz der Industrie vom Gedeihen der Landwirtschaft abhängt. Die Verteilung des Grundbesitzes ist jedoch in Rumpfungarn noch ungünstiger, als sie im früheren Ungarn gewesen war: Auf den Zwerg- und Kleingrundbesitz (unter 100 Joch) entfallen jetzt nur 47% der Bodenfläche, während der Großgrundbesitz 36% für sich beansprucht; von der Ackerfläche Großungarns entfielen auf Betriebe bis zu 100 Joch 69,34%, in Restungarn 58,85%. Nach der Volkszählung vom Jahre 1920 gliederte sich die gesamte Landwirtschaft betreibende Bevölkerung in Rumpfungarn wie folgt:

		in Tausenden	in %
Grundbesitzer und Pächter von	mehr als 100 Kat.-Joch ..	8,0	0,4
	10—100 Kat.-Joch	166,8	7,0
	weniger als 10 Kat.-Joch ...	359,8	17,0
Sonstige Selbständige		24,0	1,1
Mithelfende Familienmitglieder		573,3	27,2
Wirtschaftsbeamte		5,1	0,2
Landwirtschaftliche Dienstboten		225,1	10,6
Landwirtschaftliche Arbeiter		748,7	35,6
Gesamtzahl der Landwirtschaft betreibenden erwerbstätigen Bevölkerung		2103,6	100,0

Der Anteil der selbständigen Landwirte betrug 35,4% für Großungarn, in Rumpfungarn aber nur 25,3%; dagegen stieg der Anteil der landwirtschaftlichen Arbeiter und Dienstboten von 37,6% im früheren auf 46,2% im verkleinerten Ungarn.

Die infolge der Abtrennung der großen Industrie- und Bergbaugebiete relativ erhöhte Bedeutung der Grundbesitzerklasse wurde noch gesteigert durch ihre großen Kriegs- und Inflationsgewinne sowie durch ihre unzweifelhaft fortschreitende Bildung. Das trat auch in der politischen Zusammensetzung der im Anfang des Jahres 1920 zusammengetretenen Nationalversammlung zutage. Der mächtige Einfluß der kleinen Landwirte, die durch den Krieg und die Revolution verstärkten demokratischen Ideen, bei den konservativer Denkenden aber die Einsicht, daß die Schrecken der Revolution vielleicht vermieden oder doch verkürzt worden wären, wenn man die Mängel der Agrarverfassung rechtzeitig abzustellen begonnen hätte, machten die rasche Verwirklichung einer gründlichen Bodenreform zu einem allgemeinen Begehren. So kam das »Gesetz über die Maßnahmen zur richtigeren Verteilung des Grundbesitzes« *(Gesetz-Artikel XXXVI vom 7. Dezember 1920)* zustande.

Das Gesetz wendet sich zunächst gegen die agrarsozialistische Auffassung: Niemand kann auf Grund eines individuellen Rechtstitels die Zuweisung von Boden beanspruchen. Auf gesetzlichem Wege und falls genügend Boden zur Verfügung steht, können den dessen Würdigen in folgender Reihenfolge zugewiesen werden:

1. Zwergbesitze im Ausmaße von höchstens 3 Joch den

Kriegsinvaliden, Kriegswitwen und Kriegswaisen, falls sie Landwirte sind (den Kriegsinvaliden auch dann, wenn sie zwar nicht Landwirte, jedoch zum Betreiben der Landwirtschaft geneigt sind), ferner landlosen landwirtschaftlichen Arbeitern;

2. Landzulagen zur Vergrößerung des Besitzes auf höchstens 15 Joch den Zwerg- und Kleingrundbesitzern;

3. 1 Joch an landlose öffentliche Angestellte, Kleingewerbetreibende und industrielle Arbeiter; bis zu 3 Joch an Landarbeiter;

4. den mit Endabfindung oder Pension entlassenen öffentlichen Angestellten und Berufssoldaten Areale im Kapitalswerte ihrer Endabfindung oder Pension;

5. Land für Gemeinweiden;

6. Land zur Errichtung von Musterwirtschaften und von Mittelgrundbesitzen.

Den Personen der ersten vier Kategorien kann auch Baugrund für Wohnhäuser im Ausmaße von höchstens je 600 Quadratklafter (2160 m²) zugewiesen werden.

Von jenen Liegenschaften, die der Staat aus freier Hand, auf Versteigerungen oder auf Grund seines Vorkaufrechtes (also nicht im Enteignungsverfahren) erwirbt, können Einzelnen, in erster Reihe verdienstvollen kleinen Landwirten, diplomierten Ökonomen und Wirtschaftsbeamten, der wirtschaftlichen Zweckmäßigkeit entsprechend, auch größere Grundstücke als die oben festgesetzten zugewiesen werden.

Die zum Zwecke der Landzuweisung erforderlichen Liegenschaften erwirbt der Staat auf Grund eines ihm zustehenden *Vorkaufsrechtes* oder im Wege der *Ablösung*[1]).

Das Vorkaufsrecht ist ausgeschlossen bei Veräußerungen unter nahen Verwandten, ferner falls der zu veräußernde Grundbesitz zusammen mit dem bisherigen landwirtschaftlichen Grundbesitz des Erwerbers 50 Joch nicht übersteigt und der Erwerber Landwirt, Wirtschaftsbeamter, diplomierter oder Berufs-Ökonom, Kriegsinvalider, öffentlicher Beamter, Berufssoldat, die Frau Witwe oder Waise einer zu einer der angeführten Berufsklassen gehörenden Person oder Kriegswitwe oder Kriegswaise ist.

Das Vorkaufsrecht wird im Namen des Staates unter Zustimmung des *Landesgerichts für Grundbesitzverteilung* durch den Minister für Landwirtschaft ausgeübt.

---

[1]) Unter *Ablösung* ist eigentlich *Enteignung* zu verstehen. Das Gesetz spricht aber von Ablösung — wohl um die Einmaligkeit des Vorganges ins richtige Licht zu rücken.

Zu diesem Zwecke hat das Grundbuchamt ihn von den zu grundbuchlicher Eintragung eingereichten Gesuchen zu verständigen; er hat sich innerhalb einer Frist von 30 Tagen vom Empfang dieser Verständigung an zu entscheiden, ob er sein Vorkaufsrecht ausüben will. Diese Frist kann bei Großgrundbesitzungen durch das Landesgericht für Grundbesitzverteilung bei öffentlichem Interesse um 30 Tage verlängert werden. Der Minister für Landwirtschaft kann nur mit Zustimmung des Landesgerichtes für Grundbesitzverteilung von der Ausübung seines Vorkaufsrechtes absehen. Damit der Staat durch Scheingeschäfte nicht geschädigt werden könne, darf der Minister für Landwirtschaft oder sein Beauftragter innerhalb obiger Frist dem Verkäufer auch einen niedrigeren Preisantrag stellen, falls der im ursprünglichen Vertrag bedungene Gegenwert den sächlichen Wert zu übersteigen scheint. Der Verkäufer kann diesen Preisantrag annehmen oder von der Veräußerung absehen oder aber das Ersuchen stellen, daß den Wert des Grundstückes ein *gemischtes Gericht* bestimme (diese Gerichte haben über die Höhe des Preises der im Ablösungsverfahren erworbenen Liegenschaften in jenen Fällen zu entscheiden, in denen kein Vergleich zustande gekommen ist).

Des Rechtes auf Ablösung kann sich der Staat in dem Falle bedienen, wenn die für die Zwecke der Grundbesitzpolitik nötigen Liegenschaften in jenen Gegenden, in denen man ihrer im öffentlichen Interesse bedarf, weder aus freier Hand noch bei Lizitationen oder auf Grund des Vorkaufsrechtes erworben werden können. Durch Ablösung kann in erster Reihe und in seinem ganzen Ausmaße jedes Grundstück erworben werden, das »Kriegserwerb« darstellt (§ 28).

Darunter sind die Grundstücke zu verstehen, die im Wege einer Rechtshandlung zwischen Lebenden oder auf einer Lizitation in der Zeit zwischen dem 28. Juli 1914 und dem Zeitpunkt des Inkrafttretens des Gesetzes veräußert wurden.

Kein Ablösungsrecht besteht gegenüber jenen im Kriege erworbenen Besitzen, bei denen die veräußernde und erwerbende Partei nahe Verwandte (Aszendenten und Deszendenten, Seitenverwandte zweiten Grades oder Ehegatten) sind.

Von den im Kriege, aber vor dem 31. Oktober 1918 (dem Tage der Károlyischen Revolution) erworbenen Liegenschaften können nur die 100 Joch übersteigenden Teile abgelöst werden, falls die erwerbende Partei Landwirt, Wirtschaftsbeamter, diplomierter oder Berufs-Ökonom, Kriegsinvalider, öffentlicher Beamter, Berufssoldat, die Gattin Witwe oder Waise einer zu einer der angeführten Berufsklassen gehörenden Person oder Kriegswitwe oder Kriegswaise ist. Auch jene im Kriege erworbenen Grundstücke können nicht abgelöst werden, welche die erwerbende Partei an Stelle einer früher von ihr besessenen landwirtschaftlichen Liegenschaft nicht aus Gewinnsucht, sondern um weiterwirtschaften zu können, erworben hat.

In seinem ganzen Ausmaß ablösfähig ist das Eigentum von Unternehmungen und Vereinen, die zu öffentlicher Rechnungslegung verpflichtet sind. Nichtablösfähig ist das Eigentum der *gemeinnützigen Institute* (der Spitäler, Gemeindegüter und der Klöster, die Unterrichtsanstalten unterhalten).

Den Kriegserwerbern, deren Grundstücke voll ablösungsfähig sind, gleichgestellt werden die Eigentümer, die wegen eines *Verbrechens* oder *Vergehens gegen die Sicherheit des Staates* oder wegen *Desertion als Soldat* rechtskräftig verurteilt worden sind.

Andere Liegenschaften können nur dann zur Ablösung kommen, wenn für die Zwecke der Grundbesitzpolitik erforderliche landwirtschaftliche, nutzfähige Grundstücke weder im Orte, in welchem sie benötigt werden, noch in der Nachbarschaft im Wege des Vorkaufsrechtes oder aus freier Hand erworben werden können.

In diesem Falle kann auch jener zur landwirtschaftlichen Nutzung geeignete Teil eines jeden Großgrundbesitzes abgelöst werden, dessen Abtrennung gemäß Festsetzung des Landesgerichtes für Grundbesitzverteilung die zweckmäßige Bewirtschaftung des Restes nicht hindert. Großgrundbesitze, die in den letzten vor Ausbruch des Weltkrieges verflossenen 50 Jahren, wenn auch nur einmal, den Eigentümer unter solchen Verhältnissen gewechselt haben, unter denen gemäß dem Gesetze das Vorkaufsrecht hätte ausgeübt werden können, dürfen in ihrem ganzen Umfange abgelöst werden. Der Staat übt sein Recht zur Ablösung der Großgrundbesitze auf Grund der Entscheidung des Landesgerichtes für Grundbesitzverteilung aus, in erster Linie in jenen Gemeinden, von deren zur landwirtschaftlicher Nutzung geeigneten Gemarkung der Großgrundbesitz mehr als den dritten Teil in Anspruch nimmt.

Mittel- und Kleingrundbesitze können nur abgelöst werden, falls sie in den letzten 50 Jahren unter zur Ausübung des Vorkaufsrechtes berechtigenden Verhältnissen den Besitzer gewechselt haben und man den für die Zwecke der Grundbesitzpolitik erforderlichen Boden auch durch Ablösung von entfernter liegenden Großgrundbesitzen nicht beschaffen kann. Die Mittel- und Kleingrundbesitze der Landwirte, Wirtschaftsbeamten usw. können jedoch auch in diesem Falle nicht abgelöst werden. Welche Liegenschaften als Klein-, Mittel-, bzw. Großgrundbesitze zu betrachten sind, wird durch das Landesgericht für Grundbesitzverteilung entschieden.

Auf Antrag des Eigentümers können gewisse sonst ablösungsfähige Grundstücke von der Ablösung ausgenommen werden.

Diese Bestimmung schützt den Obst- und Weinbau, die landwirtschaftlichen Nebengewerbe, die Milchwirtschaften, die seit wenigstens 6 Jahren Milch für den öffentlichen Bedarf liefern, und sichert dem wissenschaftlich in der Landwirtschaft ausgebildeten Nachkommen des Eigentümers die Fläche, die er zu rationeller Wirtschaftsführung braucht.

Von den unter gleiche Beurteilung fallenden Grundstücken sollen im Falle gleicher Zweckdienlichkeit möglichst jene zuerst abgelöst werden,

1. deren Eigentümer unter Kuratel gestellt sind und keine gesunden Nachkommen haben,
2. die während des Krieges oder in den letzten 50 Jahren vor dem Kriege den Besitzer gewechselt haben,
3. deren Eigentümer während des größeren Teils des Jahres im Ausland

leben, falls ihr Fernsein nicht durch einen amtlichen Auftrag, durch Studien oder Krankheit begründet erscheint,

4. deren Bewirtschaftung den Erfordernissen einer zweckmäßigen Wirtschaftsführung nicht entspricht,

5. deren Eigentümer auch anderswo entsprechende Liegenschaften besitzen,

6. deren Eigentümer ohne zwingende Gründe nicht selbst wirtschaften,

7. deren Eigentümer, obzwar mündig, keine ehelichen Nachkommen haben und solche auch nicht mehr erwarten können.

Das Landesgericht für Grundbesitzverteilung berücksichtigt bei Bestimmung des Ausmaßes des ablösungsfähigen Besitzes jene Areale, die im letzten Jahrzehnt vor Verkündigung des Gesetzes von dem unter Ablösung fallenden Besitz für einen im Gesetz umschriebenen Zweck bereits überlassen wurden.

Zur Vermeidung der mit der Frage der Ablösung zusammenhängenden Ungewißheit und der hiermit verbundenen wirtschaftlichen Schäden (Versäumung nützlicher Investitionen usw.) gibt das Gesetz den Eigentümern ablösungsfähiger Güter das Recht, vom Landesgericht für Grundbesitzverteilung eine Erklärung zu verlangen, ob der Staat sein Recht zur Ablösung ausüben werde oder bis zu welchem Zeitpunkt er es nicht ausüben werde. Das Landesgericht für Grundbesitzverteilung hat sich innerhalb einer Frist von 60 Tagen, die bei Großgrundbesitzen um weitere 60 Tage verlängert werden kann, zu äußern. Gemäß den Bestimmungen des Grundgesetzes stand das Recht zur Ablösung dem Staat nur 5 Jahre lang vom Zeitpunkt des Inkrafttretens des Gesetzes zu. Diese Frist ist am 7. Dezember 1925 abgelaufen. Durch nachträgliche Abänderung und Interpretation des Gesetzes wurde bestimmt, daß nach diesem Zeitpunkt zwar keine neuen Ablösungsverfahren mehr eingeleitet werden dürfen, die Erledigung von früher eingeleiteten Ablösungsverfahren jedoch gestattet bleibt. Der *Gesetz-Artikel XLI vom Jahre 1928* aber bestimmt, daß das Landesgericht für Grundbesitzverteilung seine Tätigkeit am 31. Dezember 1931 unbedingt zu beenden hat. Die Frage, welches Forum die dann noch laufenden Angelegenheiten abzuwickeln haben wird, ist einstweilen noch offen.

Das Landesgericht für Grundbesitzverteilung bestimmt, ob und in welchem Ausmaße das Recht auf Ablösung besteht und wem und in welcher Größe Besitze von dem abgelösten Boden zugewiesen werden können; es kann auch gestatten, daß die die Ablösung erleidende Partei den Boden im Wege von privaten Rechtshandlungen dem Berechtigten zukommen lasse. Im Verlaufe des Ablösungsverfahrens, das ein durch das Landesgericht für Grundbesitzverteilung an Ort und Stelle delegierter Richter leitet und an welchem außer den Beteiligten und deren Sachverständigen eventuell auch der Sachverständige des Ministers für Landwirtschaft teilnimmt, muß versucht werden, möglichst in allen strittigen Punkten einen Vergleich zustande zu bringen. Der zustande gekommene Vergleich wird durch das Landesgericht für Grundbesitzverteilung bestätigt. Falls kein Vergleich zustande kommt, entscheidet ebenfalls das Landesgericht für Grundbesitzverteilung; den Ablösungspreis bestimmt das bereits erwähnte gemischte Gericht; jedoch ist das Landesgericht für Grundbesitzverteilung berechtigt, seine Bestimmung auszusetzen — um mehr als 10 Jahre allerdings nur mit Zustimmung des die Ablösung Erleidenden.

Das gemischte Gericht wird beim zuständigen Gerichtshof gegründet. Sein Präsident, stellvertretender Präsident, sowie zwei ordentliche und zwei stellvertretende Mitglieder aus dem Richterstand werden vom Präsidenten der *Kgl. Tafel* (dem zweitinstanzlichen Gericht) ernannt, zwei sachverständige ordentliche und zwei sachverständige stellvertretende Mitglieder werden vom Ausschuß für Landwirtschaft des Komitats gewählt. Gegen die Entscheidungen dieses gemischten Gerichts kann an die *Kgl. Kuria* (das oberste ungarische Gericht) appelliert werden, die in einem aus Berufsrichtern und landwirtschaftlichen Sachverständigen bestehenden Senat endgültig entscheidet.

In Erwägung jener Schwierigkeiten, die infolge der Entwertung des Geldes bei der Beschaffung des Kaufpreises und der Instruierung des Gutes entstehen, ermöglicht das Gesetz auch Bodenzuteilung mittels Pachtungen. Zu diesem Behufe stellt das Gesetz auch die Bodenpachtungen unter Kontrolle: die Pachtverträge — die alten sowohl wie die neuen — müssen der Subkommission für Landwirtschaft bei der Verwaltungskommission des Komitats zur Kenntnisnahme eingereicht werden. Sie bedürfen der Genehmigung, doch kann diese — falls nicht besonders wichtige Gründe vorliegen — nicht verweigert werden, wenn der Pächter diplomierter oder Berufs-Ökonom ist. Gegen die Entscheidungen der genannten Subkommission kann an das Landesgericht für Grundbesitzverteilung appelliert werden. — Die nicht zur Kenntnis genommenen Pachtverträge übernimmt der Staat und verwendet sie seinen grundbesitzpolitischen Zielen entsprechend. Pächter, welche mittels des Vorkaufsrechtes oder der Ablösung erwerbbare Güter bewirtschaften, können sogar durch das Landesgericht für Grundbesitzverteilung dazu verpflichtet werden, einen bestimmten Teil ihrer Pachtungen Kleinpächtern innerhalb einer festgesetzten Frist zu überlassen. Falls das durch den Staat abgelöste Grundstück ganz oder zum Teil bereits durch Kleinpachtungen nutzbar gemacht war, können diejenigen der Kleinpächter, die ihren Bodenteil bereits seit mindestens 5 Jahren in Pacht haben, fordern, daß er ihnen käuflich oder als Rentengut überlassen werde.

Das Gesetz will den Bodenerwerb auch durch jene Bestimmungen erleichtern, welche die Institution der Rentengüter in das ungarische Agrarrecht einführt. Die bezüglichen Verträge sind nur wirksam, wenn das Landesgericht für Grundbesitzverteilung sie genehmigt. Die Rente kann durch den Besitzer des Rentengutes mit halbjährlicher Kündigung jederzeit abgelöst werden. Der Staat jedoch kann als Rentenempfänger bedingen, daß der Besitzer des Rentengutes sein Ablösungsrecht nur mit Zustimmung des Landesgerichts für Grundbesitzverteilung ausüben darf. Andere Rentenempfänger können das Ruhen des Ablösungsrechts nur auf bestimmte Zeit, höchstens aber auf 32 Jahre bedingen. Der Ablösungspreis der Rente beträgt — falls nichts anderes vereinbart ist — das Zwanzigfache der jährlichen Rente. Der Rentenempfänger kann die Ablösung der Rente nicht fordern.

Aus obigen Darlegungen ist ersichtlich, daß das Landesgericht für Grundbesitzverteilung erst die lebende Kraft in den toten Mechanismus des Gesetzes hineinträgt. Das Wirken dieser unabhängigen richterlichen Körperschaft ist umso wichtiger, als das Gesetz in mancher Beziehung nur ein »Rahmen«-Gesetz ist, wirft doch das Leben im Verlaufe der Verwirklichung der Bodenreform eine große Reihe von Problemen auf, an die man im vorhinein gar nicht denken kann und die sich mit starren Formen nicht regeln lassen. (So unterläßt es das Gesetz z. B. zu bestimmen, welche Güter als kleine, mittlere und große zu betrachten sind.) Die Entscheidung all dieser Fragen, besonders aber die Bestimmung des Ortes und des Ausmaßes der Ablösungen, ferner die Entscheidung darüber, wem und in welchem Ausmaße Boden zugeteilt werden soll, ist einem mit aller richterlichen Unabhängigkeit und Erfahrung ausgestatteten Organ anvertraut, und man darf sagen, daß es dieser nicht leichten Aufgabe im Geiste des Gesetzes mit großem Eifer und großem Sachverständnis obliegt. Das Landesgericht für Grundbesitzverteilung besteht aus einem Präsidenten, einem Vizepräsidenten, drei Senatspräsidenten und überdies aus 36 Mitgliedern, die das Staatsoberhaupt ernennt. Von den Mitgliedern werden je 8 von der Kgl. Kurie und dem Kgl. Verwaltungsgericht, 10 von der Landwirtschaftlichen Landeskammer, je einer von der Landes-Genossenschaft der ungarischen Bodenkreditinstitute, der Landes-Zentral-Kreditgenossenschaft, der Geldinstitutszentrale, die übrigen 7 aber von den verschiedenen Ministerien designiert. Das Landesgericht für Grundbesitzverteilung wirkt derzeit in 4 Senaten, in jedem Senat sind bei Fassung der Beschlüsse 3 Richter, 2 Landwirte und 1 Vertreter der Geldinstitute oder Ministerien anwesend, die auch auf die Gesichtspunkte der Billigkeit Rücksicht zu nehmen haben. Entscheidungen von prinzipieller Bedeutung, die das Landesgericht für Grundbesitzverteilung in Plenarsitzungen faßt, dienen den einzelnen Senaten als Richtschnur; auch können die Senatsbeschlüsse auf Wunsch des Präsidenten oder Vizepräsidenten des Gerichtes vor das Plenum gebracht werden. —

Das Gesetz schließt die Privatinitiative von der grundbesitzpolitischen Tätigkeit nicht aus, doch unterwirft es die Parzellierungen einer Kontrolle und Beschränkungen. Der Parzellierungsplan ist dem Wirtschaftsinspektorat anzumelden, der abgeschlossene Vertrag muß durch den Gemeindevorstand vidiert werden, und dem Landesgericht für Grundbesitzverteilung muß Einsicht in den ganzen Gang der Parzellierung, besonders aber in die Zahlungsmodalitäten gegeben werden. Die solidarische Haftung ist ausgeschlossen; Wechsel dürfen nicht abverlangt werden. Die Parzellen dürfen in Besitz genommen werden, wenn sie an Ort und Stelle ausgesteckt und ihre Lasten geordnet sind; ferner dient der Verhinderung von Mißbräuchen die Feststellung des Rücktrittsrechtes.

Das Gesetz hilft einem schon lange empfundenen Mangel des ungarischen Agrarrechtes ab: es begründet die Institution der Familienbesitze und des Anerbenrechts.

Ein Familienbesitz kann nicht mehr als das Dreifache einer Fläche umfassen, die zum gewohnheitsmäßig entsprechenden Unterhalte einer größeren Familie ausreicht. Er kann nur mit Zustimmung des Landesgerichts für Grundbesitzverteilung veräußert, belastet, verpachtet und darf überhaupt nicht gepfändet werden. Zu einem Familienbesitz kann das Landesgericht für Grundbesitzverteilung jene Grundbesitze erklären, die Einzelne unter Anwendung von staatlichen Begünstigungen erhalten haben. Der Abwickelung von Parzellierungen und anderen grundbesitzpolitischen Transaktionen dient nämlich das Kapital des Landesfonds für Grundbesitzregulierung, dessen zehnter Teil, sowie dessen Zinsen und das aus den Gebühren für Vermögensübertragungen und Pachtverträge einfließende Pauschale jährlich zur Bodenzuteilung an Inhaber der goldenen oder silbernen Tapferkeitsmedaille, ferner an Kriegsinvalide, Kriegswitwen und Kriegswaisen verwendet werden kann. Dieser Fonds ist aus dem Siedlungsfonds entstanden, den das Siedlungsgesetz vom Jahre 1894 geschaffen hatte (vgl. S. 256); seiner Dotierung dienen außer den bereits erwähnten Gebühren für Vermögensübertragungen und Pachtverträge die Hälfte des Betriebsüberschusses der während des Krieges errichteten Wirtschaftszentralen, insofern diese für von der Regierung zu bestimmende öffentliche Zwecke zu verwenden sind. Dem Landesfonds für Grundbesitzregulierung stehen derzeit nur sehr geringe Mittel zur Verfügung, einerseits infolge der Inflation, andererseits aber, weil er zur Vorstreckung der Abwicklungskosten der Bodenreform verwendet wird.

Zu einem Familienbesitz kann ferner der Besitzer mit Zustimmung des Landesgerichts für Grundbesitzpolitik ein jedes Grundstück erklären, das auf Grund des Gesetzes erworben worden ist.

Die Institution des Anerbenrechts ist insofern rezipiert, als das Gesetz bestimmt, daß bei Errichtung oder Übernahme eines Familienbesitzes sein Eigentümer mit Zustimmung des Landesgerichts für Grundbesitzverteilung bedingen kann, daß der Familienbesitz als ungeteiltes Ganzes auf einen Erben übergehen soll. Der Anerbe befriedigt seine Miterben, indem er ihnen ihr Erbteil nach dem Ertragswerte des Gutes in Geld ausbezahlt oder ihnen im Vergleichswege rentenmäßige Leistungen sichert. Der Ertragswert kann nicht mehr als $^3/_4$ des Verkehrswertes betragen.

Ohne Entschädigung, als *Vermögensabgabe* gewann der Staat für die Agrarreform erhebliche Flächen durch den *Gesetz-Artikel XLV vom Jahre 1921.* Dieser legte auf jeden Grundbesitz mit mehr als 1 Kat.-Joch eine progessive Vermögensabgabe, die mit 6% beginnt und ihre obere Grenze bei 50000 Kat.-Joch mit 20% erreicht. Sie konnte in valorisierten Geldbeträgen oder in Land geleistet werden. Hatte die abzutretende Fläche einen höheren Katastralreinertrag als der Besitz im Durchschnitt, so wurde sie entsprechend verringert. Der frühere Eigentümer zahlt für sie dem Staate Pacht, bis das Landesgericht für Grundbesitzverteilung sie einem neuen Eigentümer zuweist.

*

Von dem Gesetz-Artikel XXXVI vom Jahre 1920 hat sich in den radikaler denkenden Kreisen der öffentlichen Meinung gleich in der ersten Zeit seiner Anwendung die Auffassung gebildet, daß er die schnelle Durchführung der Grundbesitzreform nicht genügend sichert und daß er die Übergangsperiode über das unbedingt Notwendige hinaus verlängert, trotzdem das Anhalten der hierdurch geschaffenen ungewissen Lage weder vom sozialen noch vom Gesichtspunkte der Produktionsförderung erwünscht ist: er verschärft die Unzufriedenheit und verhindert nützliche Investitionen. Außerdem ist der Kreis der zur Beanspruchung von Boden Berechtigten und der verfügbar gemachten Bodenkategorien allzusehr eingeengt. Diese Gesichtspunkte berücksichtigt vornehmlich die Agrarreformnovelle von 1924.

IV. Die Agrarreformnovelle von 1924.

Die Novelle der ungarischen Agrarreform, nämlich der *Gesetz-Artikel VII vom Jahre 1924* »über die Ergänzung des Gesetz-Artikels XXXVI vom Jahre 1920 über die Maßnahmen zur richtigeren Verteilung des Grundbesitzes« ergänzt und modifiziert besonders auf Grund der im Verlaufe der Durchführung erworbenen Erfahrungen die organisatorischen Bestimmungen.

So wird im Landesgericht für Grundbesitzverteilung dem Vertreter des Landwirtschaftsministers in jedem Senate je ein Sitz gesichert, ferner wird innerhalb des Gerichtes ein engerer Senat *(Präsidialrat)* organisiert, in dessen Wirkungskreis die Überprüfung der Senatsbeschlüsse in gewissen im Gesetz umschriebenen Fällen, eventuell die Anordnung des Ergänzungsverfahrens gehört.

Die Ausübung des dem Staate zukommenden Vorkaufsrechtes regelt die Novelle in der Weise, daß alle jene Fälle, in denen die Ausübung des Vorkaufsrechtes verlangt wird, durch den Landwirtschaftsminister vor das Landesgericht gebracht werden, das der Ausübung seines Vorkaufsrechts seine Zustimmung geben muß.

Das Ablösungsverfahren regelt die Novelle ausführlich und sichert dem Landwirtschaftsminister das Recht zu, im Laufe des Verfahrens Einwendungen erheben zu können und die Überprüfung der Senatsbeschlüsse zu beantragen.

Die im Zusammenhange mit der Durchführung der Grundbesitzreform stehenden materiellen Fragen (Bestimmung des Ablösungspreises, Schadensersatz, Zahlungsmodalitäten für längere Zeitdauer in gleichen Jahresraten) überweist die Novelle — statt des bisherigen gesonderten Gerichtsverfahrens — in den Wirkungskreis des Landesgerichtes für Grundbesitzverteilung.

Die Novelle ermächtigt das Landesgericht, die Errichtung von Rentengütern auf Flächen, die aus abgelöstem Kriegserwerb oder aus der Vermögensabgabe stammen, jederzeit bindend, auf anderen abgelösten Grundstücken aber dann aussprechen zu können, wenn der Staat durch Errichtung eines entsprechenden Institutes imstande sein wird, die betreffenden Besitzer durch Ablösung der Renten zu entschädigen.

Als Mittelbesitz kann das Landesgericht für Grundbesitzverteilung Besitze behandeln, welche die von ihm ebenfalls festgesetzte Grenze des Kleinbesitzes (in der Statistik 100 Kat.-Joch) überschreiten, wenn der Besitzer sie selbst, ohne Anstellung eines sachverständigen leitenden Beamten, leiten kann.

Die Novelle regelt die Art und die Bedingungen der Zuwendung von Mittelgrundbesitzen; wichtig ist, daß ein Mittelgrundbesitz nur einer solchen Privatperson zugewendet werden kann, welche die Hälfte des Ablösungspreises für das Grundstück anzuzahlen imstande ist.

Den Bestimmungen der Novelle zufolge soll aus den Grundstücken der Studienzwecken dienenden gemeinnützigen Stiftungen, Fundationen und Orden der Landbedarf möglichst durch langfristige Kleinpachtungen und nicht im Wege von eigentumsrechtlicher Zuwendung gedeckt werden.

Schließlich ermöglicht es die Novelle, daß außer den Kirchengemeinden auch höhere kirchliche Instanzen (protestantische Bistümer, kirchliche Oberbehörden) im Wege des Ablösungsverfahrens zu Grundbesitz gelangen können, natürlich ohne Beeinträchtigung der in erster Linie zu befriedigenden Elemente.

*

Bis zu Anfang des Jahres 1929 wurde die Ablösung staatlich gar nicht finanziert. Auf Grund der gesetzlichen Ermächtigung verschob das Landesgericht für Grundbesitzverteilung schon mit Rücksicht auf die Schwankungen der Währung und der Bodenpreise grundsätzlich die Festsetzung des Kaufpreises bis zu 10 Jahren. Die Ansiedler zahlen bis dahin dem früheren Eigentümer einen gerichtlich fixierten Pachtzins oder eine Rente in Geld oder in Naturalien.

Zur Befriedigung der Kreditbedürfnisse der Ansiedler stehen die Landeszentralkreditgenossenschaft und deren Filialen zur Verfügung.

Die Kosten der Besitzaufteilung, ferner der anderen grundbesitzpolitischen Operationen schießt der Landesfonds für Grundbesitzregelung vor. Die vorgeschossenen Beträge sind aber von den mit Boden Beteilten zu ersetzen; zu diesem Zwecke haben die Kriegsinvaliden, Kriegswitwen und Kriegswaisen den Gegenwert von 7 1/2 kg, die übrigen den Gegenwert von 10 kg Weizen je Katastraljoch in den Fonds einzuzahlen.

V. Die Ergebnisse der Tätigkeit des Landesgerichts für Grundbesitzverteilung.

Die am 20. Juni 1921 einsetzende Tätigkeit des Landesgerichts für Grundbesitzverteilung hat bis zum 31. Dezember 1928 folgende Ergebnisse gezeitigt:

Beschafft wurden:	ha
1. Im Verlauf von abgesondert vorgenommenen Hausstellenregelungen	5 710,53
2. Aus der Vermögensablösung in 1910 Gemeinden	247 976,77
3. Aus Enteignungen von Teilen von Großgrundbesitzen	119 031,59
4. Aus Enteignungen gemäß § 28 des Gesetzes (Kriegserwerb)	80 898,53
5. Aus anderen Enteignungen	86 109,72
Zusammen	539 727,14

Diese Bodenfläche wurde wie folgt verwandt:

258 378 Hausstellen entstanden im Ausmaße von 33 545,21 ha
403 980 Personen erhielten 398 252,47 ha

Darunter waren:

2 636 Besitzer der goldenen oder silbernen Tapferkeitsmedaille
29 914 Kriegsinvalide
25 634 Kriegswitwen
1 015 erwachsene Kriegswaisen
2 100 länger dienende Soldaten
3 734 Staatsangestellte
40 920 Kleingewerbetreibende und Industriearbeiter
184 583 besitzlose landwirtschaftliche Arbeiter
113 444 Zwerg- und Kleinbesitzer.

Gemeindezwecken wurden gewidmet:

	ha
1. Für Pfarren und Gemeindeschulen	6 550,58
2. Für Gemeinde-Notäre	1 024,74
3. Für die Gendamerie	2 284,55
4. Für Landwirtschaftsschulen	1 213,51
5. Für Sport- und Spielplätze	205,12
6. Für den Heldenstuhl in 889 Fällen	20 125,33
7. Für 906 Gemeinweiden	47 451,14

8. Für andere Gemeinzwecke 9 630,16

Für 54 Mittelbesitze wurden verwandt 7 852,14

Für 244 Musterwirtschaften und mehr als 15 Katrastraljoch (8,6 ha) große Familienbesitze wurden verwandt 8 250,71

Bistümern wurden 12 Mittelbesitze gewidmet im Ausmaße von 3 341,68

Bis zum 31. Dezember 1928 wurden von all diesen Zuteilungen tatsächlich 377 857,75 ha in Besitz gegeben. Die Bodenreform selbst hat nur 151 Gemeinden von den 3567 des Landes unberührt gelassen.

Bedeutsam ist auch, daß während der Zeitdauer der Bodenreform in 463 Fällen zusammen 61 748,60 ha freiwillig an 15 343 Personen parzelliert wurden.

Während dieser Zeit wurden ferner in 264 Fällen 12 830,68 ha vom Staat auf Grund seines Vorkaufsrechtes übernommen.

89 519,69 ha in 847 Gemeinden übernahm der Staat für Zwecke von Kleinpachtungen.

Die Bodenzuteilung ist zur Rationalisierung der Betriebsflächen insofern verwendet worden, als das Landesgericht für Grundbesitzverteilung die Kommassation in mehreren Gemeinden von Amts wegen angeordnet hat.

Die Gründung von Rentengütern ist im Zusammenhange mit den Ablösungsverfahren im Gange.

Als Ergebnis der Tätigkeit des Landesgerichts für Grundbesitzverteilung hat sich bis zum Jahre 1925 der Anteil des Zwerg- und Kleinbesitzes auf 50,2% der Bodenfläche erhöht.

Die Zahl der Kleingrundbesitzer ist 840 000 mit einem Besitz von 4 667 880,5 ha, ferner gibt es 9630 Mittelgrundbesitzer mit 1 527 952,5 ha und 1130 Großgrundbesitzer mit 3 097 916,5 ha. Es entfallen von je 100 ha

	beim Kleingrundbesitz ha	beim Mittelgrundbesitz ha	beim Großgrundbesitz ha	im Durchschnitt ha
auf Ackerland	73,9	52,0	43,8	60,2
„ Gärten	1,7	0,5	0,4	1,1
„ Weingärten	4,1	0,9	0,4	2,4
„ Wiesen	8,1	6,2	6,1	7,1
„ Weideland	4,3	21,5	15,5	10,9
„ Wälder	2,7	10,7	26,0	11,8
„ Röhricht	0,2	0,4	0,4	0,3
„ wirtschaftlich ungenutztes Land	5,0	7,8	7,4	6,2

Die sozialen Wirkungen der Bodenreform sind zweifellos günstig, ermöglichen doch ihre Bestimmungen, daß große, seit langem angesammelte Unzufriedenheit zerstreut wird. Über die wirtschaftlichen Wirkungen des Gesetzes ist es noch zu früh, sich ein Urteil zu bilden. Es unterliegt keinem Zweifel, daß im Ungarn der Vorkriegszeit die wirtschaftliche Kultur des Großgrundbesitzes größer war als die der kleinen Besitze, und es kann nicht geleugnet werden, daß allerorts die Bebauung der neu gegründeten kleinen Wirtschaften unzweckmäßiger und ihr Ertrag geringer ist, als die Bebauung und der Ertrag der Großgrundbesitze, aus denen diese kleinen Betriebe entstanden sind, gewesen war. Jedoch kann man nicht entscheiden, ob das nicht bloß Übergangserscheinungen sind, die sich daraus erklären, daß infolge der hohen Preise des lebenden und toten Inventars die neuen Landwirte ihre Betriebe nicht entsprechend auszurüsten vermögen. Es scheint nämlich, daß der Ernteertrag Rumpfungarns gegenüber den Verhältnissen der Vorkriegszeit überhaupt abgenommen hat.

Auf dem Gebiete des heutigen Rumpfungarns war nämlich der durchschnittliche Ertrag je ha in Doppelzentnern:

	im Durchschnitt der Jahre 1911/15	1920	1921	1922	1923	1924	1925	1926	1927
Weizen	13,0	9,6	12,3	10,5	13,8	9,9	13,7	13,6	12,9
Roggen	11,6	8,6	10,8	9,5	12,2	8,5	12,0	11,4	8,9
Gerste	13,4	9,2	9,7	10,4	13,0	7,9	13,4	13,1	12,7
Mais	17,2	15,6	9,2	12,5	12,9	18,9	20,8	18,3	16,3
Kartoffeln	78,9	81,5	46,4	51,4	51,5	62,0	88,6	74,8	77,2
Zuckerrüben	250,1	204,1	130,4	169,8	167,5	187,5	231,8	228,2	225,6

Aus diesen Daten ist ersichtlich, daß die Ernteergebnisse unmittelbar nach Einleitung der Bodenreform stark zurückgegangen sind; jedoch ist schwer zu entscheiden, wieviel zu dieser Verringerung einerseits die — eine intensive Wirtschaftsführung beinahe unmöglich machende — schlechte wirtschaftliche und finanzielle Lage und andererseits die Bodenreform beigetragen haben. Jedenfalls ist zu bedenken, daß die tatsächliche Durchführung der Bodenreform sich, wie wir gesehen haben, noch in zu engen Grenzen hält, als daß sie auf den Wirtschaftserfolg einen tiefer gehenden Einfluß hätte ausüben können; eher kommt in Betracht die Ungewißheit der Übergangszeit, welche die mit der Möglichkeit der Ablösung rechnenden Besitzer größerer Betriebe von kostspieligeren, wenn auch ertragsteigernden Investitionen vorübergehend zurückgehalten hat. Selbstverständlich beeinflußt auch das Wetter den Ernteertrag sehr stark; aber günstigere Witterungsverhältnisse können die Besserung der Ernteerträge, die im Jahre 1923 einsetzt, nur teilweise erklären.

VI. Die Novelle von 1928.

Auch die Novelle vom Jahre 1924 ließ noch verschiedene Fragen offen, deren Lösung zum Abschluß der Bodenreform erforderlich schien. Aus diesem Grunde wurde der *Gesetz-Artikel XLI vom Jahre 1928* »Über die zum Abschluß der Bodenreform notwendigen Maßnahmen« erlassen.

Dieses Gesetz enthält manche überaus wichtige Bestimmungen. Um dem Wunsche nach Beendigung der Bodenreform zu entsprechen, engt es die Möglichkeit der Enteignung für die Zukunft bedeutsam ein. Es bestimmt, daß das Landesgericht für Grundbesitzverteilung nach Inkrafttreten dieses Gesetzes die Enteignung nur in bereits eingeleiteten Ablösungsverfahren und auch dann nur in dem Falle, daß vorher noch keine diesbezügliche Entscheidung gefällt wurde, aussprechen darf. Nach Ablauf eines Jahres vom Inkrafttreten des Gesetzes an kann das Landesgericht solche Entscheidungen nur auf Grund einer Ermächtigung des Ministeriums fällen.

§ 3 des Gesetzes enthält bedeutsame Bestimmungen über den Ablösungspreis. Die Grundlage für die Bestimmung des Ablösungspreises in jenen Fällen, in denen er noch nicht beglichen wurde, ist der für die Berechnung der Bodensteuer festgesetzte Katastralreinertrag. Zahlen die mit Boden Beteilten Pacht, so haben sie für jede Krone des Katastralreinertrags jährlich 2,40 Pengö, also das 2,07-fache des Katastralreinertrages an die früheren Besitzer zu entrichten. Das 25-fache dieses Pachtschillings aber (der Betrag von 60 Pengö für jede Krone des Katastralreinertrages, also 51,82 Goldmark für 1 Goldmark Katastralreinertrag) gilt als Kaufpreis. Der Katastralreinertrag beträgt im Landesdurchschnitt 10,93 Pengö für 1 Kat.-Joch Ackerboden [2]). Der Pachtpreis für 1 ha stellt sich demnach auf 28,90 M., der Kaufpreis auf 722,50 M. Der Pachtbetrag oder Kaufpreis, bzw. dessen Amortisationsquote, wird von den mit Boden Beteilten in der gleichen Weise wie die staatlichen Steuern ein-

---

[2]) Professor Friedrich v. Fellner, »Die Finanzierung der Grundbesitzreform in Ungarn«, *Ungarisches Wirtschaftsjahrbuch*, IV. Jahrgang 1928, S. 66 ff.

getrieben. Zur Erleichterung der Finanzierung dient eine Dollaranleihe im Betrage von 151,2 Millionen Goldmark, aus deren Erlös die enteigneten Grundbesitzer $^2/_3$ des Ablösungspreises in bar erhalten sollen. Dieser in bar zu bezahlende Teil des Kaufpreises soll in drei Jahresraten, im Januar der Jahre 1929, 1930 und 1931 flüssig gemacht werden. Für das restliche Drittel sollen sie vierprozentige, in 50 Jahren zu amortisierende Obligationen erhalten. Die mit Boden Beteilten wiederum haben den Kaufpreis mittels einer fünfprozentigen Annuität innerhalb von 52 Jahren zu tilgen, doch sind sie berechtigt, ihre Schuld zu jedem früheren Zeitpunkt abzutragen.

Es ist zu hoffen, daß dieses Gesetz die ungarische Bodenreform auch in finanzieller Hinsicht einem baldigen gedeihlichen Abschluß zuführen wird.

IX.

Agrarverfassung und agrarische Umwälzung in Jugoslawien.

Von

Dr. Ludwig Fritscher,

Wien.

Der Weltkrieg hat die beiden seit Jahrhunderten am Balkan rivalisierenden Großmächte Rußland und Österreich-Ungarn von ihrem Interessengebiete verdrängt und die dort bestehenden Staatengebilde bedeutend vergrößert und verstärkt. Was insbesondere Jugoslawien anbelangt, so ist Duschan des Großen (XV. Jahrh.) weitausgreifender politischer Plan, die slawischen Völker des Balkans zu einem großserbischen Reiche zusammenzufügen, weithin verwirklicht. Die südlichen Teile der zertrümmerten Österreichisch-Ungarischen Monarchie: die Vojvodina, die einen großen Teil des nicht mit Unrecht als eine Kornkammer Europas gerühmten Banats umfaßt, Kroatien, der größte Teil der österreichischen Küstenländer sowie Bosnien und die Herzegowina kamen unter die Herrschaft Belgrads. Ein großer Teil von Makedonien war schon im Balkankriege (1912/13) an Serbien gefallen und bildet das heutige Südserbien. Nach dem Weltkriege kam noch Montenegro dazu. Jugoslawien umfaßt heute ein Gebiet von 248488 qkm (d. i. fast $^5/_6$ des Flächeninhalts Italiens) mit (1926) über 13 Millionen Einwohnern. Die Gesamtfläche verteilte sich nach der Statistik des *Ministarstvo Poljoprivrede i voda*[1]) im Jahre 1922 wie folgt:

Gebietsteil	Produkt. Fläche		Forste		Unprod. Fläche		Insgesamt
	in Tsd. ha	in %	in Tsd. ha	in %	in Tsd. ha	in %	in Tsd. ha
1. Nordserbien [2])	1 881	37,66	1 016	20,35	2 097	41,99	4 995
2. Südserbien [2])	851	18,68	1 070	23,49	2 635	**57,83**	4 557
3. Kroatien	2 560	**58,52**	1 491	34,10	323	7,38	4 383
4. Bosnien	1 775	34,67	2 546	**49,74**	798	15,59	5 120
5. Vojvodina	1 710	**86,84**	251	12,7	9	0,47	1 970
6. Slowenien	836	51,63	691	**42,65**	93	5,72	1 620
7. Dalmatien	787	61,82	348	27,32	138	10,86	1 273
8. Montenegro	79	8,22	193	19,93	695	**71,85**	967
Jugoslawien							
1922	10 480	42,13	7 607	30,58	6 789	27,29	24 885
1921	10 344	41,58	7 684	30,88	6 848	27,54	„
1920	9 933	39,93	7 684	30,88	7 258	29,19	„

Die Ertragsfähigkeit der Böden ist außerordentlich verschieden. Die größten Bodenerträge liefert das Gebiet zwischen Drau und Save und die Vojvodina (Batschka und Banat). Neben einzelnen in die Gebirge eingelagerten Becken gelten als besonders fruchtbar schließlich der nördliche Rand Bosniens sowie das Morawatal und in Südserbien das Vardartal. Der Westen

[1]) »*Obračena zemlja i zetveni prinoc u 1922 i 1921 god*«, Beograd 1923, S. 1.

[2]) Da in Nord- und Südserbien kein Kataster besteht, können die angegebenen Zahlen nur als Schätzungen betrachtet werden.

und der Süden zeigen die bekannten Karstphänomene: Die Gebirgsmassen sind verödet und lassen nur eine außerordentlich spärliche Landwirtschaft zu.

Hervorzuheben ist der große Reichtum an teilweise noch unberührten Wäldern. Die stärksten und schönsten Waldbestände besitzen Bosnien und die Herzegowina Dort ist ungefähr die Hälfte der Gesamtfläche mit Wald bestanden. Holz bildet in den meisten Jahren den größten Posten in der Ausfuhr Jugoslawiens[3]).

Die Bewirtschaftung der Felder ist in den einzelnen Gebietsteilen ganz verschieden. Am fortgeschrittensten sind die nördlichen Gebiete: Die Vojvodina, die hauptsächlich deutsche Kolonisten unter unendlichen Mühen urbar gemacht haben, Kroatien und Slawonien (die ehemals ungarischen Gebiete) und Nordserbien. Slowenien weist einen bedeutenden Hackfruchtbau auf. In allen diesen Gebieten überwiegt die verbesserte Dreifelderwirtschaft; auf den größeren Gütern findet sich auch eine moderne Fruchtwechselwirtschaft. Je weiter man nach dem Süden kommt, desto mehr veraltete Anbausysteme findet man. Von der Ackerwirtschaft Bosniens, besonders aber Südserbiens gilt teilweise heute noch das Wort des Balkanforschers Amis Boûès: »*On y travaille comme aux temps des patriarches*«. Auf den Zwerggütern des Karstgebietes nähert sich die Feldwirtschaft der Gartenwirtschaft, ohne ihre Intensität jedoch auch nur im entferntesten zu erreichen.

Eine gewisse Rückständigkeit ist aber auf dem Gesamtgebiete zu verzeichnen; zu ihr haben sicherlich Ungunst des Klimas und der Bodenbeschaffenheit, langdauernde Kämpfe und Unruhen viel beigetragen; die Hauptursache aber liegt in dem Fehlen eines inneren Marktes, das dem südslawischen Bauern den Ansporn zu einer intensiveren Wirtschaftsweise nahm. Es fehlt an Städten, weil die Familien- und Agrarverfassung die Arbeitskräfte an die Landwirtschaft bindet.

I. Die Familien- und Agrarverfassung vor dem Kriege.

A. Die Zadruga.

Zum Unterschiede vom *Mir*, der eine Dorfgemeinschaft darstellt, ist die südslawische *Zadruga* eine Familiengemein-

---

3) Von dem Gesamtwert der Ausfuhr entfielen auf Bauholz 1920: 23,5%, 1921: 27%, im Durchschnitt der Jahre 1922—1927 etwa 14%.

schaft, die dadurch entsteht, daß nicht, wie etwa in Deutschland, nur der älteste Sohn seine Frau auf das väterliche Gut bringt, sondern auch die übrigen Söhne. Die Eltern, die Söhne mit ihren Frauen und Kindern, die unverheirateten Töchter, die Witwen verstorbener Söhne bilden zusammen eine große, nicht selten 50—100 und mehr Köpfe zählende Familiengemeinschaft, die durch ihren Ältesten, den *Starjeschina* in allen öffentlichrechtlichen Angelegenheiten vertreten wird. Der Starjeschina ist auch der eigentliche wirtschaftliche Leiter des von der Zadruga bewirtschafteten bäuerlichen Betriebes. Aus der Zadruga auszutreten war bis in die neueste Zeit hinein außerordentlich schwer. Was im Laufe der Jahrhunderte vorwiegender Zadrugawirtschaft an Menschen heranwuchs, blieb in der Landwirtschaft. Daher wohnten in den Städten nur die Gutsherren, die von den jährlichen Abgaben: der *Polowina, Tretina* usw. ihrer Hintersassen lebten, die Beamten, die Geistlichkeit, höhere Militärs und daneben nur ein außerordentlich spärlicher Gewerbestand. Die Zadruga gewährte jedem Mitglied der Großfamilie einen Anspruch auf Versorgung aus dem bewirtschafteten Gute und enthob den einzelnen der harten, aber erzieherischen Notwendigkeit, sich eine neue Existenz zu schaffen. So läßt sie Unternehmungslust im Volke nicht aufkommen. Ein starkes Bevölkerungswachstum und der vordringende Weltverkehr haben die Zadruga-Institution allmählich in Auflösung und Zerfall gebracht [4]). Aber jene seelische Wirkung besteht fort und ist nicht mit einem Schlage aus der Welt zu schaffen. Dieser Zusammenhang, so einfach und klar er sich darstellt, ist bis heute noch nicht von allen südslawischen Wirtschaftspolitikern erkannt worden, und noch in den letzten Jahren wurde vielfach darüber gesprochen, ob man nicht doch dem fortschreitenden Zerfalle der Zadruga Einhalt gebieten sollte. Die Schuld an der bestehenden Rückständigkeit wurde lediglich auf die vorhandenen bäuerlichen Abhängigkeitsverhältnisse, die Kmetschina und das Kolonat, und auf den Großgrundbesitz geschoben. Diese sind allerdings wichtig genug und haben ihrerseits zu der langen Fortdauer der Zadruga beigetragen.

---

[4]) »In Serbien betrug die Zahl der Personen, die in solchen Gemeinschaften mit mindestens 6 Mitgliedern zusammengeschlossen waren, im Jahre 1905 1,9 Mill.; die in Kroatien und Slawonien im Jahre 1915 bestehenden Zadrugen hatten 0,9 Mill. Mitglieder, die mehr als 1/5 der Gesamtbodenfläche des Landes bewirtschafteten.« »Die Wirtschaft des Auslandes 1900—1927«, Bln. 1928, S. 297.

B. Die bäuerlichen Abhängigkeitsverhältnisse.

Das Kolonat, ein Teilbausystem, an der Küste vorherrschend, ist unzweifelhaft italienischen Ursprunges; die Kmetschina, einst im Innern allgemein verbreitet, stammt letztlich wohl aus der Zeit des Byzantinischen Reiches.

1. Die Kmetschina.

Die Kmetschina war bis zur obligatorischen Ablösung durch die jugoslawische Regierung in Bosnien und in der Herzegowina häufig; sie besteht heute noch in Südserbien.

In dem alten Serbien, das der türkische Sieg auf dem Kosovo Polje im Jahre 1489 vernichten sollte, herrschte wie meist im übrigen Europa die Feudalverfassung. Der Grundbesitz gehörte den Adeligen und der Kirche. Er war ihnen vom Staatsoberhaupte entweder zu eigen *(Baschtina)* oder zu Lehen *(Pronija)* gegeben. Aber weder der Baschtina- noch der Pronijabesitzer bearbeitete seine Güter selbst, sondern er ließ sie durch Hintersassen-Kmeten bewirtschaften. Als Kmeten kamen nur Zadrugen in Betracht. Sie erhielten vom Gutsherrn ein der Zahl ihrer arbeitsfähigen Mitglieder angepaßtes Stück Land mit den dazu gehörigen Baulichkeiten zur Nutznießung und hatten dafür dem Grundherrn alljährlich einen bestimmten Teil aus dem Rohertrage ihrer Ernte abzuliefern. Die türkische Eroberung beließ die Kmeten auf ihren Gütern, und die Kmetschina blieb weiter bestehen, wie man sie vorgefunden hatte. Im Osten ging der gesamte Adel zugrunde: wer nicht fiel, wurde später vertrieben, sodaß also dort durchwegs türkische Grundherren das Land besaßen. In Bosnien und in der Herzegowina trat der Adel zum Islam über und rettete dadurch seinen Besitz, geriet aber in eine starke Spannung zu der bodenbearbeitenden orthodoxen Kmetenklasse, die im Laufe der Zeit zu heftigen Auseinandersetzungen und schließlich zu ständigen Unruhen führte. Man betrachtete die *Agas*, wie die muslimischen Grundherren hießen, als volksfremde Bedrücker, obwohl sie dem eigenen Volke entstammten. Die Agas wiederum behaupteten, ganz von ihren Kmeten abhängig zu sein.

Naturgemäß steigerte sich die Spannung, als zu Beginn des XIX. Jahrhunderts die Serben des Ostens die politische Selbständigkeit errangen, die türkischen Grundherren vertrieben und unter Rezeption des römischen Rechts jeden Bauer zum freien Eigentümer seiner Scholle machten. Dasselbe XIX. Jahrhundert brachte in der benachbarten Donaumonarchie und in den deutschen Landen eine durchgreifende Bauernbefreiung. Die Kmeten der türkisch gebliebenen Gebiete sahen also, wie der Bauer jenseits der Grenze über den Boden und seinen Ertrag frei verfügen konnte. Das verbitterte sie nur noch mehr und sie versuchten nunmehr mit Gewalt, aus ihrer Abhängigkeit vom Grundherrn herauszukommen. Die Unruhen wurden bedrohlich, so daß sich die türkische Regierung zu der Verordnung vom 14. Sefer 1276 (d. i. 12. IX. 1859) gezwungen sah: Diese *Sefer-Verordnung* brachte aber keineswegs eine Bauernbefreiung, sondern lediglich eine gesetzliche Festlegung der überlieferten Verhältnisse. Nach der Sefer-Verordnung stellte sich nämlich die Kmetschina im Wesen als dasselbe dar wie in der altserbischen Zeit: Der Grundherr (*Aga*, fälschlich auch *Spahi* genannt) übergab der Großfamilie (Zadruga) das Kmetengut zur unbeschränkten Nutznießung, die Kmetenfamilie lieferte ihm dafür einen Teil ihrer Ernte ab. Die jährliche Abgabe (türkisch *haq*, südslawisch *dohodak* oder *danak*), die nach erfolgter Ernte am Druschplatze abgesondert wurde, betrug zwischen einem Achtel und der Hälfte der Ernte. Verträge auf die Hälfte (Polowina) fanden sich in der Regel aber nur dort, wo besondere Meliorationen vorlagen. In einigen Gegenden waren neben der jährlichen Abgabe noch Robotleistungen, in letzter Zeit jedoch nur noch ganz vereinzelt und in ganz geringem Ausmaße, vorgesehen. Bemerkenswert erscheint, daß die Abgaben nur von der Ernte, nicht aber vom Vieh zu leisten waren. Hatte einmal ein Grundherr das Kmetengut einer Zadruga — Kmetenverträge mit Einzelpersonen wurden nie abgeschlossen — übergeben, so hatte er auf die Bewirtschaftung des Gutes jeden Einfluß verloren; da der Vertrag mit der Zadruga als solcher abgeschlossen wurde und der Grundherr ihn nur im Falle grober Mißwirtschaft kündigen konnte, so ging damit das Kmetengut faktisch in den dauernden Besitz der Kmetenfamilie über, der noch dadurch gefestigt wurde, daß es dem Grundherrn nicht erlaubt war, das Gut zu teilen. Er konnte es verkaufen oder vererben, das Gut als solches blieb ungeteilt. Im Falle eines Überganges auf mehrere Eigentümer hatte die Kmetenfamilie nur einem von diesen zu bestellenden Bevollmächtigten den Haq abzuliefern. Die Größe eines Kmetengutes war sehr verschieden. Es gab solche, die kaum einen Hektar, aber auch solche, die hundert und mehr Hektar umfaßten. Grundherren mit viel Ländereien hatten oft mehrere hundert Kmeten angesetzt, sodaß ihnen ganze Kmetendörfer tributpflichtig waren.

Man ersieht aus der kurzen Skizzierung der Kmetschina, wie sie sich nach der Seferverordnung darstellt, daß die Grundherren in einer schwachen rechtlichen, die Kmeten in einer schwachen wirtschaftlichen Position waren. Den Grundherrn war jeder Einfluß auf die Bewirtschaftung ihrer Güter genommen, sie waren reine Nutznießer derselben, auf den Kmeten hingegen lastete die Abgabe derart schwer, daß sie unter den gegebenen Verhältnissen jede Kapitalbildung und damit eine Verbesserung ihrer Betriebe verhinderte. Zwar waren Kapitalbildungen nicht überhaupt unmöglich, aber die Kmeten sahen — wegen ihrer Belastung nach dem Rohertrage — in jeder Bodenverbesserung nicht den eigenen Vorteil, sondern mit Recht nur den vermehrten ihres Grundherrn, dem sie keinen solchen gönnten. Sie gingen dabei sogar soweit, daß sie Land unbebaut liegen ließen, nur um sich der Abgabepflicht zu entziehen.

Nachdem die Seferverordnung also keinen von beiden Teilen befriedigt hatte, ging der Kampf beiderseits weiter. Die Grundherren kämpften um eine stärkere rechtliche Position, indem sie vor allem eine weitgehendere Befugnis zur Kündigung anstrebten; den Kmeten ging es ums Ganze. Sie wollten heraus aus der Kmetschina und unbeschränkte Eigentümer des Bodens werden, den ihre Familie oft schon Jahrhunderte lang bebaut hatte. Es waren die fortdauernden Unruhen, welche dem damaligen österreich-ungarischen Außenminister Grafen Andrassy den Vorwand zur Okkupation Bosniens und der Herzegowina lieferten, die im Jahre 1878 faktisch durchgeführt wurde. Die österreichisch-ungarische Regierung hatte vor der Okkupation die Kmetenablösung in Aussicht gestellt und ihre dahingehende Absicht auch wiederholt nach vollzogener Okkupation ausgesprochen. Erst als man an die Durchführung der Ablösung heranging, sah man die entgegenstehenden Schwierigkeiten. Die ersten 10 Jahre der Okkupation hatte man alle Hände voll zu tun, die notwendige Grundlage einer jeden Wirtschaft, die Rechtssicherheit, zu schaffen. Aber auch als diese genügend gefestigt erschien, konnte sich die Regierung nicht zu einer durchgreifenden Reform entschließen, denn es fehlte vor allem noch an dem nötigen finanztechnischen und Verwaltungsapparate. Ein Grundbuch war erst anzulegen und eine entsprechende Kreditorganisation zu schaffen. In der Folgezeit wurde den Bauern zuerst der Kredit zum Zwecke der Ablösung des Kmetenverhältnisses zugänglich gemacht, doch geschah das lange nicht in ausreichendem Maße, sodaß die Ablösung bis zum Jahre 1910 ziemlich langsam vor sich ging.

Über die damalige Verbreitung der Kmetschina kann folgende Tabelle Aufschluß geben; sie umfaßt Bosnien und die Herzegowina, über Makedonien liegen keine verläßlichen Zahlen vor.

Die Gliederung der landwirtschaftlichen Bevölkerung in Bosnien und der Herzegowina nach ihrer Stellung im Beruf.

	1895				1910			
	Familienhäupter		Familienangehör.		Familienhäupter		Familienangehör.	
	in Tsd.	% d. Ges. bevölker.	in Tsd.	% d. Ges. bevölker.	in Tsd.	% d. Ges. bevölker.	in Tsd.	% d. Ges. bevölker.
Gutsbesitzer mit u. ohne Kmeten	5,8	0,37	27,6	1,76	14,7	0,78	56,6	2,98
Freibauern	86,9	5,54	437,7	27,91	136,8	7,21	634,8	33,44
Kmeten	88,9	5,67	510,9	32,58	79,7	4,20	444,9	23,44
Teilkmeten 5)	22,6	1,45	153,8	9,81	31,4	1,66	205,7	10,84
Sonstige an der Landwirtschaft beteiligte Bevölkerung	17,2	1,10	33,6	2,15	20,4	1,08	433,5	2,28

Aus dieser Aufstellung geht hervor, daß die Kmetenbevölkerung im Jahre 1910 noch immer ein Viertel bis ein Drittel der Gesamtbevölkerung ausmachte. Neben ihr erscheint aber schon ein weit höherer Prozentsatz an freibäuerlicher Bevölkerung. Was die Agas anbelangt, so waren 91,15 % von ihnen Mohammedaner, 6,05 % Orthodoxe, 2,55 % Katholiken, sodaß also auch noch in der letzten Zeit das muslimische Element unter den Grundherren überwog. Es fand sich aber auch unter den Bauern ein nicht unerheblicher Prozentsatz an Mohammedanern. Sie machten 56,64 % der Freibauern, 4,58 % der Kmeten aus, wogegen die serbisch-orthodoxe Bevölkerung von den Kmeten beinahe drei Viertel, von den Teilkmeten etwas über die Hälfte stellte, während ihr Anteil an der Freibauernschaft nur etwas über ein Viertel betrug. Die Ablösungsfrage hatte also noch vor dem Kriege auch einen starken konfessionellen Einschlag, der bei der Gemütsverfassung der Interessenten den sozialen noch weit überwog.

Den bisherigen Unzulänglichkeiten machte, was die Kredite anbelangt, erst das Gesetz vom 5. IV. 1911 »über die Erteilung

5) Unter Teilkmeten sind solche zu verstehen, die entweder auf einem Kmetengute saßen und daneben eigenen Boden hatten oder ihr eigenes Gut besaßen und daneben auch Kmetengründe bewirtschafteten.

von Darlehen zur freiwilligen Ablösung von Kmetenansässigkeiten« ein Ende. Das Gesetz gewährte einen billigen Kredit (zu 5%) und diesen in der Höhe des behördlich ermittelten Schätzungswertes. Die Tilgungsfrist sollte sich auf nicht weniger als 30 und nicht mehr als 50 Jahre erstrecken, entsprach also ganz der Grundbedingung eines landwirtschaftlichen Anlagekredits, der Langfristigkeit. Der Erfolg des Gesetzes war auch eine starke Beschleunigung der Ablösungstätigkeit. Während in den Jahren 1879—1910 durchschnittlich 1292 Ablösungen auf ein Jahr fielen, wurden vom 1. Dezember 1911 bis 3. Januar 1914 12146 Kmetenansässigkeiten, also 5832 jährlich, abgelöst.

Da die Ablösungstätigkeit während des Krieges ruhte, waren im Jahre 1919, wenn man die in der Zeit von 1911 bis 1914 abgelösten 12146 Kmeten von den im Jahre 1910 vorhandenen Kmeten abrechnet, noch 98971 Ganz- und Teilkmeten abzulösen. An dieser Ablösung waren etwa 574000 Personen, d. s. rund 30% der Gesamtbevölkerung Bosniens und der Herzegowina interessiert. Hätte der Weltkrieg den ruhigen Verlauf der Ablösungstätigkeit nicht unterbrochen, so war bei einer einigermaßen gesteigerten Ablösungstätigkeit, deren Notwendigkeit innerhalb der österreichisch-ungarischen Regierung auch tatsächlich eingesehen und verfochten wurde, mit einem Abschlusse der Kmetenablösungen wenigstens im Jahre 1924 oder 1925, also um nicht viel später, als er durch die Verordnung der jugoslawischen Regierung im Jahre 1919 herbeigeführt wurde, zu rechnen.

2. Das Kolonat.

Das Kolonat ist hauptsächlich in Dalmatien und teilweise auch in Slowenien verbreitet.

Das wirtschaftliche Bild, das das Kolonat bietet, zeigt nach außen keinen nennenswerten Unterschied von dem der Kmetschina. Wie bei der Kmetschina überläßt der Grundherr seinem Hintersassen einen Teil seines Kulturbodens mit den darauf befindlichen Baulichkeiten zur Bearbeitung und Nutznießung, und auch hier besteht die Gegenleistung in einer Naturalabgabe zur Erntezeit bis zur Hälfte des Rohertrages, zur Hälfte aber nur dann, wenn besondere Meliorationen vorliegen. Hier wie dort kommen als Hintersassen nicht einzelne, sondern immer nur ganze Familien in Betracht, und hier wie dort sind die Hintersassen in einer sehr gedrückten Lage. Kmeten und Kolonen gehören im allgemeinen zu den armseligsten und rückständigsten Bauern Europas, der Kolone vielleicht noch mehr als der Kmet. Die Ähnlichkeit der äußeren Bedingungen führte auch häufig zur Bezeichnung des Kolonen als Kmeten, das Wort Kmet gilt aber gleichwohl in manchen Gegenden des Kolonats als Schimpfwort.

Die Verschiedenheit zwischen Kmetschina und Kolonat liegt also nicht in der wirtschaftlichen Lage, sie liegt im Ursprung, in der rechtlichen Grundlage und in der Dauer der Verträge. Während nämlich die Kmetschina altserbischen und weiterhin byzantinischen Ursprungs ist, stammt das Kolonat aus Italien. Äußerlich wird das schon durch sein Vorkommen in den stark italianisierten Küstengegenden und besonders dadurch gekennzeichnet, daß die meisten Grundherren Italiener sind. Man nimmt allgemein an, daß das Kolonat in der Küstenstadt Ragusa seinen Ursprung genommen habe. In der Umgebung der hauptsächlich von Italienern bewohnten Stadt Spalato und der sogenannten Castelli machen die Kolonatsgründe drei bis vier Fünftel der bebauten Fläche aus. Je weiter man in italienisches Gebiet kommt, desto zahlreicher werden die Kolonen und desto drückender ist auch ihre Lage; je weiter man in das Innere des Landes kommt, desto seltener und erträglicher wird auch das Kolonat.

Was die rechtlichen Grundlagen anbelangt, so ist bei der Kmetschina die Nutznießung des überlassenen Kmetengutes Vertragsobjekt, beim Kolonat jedoch in der Hauptsache die Kultur der Weinrebe, daneben auch die des Ölbaumes und in manchen Gegenden die des Getreides. Soweit das Hauptgebiet des Kolonats in Jugoslawien und Dalmatien in Frage kommt, läßt es sich mit einem der besten Kenner desselben, mit Schullern[6]) so beschreiben:

»Der Grundbesitzer übergibt dem Kolonen unbebauten Boden, dieser macht ihn urbar und bepflanzt ihn. Der jeweilige Ertrag wird in den verschiedensten Proportionen geteilt, bald so, daß der Herr und der Kolone je die Hälfte, bald so, daß der Herr ein Drittel, ein Viertel, ja sogar nur ein Siebentel, den Rest der Kolone erhält. Die Teilung zur Hälfte ist bei diesem Vertragstypus äußerst selten und kommt vorwiegend nur dort und in dem relativ seltenen Falle vor, wo der dem Kolonen übergebene Boden bereits urbar war. Der Vertrag dauert dann solange, als die Pflanze dauert, bei Rebland also je nach den Ver-

---

[6]) Schullern, »Das Kolonat«, Wien 1909, S. 18.

hältnissen von 20 bis zu 50 und für mehr Jahre, bei Ackerland dagegen nur für ein Jahr. In der Zwischenzeit kann der Kolone nur unter ganz bestimmten Voraussetzungen entlassen werden«. Mit dem, was Schullern über die Vertragsdauer sagt, ist der dritte Unterschied zwischen Kmetschina und Kolonat erwähnt: Der Kmetenvertrag gilt solange, als die Familie, mit der der Vertrag geschlossen wurde, arbeitsfähig bleibt. Da die Verträge ausschließlich mit Familien abgeschlossen werden, sind sie in der Regel von unbeschränkter Dauer. Der Kolonatsvertrag dagegen dauert nur solange, wie die Kultur dauert, die Grundlage des Vertrages ist. Praktisch spielt dieser Unterschied freilich keine große Rolle, da in der Regel die Kolonatsverträge bei ihrem Erlöschen mit derselben Familie erneuert werden. Als Gemeinsamkeit verdient noch hervorgehoben zu werden, daß dem Grundherrn hier wie dort ein sehr beschränktes Kündigungsrecht zusteht, beschränkt auf den Fall einer unzureichenden Bewirtschaftung der überlassenen Gründe, ein Fall, der sich bei dem allgemeinen Tiefstand der Kmeten- und Kolonatsbetriebe erklärlicherweise sehr schwer erweisen läßt.

Als anfangs der fünfziger Jahre des verflossenen Jahrhunderts in den benachbarten österreichischen Ländern die Grundentlastung durchgeführt wurde, verlangten auch die dalmatinischen Kolonen stürmisch die Ablösung des Kolonats. Die österreichische Regierung stellte sich wie schon die Gesetzgebung der französischen Revolution auf den Standpunkt, es handle sich bei den Kolonatsverträgen um Pachtverträge, auf welche die Entlastung von Feudalabgaben keine Anwendung finden könne. Man habe lediglich darauf zu sehen, daß nur solche Bestimmungen in die Verträge aufgenommen würden, die ein zeitlich begrenztes Pacht- oder Arbeitsverhältnis festsetzten. Den Kolonen kam es aber infolge der langen Dauer der Verträge gar nicht zum Bewußtsein, daß sie sich vertraglich festgelegt hatten, sie dachten vielmehr nur daran, daß sie von einem Boden, den ihre Familie schon seit urdenklichen Zeiten bearbeitet hatte, an einen städtischen Grundherrn Tribut leisten mußten, der, ohne einen Finger zu rühren, mehr als den Reinertrag ihrer Arbeit alljährlich einsteckte. Ihrem Ermessen nach befanden sie sich in der gleichen Lage wie die Bauern in den übrigen Ländern, die nunmehr das freie Grundeigentum erlangten. Die Tatsache, daß in dem Kolonatsvertrag auch Arbeitsverpflichtungen aufgenommen wurden — Leistungen, die zum Unterschiede von der Kmetschina noch bis in die letzte Zeit hinein vorkamen — bestärkte sie in ihrer Annahme. Schullern erwähnt eine Reihe solcher Fälle, darunter einen, wo ein Kolone bis zu 200 Tagen im Jahre zu unentgeltlicher Arbeit verpflichtet gewesen sein soll.

Da die Kolonen nicht die Macht hatten, ihre Ansprüche durchzusetzen, blieben in der Folgezeit die Verhältnisse unverändert, wenn man von einzelnen Bemühungen, die Kolonatsverträge zu reinen Pachtverträgen umzugestalten, absieht. Die Rechtslage war tatsächlich ganz außergewöhnlich unklar. Da die Grundherren mit ihren Besitzungen in keiner anderen Beziehung standen, als daß sie alljährlich von ihnen eine Abgabe bezogen, waren ihnen ihre Besitzungen im Laufe der Zeit Vermögensobjekt wie irgend ein anderes geworden, und sie behandelten sie auch nicht anders als sonst ein mobiles Kapital. Bei Verkäufen und im Erbgange wurden die Besitzungen beliebig geteilt. Diese Teilungen gingen allmählich soweit, daß viele Grundherren gar nicht mehr wußten, wo ihre Güter lagen. Nicht selten benutzten die Kolonen die bestehenden Unklarheiten, um bisherige Kolonatsgründe als eigene zu beanspruchen. Angesichts der ungeheueren Besitzzersplitterung und der geradezu unklärbaren Rechtslage, die auf solche Weise sich herausgebildet hatte, wäre es ohne gewaltsamen staatlichen Eingriff nicht abgegangen. Ein solcher widerstrebte aber dem damaligen liberalen Geiste in Österreich, und so kann man sagen: Daß in der Kolonatsfrage nicht eine Lösung herbeigeführt wurde, daran trug nicht die Regierung als solche, sondern der liberale Geist, der sie beherrschte, die Schuld, sofern es überhaupt erlaubt ist, von einer Schuld zu sprechen.

Über die Verbreitung des Kolonats geben die Erhebungen Aufschluß, die in den letzten Jahren von der parlamentarischen Kommission zur Liquidierung des Kolonats gepflogen und mit 1926 beendet wurden. Danach bearbeiten etwa 43000 Familien 53000 ha fremdes Land. Davon sind etwa 10000 Familien als Kolonen ohne eigenes Land und 32000 Familien als Teilkolonen anzusehen, die etwas eigenes Land besitzen. Den Rest bilden Landarbeiter, die für Taglohn arbeiten. Auf die Familie kommt also im Durchschnitt 1 ha Kolonatsland. Da es sich vorwiegend um Weingärten handelt, ist dieses geringe Ausmaß weniger befremdend.

Mit der Kmetschina und dem Kolonat sind die beiden wichtigsten bäuerlichen Abhängigkeitsverhältnisse in Jugoslawien dargestellt. Aber daneben kamen Verträge vor, die von dem geschilderten Grundtypus nach der einen oder der anderen Richtung abwichen; einerseits wurden hier und da die Kmetschina sowohl als auch das Kolonat in eine reine Geldpacht umgewandelt, andererseits waren, wie schon erwähnt, mit dem Kolonat nicht selten erhebliche Robotleistungen, und zwar gegen ein sehr geringes Entgelt, verbunden. Zwischen beiden Extremen bewegten sich die Kmeten- und Kolonatsverträge. In Bosnien und in der Herzegowina sowie in Makedonien bestand noch eine Art von Verträgen, deren Träger *priorci*, *prisjevnici*, *napoličari* und *pridržnici* heißen. Diese Verträge kamen dadurch zustande, daß die Grundherren gewöhnlich einen Teil ihrer Besitzungen (*Begluk*-land) für ihren eigenen unmittelbaren Gebrauch zurückbehielten und auf ihm Pächter ansetzten, mit denen sie nur auf ein Jahr lautende Verträge abschlossen. Als Entgelt wurde, wie bei der Kmetschina, ein bestimmter Teil der Ernte festgesetzt.

In einem Staate, dessen wirtschaftliche Lage es erfordert, daß seine Bauern zu einem intensiveren Betriebe übergehen, sprechen gegen den Weiterbestand von Kmetschina und Kolonat und aller ihnen ähnlichen Hintersassenverhältnisse vor allem zwei wirtschaftliche Gründe:

1. Sie verhindern jede innigere Beziehung zwischen dem Besitzer und seinem Besitz an Grund und Boden. Es ist also vom Besitzer keine Intensivierung der Bewirtschaftung zu erwarten.

2. Aber auch auf Seite des Hintersassen ist eine intensivere Wirtschaft unmöglich, weil die jährlichen Abgaben vom Rohertrage den Willen dazu ersticken und die Kapitalbildung unterbinden.

Gegen die Kmetschina und das Kolonat sprechen aber auch soziale Gründe, denn sie ermöglichen es einer Schicht von Grundherren, lediglich von der Grundrente zu leben, und hindern die tributpflichtigen Hintersassen wie an der Kapitalbildung, so am Aufstieg zu freibäuerlichen Besitzern.

Nun war eine *Abstiftung* der Kmeten und Kolonen als eine allgemeine Maßnahme gar nicht diskutierbar. Der Grund und Boden wäre in die Hände von Leuten gekommen, die bisher im allgemeinen weder die Fähigkeit noch ein Interesse bewiesen hatten, ihren Besitz selbst zu bewirtschaften, die demnach zumindest nicht in der Lage waren, einen Großbetrieb zu führen. An Stelle von Kmeten und Kolonen wären Geldpächter getreten, die sich unter den gegebenen Verhältnissen in keiner gesünderen Lage befunden hätten als die Kmeten und Kolonen vor ihnen. Eine ausgebreitete Pächterwirtschaft, wie sie England, Frankreich, Belgien, Italien aufweisen, kann nicht das Endziel einer

Bauernbefreiung sein. Es blieb also faktisch nur der Weg der *Ablösung*, den, was die Kmeten anbelangt, die österreichische Regierung schon beschritten hatte. Es fragt sich nur, ob es ratsam war, die Hintersassen mit einem Schlage zu freien Besitzern zu erklären, oder ob es nicht vielmehr geboten erschien, die Ablösungsaktion auf einen längeren Zeitraum zu verteilen. Die Antwort wird eine Betrachtung der Besitzverteilung in den einzelnen jugoslawischen Gebieten von selbst nahelegen.

C. Die Besitzverteilung in den historischen Teilgebieten Jugoslawiens.

Jugoslawien war bis zum Anfang des 19. Jahrhunderts zwar ein Land des Großgrundbesitzes, aber auch der bäuerlichen Kleinbetriebe, die in Serbien, in Bosnien, der Herzegowina und in Mazedonien von Kmeten, in Dalmatien und Slowenien von Kolonen bewirtschaftet wurden. Landwirtschaftlicher Großbetrieb hatte sich nur in den zu Ungarn geschlagenen Gebietsteilen: in Kroatien und in der Vojvodina entwickelt. Diese Gebiete sind junges Kolonistenland, das, wie die Vojvodina, erst durch deutsche Siedler dem Sumpfe abgerungen oder nach jahrhundertelanger Verödung und Entvölkerung als Militärgrenze durch die Magyaren wieder frisch besiedelt wurde. Hier ruhte der Landbau auf dem Eigentum des Bodenbebauers, und einer Bodenzersplitterung beugte bei den deutschen Kolonisten die Gewohnheit der ungeteilten Vererbung ihrer Höfe vor. Den südslawischen Gebieten brachte das 19. Jahrhundert eine Umwälzung ihrer Agrarverfassung. Sie vollzog sich entsprechend der früheren staatlichen Zugehörigkeit des heutigen jugoslawischen Staatsgebietes in wechselnden Formen. In allen südslawischen Ländern aber herrscht eine weitgehende Bodenzersplitterung, die stärkste Gemengelage und Streulage der Parzellen, daneben allerdings ein umfangreicher Gemeindebesitz an Wald, Wiese und Weiden.

1. Serbien.

Unter Serbien verstehen wir hier das Serbien vor 1912 ohne den Gebietszuwachs aus dem Balkankriege, also ohne Makedonien.

Zu Anfang des 19. Jahrhunderts schüttelten die Serben die türkische Herrschaft und mit ihr die fremden Grundherren ab. Einen einheimischen Adel, der an die Stelle der fremden Grundherren hätte treten können, gab es nicht. Mit der politischen Freiheit errangen sich deshalb die serbischen Bauern auch die Freiheit von ihrem bäuerlichen Abhängigkeitsverhältnisse, der Kmetschina. Das bisherige grundherrliche Großeigentum zerfiel mit der Entlastung der Kmeten vollständig in Mittel- und Kleinbesitz. Privater Großgrundbesitz fehlt fast ganz, der Staats- und Gemeindebesitz besteht meist aus Wald und Weide.

Die Vererbungsgewohnheit, Anerkennung der Realteilung durch das bürgerliche Gesetzbuch und ein ungeregelter Grundstücksverkehr führten aber bald zu der stärksten Zersplitterung der Besitzungen. Serbien ist heute ein Zwergbauernland mit einer ziemlich rückständigen Bodenbewirtschaftung.

Als Ergebnis der Gesamtentwicklung zeigte die Besitzverteilung 1897 folgendes Bild: Von der Gesamtfläche befanden sich 56% in privatem und 44% in öffentlichem Besitz.

Die Verteilung des privaten Grundbesitztums zeigen folgende Zahlen:

Besitzgröße	Zahl der Eigentümer	% der Eigentümer
1—2,5 ha	67 688	24,77
2,5—5 ha	109 894	47,88
6—10 ha	49 679	20,31
11—20 ha	14 758	6,05
21—30 ha	1 086	0,74
31—40 ha	459	0,19
41—50 ha	159	0,07
über 50 ha	148	0,06
insgesamt	243 871	100

177582 private Eigentümer hatten nicht mehr als 5 ha. 32556 besaßen nicht einmal 1 ha Land. 15200 Landarbeiter besaßen nur ein Wohnhaus, 107700 Landarbeiter weder Haus noch Grund. Ein großer Teil der Bevölkerung Serbiens gehörte also zu den Landarmen und Landlosen. Darunter waren freilich viele Leute, die Landwirtschaft nicht im Hauptberufe betrieben.

Bis zum Weltkriege hatten sich die Verhältnisse keineswegs gebessert, es trat sogar eine Verschlechterung ein, ohne daß sich die serbische Regierung zu einer Bodenreform hätte entschließen können. Was in dieser Beziehung geschah, war lediglich die Ausscheidung von Privatwäldern aus dem gemeinsamen oder öffentlichen Besitz, eine Maßnahme, die noch lange nicht zum Abschlusse gekommen war. Von dem Gesamtkomplexe waren erst 155000 ha vollständig und etwa 100000 ha beinahe abgegrenzt; in bezug auf 300000 ha erhoben vor dem Balkankriege — seit diesem bis zur Beendigung des Weltkrieges ist nichts geschehen — Private und Gemeinden gleichzeitig Anspruch auf ein und denselben Besitz.

2. Die zuletzt österreichischen Gebiete: Slowenien und Dalmatien.

Hier findet sich die Einrichtung des Kolonats neben der Kmetschina. Zur Bildung einer Großlandwirtschaft kam es fast nirgends. Das lag nicht zuletzt an der Bodengestaltung. Beinahe das gesamte Gebiet gehört dem Karstmassiv an, das nur im Becken von Laibach, im Tal der Narenta und am schmalen Küstensaume an der Adria größere zusammenhängende Flächen der Bodenkultur freigibt. Sonst gestattet die Bodengestaltung nur die Kultur kleinerer Flächen und zwar hauptsächlich nur in den Einsenkungen, den *Dolinen*.

In Krain, dem Hauptgebiete Sloweniens, gliederten sich 1902 die landwirtschaftlichen Betriebe nach der Größe wie folgt:

Größenklasse	Anzahl der Betriebe
0—0,5 ha	9 361 = 12,5 % aller Betriebe
von 0,5— 1 ha	6 307 = 8,4 % „ „
„ 1— 2 ha	8 166 = 10,8 % „ „
„ 2— 5 ha	14 663 = 19,4 % „ „
„ 5— 10 ha	14 921 = 19,8 % „ „
„ 10— 20 ha	14 590 = 19,3 % „ „
„ 20— 50 ha	6 409 = 8,5 % „ „
„ 50—100 ha	728 = 0,9 % „ „
über 100 ha	332 = 0,4 % „ „
Summe	75 477 = 100,0 % „ „

In Dalmatien stellte sich das Verhältnis zur selben Zeit wie folgt:

Größenklasse	Zahl der Betriebe überhaupt	Zahl der Betriebe in % aller Betriebe
bis 0,5 ha	15 553	18,6
von 0,5— 1 ha	15 378	18,4
„ 1— 2 ha	20 411	24,5
„ 2— 5 ha	21 564	25,9
„ 5— 10 ha	7 243	8,7
„ 10— 20 ha	2 243	2,7
„ 20— 50 ha	762	1,0
„ 50—100 ha	147	0,1
über 100 ha	154	0,1
Summe	83 455	100,0

Sowohl in Slowenien wie in Dalmatien wurden in der Hauptsache nur Waldungen im Großbetriebe bewirtschaftet. Nach einer Aufstellung von Josip Lenarčič [7]) umfaßte der Großgrundbesitz in Slowenien 13 % der Gesamtfläche, aber nur 5,4 % der Äcker, Wiesen und Weiden; der Anteil des Großgrundbesitzes am gesamten Waldbestande Sloweniens stellt sich danach auf 22,6 %. Davon befindet sich in den Händen von Angehörigen nationaler Minderheiten etwas über die Hälfte.

Den Hauptanteil am Grundbesitz nehmen allen Angaben gemäß die Zwergbetriebe ein; selbst Mittelbetriebe sind spärlich vorhanden. Die unausgesetzten Teilungen haben eine ungeheure Bodenzersplitterung hervorgerufen. Diese Teilungen gingen soweit, daß man Bäume teilte, so daß der Baumstamm dem einen, die Äste dem anderen zugesprochen wurden. Parzellen in der Kleinheit wie hier findet man höchstens noch in China. Infolge der Teilungen herrscht überall die Gemengelage. Nach Aufstellungen des österreichischen Ackerbauministeriums aus dem Ende der 70er Jahre hatten:

	Von je 100 Katastralgemeinden		
	vollst. oder vorwiegend arrondierte Güter	teilweise Gemengelage	vorwiegend Gemengelage
Krain	4,0	6,3	87,7
Küstenland	0,6	9,3	90,1
Dalmatien	0,0	0,0	100,0

Dabei umfaßt das Ackerland im Karstgebiet überhaupt nur 19 %, in den Gebirgsgegenden gar nur 11,9 % der Gesamtfläche. Dagegen sind in Slowenien 34 %, in Dalmatien etwa 47 % Wiesen und Weiden — freilich mindester Qualität —, die in der Hauptsache nur Ziegen und Schafen brauchbares Futter geben. Diese Wiesen und Weiden befinden sich mit Ausnahme des nördlichen Teiles von Slowenien noch zumeist in Gemeinbesitz.

Die österreichische Regierung hatte 1883 ein Reichsrahmengesetz für die Zusammenlegung von Grundstücken und die Aufteilung von Gemeingründen erlassen; aber die Zusammenlegung wurde wegen des Unverstandes der Landesvertretungen und der Bauern überhaupt nicht durchgeführt, die Teilung der Gemeingründe nur in einem Teile Sloweniens (Krain). So blieben die unleidlichen Verhältnisse bis nach dem Kriege.

Unter diesen Umständen konnte die Landwirtschaft dieses Gebietes die seßhafte Bevölkerung nicht ernähren. Die kräftigen

---

7) »*Misli o agrarnoj reformi u Sloveniji*«, Laibach, 1921.

Männer überließen sehr häufig die Bestellung der Felder ihren Weibern und Kindern und den Greisen, sie selbst suchten ihren Unterhalt auswärts. Daß es in den letzten Jahrzehnten nicht zu einer stärkeren Auswanderung aus diesen Gebieten kam, ist darauf zurückzuführen, daß die österreichische Kriegs- und Handelsmarine aus diesem Gebiete ihre Mannschaft nahm.

3. Die am längsten türkisch gebliebenen Gebiete: Bosnien und die Herzegowina; Makedonien (Südserbien).

Die Gebiete, um die es sich hier handelt, sind reines Agrarland. In Bosnien und der Herzegowina entfielen nach den letzten Volkszählungen vor dem Kriege

	1895	1910
bei einer Gesamtbevölkerung von	1 568 092	1 898 044
auf land- und forstwirtschaftl. Berufe	1 385 291 = 88,34%	1 668 587 = 87,91%
auf die übrigen Berufe	182 801 = 11,66%	229 457 = 12,09%

In Bosnien und der Herzegowina hat die österreichische Regierung die große Rückständigkeit der Landwirtschaft durch landwirtschaftliche Schulen, Musterbetriebe, Versuchsstationen zu bekämpfen gesucht. In Makedonien fehlen solche Einrichtungen vollständig.

Klima und Bodenbeschaffenheit können das Zurückbleiben der Landwirtschaft nur in einzelnen Bezirken erklären. Verkarstungen sind zwar auch hier vorhanden, im allgemeinen sind diese Gebiete aber fruchtbarer als Dalmatien und Slowenien. Eine besondere Fruchtbarkeit zeigen die in das Gebirge eingebetteten Ebenen *(Poljen)* und der zur Save sanftabfallende Nordrand Bosniens, die Possavina.

Bosnien und die Herzegowina sind Gebiete der Kmetschina. Abgesehen von Waldgroßbesitzungen ist ein eigentlicher Großbetrieb nur sehr spärlich vorhanden. Der Zerfall der Zadrugen und die Ablösung der Kmetenverhältnisse verursachten auch in Bosnien und in der Herzegowina eine starke Bodenzersplitterung, wenn auch nicht in dem Ausmaß der Küstengebiete.

Von den im Jahre 1912 abgelösten Kmetengütern hatten

166	ein Ausmaß bis zu 1 ha	d. sind	2,5%
837	„ „ von 1— 3 ha	„ „	12,7%
939	„ „ „ 3— 5 ha	„ „	15,1%
1492	„ „ „ 5— 8 ha	„ „	22,7%

1334	ein Ausmaß von	8—12 ha	d. sind	20,3 %
592	„ „ „	12—15 ha	„ „	9,0 %
565	„ „ „	15—20 ha	„ „	8,6 %
33	„ „ „	über 50 ha	„ „	0,5 %

Über 30% der abgelösten Kmetengüter besaßen demnach weniger als 5 ha und 53% weniger als 8 ha. Vervollständigen lassen sich diese Zahlen noch durch einen Ausschußbericht, welcher der französischen Deputiertenkammer bei der Sitzung vom 22. 6. 1909 (Beil. zum Sitz.-Prot. Nr. 2587) vorlag. Danach verhielt sich die Grundbesitzverteilung wie folgt:

Es gab	Freibauerngüter	Kmetengüter
unter 2 ha	65,0%	22,8 %
von 2— 5 ha	20,0%	25 %
von 5—10 ha	9,4 %	25 %
über 10 ha	5,6 %	24,3 %

Man sieht, die Kmetengüter sind, was die Besitzgröße anbelangt, besser daran als die überaus zersplitterten Freibauerngüter. Die Kmetengüter unterlagen eben einer Teilung durch Erbgang in der Regel nicht und waren dem freien Grundstückverkehr entzogen.

Der bedeutende Staats- und Gemeindebesitz umfaßt hauptsächlich Wälder und Weiden. Dasselbe gilt vom Besitz der Moscheen, der einen breiten Raum einnimmt. Bestrebungen, den staatlichen oder den Gemeindebesitz aufzuteilen, waren zwar vorhanden, führten aber zu keinen durchgreifenden Ergebnissen.

Über die Besitzverteilung in Makedonien gibt es keine verläßlichen Daten, doch läßt sich daraus, daß dieses Gebiet die Kmetschina bis zum heutigen Tage bewahrt hat, schließen, daß man es dort in der Hauptsache nur mit Mittel- und Kleinbetrieb zu tun hat. Der Grund und Boden gehörte den türkischen Grundherren, die bis 1919 lediglich von den Abgaben ihrer Kmeten lebten.

4. Die zuletzt ungarischen Gebiete: Kroatien-Slawonien und die Vojvodina (Batschka und Banat).

Die Besitzverteilung dieses nördlichen Gebietsteiles haben drei Tatsachen entscheidend beeinflußt. Das Gesamtgebiet bildete lange die Militärgrenze zwischen Österreich und den türkischen Gebieten. Damals verödeten infolge der unausgesetzten Kämpfe weite Flächen vollständig und mußten wieder frisch besiedelt werden. In Kroatien siedelte man flüchtige Familien aus Bosnien an. Gegen die Verpflichtung ihrer männlichen Mitglieder zur Heeresfolge erhielten die Siedler unentgeltlich Land. Weite Strecken Land blieben aber unbesiedelt und gaben die Grundlage zur Bildung eines Großgrundbesitzes ab. Die Vojvodina war ehemals zum größten Teile ein Sumpfgebiet, das erst deutsche Kolonisten urbar machten. Manche Flächen konnten aber nur von kapitalkräftigen Leuten in Kultur genommen werden. Gewaltige Dämme, Kanäle und Pumpwerke waren anzulegen und instand zu halten. Das erforderte und band eine starke Kapitalkraft, die in Zeiten mangelnden Genossenschaftslebens nur Großbesitzern zur Verfügung stand. Die Zugehörigkeit zu Ungarn und die Magyarisierungsbestrebungen begünstigten die Entwicklung zum Großgrundbesitze. Ursprünglich waren die großen Grundbesitze in Kroatien in den Händen des einheimischen Adels gewesen. Sie waren aber später durch Ankauf und Erbgang zumeist in magyarische und deutsche Hände übergegangen. Der ursprüngliche Mittelbesitz zersplitterte infolge von Realteilungen rasch und wurde teilweise vom Großgrundbesitz aufgesogen. Nur in den deutschen Gegenden des Banates hat sich der dort bestehende Mittel- und Großbauernbesitz infolge der ungeteilten Vererbung der Höfe bis zum heutigen Tage erhalten.

Das Endergebnis dieser Entwicklung ergibt nach der amtlichen ungarischen Statistik vom Jahre 1895 für Kroatien und Slawonien folgendes Bild:

Besitzgröße in Kat.-Joch zu 0.575 ha	Zahl der Besitzer		Fläche		
	insgesamt	in % d. Besitzer	in ha	in % der Gesamtfläche	
0— 1	53 886	13,2	13 027	0,5	8,5
1— 5	126 289	30,9	213 284	8,0	
5— 10	110 999	27,2	463 136	17,2	41,5
10— 20	81 657	20,4	649 303	24,3	
20— 50	30 603	7,4	494 489	18,5	22,4
50— 100	2 830	0,7	106 232	3,9	
100— 200	550	0,06	42 431	1,5	5,2
200— 500	263	0,06	48 658	1,8	
500—1000	117	0,02	49 005	1,9	
über 1000	209	0,06	602 822	22,4	22,4
Summe	402 403	100,00	2 682 387	100,00	

Über die Besitzverhältnisse in der Vojvodina existierten noch keine eigenen statistischen Daten. Den vorhandenen ist nur soviel zu entnehmen, daß der Großgrundbesitz an der Anbaufläche mit 12,3%, an den Wäldern mit 18,5%, an der Gesamtfläche mit 25,7% beteiligt war.

In Kroatien und der Vojvodina war demnach der Großgrund- und Latifundienbesitz stark vertreten. Neben dem Großgrundbesitz gab es in Kroatien sehr ausgedehnten Klein- und Zwergbesitz. Die Zwerggüter machten 44,2% aller Besitzfälle aus, es gehörten ihnen jedoch nur 20—25% vom Ackerland und nur 8,5% der Gesamtfläche aller Betriebe. Fast die Hälfte aller Grundbesitzer hatten nur 5—20 Joch Landes und bewirtschafteten zwei Fünftel der Gesamtfläche. Rechnet man zum unabhängigen Mittelstand die Besitzer von 20—200 Joch, so ist ihm weniger als ein Viertel des Landes zuzurechnen. Der breiten Masse des Bauernproletariats, dem sich die Arbeiter der großen Güter zugesellen, waren demnach nur geringe Möglichkeiten des Aufstiegs gegeben.

Seit den 60er Jahren des vorigen Jahrhunderts trieb das Streben des Großgrundbesitzes, möglichst viel Land an sich zu reißen, die Bodenpreise sehr stark in die Höhe und machte dem kleinen Manne den Erwerb von Boden fast unmöglich. Gleichzeitig verfielen immer mehr Bauern, da ihnen eine ausreichende Kreditorganisation nicht zur Verfügung stand, dem Wucher, verloren ihr Anwesen und wurden entweder in die Klasse der Landarbeiter hinabgedrückt oder zur Auswanderung nach Amerika gezwungen, wo sie die niedrigste Klasse von Arbeitern (*common labourers*) vermehrten. Die ungarische Regierung ist solchen Mißständen nicht entgegengetreten, weil sie den Grundbesitz in magyarische Hände spielten. Im Jahre 1894 erließ sie zwar ein Gesetz zur Förderung der inneren Kolonisation (vgl. oben S. 256/257). Da aber auch dieses in den Dienst der Magyarisierungspolitik stellte und nur Magyaren ansiedelte, ergab sich nur eine weitere Verschärfung der Lage der kroatischen Landlosen und Landarmen.

Die Betriebsführung des Großgrundbesitzes war allerdings der bäuerlichen meist überlegen. Eine Reihe von Großgütern waren Musterwirtschaften, welche die Aufmerksamkeit weiter landwirtschaftlicher Fachkreise auch des Auslandes auf sich zogen. Viele von den großen Gütern haben bahnbrechend auf dem Gebiete des Fruchtwechsels gewirkt, von anderen ist die Hopfen- und Hanfkultur ausgegangen, die in manchen Gebieten einen neuen Wohlstand begründeten. Ihre vornehmste Bedeutung für die kleineren Wirtschaftsbetriebe lag aber in der Zucht von geeigneten Pferde-, Rinder-, Schweine- und Schafrassen, durch die sie den Viehstand in den umliegenden Gebieten auf eine außerordentliche

Höhe brachten. Wenn heute in der Vojvodina sowohl als in Kroatien-Slawonien die Landwirtschaft ein ganz besonderes Gepräge zeigt und ein gutes Viehmaterial in den Ställen steht, so ist das neben dem Fleiße der Bewohner in erster Linie der bahnbrechenden Wirtschaftsweise der modern bewirtschafteten Großgüter zu danken, eine Tatsache, die in den betreffenden Gegenden allgemein anerkannt wird. Der Großgrundbesitz hat des weiteren die Zuckerfabriken mit Rüben beliefert.

Kroatien-Slawonien (besonders die östlichen Teile) und noch mehr die Vojvodina besitzen schwere Böden, die starke Bespannung erfordern, also dem kleinbäuerlichen Betriebe unüberwindliche Schwierigkeiten machen. Aber auch die leichten Böden im Westen Kroatiens lassen sich auf extensive Weise zweckmäßiger im Großbetrieb bewirtschaften. Im Banat kommt noch dazu, daß dort, wie schon erwähnt, umfangreiche Meliorationen (Dämme, Kanäle, Pumpwerke) bestanden, deren Instandhaltung größerer Kapitalkraft bedarf. Der bestehende Großgrundbesitz hatte diese Anlagen in den meisten Fällen selbst geschaffen. Der Großgrundbesitz entbehrte also weder in Kroatien noch in der Vojvodina der Bestandsberechtigung, soweit er nicht etwa Latifundienbesitz war; es waren ihm volkswirtschaftliche Aufgaben gestellt, die zu erfüllen der Kleinbesitz nicht in dem Maße wie der Großbesitz in der Lage war. Das Grundübel der Agrarverfassung lag auch nicht in dem Vorhandensein eines Großgrundbesitzes, sondern in dem schlechten Zustand der bäuerlichen Flurverfassung. Eine weitgehende Bodenzersplitterung mit Gemengelage wird besonders in Kroatien beklagt. Die verstreute Lage seiner Parzellen hinderte den kroatischen Bauern selbst bei ausreichendem Besitz sein Land ordentlich zu bewirtschaften. Für die Befriedigung der Landarmen und Landlosen stand auch nicht nur der private Großgrundbesitz zur Verfügung: es gab einen ziemlich weit ausgebreiteten öffentlichen und Gemeinbesitz, die beide bisher ungenügend genutzt waren, weil ihre Nutzung keine ausreichende Regelung gefunden hatte.

In ganz Jugoslawien nahmen (mit Ausnahme von Kroatien und der Vojvodina) Zwergbesitz und Zwergbetrieb einen unverhältnismäßig großen Raum ein. Die Lage der kleinen und der Zwergbauern war überall gedrückt und hat vielfach zur Auswanderung gezwungen.

Verschärft wurde die Spannung zwischen Klein- und Großlandwirten einerseits, zwischen den Hintersassen und ihren

Grundherren andererseits noch dadurch, daß sowohl die Großlandwirte wie die Grundherren in der Regel nicht der einheimischen slawischen Bevölkerung entstammten oder aber ihr wegen der konfessionellen Verschiedenheit nicht zugerechnet wurden.

Das Agrarproblem mußte gelöst werden, wenn der in der Hauptsache auf seine Landwirtschaft angewiesene Staat gedeihen und fortschreiten wollte. Von der Auflösung der Kmetschina und des Kolonats allein waren keine durchgreifenden Erfolge zu erwarten, wie das Beispiel Serbiens beweist. Indem sie all die früheren Hindernisse einer Teilung der Grundstücke im Erbgange beseitigte, hob sie mit dem Umsichgreifen einer rein mechanischen Grundstückzerstückelung die Segnungen des freien Grundeigentumes wieder auf. Eine Lösung der Agrarfrage durch Aufteilung von landwirtschaftlichen Großbetrieben war überhaupt nur möglich in Kroatien und in der Vojvodina. Eine wahllose Zertrümmerung der Großbetriebe mußte aber bei den besonderen Gegebenheiten dieser Gebiete starke Produktionsausfälle nach sich ziehen. Durchgreifend zu lösen war die Agrarfrage in Jugoslawien überhaupt nur unter Beseitigung der Bodenzersplitterung und Zusammenlegung der Grundstücke.

II. Die Agrarverordnungen und ihre Durchführung nach dem Kriege.

Die Befürworter der Agrarreform pflegen meist produktionspolitische, soziale und sogar auch psychologische Gründe ins Treffen zu führen. Sie behaupten, der kleine Grundbesitz sei weit leistungsfähiger als der große. Der Landhunger einer breiten Masse von landarmen und landlosen Leuten hätte befriedigt werden müssen. Von der Stillung des Landhungers und dem damit verbundenen sozialen Aufstieg der Landarmen habe man einen Anreiz zu erhöhter Produktion erwarten können. An leitender Stelle sagt man, daß die Regierung die bolschewistischen Strömungen in der Umsturzzeit nur durch eine radikale Agrarreform niederhalten konnte. Aber die erlassenen Agrarverordnungen sind nicht allein aus den Tatsachen der Umsturzzeit zu verstehen, ihre Motive reichen in eine frühere Zeit zurück. Die von der *großserbischen* Propaganda erfaßten Gebiete konnten nur durch Versprechungen gewonnen werden. Diese Versprechungen bewegten sich in der Richtung einer neuen Grundbesitzverteilung, wie aus der bekannten Resolution von Korfu vom Jahre 1917 hervorgeht: Aufhebung des *Kmetsvo* in Bosnien und in der Herzegowina, des Kolonats in den Küstenländern, Aufteilung der großen Besitze in der Vojvodina, in Kroatien und Slowenien. Während des Krieges ergingen besondere Landversprechungen an Überläufer aus der österreichisch-ungarischen Armee *(Dobrovoljci)*. Die Taktik, neue Gebiete durch Versprechungen einer Aufteilung der Großgrundbesitze zu gewinnen, reicht übrigens bis in die Nachkriegszeit hinein. So gab nach einer Meldung des »*Slovenec*« vom 4. Oktober 1920 der damalige Ministerpräsident Vesnić einer slowenischen Abordnung, die in Sachen der Volksabstimmung in dem zwischen dem Königreiche S. H. S. und Deutschösterreich strittigen Gebiete von Kärnten bei ihm vorsprach, die Zusicherung, daß der deutsche Großgrundbesitz daselbst unter die Slowenen aufgeteilt werden würde, falls die Abstimmung zugunsten Jugoslawiens ausfalle. Soweit der neue Staat das Werk der großserbischen Bewegung war[8]), war seine Regierung schon auf ein bestimmtes agrarpolitisches Programm festgelegt, noch ehe von einer bolschewistischen Bewegung ein Druck ausgeübt wurde, lagen also in erster Linie nationalpolitische Motive der agrarischen Umwälzung zugrunde. Im Gutachten des Professorenkollegiums der Land- und forstwirtschaftlichen Fakultät der Zagreber Universität[9]) heißt es: »Unter den nationalpolitischen Motiven hat man bei uns häufig in erster Linie lediglich politische Momente verstanden, wie z. B. die Zertrümmerung der Reste fremder Übermacht, die Schwächung der fremden Großgrundbesitzer und die Stärkung der heimischen Elemente, die Sicherung der staatlichen Grenzen, das sichtbare Herbeiführen (*vidljevi nastanje*) einer neuen Zeit

---

[8]) Wie Dr. Trumbić, der geistige Führer des südslawischen Ausschusses, der die politischen Vorarbeiten für die Errichtung des S. H. S.-Staates übernommen hatte, in einer Entgegnung auf eine Rede Paschitsch', des seitdem verstorbenen serbischen Ministerpräsidenten und Führers der großserbischen Bewegung, betonte, hatte Paschitsch in seinem Kampfe gegen Österreich-Ungarn stets nur eine Vergrößerung Serbiens im Auge. Nach einer Rede Lloyd Georges und der Botschaft Wilsons verlangte Paschitsch von den Ententemächten für Serbien Syrmien, die Vojvodina, Bosnien, Süddalmatien und Montenegro. Über die Kroaten und Slowenen äußerte er nach den Ausführungen des Dr. Trumbić: »Die Kroaten und Slowenen können mit uns gehen, wenn sie wollen«.

[9]) »*Agrarna reforma u Hrvatskoj, Sloveniji i Vojvodini*«, Zagreb, 1923, S. 7 f.

und deutliche (*vidljevi*) Beweise der Volkssouveränität und Freiheit usw.«

Über ihre ursprünglichen Versprechungen ist die S.H.S.-Regierung bei der Durchführung ihrer agrarpolitischen Maßnahmen im Prinzip kaum hinausgegangen. Wenn aber wohl die Linie der künftigen Agrarpolitik von vornherein festlag, so bedeutet das noch nicht, daß auch über den Umfang und die Art der Durchführung schon feste Beschlüsse vorlagen. Hier setzte der Einfluß parteipolitischer und sozialer Strömungen im Lande ein und führte dazu, daß sich die agrarische Umwälzung in Südslawien in höchst überstürzter und radikaler Weise vollzog und weder produktionspolitischen Erwägungen noch den Interessen der landarmen und landlosen Leute gerecht wurde. Zweifellos hätte sich die Regierung mehr Zeit zu einer gründlichen Vorbereitung der agrarpolitischen Maßnahmen gelassen und bei ihrer Durchführung produktionspolitischen Erwägungen mehr Raum gewährt, wenn nicht die Furcht vor bolschewistischen Umsturzplänen die Entscheidungen beeinflußt, vor allem aber, wenn nicht die demokratische Partei unter Pribičević und Krizman die Agrarreform ihren Parteiinteressen dienstbar gemacht hätte. Man wird kaum fehlgehen, wenn man den bolschewistischen Einflüssen geringere Bedeutung beimißt als den parteipolitischen. Der aus Bauern bestehenden »Grünen Garden«, die in Kroatien und Slawonien unmittelbar nach dem Umsturze bewaffnet und in starker Zahl die größeren Besitzungen heimsuchten und sie ausplünderten, wurde das serbische Militär leicht Herr. Es hat sich damals nach der Aussage vieler Grundbesitzer außerordentlich tapfer gehalten, und man darf ihm zutrauen, daß es stark genug gewesen wäre, auch sonstige umstürzlerische Bewegungen niederzuhalten.

Den Auftakt zur Agrarreform gab das *Regierungsmanifest des Prinz-Regenten Alexander vom 6. Januar 1919.* Darin heißt es folgendermaßen: »An mein Volk, die Serben, Kroaten und Slowenen. Es ist mein Wunsch, daß zu gleicher Zeit eine gerechte Lösung des Agrarproblems in die Hände genommen werde. Daß das Hintersassen-Verhältnis verschwinde und die großen Grundbesitze in kleine Anwesen für die Landbevölkerung bei einer angemessenen Entschädigung für die Gutsbesitzer aufgeteilt werden. Laßt jeden Serben, Kroaten und Slowenen Herrn auf seiner eigenen Scholle sein! In unserem freien Land darf niemand außer freien Landbesitzern sein.«

Damit war die kommende Agrarreform in kurzen Zügen gekennzeichnet: Aufhebung der Kmetschina und des Kolonats an erster und Zertrümmerung der Großgrundbesitze an zweiter Stelle. Von einer Beseitigung der Bodenzersplitterung ist keine Rede. Für sie fehlte noch die notwendige Voraussetzung: eine in sich gefestigte staatliche Autorität und ein geschulter, verläßlicher Beamtenapparat.

Den ersten gesetzgeberischen Akt bildeten die »Übergangsbestimmungen zur Vorbereitung einer Agrarreform« vom 25. Februar 1919[10]). Diese Verordnung des provisorischen Ministerrates gilt wie die weiteren Nachkriegsmaßnahmen (mit Ausnahme agrarpolitischer der Verordnung vom 24. Juli 1924 über die Abgrenzung der Staatswälder) nicht für die Fläche, die Serbien bis zum Jahre 1912 innehatte. Sie beseitigt das Kmeten- und Kolonats- sowie jedes ähnliche Verhältnis, erklärt den Großgrundbesitz insgesamt für enteignet und spricht dessen Verteilung an landhungrige und landlose Leute, in erster Linie an Invalide, Kriegerwitwen und -waisen, Soldaten und Dobrowolzen, aus. Der Waldgroßbesitz soll Eigentum des Staates werden. Mit der Durchführung dieser Bestimmungen sollte eine Regelung der Pachtverhältnisse Hand in Hand gehen. Als oberstes Durchführungsorgan wird das Staatsamt für Agrarreform geschaffen, das dem Minister für Sozialpolitik unterstellt wird. Die Entschädigung für die bisherigen Grundeigentümer wird späteren Gesetzen vorbehalten.

Der Vorteile aus dieser Verordnung sollte verlustig gehen, wer sich nach ihrer Bekanntmachung eigenmächtig fremden Besitz aneignete.

Eine ergänzende Verordnung des provisorischen Ministerrates vom 10. April 1919 sah bis zur definitiven Durchführung der Agrarreform eine einjährige Verpachtung der für die Verteilung in Betracht kommenden enteigneten Grundstücke vor. Gleichzeitig wurde die Mitwirkung der Interessenten in Agrarkommissionen angeordnet.

Diese ersten Verordnungen litten an großen technischen Mängeln. Sie schufen einen ungenügenden lokalen Durchführungsapparat, der später öfters umgestaltet werden mußte, und ließen die Grundsätze für die Aufteilung und die Entschädigung, wo sie den Entschädigungsgrundsatz anerkannten, im Unklaren. Sie erklärten nur ganz allgemein (§ 14), daß die enteigneten Besitze vorläufig den für eine Zuteilung

---

[10]) Den Wortlaut der wichtigsten §§ enthält der Anhang, S. 336.

in betracht kommenden Personen in Pacht gegeben werden sollen. Der Pachtzins sollte nachträglich festgesetzt werden. Aber sie zeigten ein Entgegenkommen gegenüber dem Großgrundbesitz, sofern sie sich auf den Standpunkt der Entschädigung stellten, während die ursprünglichen Entwürfe eine Entschädigung nicht vorgesehen hatten. Der Hauptmangel aber war, daß sie keine genaue Definition des Großgrundbesitzes gaben.

Eine gewisse Klärung in das Chaos brachte die zweite grundlegende Verordnung vom 21. Juli 1919 »über das Verbot der Veräußerung und Belastung von Großgrundbesitz« (zum Gesetz erhoben am 20. Mai 1922). Sie erklärte, was in den einzelnen Gebieten als Großgrundbesitz anzusehen sei. Gleichzeitig weicht sie von dem ursprünglichen Programm, das eine vollständige Enteignung des Großgrundbesitzes vorsah, insofern ab, als sie dem bisherigen Großgrundbesitze ein je nach den ökonomischen Verhältnissen des Ortes verschiedenes Maximum an Besitz zubilligt[11]).

Die Vorbereitungsverordnung vom 25. Februar 1919 hatte auf die Großbetriebe geradezu lähmend gewirkt. Die Ungewißheit, ob man im Sommer auch ernten werde, was man im Frühling gesät hatte, hatte die meisten Großgrundbesitzer veranlaßt, die Bestellung ihrer Felder mit Sommerfrucht ganz zu unterlassen. So waren weite Strecken gänzlich unbebaut geblieben. Eine Reihe von Großgrundbesitzern hatte sich der Enteignung dadurch entziehen wollen, daß sie ihren Besitz schwer belasteten oder verkauften. Damit war die Enteignung in vielen Fällen in Frage gestellt worden. Um dieser Gefahr zu begegnen, bestimmte nun die Verordnung vom 21. Juli des weiteren, daß die Belastung oder der Verkauf von Großgrundbesitz verboten, die bisherigen Besitzveränderungen ungiltig seien[12]).

Eine Verordnung vom 11. Februar 1920 stellte alle Großbesitze unter staatliche Aufsicht und in bestimmten Fällen

---

[11]) Vgl. S. 312. Den Wortlaut der betreffenden Bestimmung (Art. 2 der Verordnung v. 21. 7. 1919) bringen wir im Anhang, S. 337.

[12]) Art. 3 dieser Verordnung wirft ein charakteristisches Licht auf den zur Verfügung stehenden Durchführungsapparat. Aus ihm geht hervor, daß nicht überall Grundbuchämter bestanden. Wo sie fehlten, sollten Gerichte oder andere Organe mit der Durchführung der Verordnungen beauftragt werden. Diese mußten sich erst Verzeichnisse der in ihrem Sprengel befindlichen Großgrundbesitze anlegen. Natürlich war auf solche Weise bei den bestehenden unsicheren Verhältnissen der Willkür Tür und Tor geöffnet.

(siehe S. 319) auch unter staatliche Verwaltung. Für solche in staatliche Verwaltung genommenen land- und forstwirtschaftlichen Flächen wird ein staatlicher Sequester bestellt. Unter die Sequesterpflicht fallen besonders die Großgrundbesitzungen der Ausländer. Eine weitere Verordnung vom 11. Februar 1920 sicherte den Kolonisten auf den enteigneten Flächen des Großgrundbesitzes das Eigentum an den nötigen Gebäuden.

Eine am 12. Februar 1920 erlassene Verordnung bestimmt die Errichtung von Agrardirektionen als höhere Instanzen in Zagreb, Laibach (Ljubljana), Split, Sarajewo, Cetinje, Neusatz (Novisad) und Skoplje. Der Sitz der Agrardirektion Neusatz wurde später nach Belgrad verlegt.

Mit Datum vom 30. April 1925 wurden die Agrardirektionen jedoch durch Ministerratsbeschluß vom 14. Jänner 1925 wieder aufgehoben und gleichzeitig auch die Liquidierung der ihnen untergeordneten Organe beschlossen. Dieser Beschluß wurde mit Art 134 der Verfassung begründet, wonach alle besonderen, einzelnen Ministerien untergeordneten Organe ihre Funktion der Provinzialverwaltung zu unterstellen haben. Der eigentliche Grund mag wohl aber gewesen sein, daß die Aufteilung des Großgrundbesitzes im großen und ganzen schon mit Ende 1923 abgeschlossen war. Seit 1925 führt also der Gebietsobergespan *(Oblasni veliki zupan)* die Geschäfte der früheren Agrardirektionen; ihm sind seine Bezirkshauptleute als Untersuchungs- und Vollzugsorgane zugeteilt. Zu den Hauptagenden der Gebietsgespane gehört die Festsetzung des zu belassenden Maximums, sowie die Aufsicht über die Tätigkeit der kooperativen Agrargemeinschaften der Kolonisten und der Dobrovoljci. Als technische Organe wurden ihnen Gebietsreferenten beigestellt.

Inzwischen hatte es sich gezeigt, daß man nicht so schnell zu einem definitiven Gesetz kommen konnte, wie man ursprünglich angenommen hatte. Es erwies sich daher als notwendig, die 1919 auf ein Jahr festgesetzte Pachtdauer auf den enteigneten Flächen der Großgrundbesitze weiter auszudehnen. Dies geschah durch Verordnung vom 3. September 1920: die provisorische Pacht sollte ursprünglich noch 4 Jahre weiter laufen, und zwar vom 1. Oktober 1920 bis zum 30. September 1924.

Diese Verordnung erhielt nachträglich (am 20. Mai 1922) Gesetzeskraft. Ihre Geltungsdauer mußte dann (durch Entscheidung des Ministerrates vom 18. Juli 1924) verlängert werden, als man sah, daß der Gesetzentwurf über die Enteignung der Großgrundbesitzer und über die Kolonisation, der einen definitiven Zustand hätte schaffen sollen, in der Skupschtina nicht durchzubringen war. Die provisorische Pacht bleibt demnach solange bestehen, bis einmal durch ein Gesetz die enteigneten Grundstücke endgültig in das volle Eigentum der Beteiligten überführt werden.

Sollten die Bestimmungen über die Kmetenablösung die Grundherrschaft in Mazedonien, Bosnien und Herzegowina, die Parzellierungsgesetze und Verordnungen den Großbetrieb in den neuen nördlichen Provinzen liquidieren, so wollte eine weitere grundlegende Verordnung und ein Gesetz über die innere Kolonisation (Verordnung über die Besiedlung der südlichen neuen Gebiete vom 24. September 1920 und Gesetz vom 20. Mai 1922, auch auf den Norden angewandt) in erster Linie die Grenze gegen Albanien und Ungarn-Rumänien durch Ansiedlung national-serbischer Elemente sichern. Diese Kolonisten sind in erster Linie Dobrovolzen und Landarbeiter, die in ihrem Heimatdorf nicht mit Land beteilt worden sind. Als Siedlungsland kam im Norden vorwiegend privater Großgrundbesitz und solcher politischer Gemeinden (Vojvodina) in Betracht, im Süden Staatsland, über den faktischen Bedarf hinausgehendes Gemeinde- und Dorfland und Ödland.

Eine Verfügung des Ministers für Agrarreform vom 6. Juli 1920 über die Korrektur der Verzeichnisse der lokalen Interssenten der Agrarreform schloß Beamte, Geistliche, Kaufleute, Gewerbetreibende, Gastwirte sowie Fabrik- und gewerbliche Arbeiter aus und hob aus den bodenbearbeitenden Bewerbern die Landlosen und die Landarmen (nicht mehr als 1 Joch anbaufähigen Landes je Familienmitglied) heraus.

Die Verfügung des Ministers für Agrarreform vom 2. März 1925 über die definitive Festsetzung der Objekte und Subjekte der Agrarreform machte die Bestimmungen endgültig und bestätigte auch die Dobrovolzen und Kolonisten als Interessenten der Agrarreform, im Einklang mit den inzwischen erlassenen Gesetzen.

Für die Landzuteilung an die einzelnen Kategorien der Landempfänger wurden folgende Richtlinien aufgestellt: Die Landlosen und Landarmen sollten eine Ackernahrung erhalten, aber nicht mehr als 10 Katastraljoch (5,75 ha) Kulturland (Acker, Wiesen, Gärten, Obst-, Oliven-, Wein- oder Hopfengärten). Die Dobrowolzen sollten, wenn sie Kämpfer waren, 5 ha bekommen, andernfalls nur 3 ha. Für die Kolonisten wurden 5 ha für die Familie als Norm festgesetzt. In bestimmten Fällen (Beteilung von Zadrugen) konnte darüber hinausgegangen werden. Zählte eine Familie mehr als 10 Mitglieder, die in gemeinsamem Haushalt lebten, sollte so viel Land zugewiesen werden können, daß auf ein jedes Mitglied, den Eigenbesitz eingerechnet, 1 Kat.-Joch entfiel. Den Vorrang bei der Beteilung sollten Familien mit einer größeren Zahl männlicher Mitglieder haben.

Der Waldgroßbesitz geht nach der Verfassung und nach der Verordnung vom 25. Februar 1919 in das Eigentum des Staates über. Diese Bestimmungen sind aber noch nicht durchgeführt, so daß auch hier eine (unten näher zu beschreibende) provisorische Regelung eingetreten ist.

Faßt man nun den Inhalt der genannten Verordnungen zusammen, so ergeben sich als wichtigste Maßnahmen die Aufhebung der Kmetschina und des Kolonats und ferner die Aufteilung des Großgrundbesitzes bis auf ein Restgut und staatliche Beaufsichtigung der Wirtschaft; danebenher gehen eine gewisse Regelung der Pachtverhältnisse und Versuche einer inneren Kolonisation. Der zur Enteignung bestimmte Waldgroßbesitz ist vorläufig unter staatliche Aufsicht gestellt und teilweise in staatliche Verwaltung genommen.

Im folgenden sollen die verschiedenen Maßnahmen einzeln behandelt werden.

A. Die Aufhebung der Kmetschina und der ihr ähnlichen Verhältnisse.

Die bestehenden Kmetenverhältnisse in Bosnien und der Herzegowina, in Makedonien und Montenegro sind aufgelöst und für die Zukunft verboten. Die Kmeten werden als freie Eigentümer des von ihnen bisher bearbeiteten Grund und Bodens samt den dazu gehörigen Baulichkeiten, *fundus instructus* usw. ins Grundbuch eingetragen. Bestehen aus der Zeit vor der jugoslawischen Agrargesetzgebung etwa noch Rechtsstreitigkeiten aus dem Kmetenverhältnisse, so werden sie bis zur endgültigen Regelung der Entschädigungsfrage eingestellt. Ist bei *Segregationen* (beim Ausscheiden staatlicher Ländereien und bei deren Übergabe in Privateigentum) bisher ein Kmete zugunsten des Grundherrn geschädigt worden, so ist die Segregation zu revidieren.

Nach diesen Grundsätzen wurden die Kmetengüter so abgelöst, wie sie waren. Der notwendige Ausgleich der weitauseinander gehenden Besitzgrößen fand nicht statt.

Die Ablösung geschah nach dem Grundsatze der Entschädigung. Geboten wurde von der Regierung nach Verhandlungen mit den bisherigen Grundherren durch Verordnung vom 12. Mai 1921 die Summe von 255 Millionen Dinar für den gesamten enteigneten Kmetenbesitz. Die Besitzer erhielten jedoch nur einen geringen Teil in bar, für den Restbetrag wurden ihnen Bons ausgefolgt, die jedoch entwertet waren, noch ehe sie in die Hände der bisherigen Besitzer gelangten. Dazu trug wesentlich bei, daß der Staat die Ziehungstermine nicht einhielt [13]).

Die Summe von 255 Mill. Dinar war schon zur Zeit des Abschlusses der Verhandlungen lächerlich gering. Sie stellte ungefähr den Haq-Ertrag eines einzigen Jahres dar. In der Folgezeit ist der Dinar weiter entwertet worden, so daß man schließlich um die Gesamtsumme kaum 10 mittelgroße Güter erhalten konnte. Über 98 000 Kmetengüter wurden abgelöst. Es kann infolgedessen gesagt werden, daß zwar formell der Grundsatz der Entschädigung aufgestellt wurde, daß die Kmetenablösung materiell aber einer ersatzlosen Wegnahme gleichkommt.

Den Enteignungspreis zahlt der Staat, d. h. die Gesamtheit der Steuerträger. Die Kmeten erhalten also auf deren und der Enteigneten Kosten die bisher von ihnen bearbeiteten Güter zum Geschenk, der eine ein großes, der andere ein kleines. Man kann demnach die Kmetenablösung, wie sie die Belgrader Regierung durchführte, als unsozial bezeichnen. Unsozial nicht nur gegen die bisherigen Grundherren und die Steuerträger, sondern vor allem gegen die Kmeten selber, indem sie keinen Ausgleich der Besitzverhältnisse schuf.

Nach den Verordnungen stand es den bisherigen Grundherren frei, an Stelle der ihnen gebührenden Rente einen entsprechenden Anteil an enteignetem Grund und Boden zu verlangen, der aber nicht das Ausmaß des in der betreffenden Gegend zulässigen Maximums an Besitz (siehe unten S. 312 und Anhang S. 336) übersteigen darf. Damit war freilich unter den gegebenen Verhältnissen nicht viel anzufangen, da im allgemeinen in den Gegenden der Kmetschina enteigneter Großgrundbesitz nicht zur Verfügung stand und wenn, so gewöhnlich nicht dort, wo der bisherige Grundherr etwas damit hätte anfangen können.

Während die Aufhebung der Kmetschina ohne bedeutende

---

13) Näheres s. bei J. Matl, »Die Agrarreform in Jugoslawien«, 1927, S. 73 ff.

Schwierigkeiten vor sich ging, stellten sich der Auflösung der ähnlichen Verhältnisse (der *priorci, prisjevnici* usw.) auf Beglukland die größten Hindernisse entgegen, da es sich hier um vorwiegend privatrechtliche Verhältnisse handelt. Eine gewisse Lösung versuchte wohl schon die Beglukverordnung vom 14. Feber 1920, bzw. die gleichlautende vom 12. Mai 1921 jedoch ohne Erfolg. Die Regelung der Beglukfrage gehört die ganzen Jahre hindurch — und noch heute — zu den meistumstrittenen der jugoslawischen Agrarreform[14]). Erst am 1. Mai 1928 wurde in der Skupschtina eine Gesetzesvorlage der Regierung einstimmig angenommen, wonach alle ehemaligen Kmetengüter und die vom Staate schon abgelösten und noch abzulösenden beglukartigen Verhältnisse grundbuchlich genau eingetragen werden sollen. Nach der amtlichen Statistik sind von dieser gesetzlichen Wohltat 113103 Familien betroffen worden. Diese Zahl stimmt mit der aus dem Stande des Grundbuchs entnommenen Zahl von 98 791 Kmetengütern nicht überein, weil viele Zadrugen sich inzwischen geteilt hatten.

Mit der grundbuchlichen Eintragung geht die Regelung der gegenseitigen Ansprüche der einzelnen Familienmitglieder auf den überlassenen Grund und Boden Hand in Hand, wobei allerdings die weiblichen Familienmitglieder schlechter gestellt werden als die männlichen. Bei den Zadrugen wird, wenn sich der faktische Zustand mit dem im Grundbuch eingetragenen deckt, der jetzige Hausälteste als Eigentümer eingetragen. In jedem andern Falle (z. B. wo das Kmetenverhältnis, nicht wie eingetragen, für eine, sondern faktisch für mehrere Familien bestand: materielle Aufteilung des Kmetengrundes) muß die Streitfrage vor der Eintragung behördlich entschieden werden. In einzelnen Gebieten wurde die Frage des Eigentumsrechtes so entschieden, daß für die einzelnen Mitglieder der Zadruga das individuelle Miteigentum eingetragen wurde. Gesetzlich allgemein geregelt sind die Ansprüche der einzelnen Mitglieder auf den von ihnen bearbeiteten Grund und Boden und auch die erbrechtlichen Verhältnisse bisher nicht. Hier gilt nach wie vor ein Gewohnheitsrecht, das in den einzelnen Teilen des Landes die größten Verschiedenheiten aufweist.

In Südserbien (Makedonien) liegen die Verhältnisse in bezug auf die Kmeten- (*čifčija*-) Ablösung heute noch ganz verschieden. Zunächst ist dort zum Unterschiede von Bosnien und der Herze-

---

[14]) Siehe Anmerkung 13, S. 307.

gowina jetzt noch kein Grundbuch vorhanden, so daß sich die Besitzverhältnisse authentisch gar nicht feststellen lassen. In manchen Gegenden hat das Kmeten-(*čifčija*-)verhältnis aufgehört, in anderen wieder sagen sich die Kmeten: »Die Türken waren da, die Österreicher und die Bulgaren, und sind alle wieder gegangen; geblieben ist nur der »Aga« — und leisten den Haq weiter. In Fällen, wo der Haq nicht mehr geleistet wird, vergütet der Staat den Agas einen Teil der jährlichen Haqleistung.

B. Die Versuche zur Aufhebung des Kolonats.

Über die Aufhebung des Kolonats herrscht noch eine große Unklarheit, und die Regierung ist von dem anfänglichen Standpunkt einer generellen Aufhebung stark abgekommen. Nach der ersten Verordnung vom 25. Februar 1919 sollten das Kolonat und jedes kolonatsähnliche Verhältnis in Dalmatien und Slowenien aufgehoben und das Neueingehen von Kolonatsverträgen verboten sein. Waren während des Krieges in Sache des Kolonatsvertrages Entscheidungen getroffen worden, die zugunsten des Besitzers ausfielen, so sollten diese Entscheidungen hinfällig sein, das frühere Besitzverhältnis sollte wiederhergestellt und so abgelöst werden, wie es vorher bestanden hatte, ausgenommen den Fall, daß der frühere Besitzer einzelne Grundstücke im guten Glauben vor dem 25. Februar 1919 verkauft hatte.

Da nun aber zur Zeit, als diese Verordnung erlassen wurde, das Küstengebiet von den Italienern besetzt war, konnten alle diese Maßnahmen nicht durchgeführt werden. Erst nach dem Vertrage von Rapallo, der die Grenze zwischen Jugoslawien und Italien definitiv festsetzte, verordnete der Ministerrat unter dem 11. März 1921, daß die Agrarreform nun auch in Dalmatien und Slowenien rasch in Angriff genommen werde. Als man nun aber an die Durchführung der Ablösungen herantrat, tauchten wiederum dieselben Schwierigkeiten auf, die seinerzeit die österreichische Regierung bewogen hatten, von einer Ausdehnung der Grundentlastung auf die Kolonen Abstand zu nehmen. Die herrschende Rechtsunklarheit stellte sich der Ablösungstätigkeit als fast unüberwindliches Hindernis entgegen. Um einigermaßen Klarheit zu schaffen, unterschied schließlich die Regierung zwischen Verhältnissen öffentlich-rechtlichen (feudalen) Charakters und solchen privatrechtlicher Natur. Wo das Kolonat also als ein Überbleibsel aus feudaler Zeit aufzufassen war, dort sollte es nach den Bestimmungen der Verordnung vom 25. Februar 1919 aufgelöst werden, und die betreffenden Kolonen sollten zu keiner weiteren Abgabe verpflichtet sein; wo aber der Kolonatsvertrag eine privatrechtliche Abmachung zwischen Grundherrn und Kolonen darstellte, dort sollten die betreffenden Kolonen bis zur gesetzlichen Regelung der Agrarverhältnisse weiter zur Zahlung der Pacht an den Grundeigentümer verpflichtet sein. Die Stellungnahme der Kolonen war dieselbe wie in den 50er Jahren des verflossenen Jahrhunderts: Sie verlangten insgesamt, von der Entrichtung einer jeden Abgabe befreit zu werden. Da die Regierung im zweiten Falle auch die Nachentrichtung jener Pachtraten verlangte, die in den vorhergehenden Jahren nicht abgeliefert worden waren, kam es in Dalmatien zu einer ungeheuren Erregung, die sich nicht selten bis zu blutigen Widersetzlichkeiten steigerte. Ein Protest des Dalmatinischen Landarbeiterverbandes berief sich auf die Erklärung des seinerzeitigen Ministers für Agrarreform, welche die Vorbereitungsverordnung vom 25. Februar 1919 im weitesten Sinne auslegte und die dalmatinischen Bauern direkt zur Verweigerung der Abgaben, ja zur Vertreibung der Grundeigentümer aufforderte. Jetzt seien die Bauern, die dieser Erklärung vertrauten, direkt an den Bettelstab gebracht worden. Deputationen, die nach Belgrad geschickt wurden, fanden dort wenig Gehör. Die Regierung, der die Befreiung der Kolonen aus ihrem Elend Propagandamittel gewesen war, drängte, nachdem ihr das Gebiet durch die Friedensverträge zugesprochen war, nicht mehr soviel zur Befreiung. Mit dieser steht es heute verworrener denn je, denn die Angelegenheit wurde inzwischen noch durch das zwischen Jugoslawien und Italien abgeschlossene Nettunoabkommen kompliziert, das für die Entschädigung der Grundherren italienischer Staatsbürgerschaft auf jugoslawischem Boden eine gemischt jugoslawisch-italienische Agrarschätzungskommission vorsieht. Diese Vereinbarung hatte zur Folge, daß viele Kolonatsherren für Italien optierten. In ihren Händen befindet sich aber ein Drittel des Grund und Bodens von Dalmatien. Ein weiteres Drittel gehört der Kirche, insbesondere den Klöstern.

Wie schwierig sich die Verhältnisse für eine Aufhebung des Kolonates gestalten werden, zeigt der Motivenbericht eines später dem Parlament vorgelegten Gesetzentwurfes. Dieser zählt nicht weniger als 10 verschiedene agrarrechtliche Verhältnisse in Dalmatien auf, die ihrem Wesen nach in zwei Hauptgruppen zerfallen. In die eine Gruppe fallen jene Abhängigkeitsverhältnisse, die älteren Ursprunges sind und vorwiegend feudalen Charakter tragen. Darunter finden sich solche, die zweifellos als Überreste der alten römischen *Emphyteusis* anzusprechen sind, wie die *gospoštine* oder *nepomična kmetstva*. In die zweite Gruppe fallen die Verhältnisse jüngeren Ursprungs, die sich mehr als solche privatrechtlicher Natur darstellen.

Der letzte Gesetzentwurf unterscheidet folgende Gruppen von Verhältnissen:

1. Jene, die vor dem Jahre 1878 eingegangen wurden und die mehr öffentlich-rechtlichen Ursprunges sind (kmeten- und kmetenähnliche Verhältnisse). In diesem Falle soll der Besitzer als Ablösungssumme ein Drittel des Schätzungswertes vom Staate erhalten.

2. Jene Verhältnisse, die zwischen dem Jahre 1878 und 30 Jahre vor dem Tage des Inkrafttretens des vorliegenden Gesetzes eingegangen wurden und vorwiegend privatrechtlichen Charakter tragen. In diesem Falle soll der Eigentümer zwei Drittel des Schätzungswertes als Entschädigung erhalten, wovon das eine Drittel der Staat und das andere der Enteignungsnießer zu zahlen hätte, dem der Staat für diesen Zweck ein langfristiges Darlehen zur Verfügung stellen würde.

Das Haupthindernis wird auch für diese Lösung sein, daß sie eine Differenzierung in der Behandlung der einzelnen Abhängigkeitsverhältnisse vorsieht. Die Regierung hat nun einmal die Bestimmungen vom 25. Februar 1919 über die Ablösung des Kolonats und der diesem ähnlichen Verhältnisse dahin interpretiert, daß alle bäuerlichen Abhängigkeitsverhältnisse in Dalmatien ohne Unterschied abgelöst werden sollen. Sie hat sich damit selbst den Weg für jede Differenzierung versperrt. Ohne eine solche ist aber auf rein rechtlicher Grundlage die Ablösungsfrage nicht zu regeln.

C. Die Enteignung und Aufteilung des Großgrundbesitzes.

1. Die gesetzlichen Grundsätze.

a) Die zu enteignenden Besitzungen.

Nach § 10 der Verordnung vom 25. Februar 1919 waren der sofortigen Enteignung verfallen:

alle Fideikommisse, ferner, und zwar besonders wenn verpachtet oder gar nicht oder nur zum Teil bewirtschaftet, »jene Besitzungen, die eine Fläche von wenigstens 100 bis 500 Joch für den Ackerbau geeigneten Bodens haben, je nach den Besitz- und ökonomischen Verhältnissen des Ortes«.

Die Verordnung vom 21. Juli 1919 unterwarf der Enteignung nur die Flächen, die das in den einzelnen Gebietsteilen zulässige Maximum an Besitz überstiegen. Dieses Maximum lag am tiefsten, bei 50 ha bearbeitungsfähigen Bodens und 100 ha unter Einschluß der Wälder und Weiden, in Dalmatien und in der Herzegowina. Im Nordwesten (in Slowenien, im Murland und in der Draugegend Kroatiens sowie in den Kroatischen Küstenbezirken des Kapella- und Velebitgebirges) waren die entsprechenden Zahlen 75 und 100 ha, in der Gegend von Zagreb und nördlich davon, aber auch in Neu-Montenegro (d. h. in den montenegrinischen Eroberungen von 1912) 100 und 300 ha, in den kroatischen Gebieten südlich und östlich von Zagreb sowie in Süd- und Mittelbosnien 150 und 400 ha, in den Save-Bezirken Slawoniens und Bosniens 200 und 500 ha. Seine Obergrenze von 300 ha für die Bearbeitung geeigneten Bodens und 500 ha überhaupt erreichte das Maximum im Nordosten und Südosten (in Mazedonien, in der Vojvodina, in Syrmien und in der Gegend an der unteren Drau). Die Abstufung geschieht nach den »Besitz- und ökonomischen Verhältnissen« der einzelnen Gebiete, d. h. in jenen Gebieten, in denen infolge einer dichten Bevölkerung und eines geringen Großgrundbesitzes die Nachfrage nach Boden stärker ist, wird das geringere Maximum belassen. Der das zulässige Maximum übersteigende Besitz an Grund und Boden wird als enteignet erklärt, soll aber den Berechtigten nicht sofort in juristischen Besitz, sondern vorläufig bis zur endgültigen Regelung der Agrargessetzgebung in Pacht gegeben werden.

Die späteren Verfügungen des Ministeriums für Agrarreform lockern die festen Grenzen, welche die Verordnung vom 21. Juli 1919 für die Enteignung vorgesehen hatte: Sie ließen sowohl beträchtliche Überschreitungen als auch Herabsetzungen des gesetzlichen Maximums zu. Ohne Rücksicht auf ihre Größe konnten schon nach einer Verfügung des Ministers für Agrarreform vom 16. September 1919 (aufgenommen im Gesetze vom 4. Juni 1922) verpachtete Grundbesitze bis auf ein Maximum von 100 Joch anbaufähigen Bodens enteignet werden. Art. 2 der Verordnung vom 12. Februar 1920 (mit Gesetzeskraft ausgestattet am 24. Juni 1922) »über die teilweise Durchführung der Enteignung von Grund und Boden des Großgrundbesitzes für öffentliche Interessen, die Kolonisation und die Errichtung von Arbeiter- und Beamtenwohnungen und Gärten« gestattete, für solche Zwecke Großgrundbesitze vollständig zu enteignen. Die Entscheidung über die Notwendigkeit einer so weitgehenden Enteignung wurde freilich in die Hände der obersten Instanz gelegt. Ein Rundschreiben des Ministers für Agrarreform vom 29. Feber 1920 bestimmte weiter, daß in Fällen besonderer sozialer Not auch Mittelbesitze bis auf einen Rest von 10 Joch anbaufähigen Bodens oder 20 Joch überhaupt enteignet werden konnten. Solche Fälle galten als gegeben, wenn in der ganzen Umgebung kein Großgrundbesitz bestand, aus dessen Fläche der Bedarf an Land für landlose Landarbeiter hätte gedeckt werden können. So hat man die Vojvodina, wo 1919 das Maximum auf 300 ha anbaufähigen Bodens festgesetzt worden war, manchmal nur 20 Joch belassen.

In beiden Fällen war ein besonderes Verfahren vorgesehen. Die Enteignung konnte nur auf Grund eines Antrages ausgesprochen werden, den im ersten Falle die kommunalen Behörden, im zweiten Falle die betreffenden Gemeinde-Agrarausschüsse zu stellen hatten. Das Eigentumsrecht ging gleichmäßig auf den Staat und die Nutznießer der Enteignung (Gemeinde, die einzelnen Siedler oder ihre Genossenschaften) über. Der enteignete Boden durfte weder belastet noch verkauft werden.

Andererseits wurde bestimmt, daß Großgrundbesitze, die als Musterwirtschaften anzusprechen sind und solche, die sich mit dem Anbau von Zuckerrüben und Hanf oder mit der Aufzucht von Tieren oder überhaupt mit landwirtschaftlicher Industrie befaßten, ein höheres als das in der betreffenden Gegend zulässige Maximum behalten dürfen. Güter, die ausschließlich zur Erhaltung von privaten humanitären Anstalten und kulturellen Institutionen dienen, sollten schließlich von der Enteignung ganz ausgenommen sein, sofern sie ihrer Aufgabe tatsächlich nachkamen.

Die bisherigen Großgrundbesitzer dürfen ihren Besitz bis zur tatsächlichen Enteignung weder belasten noch verkaufen. Werden ihnen angebaute Flächen enteignet, so sollen ihnen von den Siedlern die Kosten für die Bestellung der Felder zurückerstattet werden.

Eine eigene Behandlung erfahren die Waldgroßbesitze. Alle größeren Waldkomplexe gehen nach der Verordnung vom 25. Februar 1919 in das Eigentum des Staates über. Die Bauern behalten in ihnen das Weiderecht und ein Recht auf Bau- und Brennholz.

Die Übernahme durch den Staat soll auf der Grundlage einer Entschädigung erfolgen. Eine diesbezügliche Verordnung ist aber noch nicht erlassen worden. Deshalb ist der Wald noch nicht als vollständiges Eigentum des Staates anzusehen, und den unter staatlicher Aufsicht stehenden Besitzern werden die normalen Forsteinkünfte belassen. Es steht dem Staate darüber hinaus nach Art. V. der Verordnung »über die Ergänzung und Abänderung des Organisationsstatutes des Ministeriums für Wälder und Bergwerke« vom 27. Juni 1921 allerdings frei, die Waldbesitze von Ortsvermögensgemeinden, von Klöstern, kirchlichen Würdenträgern, der muslimischen Kirchengüter, der Markgenossenschaften und der privilegierten Waldbesitze der städtischen und Ortsgemeinden, der Korporationen und Privaten ohne Rücksicht auf ihre Größe auch in direkte Verwaltung zu übernehmen, ohne freilich in das Eigentumsrecht einzugreifen. Der Staat kann dies tun, wenn »es sich zeigt, daß es einer fortschrittlichen Waldwirtschaft zum Vorteile gereicht oder wenn es im allgemeinen Staatsinteresse liegt«.

b) Ansprüche auf das enteignete Land.

Auf die enteigneten Grundstücksparzellen haben nur Angehörige des jugoslawischen Staates Anspruch, die sich mit Ackerbau beschäftigen oder zumindest beschäftigen wollen und Boden entweder gar nicht oder nur in unzureichendem Ausmaße besitzen.

Den Vorzug bei der Landzuteilung haben Invalide, Kriegerwitwen und -waisen, Soldaten und Dobrowolzen. Über die Aufteilung der Fläche, die nach der Befriedigung der genannten Leute noch übrig bleibt, sollen spätere Gesetze entscheiden.

Die Beteilten werden nicht sofort Eigentümer, sondern vorläufig, bis zur endgültigen Regelung der Agrarverhältnisse, nur Pächter. Sie entrichten alljährlich den von der Regierung festgesetzten Pachtzins, aber nicht direkt an den Besitzer, sondern an den Staat, der ihn nach Abzug von $^1/_4$ an den Besitzer abzuführen hat. Die Belastung der Pacht mit Servituten ist verboten. Die staatlichen Steuern sowie die örtlichen Umlagen und alle anderen öffentlichen Abgaben zahlt nach wie vor der bisherige Besitzer. Der Pächter zahlt nur die laufenden Beiträge für die Zwangsgenossenschaften. Neuinvestitionen für die Wassergenossenschaften hat der bisherige Besitzer zu bestreiten.

c) Entschädigung.

Ohne Entschädigung sollten nach § 12 der Verordnung vom 25. Februar 1919 enteignet werden:

a) alle Besitzungen der habsburgischen Dynastie und der Mitglieder der habsburgischen kaiserlichen Familie,

b) alle Besitzungen der Dynastien feindlicher Staaten,

c) alle Besitzungen, die seinerzeit Fremden für Dienste, die sie den Habsburgern erwiesen haben, gegeben wurden und bisher nicht auf dritte Personen übergegangen sind.

Die anderen enteigneten Großgrundbesitzer sollten entschädigt werden. Eine Einschränkung traf nur jene Besitzungen, die mutmaßlich mit Kriegsgewinnen erworben worden waren. Die Entschädigungsfrage sollte in diesem Falle durch ein eigenes Kriegsgewinngesetz geregelt werden.

Über die Höhe der Entschädigung ist bis heute keine Einigung erzielt worden, da alle bisherigen Gesetzesvorlagen in der Skupschtina nicht erledigt wurden. Die Entschädigungsfrage kompliziert sich auch infolge der hohen Summen, die dafür in Betracht kommen. Für die Liquidierung des Kolonats in Dalmatien sollen allein 630 Millionen Dinar (etwa 46 Mill. RM.) erforderlich sein, für die Entschädigung der Großgrundbesitzer in der Vojvodina und in Kroatien wären an die 1 200 Millionen Dinar (etwa 88 Mill. RM.) aufzubringen, für die Entschädigung des gesamten enteigneten Großgrundbesitzes nahezu 2 Milliarden (etwa 148 Mill. RM.). Die Forderungen der Großgrundbesitzer selbst machen natürlich ein Vielfaches dieser Summen aus.

Ende 1928 wurde der Skupschtina ein Gesetzentwurf des Hauptinterpellanten und Referenten für alle Angelegenheiten der Agrarreform, des Abgeordneten und Volkswirtes Sl. Sećerov, vorgelegt, der die Gründung einer staatlichen Agrarbank mit einem Stammkapital von 30 Millionen Dinar (= etwa 2,2 Mill. RM.) vorsieht. Die Entschädigungssumme wäre nach diesem Entwurfe durch Ausgabe von Obligationen aufzubringen. Im Zusammenhange mit anderen Projekten wurde davon gesprochen, die erforderlichen Summen auf dem Wege einer Auslandsanleihe zu beschaffen. Viele erwarten, daß die mit diktatorischer Gewalt ausgestattete jetzige Regierung die Agrarreform zu einem endgiltigen Abschluß bringen, die Enteignungen beenden, die Erwerber von Gutsland durchweg zu Eigentümern erheben werde.

2. Die Durchführung der Enteignung und Aufteilung des Großgrundbesitzes.

a) Der Durchführungsapparat.

Als erste behördliche Instanz für alle Angelegenheiten der Durchführung der Agrargesetzgebung fungierten bis 1925 die Kreisagrarämter (*Županijski agrarni ured*). Ihnen oblag es zunächst, die notwendigen Erhebungen zu pflegen, um dann auf Grund des gewonnenen Materials die Enteignungen einzuleiten und die Durchführung nach den geltenden Vorschriften zu regeln.

Die Mitwirkung der Interessenten hat wechselnde Formen angenommen. Den Kreisämtern dienten Kreisagrarausschüsse (*Agrarni odbor*) als beratendes Organ. Diese setzten sich aus Vertretern der Ortsagrarausschüsse zusammen, die in jedem Orte aus Vertretern der einzelnen Interessentengruppen gebildet waren, wobei 5 Gruppen von Interessenten unterschieden wurden: Solche

a) ohne eigenes Land;

b) mit weniger Land, als sie mit ihrer Familie bebauen können;

c) mit soviel Land, wie sie mit ihrer Familie bebauen können;

d) mit Land, das sie eigenhändig, aber unter gleichzeitiger Heranziehung fremder Arbeitskräfte bebauen;

e) mit Land, das sie nur mit fremden Hilfskräften bebauen.

Die Verordnung vom 10. April 1919 hatte in diesen Ortsagrarausschüssen je 20 Interessenten einen Vertreter und so den kleinen Leuten die Mehrheit gegeben. Aber die Verordnung vom 6. Juli 1920 bestimmt, daß in die neu zu bildenden Agrarausschüsse die Gruppen a, b und c je zwei, d und e je einen Vertreter zu wählen haben. Auf diese Weise erhielten sowohl die Landhungrigen (Gruppe a u. b) als auch die Leute mit genügend Land (Gruppe c, d u. e) je 4 Vertreter.

Die Aufgabe der Gemeindeagrarausschüsse war es insbesonders, die Listen der Bewerber um Grund und Boden anzulegen und nachzuprüfen. Die Agrarausschüsse gehörten von allem Anfang an zu den schwächsten und meist kritisierten Einrichtungen des ganzen Durchführungsapparates. Dem konnte sich auch die Regierung nicht verschließen, und so verfügte die Verordnung vom 12. Februar 1920 die Enthebung der bisherigen Funktionäre von ihren Diensten. Um einen gewissen Ersatz zu schaffen, wies sie später die Agrarbehörden an, im Bedarfsfalle je zwei Agrarinteressenten aus den betreffenden Gemeinden zu hören. Aber auch diese Form hat sich allem Anschein nach nicht bewährt; und so wurden schließlich die Komitatsbehörden mit Entscheidung vom 24. Dezember 1924 ermächtigt, wenn nötig, mit Dekret zwei moralisch und fachlich geeignete Persönlichkeiten zu ernennen, die ihre Funktion ehrenamtlich bekleiden sollten. Das geschah allerdings erst, als die Aufteilung des enteigneten Großgrundbesitzes im großen und ganzen schon beendet war.

Gegen die Entscheidung der Kreisagrarämter war eine Berufung an die Agrardirektionen möglich, von denen 1920 für Kroatien, Slowenien, Bosnien, Herzegowina und Montenegro, für Südserbien (Makedonien), und die Vojvodina je eine errichtet wurde. (Vgl. hierzu oben S. 304).

Den Agrardirektionen lag innerhalb ihres Gebietes die eigentliche Durchführung der Enteignung und Landverteilung ob. Darüber hinaus hatten sie auch gewissermaßen die Aufgaben von Landeskulturämtern: Sie übten die Aufsicht und die Verwaltung auf den Ländereien des staatlichen Großgrundbesitzes aus; sie sollten für die Hebung der Landwirtschaft sorgen und weitere Pläne und Vorschläge für die Agrargesetzgebung ausarbeiten.

Sie wurden von den Bezirksagrarausschüssen beraten, die sich aus Vertretern der Kreisagrarausschüsse zusammensetzten.

Gegen die Entscheidungen der Agrardirektionen war eine Berufung nur an die oberste Instanz möglich. Als solche fungiert das Ministerium für Agrarreform *(Ministarstvo za Agrarnu Reformu)* in Belgrad. Das Ministerium — eines der wichtigsten im neuen Königreiche — besteht aus einer allgemeinen und einer Agrarabteilung. Die erstere umfaßt das Kabinett des Ministers, eine administrative (Personal-), eine Rechts- und eine agrarstatistische Sektion. Die Agrarabteilung enthält Sektionen für das Kmeten-, Kolonats- und ähnliche Verhältnisse, für die Beaufsichtigung, Verwaltung und Liquidation des Großgrundbesitzes, für die Kolonisierung, Repatriierung und für die Dobrowolzen, für das Genossenschaftswesen und schließlich eine Finanz- und eine agrartechnische Sektion.

Dieser Gesamtapparat ist, wie man sieht, ziemlich umfangreich. Er reicht mit seinen beratenden Organen bis in die kleinste Gemeinde hinein. Er enthält Elemente von sehr verschiedenem Wert: Beamte mit Erfahrung und Fachbildung neben Stellenjägern, die sich durch ihre Parteizugehörigkeit empfahlen. Die schärfsten Klagen wandten sich aber nicht gegen die Ämter, sondern gegen die beratenden Ausschüsse, in erster Reihe gegen die Ortsausschüsse. In deren Händen lag praktisch die Auswahl von Landbewerbern und die Zuteilung von Land, und man sagt diesen Ausschüssen allgemein nach, daß sie bei der Auswahl nur ihre Parteifreunde, ihre nächsten Verwandten und Bekannten bedacht hätten. Die ruhigen landbedürftigen Elemente, die keine

Beziehung zu den Ausschüssen hatten, seien durchweg mit ihren Ansprüchen durchgefallen. Hier hat ein gutsituierter Arzt Land bekommen, dort ein Apotheker, ein Kaufmann, in einer rein bäuerlichen Gemeinde wieder ein Bauer, der ohnedies schon 50 Joch sein eigen nannte, aber die Zeit verstand und schnell seinen Besitz auf seine Frau und seine Kinder überschreiben ließ. Solche und ähnliche Fälle sprechen sich in allen Gegenden herum, und da aus dem zerschlagenen Großbesitze nur ein sehr geringer Teil des Landbedarfes befriedigt werden konnte, ist es begreiflich, daß unter den Nichtbeteilten große Erregung herrscht.

Wie weit den gesamten Apparat der oft gehörte Vorwurf des nationalen Chauvinismus trifft, ist nicht zu entscheiden. Das Grundmotiv der Verordnungen ist ein nationales, und es läßt sich daher nicht sagen, wie weit die Beamten nur auf Grund der Verordnungen gehandelt haben und wie weit sie sich tatsächlich von persönlichen nationalen Motiven bei der Behandlung Fremdstämmiger leiten ließen. Daß Nichtslawen kein Land zugewiesen erhielten, liegt jedenfalls in den Verordnungen begründet.

Gegenüber den Angriffen auf die Agrarbehörden muß man erwägen, wie die ganze agrarische Umwälzung überstürzt worden ist. Sie hat Maßnahmen, die einer reiflichen Überlegung und einer umfangreichen Vorarbeit bedurft hätten, sozusagen mit einem Schlag durchgeführt. Die Verordnungen entbehrten der notwendigen Klarheit und Eindeutigkeit und nicht zuletzt der Konsequenz. Unter solchen Umständen hätte jeder, auch der geschulteste und verläßlichste Beamtenapparat, versagen müssen.

b. Das Enteignungsverfahren.

Nach der Verordnung vom 21. Juli 1919, nach deren Vorschriften die Hauptmasse der Enteignungen und Aufteilungen durchgeführt wurde, stellte sich das Enteignungsverfahren in der Regel so dar:

Grundbesitzern, deren Liegenschaften das gesetzlich zulässige Maximum überschritten, wurde der Überschuß als enteignet erklärt.

Die Entscheidung darüber, welchen Grundbesitzern Boden abgenommen werden sollte, fällte das zuständige Agraramt durch besondere Kommissionen auf Grund von Sachverständigengutachten. Des weiteren wurden die Agrarausschüsse gehört und danach der Versuch gemacht, zwischen den Interessenten eine Verständigung auf gütlichem Wege herbeizuführen.

War der Enteignungsbeschluß ausgesprochen — Rekurse an die höheren Instanzen standen natürlich frei — und hatte er Rechtskraft erlangt, so wurde es den Besitzern überlassen, sich die eine Hälfte des ihnen verbleibenden Besitzes selber auszusuchen, wobei sie die Höfe, die Parkanlagen, Weingärten und Hausgärten sowie kleinere Waldkomplexe, soweit diese das notwendige Bau- und Brennholz lieferten, im Rahmen des Maximums behalten konnten. Von der restlichen Fläche wurden die abzutretenden Teile ausgeschieden. Das ihm verbliebene Maximum, auf dessen Arrondierung nicht Bedacht genommen wurde, konnte der Besitzer frei bewirtschaften, er übernahm aber nach dem Gesetze in der Regel die Verpflichtung, seinen Betrieb zu intensivieren. Die Agrardirektionen waren befugt, darüber zu wachen, ob die einzelnen Besitzer auch tatsächlich dieser Verpflichtung nachkamen. Die Befugnis ging soweit, daß die Agrarkommissäre zu Kontrollzwecken von dem Besitzer die Wirtschaftspläne und sonstige Unterlagen der Wirtschaftsführung: Aufstellungen über Samenvorräte, vorhandenes Inventar usw. verlangen und sich an Ort und Stelle von der Wirtschaftsführung überzeugen konnten. Alle diese Bestimmungen gehen aber an der Tatsache vorüber, daß die Großbetriebe inbezug auf die Intensität der Wirtschaftsführung den anderen Betrieben in der Regel ohnehin weit voraus waren.

Die abzutretenden Teile wurden dem bisherigen Besitzer nicht früher weggenommen, als sich Anspruchsberechtigte meldeten. Der Besitzer konnte diese Teile selber in Kultur halten, mußte aber jeden Tag darauf gefaßt sein, daß ein Agrarkommissär mit den Anspruchsberechtigten kam und diesen die auf sie entfallenden Teile übergab.

Ein Großgrundbesitz konnte in staatliche Verwaltung übernommen werden, wenn

1. der Besitzer den Verpflichtungen hinsichtlich der Bewirtschaftung nicht nachkommen konnte oder wollte;

2. wenn der Eigentümer oder sein Verwalter durch sein Verhalten die Durchführung der Agrarreform verhinderte oder gefährdete;

3. wenn die Übernahme in die staatliche Verwaltung im Interesse einer ungehinderten Durchführung der Agrarreform lag.

Im Falle der Übernahme in die staatliche Verwaltung verblieb dem bisherigen Großgrundbesitzer zwar das bisherige Eigentumsrecht, er verlor aber jeden Einfluß auf den Wirtschaftsbetrieb und jedes Verfügungsrecht über die Einnahmen des Besitzes. Landwirtschaftliche Erzeugnisse sollten aber nicht ohne sein Vorwissen verkauft werden, soweit der Verkauf nicht im Interesse der Agrarreform selbst erfolgte. Der jährliche Nettoreinertrag wurde dem Besitzer nach vorheriger Genehmigung des Ministers für Agrarreform zur Verfügung gestellt. Aus all dem ist ersichtlich, daß es sich hier um eine vindikative Bestimmung handelte.

Eine eigene Behandlung erfuhren die Waldgroßbesitze in Slowenien. Sie sind nicht enteignet worden, sondern die Besitzer haben 5% des Fakturenwertes des verkauften Holzes als Abgabe für den Agrarreformfonds abzuliefern. Dabei ist es einerlei, ob das Holz als Rohprodukt oder als verarbeitetes Holzerzeugnis, ob es vom Holzplatz oder von irgend einer Bahnstation oder einem Hafenplatz geliefert wird, so daß also nicht nur das Rohprodukt, sondern auch die Verarbeitungskosten usw. abgabepflichtig werden. Auf diese Weise kann es vorkommen, daß sich die Abgabe auf 25—30% und mehr vom Rohprodukt erhöht.

c. Das Aufteilungsverfahren.

Als Anspruchsberechtigte kamen, wie erwähnt, in erster Linie Kriegsinvalide, Kriegerwitwen und -waisen und die Dobrowolzen in Betracht. Für die Dobrowolzen galten besondere Bestimmungen[15]). Sie erhielten, wenn sie gekämpft hatten, 5 ha ($8^3/_4$ Joch), wenn sie andere Dienste »für die nationale Befreiung und Einheit« geleistet hatten, 3 ha Landes und zwar pachtzinsfrei samt lebendem und totem Inventar. Nach diesen hatten den nächsten Anspruch auf enteigneten Großgrundbesitz solche Untertanen, welche sich sonst mit der Landwirtschaft beschäftigten, aber gar keinen oder nicht genügend Boden, d. h. unter 5 ha zur Bewirtschaftung hatten, und zwar zunächst die Anlieger, die sogenannten Ortsarmen, dann Anspruchsberechtigte aus anderen Gemeinden.

Auch Handwerkern konnte Grund und Boden gegeben

---

15) Diese sind festgelegt in der Verordnung des Ministeriums für Agrarreform vom 8. Sept. 1919. Die grundsätzliche Regelung der Freiwilligenfrage erfolgte mit Verordnung über die Freiwilligen (Dobrovoljci) vom 18. Dezember 1919 (mit Gesetzeskraft ausgestattet am 30. Dezember 1921). Vgl. oben S. 305.

werden, sofern sie sich bisher mit Landwirtschaft beschäftigt hatten.

Das gesetzliche Ausmaß der Landzuteilung wurde in der Regel nur bei den Dobrovolzen und den Kolonisten eingehalten. Die Anlieger (Ortsarmen) wurden je nach dem vorhandenen Grund und Boden verschieden ausgestattet; am häufigsten sind Zuweisungen von $^1/_2$—3 Joch. Die gesetzliche Bestimmung, wonach ihr Besitz auf 10 Joch und darüber aufzufüllen gewesen wäre, konnte wohl nur in den allerseltensten Fällen eingehalten werden.

Jugcslawien hat aus dem enteigneten Großgrundbesitze Kroatien-Slawoniens und der Vojvodina nicht soviel Grund und Boden herausschlagen können, um damit alle Bedürfnisse der landarmen und landlosen Leute zu befriedigen. Es war ohne gleichzeitiges Kommassationsverfahren auch nicht möglich, den Besitz der Beteilten durch die Landzuteilung zu arrondieren. Die Leute erhielten nicht selten Parzellen, die 1—2 und mehr Fahrstunden von ihrem Anwesen entfernt liegen. Es sind Fälle bekannt, wo den Deputatsarbeitern auf Großgrundbesitzen ihr Deputatsfeld neben dem Hause weggenommen und an Ortsarme verteilt, den Deputatsarbeitern dafür 10 km weit entfernte Parzellen zugewiesen wurden. Auf diese und ähnliche Weise ist die ohnehin schon enorme Bodenzersplitterung noch gewaltig gesteigert worden. Die Folge der weiten Entfernung ist eine mangelhafte Bearbeitung, insbesondere eine äußerst mangelhafte Düngung.

Vielen Landarmen hat die Aufteilung sicher geschadet. Vorher standen sie sich oft nicht schlecht: sie waren zugleich Arbeiter auf den großen Besitzungen, die ihnen, um sie festzuhalten, zumeist Grundstücke in billige Pacht gaben und sie bei der Ernte in der Regel *in natura* entlohnten. Jetzt fällt die Arbeit auf den großen Besitzungen weg, und die Leute sind bloß auf die Erträge ihrer kleinen Besitze angewiesen. Nichtslawische Landarbeiter, die ja keinen Grund und Boden zugewiesen erhielten, stehen heute vollständig mittellos da und sind zur Auswanderung gezwungen.

Der enteignete Grund und Boden ist den Anspruchsberechtigten vorläufig in Pacht gegeben worden. Der Pachtzins wird für die enteignete Fläche eines Großgrundbesitzes summarisch festgesetzt und von den Steuerbehörden erhoben; er beträgt bei den Äckern das Achtfache, bei Wiesen und Weiden das Zehnfache des Katastralreinertrages, der im Budgetentwurf vom 20. August 1920 auf das Vierfache des Vorkriegsbetrages festgesetzt wurde.

Jn Gebieten von besonderer Fruchtbarkeit konnte auf Antrag des bisherigen Eigentümers der Pachtzins im Einvernehmen mit der Agrarkommission erhöht werden (bis zu 100%).

Für übernommene Baulichkeiten war dem bisherigen Besitzer eine jährliche Entschädigung in der Höhe von 5% des behördlich ermittelten Schätzungswertes der Gebäude zu entrichten.

Die Siedler, die schon bebautes Ackerland in Pacht bekamen, waren verpflichtet, dem bisherigen Besitzer die Anbaukosten einschließlich des Saatgutes zu ersetzen.

Vom eingehobenen Pachtzins behält der Staat ein Viertel unter dem Titel Verwaltungskosten und Kolonisationsbeiträge und liefert nur drei Viertel an den bisherigen Besitzer ab. Zieht man die Entwertung des Dinars[16]) in Betracht, so erhält der Eigentümer ungefähr das Doppelte des im Frieden sehr niedrig angenommenen Katastralreinertrages. Davon muß er aber die gesamten Steuern und Abgaben für den enteigneten Grund und Boden bestreiten. Während diese laufend zu entrichten sind, läßt sich der Staat oftmals Jahre hindurch mit der Ausfolgung des Pachtzinses Zeit, so daß auf diese Weise für die enteigneten Besitzer eine neue Härte entsteht.

d. Die innere Kolonisation.

Mit der Aufteilung des enteigneten Grund und Bodens ging Hand in Hand der Versuch einer inneren Kolonisation in geschlossenen Siedlungen, der von der Ansiedlung der Dobrovolzen seinen Ausgang nahm. Als Siedlungsgebiet kamen in der Hauptsache die Vojvodina, Südserbien und zum Teil auch die Waldgebiete von Bosnien und der Herzegowina in Betracht. Die innere Kolonisation wurde wie die Enteignung des Großgrundbesitzes der Kompetenz des Ministeriums für Agrarreform unterstellt, das als Siedlungsland über die enteigneten Großbesitze hinaus auch Staats- und sonstigen öffentlichen Besitz, in Südserbien auch unbenutztes Gemeinde- und Dorfland sowie Ödland heranzog.

Die rechtliche Grundlage für die Innenkolonisation schuf die Verordnung vom 24. September 1920, der am 20. Mai 1922 das Gesetz über die Besiedlung der neuen Gebiete folgte. Danach sollte jeder jugoslawische Staatsbürger — ohne Unterschied der Nationalität — der sich mit Landwirtschaft oder mit einem Dorfhandwerke beschäftigte und kein eigenes Land besaß, Anspruch

[16]) Vgl. die Tabelle im Anhang, S. 336.

auf Siedlungsland haben. In der Praxis wurde freilich in bezug auf die Nationalität ein Unterschied insofern gemacht, als Nichtslawen wohl in Mazedonien, nicht aber auf den fruchtbaren Böden der Vojvodina Siedlungsland bekamen.

Als Ausmaß für die Landzuteilung wurden 5 ha für die Siedlerfamilie festgesetzt. Unter dieses Ausmaß sollte nur dann heruntergegangen werden, wenn die Siedlung entweder in der Nähe einer größeren Ortschaft lag oder wenn es sich um nur zweiköpfige Familien handelte, bei denen der männliche Teil älter als 50 Jahre war. Überschritten konnte dieses Ausmaß werden, wenn es sich um Zuweisung von Siedlungsland an *Zadrugen* handelte. Da erhielt der *Starjeschina* allein 5 ha und jedes weitere verheiratete männliche Mitglied 4 ha. Außerdem hatte jedes unverheiratete männliche Mitglied im Alter von 16—21 Jahren Anspruch auf 2 ha und wenn es älter war, auf 3 ha. Für zu gründende Musterwirtschaften konnte der Minister für Agrarreform bis 50 ha anbaufähigen Landes bewilligen. Für Aufforstungszwecke konnte eine jede Siedlerfamilie 2 ha unkultivierten Landes als Zugabe erhalten. Diese Bestimmungen gelten nur für den Süden, im Norden, wo die Kolonisation in erster Linie für die Dobrovolzen in Frage kam, sollten nicht mehr als 5 ha zugeteilt werden.

Die Kolonisten hatten ziemlich weitgehende Rechte. Jeder Kolonist hatte das Recht auf kostenlose Übersiedlung, auf Lieferung von Bau- und Brennholz aus den Staats- und Gemeindewäldern, ferner auf zollfreie Einfuhr von Vieh, von landwirtschaftlichen Maschinen und Geräten, Wohnungseinrichtung, Saatgut, Getreide und anderen Bedarfsgegenständen. Weiter versprach der Staat dem Kolonisten Beistand beim Bau des Siedlungshauses. Für das Vieh des Siedlers wurde eine Servitut auf den Gemeindeweiden eingeräumt. Schließlich wurde er auf 3 Jahre von der Entrichtung jeder staatlichen und sonstigen öffentlichen Steuer und Abgabe befreit. Eine weitere, über das Gesetz hinausreichende Unterstützung wurde den Kolonisten noch auf dem Wege über ihre Genossenschaften in Form von billigen Krediten, Lieferung von Saatgut usw. zuteil. Diese Siedlergenossenschaften sind Zwangsgenossenschaften; jeder Kolonist hatte in sie einzutreten.

Das Siedlungsland wurde wie alles übrige aufgeteilte Land in vorläufige Pacht gegeben, doch wurde gleichzeitig bestimmt, daß es nach zehnjähriger Pachtdauer in das freie Eigentum des Kolonisten übergehe, wenn er es die ganze Zeit hindurch bearbeitet hatte.

Dagegen übernahm der Kolonist in der Hauptsache die Verpflichtung, das ihm überlassene Land richtig zu bearbeiten, ein Haus zu bauen, die Meliorationen instandzuhalten und das Land nicht in Unterpacht zu geben. In bezug auf die Bearbeitung seines Bodens war er nach dem Gesetze einer behördlichen Kontrolle unterworfen, die Kolonisten waren sogar verpflichtet, eine gewisse Fruchtfolge einzuhalten und durften die Kultur der ihnen überlassenen Gründe nicht ändern, wenn sie sich nicht der Gefahr aussetzen wollten, der Pacht verlustig zu gehen. Es muß aber schon hier gesagt werden, daß alle diese an sich recht vernünftigen Bestimmungen nur auf dem Papiere standen. Den Dobrovolzen waren noch ganz besondere Begünstigungen eingeräumt, die allerdings schon im Jahre 1922 infolge der vielen Mißbräuche wieder rückgängig gemacht werden mußten.

Die Ergebnisse der Innenkolonisation stellen sich zahlenmäßig wie folgt dar:

Jn Südserbien waren Ende 1923 81 844 ha Land für geschlossene Siedlungen bereitgestellt. Davon wurden 48 430 ha an 5393 Kolonistenfamilien verteilt. Ein Teil derselben ist in neuerrichteten Siedlungen untergebracht, der Rest wohnt in den Dörfern der Umgebung, wer keine bessere Unterkunft gefunden hat, in Baracken und sogar in Erdhöhlen. Ende 1928 waren 253352 ha für Kolonisationszwecke abgegrenzt und davon 159085 zur Aufteilung bestimmt. Parzelliert waren 86244 ha, rund 64000 ha waren im Besitz von Kolonisten und einer geringen Zahl von Freiwilligen und Freischärlern.

Die Siedlungstätigkeit konzentriete sich hier auf das aus der Geschichte allgemein bekannte *Kosovo Polje*. Trotz der schweren Unbilden, mit denen die Siedler in diesem gänzlich unkultivierten Gebiete zu kämpfen hatten — das Land ist arm an Verkehrswegen und größeren Siedlungen, die Malaria wütet in diesem Gebiete, und die fortgesetzten Komitatschikämpfe bedrohen die Sicherheit — hat die Innenkolonisation hier einige ganz schöne Erfolge aufzuweisen. Nicht nur, daß das neu in Kultur genommene Land intensiver bewirtschaftet wird als das umliegende, das Beispiel der Kolonisten hat auch anspornend auf die eingesessene Bevölkerung gewirkt. 10—15% der Kolonisten haben allerdings das Land wieder verlassen und sind in ihre Heimat zurückgekehrt.

Im nördlichen Gebiete wurden bis zum 30. September 1923 insgesamt 17893 Dobrovolzen angesiedelt, die zusammen 85 Tsd. ha Land erhielten. Daneben bekamen 3437 Kolonisten 17 Tsd. ha. Damit war die Ansiedlung größtenteils beendet, denn fünf Jahre später, Ende 1928, waren 18740 Dobrovolzen mit 100 Tsd. ha und 6239 Kolonisten, Optanten und Flüchtlinge mit 25 Tsd. ha angesiedelt. Im nördlichen Gebiete wurden hauptsächlich Dobrovolzen und diese wieder vorwiegend in der fruchtbaren Vojvodina angesetzt.

Von den angesiedelten Familien haben insgesamt nur 60—70% das ihnen überlassene Land tatsächlich auch in Nutzung genommen und nur 10% haben sich eigene Häuser gebaut.

In der Vojvodina wurde der Versuch mit geschlossenen Siedlungen nur vereinzelt unternommen. Die Anlage zeigt durchweg den Typus der geradstraßigen Reihendörfer, wie man ihn sonst in der Vojvodina und in den deutschen Kolonien Syrmiens findet. Der Versuch ist aber über gewisse Anfänge nicht weit hinausgekommen. Die meisten Siedler sind hier auf den verlassenen Meierhöfen der Großgrundbesitze und in den umliegenden Dörfern untergebracht. Die von Dobrovolzen in Besitz genommenen Meierhöfe im Banat und anderwärts bieten ein deprimierendes Bild. Die teilweise aus früheren Arbeiterwohnungen und Büroräumen, aber auch aus Stallungen neueingerichteten Behausungen sind sehr mangelhaft. Dasselbe gilt für die neuerrichteten Stallungen. Die alten Wirtschaftsgebäude verfallen, die Industriegeleise wurden zum größten Teile entfernt, Dampfpflüge, teure Lokomobilen, Dreschgarnituren und Wirtschaftsgeräte stehen seit Jahren im Freien, verrosten und verfallen.

Denselben vernachlässigten Eindruck machen die von den Dobrovolzen und Kolonisten bebauten Felder. Wer heute durch die Ländereien der enteigneten Großgrundbesitze im Banat wandert, sieht vielfach dieses Gebiet in jenem trostlosen Zustande, in dem es sich befand, ehe es vor etwa 150 Jahren in Kultur genommen wurde. Auf manchen tiefergelegenen Böden steht heute wieder wie ehedem Sumpfwasser und wächst das Schilf. Viele Pumpwerke sind zerfallen, die Ableitungsgräben verschlammt und verwachsen, die Dämme von den großen Ableitungskanälen durchbrochen, weil man der Bequemlichkeit halber Wege über sie führte, um die Zufahrt zu den Feldern abzukürzen. Auf vielen Feldern sah man Ende 1923 noch die Überreste von Maispflanzungen aus den Jahren 1920 und 1921. Man hatte diese Felder ursprünglich angebaut, aber als die Arbeit zu schwer wurde, einfach brach liegen gelassen. Soweit die Felder noch bebaut wurden, war die Ackerung völlig unzureichend, die Siedler pflügten kaum tiefer als einen Zoll auf Böden mit einer sehr starken Humusschicht. Gebaut wird Jahr für Jahr fast nichts anderes als Mais. Die Viehhaltung steht auf niedrigster Stufe. Man sieht selten stärkere Tiere. Es ist kein ungewohntes Bild, daß man auf Böden, über die früher der Dampfpflug ging, heute den Gebirgsbauer aus der Lika oder dem Karst seine Kuh und seine Ziege gemächlich weiden sieht.

Die deutschen Bauern spannen in jenen Gegenden in der Regel 4 starke Pferde vor einen Pflug. Die Kolonisten haben meist nur zwei schwache Pferde, die den schweren Boden nicht zu bewältigen vermögen. Man hat ihnen aber nur 8³/₄ Joch Land zugewiesen. Es mangelt ihnen an der nötigen Kapitalkraft, um die vielen Pumpwerke und Kanäle instandzuhalten, ohne die ein Bebauen besonders der tiefergelegenen Felder undenkbar ist.

Besser steht es in der Batschka, noch besser in Kroatien. Dort nehmen wenigstens die unbebauten Flächen nicht einen so großen Umfang ein wie im Banat, wo man die infolge der Agrarreform unbebaute Fläche auf mindestens 15—20000 Joch besten Bodens schätzt.

Einen besonderen Mißerfolg scheint der Versuch der Ansiedlung von Kolonisten in den Staatswäldern Bosniens gezeitigt zu haben. Über 50% der dort mit Land beteilten Kolonisten haben nach kürzester Zeit die Gegend fluchtartig wieder verlassen.

Wegen dieser Mißerfolge wird die Innenkolonisation im Norden selbst von unbedingten Anhängern der Agrarreform wie St. Stojanović auf das schärfste kritisiert, der sie gelegentlich sogar »einen schwarzen Fleck auf den ersten Seiten der Geschichte der sozialen Reformen Jugoslawiens« nannte und behauptete, daß »das, was in den nördlichen Gebieten unter dem Namen Kolonisation geschehen ist, überhaupt nicht als Kolonisation betrachtet werden könne. Auch im Süden hätten sich einige Kolonien, in die Millionen investiert worden seien (wie Nova Batanja bei Štip), vollständig wieder aufgelöst«[17].

Wo liegen die Gründe für dieses Versagen? Die Regierung mußte voraussehen, daß Leute, die zumeist aus Gebirgsgegenden mit leichten Böden und einer oft ganz patriarchalischen Wirtschaftsweise stammten, sich auf den außerordentlich schweren Böden nicht behaupten würden.

Einen weiteren Fehler beging die Regierung, indem sie nicht genügend Vorsorge bei der Auswahl der Siedler traf. Auf die Eignung der Siedler für die Landwirtschaft, auf ihre Vermögenslage usw. wurde beinahe gar keine Rücksicht genommen. Man machte den Leuten die Ansiedlung zu einfach, setzte sie ohne nähere Prüfung ins Volle hinein — zumeist wur-

---

17) Zit. bei Matl a. a. O., S. 129 ff.

den ihnen die Felder knapp vor der Ernte übergeben — und wer konnte, benutzte eben die verlockende Gelegenheit, ohne vielfach je die Absicht gehabt zu haben, sich weiter mit der Landwirtschaft zu beschäftigen. Es gibt Dobrovolzen, die irgendwo ihre 5 ha Feld zugewiesen erhielten und nach ihrer eigenen Aussage jahrelang nicht wußten, wo ihr Feld liegt. Viele verschleuderten das übernommene Inventar rasch, verpachteten die Äcker teuer an die umliegenden Bauern, nicht selten sogar an den früheren Besitzer, und zogen wieder in ihre Heimat, um im nächsten Herbste wiederzukommen, wenn der Pachtzins für das nächste Jahr einzustecken war.

Die Regierung hat sich später bemüht, den Leuten Subventionen in Geld und *in natura* zukommen zu lassen. Es wurde ihnen Saatgut geliefert, ebenso Holz für den Hausbau. Das Geld wurde aber oft für ganz unwirtschaftliche Zwecke verwendet, das Getreide und das Holz waren noch kaum auf dem Bahnhofe und schon verkauft. Und außerdem: Der Kolonist führt seine gewohnte außerordentlich anspruchslose Lebensweise weiter und baut nur so viel, als er gerade für die Befriedigung der allernotwendigsten Bedürfnisse braucht. Genügen ihm dafür 3 Joch, so läßt er die anderen $5^3/_4$ Joch unbebaut.

An den kompetenten Stellen wurde man sich mit der Zeit der Notwendigkeit bewußt, die Siedlung nicht nur unter nationalen und sozialen, sondern auch unter wirtschaftlichen Gesichtspunkten zu betreiben und bei fortschreitender Konsolidierung des Staates auch auf diesem Gebiete Ordnung zu schaffen.

Bedeutend besser als auf den Ländereien der Dobrovolzen und sonstigen Kolonisten steht es auf den Parzellen der Anlieger (Ortsarmen), wenngleich auch sie bei weitem nicht die früheren Erträge erreichen. Genug Boden haben diese Leute in der Regel auch heute nicht und von einem Produktionsüberschuß kann bei ihnen keine Rede sein. Die Erträge zu steigern, fehlt es an dem nötigen Kapital, an ausreichender Gespannkraft und an der erforderlichen Unternehmungslust. Das Haupthindernis ist aber die Kleinheit ihrer in Streulage befindlichen Parzellen. Manchmal lassen sich die neuen Siedler ihren Boden von dem früheren Großgrundbesitzer — natürlich gegen Entgelt — anbauen, abernten und die Ernte dreschen, stecken also beinahe lediglich den Reingewinn von der Arbeit der bisherigen Großgrundbesitzer ein.

Es ist viel darüber geschrieben worden, wie diese Mißstände zu beseitigen wären[18]). Man glaubt vor allem, durch den Ausbau des Genossenschaftswesens, durch die Organisation des landwirtschaftlichen Kredits und ähnliche Maßnahmen den Übelständen beikommen zu können. So erwägenswert aber alle diese Vorschläge sein mögen, wird doch der erste Schritt der sein müssen, restlos alle jene Begünstigungen einzustellen, welche die neuen Siedler zu reinen Nutznießern der Enteignung machen. In demselben Maß, wie an die Siedler höhere Anforderungen gestellt werden, wird sich auch eine gesündere Auswahl vollziehen, es werden nur jene das Land behalten, die tatsächlich auch die Fähigkeiten und den Willen besitzen, es zu bearbeiten.

D. Siedlungs- und Ablösungsstatistik.

Die Ergebnisse der bisherigen Aufteilung des Großgrundbesitzes, der Innenkolonisation und der Ablösungstätigkeit geben die folgenden Tabellen wieder. Sie sind auf Grund von Daten zusammengestellt worden, die uns das Agrarreformministerium zur Verfügung gestellt hat und die hier zum erstenmal veröffentlicht werden.

Ergebnis der Agrarreform von 1919 bis Ende 1928.

A. Die Beschaffung des Bodens.

I. Zahl und Fläche der unter die Agrarreform fallenden Besitze in den nördlichen Provinzen.

Gebiete	Gesamtzahl der Besitze	Privatbesitze von Besitzern jugosl. National.	Besitze von Angehörigen fremder Nationalität	Besitze öffentlicher Korporationen	Gesamte, unter die Reform fallende Kulturfl. . . . ha	von der Kulturfläche wurden parzelliert . . . ha	in % der Kulturfl. wurden parzelliert	Freiwillig verkaufte Kulturfl. . . . ha
Slovenien	203	93	109	1	27240	12938	47,5	—
Kroatien-Slavonien	260	202	44	14	195311	126501	64,8	10 660
Vojvodina.....	387	70	157	160[19])	258243	172343	66,7	3 790
Zusammen	850	365	310	175	480794[20])	311782	64,8	14 450

[18]) S. besonders M. Ivšić a. a. O. S. 358 ff.

[19]) Davon sind 110 Besitze der politischen Gemeinden.

[20]) Die Fläche der Agrarreformbesitze umfaßt außer diesem Kulturland: 520 Tsd. ha Wald (davon 116 Tsd. in Slov., 382 Tsd. in Kroat.-Slav. und 22 Tsd. in der Voj.) und 257 Tsd. ha Weide und andere Flächen (19 Tsd. in Slov. 78 Tsd. in K. u. 161 Tsd. in d. V.). Das gesamte unter die Agrarreform fallende Areal beträgt 1258 Tsd. ha (162 Tsd. in Slov., 655 Tsd. in Kr.-Sl. und 441 Tsd. in d. Voj.).

II. Land für die innere Kolonisation in Südserbien (Kosovo und Mazedonien), Bosnien und der Herzegowina [21]).

Gebiete	Abgegrenzte und übernommene Fläche ha	Davon wurden behalten für verschied. Zwecke [22]) ha	Zur Parzellierung bleiben ha	Davon sind parzelliert ha	Von der übernommenen Fl. wurden parz. %	von der zur Parzell. bestimmten Fläche sind parz. %
Südserbien	253 352	94 267	159 085	86 244	34	54
Davon in:						
Prischtina u. Petsch [23])	145 682	32 255	113 427	55 160	38	49
d. 5 übrigen Kommissariaten	107 670	62 012	45 658	31 084	29	68
Bosnien und Herzegowina	.	.	.	34 364	.	.
Insgesamt parzell.	.	.	.	120 608	.	.

B. Die Verteilung des Bodens.

I. Von der Kulturfläche des Großgrundbesitzes (481 Tsd. ha) erhielten in den nördlichen Provinzen (vorläufig in Pacht): [24])

Gebiete	Nach den Vorläufigen Bestimmungen über Enteignung und Aufteilung des Großgrundbesitzes				Nach den Verordnungen und Gesetzen über die Kolonisation				Fakultativ abgekauft	
	188 314 Anlieger		7 130 Ortsansässige *Dobrovolzen*		11 610 Ortsfremde *Dobrovolzen*		6 239 *Kolonisten* [25])			
	im ganzen ha	pro Familie ha	im ganzen ha	pro Familie ha	im ganzen ha	pro Familie ha	im ganzen ha	pro Familie ha	Zahl der Käuferfamilien	Kulturfläche ha [26])
Slovenien	12 157	0,66	—	—	15	5,00	766	5,00	—	—
Kroatien-Slavonien	90 503	0,83	13 389	4,18	16 776	4,85	5 849	3,60	13 019	10660
Vojvodina	94 114	1,52	18 325	4,66	41 415	5,08	18 490	4,14	1 203	3 790
Zusammen	196774	1,04	31 714	4,45	58 206	5,01	25 105	4,02	14 222	14450

[21]) Staatsland, Gemeinde- und Dorfbrachland, von Eigentümern verlassenes Land, Ödland und expropriiertes Land.

[22]) Für Gemeindeweiden, Wege, Eisenbahnen usw. und für Besitzer, deren Grundstücke in dem abgegrenzten Landkomplex lagen.

[23]) D. h. in den Agrarkommissariaten des *Kosovo Polje* und des albanischen Grenzgebietes.

[24]) Solange die Entschädigung des Großgrundbesitzes noch nicht gesetzlich geregelt ist. In das volle Eigentum wurden sofort nur Bauparzellen übertragen (siehe folgende Tab. B I a).

[25]) In der Mehrheit ortsfremde, daneben im Dorfe wohn. hauslose Kolonisten.

Ia. In den nördlichen Provinzen dem Großgrundbesitz endgültig enteignetes Land[27]).

Größe der expropriierten Fläche ha	Anzahl der Parzellen	Durchschn. Größe der Parz. ha	Anzahl der beteiligten Familien	Zahl der neugebauten Häuser	In den neuen Häusern wohnen Familien
6875	24 894	0,3	23 810	11 515	12 073

II. Zuteilungen von Kolonisationsland in Südserbien, Bosnien und der Herzegowina:

Gebiete	8869 *Kolonisten*		14612 Anlieger		4518 *Dobrovolzen* und Freischärler		Für verschiedene Zwecke ha [28])
	im ganzen ha	durchschn. ha	im ganzen ha	durchschn. ha	im ganzen ha	durchschn. ha	
Südserbien ..	61 975	6,99	17 675	3,45	2 317	7,29	4277
Bosnien und Herzegowina	—	—	13 640	1,45	20 630 [29])	4,77	—
Zusammen ..	61 975	6,99	31 315	2,14	22 947	5,08	4277

IIa. Tatsächliche Ansiedlung in Südserbien.

Zahl der tatsächlich angesiedelten Familien	Zahl der neugebauten Kolonistenhäuser	Zahl der enteigneten und vom früheren Eigentümer verlassenen Häuser
8219	5 745	1 014

[26]) Durch Kauf erworben wurden außerdem 39 956 ha andere Flächen (Weide, Wald, Ödland).

[27]) Auf Grund der Verordnung über die teilweise Durchführung der Expropriation von Grund und Boden von Grundbesitzen für öffentliche Interessen, für Kolonisation und Errichtung von Arbeiter- und Beamtenwohnungen und Gärten, gesetzeskräftig 4. Juni 1922).

[28]) Zum Austausch (Entschädigung von Eigentümern, die an anderer Stelle enteignet waren) für Volksschulen, Militär, Gendarmerie, öffentliche und Kulturanstalten, Musterwirtschaften und landwirtschaftliche Schulen.

[29]) Fast ausschließlich Waldboden.

C. Die Kmetenablösung

in Bosnien, Herzegowina und Südserbien von 1919 bis Ende 1928.

Gebiet	Abgelöste Fläche ha	Zahl der Kmetenfamilien	Von der abgelösten Fläche sind		
			Kulturl.	Hutweiden	Wald
Bosnien und Herzegowina	775 234	113 103	566 076	47 179	161 979
Südserbien	269 928	19 838	.	.	.
Zusammen:	1 045 162	132 941	.	.	.

D. Das Gesamtergebnis der Agrarreform.

	Anlieger	Dobrovolzen	Kolonisten	Käufer	Zusammen	Kmeten
Empfangene Gesamtfläche ha [30])	228 089	112 867	87 080	54 406	482 442	1 045 162
Zahl der Landempfänger	202 926	23 380	15 108	14 479	255 893	132 941

Ende 1923 war die Aufteilung des Großgrundbesitzes der nördlichen Provinzen im großen und ganzen abgeschlossen. Die rd. 6000 Landzuweisungen, die seit dieser Zeit noch vorgenommen wurden, umfassen nicht mehr als 5 % der unter die Agrarreform fallenden Kulturfläche. Im ganzen wurden 311782 ha oder etwa 65 % der Kulturfläche von den unter die Agrarreform fallenden Besitzen zwangsparzelliert und 54000 ha in Parzellen freiwillig verkauft. Somit blieben Ende 1928 jedem dieser 850 Besitzer durchschnittlich noch rund 180 ha Kulturland, so daß sie auch heute noch Großlandwirte sind. Ihnen bleibt ferner bis zur endgültigen Regelung der Entschädigungsfrage noch die Nutznießung der großen enteigneten Wald-

30) Die meisten Anlieger, etwa vier Fünftel der Dobrovolzen und zwei Fünftel der Kolonisten erhielten ihre ganze Fläche in Kulturland. Der Rest der Dobrovolzen wurde auf Waldboden angesetzt (Bosnien u. Herzegowina), drei Fünftel der Kolonisten bekamen überwiegend bisher unbebauten Boden (Mazedonien). Von der durch Kauf erworbenen Fläche sind 14 450 ha Kulturland.

flächen (im Durchschnitt etwa 600 ha pro Betrieb). Es läge im Interesse der Forstwirtschaft, wenn der Staat diesen Wald nicht in eigene Regie nähme und sich mit der Beaufsichtigung begnügte.

Die innere Kolonisation in Südserbien, Bosnien und der Herzegowina beanspruchte im ganzen bisher 120608 ha.

Im Endergebnis sind also in den unter die Agrarreform fallenden Gebieten Jugoslawiens bis Ende 1928 zusammen 482442 ha in andere Hände übergeführt, etwa 400000 ha mögen Kulturland sein.

In Bosnien und der Herzegowina wurden 775234 ha (rd. 16% der Gesamtfläche) in das Eigentum von 113103 Kmetenfamilien übertragen. Von dieser Fläche sind 556076 ha Kulturland. Die Tschiftschien- (Kmeten-) Ablösung in Südserbien stieß auf sehr große Schwierigkeiten, weil ein Grundbuch fehlt, und kam nur sehr langsam voran. Bis Ende 1928 waren 269928 ha (= rd. 6% der Gesamtfläche) in das Eigentum von 19838 Familien überführt. Über die Ablösung des Kolonats in den Küstenländern liegen keine Angaben vor.

E. Die Bedeutung der agrarischen Umwälzung in Südslawien.

Von der sozialen Bedeutung der Aufteilung der Großgrundbesitze läßt sich ein klares Bild nur für Kroatien-Slawonien gewinnen. Für die anderen Gebiete liegt kein ausreichendes Zahlenmaterial über den Stand der Besitzverhältnisse vor 1919 vor.

Nimmt man für jenes Gebiet als ausreichende Ackernahrung die bescheidene Fläche von 10 Joch (5,75 ha) an, dann gab es vor der Aufteilung der Großbesitze (nach Tabelle auf S. 296) 180175 Besitzer, die nur die Hälfte besaßen. Ihr Besitz umfaßte insgesamt eine Fläche von 229000 ha. Es fehlten also noch 808000 ha. Verteilt an Anlieger und Landlose im Dorf hat der Staat bisher 90000 ha, an Dobrovolzen und Kolonisten 36000 ha. Damit ist der Landvorrat so gut wie erschöpft, denn die dem Großgrundbesitz über das gesetzliche Maximum hinaus belassene Fläche ist nur gering, etwa 12000 ha. Selbst um allen Kleinbesitzern ein Ausmaß von nur 5 Kat.-Joch zu verschaffen, reicht der enteignete Großgrundbesitz nicht einmal halbwegs aus. Beteilt wurden bisher 108307 Anlieger, d. h. etwas über die Hälfte der Besitzer unter 5 Joch. Durchschnittlich hat jeder Anlieger 0,83 ha erhalten.

In Kroatien konnte demnach aus der Fläche des enteigneten Großgrundbesitzes der Landhunger der landarmen Bevölkerung nur zu einem geringen Teil befriedigt werden.

In Slowenien liegen die Verhältnisse noch schwieriger, denn dort ist der Kleinbesitz in einer noch mehr prekären Lage als in Kroatien und die Ackerfläche des unter die Agrarreform fallenden Großgrundbesitzes (27000 ha Kulturfläche) erheblich geringer. So konnten die Anlieger durchschn. nur 0,66 ha erhalten.

Besser steht es in der Vojvodina, wo der Kleinbesitz relativ geringer, die vorhandene Ackerfläche des Großbesitzes viel größer ist. Hier haben denn auch die Anlieger durchschn. 1,52 ha erhalten. Man hätte für die Hebung des einheimischen Kleinbesitzes noch sehr viel mehr Land verwenden können, wenn nicht aus nationalpolitischen Gründen etwa 40% der verfügbaren Fläche zur Ansiedlung von Dobrovolzen und anderen Kolonisten gedient hätten. Selbst ein grundsätzlicher Anhänger der Agrarreform, M. Jakšić, sagt, daß das Hauptziel, aus Angehörigen des Landarbeiterproletariats lebens- und wirtschaftsfähige Kleinbauern zu schaffen, nicht erreicht worden sei.

Einen weitaus größeren sozialen Erfolg hat die Kmetenablösung erzielt. Die ehemaligen Kmeten sind heute schuldenfrei. Nach dem Urteil guter Kenner der Verhältnisse stehen sie sich wirtschaftlich besser als ehedem.

Nimmt man die Auswirkung der agrarpolitischen Maßnahmen als Ganzes, so kann man sagen, daß sie das soziale Problem in Südslawien nicht lösen konnten und nicht lösen können. Außer den Ländereien der enteigneten Großgrundbesitzer hat Südslawien zwar noch große Flächen ärarischer und kommunaler Ländereien zu vergeben. An ihnen ging die bisherige Agrarpolitik bisher vielfach vorbei. Trotzdem kann man behaupten, daß heute für Jugoslawien eine Lösung des sozialen Problems durch agrarpolitische Maßnahmen überhaupt nicht mehr möglich ist. Auch Jugoslawien ist gezwungen, an eine stärkere Industrialisierung des Landes zu denken. Die dazu nötigen Bodenschätze und Bodenprodukte sind reichlich vorhanden.

Daß die agrarische Umwälzung einen schweren Rückgang der Bodenproduktion verursacht hat, darüber ist man sich an allen leitenden Stellen Jugoslawiens vollkommen klar. Die in den nördlichen Provinzen enteigneten Flächen sind von einer intensiven Bodenkultur in eine stark extensive übergegangen, vielfach werden sie überhaupt nicht bebaut. Die erzeugten Produkte verwenden die Siedler für den Eigenbedarf. Der Rückgang in der Marktbelieferung ist deshalb noch größer als der in der Produktion. Den Ausfall in der Marktbelieferung zuverlässig zu schätzen, fehlt es an den nötigen Unterlagen. P. Popović, der Herausgeber der führenden landwirtschaftlichen Zeitung, des *Poljoprivedni Glasnik*, und sicherlich einer der besten Kenner der jugoslawischen Landwirtschaft, schätzte in den Jahren 1925—27 den Produktionsausfall in der Vojvodina allein auf 17 000 Waggons jährlich. Nach ihm tragen die Böden, die früher einen Hektarertrag von 12 bis 14 dz und mehr aufwiesen, heute nach der Aufteilung höchstens 6—7 dz. Der Anbau von Klee, Zuckerrüben, Hanf und von anderen Industriepflanzen hat auf den Flächen der Agrarreform fast vollständig aufgehört.

Infolge dieser geringeren Marktbelieferung stehen die Getreidepreise unverhältnismäßig hoch. Da die Regierung bis 1927 außerdem noch eine Ausfuhrabgabe auf Getreide einhob, konnte das jugoslawische Getreide auf dem Weltmarkt nur schwer konkurrieren, obwohl jugoslawischer Weizen und Mais qualitätsmäßig zu den besten Erzeugnissen des Weltmarktes gehören [31]). Weitere Folgen der geringen Marktbelieferung bilden ein starker Ausfall in der Handelsbilanz und die Verschlechterung des Dinarkurses. Ein Bericht, den der Präsident der Ersten Kroatischen Sparkasse in Agram, Miroslav Graf Kulmer, dem Hauptverwaltungsrat der Jugoslawischen Nationalbank erstattete, hebt die Schädigungen hervor, die durch die Zerstückelung der größeren Betriebe der Viehzucht zugefügt worden sind. Besonders verhängnisvoll ist die fast restlose Vernichtung der aus der Landschaft heraus gezüchteten, gut angepaßten Viehrassen (Lippizaner, podolische Rinder, kraushaarige Schweine, veredelte Schafe [32]).

Standen die agrarischen Operationen unter dem Gebote einer höheren Notwendigkeit, so fällt freilich der durch sie verursachte Produktionsausfall nicht so schwer ins Gewicht. Die Regierung wird aber nationale und soziale Interessen nicht dauernd ver-

---

[31]) Daß es zu einer zeitweisen Getreideeinfuhr kam, steht mit der Agrarreform in keiner Beziehung. Die Einfuhr beschränkt sich hauptsächlich auf die Küstengebiete, die verkehrsmäßig von Italien aus leichter zu erreichen sind als etwa von der Vojvodina.

[32]) Otto von Frangeš: »Die Landwirtschaft im Königreiche der Serben, Kroaten und Slovenen.« *Berichte über Landwirtschaft*, Neue Folge, Bd. IV, Berlin 1926, S. 27.

folgen können, ohne auch an eine Steigerung der Bodenproduktion zu denken. Und hier werden für sie die Schwierigkeiten der Agrarreform erst richtig beginnen. Der Großbetrieb wurde auch dort zertrümmert, wo seine Leistungsfähigkeit vom Kleinbetriebe infolge mangelnden Kapitals und ungenügender Gespannkraft nie erreicht werden kann. Die Zuteilung von Land an die Kleinbetriebe ist viel zu gering sowohl im ganzen als auch im einzelnen, um ausreichende Ackernahrungen zu schaffen. Eine auf Steigerung der Bodenproduktion bedachte Reform hätte an der Beseitigung der die wirtschaftliche Entwicklung des Kleinbesitzes hemmenden Bodenzersplitterung durch Zusammenlegung der Grundstücke nicht vorbeigehen dürfen. Statt dessen wurde durch die radikale Zertrümmerung der großen Besitze in Parzellen bis zu $^1/_2$ Joch die Bodenzersplitterung noch vermehrt. Man kann freilich einwenden, daß es Aufgabe der künftigen Agrarpolitik sein wird, die Zusammenlegung überall, wo nötig, durchzuführen. Man kann dann den Bauern aber nichts mehr bieten, um dieser Operation den nötigen Anreiz zu geben. Die Bauern werden bei der Zusammenlegung nur immer die momentanen Nachteile und nicht die späteren Vorteile sehen und sich gegen sie stemmen.

Aus allen diesen Gründen ist man zu dem Schlusse berechtigt, daß die agrarische Umwälzung in Südslawien bei aller Würdigung der sie treibenden Kräfte eine lange dauernde Schädigung der südslawischen Landwirtschaft bedeutet. Die Hauptschwäche der jugoslawischen Agrarreform wird von den besten Kennern[33]) darin gesehen, daß sie begonnen wurde in einer Zeit, als die politischen und sozialen Verhältnisse äußerst labil waren. Der Gesetzgebung fehlte die klare Linie. Die Häufung von Übergangsentscheidungen wurde mehr den politischen Wünschen der Parteien als der Sache gerecht. Bei der Durchführung fehlte es an sachkundigen Beamten, und das war um so verhängnisvoller, als ja die ökonomischen, sozialen und rechtlichen Verhältnisse in den von der Agrarreform betroffenen Gebieten ganz verschieden waren. So sind auch bis jetzt eine ganze Reihe von Fragen noch nicht geregelt: die Entschädigung der Großgrundbesitzer im Norden und die Übertragung des Eigentums an die Landempfänger, die Ablösung des Kolonats in den Küstengebieten und die Frage der Waldgroßbesitze, zum Teil ferner die Tschiftschienablösung in Südserbien.

---

33) Vgl. Wiedergabe ihrer Ansichten bei **Matl**, a. a. O. S. 124 ff.

Anhang.

Die Entwicklung des südslawischen Außenhandels ergibt, allerdings mit Einschluß der Reparationslieferungen in den Einfuhrsummen, in den verflossenen Jahren folgendes Bild.

Der Dinarkurs und die Handelsbilanz Jugoslawiens.

Jahr	Goldwert des Dinars in % der Parität	Einfuhr	Ausfuhr	Bilanz
		in Millionen RM.		
1920	19,84	557	212	— 345
1921	12,18	408	243	— 165
1922	7,13	367	210	— 157
1923	5,56	374	352	— 22
1924	6,68	443	514	+ 71
1925	8,84	627	638	+ 11
1926	9,15	565	579	+ 14
1927	9,11	538	472	— 66

Von der Gesamtausfuhr entfallen auf

	1920	1925	1926	1927
Bodenerzeugnisse........	72	294	223	93
Forstliche Erzeugnisse	32	102	81	157
Erzeugnisse der Tierzucht:	52	142	156	95

Die wichtigsten Bestimmungen über die Durchführung der Agrarreform in Jugoslawien.

Eine authentische Sammlung aller die Agrarreform betreffenden Gesetze, Verordnungen und Erlasse ist enthalten in den beiden Ausgaben:

Agrarna reforma. Uredbe, naredbe i rapisi. Izdanje Ministerstva za Agrarnu Reformu Kraljevine Srba, Hrvata i Slovenaca u Beogradu. 310 S. Zagreb 1920.

Agrarna reforma. Uredbe, naredbe i rapisi. Izdanje Ministerstva za Agrarnu Reformu Kraljevine Srba, Hrvata i Slovenaca. Sabrao dr. Josef Tučkovi', director agrarne direkcije u Zagrebu. 415 S., Zagreb 1925.

Eine eingehende Wiedergabe der wichtigsten Bestimmungen findet sich in der ausgezeichneten Arbeit von J. Matl, Die Agrarreform in Jugoslawien, 1927.

Einen deutschen Text der jugoslawischen Verfassung bietet: Die Verfassung des Königreiches der Serben, Kroaten und Slowenen, Gesetz vom 28. Juni 1921. Essek, 1921.

Art. 37 der Verfassung (*Vidovdanski ustav*) vom 28 Juni 1921:

»Das Eigentum ist gewährleistet. Aus dem Eigentume entstehen auch Verpflichtungen. Seine Verwendung darf nicht der Gemeinschaft zum Schaden gereichen. Inhalt, Umfang und Beschränkungen des Privateigentums werden durch Gesetz bestimmt.

Die Enteignung des Privateigentums im allgemeinen Interesse ist auf Grund eines Gesetzes und gegen gerechte Entschädigung statthaft.«

Soweit im Folgenden die einzelnen §§ keine nähere Bezeichnung tragen, sind sie der Stammverordnung v. 25. Februar 1919 (*Uradni List* v. 11. III. 1919 N: LXI) entnommen.

1. Die Aufhebung der Kmetschina.

§ 1. Das Kmeten-(*Čivčije*-)verhältnis in Bosnien und der Herzegowina, in den neuen Teilen Serbiens und in Montenegro wird abgeschafft. Die Neubegründung eines Hintersassenverhältnisses wird verboten.

§ 2. Die bisherigen Kmeten (*Čivčije*) werden zu freien Eigentümern der bisherigen Hintersassengüter erklärt.

§ 3. Die bisherigen Eigentümer (*Age*) bekommen für das abgenommene Land eine Entschädigung, die ihnen der Staat garantiert. Die Höhe der Entschädigung und die Art ihrer Auszahlung wird durch ein besonderes Gesetz bestimmt werden.

§ 5. Solange die Frage der Entschädigung nicht geregelt ist, wird den bisherigen Eigentümern, falls sie es verlangen, eine vorläufige Rente in der Höhe ihrer bisherigen Einnahmen aus den Hintersassengütern gezahlt. Die ausgezahlte vorläufige Rente wird später abgerechnet werden . . . .

2. Die Aufhebung des Kolonats.

§ 7. Die Kolonats- und die übrigen dem Kmetenverhältnis ähnlichen Verhältnisse zwischen dem Grundeigentümer und dem Landarbeiter in Istrien, Görz, Dalmatien und den übrigen Teilen des Königreiches der Serben, Kroaten und Slowenen werden im Sinne der Bestimmungen des 1. Abschnittes dieser Verordnung (betr. die Ablösung der Kmetschina) abgeschafft.

3. Enteignung und Aufteilung des Großgrundbesitzes.

§ 9. Alle Großgrundbesitze auf dem Territorium des Königreiches S. H. S. werden enteignet. Aus ihrem Flächeninhalt wird Boden an solche Staatsbürger abgegeben werden, die sich mit Ackerbau beschäftigen und entweder überhaupt über kein Land verfügen oder es in ungenügendem Ausmaß besitzen, und zwar soviel, als sie selbst mit ihrer Familie bebauen können. Den Vorzug bei dieser Aufteilung haben Invalide, Kriegerwitwen und Waisen, Soldaten und Freiwillige (*dobrovoljci*), die für die Befreiung und Vereinigung der Serben, Kroaten und Slowenen gekämpft haben. Über die übrigbleibende Fläche des enteigneten Grund und Bodens, weiter darüber, was als Großgrundbesitz im Sinne dieser Verordnung aufzufassen ist, wird durch ein besonderes Gesetz nach den Besitz- und ökonomischen Verhältnissen der einzelnen Gebiete entschieden werden.

Art. 2 der Verordnung über das Verbot der Veräußerung und Belastung von Großgrundbesitz v. 21. Juli 1919 (*Uradni List* Nr. 137 v. 25. 8. 1919):

Als Grundbesitze werden im Sinne dieser Verordnung die Großgrundbesitze, die

a) in Görz, Istrien, Dalmatien und der Herzegowina 50 ha für die Bearbeitung geeigneten Boden (Acker, Wiese, Gärten, Melonenpflanzungen, Obstgärten, Weingärten und Hopfenkulturen) oder 100 ha Bodenfläche überhaupt (zusammen mit Wald und Weideland),

b) in Slowenien außer Görz, in Prekmurje und Medjumurje, dann in Kroatien in der Županje Varasdin, Modruš-Fiume, Lika Krbawa 75 ha für die Bearbeitung geeigneter Bodenfläche oder 200 ha überhaupt;

c) in Kroatien im Bezirke von Zagreb, Stubica, Samobor, Dugoselo, Sv. Ivan-Zelina der Zagreber Županje wie auch in den neuen Gebieten Montenegros: in den Kreisen von Bjelopolje, Plevlje, Beranje, Kolaschin und Peć

100 ha für die Bearbeitung geeigneter Bodenfläche oder 300 ha Boden überhaupt;

d) in Kroatien in den übrigen Teilen der Županje Zagreb, in der Županje Bjelovar-Krizevci und in Bosnien außer den unter e) aufgezählten Bezirken 150 ha für die Bearbeitung geeigneter Bodenfläche oder 400 ha Boden überhaupt;

e) in Slawonien in der Županje Požega wie auch in Bosnien in den Bezirken Novi Prijedor, Banjaluka, Bosn. Gradiska, Derventa Gradačac, Briko und Bjelina 200 ha für die Bearbeitung geeigneter Bodenfläche oder 450 ha überhaupt;

f) in Slawonien in den Županjen Virovitica und Srijem, dann in dem Gebiete des Banats, der Batschka und Baranya wie auch in den neuen Teilen Serbiens 300 ha für die Bearbeitung geeigneter Bodenfläche oder 500 ha überhaupt.

Die bezeichnete Fläche wird als Großgrundbesitz angesehen, falls sie auch in verschiedenen Teilen des Gebietes liegt, wenn sie Eigentum einer physischen oder juristischen Person oder der gleichen Miteigentümer ist; auch geschiedene Ehegatten werden als eine Person angesehen.

Wenn der Großgrundbesitz im Gebiete mehrerer Territorien liegt, für die mit diesem Artikel ein verschiedener Maßstab für die Beurteilung als Großgrundbesitz aufgestellt wird, ist das höchste Ausmaß desjenigen Gebietes maßgebend, in dem wenigstens 30 ha dieser Grundstücke überhaupt liegen.

§ 11. Die Entschädigung des Großgrundbesitzers für das enteignete Land, ihre Höhe und die Art der Abzahlung werden später im Wege der Gesetzgebung geregelt. Bis dahin ist im Sinne des § 5 vorzugehen.

§ 12. Ohne Entschädigung werden nachfolgende Besitzungen weggenommen werden:

a) alle Besitzungen der habsburgischen Dynastie und der Mitglieder der habsburgischen kaiserlichen Familie,

b) alle Besitzungen der Dynastien feindlicher Staaten,

c) alle Besitzungen, die seinerzeit Fremden für Dienste, die sie den Habsburgern erwiesen haben, gegeben wurden und bisher nicht auf dritte Personen übergegangen sind.

§ 14. Solange die Aufteilung der Großgrundbesitze nicht definitiv im Sinne des § 9 durchgeführt werden kann, wird der Staat die im § 10 bezeichneten Besitze vorläufig den im § 9 bezeichneten Personen in kleineren oder größeren Komplexen in Pacht geben.

Der Pachtzins wird nachträglich nach den örtlichen Verhältnissen festgesetzt werden.

4. Die Enteignung der Waldgroßbesitze.

§ 17. Alle größeren Waldkomplexe gehen in das Eigentum des Staates über Die Landarbeiter werden in ihnen das Weiderecht und ein Recht auf Brenn- und Bauholz haben.

§ 18. Die Entschädigung für die Eigentümer der Forste sowie auch die Regelung der bäuerlichen Weide- und Holzgerechtigkeit wird durch besondere Gesetze bestimmt.

Art. 5 der Verordnung über die Ergänzung und über die Abänderung des Organisationsstatutes des Ministeriums für Verwaltung der Wälder und Bergwerke vom 26. Juli 1921:

Der Staat verwaltet und leitet alle staatlichen Waldgroßgrundbesitze und alle mit Wald bewachsenen Inseln und verfügt über sie; ohne in die Eigentumsrechte einzugreifen, übt er die fachmännische Verwaltung und Aufsicht nach den bestehenden Gesetzen über die Wälder der Ortsvermögensgemeinden, der Klöster, kirchlichen Würdenträger, der mohamedanischen Kirchengüter, der Markgenossenschaften und der privilegierten Waldbesitze der städtischen und Ortsgemeinden, der Adeligen, der Korporationen und Privater ohne Rücksicht auf ihre Größe aus.

Wenn es sich zeigt, daß es einer fortschrittlichen Waldwirtschaft zum Vorteile gereicht oder im allgemeinen Staatsinteresse liegt, darf der Minister, ohne in das Eigentumsrecht einzugreifen, alle obgenannten Wälder in die staatliche Verwaltung übernehmen.

(Die Eigentümer der nichtstaatlichen Waldbesitze, deren Waldbesitzungen der Staat verwaltet, zahlen dem Staate als Verwaltungskosten und als Pensionsversicherung für das Personal einen Betrag, den der Minister für die Verwaltung der Wälder und Bergwerke bestimmt.

Die Eigentümer passiver Wälder und Waldbesitze, die in staatliche Verwaltung übernommen wurden, können durch eine Entscheidung des Ministers teilweise oder ganz von der Zahlung der Beiträge befreit werden.)

5. Die Regelung der Pachtverhältnisse.

§ 15. Alle Pachtverträge bezüglich derjenigen Großgrundbesitze, die der Pächter nicht selbst als fachlich gebildeter Landwirt oder als Landarbeiter mit seiner Familie bebaut, werden für ungültig erklärt.

Pachtverträge bezüglich der Großgrundbesitze, die in kleineren Parzellen Personen, die im I. Abschnitt (über die Auflösung der Kmetschina) genannt sind, in Pacht gegeben sind, werden bis zur weiteren gesetzlichen Regelung nicht für ungültig erklärt, nur kann der verabredete Pachtzins sowie die Art und die Termine der Abzahlung auf Verlangen der Interessenten für nichtig erklärt werden und wird nach den örtlichen Verhältnissen neu geregelt.

Im Sinne dieser Bestimmungen muß auch bei den der Pacht ähnlichen Verhältnissen in Bosnien und der Herzegowina, die unter dem Namen priorci, prisjevici, napoličari, pridržnici bekannt sind, vorgegangen werden.

§ 16. Es ist verboten, Grundstücke in Afterpacht zu geben. Wo eine solche besteht, wird die Hauptpacht für ungültig erklärt, die Afterpächter bleiben bis zur weiteren gesetzlichen Regelung als Pächter in Besitz des in Afterpacht besessenen Grundstückes und es wird mit ihnen im Sinne des § 15, Abs. 2 verfahren werden.

Von diesen Bestimmungen sind diejenigen Verhältnisse von Afterpacht ausgenommen, die bis jetzt zwischen den landwirtschaftlichen Genossenschaften, ihren Zentralen und ihren Mitgliedern entstanden sind.

6. Geltungsbereich der Agrarverordnungen.

§ 21. Diese Verordnungen haben keinen Bezug auf die Fläche, die Serbien bis zum Jahre 1912 innehatte.

Literatur-Verzeichnis.

(Zum I. Teil. Die Agrarverfassung vor dem Kriege.)

J. Cvijić, La Péninsule Balcanique. Paris 1918.
J. Matl, Die Entstehung des südslawischen Staates. Zeitschrift für Politik. 1927
W. Schätzel, Die Welt der Pariser Friedensschlüsse. Berlin 1921.
H. Wendel, Aus und über Jugoslawien. Berlin 1920.

Zu den Fragen der Zadruga:

K. Jiriček, Staat und Gesellschaft im mittelalterlichen Serbien. Wien 1912.

M. Marković, Die serbische Hauskommunion. Leipzig 1904.

A. Mayer, Die bäuerliche Hauskommunion in den Königreichen Kroatien und Slawonien. Heidelberg 1910.

Peisker, Die serbische Zadruga, *Zeitschrift für Sozial- und Wirtschaftsgeschichte* 1900.

Meitzen, Wanderungen, Anbau und Agrarrecht der Völker Europas. 3 Bde. Berlin 1895.

F. v. Kaurimski, Jugoslawien in wirtschaftlicher Beleuchtung. »*SüdOst*« 11/12, 1919.

Zu den Fragen des Kmetschina und des Kolonates:

A. Feifalik, Ein neuer aktueller Weg zur Lösung der bosnischen Agrarfrage. Wien-Leipzig 1916.

K. Grünberg, Die Agrarverfassung und das Grundentlastungsproblem in Bosnien und Herzegowina. Leipzig 1911.

O. v. Frangeš, Die landwirtschaftlichen Verhältnisse in Bosnien-Herzegowina und ihre Wechselwirkungen zu Handel und Industrie der Monarchie. Wien 1913.

* Die Landwirtschaft in Bosnien und der Herzegowina. Amtsbericht der Landesregierung, Serajewo 1899.

Zu den Fragen des Kolonats:

F. v. Schullern, Das Kolonat in Görz, Gradiska, Dalmatien und Tirol. Wien 1908.

H. Leithe, Dalmatinische Agrarprobleme. Wien 1912.

Zu den Fragen der Besitzverteilung:

S. Strakosch, Die Grundlagen der Agrarwirtschaft in Österreich. Wien 1916.

W. Schiff, Österreichische Agrarpolitik seit der Grundentlastung. Tübingen 1898.

Th. v. Inama-Sternegg, Zur Charakteristik des Großgrundbesitzes in Österreich. *Statistische Monatsschrift*, Jahrgang X, H. 11, 1884.

Matlekovits, Das Königreich Ungarn. Leipzig 1900.

(Zu II. Teil. Die Agrarverordnungen und ihre Durchführung nach dem Kriege.)

J. Matl, Die Agrarreform in Jugoslawien. Quellen und Studien, Abt. Wirtschaft, Heft 8, Berlin und Breslau 1927.

M. Ivšić, Les Problèmes Agraires en Yougoslavie, Diss. Paris 1926.

H. Geißler, Die Agrarreform in Jugoslawien. *Die Gemeinwirtschaft*, Jahrgang 5, Nr. 11.

W. Schiff, Die großen Agrarreformen seit dem Kriege. Berlin 1926.

Internationales Arbeitsamt zu Genf, Rapport technique sur les questions agricoles.

Nedelković, La réforme agraire en Yougoslavie. *Revue d'Economie Politique*. Paris 1924.

Chetcherov, Les résultats de la reforme agraire. *Revue économique et financière de Belgrade*, Heft 3, 1923.

St. Stojanović, Šest godina naše agrare reforme. *Jugosl. Njiva*. Zagreb 1925.

O. v. Frangeš, Povodom agrarne reforme. *Jugosl. Lloyd*. Zagreb 1922.

* Agrarna reforma u Hrvatskoj, Sloveniji i Vojvodini. Zagreb 1923.

J. Lenarčić, Misli o agrarnoj reformi u Sloveniji. Laibach 1921.

X.

Die agrarische Umwälzung in Großrumänien.

Von

Dr. H. Baumberger-Deimling,

Berlin.

Das Königreich Rumänien ist aus dem Weltkrieg außerordentlich vergrößert hervorgegangen. Landesfläche und Bevölkerung haben sich mehr als verdoppelt. Die Fläche stieg von 137903 qkm auf 294967 qkm, die Bevölkerung von 8 auf 17 Millionen Einwohner. Dem rumänischen Altreich wurden das russische Bessarabien, die österreichische Bukowina und das ungarische Transsylvanien angegliedert, Provinzen, deren Bevölkerung zu einem großen Teil nichtrumänischer Nationalität ist. Land, Menschen und Kultur weisen in den vier Landesteilen des heutigen Großrumänien bemerkenswerte Unterschiede auf.

I. Altrumänien.

1. Intensitätsgrad und Richtung der landwirtschaftlichen Produktion.

Altrumänien liegt an der Schwelle des Orients. Den hohen Wall der Karpathen durchbrechen Paßstraßen und der Schiffahrtsweg der Donau von Mitteleuropa her; auf der andern Seite öffnet sich weit das Tor nach Vorderasien, dem Schwarzen und dem Mittelmeer. In drei Terrassen senkt sich das Land von der Höhe der Karpathen nach Süden zu den Ufern der Donau und nach Osten zum Pruth hinab; deutlich scheiden sich Gebirgsgegend, Hügelland und Ebene. In den fruchtbaren weiten Niederungen hat sich auf der Grundlage der aus oströmischer Zeit stammenden Grundherrschaft während der beiden letzten Menschenalter der landwirtschaftliche Großbetrieb so stark entfaltet, wie nirgends sonst in der alten Europäischen Türkei, wie in keinem Teile der Balkanhalbinsel. Der Großbetrieb hat Rumänien zu einem der größten Getreideexportgebiete der Erde erhoben, aber die Bevölkerung trotz der formalen Befreiung der Bauern in einen Zustand der Verarmung und Verknechtung versetzt, der in schroffen Widerspruch zu den freiheitlichen Ideen der Zeit trat.

Altrumänien ist ein Agrarland. Vier Fünftel der Bevölkerung leben auf dem Lande und beschäftigen sich mit der Bebauung des Bodens. Die Industrie steckte — mit Ausnahme der Petroleumindustrie — vor dem Weltkrieg noch in den Anfängen und befindet sich ebenso wie der Handel zu einem großen Teil nicht in nationalrumänischer, sondern in jüdischer und ausländischer Hand. Die Bevölkerungsdichtigkeit ist nicht sehr bedeutend: 56 Einwohner entfallen auf den Quadratkilometer. Das Eisenbahnnetz weist eine verhältnismäßig geringe Länge und keine große Verzweigung auf. Es wird jedoch ergänzt durch gut gehaltene Landstraßen und durch die Schiffahrtswege der Donau und des Pruth. Verkehrsnetz und Bevölkerungsdichtigkeit würden auch in ihrer Unvollkommenheit schon lange vor dem Weltkrieg einen viel höheren Intensitätsgrad in der Landwirtschaft ermöglicht haben, als tatsächlich erreicht war. Statt dessen steht noch heute die Landwirtschaft im Zeichen der ausgesprochenen Extensität; überall herrscht das Dreifeldersystem; Meliorationen sind kaum irgendwo wahrzunehmen.

Ein Bild der Kulturartenverhältnisse vor dem Kriege läßt sich aus Tabelle 1 gewinnen[1]):

Tabelle 1

	in 1000 ha	%
Ackerboden	6 114	
Weingärten	88	
Wiesen [2])	392	
Weiden	1 076	
Landwirtschaftliche Fläche	7 670	55,2
Überschwemmungsland der Donau [3])	460	3,3
Waldungen	2 931	21,1
Gewässer, Wege, mit Häusern usw. bebaute u. sonstige landwirtschaftlich nicht benutzte Flächen	2 824	20,4
Landesfläche	13 885	100,0

Von der Ackerfläche sind ungefähr 84% mit Getreide angebaut. Die Futter- und Handelspflanzen, die Hülsen- und Hackfrüchte, die Gemüsepflanzen und Kartoffeln, die Zuckerrüben, die Öl- und Textilpflanzen nehmen nur einen geringen Bruchteil der Ackerfläche in Anspruch. Der Boden ist meist ein humöser Löß, der noch heute, obgleich er nie eine Düngung erfahren hat, von außerordentlicher Fruchtbarkeit ist. Es ist die gleiche Schwarzerde wie in Bessarabien und der Ukraine; die Humusschicht ist teilweise bis zu 1,5 m stark. Die Getreideproduktion schwankt in den Jahren 1914 bis 1918 zwischen 11,8 und 20 Hektoliter je Hektar; im Mittel beträgt sie 12—13 Hektoliter. Damit bleibt sie trotz des ausgezeichneten Bodens hinter derjenigen der westeuropäischen Getreideländer zurück.

Dem Gebirgsklima würde sich von den Getreidearten am besten der Hafer anpassen. Er wird jedoch sehr wenig gebaut; dagegen sieht man überall den Mais, obgleich dessen Anbau gerade hier sehr schwierig ist.

---

1) Vgl. Dr. G. Jonescu-Sisesti, »Rumäniens bäuerliche Landwirtschaft«, S. 22, und Mitita Constantinesco, *»L'évolution de la propriété rurale et la réforme agraire en Roumanie«*, S. 264.

2) Von den Wiesen sind 78 000 ha mit Pflaumenbäumen bepflanzt (Pflaumengärten).

3) Nur zeitweise kultivierbar und dann nur teilweise angebaut; sehr fruchtbarer Boden.

Trotz der ausgedehnten Weiden und Wiesen, die im Gebirge zusammen mit den Wäldern den größten Teil der Bodenfläche bedecken, herrscht auch hier eine unrationelle Extensität an Kapital, Arbeit und Verständnis. Der Viehstand in der Ebene ist noch schlechterer Verfassung. Im ganzen nehmen die Weiden und Wiesen nur 12% der Landesfläche ein. Ein rationelles Gleichgewicht zwischen Ackerbau und Viehzucht fehlt. Altrumänien ist vielmehr ganz einseitig Ackerbauland und als solches weiter ganz einseitig Getreideland.

II. Grundeigentums- und Grundbesitzverteilung 1916.

Die Ursache dieser Extensität an Willen und Geist, Arbeit und Kapital in der rumänischen Landwirtschaft ist die ungesunde Verteilung des Eigentums an Grund und Boden, wie sie für das Jahr 1916 in großen Zügen aus Tabelle 2 hervorgeht[4]):

Tabelle 2

Eigentumsgrößenklassen	Fläche in 1000 ha	Prozent	Zahl der Eigentumsitze in Tausenden	Prozent	Durchschnittsgröße des Eigentumsitzes in ha	Zahl der Eigentümer in Tausenden	Prozent	Durchschnittsgröße der Existenzfläche je Familie in ha
unter 10 ha	3 732 [5])	46,7	1 020	95,77	3,6	1 320	96,77	2,8
10—100 ha	861	10,8	40	3,76	21,5	40	2,94	21,5
über 100 ha	3 398	**42,5**	5	0,47	679,6	4	0,29	849,5
Landwirtsch. Fläche [6])	7 991	100,0	1 065	100,00	7,5	1 364	100,00	5,8

Beinahe die Hälfte der landwirtschaftlichen Fläche befindet sich 1916 in den Händen weniger Tausend Großgrundeigentümerfamilien, während 1$^1/_3$ Million Kleinbauernfamilien ein Boden-

4) Vgl. Motivenbericht des Landwirtschaftsministers Garoflid zum Agrargesetz von 1921; Creanga, »Grundbesitzverteilung und Bauernfrage in Rumänien« I S. 89; *The Manchester Guardian Commercial*, »Der Wiederaufbau in Europa«, 1922, 7. Nummer, S. XLII und Dr. Michael Serban, »Rumäniens Agrarverhältnisse«, S. 5 und 6, ferner »*La Roumanie Agricole*« *1929* (*XIV. Congrès International d'Agriculture, Bucarest, 7, 8 et 10 Juin 1929*) und »*L'Agriculture en Roumanie, Album Statistique*«, *publié à l'occasion du XIV. Congrès International d'Agriculture par le Ministère de l'Agriculture et des Domaines, Bucarest 1929*.

5) Hier sind 180 000 ha Gemeindeweiden miteinbegriffen, die ihrer Größe nach meist zum Mittelgrundeigentum gehören, aber in der Hauptsache den Kleinbauern zugute kommen.

6) Die landwirtschaftliche Fläche erscheint hier größer als in Tabelle 1, weil in Tabelle 2 die von Häusern, Höfen, Gewässern usw. bedeckte Fläche der Landwirte in den Ziffern der Größenkategorien einbegriffen sind.

areal von nur wenig größerer Ausdehnung im Eigentum haben. Großen Gütern bis zu 10000 ha Umfang steht ein unzureichendes kleinbäuerliches Parzelleneigentum gegenüber. Das mittlere Grundeigentum[7]) fällt weder nach seinem Anteil an der landwirtschaftlichen Fläche noch nach der Zahl der Eigentümer ins Gewicht. Nur für die Dobrudscha kann das Mittelgrundeigentum als stark genug bezeichnet werden. Auf diesen Landesteil allein entfallen 36,61 % des gesamten altrumänischen Mittelgrundeigentums. Es befindet sich zu einem Teil in den Händen deutscher Kolonisten, die dort neben rumänischen, bulgarischen, türkischen und tatarischen Bauern sitzen und aus Bessarabien zum Teil schon vor dem Krimkrieg infolge Landmangels nach der damals noch türkischen Dobrudscha auswanderten. Sie sind 10000 Köpfe stark und wohnen in 29 Gemeinden in drei Siedlungsgruppen: um Atmagea im Norden, um Tariverde in der Mitte, um Konstanza-Anadolchioi im Süden.

Die Verhältnisse verschieben sich noch mehr zugunsten des Großeigentums, wenn man die Wälder, von denen der größte Teil Privatgroßgrundeigentum ist, in den Kreis der Betrachtung zieht. Sie sind in der vorstehenden Tabelle nicht berücksichtigt und werden auch in den nachstehenden Untersuchungen beiseite gelassen, da sie von der Agrarpolitik Altrumäniens nicht berührt werden.

Der durchschnittliche kleinbäuerliche Grundeigentumssitz war 1916 3,6 ha groß, und bei den Kleineigentümern in der Größenklasse unter 10 ha kommt es nur selten vor, daß ein Familienhaupt mehrere Grundeigentumssitze sein Eigen nennt, während ungefähr ein Fünftel der Kleingrundeigentumssitze mehr als je einen Eigentümer hat. Es ist beim Kleingrundeigentum mit einer Zahl von 300 000 Miteigentümern zu rechnen, d. h. in zahlreichen Fällen sitzt eine *Großfamilie* auf dem Kleinbauerngut. Die durchschnittliche Existenzfläche für den einzelnen Kleineigentümer und seine Familie verringert sich also noch unter das geringe Maß von 3,6 ha auf 2,8 ha. Diese Fläche genügt bei der herrschenden extensiven Wirtschaftsart nicht, um aus ihrem Ernteerträgnis das Existenz-

---

7) Die rumänische offizielle Statistik teilt die Größenklassen des Grundeigentums wie in der Tabelle angegeben ein. Diesen rumänischen Größenkategorien würden in Deutschland in Anbetracht der in der deutschen Landwirtschaft herrschenden intensiveren Wirtschaftsart ungefähr die Klassen unter 5 ha, 5—50 ha, über 50 ha entsprechen.

minimum an Nahrung für die im Mittel aus 4,5 Köpfen bestehende Familie zu beschaffen und die anderen, beim rumänischen Bauern recht primitiven, Lebensbedürfnisse an Kleidung, Heizung, Beleuchtung, die Ausgaben für Steuern, das Viehfutter usw. zu decken. Wie Creanga nachweist, ist die Gesamternte des Grundeigentums bis 3 ha durchschnittlich um 19% geringer als die unbedingt zur Ernährung notwendige Getreidemenge: 400 kg Mais je Kopf und Jahr.

Inwiefern ist nun die Grundeigentumsverteilung die Ursache der in der Landwirtschaft Altrumäniens in so auffallend hohem Maße herrschenden Unrationalität und Extensität?

Die rumänischen Großgrundeigentümer führen ein seigneuriales Leben in Paris, an der Riviera, in Bukarest, und scheuen sich davor, große Kapitalien in ihre Güter zu stecken. Klima und Güte des Bodens sichern ihnen auch bei extensiver Bewirtschaftung die reichsten Einkünfte aus ihrem Grundeigentum, sofern sie nur die nötige Zahl von Arbeitskräften zur oberflächlichen Kultur des Bodens billig zur Verfügung haben. Ihr Streben geht deshalb dahin, durch schärfste Ausnutzung der bäuerlichen Arbeit und der bäuerlichen Betriebsmittel unter möglichster Ausschaltung des eigenen Kapitals und der eigenen Arbeit den größtmöglichen Nutzen aus ihrem Grundeigentum zu ziehen. Die Grundeigentumsverteilung, welche die Großgrundeigentümer bis zum Ende des Weltkrieges aufrechtzuerhalten verstanden, erhielt die Masse der landwirtschaftlichen Bevölkerung in so armseligen Verhältnissen, daß sie, um nicht zu verhungern, ihre Arbeitskraft und ihre Betriebsmittel in einer Kombination von Teilbau und Arbeitspacht zu einem Spottpreis dem Großgrundeigentum vermietete.

Die wenig entwickelte Industrie konnte ebensowenig wie die Nachbarländer Abwanderer aufnehmen. So sah der Bauer denn den einzigen Weg zur Besserung seiner Lage in dem Streben nach mehr Land. Meist hatte er jedoch nicht das Geld, um sich Boden zu kaufen. Er griff deshalb zu dem Aushilfsmittel der Landpacht und suchte dadurch seine Betriebsfläche über sein Grundeigentum hinaus zu vergrößern. Die Grund*besitz*verteilung ergab so ein wesentlich anderes Bild als die Grund*eigentums*verteilung:

Tabelle 3[8])

Verteilung des landwirtschaftlichen Bodens nach Betriebsgrößenklassen 1916.

Betriebsgrößenklassen	Fläche in Tausend ha		% der landwirtschaftl. Fläche	Zahl der Betriebe[9]) in Tausenden	% der Betriebe	Durchschnittsgröße des Betriebes in ha
unter 10 ha[10]) (Kleinbetrieb)	Eigentum	3 732				
	+ Pachtland	1 800				
	zus.	5 532	69,2	1 100	96,15	5,0
10—100 ha (Mittelbetrieb)	Eigentum	861				
	— Kleinpachtland	100				
	zus.	761	9,5	40	3,50	19,0
über 100 ha (Großbetrieb)	Eigentum	3 398				
	— Kleinpachtland	1 700				
	zus.	1 698	21,3	5	0,35	339,6
Landw. Fläche		7 991	100,00	1 145	100,00	7,24

Die Hälfte des Großgrundeigentums war an Kleinbauern verpachtet. Die Landpacht vergrößerte das Tätigkeitsfeld der Kleinbauernschaft um ein Fünftel der landwirtschaftlichen Fläche, von 46% auf 69%, und die Durchschnittsgröße der einzelnen kleinbäuerlichen Betriebsfläche von 2,8 bzw. 3,6 ha auf 5 ha. Da eine große Zahl der landlosen Bauern und der kleinbäuerlichen Miteigentümer sich durch Pachtung einen Betrieb zugelegt hatte, gab es mehr Betriebe als Grundeigentumssitze. Die Bedeutung des Mittelbetriebs blieb wie die des Mittelgrundeigentums gering. Das Areal des Großbetriebs betrug nur 21% der landwirtschaftlichen Fläche gegenüber 42%, die im Großgrundeigentum lagen. Während 1916 das Verhältnis zwischen Groß- und Kleingrundeigentumsfläche ungefähr wie 1 : 1 ist, verhält sich die Großbetriebsfläche zur Kleinbetriebsfläche ungefähr wie 1 : 3.

Wenn also Altrumänien zwar hinsichtlich der Grundeigentumsverteilung das Musterbeispiel der Latifundienherrschaft war, so war es vom Gesichtspunkt der Grundbesitzverteilung im Jahre 1916 aus nicht ein Land

[8]) Vgl. Jonescu-Sisesti a. a. O. S. 98, Creanga, a. a. O. I, S. 137, Serban, a. a. O., S. 117.

[9]) Die Ziffern dieser Spalte beruhen auf Schätzung.

[10]) Außer den 180 000 ha Gemeindeweiden ist fast das gesamte Weideland des Großgrundeigentums (800 000 ha) durch Verpachtung in der Nutzung der Kleinlandwirte.

des überwiegenden Großbetriebs. Vielmehr war Altrumänien nicht nur in berufsstatistischer Beziehung unter Berücksichtigung der Gesamtbevölkerung und Gesamtvolkswirtschaft ein Bauernland, sondern es war dies auch in dem engeren Rahmen der Landwirtschaft. Das Pachtland konnte freilich das unzureichende Grundeigentum nicht zu einer ausreichenden Existenzbasis ergänzen oder gar das fehlende Grundeigentum ersetzen. Die eigenartigen Pachtverhältnisse und die Arbeitsverfassung in der Landwirtschaft Altrumäniens verhinderten dies nicht nur, sondern sie erschütterten auch die Festigkeit der vorhandenen kleinbäuerlichen Eigentumsgrundlage.

3. Die Arbeitsverfassung vor dem Krieg.

Der Kleinbauer war meist nicht imstande, das vom Großeigentum gepachtete Land mit Geld zu bezahlen. Er zahlte deshalb den Pachtzins mit seiner Arbeit, mit der Arbeit seiner Zugtiere und dadurch, daß er seine Arbeitsgeräte dem Großbetrieb zur Verfügung stellte. Durch dieses System der Arbeitspacht hatte der Großbetrieb die benötigte Zahl von Arbeitern billig zur Verfügung, er brauchte fast keine eigenen Arbeitstiere und Arbeitsgeräte. Der Großgrundeigentümer ließ mit Hilfe der Arbeitspacht seine Bodenfläche durch den Kleinbauern beackern, ansäen und abernten. Die Institution der Arbeitspacht ersparte dem Großgrundeigentum die Ausgaben für ausreichende Löhne, die es einem berufsmäßigen landlosen Landarbeiterstand zahlen müßte. Ein landwirtschaftlicher Lohnarbeiterstand, wie er z. B. in Deutschland und anderen Ländern existiert, der vermöge hohen Lohnes und ausreichender Deputate wirtschaftlich oft besser steht als der Kleinbauer, fehlte in Altrumänien völlig. Der rumänische Kleinbauer war auf dem Wege über die Landpacht zum Arbeitssklaven des Großgrundeigentums geworden. Auch der völlig landlose Bauer war, wenn er eine Familie zu ernähren hatte, gezwungen, sich Land zu pachten, weil die Arbeitslöhne und die Verpflegung auf den Gütern für den Unterhalt einer Familie nicht ausreichten und selbst dem unverheirateten Bauern nur eine klägliche Existenz gewährten.

Die Kleinbauernschaft konnte das von ihr benötigte Land aber nur zu einem Teil unmittelbar vom Großgrundeigentümer selbst pachten. Denn dieser wohnte meist nicht auf seinem Gut und ließ es meist auch nicht in eigener Regie verwalten. Den größten Teil des Jahres über lebte er nicht auf dem Lande, und sein Grund und Boden interessierte ihn nur als Rentenquelle. Er verpachtete ihn an einen Großpächter, der noch mehr als der selbstwirtschaftende Großeigentümer oder dessen Verwalter dem Bauern gegenüber als wucherischer Ausbeuter auftrat. Nur einen

Teil des gepachteten Gutslandes bewirtschaftete der Großpächter als Großbetrieb, den anderen verpachtete er an Kleinbauern weiter. In der Regel erhielt der Großpächter vom Kleinbauern das Zwei- bis Dreifache des Pachtzinses, den er selbst dem Großgrundeigentümer zu zahlen hatte. Unter den Großpächtern war nicht nur ein großer Prozentsatz (18%) Ausländer, besonders Griechen und Armenier, sondern auch eine unverhältnismäßig große Anzahl einheimischer Juden (19%) (daher der gerade in der rumänischen Bauernbevölkerung außerordentlich stark ausgeprägte Antisemitismus). Die Großpächter hatten sich, um die Konkurrenz in weitem Umfange ausschalten zu können, vielfach zu Pächtertrusts zusammengeschlossen, die dem Bauern die drückendsten Pacht- und Arbeitsverhältnisse vorschreiben konnten. Im Jahre 1905 hatte der Trust der Gebrüder Juster 30152 ha Boden vom Großgrundeigentum in Pacht, und 1908 besaß der bekannte Trust der Gebrüder Fischer in der Moldau fast eine Viertelmillion Hektar Pachtland, d. i. eine Fläche fast so groß wie Anhalt. Seit 1912 sind diese Pächtertrusts zwar gesetzlich verboten, aber die Großpächter finden Mittel und Wege, die Gesetzesbestimmungen zu umgehen.

Die Arbeitspacht trat in mannigfachen Formen auf. Die eigentliche Arbeitspacht (Pachtland gegen Arbeitsleistung des Bauern, seines Viehs und seiner Geräte im Wirtschaftsbetrieb des Großgutes) war außerordentlich ungünstig für den Bauern. Ihm wurde hierbei meist der Pachtzins, in Arbeit umgerechnet, zu hoch und der Arbeitslohn in Pachtland zu niedrig berechnet. Wegen dieser Mißbräuche war die eigentliche Arbeitspacht seit Ende 1907 gesetzlich verboten, sie fand sich aber trotzdem noch immer hier und da bis in den Weltkrieg hinein. Das Gleiche galt von einer besonderen Form der Arbeitspacht, der sogenannten *Tarla*. Bei dieser wurde die Pacht durch Beackerung, Ansäen, Bearbeitung, Abernten eines gleich großen anderen Stückes Gutsland bezahlt, dessen gesamte Ernte dem Gute zufällt, während die ganze Ernte des Pachtlandes dem Bauern gehört. Die Übervorteilung des Bauern war auch hierbei üblich: sein Pachtland wird meist zu klein und die für das Gut anzusäende, zu beackernde und abzuerntende Fläche zu groß bemessen. Die gebräuchlichste und gesetzlich erlaubte Art der Arbeitspacht ist der Teilbau: der Bauer erhält Pachtland gegen einen bestimmten Teil (1/2, 1/3 usw.) der Ernte seines Pachtlandes. Dazu kamen gewisse Zusatzleistungen, durch die sich die rumänische Spielart des Teilbaus von dem in anderen Ländern, z. B. Italien und Südfrankreich, üblichen Teilbau unterschied, und die entweder in weiterer Arbeit im Großbetrieb oder in Geld oder in Extragaben (Geflügel, Eier, Obst usw.) oder in Arbeit, Geld und Extragaben bestanden. Obwohl auch die Extragaben seit 1907 gesetzlich verboten sind, lebten auch sie im Verborgenen noch bis in die Jahre des Weltkrieges.

Zur Bewältigung der Arbeiten auf ihrem Eigentum und auf dem hinzugepachteten Land und der für den Großbetrieb zu leistenden Arbeiten brauchen die Bauern Arbeitsvieh. Diese Arbeitstiere müssen ernährt werden. Die Kultur der Futterpflanzen ist, wie schon erwähnt, sehr wenig ausgebreitet. Die den

Bauern oder der Dorfgemeinschaft früher gehörenden Weiden sind infolge des Mangels an Ackerboden von den Bauern meist längst unter den Pflug genommen worden, und auch die durch Gesetz in die Wege geleitete Schaffung neuer Gemeindeweiden — bis 1917 im Ausmaß von nur 179 589 ha — konnte den Bauern keine ausreichenden Weideflächen zur Verfügung stellen. Es bleibt diesen deshalb nichts anderes übrig, als vom Gute auch das Weiderecht auf dessen für das sehr wenig zahlreiche Milch- und Schlachtvieh bestimmten außerordentlich ausgedehnten Weideboden zu pachten. Obwohl das Großgrundeigentum nur höchstens ein Zehntel des Viehbestandes des Landes im Eigentum hat, befindet sich fast der gesamte Weideboden in seiner Hand. Auch dieses Moment des wirtschaftlichen Übergewichts wird zur Knebelung des Bauern ausgenutzt. Das Gut überläßt das meist wieder durch Arbeit zu bezahlende Weiderecht dem Bauern nur dann, wenn dieser auch Ackerboden pachtet und auf die Bedingungen der Ackerpachtvereinbarungen eingeht.

4. Die Betriebsverhältnisse vor dem Krieg.

Die Pacht- und Arbeitsverträge schreiben dem Bauern vor, zuerst seine vertragsmäßige Arbeit im Wirtschaftsbetrieb des Gutes zu verrichten. Er hat deshalb meist keine Zeit, sein Land rechtzeitig zu bestellen und abzuernten. Vor den Pflug müssen vier Ochsen gespannt werden; so wenig leistungsfähig ist das Vieh. Da die Kleinbauernfamilie im Durchschnitt höchstens zwei Ochsen besitzt, die in erster Linie im Gutsbetrieb tätig sein müssen, so muß sie sich für die Arbeiten auf ihrem Grundeigentum und auf dem Pachtland von anderen Bauern die fehlenden Zugtiere leihen. Der Bauer ist also nicht nur an den Großbetrieb, sondern auch an den Betrieb der anderen Bauern gebunden. Über neun Zehntel des gesamten Arbeitsviehs und der vorhandenen Geräte gehören der Kleinbauernschaft; sie reichen nur knapp für den gesamten Kleinbetrieb.

Das Prioritätsrecht des Großbetriebs auf Benutzung der menschlichen, tierischen und maschinellen Arbeitskräfte des Kleinbetriebs sicherte dem Gutsacker nicht nur eine der Jahreszeit und dem Wetter angepaßte relativ rationellere, sondern auch eine infolge der noch frischeren Arbeitskraft des Bauern und seines Viehs bessere Bearbeitung. Auch der Zwang der Pacht- und Arbeitsvereinbarungen wirkte in der Richtung einer quantitativ und qualitativ höheren Leistung des Arbeiters, des Kleinbauern im Großbetriebe. Allerdings aber erzielte der Großbetrieb eine bessere Bodenbearbeitung teilweise auch dadurch, daß er außer mit den Geräten des Kleinbetriebs noch mit eigenen eisernen Pflügen und Eggen, mit Walzen, Sämaschinen, Mähmaschinen, Dampfpflügen, Lokomobilen usw. arbeitete. Die Zahl dieser modernen maschinellen Arbeitskräfte war aber im Verhältnis zur Gesamtzahl der Arbeitsgeräte außerordentlich gering.

Nach der »*Statistica agricola a Romaniei pe annii 1911—1915*«, herausgegeben vom gewesenen Landwirtschaftsminister Dr. Antipa, war der Minderertrag des Kleinbetriebes je ha gegenüber dem Großbetrieb im Durchschnitt der Jahre 1911 bis 1915 bei Weizen 13%, bei Roggen 17%, bei Gerste 13,8%, bei Hafer 19,7%, bei Mais 17,5% und bei Raps 21,3%.

Der kleinbäuerliche Betrieb, die Wirtschaft der überwiegenden Mehrheit des Volkes, rentierte sich im allgemeinen nicht. Der Kleinbauer erhielt nur einen sehr niedrigen Arbeitslohn. Die Masse des Volkes lebte in Armut und Not. Dagegen rentierte sich der Großbetrieb glänzend. Er warf nicht nur einigen tausend Großeigentümer- und Großpächterfamilien ein reiches Einkommen ab, sondern er war auch vermöge seines hohen Getreideexports der Träger der Volkswirtschaft und gab dem Staatshaushalt das finanzielle Rückgrat.

Seit Jahrzehnten drängten so die sozialen und politischen Spannungen nach Entladung, sei es auf gewaltsame Weise, sei es auf reformatorischem Wege durch eine vernünftige staatliche Agrarpolitik.

5. Reformbestrebungen, revolutionäre Bewegungen, Reformen vor 1916.

Daß die Entwicklung der Grundeigentumsverteilung in Altrumänien eine ungesunde Richtung eingeschlagen hatte, dessen war man sich schon in den leitenden Kreisen der unter türkischer Oberhoheit stehenden Donaufürstentümer der Moldau und der Walachei bewußt.

Als im Jahre 1864 der nationalrumänische gemeinsame Fürst der Moldau und Walachei, der Oberst Cuza, die von ihm für notwendig gehaltene »Bauernbefreiung« durch einen Staatsstreich durchsetzte, waren von den damaligen 575 000 Bauernfamilien 468 000 Fronbauern- und nur 107 000 Freibauernfamilien; diese besaßen zusammen 1 362 733 ha Grundeigentum, im Mittel 12,73 ha je Familie. In den Händen der Bojaren dagegen befanden sich 6 464 063 ha Boden.

Die »Bauernbefreiung« wurde durchgeführt durch das »Gesetz über die Regelung des ländlichen Grundeigentums« vom 15. 8. 1864. Es wurde 516 183 Bauernfamilien der Boden, auf dem sie bisher zum Teil schon als Fronbauern saßen, im Ausmaße von 1 994 587 ha — im Mittel 3,87 ha je Familie — gegen Entschädigung ins Eigentum gegeben, teils aus dem Bestand des Privatgroßgrundeigentums, teils aus dem der Staatsdomänen. Unter der Regierung des Königs Carol I. aus dem Hause Hohenzollern wurde die Verteilung von Land unter die Bauern auf Grund von Gesetzen aus den Jahren 1881, 1889, 1907 und 1912 fortgesetzt. So war allmählich die Verteilung des Eigentums am landwirtschaftlichen Boden zustande gekommen, wie sie für das Jahr 1916 bereits geschildert worden ist.

Die Landzuteilungen an die Bauern waren nicht groß genug, um den Charakter der seit Jahrhunderten bestehenden Eigentumsverteilung von Grund auf zu ändern. Die Hörigkeit, die rechtlich durch die »Bauernbefreiung« von 1864 abgeschafft worden war, bestand wirtschaftlich durch die Arbeitspacht weiter. Schon in den beiden ersten Jahren nach der sogenannten Bauernbefreiung hatten sich in den Pacht- und Arbeitsverhältnissen der Kleinbauern Zustände entwickelt, die der Führer der *Konservativen Partei*, Peter Carp, als »gemeinen Raub unter dem gemeinen Recht« bezeichnete. Gesetze aus den Jahren 1866, 1872, 1882 und 1893, welche die landwirtschaftlichen Pacht- und Arbeitsvereinbarungen in einer für den Bauern günstigen Richtung regeln sollten, brachten *de facto* die Wiederherstellung des Hörigkeitsverhältnisses, sei es durch die Gesetzesbestimmungen selbst, die das Bojarenparlament durchgedrückt hatte, sei es infolge der Korruption der Beamtenschaft, die sich durch Bestechungen seitens der Großeigentümer und Großpächter völlig in deren Hand befand [11]). Der *liberale* Staatsmann Demetrius Sturdza charakterisierte die Gesetze über die landwirtschaftlichen Vereinbarungen dahin, daß sie einen einzigen Zweck hätten, nämlich den, dem Großgrundeigentum die notwendigen Arbeiter zu sichern. »Die vier Gesetze tragen den Stempel der Reglementierung der Arbeitssklaverei an der Stirn«, sagte Sturdza in der Kammer.

Die Ausbeutung und Knechtung der Bauern führte 1888 und 1907 zu blutigen Bauernaufständen, die durch Militär niedergeschlagen werden mußten. Besonders die Unruhen des letztgenannten Jahres erschütterten die Grundlagen des Staates in so hohem Maße, daß das Interesse der europäischen Öffentlichkeit auf die agrarischen und sozialen Zustände in Rumänien gelenkt wurde. Nach der Unterdrückung der Bauernrevolten des Jahres 1907 wurde eine Agrarenquete veranstaltet, die unglaubliche Zustände in Bezug auf die landwirtschaftlichen Pacht- und Arbeitsverträge zutage förderte.

Die Reformbestrebungen, die nun einsetzten, stützten sich in der Hauptsache auf das Gesetz über die landwirtschaftlichen Vereinbarungen vom 23. 12. 1907. Manche Formen der Vereinbarungen, die sich als besonders drückend erwiesen hatten, so z. B. die Arbeitspacht und ihre Spielart *Tarla* wurden verboten, und es wurden Kontrollorgane geschaffen.

In den Rahmen der Agrarreform von 1908 gehören auch das Gesetz vom Jahre 1912 gegen die Pächtertrusts, das Gesetz über »das Monopol des Verkaufsrechts alkoholischer Getränke in den Dörfern«, das die weitverbreitete Schuldabhängigkeit vom Dorfwirt abstellen und den Alkoholismus bekämpfen will, endlich das Gesetz über »die Organisation und Verwaltung der Gemeinden« und das Gesetz über »die Bezirksgerichte«, welche die mangelhafte Dorfverwaltung und die schwerfällige Rechtspflege auf dem Lande verbessern sollen.

Trotz strenger Strafbestimmungen, trotz der Kontrollorgane, welche die Durchführung der neuen Reformgesetze beaufsichtigen sollten, ist aber die gute Absicht des Gesetzgebers nur zu einem geringen Teil Wirklichkeit geworden. Das Beamtenpersonal versagte großenteils. Noch bis in unsere Tage hinein behält der ehemalige Minister Radu Rosetti recht, der 1908 in

---

[11]) Die Zustände, die sich auf Grund der »landwirtschaftlichen Vereinbarungen« herausgebildet hatten, sind eingehend geschildert in den schon S. 343 und 344 genannten Werken Creangas, Serbans und Jonescu-Sisestis, ferner bei Dr. Dimitrie Jonescu, »Die Agrarverfassung Rumäniens«.

seinem Werke über das rumänische Agrarwesen sogar ziffermäßig die Höhe einiger landesüblicher Preise für die Bestechung der verschiedenen Beamten wie des Unterpräfekten, des Gemeindevorstehers u. a. m. anführt. Noch 1914 hat sich wenig an dem Satz geändert: Auf dem Lande ist der Großgrundeigentümer und der Großpächter das Gesetz! Die Mißbräuche und Gesetzwidrigkeiten, die das Reformwerk abzustellen bestrebt ist, finden sich immer wieder, seine Vorschriften werden immer wieder nicht befolgt oder umgangen. Schließlich erstickt die Reform in der Reaktion der Bojarenklasse und ihres Anhanges, der Großpächterclique.

Es kann beinahe als ein Wunder angesehen werden, daß der Kleinbauer unter diesen Verhältnissen trotz seiner geistigen, körperlichen, wirtschaftlichen und sozialen Inferorität noch die Energie aufbrachte, den Weg der wirtschaftlichen Selbsthilfe zu beschreiten. Vor allem sein Kreditbedürfnis war schon gleich nach der »Bauernbefreiung« von 1864 sehr dringlich. Des Hypothekarkredits konnte er sich nicht bedienen, da bis 1916 die kleinbäuerlichen Eigentumssitze, ausgenommen die der ehemaligen Freibauern und die Wein- und Obstgärten, nicht belastet werden durften. Die Bauern halfen sich, indem sie Kreditgenossenschaften gründeten, die nach dem Raiffeisensystem organisiert sind. 1914 bestanden etwa 3500 derartige Volksbanken mit einer Mitgliederzahl von ungefähr 750 000 Familienhäuptern. Das Gesetz über die Kreditgenossenschaften und die *Zentralkasse der Volksbanken und bäuerlichen Genossenschaften* vom 28. 3. 1903 und die Novellen von 1. und 2. 12. 1904, 15. 3. und 16. 4. 1906 suchen die Bewegung zu fördern.

Unter dem Einfluß der Kreditgenossenschaften entstand eine ganze Reihe von Vereinigungen mit dem Ziele genossenschaftlicher Selbsthilfe auf anderen Gebieten. An erster Stelle sind hier die Pachtgenossenschaften zu nennen. Ihr Zweck ist die gemeinsame Beschaffung von Pachtland und die Verwaltung der Mittel, aus denen Pachtsumme, Steuern und ähnliche Ausgaben gedeckt werden sollen. Das Pachtland wird von den Mitgliedern individuell und auf eigene Rechnung bebaut. Die Pachtgenossenschaften sind also keine Produktiv-Assoziationen. Mit ihrer Hilfe werden manche Vorteile des Großbetriebs mit denen der Kleinbetriebe vereinigt. Die Organisation der Pachtgenossenschaften erfolgte durch ein Spezialgesetz im Jahre 1904, sowie durch das Grundgesetz von 1903, welches das Genossenschaftswesen im allgemeinen regelt. Eine Novelle zu diesem Gesetz vom Frühjahr 1909 beschäftigt sich insbesondere mit den Pachtgenossenschaften. Nach einem weiteren Gesetz von 1909 dürfen die Staatsdomänen, die Güter der »toten Hand« usw., überhaupt nur an solche Pachtgenossenschaften verpachtet werden. 1914 hatte sich ihre Zahl bereits auf ungefähr 600 und die Ziffer ihrer Mitglieder auf 100 000 gesteigert. Sie bebauten damals bereits eine halbe Million Hektar.

Von besonderer Bedeutung für die kleinbäuerliche Landwirtschaft Rumäniens sind noch die Konsumgenossenschaften, die sich mit der gemeinsamen Beschaffung landwirtschaftlicher Gebrauchsartikel, Materialien, Geräten, Sämereien usw. befassen. 1916 bestanden etwa 260 solcher Konsumgenossenschaften mit ungefähr 11 500 Mitgliedern.

Durch den genossenschaftlichen Zusammenschluß der Bauern wurden die Mißstände in ihren Betriebs-, Arbeits- und Pachtverhältnissen und in der Grundeigentumsverteilung gemildert. Aber weder Genossenschaftswesen, noch Landpacht, noch reformatorische Gesetzesakte waren imstande, die sozialen und politischen Spannungen, die sich aus der agrarischen Lage ergaben, auf ein erträgliches Maß zurückzuführen. Hier konnte in der Tat nur eine radikale Reform helfen, die sich in erster Linie auf das Grundübel erstrecken mußte, auf die ungesunde Grundeigentumsverteilung. Dem stand jedoch § 19 der Verfassung entgegen, der die Rechte des Privateigentums als heilig und unverletzlich erklärte. Nach rumänischer Auffassung konnte die Änderung der Grundeigentumsverteilung nur durch eine Änderung der Verfassung in diesem Punkte erreicht werden. Die Annullierung des § 19 sollte 1914 im Parlament durchgeführt werden. Der Ausbruch des Weltkrieges verhinderte es.

So trat Rumänien 1916 in den Krieg ein mit einer Bevölkerung, die in wirtschaftlicher, sozialer und innenpolitischer Hinsicht verbittert und, ähnlich wie in Rußland, revolutionären Neigungen zugänglich war.

6. Die Agrarreform nach dem Weltkrieg.

Vor der Schlacht von Marasesti gab König Ferdinand von Rumänien am 22. März 1917 seinen Bauernsoldaten das Versprechen, daß der Boden, den sie zurückerobern würden, in größerem Maße als bisher ihr Eigentum werden solle. Es sollte eine Agrarreform durchgeführt werden, welche die rumänische Kleinbauernschaft zur Eigentümerin der Staatsgüter und Krondomänen, der Güter der »toten Hand« und außerdem einer zwei Millionen Hektar großen Fläche aus dem Bestand des privaten Großgrundeigentums machen sollte. Das infolge des deutschen Einmarsches von Bukarest nach Jassy verlegte Parlament hieß das königliche Versprechen einer in diesem Sinne durchzuführenden Umwandlung der Grundeigentumsverteilung gut und änderte den § 19 der Verfassung »aus Gründen nationaler Notwendigkeiten« dahin ab, daß dem Staat das Recht der Zwangsenteignung zuerkannt wurde. Am 16. Dezember 1918 wurde das Dekret-Gesetz (Königliche Verordnung mit Gesetzeskraft) für eine Agrarreform in Altrumänien erlassen. Dieses Dekret-Gesetz und das später folgende Agrargesetz nehmen den Waldbestand des Landes, der sich größtenteils in Händen des Privatgroßgrundeigentums befindet, mit Ausnahme des Ausländer- und Absentisteneigentums, von der Enteignung aus.

Nach dem Dekret-Gesetz soll enteignet werden:

1. in vollem Umfange:
   a) der gesamte Boden der Güter der Ausländer,
   b) der gesamte Boden der Güter der Absentisten,
   c) der anbaufähige Boden der staatlichen und der Krondomänen, der Ruralbank, der Wohlfahrtsinstitutionen, Stiftungen und anderen juristischen Personen;
2. bis zum Ausmaß von zwei Millionen Hektar der anbaufähige Boden des Privatgroßgrundeigentums.

Als anbaufähig gilt der Boden, der bisher angebaut wurde, ferner Steppe, Weide und andere kultivierbare Flächen. Wein- und Obstgärten, Ödland und Wald gelten nicht als anbaufähiger Boden im Sinne des Gesetzes.

Die Enteignung des Privatgroßgrundeigentums erfolgt nach einer progressiven Skala. Es sollen z. B. verbleiben: einem Gute von 110 ha: 109 ha, einem Gute von 500 ha: 241 ha, einem Gute von 1000 ha: 284,9 ha und einem Gute von 10 000 und mehr ha: 500 ha.

Eigentümer mehrerer Güter erhalten auf Wunsch die Restfläche in einer zusammenhängenden Fläche auf einem der Güter, wenn es sich um ein Gut handelt, das nur durch Kolonisation aufgeteilt werden kann. Besteht das Verlangen nach Land unter den Bauern der Gutsnachbarschaft, so muß der Wunsch des Gutseigentümers auf Bildung eines den verschiedenen Restgütern an Größe gleichen Gutes zurücktreten.

Als Entschädigung erhält der Enteignete den Bodenpreis, der in der Zeit vom 16. 8. 1911 bis 15. 8. 1916 in der betreffenden Gegend gezahlt wurde; sie darf jedoch das Zwanzigfache des Pachtpreises nicht überschreiten. Für Land, das zum Zwecke der Schaffung von Gemeindeweiden enteignet wird, darf die Entschädigung höchstens das Fünfzehnfache des Pachtpreises erreichen. Diese Entschädigung kommt einer teilweisen Enteignung ohne Entschädigung gleich.

Die Durchführung des Gesetzes ist der *Zentralkasse der Volksbanken und bäuerlichen Genossenschaften* übertragen, die dem Landwirtschaftsministerium angegliedert wird und den Namen *Zentralkasse für die Genossenschaften und die Landverteilung an die Bauern* erhält.

Der Gang der Durchführung der Bodenzuteilung ist folgender: die Zentralkasse übernimmt die enteigneten Flächen und übergibt sie der zu diesem Zweck gebildeten Genossenschaft der Bauern, die nicht genügend oder kein Grundeigentum besitzen. Die Genossenschaft teilt dem einzelnen Bauern den Boden zu. Den Kaufpreis zahlt die Genossenschaft an den enteigneten Eigentümer; er besteht in fünfprozentigen Rentenbriefen, die in fünfzig Jahren getilgt werden müssen. Die auf dem enteigneten Gute lastenden Hypotheken werden durch Übergabe von Anteilen der Rente an die Gläubiger gedeckt.

Um den Bauern die Übernahme des Bodens zu erleichtern, zahlt der Staat 35% des Enteignungspreises an die einzelnen Bauern. Diese wiederum zahlen 20% bei Übernahme des Bodens an die Genossenschaft, den Rest in zwanzig Jahresraten.

Das Dekret-Gesetz enthält keine Bestimmungen über die persönlichen Vorbedingungen, die der Bodenanwärter aufweisen muß. Die Auswahl der Bodenanwärter ist also dem Gutdünken der Kommissionen überlassen.

Auf Grund des Dekret-Gesetzes wurden von 1919 bis 1. 1. 1921 unter die Bauern verteilt:

1. Staatsdomänen	143 895 ha
2. Krongüter und Güter von Korporationen, Anstalten usw.	437 030 „
3. Güter der Absentisten	40 879 „
4. Güter von Ausländern	90 115 „
5. Privatgüter	1 526 450 „
Zusammen	2 238 369 ha

Die enteignete Fläche von 2238369 ha wurde von Anfang 1919 an von den zu diesem Zweck gebildeten bäuerlichen Pachtgenossenschaften in Pacht übernommen und durch deren Mitglieder individuell bebaut.

Die Fläche von zwei Millionen Hektar aus dem Privatgroßgrundeigentum (unter Ausschluß der Krongüter, der Güter der juristischen Personen, der Ausländer- und Absentistengüter und der Staatsdomänen), deren Enteignung das Dekret-Gesetz vorschreibt, konnte nicht erreicht werden trotz zweimaliger Nachprüfung der Enteignungsaktion durch Spezialkommissionen. Um die fehlende Fläche von 473550 ha aufzubringen, wurde am 14. Juli 1921 ein zweites, radikaleres Gesetz erlassen, das die Ratifikation des Dekret-Gesetzes ausspricht, die auf Grund des Dekret-Gesetzes erfolgten Enteignungen ausdrücklich anerkennt und dessen Vorschriften vervollständigt. Die im Dekret-Gesetz angeordnete Enteignung des Eigentums ergänzt das neue Gesetz durch die Enteignung des Eigentümers.

Die Skala des Dekret-Gesetzes über die Höchstgrenzen des einem Privatgut zu belassenden Bodens fällt im neuen Gesetz weg. Dafür werden folgende vier Kategorien von Höchstgrenzen für Restgüter aufgestellt:

I. Kategorie:

Für Gebirgsgegenden	150 ha
Für die Ebene	
mit dichter Bevölkerung und großem Landmangel	200 ha
mit mittlerer Bevölkerungsdichtigkeit und mittlerem Landmangel	300 ha
mit spärlicher Bevölkerung und ohne Landmangel	500 ha

Diese Maxima von 500, 300, 200 und 150 ha gelten nur für solche Güter, die bedeutende Investierungen an Meliorationen, Maschinen, Vieh, Gebäuden, nebengewerblichen Anlagen usw. aufweisen und nicht im großen verpachtet sind.

II. Kategorie:

Für Gebirgsgegenden	200 ha
Für die Ebene mit großem Landmangel	250 ha
„ „ „ mit mittlerem Landmangel	400 ha
„ „ „ ohne Landmangel	500 ha

Diese Höchstgrenzenkategorie gilt für die Eigentümer mehrerer Güter mit einer Gesamtfläche von über 500 ha. Für Güter mit bedeutenden Investierungen beträgt in dieser Kategorie die Höchstgrenze ohne Rücksicht auf die Gegend 500 ha.

III. Kategorie:

Für Gebirgsgegenden	150 ha
Für die Ebene mit großem Landmangel	200 ha
„ „ „ mit mittlerem Landmangel	250 ha
„ „ „ ohne Landmangel	300 ha

Diese Kategorie gilt für akademisch geschulte Landwirte oder Landwirte mit akademisch geschulten Söhnen, die nicht unter II und I fallen.

Für alle anderen Güter sind die Höchstgrenzen der zu belassenden Restgüter weit niedriger, nämlich

IV. Kategorie:

Für Gebirgsgegenden	100 ha
Für die Ebene mit großem Landmangel	150 ha
„ „ „ mit mittlerem Landmangel	200 ha
„ „ „ ohne Landmangel	250 ha

Die weitaus zahlreichsten Güter fallen unter die Kategorie IV. Im allgemeinen also sollen künftig keine größeren Güter bestehen als solche mit einem Ausmaß von 250 ha, in gewissen Ausnahmefällen solche von 500 ha. Man wollte zwar eine scharfe Verkleinerung des Großgrundeigentums — auch in solchen Gegenden, wo kein Begehren nach Land bei den Bauern vorhanden ist, aber nicht seine völlige Beseitigung. Die Bevorzugung der Güter mit bedeutenden Investierungen ist als Belohnung und zugleich als Anreiz für die Intensivierung des Betriebes gedacht, ebenso die Bevorzugung der akademisch geschulten Landwirte.

Die Entschädigung für die enteignete Fläche wird auf Grund einer nach Bodenqualitäten abgestuften Skala, für die der Verkaufspreis maßgebend ist, gezahlt. Die Höchstgrenze der Entschädigung ist gegenüber den Vorschriften des Dekret-Gesetzes auf das Vierzigfache des Pachtpreises in den Jahren 1917 bis 1922 erhöht. Gemeinden zahlen jedoch höchstens den zwanzigfachen Pachtpreis (Gemeindeweiden).

Der enteignete Boden wird bis zur Durchführung der Bodenaufteilung durch Pachtung von Kleinbauern benutzt. Im Gegensatz zum Dekret-Gesetz stellt das Gesetz von 1921 Grundsätze darüber auf, an welche Bauern das enteignete Land zu verteilen ist. Die Zuteilung erfolgt:

1. an Bauern mit Grundeigentum unter 5 ha zur Aufrundung auf dieses Ausmaß in entsprechenden Flächen,
2. an landlose Bauern in Parzellen von 5 ha,
3. an Kolonisten, die sich in spärlicher bevölkerten Gegenden niederlassen, in Stücken von 7 ha (die Bevorzugung der Kolonisten soll die Besiedelung der bisher noch ungenutzten Flächen, z. B. des 460 000 ha großen kultivierbaren Überschwemmungslandes der Donau, fördern),
4. an sachverständige Landwirte zur Errichtung von Muster- und Versuchswirtschaften im ganzen Land Flächen von 10—15 ha im Gesamtumfange von 30 000 ha.

Die Bodenanwärter kommen nach folgender Rangordnung bei der Landzuteilung an die Reihe:

1. die im Kriege 1916/19 Mobilisierten,
2. die im bulgarischen Feldzug 1913 Mobilisierten,
3. Kriegerwitwen als Vertreterinnen ihrer Kinder,
4. Bauern ohne Land,
5. Bauern mit weniger als 5 ha,
6. Kriegerwaisen.

Bei sonst gleichen Verhältnissen gilt in derselben Kategorie folgende Reihenfolge:

a) Invaliden,
b) Bauern, die schon auf Gütern gearbeitet haben,
c) Bauern, die landwirtschaftliches Inventar und Hausgerät haben,
d) Familienväter mit mehreren Kindern,
e) Familienväter von höherem Lebensalter.

Man sieht, daß diese Reihenfolgeordnung mehr von sozialen als von wirtschaftlichen Gesichtspunkten ausgeht. Ein Beweis mehr für die starken sozialen Spannungen in Rumänien, aber auch die Ursache für schwere Mängel der Agrarreform in volkswirtschaftlicher Hinsicht.

Durchführungsorgane für das Enteignungsverfahren sind:

I. Das Agrarkomitee in Bukarest;
II. Die Kreiskommission für Enteignung;
III. Die Bezirkskommission für Enteignung.

Das Agrarkomitee ist der Ratgeber des Landwirtschaftsministeriums in allen Fragen der Enteignung, Bodenaufteilung und Besitzübergabe des enteignungsfähigen Bodens während der Übergangszeit. Es besteht aus 18 Mitgliedern und einem Präsidenten. Diese werden auf Vorschlag des Landwirtschaftsministers nach Genehmigung durch den Ministerrat durch Königliches Dekret ernannt. Zur Hälfte müssen Juristen, zur anderen Hälfte Sachverständige der Landwirtschaft und der Volkswirtschaft ernannt werden. Das Agrarkomitee bildet aus seiner Mitte eine Sektion für das Altreich, eine Sektion für Transsylvanien, eine Sektion für die Bukowina. Bessarabien hat eine Sonderstellung.

Die Kreiskommission besteht aus vier Mitgliedern, einem Gerichtshofsrat als Präsidenten, einem Delegierten der *Zentralkasse für die Genossenschaften und die Landverteilung*, einem Delegierten der Großgrundeigentümer und einem Delegierten der Bodenanwärter.

Die Ortskommission setzt sich zusammen aus Bürgermeister, Pfarrer, Erstem Lehrer und gewählten Bauernvertretern, die Bezirkskommission aus dem Bezirksrichter als Vorsitzendem, dem Bezirksagronomen als Vertreter der Zentralkasse, dem Bezirksamtmann, zwei Bauernvertretern und einem Delegierten des Kriegsministeriums. Aus der Zugehörigkeit eines Offiziers zu jeder Bezirkskommission geht wieder der starke soziale und politische Einschlag der Neuverteilung des Grundeigentums hervor. Zugleich weist dieser Umstand auf die unmittelbare Veranlassung zur Schaffung der neuen Agrarreform hin, auf das Versprechen des Königs an seine Bauernarmee vor der Schlacht von Marasesti.

Die Kolonisation, die Schaffung neuer Dörfer oder die Vergrößerung schon bestehender, ist Aufgabe der Zentralkasse. Sie richtet Depots für Baumaterial, Geräte und Sämereien ein, gewährt den Kolonisten Kredit und führt die nötigen technischen Arbeiten durch. Der Staat schießt durch die Zentralkasse die nötigen Summen zur Schaffung der Haushaltungen vor. Die Kolonisten haben die Hälfte dieser Auslagen in 40 Jahren zurückzuzahlen. Die Ratenzahlungen beginnen fünf Jahre nach der Ansiedlung. Die andere Hälfte der Kosten trägt die Zentralkasse aus einem Fonds, der ihr jährlich bewilligt wird. In der in den Bodenanwärterlisten festgesetzten schon erwähnten Rangordnung, in der die Kriegsteilnehmer überall voranstehen, haben für die Kolonisation die Bewohner der betreffenden Gegend, dann die aus dem Kreise den Vorzug, dann kommen die Bewohner anderer Kreise und schließlich die aus den anderen Provinzen an die Reihe.

Für die neubegründeten Kleingrundeigentumsitze, die nicht Kolonistensitze sind, und für die vergrößerten Kleineigentumsitze, d. h. also für die überwiegende Masse des neuen Parzelleneigentums finden sich ähnliche Finanzierungsvorschriften nicht.

Im Dekret-Gesetz fehlten einschränkende Bestimmungen über den Verkauf der den Bauern zugeteilten Parzellen. Diesen Mangel stellt das neue Gesetz ab. Es gibt Vorschriften über Verkauf usw., Belastung und Teilbarkeit. Solange der Kaufpreis für eine zugeteilte Parzelle nicht voll bezahlt ist, kann sie nur in ihrem ganzen Umfange verkauft, verschenkt oder gegen eine andere umgetauscht werden. Durch diese Bestimmung soll einer Verwirrung der Zahlungsverpflichtungen und Schuldverhältnisse vorgebeugt werden.

Jeder rumänische Staatsangehörige kann von dem Bauern Land kaufen, aber nur, wenn er sich verpflichtet, es selbst zu bearbeiten.

Das kleine Grundeigentum bis 10 ha darf nur von den staatlich hierzu ermächtigten Kreditinstituten beliehen werden. Bis 1916 war dem Kleinbauern die Aufnahme von Hypothekarkredit verboten und nur die Erlangung von Personalkredit, meist durch die bäuerlichen Kreditgenossenschaften, möglich. Die neue Bestimmung erleichtert es einerseits dem Bauern, seiner Geld- und Kreditnot in größerem Maße abzuhelfen als bisher, andererseits gibt sie den Kreditgenossenschaften größere Sicherheit in die Hand, und weiter will sie der wucherischen Ausbeutung das Handwerk legen.

Einen großen Fortschritt brachte das neue Gesetz durch Einführung einer Art von Anerbenrecht, das die Zersplitterung des kleinbäuerlichen Bodens beim Todesfall des Eigentümers, eine der Hauptursachen für das Bauernelend, verhüten soll. Das neue Gesetz enthält:

1. für das Kleingrundeigentum die obligatorische Bestimmung, daß die Teilung im Erbfalle nicht weiter heruntergehen darf, als im Gebirgs- und Hügelland auf 1 ha, in der Ebene auf 2 ha;

2. für jeden Grundeigentümer die fakultative Bestimmung: daß für den Erbfall eine Fläche bis 50 ha für unteilbar und der geschlossenen Eigentumsübertragung unterworfen erklärt werden kann. Diese letzte Bestimmung will der Erhaltung eines leistungsfähigen Klein- und Mittelgrundeigentums und, wenn der Erblasser Großgrundeigentümer ist, auch der Vermehrung des Mittelgrundeigentums dienen.

Zur Sicherung der guten Bewirtschaftung des Kleingrundeigentums, zur möglichst guten Ausnutzung der Gemeindeweiden und zur Verwertung der Erzeugnisse des Kleingrundeigentums hat die Zentralkasse das Recht, den Bauern, die mit Land bedacht wurden, bezüglich des Wirtschaftssystems und der Organisierung der Betriebsmittel verbindliche Vorschriften zu machen und obligatorische Genossenschaften zu gründen, deren Aufgabe es ist, die Dorfinsassen zu einer rationellen und intensiven Wirtschaft, zur Verwertung der Bodenerzeugnisse, zur Verbesserung der Viehrassen anzuleiten und auch die nötigen Strafmaßregeln zu bestimmen. Gegebenenfalls kann der pflichtwidrig handelnde Bauer durch ein Urteil des Bezirksrichters seines ihm auf Grund des neuen Agrargesetzes zugeteilten Landes verlustig erklärt werden. Dieses Land geht dann ins Eigentum der Zentralkasse über.

Die Zusammenlegung der in Gemengelage befindlichen Grundstücke überläßt das Gesetz einem Sondergesetz. Das Recht auf die mineralischen Bodenschätze in dem enteigneten, an die Bauern verkauften Land gehört dem

Staat, in dem zu Weidezwecken im Gebirgs- und Hügelland enteigneten Boden dem früheren Eigentümer.

Dies sind im wesentlichen die neuen Bestimmungen des Agrargesetzes vom 14. 7. 1921, die im Dekret-Gesetz vom 16. 12. 1918 nicht enthalten sind.

Auf Grund des neuen Gesetzes sind bis 1. 1. 1927 enteignet worden: aus dem Bestand des Privatgroßgrundeigentums 538033 ha.

Diese Fläche wurde den bäuerlichen Pachtgenossenschaften zur individuellen Bearbeitung durch ihre Mitglieder zunächst bis zur Eigentumsübergabe an die Bauern in Pacht gegeben. Zusammen mit der auf Grund des Dekret-Gesetzes enteigneten und den Bauern bereits ins Eigentum zugestellten Fläche des Privatgroßgrundeigentums von 1 526 450 ha (siehe S. 355) sind also seit 1919 bis 1. 1. 1927 dem Privatgroßgrundeigentum 2 064 483 ha entzogen.

Im ganzen sind von 1919 bis 1. 1. 1927 enteignet worden:

I. Auf Grund des Dekret-Gesetzes von 4467 Landgütern	2 238 369 ha
II. Auf Grund des Gesetzes v. 1921 von 2714 Landgütern	538 033 ,,
Zusammen	2 776 402 ha

Nach der Kulturart setzt sich die Fläche von 2 776 402 ha zusammen aus:

a) Ackerboden	2 179 261 ha
b) Wiesen	32 671 ,,
c) Weiden	524 720 ,,
d) Weingüter	1 045 ,,
landwirtschaftlichem Boden insgesamt	2 737 697 ha
Wald	21 028 ,,
Ödland usw.	17 677 ,,
Zusammen	2 776 402 ha

Nach Abzug der für Gemeindeweiden bestimmten Fläche von 524 720 ha blieben zur Verteilung übrig 2 223 745 ha. Es kamen für die Landzuteilung naturgemäß die bisher landlosen und diejenigen Kleinbauern in Frage, die weniger als 5 ha Eigentum hatten, soweit die gesetzlichen Bestimmungen bei den einzelnen nicht entgegenstanden. Die Parzellentypen variierten zwischen 0,5 und 5 ha.

1 053 628 Personen ließen sich in die Listen der Bodenanwärter eintragen, und bis zum 1. September 1927 wurden an 630 113 Berechtigte

2 037 293 ha landwirtschaftlicher Bodenfläche verliehen. Außerdem wurde den Gemeinden die enteignete Weidefläche von 524 720 ha als Gemeindeweiden überlassen. Der enteignete Wald wird vom Staat verwaltet, das Ödland wurde nicht verteilt, da es landwirtschaftlich unbrauchbar ist, und außerdem hielt der Staat »im öffentlichen Interesse« eine Reserve von 175 682 ha zurück, die er einstweilen selbt bewirtschaftet oder verpachtet.

423 515 Bauern, die in die Listen der »Berechtigten« eingetragen sind, haben kein Land erhalten. Sie teilen das Schicksal derjenigen, die überhaupt nicht in die Listen aufgenommen wurden. Ihnen, sowie den auf S. 348ff. erwähnten Bodenarmen und Landlosen, denen die Zerschlagung der großen Güter die Arbeits- und Verdienstmöglichkeit beschnitt, soll auf dem Wege der Verpflanzung in eine andere Gegend, wo noch bisher unbearbeiteter Boden vorhanden ist, geholfen werden (siehe Innenkolonisation S. 357). Für die Ansetzung dieser Kolonisten kommt heute vor allem die südliche Dobrudscha in Betracht, wo sich noch genügend jungfräuliches Land findet und Rumänien einen Grenzwall aus rumänischen Bauern gegen Bulgarien errichten möchte. Der Ansiedlung stehen hier aber besondere Schwierigkeiten entgegen: das Kleben auch des landlosen rumänischen Bauern an seinem Dorf und die Abneigung, in das Grenzgebiet zu gehen.

Die Grundeigentumsverteilung Altrumäniens zeigt 1929 ungefähr das folgende Bild[12]):

Tabelle 4

Kategorien des Grundeigentums	Fläche in 1000 ha	% der landwirtsch. Fläche
unter 10 ha [13]) (Kleineigentum)	6509	81,4
10 bis 100 ha (Mitteleigentum)	861	10,8
über 100 ha (Großeigentum)	621	**7,8**
Landwirtschaftliche Fläche	7991	100,0

Mehr als vier Fünftel des landwirtschaftlichen Bodens befinden sich jetzt in den Händen der Kleinbauernschaft. Diesem kleinbäuerlichen Boden steht ein um fünf Sechstel seines Vorkriegsstandes verkleinertes Großgrundeigentum gegenüber, das nur noch 7,8% der landwirtschaftlichen Fläche beträgt. Der

[12]) Auf Grund von Angaben der *Zentralkasse für die Landverteilung*; Dr. Jonescu-Sisesti, »Die Agrarreform in Rumänien« im *Manchester Guardian Commercial* »Wiederaufbau« 1922, Nr. 6, S. 406, ferner nach Mitita Constantinesco »*L'évolution de la propriété rurale et la réforme agraire en Roumanie*«, *S. 422 ff.* sowie nach »*La Roumanie Agricole*« Bucarest 1929, und »*L'Agriculture en Roumanie, Album statistique*«, Bucarest 1929.

[13]) Hier sind 704 720 ha Gemeindeweiden einbegriffen.

60jährige Kampf zwischen Bojar und Bauer um den Grund und Boden ist zugunsten des Bauern entschieden. Dieser hat den Bojaren auf eine Bodenfläche zurückgedrängt, die beträchtlich kleiner ist als die Fläche des ungenügenden Mittelgrundeigentums. Aus dem Latifundienland ist auch vom Gesichtspunkt der Grundeigentumsverteilung aus ein Kleinbauernland geworden, wie es Altrumänien in betriebsstatistischer Hinsicht schon vor dem Kriege war. Der Anteil des Groß-, Mittel- und Kleinbetriebes am Boden deckt sich im großen und ganzen heute mit demjenigen der drei Grundeigentumskategorien.

Der Bauer hat die Ketten der Arbeitssklaverei gesprengt. Die bäuerliche Landpacht und damit der Teilbau sind außerordentlich zurückgegangen. Das Grundübel des rumänischen Bauernelends, die bei der extensiven Wirtschaftsart katastrophale Landnot, ist durch die Änderung der Grundeigentumsverteilung für einen großen Teil der landlosen und bodenarmen Bauern für die nächste Zeit jedenfalls erheblich gemildert worden. Infolgedessen besteht die ungeheuer drückende wirtschaftliche Abhängigkeit der Bauernschaft vom Großgrundeigentum oder vom Großpächter, die sich in den harten Pacht- und Arbeitsverhältnissen ausdrückte, nicht mehr in dem Umfange, wie dies noch bei Kriegsende der Fall war. Denn ein Teil der Kleinbauern, der infolge Bodenmangels bisher gezwungen war, Land zu pachten und auf den Gütern zu arbeiten, braucht dies jetzt überhaupt nicht mehr oder nur in geringerem Maße. Die Bauernfamilie kann jetzt ihre Arbeitskraft und die ihres Viehs in erster Linie ihrer eigenen Wirtschaft widmen. Aber nur jene Kleineigentümer, die genügend Zugvieh und Arbeitsgeräte für ihr vergrößertes oder neuerworbenes Grundeigentum besitzen oder die Intelligenz und moralische Kraft haben, es zu erwerben, werden ihren Betrieb verbessern können. Für eine große Zahl der mit Land bedachten Bauern macht sich das Fehlen ausreichender gesetzlicher Finanzierungsvorschriften für die neuen Grundeigentumssitze in bezug auf Vieh- und Gerätekredite (mit einer gewissen Ausnahme der Kolonistensiedlungen) außerordentlich drückend bemerkbar. Soweit die bäuerlichen Kreditgenossenschaften nicht helfend eingreifen können, werden solche Betriebe schlecht bearbeitet oder bleiben brach liegen. Ferner: Das Gesetz von 1921 erkennt dem landlosen Bauern 5 ha und dem, der weniger als 5 ha hat, die zur Abrundung auf 5 ha notwendige Ergänzungsfläche zu. Es geht also davon aus, daß 5 ha der Bauernfamilie die Existenzmöglichkeit garantieren. Diese Fläche kann der Bauernfamilie wohl die Nahrung sichern, reicht aber bei extensiver Bewirtschaftung nicht aus, alle zum Leben notwendigen Bedürfnisse zu befriedigen.

Weiter hat die Zerschlagung der großen Güter den Landlosen und den kleinsten Parzellenbesitzern zunächst den Nachteil der Verringerung der Arbeits- und Verdienstgelegenheit gebracht. Das Gesetz von 1921 bietet zwar die Handhabe, den Bauern aus einer Gegend, in der das Großgrundeigentum zur Verteilung von Land an alle gesetzlich berechtigten Bodenarmen und Landlosen nicht ausreicht, in anderen Gegenden, wo ausreichender Boden vorhanden ist, anzusiedeln. Aber bisher ist in der Durchführung dieser in sozialer Hinsicht unumgänglich notwendigen Innenkolonisation nur verhältnismäßig wenig geschehen.

Die Agrarreform hat also nur teilweise eine bedingte Besserung der wirtschaftlichen und sozialen Lage der Kleinbauernschaft gebracht. Dagegen kann in politischer Beziehung die Bauernfrage als gelöst gelten. Der Bauer spielt jetzt auch im politischen Leben des Königreiches eine Rolle, seit seine in einer großen Partei geeinten Vertreter im Parlament sitzen und besonders seit die Nationale Bauernpartei unter Manius Führung Regierungspartei geworden ist.

Wenn so die altrumänische Bauernfrage auf der durch die Agrarreform geschaffenen Grundlage keine restlose Lösung finden kann, so gilt das gleiche von der gesamten Agrarfrage. Der große Nachteil, der bisher die Agrarverfassung kennzeichnete, nämlich der Mangel eines ausreichenden Mittelgrundeigentums, mit seinen wirtschaftlichen, sozialen und politischen Folgen, besteht zunächst weiter. Der freie Güterverkehr kann die Vermehrung des Mittelgrundeigentums nur unzureichend und nicht schnell genug fördern. Die wenigen Muster- und Versuchswirtschaften im Ausmaß von je 10—15 ha, die geschaffen werden sollen, können als leistungsfähiges Mitteleigentum nicht betrachtet werden. Noch auf lange Zeit hinaus, die durch das Gesetz hätte abgekürzt werden können, bedeutet der Mangel an Mittelgrundeigentum das Fehlen eines genügend großen Reservoirs, aus dem sich ein nationalrumänisches städtisches Bürgertum bilden und fortwährend ergänzen könnte.

Durch die Dezimierung des Großgrundeigentums ist die politische und wirtschaftliche Vorherrschaft der Bojarenkaste und der Großpächterclique beseitigt, aber zugleich die volkswirtschaftliche Kraft der altrumänischen Landwirtschaft geschwächt worden. Während also die Agrarfrage durch teilweise Lösung der Bauernfrage eine gewisse Entspannung erfahren hat, wird sie auf der anderen Seite wieder verschärft.

Die durch die Agrarreform 1918/28 in Altrumänien herbeigeführte Lösung der Agrar- und Bauernfrage ist in der Hauptsache eine politische Lösung. In sozialer Hinsicht ist sie unzureichend und in volkswirtschaftlicher Beziehung schädlich, wie an späterer Stelle im einzelnen nachgewiesen werden wird. Man muß aber zugeben, daß die agrarische Umwälzung, die der Volkswirtschaft durch zu weitgehende Verkleinerung der Großeigentumsfläche ungeheuren Schaden zugefügt hat, daneben zugleich auch den Weg zeigt, auf dem dieser Schaden wenigstens teilweise wieder ausgeglichen werden kann. Indem die Agrarreform die bis Kriegsende bestehende Art der Grundeigentumsverteilung beseitigte, hat sie dem Bojaren das Mittel zur Aufrechterhaltung der extensiven Wirtschaftsweise aus der Hand gewunden und damit die Schranke weggeräumt, die bisher der Landwirtschaft den Weg zu der in privatwirtschaftlicher, sozialer, politischer und volkswirtschaftlicher Beziehung notwendigen Intensivierung versperrte. Gleichwohl aber ist an ein Beschreiten dieses Weges, vor allem für den Bauern, vorderhand nicht zu denken. Denn zuerst müssen die kulturellen und technischen Vorbedingungen einer jeden Intensivierung geschaffen sein.

II. Neurumänien.

Von den nach dem Weltkrieg Rumänien zugefallenen neuen Provinzen zeigte nur Bessarabien agrarpolitische Verhältnisse, die denjenigen des Altreiches nahe verwandt waren. Dagegen war die agrarische Situation in den beiden anderen neuerworbenen Provinzen, in der Bukowina und vor allem in Transsylvanien, bei weitem ausgeglichener. Aber auch in ganz Neurumänien fanden Agrarreformen statt, besonders aus nationalpolitischen Gründen. Sie sind deshalb oft schärfer und radikaler als das Gesetz für Altrumänien.

Bessarabien.

7. Bessarabien ist ebenso wie Altrumänien ein ausgesprochenes Agrarland. 75,7% der 2 956 000 Menschen zählenden Bevölkerung beschäftigen sich mit Ackerbau. Der Boden ist sehr fruchtbar; es ist dieselbe Schwarzerde wie in der rumänischen Tiefebene und in der Ukraine. Auch in bezug auf die allgemeine kulturelle Lage, auf die Bevölkerungsdichtigkeit,

das Verkehrsnetz und die Extensität in der Landwirtschaft ähnelt die Provinz dem Altreich.

Tabelle 5

Die Landesfläche Bessarabiens 1917 nach Kulturarten[14]).

	In Tausenden ha	Prozent
Ackerboden	2742	
Weiden	458	
Wiesen	75	
Weingärten	18	
Landwirtschaftliche Fläche insgesamt	3293	**78,9**
Waldungen	233	5,5
Gewässer, Wege, mit Häusern bebaute und sonstige unbenutzte Flächen	656	15,6
Landesfläche	4182	100,00

Als Bessarabien 1812 von der Moldau abgetrennt und Rußland angegliedert wurde, war die Grundeigentumsverteilung ungefähr die gleiche wie in der Moldau und in der Walachei. Die Fläche, die den Freibauern gehörte, verhielt sich zur Fläche des Großgrundeigentums ungefähr wie 1 : 6. Von 1812 bis 1914 ist in der Agrargeschichte Bessarabiens zwar auf der einen Seite die Ähnlichkeit mit derjenigen Altrumäniens unverkennbar. Das System der großen Güter, die in vielen Fällen einen Umfang von 5000 bis 10 000 ha haben, blieb unangetastet. Die Masse der ländlichen Bevölkerung besteht 1861 aus leibeigenen Bauern, die sich in ähnlicher Abhängigkeit vom Großgrundeigentum befinden wie in Altrumänien. Ebenso wie die rumänische blieb auch die russische »Bauernbefreiung« von 1861 auf dem Papier stehen. Auch in Bessarabien war die Landpacht der Kleinbauern verbreitet, und ebenso wie in Altrumänien war das Arbeitspacht- bzw. Teilpachtsystem mit ähnlichen Auswüchsen zu finden.

Die bessarabischen Mittelgrundeigentümer sind zu etwa einem Viertel deutsche Kolonisten, die seit 1812 aus den östlichen preußischen Provinzen, aus Baden, Württemberg, Bayern, der Rheinpfalz und dem Elsaß einwanderten. 1914 betrug ihre Kopfzahl ungefähr 79 000, das sind rund 3% der bessarabischen Gesamtbevölkerung. Im Kreise Akkermann (Cetatea Alba) bilden die Deutschen 18 % der Bevölkerung. In diesem Kreise liegen auch zusammenhängend 67 deutsche Siedlungen mit 58 624 Deutschen. 4868 Deutsche wohnen in zusammenhängenden Siedlungen im Kreise Bender (Tighina), 6258 Deutsche in 22 zusammenhängenden Siedlungen im Kreise Cahul. Die Fläche des deutschen Siedlungsgebietes beträgt 281 600 ha, das ist etwas weniger als der deutsche Staat Mecklenburg-Strelitz. Von der Gesamtfläche Bessarabiens macht das deutsche Siedlungsgebiet 6% aus.

---

[14]) Vgl. *Buletinul Statistic al Romaniei*, 1919, Nr. 1, S. 30; und Mitita Constantinesco, a. a. O., S. 264, sowie »*La Roumanie Agricole*«, Bukarest 1929; und «*L'Agriculture en Roumanie, Album statistique*«, Bucarest 1929.

Unter der ländlichen Bevölkerung Bessarabiens nehmen die deutschen Kolonisten eine Ausnahmestellung ein, was die Arbeits- und Kapitalsintensität ihrer Betriebe betrifft. Sie haben in manchen Gegenden die Fruchtwechselwirtschaft, sonst im allgemeinen die verbesserte Dreifelderwirtschaft eingeführt, während in der gesamten übrigen bessarabischen Landwirtschaft, insbesondere bei den rumänischen, ukrainischen, bulgarischen, türkischen Kleinbauern noch heutigentags fast durchweg die gewöhnliche Dreifelderwirtschaft zu finden ist. Von der Stolypinschen Agrarreform der Jahre 1906 bis 1914 wurde Bessarabien wenig betroffen, da der russische *Mir* hier nicht bestand. Wie in Altrumänien versuchten die Kleinbauern auch in Bessarabien, ihre Lage durch genossenschaftliche Selbsthilfe zu bessern. Ende 1918 gab es 389 Kreditgenossenschaften und 548 Konsumgenossenschaften.

Tabelle 6

Die Verteilung des Eigentums am landwirtschaftlichen Boden[15]) in Bessarabien im Jahre 1909 nach Größenklassen:

Kategorien des Grundeigentums	Fläche in 1000 Hektar	Prozent	Zahl der Eigentümer in Tausenden	Prozent	Durchschnittsgröße des Eigentumsitzes in Hektar
unter 10 ha	2157	51,6	500	96,6	4,3
10 bis 100 ha......	181	4,3	15	2,8	12,0
über 100 ha	1844	**44,1**	3	0,6	614,6
Landw. Fläche einschließl. landw. Gewässer, Wege, Häuser usw......	4182	100,0	518	100,0	8,0

Die Großgrundeigentümer sind großenteils Russen, die Mittelgrundeigentümer Deutsche. Die deutschen Kolonistenfamilien wurden im Weltkrieg ins innere Rußland deportiert. Ihr Grundeigentum wurde gegen eine minimale »Entschädigung« versteigert.

Die außerordentlich scharfen sozialen und nationalen Gegensätze lassen es nicht verwunderlich erscheinen, daß die russische Revolution 1917/18 nicht nur das bessarabische Großgrundeigentum zertrümmerte, sondern auch dem Mittelgrundeigentum übel mitspielte. Die Kleinbauern setzten sich mit Gewalt in den Besitz der staatlichen und korporativen Ländereien und der großen Privatgüter, und sie eigneten sich auch zu einem großen Teil das Land der Mittelgrundeigentümer an.

Es kam für die rumänische Regierung nach der Einverleibung Bessarabiens in den rumänischen Staat im Jahre 1918 darauf an, die revolutionären Neigungen der Landbevölkerung zu beschwichtigen, um ein Vordringen des russischen Bolschewismus nach

[15]) Vgl. *Buletinul Statistic al Romaniei*, Serie IV, Bd. XIV, 1919, Nr. 1, S. 34, und *The Manchester Guardian Commercial* »Der Wiederaufbau in Europa« 1922, Nr. 7, S. XLII. sowie »*La Roumanie Agricole*«, 1929, und »*L' Agriculture en Romanie, Album statistique*«, 1929.

Rumänien zu verhindern. Aus diesem Grunde wurden die Besitzergreifungen des Großgrundeigentums durch die Kleinbauern bis zu einer gewissen Grenze legalisiert. Den Mittelgrundeigentümern dagegen, darunter auch den deutschen Kolonisten, gab die rumänische Regierung das Grundeigentum wieder zurück.

Die revolutionäre Regierung des autonomen Bessarabiens hatte die Einverleibung in Rumänien davon abhängig gemacht, daß Bessarabien das Recht zuerkannt wurde, sein Agrarproblem selbständig zu lösen. Dies wurde von Rumänien zugestanden, und das bereits am 27. November 1918 von der gesetzgebenden Versammlung der Provinz votierte Agrargesetz wurde am 21. Dezember 1918 als Dekret-Gesetz vom König von Rumänien in Kraft gesetzt und am 11. März 1920 vom großrumänischen Parlament revidiert, vervollständigt und ratifiziert. Seine Entstehung im Schoße des revolutionären Parlaments der »Moldau-Republik« läßt es verständlich erscheinen, daß der Charakter dieses Agrargesetzes erheblich radikaler ist als derjenige der Agrargesetze Altrumäniens.

Das bessarabische Gesetz schreibt vor:

I. Es werden vollständig enteignet:
   a) alle Güter des russischen Staates, der Korporationen, der Semstwos, der Dorfgemeinden, der Kirchen und Klöster,
   b) der Boden der Absentisten und derjenigen Ausländer, die sich nicht bis zum 1. Januar 1919 um ihre Einbürgerung beworben haben.

II. Bis zu gewissen Grenzen werden enteignet:
   a) das andere Privatgroßgrundeigentum bis auf Restgüter von je 100 ha,
   b) im Bedarfsfall auch Boden des Mittelgrundeigentums unter 100 ha,
   c) alle Güter, die in dem Zeitraum 1905 bis 1918 fünf Jahre ununterbrochen verpachtet waren, bis auf Restgüter von je 25 ha.

III. Der Wald wird vollständig enteignet mit Ausnahme der in bäuerlichem Eigentum befindlichen Waldungen.

Die Verteilung des enteigneten Landes soll nach folgenden Grundsätzen vor sich gehen:

I. Bauernfamilien mit weniger Land als 6 bezw. 8 ha erhalten Parzellen, die ihr Eigentum auf 6 bezw. 8 ha ergänzen;

II. Bauernfamilien ohne Land erhalten Bodenstücke von 6 bis 8 ha;

III. Bauernfamilien, die als Kolonisten in eine schwachbevölkerte Gegend gehen, erhalten Bodenstücke von 8 bis 10 ha.

Die Kolonisation soll nach dem Dorfsystem vorgenommen werden, nicht nach dem Einzelhofsystem, das sich für die Ebene nicht eignet und dem Charakter der Bevölkerung nicht entspricht.

Auf Grund des Gesetzes wurden bis zum 1. Januar 1927 folgende Flächen enteignet bzw. in das Eigentum des rumänischen Staates übergeführt[16]:

---

[16]) Auf Grund von Angaben der *Zentralkasse für die Landverteilung*

Ackerland und Wiesen	1 107 338 ha
Weiden	85 349 „
Wälder	198 405 „
mit Gebäuden usw. bebaute Flächen	17 103 „
Weingärten und Obstgärten	837 „
Unkultivierbares Land usw.	82 888 „
Zusammen	1 491 920 ha

Bis zum 1. Januar 1927 wurde den Kleinbauern ins Eigentum gegeben eine Fläche von 1 098 045 ha. Sie wurde 357 016 landberechtigten Bauern zugeteilt. Von diesen waren 262 536 Rumänen und 94 480 Russen, Bulgaren, Deutsche, Juden und Zugehörige anderer Völker. In der Restfläche von 393 875 ha sind 198 405 ha Wälder enthalten, die ins Eigentum des rumänischen Staates übergegangen sind. Es blieben also zunächst noch 195 470 ha landwirtschaftlicher Boden in der Hand des Staates zurück. Das unkultivierbare Land im Umfang von 82 888 ha scheidet hiervon aus und die restlichen 112 582 ha bilden »im öffentlichen Interesse« eine Landreserve des Staates, die dieser einstweilen selbst bewirtschaftet oder verpachtet.

Tabelle 7
Die Eigentumsverteilung der landwirtschaftlichen Fläche Bessarabiens 1929[16]):

Kategorien des Grundeigentums	Fläche in 1000 ha	Prozent
unter 10 ha (Kleineigentum)	3 649	87,2
10 bis 100 ha (Mitteleigentum)	181	4,3
über 100 ha (Großeigentum)	352	8,5
Landwirtschaftliche Fläche einschl. landw. Gewässer, Gebäude, Wege usw.	4 182	100,0

Das Großgrundeigentum, das 1905 über zwei Fünftel der landwirtschaftlichen Fläche inne hatte, beträgt 1929 nur noch den fünften Teil seiner früheren Größe. Das Kleingrundeigentum ist von fünf Zehntel auf fast neun Zehntel der gesamten landwirtschaftlichen Fläche angewachsen. Der Prozentsatz der Kleingrundeigentümer hat sich durch Zuweisung von Boden an

und des *Buletinul Statistic al Romaniei*, 1919, Nr. 1, S. 34; vgl. auch *Manchester Guardian Commercial* »Der Wiederaufbau«, 1922, Nr. 7, S. XLII und Jonescu-Sisesti »Die Agrarreform in Rumänien« im *Manchester Guardian Commercial* »Wiederaufbau« 1922, Nr. 6, S. 406; ferner Mitita Constantinesco, S. 418, ff. sowie »*La Roumanie Agricole*«, *1929*, und »*L'Agriculture en Roumanie, Album statistique*«, *1929*.

bisher landlose Bauern erhöht. Und ferner: 1905 betrug die Durchschnittsgröße des kleinbäuerlichen Grundeigentumssitzes ungefähr 4,39 ha, 1929 hat sie um mehr als ein Drittel zugenommen. Auch bei der zum allergrößten Teil noch herrschenden extensiven Wirtschaftsart genügt die Fläche von durchschnittlich 7 ha zur Fristung der Existenz der Bauernfamilie, wenigstens für die allernächste Zukunft.

So ist in Bessarabien eine politische und soziale Beruhigung eingetreten, aber auch hier hängt die endgültige Lösung der Bauernfrage in Anbetracht der Bevölkerungsvermehrung von der Intensivierung des Kleinbauernbetriebes ab.

Die Bukowina.

8. Die Bukowina (das Buchenland), die sich an die Moldau im Norden anschließt, ist zum Teil gebirgig und außerordentlich waldreich. In den Gebirgsgegenden steht die Viehzucht, anders als in Altrumänien und Bessarabien, dank der Fürsorge der österreichischen Verwaltung in hoher Blüte. Die Ebene der Bukowina ist die Fortsetzung der bessarabischen Schwarzerde.

Tabelle 8.

Die Verteilung der Landesfläche der Bukowina nach Kulturarten 1910[17]).

Kulturarten	in 1000 ha	Prozent
Ackerboden	289	
Weingärten [18])	—	
Wiesen	129	
Weiden	129	
Landwirtschaftlicher Boden	547	**49,5**
Waldungen	491	44,4
Gewässer, mit Häusern bebaute Flächen, unproduktiver Boden, Wege, Straßen usw.	68	6,1
Landesfläche	1 106	100,0

Als im Jahre 1775 die Bukowina von dem Fürstentum Moldau getrennt wurde und an das Haus Habsburg fiel, waren die agrarischen Verhältnisse in dieser neuen österreichischen Provinz ähnlich wie in der Moldau: der landwirtschaftliche Boden gehörte zum allergrößten Teil wenigen Bojarenfamilien, den Klöstern und Kirchen. Der Bauer war Höriger der Grundherren. Eine

17) Vgl. *Buletinul Statistic al Romaniei*, 1919, Nr. 1, S. 66 und Mitita Constantinesco, S. 264, sowie »*La Roumanie Agricole*«, *1929*, und »*L'Agriculture en Roumanie, Album statistique*«, 1929.

18) 43 ha Weingärten.

Kaiserliche Verordnung vom 22 4. 1787 verfügte, daß der von den einzelnen Bauernfamilien zur Zeit des Erlasses der Verordnung bearbeitete Boden das Eigentum dieser Bauern werden sollte, wurde aber großenteils nicht durchgeführt. Die revolutionären Bestrebungen des Jahres 1848 hatten zur Folge, daß zehn Jahre später einige Kaiserliche Erlasse erschienen, in deren Durchführung drei Viertel des bestellbaren Landes ins Eigentum der Kleinbauern und der Mittelgrundeigentümer übergingen.

Die Provinz zählt ungefähr 812000 Bewohner, von denen über ein Drittel Rumänen sind. Etwas stärker sind die Ruthenen vertreten, dann folgen Deutsche, Polen und Magyaren.

Tabelle 9.

Die Verteilung des Eigentums am landwirtschaftlichen Boden in der Bukowina im Jahre 1900[19]):

Kategorien des Grundeigentums	Fläche in 1000 ha	Prozent	Zahl der Eigentumsitze in Tausenden	% der Eigentumsitze	Durchschnittsgröße in ha
unter 10 ha	330	63,5	110	94,0	3,0
10 bis 100 ha	75	14,4	6	5,1	12,5
über 100 ha	115	**22,1**	1	0,9	115,0
Landwirtschaftliche Fläche einschl. landwirtschaftlicher Gewässer, Wege, Häuser usw.	520	100,0	117	100,0	4,4

Das kleinbäuerliche Grundeigentum hatte eine Durchschnittsgröße von 3 ha. Die landlosen Kleinbauern sind zum großen Teil Rumänen, während Mittel- und Großgrundeigentümer den anderen Nationen des Landes angehören, hauptsächlich der deutschen und der polnischen. Das Mittelgrundeigentum ist verhältnismäßig stark vertreten, viel stärker als in Altrumänien.

Zwei Drittel der Fläche des Mittelgrundeigentums sind in den Händen deutscher Kolonisten, deren Vorfahren schon vor 150 Jahren aus Württemberg und Baden einwanderten. 68 000 Deutsche leben in der Bukowina, sie machen 8,4 % der Gesamtbevölkerung aus. Zum Teil leben sie in den Städten zerstreut. Die ländlichen deutschen Mehrheitsgemeinden und die deutschen Gutsgebiete bedecken eine Fläche von 100 400 ha, ein Zehntel der Gesamtfläche der Bukowina. Im Gegensatz zur gewöhnlichen Dreifelderwirtschaft der rumänischen und ruthenischen Bauern haben die deutschen Kolonisten meist eine intensiver betriebene Form der verbesserten Dreifelderwirtschaft, in manchen Gegenden auch die Fruchtwechselwirtschaft. So geben sie schon

[19]) Vgl. *Buletinul Statistic al Romaniei*, 1919, Nr. 1, S. 59 und 62, und *Manchester Guardian Commercial* »Wiederaufbau«, Nr. 7, S. XLII, ferner Mitita Constantinesco, S. 271, »*La Roumanie Agricole*«, Bucarest 1929, und »*L'Agriculture en Roumaine, Album statistique*«, Bucarest 1929.

seit langem den anderen Mittelbetrieben, den Groß- und auch den Kleinbetrieben ein gutes Beispiel, was sich in deren Bodenbewirtschaftung mehr oder weniger bemerkbar macht. Die Arbeitspacht kommt in der Bukowina nicht vor. Pacht und Lohn werden mit Geld oder Naturalien (Teilbau) bezahlt. Die Scheidung zwischen Bauer und landwirtschaftlichem Lohnarbeiter ist durchgeführt.

Unmittelbar nach dem Zusammenbruch Österreichs beschloß der rumänische Nationalrat der Bukowina einen Gesetzentwurf über die Änderung der Grundeigentumsverteilung, der am 6. 9. 1919 als Dekret-Gesetz vom rumänischen König in Kraft gesetzt wurde. Die Vorschriften dieses Dekretgesetzes wurden vom großrumänischen Parlament in einem neuen Gesetz vom 23. 7. 1921 vervollständigt. Dieses Gesetz beruht im großen und ganzen auf den gleichen Grundsätzen, wie das bessarabische und das altrumänische Agrargesetz. Die Kriegsteilnehmer zum Beispiel und ihre Nachkommen werden bei der Landzuteilung bevorzugt; die Durchführung des Gesetzes liegt Kommissionen ob, ähnlich wie in Altrumänien. Wie das Gesetz für Bessarabien paßt sich dasjenige für die Bukowina in den Einzelheiten den lokalen Verhältnissen an.

Nach dem Gesetz von 1921 soll enteignet werden:

I. in vollem Umfange:
   a) das Grundeigentum des österreichischen Staates, der Körperschaften usw.;
   b) das Grundeigentum der Absentisten;
   c) dasjenige Grundeigentum, das in der Zeit vom 1. 1. 1905 bis 1. 1. 1919 mehr als neun Jahre verpachtet war;

II. bis zu gewissen Grenzen das übrige Privatgroßgrundeigentum:
   a) bis auf Restgüter von je 100 ha: alle Güter, die keine bedeutenden Einrichtungen an Bauten und Inventar, Viehzucht oder landwirtschaftlichen Industrien besitzen;
   b) nach einer fortschreitenden Skala bis auf Restgüter, die im niedrigsten Fall 100 ha, im höchsten 250 ha groß sein dürfen: alle Güter, die bedeutende Investierungen der schon unter II a erwähnten Art haben.

In zwei Punkten ist das Gesetz für die Bukowina radikaler als das für Altrumänien: in der niederen Bemessung der Höchstgrenze der Restgüter und in der Erweiterung des Begriffs Absentismus. Zu den Absentisten gehören nämlich auch diejenigen Grundeigentümer, die seit dem 15. November 1918 bis zur Vorlage des Gesetzes ihren Aufenthalt nicht in der Bukowina hatten. Ausgenommen hiervon sind nur die Güter bis 25 ha.

Die Entschädigung der Enteigneten erfolgt nach den Grundsätzen des Agrargesetzes für Altrumänien (5prozentige Renten mit Fälligkeit in 50 Jahren); die österreichisch-ungarische Krone wird dabei dem rumänischen Leu gleichgesetzt.

Die Zuteilung von Land an die Bauern soll nach folgenden Grundsätzen geschehen:

I. landlose Bauern erhalten Parzellen von 4 ha;

II. Bauern mit Grundeigentum unter 4 ha erhalten die zur Erlangung dieses Ausmasses notwendige Ergänzungsfläche;
III. Kolonisten erhalten Landstücke von 6 ha im Maximum.

Die Bauern haben ihre Zahlungen für das erhaltene Land an den Staat zu leisten. Sie zahlen nur die Hälfte des Kaufpreises, die andere Hälfte zahlt der Staat. Ein Fünftel des Kaufpreises soll gleich bei der Übernahme erlegt werden.

Bis zum 1. Januar 1927 wurden von 561 Landgütern enteignet[20]):

Ackerboden	42 832 ha
Weiden	11 314 ,,
Wiesen	8 313
Wälder	12 902
Unkultiviertes Land	606 ,,
Zusammen	75 967 ha

In die Listen der Bodenanwärter wurden 77 911 Personen eingetragen. 71 266 Personen (44 786 Rumänen und 26 480 Andersvölkische) erhielten landwirtschaftliches Grundeigentum im Gesamtausmaß von 42 832 ha.; den Gemeinden wurden 5831 ha Gemeindeweiden und 4377 ha Gemeindewaldungen (Waldweiden) zugeteilt. 606 ha sind ungeeignet zur Kultivierung, 8524 ha Wald gingen in Staatsbewirtschaftung über und 13 796 ha Boden bilden eine Landreserve des Staates, die er einstweilen selbst bewirtschaftet oder verpachtet.

Es ergibt sich 1929 für die Bukowina ungefähr folgendes Bild der Eigentumsverteilung der landwirtschaftlichen Fläche[20]):

Tabelle 10.

Kategorien des Grundeigentums	Fläche in 1000 ha	Prozent
unter 10 ha (Kleineigentum)	406	78,1
10 bis 100 ha (Mitteleigentum)	75	14,4
über 100 ha (Großeigentum)	39	**7,5**
Landwirtschaftliche Fläche einschl. landwirtschaftlicher Gewässer, Wege, Häuser etc.	520	100,0

Die Fläche des landwirtschaftlichen Großgrundeigentums ist also 1929 um zwei Drittel kleiner als 1900.

Das Kleingrundeigentum macht 1929 nahezu vier Fünftel der landwirtschaftlichen Fläche aus (nur etwas über drei Fünftel im Jahre 1900).

[20]) Auf Grund von Angaben der *Zentralkasse für die Landverteilung* und des *Manchester Guardian Commercial* »Wiederaufbau«, 1922, Nr. 7, S. XLII, ferner nach Mitita Constantinesco, S. 413 und 418, sowie nach »*La Roumanie, Agricole*«, Bucarest 1929, und »*L'Agriculture en Roumanie, Album statistique*«, Bucarest 1929.

Nicht alle landlosen Bauern konnten mit Boden bedacht werden, da hierzu und zur Ergänzung der weniger als 4 ha großen Parzellen das Land nicht ausreicht. Die Bauernfrage ist also 1926 auch in der Bukowina nicht restlos gelöst. Immerhin ist sie infolge der fortgeschritteneren Wirtschaftsweise der gesamten Landwirtschaft schon jetzt der Lösung näher als in Bessarabien und Altrumänien.

Transsylvanien.

Siebenbürgen, Banat, Kreisch- und Marmaroschgebiet.

9. Durch Annexion des ungarischen Transsylvaniens hat das Königreich Rumänien eine Provinz gewonnen, die, unbeschadet ihres vorwiegend agrarischen Charakters, im Gegensatz zu Altrumänien und Bessarabien neben der Landwirtschaft auch eine entwickelte Industrie aufweist. Aber auch die Landwirtschaft hat in Transsylvanien ein ganz anderes Aussehen als in Altrumänien und Bessarabien. Schon die Gliederung der Bodenfläche nach Kulturarten, wie sie nach dem Stande von 1919 aus Tabelle 11 zu ersehen ist, läßt diesen Unterschied (vgl. die Tabellen 1 und 5) und eine gewisse Ähnlichkeit der Verhältnisse mit denen in der Bukowina erkennen (vgl. Tabelle 8).

Tabelle 11.

Die Gliederung der Bodenfläche Transsylvaniens nach Kulturarten 1919[21]).

Kulturarten	In 1000 ha	Prozent
Ackerboden	3 285	
Weingärten	53	
Wiesen	1 257	
Weiden	1 259	
Landwirtschaftliche Fläche	5 854	**56,8**
Waldungen	3 569	34,6
Ödland, Wege, mit Häusern etc. bebaute und sonstige landwirtschaftlich ungenutzte Flächen	896	8,6
Landesfläche	10 319	100,0

[21]) Vgl. *Buletinul Statistic al Romaniei*, 1919, Nr. 1, S. 91, 118, 154 und Mitita Constantinesco, S. 264, sowie »*La Roumanie agricole*«, 1929 und »*L'Agriculture en Roumanie, Album statistique*«, Bukarest 1929.

Während in Altrumänien fast drei Viertel der landwirtschaftlichen Fläche vom Ackerboden und zwar vom Getreideboden eingenommen wird, umfaßt in Transsylvanien der Ackerboden nur 56,1 % der landwirtschaftlichen Fläche, und er ist außerdem im Gegensatz zu Altrumänien zu einem großen Teil mit Handels- und Futterpflanzen usw. angebaut. Ganz besonders fällt der hohe Prozentsatz der Wiesen und Weiden in Transsylvanien auf (fast 43% der landwirtschaftlichen Fläche gegenüber 19% in Altrumänien). Die Möglichkeiten für eine rationelle Viehzucht sind also in Transsylvanien gegeben, und tatsächlich steht hier auch die Viehzucht in hoher Blüte. Im Vergleich mit Altrumänien ist eine höhere Intensität der gesamten Landwirtschaft festzustellen, auch dort, wo noch die Dreifelderwirtschaft herrscht. Die Bevölkerungsdichtigkeit ist zwar etwas geringer als in Altrumänien, aber das Eisenbahn- und Wegenetz ist verzweigter. Auch eine rationellere Ausnutzung des vorhandenen Bodens als in Altrumänien und Bessarabien findet hier statt. Dies geht schon daraus hervor, daß nur 8,6% der Landfläche auf ungenutzte Flächen entfällt (Bukowina 6,1 %), während dieser Prozentsatz in Altrumänien über 20 und in Bessarabien über 15 beträgt.

Die höhere Intensität und Rationalität der Landwirtschaft ist das Resultat der jahrhundertelangen Erziehung durch die österreichische und ungarische Verwaltung und durch das Beispiel der sehr zahlreichen in Transsylvanien ansässigen magyarischen und deutschen Landwirte. Diese Erziehung hat die Bevölkerung, auch die Hälfte, die rumänischer Nationalität ist [21a]), weit über das kulturelle Niveau der Bewohner Altrumäniens und Bessarabiens hinausgehoben. Der Unterschied ist so groß, daß der Rumäne der Provinz Transsylvanien fast nur durch die Sprache mit dem Volke Altrumäniens verknüpft erscheint.

Die Wirtschaft des rumänischen Kleinbauern in Siebenbürgen (Dreifelderwirtschaft) steht auf einer höheren Stufe als diejenige seines Berufsgenossen in Altrumänien. Schon der äußere Augenschein zeigt dies deutlich. Der weniger gute Boden in Siebenbürgen, die staatliche Fürsorge und das Beispiel der magyarischen und deutschen Landwirte hat

---

[21a]) Transsylvanien hat auf seiner 10 219 998 ha großen Fläche eine Bevölkerungsziffer von 5 226 000 Köpfen, darunter sind 55% Rumänen (2 975 000), 32,5 Magyaren (1 376 000), 8,5% Deutsche (515 000), Juden 190 000, Verschiedene 170 000.

ihn schon längst dazu geführt, mehr Arbeit und Kapital in seinen Betrieb zu stecken. Im Gegensatz zu seinem altrumänischen Bruder düngt er den Boden und bearbeitet ihn mit besseren Geräten rechtzeitig, sachgemäßer und tiefer. Die Bodenerträge allerdings reichen an diejenigen der altrumänischen Schwarzerde gleichwohl nicht heran.

Ein Großpächterunwesen in altrumänischem Sinne existiert in Siebenbürgen nicht. Wo der Kleinbauer Land pachtet, geschieht dies unmittelbar vom Eigentümer. Den Pachtzins zahlt er durch einen Teil der Ernte (Teilbau) oder in Geld. Arbeitspacht und als deren Folge Arbeitssklaverei, wie in Altrumänien, gibt es in Siebenbürgen nicht.

In verschiedenen Teilen des Landes wohnen die deutschen »Sachsen« als Bauern und Städter. Im zwölften Jahrhundert kamen sie in das Land, gerufen von König Geza II. zum Schutz der Grenze und zur Urbarmachung des Bodens. Da die Gemahlin des Königs eine sächsische Prinzessin war, erhielten die Ansiedler aus Deutschland, der Heimat der Königin, die Bezeichnung *Saxones*. Der Grundstock der Einwanderer bestand aus mitteldeutschen Rheinfranken aus dem Mosel- und Eifelgebiet und dem heutigen Luxemburg. Von König Andreas II. erhielten sie das Land am Kokel und Alt zum Lehen, den sogenannten Königsboden und den Unterwald. Als Grenzwacht im Norden wurde der Rösnergau besiedelt und als Wacht im Osten wurden in den Jahren 1211 bis 1225 durch die Deutsch-Ordensritter Deutsche nach dem Burzenlande berufen. Seit 1734 zogen aus dem österreichischen Salzkammergut, aus der Steiermark und aus Kärnten vertriebene Protestanten nach Siebenbürgen. Um 1750 wanderten auch oberdeutsche Franken aus Baden-Durlach und Hanau, sowie Alemannen aus dem Elsaß ein. Hundert Jahre später folgten ihnen Schwaben aus Württemberg. Heute beträgt die Kopfzahl aller siebenbürgischen Deutschen, der sogenannten Sachsen, 224 000. Die Fläche der geschlossenen deutschen Siedlungsgruppen macht 906 556 ha oder 8,6% der Gesamtfläche Siebenbürgens aus, hat also eine Ausdehnung, die der heutigen Provinz Oberschlesien fast gleichkommt. Das landwirtschaftliche Betriebsystem der sächsischen Bauern ist die verbesserte Dreifelderwirtschaft, vereinzelt auch die Fruchtwechselwirtschaft.

Das allergrößte Verdienst um die Blüte des sächsischen Ackerbaues und der sächsischen Viehzucht hat sich der auf genossenschaftlicher Grundlage ruhende *Siebenbürgisch-sächsische Landwirtschaftsverein* erworben, der ungefähr drei Viertel der sächsischen Bauern zu seinen Mitgliedern zählt. Er unterhält drei Landwirtschaftsschulen, die von wissenschaftlich gebildeten Fachleuten geleitet werden und denen die notwendigen Versuchsstationen angegliedert sind, und beliefert die sächsische Bauernschaft mit landwirtschaftlichen Geräten und Maschinen, Sämereien, Saatgut usw. durch Verkaufsstellen in den Städten des Sachsenlandes.

Die magyarischen Großgrundeigentumssitze in Siebenbürgen wurden schon vor dem Kriege sehr viel intensiver bewirtschaftet als die Großbetriebe in Altrumänien und Bessarabien. Zum Teil findet sich auch bei ihnen noch die gewöhnliche Dreifelderwirtschaft, in manchen Gegenden stehen sie auf der Stufe der verbesserten Dreifelderwirtschaft und teilweise haben sie bereits die Fruchtwechselwirtschaft eingeführt.

Die magyarische Bauernwirtschaft steht ungefähr auf der gleichen Stufe wie die sächsische.

Im Banat sind Arbeitsverfassung und Betriebsart ähnlich wie in Siebenbürgen. Die Bodenerträge sind jedoch bei dem besseren Boden und Klima bedeutend größer und nehmen es an Quantität und Güte mit denjenigen Altrumäniens auf.

Auch im Banat bilden die Rumänen die Mehrheit, der vor allem 268 Tsd. = 28½% Deutsche (*Schwaben*), daneben Magyaren, Serben, Zigeuner und andere Volkssplitter gegenüberstehen. Vom Anfang des 18. Jahrhunderts an begannen die deutschen Einwanderungen, nachdem das Banat vom Prinzen Eugen den Türken abgerungen war. Aus Württemberg, Baden, dem Elsaß, Lothringen, aus Deutsch-Böhmen, Bayern und Tirol trafen hier Einwanderer ein, die aus dem völlig verwahrlosten Sumpfgebiet im Laufe weniger Jahrzehnte einen der fruchtbarsten Landstriche Europas machten. 1779 wurde das Banat mit Ungarn vereinigt. Infolge der zahlenmäßigen Stärke der serbischen Bevölkerung, die an dritter Stelle steht, erhob nach dem Weltkrieg auch Serbien Ansprüche auf das Banat und erhielt etwa ein Drittel des Landes. Der westliche, kleinste Teil blieb bei Ungarn, während der größte Teil an Rumänien fiel. Die rumänisch-serbische Grenze durchschneidet das geschlossene deutsche Sprachgebiet. Der größte Teil der deutschen Bevölkerung sind Landwirte, und zwar Mittelgrundeigentümer. Das geschlossene deutsche Siedlungsgebiet umfaßt 337 800 ha, ist also beinahe so groß wie das Land Braunschweig.

Weniger günstig als im Banat und in Siebenbürgen sind die Boden- und Klimaverhältnisse in dem nördlich vom Banat gelegenen Kreisch- und Marmaroschgebiet, das, zum großen Teil gebirgig und sehr waldreich, einen relativ weniger entwickelten Ackerbau zeigt. Die ausgedehnten Gebirgsweiden begünstigen das Vorherrschen der Viehzucht, die sich in gutem Zustand befindet. Die Mehrzahl der Bevölkerung besteht aus Magyaren, es folgen Rumänen, Ruthenen, Juden und Deutsche.

Die deutschen Siedlungen wurden von Württembergern und Allgäuern um das Jahr 1720 gegründet. Deutsch-Böhmen, Oberösterreicher, Salzburger und Tiroler folgten. Die Zahl der Deutschen beträgt heute 47 000, von denen 23 000 in einem geschlossenen Siedlungsgebiet von 52 400 ha um die Stadt Nagy Karoly wohnen. Auch im Kreisch- und Marmaroschgebiet zählen die deutschen Landwirte meist zu den Mittelgrundeigentümern.

Tabelle 12

Die Verteilung des Eigentums am landwirtschaftlichen Boden im Jahre 1895 in der gesamten heutigen Provinz Transsylvanien[22]).

Kategorien des Grundeigentums	Fläche in 1000 ha	Prozent	Zahl der Eigentumsitze in Tausenden	% der Eigentumsitze	Durchschnittsgröße des Eigentumsitzes in ha
unter 10 ha (Kleineigentum)	2537	34,1	868	88,67	2,9
10 bis 100 ha (Mitteleigentum)	2153	28,9	107	10,92	20,1
über 100 ha (Großeigentum)	2751	**37,0**	4	0,41	687,6
Landwirtschaftliche Fläche einschl. landwirtschaftlicher Wege Gewässer, Hausflächen usw.	7441	100,00	979	100,00	7,6

Klein-, Mittel- und Großgrundeigentum teilen sich ungefähr zu je einem Drittel in die landwirtschaftliche Fläche. Das kräftige Mittelgrundeigentum, aus dem sich auch ein gesundes städtisches (deutsches und magyarisches) Bürgertum vor allem in Siebenbürgen und dem Banat rekrutiert, bildet ein wichtiges privatwirtschaftliches, volkswirtschaftliches, soziales und politisches Element, das in Altrumänien fast völlig fehlt.

Somit standen in Transsylvanien vor dem Weltkrieg Grundeigentumsverteilung, Betriebsverhältnisse und Arbeitsverfassung in privatwirtschaftlicher, sozialer und politischer Beziehung höher als in Altrumänien. Was in Altrumänien durch die Agrargesetzgebung 1918/21 erst erreicht werden sollte, die Lösung der Kleinbauern von den Ketten der Arbeitssklaverei, die Schaffung eines selbständigen landwirtschaftlichen Lohnarbeiterstandes, die relative Intensivierung der Landwirtschaft, das alles bestand schon vor dem Weltkrieg in Transsylvanien. Wenn die Eigentumsgrundlage der Kleinbauernschaft zum Teil auch in Transsylvanien zur Existenzfristung zu schmal ist, so führt dieser Umstand den Kleinbauern dennoch nicht in das wirtschaftliche und soziale

---

[22]) Vgl. Ungarische Statistik im *Buletinul Statistic al Romaniei* 1919, Heft 1, S. 92, 120, 121, 156, 157, 158, 159, den *Manchester Guardian Commercial* »Wiederaufbau« 1922, Nr. 7, S. XLII und Mitita Constantinesco S. 275, 283, 276, 282, sowie »*La Roumanie agricole*« und »*L'Agriculture en Romanie, Album statistique*«, Bukarest 1929.

Elend, das seinem Berufsgenossen in Altrumänien beschieden war. Denn ausreichende Geld- und Naturallöhne für die Arbeit im Großbetriebe, Einkünfte aus der Viehzucht und die Abwanderungsmöglichkeit in die siebenbürgische Industrie schützen ihn davor. Eine Agrarfrage und insbesondere eine Bauernfrage im altrumänischen Sinne existierte in Transsylvanien nicht.

Der Verlust des Krieges mit seinen schweren wirtschaftlichen Folgen für den Besiegten und eine seit Jahren unter den ungarländischen Rumänen wirkende, von Bukarest aus gespeiste Propaganda ließen auch in Transsylvanien den Gedanken des Anschlusses an das Königreich Rumänien und den Willen zur Aufteilung des transsylvanischen Bodens an die eingesessene rumänische Bevölkerung Ende des Jahres 1918 greifbare Gestalt annehmen. Schon im November, noch vor der Besetzung durch die rumänischen Truppen, beschloß die siebenbürgische rumänische Nationalversammlung in Karlsburg die »radikale Agrarreform«. Nationalrumänische, politische und soziale Gründe wurden schon hier vor die volkswirtschaftlichen geschoben. Der rumänische Große Landesrat nahm darauf im Jahre 1919 in Hermannstadt einen agrarischen Reformvorschlag an, der noch im gleichen Jahre als Dekret-Gesetz vom König von Rumänien sanktioniert wurde und in Kraft trat.

Nach diesem Dekret-Gesetz sollte an die landlosen Bauern sofort Boden des Großgrundeigentums verteilt werden. Es geschah dies zunächst in der Form von Zwangspacht. Das Dekret-Gesetz wurde durch das vom Parlament angenommene Agrargesetz vom 23. Juli 1921 vervollständigt und ratifiziert. Nach dem neuen Agrargesetz sollen enteignet werden:

I. in vollem Umfange:
   a) der gesamte Boden der juristischen Personen, die einen öffentlichen Zweck verfolgen, mit Ausnahme eines Teiles der Kirchenländereien und Schulen und eines Teiles der Wälder und Weiden;
   b) der gesamte Boden der Ausländer;
   c) der gesamte Boden der Absentisten;
   d) der anbaufähige Boden der juristischen Personen, die einen privaten Zweck verfolgen.

II. bis zu gewissen Grenzen das übrige anbaufähige Privatgroß- und Mittelgrundeigentum:
   a) bis auf ein Restgut von 10 Katastraljoch (5,75 ha) Güter, die in der Zeit zwischen 1904 und 1918 10 Jahre hindurch verpachtet waren, sofern sie auf Boden liegen, der zu Stadtgemeinden gehört;
   b) bis auf ein Restgut von 30 Katasterjoch (17,25 ha) Güter, die in der Zeit zwischen 1904 und 1918 10 Jahre hindurch verpachtet waren, sofern sie auf Boden liegen, der zu Landgemeinden gehört;
   c) bis auf ein Restgut von 50 Katasterjoch (28,75 ha) im Gebirge und Hügelland und von 100 Katasterjoch (57,5 ha) in der Ebene Güter, die am 1. Mai 1921 verpachtet waren;

d) die vom Eigentümer bewirtschafteten Güter und zwar:
α) im Gebirge bis auf ein Restgut von 50 Katasterjoch (28,75 ha);
β) im Hügelland bis auf ein Restgut von 100 Katasterjoch (57,5 ha);
γ) in der Ebene: in Gegenden mit dichter Bevölkerung und großem Bodenmangel bis auf ein Restgut von 200 Katasterjoch (115 ha), in Gegenden mit weniger dichter Bevölkerung und mittlerem Bodenmangel bis auf ein Restgut von 300 Katasterjoch (172,5 ha), in Gegenden mit geringer Bevölkerungsdichtigkeit, wo das Bodenbedürfnis gedeckt ist bis auf ein Restgut von 500 Katasterjoch (287, 5 ha).

Die Entschädigung für das enteignete Land darf in keinem Falle den Verkaufspreis aus dem Jahre 1913 übersteigen. Die Berechnung geschieht in rumänischen Lei; der Leu wird der österreichisch-ungarischen Krone gleichgesetzt. Aus der Anrechnung des Vorkriegspreises ergibt sich eine ganz beträchtliche Herabsetzung der an die enteigneten Grundeigentümer zu zahlenden Entschädigung. Die Bezahlung geschieht in bar oder in Rentenpapieren mit 50jähriger Amortisation und 5 % jährlichen Zinsen. Für alle öffentlichen juristischen Personen erfolgt die Bezahlung in ewiger, jährlich mit 5% verzinslicher Rente.

Das Agrargesetz von 1921 trat erst im November 1922 in Kraft. Auf Grund des Gesetzes wurde bis 1. 1. 1927 von 8963 Gütern Boden im Umfang von 1 663 809 ha enteignet. Davon waren: Wald 663 967 ha; Acker 451 654 ha; Wiese 92 014 ha; Weide 418 361 ha; Wein- und Obstgärten 1 370 ha; Unkultiviertes Land 36 443 ha.

In die Bodenanwärterlisten wurden 363 664 Rumänen und 126 864 Andersvölkische, insgesamt 490 528 Personen, eingeschrieben. Davon erhielten 227 943 Rumänen und 82 640 Andersvölkische, insgesamt 310 583 Personen, Grundeigentum im Ge-

Tabelle 13

Die Verteilung des Eigentums am landwirtschaftlichen Boden in Transsylvanien 1929[23]).

Kategorien des Grundeigentums	Fläche in 1000 ha	Prozent
unter 10 ha (Kleineigentum)	4200	56,5
10 bis 100 ha (Mitteleigentum)	2153	28,9
über 100 ha (Großeigentum)	1088	**14,6**
Landwirtschaftliche Fläche einschl. landwirtschaftlicher Gewässer, Wege, Häuserflächen usw.	7441	100,0

23) Auf Grund von Angaben der *Zentralkasse für die Landverteilung* des *Buletinul Statistic al Romaniei*, 1919, Nr. 1, des *Manchester Guardian Commercial* »Wiederaufbau«, 1922, Nr. 7, S. XLII, und nach Mitita Constantinesco, a. a. O., S. 403 ff., sowie nach »*La Roumanie Agricole*« und »*L' Agriculture en Roumanie, Album statistique*«, Bucarest 1929.

samtausmaß von 451 654 ha. Den Gemeinden wurden zugeteilt 418361 ha Gemeindeweiden und 484805 ha Gemeindewälder (Waldwiesen). 179162 ha Wald gingen in staatliche Bewirtschaftung über, 36443 ha sind ungeeignet zur Kultivierung und 93384 ha bilden eine Bodenreserve des Staates, die dieser einstweilen selbst bewirtschaftet oder verpachtet (z. folgd. vgl. Tab. 12 u. 13).

Das landwirtschaftliche Großgrundeigentum ist also um zwei Drittel zusammengeschmolzen. Das Mittelgrundeigentum ist unverändert und das Kleingrundeigentum ist um drei Fünftel seines bisherigen Bestandes vermehrt worden. In sozialer Hinsicht befriedigt die neue Grundeigentumsverteilung nicht. Die den landlosen und bodenarmen Bauern zugefallenen Landstücke können trotz der höheren Intensität der transsylvanischen Landwirtschaft bei der schlechteren Bodenbeschaffenheit in Siebenbürgen und im Kreisch- und Marmaroschgebiet der Bauernfamilie ein einigermaßen auskömmliches Dasein kaum gewährleisten. Für zahlreiche andere Familien ist das Ergebnis der Agrarreform auch insofern ein Danaergeschenk, als sie infolge des Fehlens ausreichender Finanzierungsvorschriften nicht genügend Arbeitsvieh und Arbeitsgeräte besitzen.

Ähnliches gilt auch für dasjenige Motiv der transsylvanischen Agrarumwälzung, das durch eine nationalistische, rumänisch-völkische Tendenz die Lage kompliziert. Das Gesetz selbst erwähnt naturgemäß mit Worten dieses Moment — mit einer einzigen Ausnahme — nicht, aber aus den Gesetzesbestimmungen läßt sich die nationalistische Tendenz mit aller Klarheit herauslesen. Man erkennt sie in erster Linie, wie im bessarabischen und bukowinischen Gesetz, in der im Vergleich zu Altrumänien geringeren Bemessung des Flächenausmaßes der zu belassenden landwirtschaftlichen Restgüter. Die Höchstgrenzen der beschlagnahmefreien Restgüter sind: in Altrumänien im Maximum 500 und im Minimum 100 ha, in Bessarabien im Maximum 100 und im Minimum 25 ha, in der Bukowina im Maximum 250 und im Minimum 100 ha, in Transsylvanien im Maximum 287,5 und im Minimum 5,75 ha. Die Möglichkeit, die Höchstgrenzen in Transsylvanien in so auffallendem Maße heruntersetzen zu können, ist nur aus den ganz besonderen nationalen Verhältnissen in dieser Provinz zu erklären. In erster Linie soll die Widerstandskraft der Magyaren gebrochen werden, zu deren Staat die Provinz bis Kriegsende gehörte. Der Grundpfeiler der magyarischen Kraft in Transsylvanien war das

Großgrundeigentum, das Güter von der Größe wie in Altrumänien jedoch nicht aufwies. Um es wirksam zu treffen, mußten daher die Höchstgrenzen herabgesetzt werden. Der Schlag gegen die magyarischen Magnaten soll deren bisherige wirtschaftliche und politische Machtstellung vernichten. Gleicherweise richtet sich das Vorgehen der Durchführungsorgane der Agrarreform gegen das Grundeigentum der ungarischen reformierten Kirche und der römisch-katholischen Gemeinden, die Pfarrhäuser und Grundbesitz ohne jede Entschädigung an manchmal erst neubegründete griechisch-orthodoxe Gemeinden abgeben mußten und so in ihrer Tätigkeit zum Schaden des siebenbürgischen Magyarentums außerordentlich geschwächt werden. Aber auch die nationale Widerstandskraft der Deutschen soll gebrochen werden. Sie beruhte zu einem großen Teil auf dem ausgedehnten Grundeigentum der politischen Gemeinden und der Kirchengemeinden. Das Gemeindeeigentum der Sachsen z. B., hauptsächlich aus Wiesen, Weiden und Wald bestehend, hat die Entstehung eines ländlichen Proletariats verhindert, und das Grundeigentum der sächsischen lutherischen Kirchengemeinden ist das Reservoir, aus dem die Mittel zur Unterhaltung der deutschen sächsischen Schule fließen. Kirche und Schule ist bei den Sachsen ein Begriff. Sachse sein, heißt außerdem Lutheraner sein. Mit der Verkleinerung des Gemeindeeigentums soll die soziale Kraft der Sachsen und mit der Verringerung des kirchlichen Grundeigentums auf dem Wege über die Schwächung der deutschen Schule ihre nationale Widerstandsfähigkeit gebrochen werden. Um dies wirksam zu erreichen, gibt eben das Gesetz die Möglichkeit, unter die altrumänischen Höchstgrenzen herunterzugehen und in das Mittelgrundeigentum einzugreifen.

Die Agrarreform in Transsylvanien richtet sich aber nicht nur gegen das deutsche und magyarische Grundeigentum auf dem Lande, sondern auch gegen die Städte, die Hochburgen der deutschen und magyarischen Kultur und Intelligenz. Das städtische Bürgertum ist entweder magyarisch bzw. jüdisch-ungarisch oder deutsch. Ein rumänisches städtisches Bürgertum existirt nicht. Von den wohlhabenden magyarischen und deutschen Familien der Städte besitzt fast jede außerhalb des Weichbildes der Stadt, aber innerhalb der Grenzen der Stadtgemeinde, landwirtschaftliches Grundeigentum, das sie seit Generationen verpachtet hat, da sie in Industrie, Handel oder freien Berufen tätig ist. Vielen dieser Familien ist jetzt das altererbte Grundeigentum fast ganz genommen worden und in die Hände von Rumänen übergegangen. Auf diese Weise sollen die Städte von der Peripheri aus allmählich romanisiert werden. Diese Operation wird auf Grund der Gesetzesbestimmung durchgeführt, daß das landwirtschaftliche Grundeigentum, das innerhalb der Grenzen einer Stadtgemeinde liegt, bis auf eine Restfläche von zehn Katasterjoch (5,75 ha) enteignet werden kann, wenn es nach 1904 und vor 1918 zehn Jahre hindurch verpachtet war. Um das städtische Bürgertum der Magyaren und Deutschen überhaupt treffen zu können, wurde sogar der Eingriff ins Kleingrundeigentum gestattet.

Auch die Erweiterung des Begriffs Absentismus zeigt die völkischen Tendenzen. Zu den Absentisten, deren Grundeigentum gänzlich zu enteignen ist, wird, ähnlich wie in der Bukowina, in Transsylvanien gerechnet, wer seit dem 1. Dezember 1918 bis zur Vorlage des Gesetzes seinen Aufenthalt im Lande nicht gehabt hat. Durch diese Bestimmung fallen die ungarischen Optanten, d.h. vor allem zahlreiche Großgrundeigentümer, der gänzlichen Enteignung anheim. Die Bestimmung wurde von Ungarn auf Grund des Friedensvertrages von Trianon angefochten.

III. Großrumänien.

10. Gliederung der Landesfläche; Grundeigentumsverteilung und Betriebsgliederung 1918 und 1929.

Auch im heutigen Großrumänien dienen fast zwei Drittel der Landesfläche unmittelbar der Landwirtchaft.

Tabelle 14.
Die Gliederung der Landesfläche Großrumäniens nach Kulturarten[24]) im Mittel der Jahre 1923—1927.

Kulturarten	In 1000 ha	Prozent
Bestellter Ackerboden	11 574	39,2
Weingärten, Obstgärten usw.	614	2,1
Wiesen und Weiden	4 219	14,3
Landwirtschaftliche Fläche insgesamt	16 407	**55,6**
Waldungen	7 224	24,5
Überschwemmungsland	460	1,5
Ödland, mit Häusern usw. bebautes Land, Wege, Gewässer, usw. Brache	5 398	18,4
Landesfläche	29 489	100,0

[24]) Nach »*La Roumanie Agricole*« und »*L'Agriculture en Roumanie*«, Bucarest 1929.

Wenn man die in der Vorkriegszeit bestehende Grundeigentumsverteilung in den neuerworbenen Provinzen und im alten Königreich zusammenfaßt, (Tabellen 2, 6, 9, 12), um die durch die agrarische Nachkriegsumwälzung auf dem gesamten Gebiete des heutigen rumänischen Staates hervorgerufenen Veränderungen sich als Ganzes vor Augen zu führen, so erhält man für die Zeit bis Kriegsende für den landwirtschaftlichen Boden innerhalb der heutigen Grenzen des rumänischen Staates in großen Umrissen ungefähr folgendes Bild:

Tabelle 15.

Die Verteilung des Bodeneigentums[25]) in Großrumänien vor dem Krieg[26]).

Kategorien des Grundeigentums	Fläche in 1000 ha	Prozent
Kleingrundeigentum (unter 10 ha)	8756	43,3
Mittelgrundeigentum (10 bis 100 ha)	3270	16,4
Großgrundeigentum (über 100 ha)	8109	**40,3**
Landwirtschaftliche Fläche 38)	20135	100,0

Nach der agrarischen Umwälzung stellt sich im Jahr 1929 der Anteil der Größenkategorien des Grundeigentums am landwirtschaftlichen Boden in groben Zügen ungefähr folgendermaßen dar [25]):

Tabelle 16.

Die Verteilung des Bodeneigentums[26]) in Großrumänien 1929.

Kategorien des Grundeigentums	Fläche in 1000 ha	Prozent
Kleingrundeigentum (unter 10 ha)	14764	73,2
Mittelgrundeigentum (10 bis 100 ha)	3270	16,4
Großgrundeigentum (über 100 ha)	2101	**10,4**
Landwirtschaftliche Fläche	20135	100,0

Das Großgrundeigentum auf dem Boden des heutigen Großrumänien ist also durch die Agrarreform auf ein Viertel des Vorkriegsstandes zusammengeschmolzen, das Mittelgrundeigentum hat sich nicht verändert, und das Kleingrundeigentum ist um drei Viertel seines Bestandes vermehrt worden. Da sich infolge der Änderung der Eigentumsverteilung *Grundeigentum* und *Betrieb* jetzt auch in Altrumänien und Bessarabien im allgemeinen

[25]) Vgl. C. Filipescu, »Die Bodenreform in Rumänien«, *Völkermagazin*, Berlin, Paris, Genf, Sondernummer Rumänien, Mai 1929, sowie »*La Roumanie Agricole*« und »*L'Agriculture en Roumanie*«, Bucarest 1929.

[26]) Außer einem Teil des Ödlandes und des Staatseigentums. Vgl. »*L' Agriculture en Roumanie, Album statistique*, S. 71.

annähernd decken, zeigt im Jahre 1929 die Grundeigentumsverteilung Großrumäniens auch ungefähr die Betriebsgliederung. Die Betriebsgliederung hat sich ebenfalls wesentlich verschoben gegen die Jahre vor dem Weltkrieg.

Tabelle 17.

Die Bodenverteilung in Großrumänien nach Betriebsgrößen vor dem Kriege:

Kategorien der Betriebe	Fläche in 1000 ha	Prozent
Kleinbetrieb (unter 10 ha)	10000	49,7
Mittelbetrieb (über 10 bis 100 ha)	4400	21,8
Großbetrieb (über 100 ha)	5735	**28,5**
Landwirtschaftliche Fläche	20135	100,00

Der Großbetrieb ist auf ein Drittel seines Vorkriegsstandes zurückgegangen, der Mittelbetrieb hat sich etwas verkleinert und die Fläche des Kleinbetriebes ist um die Hälfte ihres Vorkriegsstandes vergrößert worden.

IV. Die Bedeutung der Agrarumwälzung für Rumäniens Volkswirtschaft.

Es bleibt noch die Frage zu untersuchen, welche Folgen sich aus der agrarischen Umwälzung für die Volkswirtschaft Großrumäniens und für seine weltwirtschaftliche Stellung ergeben.

11. Die Getreideerzeugung im Gebiet Großrumäniens vor und nach dem Krieg.

a) Die Anbauflächen.

Tabelle 18.

Getreideanbauflächen auf dem Gebiet des heutigen Großrumänien[27]).

In Tausend Hektar.

	Vor dem Kriege		Nach dem Kriege							
	Klein-rumän.	Großrumänien	1920/21	1921/22	1922/23	1923/24	1924/25	1925/26	1926/27	1927/28
Weizen	1936	4251	2488	2649	2690	3172	3300	3327	3101	3206
Mais	2072	4123	3443	3403	3148	3621	3730	4050	4219	4455
Gerste	537	1271	1563	1727	1795	1850	1704	1552	1764	1759
Hafer	435	923	1239	1333	1258	1236	1185	1078	1084	1116
Roggen	117	511	326	266	248	271	270	296	281	296
Insgesamt	5097	11079	9059	9378	9139	10150	10189	10303	10449	10832

[27]) Auf Grund von Angaben des rumänischen Landwirtschaftsministeriums und nach den Veröffentlichungen des Internationalen Landwirtschafts-Institutes zu Rom.

Tabelle 19.

Getreideanbauflächen Großrumäniens in Prozentzahlen der Anbauflächen des gleichen Gebietes in der Vorkriegszeit.

	20/21	21/22	22/23	23/24	24/25	25/26	26/27	27/28
Weizen	58	62	63	74	77	78	78	75
Mais	83	82	76	87	90	98	102	107
Gerste	122	135	141	145	134	122	138	138
Hafer	133	144	136	133	128	116	116	120
Roggen	63	52	48	53	53	57	54	57
Gesamt-Getreidefläche	81	84	81	91	92	93	94	97

Aus den Tabellen 18 und 19 läßt sich folgendes erkennen: Die Gesamtgetreidefläche hat das Ausmaß der Vorkriegszeit beinahe wieder erreicht. Die wertvollste Getreideart, der Weizen, jedoch wird nur noch zu etwa drei Vierteln seiner Vorkriegsfläche angebaut. Die Maisfläche ist heute etwas größer als vor dem Kriege und ganz besonders haben sich die Anbauflächen von Gerste und Hafer vergrößert. Die Roggenfläche dagegen ist ganz bedeutend hinter ihrer Vorkriegsgröße zurückgeblieben. Hieraus ergibt sich eine deutliche Änderung der Produktionsrichtung des rumänischen Körnerbaues: Abwendung vom wertvollsten Brotgetreide, dem Weizen, und Zuwendung zum Futtergetreide.

Es ist aber noch folgende, sehr wichtige Erscheinung zu beachten: Immer beträchtlichere Flächen werden mit Handelspflanzen, Hülsenfrüchten, Industrie-, Öl-, Textil-, Futter- und Medizinalpflanzen bebaut. Die Klee- und Luzernefläche ist seit 1920 ständig gewachsen. Die Zunahme aller dieser eben genannten Pflanzenkulturen beträgt von 1920 bis 1929 ungefähr 150%, während sich die Gesamtanbaufläche in der gleichen Zeit nur um 16% vergrößert hat. Sollten dies die ersten Anzeichen des Übergangs von der Dreifelderwirtschaft zur Fruchtwechselwirtschaft sein?

b) Die Ernten.

Aus den Tabellen 20 und 21 ist zu ersehen, daß nur die Gersten- und die Haferernte eine steigende Tendenz haben und 1928 die Ernten der Vorkriegszeit erreichen oder übertreffen. Alle anderen Körnerfrüchte, insbesondere Weizen und Mais (Mais nur mit Ausnahme von 1926), bleiben mit ihren Ernten weit hinter den Vorkriegsernten zurück. Die Gesamtgetreideernte hat die Höhe der Vorkriegszeit bis 1928 bei weitem noch nicht wieder erreicht.

Tabelle 20.

Die Getreideernten auf dem Gebiet Großrumäniens vor und nach dem Krieg[28]).

In Tausend Tonnen.

	Vor dem Kriege Kleinrumänien	Vor dem Kriege Großrumänien	1921	1922	1923	1924	1925	1926	1927	1928
Weizen	2311	4570	2100	2504	2650	1916	2851	3018	2635	3551
Mais	2757	9510	2730	3043	3906	3994	4159	6083	3695	2537
Gerste	561	1460	1110	2041	1870	669	1019	1685	1250	1647
Hafer	412	860	890	1336	1170	604	740	1159	852	933
Roggen	109	450	230	230	189	151	203	286	243	301
Insgesamt	6110	13560	7060	9154	9785	7334	8972	12231	8675	8969

Tabelle 21.

Getreideernten Großrumäniens in Prozentzahlen der Ernten des gleichen Gebietes in der Vorkriegszeit.

	1921	1922	1923	1924	1925	1926	1927	1928
Weizen	46	55	58	42	62	66	58	78
Mais	46	51	66	68	70	103	63	43
Gerste	76	140	128	46	70	115	86	113
Hafer	103	155	136	70	86	135	99	108
Roggen	51	51	42	34	45	64	54	67
Insgesamt	52	68	72	54	66	90	64	66

c) Die Wirkungen der Agrarreform auf Anbauflächen und Ernten.

Diese Entwicklung der Anbauflächen und Ernten ist in der Hauptsache zweifellos auf die Art und Weise der Neuverteilung des landwirtschaftlichen Bodens, auf das System der rumänischen Agrarreform zurückzuführen. Nach offizieller rumänischer An-

[28]) Siehe Anm. 27 S. 384.

sicht ist die Verkleinerung der Anbaufläche verschiedener Getreidearten, vor allem des Weizens, die schlechtere Bewirtschaftung des Bodens und die infolgedessen viel kleinere Produktion lediglich eine vorübergehende Folgeerscheinung der Agrarreform, wie sie mit einer solch großen Umwälzung stets verbunden sein werde, — und es kann auch nicht in Abrede gestellt werden, daß viele Mißstände, die sich nach der Agrarreform zeigten, wieder verschwinden werden.

In allen drei Betriebsgrößenklassen nimmt die Getreideanbaufläche den größten Teil des Bodens ein. Der Kleinbetrieb baute und baut in allen heute zu Rumänien gehörenden Ländern in erster Linie das Hauptnahrungsmittel der Kleinbauernschaft, Mais, ferner Gerste und Hafer an, der Mittelbetrieb, namentlich der deutsche und magyarische, neben diesen Getreidearten auch Weizen für den Eigenbedarf und den Verbrauch der Städte, weniger für die Ausfuhr, und der Großbetrieb war und ist der Hauptweizenproduzent.

Diesem Produzenten des auf dem Weltmarkt gesuchtesten Brotgetreides ist die Produktionsgrundlage, der Boden, zu drei Vierteln genommen worden. Von der Verkleinerung der Großbetriebsfläche wurde automatisch auch die Weizenanbaufläche getroffen.

Sehr auffällig ist der Rückgang des Ertrages von der Maisanbaufläche, die den Vorkriegsumfang wieder erreicht, ja sogar überschritten hat. Dieser Rückgang ist nicht aus der Ungunst der Witterung allein zu erklären, der Kleinbauer kultiviert die Pflanzen jetzt schlechter als früher. Von dem Boden des Großgrundeigentums im heutigen Großrumänien waren vor der Umwälzung ungefähr drei Zehntel an Kleinbauern verpachtet und wurden im Kleinbetrieb bearbeitet. Aber in Altrumänien und Bessarabien, d. h. auf etwa zwei Dritteln des landwirtschaftlichen Bodens Großrumäniens, standen diese Kleinpachtbetriebe unter einer gewissen Kontrolle des Großbetriebes, der ihnen regelmäßig vorschrieb, im Interesse der Fruchtfolge und der Ernährung des Viehs hauptsächlich Mais anzubauen, und der durch das Instrument der Teilpacht einen Einfluß auf gesteigerte Arbeit und Erzeugung ausübte. Da aber die Agrarreform den altrumänischen und bessarabischen Kleinbauern von der absoluten Notwendigkeit der Landpacht und damit der Kontrolle und den Arbeitsvorschriften des Großbetriebs befreite, so führte sie auch zu einer Verringerung der Maiserzeugung.

Der rumänische Bauer baut, in der Tendenz, nur diejenigen

Produkte an, die er selbst braucht, Weizen fast überhaupt nicht mehr, bestellt dagegen mehr und mehr Boden mit Gerste und Hafer, die weniger Arbeit erfordern als Weizen und Mais. Die Vergrößerung von Anbaufläche und Erzeugung der beiden letztgenannten Getreidearten geht aber nur so weit, als der Geld- und Naturalbedarf des Bauern es erfordert. Wenn der altrumänische Bauer vor dem Weltkrieg neben der Arbeit im eigenen Betrieb auch die Arbeit im Großbetrieb leistete und mit dieser Mehrarbeit den großen Überschuß an Weizen und Mais für die Ausfuhr schuf, so tat er dies, weil er infolge des eigenen Landmangels gezwungen war, sich dem ihm auferlegten Arbeitszwange zu unterwerfen, der ihn unter Umständen auch nötigte, zugunsten dieser hohen Ausfuhr zu hungern. Dieser Zwang ist jetzt von ihm genommen. Der Bauer ißt sich satt und arbeitet nur soviel, als hierzu notwendig ist.

Aber auch das folgende Moment muß hier beachtet werden: die besonderen Vorzüge des kleinbäuerlichen Familienbetriebs können schon in kapitalistischen und hochindustrialisierten Ländern sich nur entwickeln, wo bestimmte Produktionsbedingungen vorhanden sind. Im größten Teil des heutigen Rumäniens sind diese Vorbedingungen noch nicht vorhanden und werden es auch in absehbarer Zeit nicht sein; umsoweniger kann dort von einer Konkurrenzfähigkeit des Kleinbetriebes gegenüber dem Großbetrieb die Rede sein.

Selbst der frühere Landwirtschaftsminister Garoflid, der die neuen Agrargesetze in der Kammer durchgebracht hatte, hat später zugestanden, daß der Rückgang der Weizen- und Maiserzeugung in der Hauptsache auf die Art der Umgestaltung der Grundeigentumsverteilung zurückzuführen ist.

Mit dem Inkrafttreten der neuen Agrargesetze und mit der vorläufigen Verhängung der Zwangspacht über weite Strecken des Großgrundeigentums zugunsten des Kleingrundeigentums und der landlosen ländlichen Arbeiter trat in den Großbetrieben empfindlicher Arbeitermangel ein. Die Bauern und Landarbeiter erschienen nicht mehr zur Arbeit auf den Gütern, denn sie hatten ja nun soviel Land in vorläufige Pacht oder in Eigentum erhalten, daß sie für den Großbetrieb nicht mehr zu arbeiten brauchten. Die Folge war, daß große Flächen des Großbetriebes brach liegen blieben. Dieser Mangel an Arbeitskräften auf den Gütern war eine vorübergehende Erscheinung. Es wurden einerseits allmählich wieder Hände frei, und andererseits werden die Großbetriebe die menschlichen Arbeitskräfte immer mehr durch Maschinen aller Art ersetzen.

Ein Gesetz zur Förderung der Motorkultur ist bereits erlassen und zahlreiche Gesellschaften mit Hunderten von Motorpflügen sind gegründet worden; sie haben bisher allerdings ihre Tätigkeit nur in beschränktem Maße aufgenommen.

Aber auch ausgedehnte Flächen des Kleineigentums und des Kleinbesitzes wurden nicht bearbeitet, weil zahlreiche mit Land bedachte Kleinbauern und Landarbeiter nicht genügend Zugtiere und Arbeitsgeräte besaßen, um das erhaltene Land bewirtschaften zu können; ja, viele der mit Land Bedachten besaßen überhaupt kein Zugvieh und keine Arbeitsgeräte. Auch dieser Zustand geht vorüber, da das unbewirtschaftete Land in absehbarer Zeit in andere Hände übergehen wird.

Ferner haben die Ausfuhrbeschränkungen für Weizen, die sich zeitweise sogar zu einem Ausfuhrverbot steigerten, und die zeitweilige Festsetzung von Höchstpreisen für Weizen zweifellos den Weizenanbau verringert.

Als weitere vorübergehende Folge der Agrarreform ist anzusehen die Verschlechterung der Pflege und Bearbeitung des Bodens der Großbetriebe, wodurch die Weizenernte ebenfalls ungünstig beeinflußt wurde. Seit dem Inkrafttreten der Agrargesetze wurden das Großgrundeigentum und der Großbetrieb von einer solchen Unruhe und Unsicherheit über die Gestaltung der Zukunft ergriffen, daß kein Großgrundeigentümer wagte, noch irgendwelche Bodenverbesserungen usw. auf dem von der Zwangspacht verschonten Boden vorzunehmen; wußte ja doch niemand, ob ihm dieser Boden wirklich verblieb. Auch die Bodenbestellung der Großbetriebe selbst wurde infolge dieses psychologischen Moments vorübergehend vernachlässigt. Da auch einem Teil der Mittelbetriebe der neuen Provinzen die Enteignung drohte, so machte sich auch in diesen eine der Produktion schädliche vorübergehende Unsicherheit bemerkbar.

12. Die agrarische Ausfuhr Rumäniens unter dem Einfluß der Agrarumwälzung.

Der Inlandsverbrauch Großrumäniens an Getreide ist infolge des starken Bevölkerungszuwachses beträchtlich gestiegen, und zwar stärker, als Getreidefläche und Getreideernte durch die territoriale Ausdehnung gewachsen sind. Der Produktionsüberschuß, der vor dem Krieg exportiert wurde, muß heute z. T. nach Siebenbürgen, das seit langem Weizen zuführte, verkauft werden; in Transsylvanien und in der Bukowina aß auch der Bauer schon früher Weizen, aber auch in der altrumänischen und bessarabischen Bauernschaft ist die Zahl der Weizenbrotesser gewachsen. Immerhin essen noch heute fast 60% der Bevölkerung Großrumäniens *Mamaliga* (in Fett gebackenen Maisbrei) statt des Brotes.

Da der inländische Weizenverbrauch gestiegen, Anbaufläche und Ernten aber gefallen sind, so sind die Ausfuhrüberschüsse schroff abgesunken.

Tabelle 22.

Getreideausfuhr Klein-Rumäniens und Groß-Rumäniens[29]).

In Tausend Tonnen.

	Kleinrumänien Durchschnitt 1909—1913	Großrumänien							
		1921	1922	1923	1924	1925	1926	1927	1928
Weizen ..... (einschl. Mehl)	1435	95	62	51	275	13	412	298	28
Mais .... (ohne Mehl)	984	769	292	669	745	579	690	1766	473
Gerste .... (ohne Mehl)	351	387	582	798	276	183	581	703	415
Hafer	110	165	229	168	89	21	61	89	17
Roggen ...... (einschl. Mehl)	89	55	27	11	31	1	26	61	33
Insgesamt ..	2969	1471	1192	1697	1416	797	1770	2913	966

Tabelle 23.

Getreideausfuhr Groß-Rumäniens in Prozent der Getreideausfuhr Klein-Rumäniens.

	1921	1922	1923	1924	1925	1926	1927	1928
Weizen	6,6	4,3	3,5	19,1	0,9	28,7	20,7	1,9
Mais	78,1	29,6	67,9	75,7	58,8	70,1	179,0	48,1
Gerste	110,2	165,7	227,3	78,6	52,1	165,5	200,2	118,2
Hafer	150,0	208,1	152,7	80,9	19,0	55,4	80,9	15,4
Roggen	61,7	30,3	12,3	34,8	1,1	29,2	68,5	37,1
Insgesamt	49,5	40,1	57,1	47,6	26,8	59,6	98,1	32,5

29) Auf Grund von Angaben des rumänischen Finanzministeriums und nach den Veröffentlichungen des Internationalen Landwirtschafts-Institutes zu Rom.

Die Tabellen 22 und 23 führen zu folgender Erkenntnis:

1. Groß-Rumänien konnte 1926 nicht ganz ein Drittel, 1927 nur ein Fünftel und 1928 nicht ganz ein Fünfzigstel der Weizenmenge exportieren, die Klein-Rumänien vor dem Kriege auf den Weltmarkt zu bringen pflegte.
2. An der Spitze des Exportgetreides stehen heute mengenmäßig Mais und Gerste, entsprechend der Verschiebung der Produktionsrichtung im rumänischen Körnerbau, wie er aus den Tabellen 18, 19, 20 und 21 ersichtlich ist. Aus dem Brotgetreidelieferanten ist ein Futtermittellieferant geworden.
3. Die Gesamtgetreideausfuhr Groß-Rumäniens hat die Getreideausfuhr Klein-Rumäniens bis heute nicht erreicht, weder mengenmäßig, noch um vieles weniger wertmäßig.

Mit anderen Worten: Einer der größten Brotgetreidelieferanten des Weltmarktes hat seine Rolle vorläufig ausgespielt. Da der rumänische Weizen wegen seines hohen Gehalts an Kleber und seiner ausgezeichneten Backfähigkeit mit anderen Weizensorten vermischt wird, die diese Eigenschaften in beschränkterem Maße besitzen, so erzielte er auf dem Weltmarkt im Verhältnis zu seinen Produktionskosten gute Preise. Selbst wenn es gelingen könnte, die Ausfuhr von Gerste, Mais und Vieh zu steigern, würde dies dem Werte nach keinen Ersatz für die weggefallene Weizenausfuhr bedeuten.

Vor dem Weltkrieg wurde aus Rumänien vom Weizen mehr als die Hälfte, vom Mais mehr als ein Drittel und von der Gesamtgetreidemenge ungefähr die Hälfte ausgeführt. Im Export von Getreide nahm Rumänien unter den Getreideproduktionsländern der Welt die vierte Stelle ein.

Das gesamte rumänische Ausfuhrgetreide hatte in den Jahren vor dem Kriege durchschnittlich einen Wert von ungefähr 400 Millionen Goldlei. Allein der Wert des Exportweizens und des Exportmaises zusammen belief sich durchschnittlich auf 350 Millionen Goldlei. Mit dem Ausfuhrgetreide konnte Rumänien seine Einfuhr, die aus Metallwaren, Kohlen, Faserstoffen, Maschinen, Wolle, Wollwaren, Explosivstoffen, Fahrzeugen, Holzwaren, Leder, Lederwaren, Konfektion, Seide, Kolonialwaren, chemischen Produkten, Nähr- und Futterstoffen im Wert von 590 Millionen Goldlei bestand, zu zwei Dritteln bezahlen. Ein Drittel der eingeführten Industrieartikel im Wert von 200 Mill. Goldlei wurde durch den Export anderer Landesprodukte, in erster Linie durch Petroleum, bezahlt. Die Handelsbilanz war in der Zeit vor dem Kriege stets aktiv.

Heute sind in Groß-Rumänien die Mais- und Gerste-Produktion, die siebenbürgische und bukowinische Viehzucht, die Erzeugnisse der transsylvanischen Forstwirtschaft und das Petroleum die Grundlagen des Exportes.

V. Ausblick.

13. Wirtschaftspolitik der Regierung Maniu (*Nationale Bauernpartei*).

Die Neuverteilung des landwirtschaftlichen Bodens ist durch Außerkraftsetzen des bisher Geschaffenen nicht mehr rückgängig zu machen ohne die allerschwersten politischen, sozialen und wirtschaftlichen Erschütterungen. Als Opposition hat die *Bauernpartei* sogar noch eine weitere Zerschlagung des Großgrundeigentums gewünscht. 1928 zur Regierung gelangt, hat sie durch den Landwirtschaftsminister im Kabinett Maniu am 2. Mai 1929 dem Parlament wenigstens einen Gesetzentwurf vorgelegt, der die auf Grund der Agrarreformgesetze geschaffene Neuverteilung des Bodens in ihrem heutigen Bestande schützen und wenigstens eine Neubildung von Großgrundeigentum durch Kauf verhindern will. Diese Tendenz ist im wesentlichen auf politische Erwägungen zurückzuführen, denn die Erkenntnis, daß die Zertrümmerung des Großgrundeigentums zu weit ging, ist in den maßgebenden Kreisen durchaus vorhanden. Man will diesen Fehler nun, wie es scheint, wenigstens einigermaßen wieder durch die Ermöglichung der Vergrößerung der Mittelgrundeigentumsitze und der Gesamtfläche des Mittelgrundeigentums ausgleichen und damit in erster Linie die volkswirtschaftlichen, aber auch die sozialen und nationalen Interessen fördern.

Der Gesetzentwurf fordert, daß der durch die Agrarreform erworbene Boden nur dann veräußert werden kann, wenn der Neuerwerber Landwirt (Bauer oder Absolvent einer landwirtschaftlichen Schule), rumänischer Staatsangehöriger ist und (in Altrumänien, Bessarabien und der Bukowina) nicht über 25 Hektar oder (in Siebenbürgen und dem Banat) nicht über 25 Katasterjoch besitzt.

Der Gesetzentwurf enthält ferner Bestimmungen über hypothekarische Belastung des durch die Agrarreform erworbenen Bodens sowie über Bodentausch. Auch hier ist die Tendenz: der durch die Agrarreform erworbene Boden soll im Bauernbesitz erhalten und sein Kauf durch Nichtbauern oder Großgrundeigentümer verhindert werden.

Inzwischen aber ist die Entwicklung noch einen Schritt weitergegangen. Landwirtschaftsminister Mihalache hat in der Kammerdebatte über den Gesetzentwurf Anfang August 1929 auch auf Grund der Forderung des Abgeordneten Fritz Connert, des Präsidenten des *Siebenbürgisch-sächsischen Landwirtschafts-*

vereins, und des schwäbischen Abgeordneten Kreuter nach Wiedergutmachung der durch die Agrarreform an den völkischen Minderheiten begangenen Ungerechtigkeiten das Versprechen abgegeben, im Herbst 1929 einen neuen Gesetzentwurf über die Revision der Agrarreform vorzubereiten.

Aus der großen Auslandsanleihe, die Rumänien Anfang 1929 unter Beteiligung der Westmächte und Deutschlands gewährt wurde, will die Regierung Maniu einen gewissen — leider verhältnismäßig geringen — Betrag zur Förderung der Landwirtschaft verwenden. Die *Banca Nationala* soll die erforderlichen Mittel der auf Grund des Genossenschaftsgesetzes vom 27. März 1929 zu gründenden Zentralgenossenschaftsbank überweisen, die sie dann an die Genossenschaftsbanken weiterleitet Es ist die höchste Zeit, daß endlich dem Agrarland Rumänien, das eine Industriekreditbank bereits besitzt, eine zentrale Agrarkreditbank gegeben wird.

Das neue Genossenschaftsgesetz setzt an die Stelle der staatlichen Bevormundung, die das frühere Gesetz statuiert hatte, die freie Initiative der Einzelgenossenschaft. Während sich bisher die Genossenschaften in regionalen Verbänden zusammenschließen mußten und diese wieder unter die Kontrolle eines Landesverbandes gestellt waren, gibt das neue Gesetz die Möglichkeit zum Zusammenschluß in größeren Verbänden, die nicht territorial begrenzt sind, sondern sich über das ganze Reich ausdehnen können. Ein oberster Genossenschaftsrat überwacht die genossenschaftliche Tätigkeit.

Aus verschiedenen Erklärungen der leitenden Männer der gegenwärtigen Regierung lassen sich u. a. folgende Grundlinien ihrer Wirtschaftspolitik erkennen:

1. Die Landwirtschaft muß für die Wirtschaftspolitik maßgebend sein, und da die Agrarreform vier Fünftel des Bodens in die Hände der Bauern gegeben hat, so muß die Erhöhung der Leistungsfähigkeit der bäuerlichen Wirtschaft die Hauptaufgabe einer gesunden Wirtschaftspolitik sein. Diese Erhöhung der Leistungsfähigkeit soll u. a. auch erzielt werden durch Produktiv-Genossenschaften.

2. Das aus der Agrarreform entstandene bäuerliche Grundeigentum muß im Wege des Grundbuchverfahrens konsolidiert werden. Zu diesem Zwecke muß die Eintragung des Neugrundeigentums in Siebenbürgen und in der Bukowina abgeschlossen und das Grundbuchsystem auch im Alten Königreich und in Bessarabien eingeführt werden.

3. Die landwirtschaftliche Produktion wird durch Erleichterung der Einfuhr von landwirtschaftlichen Maschinen, durch praktischen und theoretischen Unterricht, durch Neuorganisation des landwirtschaftlichen Kredit- und Versicherungswesens gefördert.

4. Damit das Genossenschaftswesen seine Aufgaben (Verwertung der landwirtschaftlichen Erzeugnisse, Anschaffung von landwirtschaftlichen Maschinen und Geräten, Konsolidierung des bäuerlichen Grundeigentums) erfüllen kann, wird den Genossenschaften die weiteste Autonomie gegeben.

5. Die Regierung setzt sich als Aufgabe die Verwertung der Überschwemmungsgebiete der Donau durch Dammbauten, der Fischereien durch Förderung der Fischerorganisationen und der technischen Arbeiten für Speisung und Unterhaltung der Seen. Ferner will sie den Forstbetrieb durch weitgehende Rationalisierung mit Hilfe der Genossenschaften der Waldarbeiter neu regeln und die infolge einer wilden Abholzung nicht mehr produktiven Forstwirtschaften durch Aufforstung produktiv gestalten.

6. Die Ausfuhrabgaben werden zunächst ermäßigt und, sobald es die Finanzlage erlaubt, völlig aufgehoben. Der Zollschutz der rumänischen Industrie wird, sicher zum Nutzen der rumänischen Volkswirtschaft, auf das Notwendigste beschränkt; ihn sollen nur jene Industrien genießen, die im Inland eine natürliche Grundlage für ihre Entwicklung besitzen, sowie die Industrien der nationalen Verteidigung.

14. Intensivierung und Innenkolonisation.

Da Rumänien noch lange Zeit industrielle Einfuhren braucht, so muß es seine agrarische Erzeugung steigern und ausfuhrfähig machen. Will man nicht die Bestimmungen der Agrargesetze von 1918/21 über die Maxima des Grundbesitzes mildern, sondern die Grundeigentumsverteilung der Nachkriegsjahre erhalten, so ist das Ziel nur durch restlose Ausnutzung des Bodens nach der Tiefe und nach der Breite zu erreichen. Dies erfordert eine Intensivierung aller Zweige der Landwirtschaft, vor allem in Altrumänien und Bessarabien, eine ausgedehnte Innenkolonisation, besonders die Kultivierung des anbaufähigen Überschwemmungslandes der Donau (460000 ha). Nun suchen die neuen Agrargesetze Kolonisierung und Intensivierung zu fördern. Aber dazu gehört die Schaffung der notwendigen kulturellen und technischen Grundlagen, wie eine bessere Allgemein- und landwirtschaftliche Fachbildung des Bauern, vor allem in Altrumänien und Bessarabien, durch Vermehrung der Volksschulen und bessere Vorbildung der Lehrer, Vermehrung der landwirtschaftlichen Fachschulen und der landwirtschaftlichen Wanderlehrer, Bereitstellung und Erleichterung der Beschaffung von Zuchttieren, Saatgut, Maschinen usw.; eine stärkere Förderung der Inneren Kolonisation durch Bereitstellung von Baumaterial, Einrichtungsgegenständen, Ackergeräten, Vieh usw. und bessere Finanzierung; die Zusammenlegung des zersplitterten Bauerngrundeigentums; Besserung der gesundheitlichen Verhältnisse auf dem Lande, besonders in Altrumänien und Bessarabien, und der Wohnungsverhältnisse durch bau- und sanitätspolizeiliches Eingreifen, das bisher in den Dörfern Altrumäniens und Bessarabiens völlig fehlt; Schaffung einer besser vorgebildeten und unbestechlichen Beamtenschaft mit besserer Bezahlung; Ausbau des Eisenbahn-, Straßen- und Wegenetzes, vor allem in Altrumänien und Bessarabien und in den Gebieten der Innenkolonisation, endlich Regulierung der Flußläufe, Errichtung tragfähiger Brücken usw. Um diese wichtigsten Vorbedingungen einer Intensivierung und einer Innenkolonisation vollständig zu schaffen, bedarf es eines Zeitraumes von Jahrzehnten.

Eine Agrarreform war in Rumänien eine soziale und politische Staatsnotwendigkeit. Aber die Reform, die vollzogen worden ist, hat in Hinsicht auf die nationalen Minderheiten innerhalb der rumänischen Grenzen den Grundsatz des gleichen Rechtes für alle Staatsbürger verletzt und durch eine zu weit gehende Zerschlagung des Großgrundeigentums der Volkswirtschaft nicht so gedient, wie es bei vorsichtiger Mäßigung möglich gewesen wäre.

XI.

Die Agrarreform in Bulgarien.

Von

Dr. Ernst Buske,

Wesermünde.

Durch den Friedensvertrag von Neuilly 1919 ist das Staatsgebiet Bulgariens auf 103 146 qkm festgesetzt worden, nachdem es von seinem ursprünglichen Umfang von 96345 qkm durch den Frieden von Bukarest 1913 auf 111836 qkm und durch den türkischen Vertrag 1915 auf 114424 qkm vergrößert war [1]).

Das Land wird von zahlreichen Gebirgen durchzogen. Nur 30% der Oberfläche liegen in einer Meereshöhe von 0 bis 200 Metern, 19% zwischen 500 und 900, dagegen 35% zwischen 200 bis 500 Metern und 16% über 900 bis fast zu 3000 Metern. Die wichtigsten Landbaugebiete sind die zahlreichen Ebenen, die sich in Nord-, Süd- und Nordwestbulgarien finden.

Das Klima ist ausgesprochenes Festlandklima, das durch das Schwarze Meer nur im Winter gemäßigt wird. Der Süden und Südwesten steht zum Teil unter dem Einfluß des Mittelmeerklimas. Die normale Niederschlagsmenge reicht für die Bedürfnisse fast aller Kulturpflanzen aus. Ab und zu auftretende Trockenperioden bringen jedoch sehr erhebliche Ernteschwankungen mit sich.

Nach der Zählung vom 31. 12. 1926 beziffert sich die Bevölkerung auf $5^1/_2$ Millionen Seelen, so daß 53,2 Einwohner auf den Quadratkilometer entfallen. Die Bevölkerungsdichte ist sehr verschieden. Von 173 im Kreise Sofia und 99,9 im Kreise Widin sinkt sie fast auf 11 in den südöstlichen Kreisen Malko-Tirnowo und Wassiliko, die erst 1913 von der Türkei an Bulgarien abgetreten worden sind.

Der Nationalität nach sind 80,64% Bulgaren, 10,74% Türken, 2,03% Zigeuner, 1,82% Pomaken (mohamedanisierte Bulgaren), 1,11% Griechen, 0,92% Israeliten, 0,30% Armenier und 6,29% andere.

Von der Gesamtbevölkerung leben 79,3% ($4^1/_3$ Mill. Personen) auf dem Lande, der Rest in den 93 als »Stadt« anerkannten Ortschaften, unter denen allerdings 7 weniger als 2000, 30 zwischen 2000 bis 5000 und weitere 30 zwischen 5000 und 10000

---

[1]) Sämtliche Zahlenangaben sind — wenn nicht anders bemerkt — der amtlichen bulgarischen Statistik entnommen: *Annuaire Statistique du Royaume de Bulgarie*, 5. bis 17. Jahrgang, 1913/25. — Die Zahlen für die Vorkriegsjahre sind nicht nach dem jetzigen Gebietsumfang umgerechnet, weil dafür die Unterlagen fehlen. Sämtliche Zahlen gelten daher für den jeweils vorhandenen Gebietsumfang. — Für die in *Lewa* gemachten Wertangaben ist zu beachten, daß der Gold-Lew der Vorkriegszeit 0,81 M. galt, die Durchschnittskurse in den Inflationsjahren 1921: 4,93, 1922: 3,48, 1923: 4,30% der Goldparität betrugen und daß sie sich seit 1924 ziemlich stabil bei 3,80% halten.

Einwohner haben. In den Städten haben die meisten der seit 1912 ununterbrochen ins Land strömenden Flüchtlinge Unterkunft gefunden.

Auch die Berufsstatistik zeigt die überragende Bedeutung der Landwirtschaft für die bulgarische Gesamtwirtschaft: Nach der Zählung vom 31. 12. 1920 lebten von Landwirtschaft, Fischerei und Jagd 75,4% der Bevölkerung. Von der Gesamtzahl der Berufstätigen entfielen auf Landwirtschaft, Fischerei und Jagd 81,3%. — Einen gleichen Beweis erbringt auch die Ausfuhrstatistik: Seit 1896 hat die Ausfuhr der landwirtschaftlichen Erzeugnisse fast durchweg mehr als 85%, seit 1920 sogar mehr als 90% der bulgarischen Gesamtausfuhr ausgemacht. Und nach der Schätzung des besten Kenners der bulgarischen Wirtschaftsverhältnisse, des zur Zeit der Weltwirtschaftskonferenz in Genf verstorbenen Direktors der Generaldirektion der Statistik C. Popoff, kamen 1913 vom bulgarischen Nationaleinkommen von 1231,8 Millionen Goldlewa nicht weniger als 936,8 Millionen aus der Landwirtschaft [2]).

I.
Bodenbenutzung und Betriebssysteme.

Um die Art der Bodenbenutzung feststellen zu können, muß man auf die Erhebungen von 1897 und 1908 zurückgreifen, da neuere Ergebnisse nicht vorliegen. Danach waren von der Gesamtfläche des Landes:

	in ha		in %	
	1897	1908	1897	1908
Äcker	2 975 386	3 628 016	30,88	37,66
Gärten (Obst, Maulbeer, Rosen, Wein)	124 679	112 079	1,29	1,16
Wiesen und Weiden	1 322 603	1 312 493	13,73	13,62
Wälder	2 867 870	2 834 492	29,77	29,42
Seen, Sümpfe usw.	123 207	95 365	1,28	0,99
Benutzte Gesamtfläche	7 413 745	7 982 445	76,95	82,85

Demnach ist die unproduktive Fläche von 23,04% im Jahre 1897 auf 17,15% im Jahre 1908 gesunken. Ob diese Fläche aber tatsächlich völlig unbrauchbar ist, scheint sehr fraglich. Popoff schätzt den Anteil des unproduktiven Landes auf etwa 13% des Landes.

[2]) *Mémorandum présenté à la Conférence Économique Internationale de Genève par ses membres bulgares (mai* 1927), in »*La Bulgarie*« vom 27. 5. 1927.

Die Tabelle zeigt weiter, daß das Ackerland sich um 21,4% vermehrt hat, während sowohl die Gärten wie das Grünland und die Wälder an Umfang zurückgegangen sind. Daß aber das Ackerland sich stärker ausgedehnt hat, als die übrigen Nutzungsarten abgenommen haben, ist ein Beweis für die fortschreitende Entwicklung der bulgarischen Landwirtschaft.

Die heutige Struktur der bulgarischen Landwirtschaft zeigt folgende Übersicht:

Kulturarten- und Anbauverhältnis der bulgarischen Landwirtschaft[3]).
Fläche der Hauptkulturen in 1000 ha, 1922—1927.

Kulturen	1922	1924	1925	1926	1927
Gesamte Kulturfläche	3653,3	3882,3	3901,0	3831,9	3879,2
I. Getreide einschl. Mais und Reis	2165,6	2263,1	2343,1	2335,2	2430,1
a) Weizen	930,7	1008,4	1030,5	1059,2	1081,7
b) Mais	567,1	609,3	640,1	613,3	680,6
c) Gerste	222,1	214,1	222,0	223,4	226,9
d) Hafer	147,9	152,4	144,4	129,6	131,9
e) Mengkorn	95,6	90,0	98,5	101,2	96,8
II. Industrie- und Ölpflanzen	64,3	102,1	87,9	84,0	103,1
a) Tabak	33,6	49,3	51,4	31,5	24,1
b) Sonnenblumen	8,9	13,6	19,5	15,3	46,5
c) Zuckerrüben	10,2	25,9	0,3	14,6	20,7
III. Hülsenfrüchte, Kartoffeln Gartengewächse, Gemüse	103,4	124,5	138,0	115,9	119,2
a) Bohnen	51,6	70,5	82,5	63,4	63,7
b) Melonen u. Kürbisse .	26,4	28,4	28,0	26,0	28,7
c) Kartoffeln..........	9,2	9,0	9,7	10,4	11,5
IV. Baum- u. Strauchkulturen	62,4	81,6	86,7	92,3	97,2
a) Weinberge	48,3	63,2	68,0	73,0	77,0
b) Pflaumengärten	7,1	11,2	11,3	11,7	12,0
c) Rosengärten	4,7	4,7	4,9	5,0	5,5
d) Maulbeergärten	2,3	2,5	2,5	2,6	2,7
V. Futterflächen	511,6	566,3	557,6	552,7	521,4
a) Natürliche Wiesen....	317,7	322,8	318,2	317,9	312,4
b) Grünbrache	81,7	86,0	78,8	77,7	75,0
c) Futterbau auf dem Ackerlande	112,2	157,5	160,6	157,-	134,0
VI. Schwarzbrache	742,5	683,0	.	647,0	596,4

3) Zusammengestellt nach *Annuaire International de Statistique Agricole*, 1924/25 bis 1928/29.

Das Getreide, einschließlich Reis und Mais, nimmt bei Nichtansetzung der Brache durchweg etwa 70 bis 80% des bestellten Bodens ein. In Jahren mit steigenden Getreidepreisen geht die Anbaufläche auch über 80% hinaus. Der Anteil des Getreides an der Ausfuhr machte im Durchschnitt der letzten Jahre etwa 30% (früher etwa 65%) aus.

Unter den Getreidearten steht der Weizen weitaus an erster Stelle (mit fast der Hälfte der Getreidefläche), in erheblichem Abstand folgt der Mais und in noch weiterem Abstand Gerste, Roggen und Hafer.

Der Getreidebau liefert in Bulgarien durchaus noch nicht die Erträge, zu denen der Boden an sich befähigt wäre. Die Jahresdurchschnittserträge von 1897 bis 1924 betrugen je Hektar für Weizen: 9 dz, für Mais: 9,73 dz, für Gerste: 10 dz, für Roggen: 9,32 dz und für Hafer: 7,66 dz. Das Rekordjahr 1925 brachte beim Weizen 13,15 dz, bei Mais 11,54 dz, bei Gerste 14,48 dz, bei Roggen 12,32 dz und bei Hafer 10,36 dz. Diese Ergebnisse bleiben etwa um die Hälfte hinter denen der Länder intensiver Ackerkultur (etwa Holland, Deutschland) zurück.

Von den Nachbarländern mit ebenfalls vorwiegendem Getreidebau unterscheidet sich Bulgarien durch eine ganze Reihe wertvoller Spezialkulturen. Es handelt sich dabei besonders um den Anbau von Reis, Rosen, Wein, Obst- und Maulbeerbäumen, Tabak, Sonnenblumen und auch Baumwolle.

Zwar kommt dem Reisbau (5—6000 ha) gegenüber dem sonstigen Getreidebau nur eine verschwindend geringe Bedeutung zu; indessen ist er in Zunahme begriffen. Die Hauptstätten des Reisbaus sind die Täler der Maritza, der Eli Dere und der Topolnitza im Bezirk Philippopel, der 86% der Anbaufläche enthält.

Gleich dem Reisbau ist auch die Rosenzüchtung erst von den Türken in Bulgarien eingeführt worden. Auf ihr beruht die Produktion des in Westeuropa sehr geschätzten Rosenöls. Man zieht die *Rosa damascena* und die *Rosa alba* hauptsächlich an den Südhängen des Balkans und des Antibalkans, neuerdings aber auch an den Nordhängen der Rhodopen. Die Rosenzucht ist eine ausgesprochene Kleinproduktion, das Anlagekapital ist gering[4]). Das Rosenöl Bulgariens geht fast ausschließlich nach dem Ausland (Frankreich, Vereinigte Staaten von Amerika, Deutschland,

---

[4]) Sjaroff, »Die Rosenkultur und Rosenölindustrie in Bulgarien«, (Diss.) Leipzig 1907.

England). Die Ausfuhr betrug 1926: 3065 kg mit einem Wert von 207,8 Millionen Lewa.

Der Weinbau hat in den letzten Jahrzehnten eine erhebliche Wandlung durchgemacht. 1897 waren mit Reben bepflanzt 114815 ha, 1919 nur noch 43418 ha. Dieser überaus starke Rückgang ist auf die Reblaus zurückzuführen, die zuerst in den 80er Jahren und dann in verstärktem Maße 1907 die Rebgärten befiel und großenteils völlig vernichtete. Erst neuerdings versucht man durch Einführung der amerikanischen Rebe, die gegen die Reblaus widerstandsfähiger ist, den Weinbau zu beleben. Die Anbaufläche ist bis 1924 wieder auf 63168 ha angewachsen, davon waren 37368 ha mit amerikanischen Reben bepflanzt. Früher wurde die gesamte Ernte im Lande verbraucht; neuerdings sucht man Absatzmöglichkeiten im Ausland zu gewinnen

Die bedeutendste Industriepflanze Bulgariens ist der Tabak. Sein Anbau wurde in Bulgarien schon in den Jahrhunderten türkischer Herrschaft betrieben. Von der Befreiung bis zum Balkankrieg schwankte die Anbaufläche zwischen 15000 und 20000 ha. Nach dem Balkan- und besonders nach dem Weltkriege trat jedoch eine erhebliche Steigerung ein, als die bulgarische Bevölkerung aus den abgetretenen Gebieten Westthraziens und Mazedoniens infolge der von Griechenland und Jugoslawien betriebenen Entnationalisierungspolitik in großer Zahl auf bulgarisches Gebiet übersiedelte und sich hier wieder der ihr von Kindheit an vertrauten Tabakkultur zuwandte. Hinzu kamen die sehr günstigen Absatzverhältnisse in den mitteleuropäischen Landern, die durch den Weltkrieg von ihren früheren Lieferanten fast völlig abgeschnitten waren. Aus diesen Gründen dehnte sich die Tabakkultur in Bulgarien, deren Hauptanbaugebiete im Maritza-, Struma- und Ardatal liegen, sehr stark aus: Die Anbaufläche stieg von 8891 ha im Jahre 1912 auf 51400 ha im Jahre 1925. Etwa zwei Drittel der Erzeugung werden ausgeführt, hauptsächlich nach Deutschland, der Tschechoslowakei, Italien, Ungarn, Holland, Polen, Belgien, Österreich. Unter den bulgarischen Ausfuhrgütern steht der Tabak dem Werte nach weitaus an erster Stelle (1912 nur 0,9%, dagegen 1924 36,7%, 1925 41,3% und 1926 37,5% der Gesamtausfuhr)[5]. Da sich dann aber die griechische und türkische Konkurrenz wie-

[5]) Der Tabak ist nicht nur für die Ausfuhr von Bedeutung, sondern auch eine wichtige Quelle der bulgarischen Staatseinnahmen. Die Banderolensteuer brachte dem Staatssäckel 1912 20,5 Millionen L. und 1926 25,2 Mill. Goldlewa ein. — Vgl. I. Usunoff, »Geldwesen und Staatsfinanzen Bulgariens im XX. Jahrhundert«. Diss. Berlin 1927, S. 22.

der stärker bemerkbar gemacht hat[6]), sind seit 1925 sehr erhebliche Absatzschwierigkeiten eingetreten, die zu einer beträchtlichen Einschränkung der Erzeugung geführt haben.

Ähnlich wie in den Nachbarländern hat sich auch in Bulgarien in den Kriegs- und Nachkriegsjahren der Anbau der Sonnenblume außerordentlich ausgedehnt. Hauptanbaugebiete sind die Bezirke von Stara Zagora, Burgas und Tirnowo. Bei der steigenden Aufnahme, welche die Sonnenblumenprodukte auf den westeuropäischen Märkten finden, dürfte mit einer weiteren Ausdehnung dieser Kultur zu rechnen sein.

Gewisse Zukunftsmöglichkeiten hat auch die Baumwolle. Bisher wurde sie allerdings nur in geringem Umfange angebaut, trotz der nicht ungünstigen natürlichen Bedingungen in Ostrumelien und im Strumatal. Die mit Baumwolle bestellte Fläche nimmt langsam zu.

Gute Erfolge scheint die Erdnußkultur zu versprechen, die man vor wenigen Jahren in den südlichsten Teilen der Maritza-Ebenen eingeführt hat.

Erhebliche Bedeutung kommt dem Obstbau zu. Weitaus an erster Stelle stehen dabei die Pflaumen mit über zwei Drittel der gesamten Obstbaufläche, daneben Äpfel und Birnen. Das Hauptobstgebiet Bulgariens ist der westliche Bezirk Küstendil, dessen Pflaumen in ganz Bulgarien berühmt sind. Der durch die Natur außerordentlich begünstigten Ausdehnung des Obstbaues stehen die schlechten Verkehrs- und Absatzverhältnisse sehr entgegen.

Die Maulbeerbaumkultur lieferte 1897 erst 461 Tonnen Blätter, im Jahre 1927 bereits 13000 Tonnen. Sie ist hauptsächlich im Mittelsüden, vom Balkan bis zur griechischen Grenze, verbreitet.

Die Seidenraupenzucht, die auf dem Balkan schon im 6. Jahrhundert eingeführt worden sein soll, darf als ein recht gewinnbringender und entwicklungsfähiger Erwerbszweig gelten. Zwar haben von Zeit zu Zeit seuchenhafte Krankheiten die ganze bulgarische Seidenraupenzucht in schwere Krisen gebracht, aber bei den ausgezeichneten klimatischen Bedingungen steigt doch allmählich die Kokonerzeugung an. Sie betrug im Jahre 1890 2010 dz, 1927 20250 dz. Der größte Teil der Erzeugung wird nach Italien ausgeführt (1925 677 t im Werte von 203 Millionen Lewa).

---

[6]) Bulgariens Tabakernte sank von 492 Tsd. dz im Jahre 1924 auf 272 Tsd. dz im Jahre 1926; die griechische Ernte stieg von 503 Tsd. dz im Jahre 1924 auf 614 Tsd. dz im Jahre 1926.

Die Viehzucht ist trotz der günstigen natürlichen Bedingungen und Wirtschaftsstruktur bislang wenig gepflegt worden, besonders wohl deswegen, weil die Bulgaren sich hauptsächlich von Vegetabilien nähren und verhältnismäßig wenig Fleisch[7]) essen, Am meisten wird Hammel- und Rindfleisch, weniger Kalb- und Schweinefleisch verzehrt, was noch auf den Einfluß der Türkenherrschaft zurückgehen dürfte.

Am verbreitesten sind die Schafe, wovon die letzte Viehzählung (1920) 8,9 Millionen Stück gegenüber 6,9 Mill. Stück im Jahre 1893 ermittelte. Sowohl die Milchprodukte wie auch die Wolle kommen für die Ausfuhr in Betracht. Die Grundlage der Schafhaltung ist die Weidewirtschaft: im Sommer auf den Bergen, im Winter in den Ebenen.

Die Zahl der Ziegen ist in letzter Zeit zurückgegangen, da die Regierung auf die Ziegen eine Steuer gelegt hatte, um die von den Ziegen beim Weiden verursachten Waldschäden einzudämmen. 1910 zählte man 1,46 Mill., 1920 aber nur noch 1,33 Mill. Stück.

Die Rinderzucht liegt, abgesehen von einigen wenigen Gegenden, noch ganz darnieder. Die Milchgewinnung spielt nur nur in der Umgebung der wenigen größeren Städte des Landes eine Rolle. 1920 gab es in Bulgarien 1,9 Mill. Rinder. Die Rinder stellen zusammen mit den Büffeln das einzige Arbeitsvieh des Bauern dar; Büffel wurden im Jahre 1920 0,4 Mill. Stück gezählt.

Die Schweinehaltung hat sich von 1910 bis 1920 verdoppelt. (1910 527000 Stück, 1920 1089699.) Stallfütterung kennt man nur für den Winter, sonst besteht in der Hauptsache Waldweide.

Die Pferdezucht beschränkt sich im allgemeinen, wenige Staatsgestüte ausgenommen, auf die kleinen zähen Bergpferde, die ihrer Abstammung nach wohl auf das russische Steppenpferd zurückgehen. 1920 wurden 0,4 Mill. Stück gezählt. Auf dem Lande werden sie selten als Zugtiere benutzt, da die Bauern meist mit Rindern oder Büffeln arbeiten. Dagegen dienen sie zum Reiten und Tragen von Lasten, wie auch die Maultiere und Esel (1920 0,2 Mill. Stück).

Von erheblicher Bedeutung ist für die bulgarische Landwirtschaft allmählich die Geflügelzucht geworden. Die Zahl der

---

7) Nach Usunoff (a. a. O. S. 20) betrug der Fleischverbrauch in den Kreisstädten auf den Kopf der Bevölkerung 1914 44,6 kg, 1918 16 kg, 1920 22,44 kg, 1922 36,04 kg, 1924 35,90 kg, 1925 38,05 kg.

Hühner ist von 2,9 Mill. im Jahre 1892 auf 6,5 Mill. im Jahre Jahre 1920 gestiegen. Die Ausfuhr von Eiern machte 1926 etwa 15% der Gesamtausfuhr aus, gegenüber etwa 7% in der Vorkriegszeit. Die Hauptabnehmer der bulgarischen Eier waren 1926 Österreich, Deutschland, die Schweiz, Frankreich und Italien.

Als letzter Zweig der Tierzucht sei noch die Bienenzucht erwähnt, die von altersher in Bulgarien sehr beliebt ist. Sie wird noch sehr primitiv betrieben. 1893 zählte man 240576 primitive und 149 moderne Bienenkörbe. 1920 gab es dagegen bereits 68341 Körbe neuen Systems gegenüber 263415 alten Systems.

Die Bearbeitung des Bodens geschieht mit Geräten, die seit Urväterzeiten gebräuchlich sind. So hatte nach der Erhebung von 1920 kaum ein Drittel aller Betriebe einen Eisenpflug. Andere Landmaschinen waren noch seltener.

Gedüngt wird nur in einigen Gegenden: Künstliche Düngemittel sind so gut wie unbekannt, der Stalldung wird in den holzarmen Landesteilen hauptsächlich als Brennmaterial verwendet. Besondere Fürsorge genießen nur Tabak, Reis, Mais und Gemüsepflanzen [8]). In den Flußtälern wird durchweg künstliche Bewässerung betrieben, die besonders den Spezialkulturen zugute kommt.

Das herrschende Wirtschaftssystem ist die Dreifelderwirtschaft, in Ostbulgarien kommt auch noch die Zweifelderwirtschaft vor. In einzelnen Teilen des Landes, wo die Parzellenbewirtschaftung sich mit Hausindustrie verbindet, ist noch eine besondere Vierfelderwirtschaft üblich. Hier wird an die erste Sommerung noch eine zweite angefügt, so daß drei Jahre hintereinander Getreide angebaut und dann erst der Boden als Brache liegen gelassen wird. Dieses System hat sich hauptsächlich in den Gegenden eingebürgert, wo die Verpachtung des Bodens vorherrscht. Der bulgarische Pächter pachtet durchweg immer nur auf ein Jahr, wobei er natürlich das Bestreben hat, möglichst viel aus dem Boden herauszuholen, ohne das geringste Kapital auf ihn zu verwenden. Der Bauer pflegt das Pachtgrundstück erst aufzugeben, wenn er drei Jahre hinterein-

---

[8]) Die Extensität der bulgarischen Landwirtschaft erhellt auch aus der Tatsache, daß nach dem Urteil landwirtschaftlicher Autoritäten das Betriebskapital je ha Ackerland im Durchschnitt nur auf 80—100—150—200 Franken geschätzt wird. Wlachoff, »Die landwirtschaftliche Entwicklung Bulgariens«, S. 37. (Diss.) Erlangen 1907. Ekimoff, »Das landwirtschaftliche Kreditwesen Bulgariens«, S. 4. (Diss.), Tübingen 1904.

ander Getreide angebaut hat. Der Pachtzins wird dann natürlich so hoch gehalten, daß der Verpächter während des vierten Jahres das Land brach liegen lassen kann [9]).

Was die Ausdehnung der Pachtwirtschaft überhaupt anbetrifft, so hat der bulgarische Landwirtschaftsminister Daskaloff 1921 in seiner Rede vor der Sobranje zur Begründung des von ihm eingebrachten Gesetzes über den Arbeitslandbesitz die Fläche der verpachteten Privatländereien auf 600000 ha geschätzt. Unter Hinzurechnung der verpachteten Staats- und Klosterländereien dürfte das pachtweise genutzte Kulturland annähernd 1 Million ha umfassen.

Die Form der Pacht war früher durchweg der Teilbau, erst in den letzten Jahren setzt sich die reine Geldpacht mehr und mehr durch. Die Pachtpreise sind im allgemeinen sehr hoch, was bei dem Vorherrschen des Kleinbauerntums und dessen Landhunger verständlich ist [10]). Am häufigsten vertreten ist die Pacht in den Ackerwirtschaften. Im Garten-, Obst- und Weinbau kommt sie seltener vor. — Einen gesetzlichen Pachtschutz gibt es in Bulgarien nicht. — Gemenglage und Flurzwang, Mangel an Kapital und an Kreditmöglichkeiten erschweren dem bulgarischen Landwirt jeden technischen Fortschritt.

Außerdem aber hängt der bulgarische Bauer außerordentlich stark am Althergebrachten und ist für Wirtschaftsneuerungen nur sehr schwer zu haben, eine Folge niedrigen Standes der Allgemeinbildung und der langen Zeit der türkischen Knechtschaft. Der Staat hat erst seit kaum einem Jahrzehnt die planmäßige Aufklärung und Belehrung der Bauern über neuzeitliche und zweckmäßige Wirtschaftsmethoden in Angriff genommen. Erst seit 1912 gibt es in diesem rein agrarischen Staat ein eigentliches Landwirtschaftsministerium und sind die *landwirtschaftlichen Katheder* begründet, die in ihrem Aufgaben- und Tätigkeitskreis etwa den deutschen Landwirtschaftskammern gleich zu setzen sind. An Vorbildern, die dem bulgarischen Bauern den Nutzen einer Neuerung in der Praxis unmittelbar vor Augen führen, hat es bislang noch sehr gefehlt, da der wenig zahlreiche Großbesitz nicht viel anders als der Bauer wirtschaftete. Neuerdings versucht man durch Einrichtung von Musterdörfern Wandel zu schaffen. Auch das landwirtschaftliche Schulwesen, das

---

9) Wlachoff, a. a. O., S. 36.

10) Weiß-Bartenstein, »Bulgariens Volkswirtschaft«, Berlin 1918, S. 33/34.

in einzelnen Einrichtungen, z. B. seinen Mittelschulen, anerkennenswerte Leistungen aufweist, arbeitet nach dieser Richtung.

Jedenfalls ist die bulgarische Landwirtschaft nach jeder Richtung hin noch sehr entwicklungsfähig. Für die allmähliche Modernisierung und Intensivierung spricht die in den letzten Jahren immer stärker hervortretende Tendenz nach Ausdehnung der Spezialkulturen von Öl-, Industrie- und Gartenpflanzen, Gemüsen und Hülsenfrüchten, Obst-, Wein-, Rosen- und Maulbeerbaumgärten. — Bei Schaffung günstigerer Vorbedingungen könnten diese Produktionszweige entsprechend den Gegebenheiten des Klimas, des Bodens und der Bevölkerung — denn der Bulgare ist der geborene Gärtner — immer mehr in den Vordergrund treten und damit zum wichtigsten Posten in der Wirtschafts-, Handels- und Zahlungsbilanz des ganzen Landes werden.

II.

Die Haupttatsachen der bulgarischen Agrargeschichte.

Die Urbulgaren, ein turkotatarischer Stamm, drangen etwa um 500 von der mittleren Wolga her in die Balkanhalbinsel vor. Mit der dort ansässigen slawischen Bevölkerung vermischten sie sich bald so, daß sie in Aussehen, Sprache und Sitte fast völlig zu Slawen wurden. In der Frühzeit der bulgarischen Geschichte war das Land im Besitze eines freien Bauernstandes, der in Großfamilien *(Zadruga)* lebte und wirtschaftete[11]). Die Zadruga (Hauskommunion) umfaßte gegen 50 bis 150 Personen, die durch gleiche Abstammung miteinander verbunden waren. An der Spitze stand zumeist der älteste Vater *(domakin* oder *djado)*, nach dessen Anweisungen jeder Angehörige der Zadruga zu arbeiten und zu leben hatte. Die Ländereien waren erbliche Stammgüter in Gemeinbesitz und wurden als solche gemeinschaftlich bewirtschaftet. Jedes Zadruga-Mitglied erwarb nur für die Gesamtheit und erhielt dafür freien Unterhalt. — Wurde die Zahl der Zadruga-Angehörigen zu groß, so löste sich ein Teil ab und gründete eine neue Zadruga. Durch weitere Ablösungen und Verschmelzungen bildeten sich allmählich die Dörfer, die heute noch häufig den Namen der ersten Zadruga-Familie tragen. Die Dörfer wieder-

[11]) Nach Below (Artikel »Feldgemeinschaft« im *Handwörterbuch der Staatswissenschaften*) ist die Zadruga (ebenso wie der russische *Mir*) keine urslawische Sozialform, sondern erst durch die nach byzantinischem Muster betriebene Fiskalpolitik entstanden. Vgl. Peyeff, »Agrarverfassung und Agrarpolitik in Bulgarien«, S. 2 ff. Diss. Berlin 1927.

um fanden ihre blutmäßig gegebene Einheit in der *Župa*, dem Stamm, mit eigener Organisation.

Diese soziale Struktur bildete die Grundlage für den Feudalismus, der zu Beginn des Mittelalters während der Regierung der bulgarischen Zaren nach byzantinischem Vorbild entstand. Es entwickelten sich Adelsgeschlechter, die — wie in Rumänien und Rußland *Bojaren* genannt — nach und nach über das ganze Land die Grundherrschaft in die Hand bekamen. Die Bauern wurden leibeigen und an die Scholle gebunden. Sie mußten als *Parik* oder *Otrok* ihren Herren Robot leisten[12]). Solange auf Grund der ursprünglichen Stammesverfassung noch ein gewisser patriarchalischer Zusammenhang zwischen dem Bojaren und seinem Hörigen bestand, war die Lage der Bevölkerung erträglich. Aber mit der weiteren Ausbreitung des byzantinischen Einflusses nahm die Bedrückung und Aussaugung der Bevölkerung durch die Bojaren allmählich solchen Umfang an, daß die Bauern, von Verzweiflung getrieben, in blutigen Aufständen gegen die Bojaren ihre Lage zu verbessern suchten. Von 1276 bis 1294 löste ein Bauernaufstand den anderen ab. Eine religiös-anarcho-kommunistische Sektenbewegung entstand, die weite Teile des Landes ergriff. Diese Wirrnisse haben viel dazu beigetragen, daß die Türken 1393 sich ohne erhebliche Anstrengungen in den Besitz des ganzen Landes setzen konnten[13]).

Zunächst brachte die Türkenherrschaft den bulgarischen Bauern eine gewisse Erleichterung. Die Abgaben, die sie an die neuen Herren zu entrichten hatten, waren wesentlich niedriger als die Lasten, die sie früher tragen mußten. Auch wurden die Christen im allgemeinen nicht zum Kriegsdienst herangezogen, so daß der Bauer nun wieder zur friedlichen Arbeit zurückkehren konnte[14]). Die Bojaren, die den Eroberern als das gefährlichste Element erschienen, wurden rücksichtslos beseitigt, aber an ihre Stelle traten die türkischen *Spahi* (Lehnsreiter).

Nach moslemischem Kirchenrecht gab es kein Privateigentum am eroberten Land. Vielmehr wurde als höchster und eigentlicher Besitzer alles Grund und Bodens Gott betrachtet. Dem Sultan als dem Vertreter Gottes stand das freie Verfügungsrecht zu. Entsprechend den drei besitzberechtigten

---

[12]) Hajek, »Bulgarien unter der Türkenherrschaft«, S. 17, Berlin 1925, Jireček, »Geschichte der Bulgaren«, S. 403, Prag 1876.

[13]) Markoff, »Agrarwesen und Agrarverfassung Bulgariens«, S. 7. (Diss.) Bern 1911.

[14]) Hajek, a. a. O., S. 17. — Grothe, »Bulgarien« S. 120.

Gruppen: Staat, Kirche, mohamedanische Gesellschaft, wurde alles eroberte Land vom Sultan stets in drei verschiedene Klassen gesondert: Ein Fünftel wurde meist als grundbesteuertes *Vakuf* den Moscheen zugeteilt, um aus seinen Erträgen die Bedürfnisse des Gottesdienstes, den Unterhalt der Hospitäler und Schulen, die Besoldung der Geistlichkeit und ähnliches zu bestreiten (*erasi hargyje*); ein weiterer Teil wurde als Zehntgrund teils den siegreichen Kriegern überwiesen, teils den unterworfenen Rajah — der »Herde« — unter der Auflage der ständigen Tributszahlung belassen (*erasi üsryje*); der Rest — zumeist der größte Teil — wurde zu Staatsdomänen erklärt, die als Lehen gegen die Leistung von Kriegsdiensten zu lebenslänglichem Besitz den einzelnen Spahi überlassen wurden (*miri* oder *erası memleket*) [15].

Das türkische Lehnssystem trug ebenso wie das europäische einen rein militärischen Charakter. Als Spahi belehnt wurden nur muselmanische Krieger, die sich durch Tapferkeit vor dem Feinde ausgezeichnet hatten. Nach der Gesetzgebung Suleimans I. (1530) waren die Spahi verpflichtet, je nach dem jährlichen Ertrage ihres Lehnsbesitzes Berittene in voller Ausrüstung zu unterhalten, mit denen sie beim ersten Schall der Kriegstrompete zur Fahne eilen mußten. Außerdem hatten sie jährlich, je nach der Größe ihres Lehns, auch eine bestimmte Summe Geldes an den Staat abzuführen. Anfangs galt die Belehnung nur auf Lebenszeit. Allmählich bildete sich jedoch ein Majoratserbrecht heraus, bis die Lehen dann später faktisch ganz den Charakter von Privateigentum annahmen.

Die Stellung des Bauern zum Spahi ist etwa die eines grundhörigen Erbpächters gewesen. Zwar konnte der Spahi mit seinen Bauern nach seinem Belieben schalten und walten. Jedoch war es allgemein üblich, daß beim Tode eines Bauern der Spahi den Nießbrauch an dessen Grundstück den Söhnen des Verstorbenen von neuem verlieh. Bei unbeerbtem Tode fiel der Nießbrauch an den Spahi zurück, der ihn aber nicht behalten durfte, sondern an die Ortsnachbarn des Verstorbenen aufteilen mußte.

Sein Nutzungsrecht konnte der Bauer nur mit Erlaubnis des Spahi einem anderen übertragen. Ließ er sein Grundstück unbebaut liegen, so konnte es ihm vom Spahi ohne weiteres genommen werden. Das Recht der Freizügigkeit hatte der Bauer nicht. Das alte deutsche Rechtssprichwort: »Stadtluft macht frei« galt aber auch in Bulgarien; denn wenn der Bauer 10 Jahre in der Stadt gelebt hatte, konnte er vom Spahi nicht mehr zurückgefordert werden.

---

15) Markoff, a. a. O., S. 9.

Außer diesen grundhörigen Bauern gab es eine kleinere Anzahl freier Bauern, die auf privilegierten Ländereien in einzelnen Dörfern oder Höfen saßen, dem Sultan oder dem Staate zu besonderen Diensten, z. B. Kriegs-, Post-, Gendarmerie-, Brücken-, Lotsendienst usw. unmittelbar verpflichtet waren und dafür meist Steuerfreiheit genossen[16]).

Die Lage der unterworfenen christlichen Bevölkerung war noch einigermaßen erträglich, bis zu Ende des 16. Jahrhunderts militärische Mißerfolge einsetzten. Da Beutegelder und Kontributionen ausblieben, erhöhten die Spahi die Abgaben ihrer Bauern bis ins Ungemessene. Stephan Gerlach schreibt in seinem Tagebuch aus dem Jahre 1674 über die Behandlung der bulgarischen Bauern durch die türkischen Spahi: »Sie schinden die armen Leute dermaßen, daß sie kaum das Brot zu essen haben. Kein Spahi läßet seinem Bauern zu, daß er ein Huhn esse. Hühner, Früchte, Geld und alles nehmen jene hinweg. Und wo sie ferne von Konstantinopel sind, schänden sie ihnen Weib und Kinder noch dazu und müssen die armen Bauern zu allem stille schweigen«[17]). Und an einer anderen Stelle: »Diese Beschwerung ist so unerträglich, daß gantze Dörffer miteinander entlauffen und sich in die Einöde begeben, denn da müssen die Christen auch einem jeden Türken ihre Roß, als auch ihre Kinder, ihre Frucht und Wein, so sie das Jahr hindurch in ihrem Schweiß und Fleiß erworben hergeben und viel Streich und Schläg dazu leyden«[18]).

Der zunehmende Verfall der türkischen Staatsmacht und der Übergang von der Natural- zur Geldwirtschaft bewirkten, daß die Spahi sich mehr und mehr das volle Eigentumsrecht anmaßten und mit ihren Lehensgütern nach eigenem Belieben schalteten und walteten. Das ausschließliche Eigentumsrecht des Staates stand nur noch auf dem Papier. Hinzu kam, daß durch die Mißwirtschaft des Hofes der weitaus größte Teil der Lehensgüter in die Hände der Großwürdenträger, Günstlinge und Hofschranzen gebracht war, die oft 20 bis 50 ehemalige Groß- und Kleinlehen besaßen, ohne auch nur einen einzigen Mann für das Heer zu stellen[19]).

---

16) Hajek, a. a. O., S. 18. — Vgl. Peyeff, a. a. O. S. 12 ff.

17) Gerlachs Tagebuch, S. 369.

18) Gerlach, a. a. O., S. 49.

19) P. A. v. Tischendorf, »Über das System der Lehen in den moslimischen Staaten«, S. 40.

Der Sultan Selim III. versuchte 1789 eine Finanz- und Steuerreform durchzuführen, stieß dabei aber auf den heftigsten Widerstand, besonders bei dem mächtig gewordenen Janitscharenkorps, dem er schließlich zum Opfer fiel. Nach seinem Tode setzte ein Schreckensregiment des Militärs, besonders des Janitscharenkorps ein, vor allem in den Jahren 1794 bis 1804 und während des serbischen Befreiungskrieges von 1804 bis 1813. Als die Grundstückspreise besonders tief standen, benutzten die Mitglieder des Janitscharenkorps die günstige Gelegenheit, um große Grundherrschaften zu begründen[20]).

Nachdem Sultan Mahmud II. 1826 das Heerwesen reorganisiert, die Kriegspflicht der Spahi beseitigt und 1828 die Janitscharen vernichtet hatte, fand die Periode des Lehnssystems ihren äußeren Abschluß durch den *Hati-Scherif* von Gülhane vom 3. November 1839, mit welchem der Sultan Abdul Medschid die Lehnsherrschaften aufhob, das Land der Spahi konfiszierte und es an die Bauern verteilte oder als Großgrundstücke verpachtete oder gar verkaufte[21]). Ein besonderes Agrargesetz vom 21. April 1858 sollte in das verworrene Bodenrecht Klarheit bringen und es dem modernen Geist anpassen.

Nach diesem Gesetz traten an Stelle der früheren drei nun fünf Formen des Bodenbesitzes: 1. *Mülk* — volles Privateigentum, wobei der Besitzer nach jeder Richtung hin völlig frei über das Land verfügen kann; 2. *Mirie* = Staatseigentum; 3. *Vakuf* — Grundeigentum der Moscheen und gemeinnützigen Stiftungen; 4. *Metruke* — für öffentlichen Gebrauch bestimmtes Land; 5. *Mewet* — unbebautes und brachliegendes Land, das mit Einwilligung des Staates kultiviert und durch Bearbeitung zu Eigentum erworben werden kann. Die Abgaben und Steuern sollten nunmehr allein dem Staat zufließen. Sie bestanden bei der Landwirtschaft im Zehent vom Ertrage der Felder (*Jurschur*), in der Grundsteuer (*Emeljak*), an Stelle der früherer Kopfsteuer in der Militärsteuer (*Nisamije*), in der Viehsteuer, der Straßenbausteuer und der drückenden, weil oft ungerecht und ungleichartig verteilten Einkommensteuer (*Tedjaret*) [22]).

Der private Großgrundbesitz, der durch dieses Agrargesetz gewissermaßen erst seine gesetzliche Sanktion erhielt, zerfiel in zwei Hauptarten: *Gospodarski-* und *Tschiflischki-*Güter.

Die Tschiflischki-Güter, deren Herr frei über sein Land verfügen konnte, waren besonders im Westen Bulgariens, in den Kreisen Küstendil und Widin und in Südostbulgarien, in der

---

[20]) Pantschoff, »Die Agrarverhältnisse des Fürstentums Bulgarien«. (Diss.) Leipzig 1893, S. 41 und 52.

[21]) Hajek, a. a. O., S. 143. Vgl. v. Kraelitz-Greifenhorst, »Die Verfassungsgesetze des osmanischen Reiches«.

[22]) Grothe, »Bulgarien«, S. 121. Vgl. Pantschoff, a. a. O., S. 51.

Ebene von Stara Zagora verbreitet, während sie in den anderen Gegenden des Landes nur in verschwindend kleiner Zahl vorkamen.

Ihre Entstehung fällt nach Petkoff [23]) in die erste Zeit des Kalifenreiches; denn in der türkischen Frühzeit war es üblich, neben den Lehnsgütern auch zahlreiche Staatsländereien durch sogenannten *Ikta*-Akt an Private zu wirklichem Eigentum zu verleihen, wobei es sich immer nur um von den früheren Eigentümern verlassene Ländereien handelte. Pantschoff dagegen sieht (S. 52/53) als Entstehungsgrund hauptsächlich die Umwandlung der Lehnsgüter in freies Eigentum, besonders während der Zeit des Staatsverfalls von 1794 bis 1813 an.

Die Tschiflik-Herren konnten ihre Ländereien entweder durch Lohnarbeiter bestellen lassen oder sie gegen Natural- oder Geldzins in Zeitpacht frei vergeben oder sie sogar ganz oder in Parzellen frei veräußern. Die Pächter waren meist besitzlose Bauern, die von Ort zu Ort wanderten. Die übliche Pachtform war der Teilbau. Die Wirtschafts- und Wohngebäude gehörten dem Grundherrn. Der Bauer besaß nur das tote Inventar und sogar das nicht immer. Die Zahl der Tschifliks schätzte Pantschoff (S. 66) für 1888, also nachdem bereits viele aufgeteilt waren, auf etwa 200, in der Größe von 20 bis 200 ha.

Die Gospodarski-Güter fanden sich ausschließlich in Westbulgarien. Auf ihnen saßen die Bauern in einer Art Erbpacht, so daß sie nicht ohne weiteres entfernt werden konnten. Sie waren meist Eigentümer der Wohn- und Wirtschaftsgebäude, auch des lebenden und toten Inventars. Besitzurkunden hatten sie jedoch nicht. — Wie groß die Zahl der Gospodarski-Güter und -Dörfer gewesen ist, läßt sich nicht feststellen. Die von der Regierung 1883 eingesetzte Aufteilungskommission hatte bis 1885 insgesamt 76 Gospodarski-Dörfer bearbeitet.

Nach allgemeiner Ansicht sollen die Gospodarski-Güter hauptsächlich aus den Lehnsverhältnissen entstanden sein. Mit dem Verfall der Staatsmacht gingen die Güter der Spahi mehr und mehr aus Lehnsbesitz in Privateigentum über. Die Spahi verkauften das Staatseigentum an jeden Beliebigen.

Indessen wird ihre Entstehung auch noch auf andere Umstände zurückgeführt. Nach Pantschoff (S. 53) haben sich zuweilen freie Bauern — ähnlich wie in Deutschland — freiwillig zum Schutze ihres Eigentums gegen räuberisches Gesindel und, um von persönlichen Diensten gegen den Staat frei zu kommen, unter die Oberhoheit eines Herrn gestellt und diesem Abgaben gezahlt. Zum Teil sind die Bauern auch durch die steigende Verschuldung in Abhängigkeit

---

[23]) »Die sozialen und wirtschaftlichen Verhältnisse in Bulgarien vor der Befreiung«, Diss., Erlangen 1906, S. 36.

geraten, sei es, daß sie zur Entrichtung rückständiger Steuern oder zur Bezahlung von Blutgeld für auf ihrem Grundstück Erschlagene größere Vorschüsse von irgendeinem vermögenden Besitzer sich geben ließen, deren ratenweise Zurückzahlung schließlich zu einer Dauerabgabe wurde. Am häufigsten dürfte jedoch in den gewaltsamen Übergriffen benachbarter Großbesitzer der Entstehungsgrund zu suchen sein. Wie Pantschoff erzählt, kam es häufig vor, daß mächtige Agas ihre Viehherden in die Dorfgebiete sandten und die Bauern zwangen, für den so erhaltenen Dünger Naturalabgaben in Getreide, Futter usw. zu leisten. »Kam nun noch hinzu, daß die Agas die Besitzurkunden der Bauern eigenmächtig und rechtswidrig vernichteten oder sich hinterlistig selbst Besitzurkunden über den Grundbesitz der Bauern verschafften, so war ein derartiges Herrengut entstanden, selbst wenn, wie das bei neueren Bildungen dieser Art der Fall ist, alle älteren Dorfbewohner das ungesetzmäßige Zustandekommen desselben aus eigener Anschauung kannten«.

Trotz aller Versuche, welche die türkischen Staatslenker vom 3. bis 5. Jahrzehnt des 19. Jahrhunderts nach der Vernichtung der Janitscharen unternahmen, um die staatlichen und wirtschaftlichen Verhältnisse zu reorganisieren, war die Lage der bulgarischen Bauern doch nicht wesentlich dadurch verbessert worden. Wohl waren mit der Beseitigung der Spahi viele Bauern freie Eigentümer geworden, aber an die Stelle des Lehnsherrn trat nun der Staat. Zwar hatte der Staat durch den *Hati-Scherif* und später durch den *Hati-Homayoun* das Privateigentum an Grund und Boden anerkannt. Aber diese Bestimmungen standen doch nur auf dem Papier. In Wirklichkeit blieb fast das ganze Land »entweder Kirchen- oder Herrenland«[24]). Der Bauer bekam nur ein stark beschränktes Eigentum. Er konnte das Nutzungsrecht an dem früher in Lehnsbesitz gewesenen Land nur durch Dekret besonderer hierzu angestellter Beamten erlangen. Über die Besitzverleihung erhielt er aus der kaiserlichen Kanzlei in Konstantinopel eine mit dem Namensstempel des Sultans versehene Urkunde — »*Tapu*« —, die Angaben über Größe, Wert und Lage des Grundstückes enthielt. Die Bebauung des Landes stand zwar in seinem Belieben, doch durfte er bei Gefahr des Verlustes das Land nicht unbebaut liegen lassen. Die Veräußerung seines Landes war ihm nur nach Genehmigung durch den zuständigen Beamten erlaubt. Die Vererbung war gesetzlich anerkannt. Bei Glaubensverschiedenheit zwischen Erblasser und Erben fiel das Land jedoch stets an den Staat zurück[25]).

Die Willkür der Staatsbeamten war dieselbe wie die der Begs unter dem Feudalsystem. Die Steuerlasten waren jetzt noch

---

[24]) Petkoff, a. a. O., S. 34.
[25]) Pantschoff, a. a. O., S. 43/46.

drückender und wurden immer weiter erhöht. »Zwanzig und dreißig Prozent waren das Gewöhnliche, doch erpreßten die Steuerpächter auch das Doppelte....«[26]). Es ist nicht zu verwundern, wenn durch einen derartigen Druck die Bauern gerade in dieser schwierigen Zeit des Übergangs von der Natural- zur Geldwirtschaft in Scharen gezwungen wurden, zu den Dorfwucherern ihre Zuflucht zu nehmen, deren Weizen jetzt blühte wie noch nie. Fünfzig bis hundert Prozent Zinsen waren an der Tagesordnung, sogar zweihundert bis fünfhundert Prozent waren keine Seltenheit[27]), obgleich die türkische Regierung durch Gesetz von 1864 einen Maximalzinssatz von zwölf Prozent festsetzte. Es ist daher durchaus verständlich, wenn angesichts solch trostloser Verhältnisse sich der bulgarischen Bauernschaft schließlich eine wilde Verzweiflung bemächtigen konnte, die sich in verschiedenen heftigen Aufständen gegen die türkische Herrschaft äußerte, bis schließlich die Befreiung Bulgariens vom türkischen Joch 1878 eine Änderung brachte[28]).

Gleich nach dem für die Türkei unglücklichen Ausgang des Krieges verließen zahlreiche türkische Großgrundbesitzer das Land. Von seiten der bulgarischen Bauern setzte nun eine stille, aber tiefgreifende Expropriation ein, von der amtlich die Regierung nichts wußte, bis dann die ehemaligen Grundherren zahllose Prozesse gegen die bulgarischen Bauern anstrengten. Durch das Gesetz von 1885 griff die Regierung endlich ein, nachdem verschiedene Kommissionen in allen Teilen des Landes die Grundbesitzverhältnisse erkundet hatten[29]), erklärte die herrenlosen Tschiflischki-Güter zu Staatseigentum und gab sie zum größten Teil zu sehr niedrigen Preisen an die Bauern weiter. Wer zehn Jahre lang ohne Unterbrechung Tschiflischki-Ländereien bearbeitet hatte, erhielt dieselben ohne Bezahlung zu eigen. Ebenso wurden die Erbpächter auf den Gospodarski-Ländereien Eigentümer der von ihnen bewirtschafteten Güter. In gleicher Weise wurden auch die Vakuf-Güter der Moscheen, die im Laufe der Zeit zu erheblichem Umfang gekommen und in Erb- oder Zeitpacht ausgegeben worden, von den Pächtern okkupiert. In Südwestbulgarien, wo das Lehnssystem noch nicht aufgehoben war,

---

26) Hajek, a. a. O., S. 258. Vgl. Usunoff, a. a. O., S. 14.

27) Markoff, a. a. O., S. 143.

28) Hajek, a. a. O., S. 220/293.

29) Die Regierung hatte bereits 1880 ein Gesetz zur Landaufteilung erlassen, das jedoch völlig unbrauchbar war.

kaufte die Regierung den türkischen Grundbesitz auf und verteilte ihn gegen Amortisation an die Bauern. Den Bauern wurde auch sonst auferlegt, das von ihnen okkupierte Land den früheren Eigentümern zu bezahlen. Als Preis wurde für die Gospodarski-Ländereien das 7- bis 8fache der jährlichen Abgabe, für die Tschiflischki-Ländereien der allgemeine Verkaufspreis oder das 7- bis 8fache des jährlichen Reinertrages festgesetzt, jedoch sollte der Preis für Tschiflik-Land niemals um mehr als 15% über den Preis von Gospodarski-Ländereien hinausgehen. Den Bauern stellte die Regierung Darlehen im Betrage von 800000 Goldfrank zur Verfügung, die mit jährlich 6% zu verzinsen und außerdem in 10 Jahren zurückzuzahlen waren. Auf die Rückzahlung hat der Staat jedoch später verzichtet. Mit der Aufteilung der türkischen Staats- und Kirchengüter, mit der Sanktionierung der Okkupation der Tschiflischki- und Gospodarski-Güter hatte der Großgrundbesitz in Bulgarien praktisch zu bestehen aufgehört. Damit war die Bodeneigentumsverteilung begründet, die auch heute noch der bulgarischen Agrarverfassung ihr Gepräge verleiht[30]).

Daß die wirtschaftliche Lage der bulgarischen Bauern durch die Befreiung wesentlich besser geworden wäre, kann jedoch nicht festgestellt werden. Zwar wurde die Steuerlast etwas gesenkt, aber eine durchgreifende Reform blieb aus. Nach wie vor mußte der bulgarische Bauer, infolge der ungerechten Gestaltung der Grund- und Schafsteuer, im Vergleich zum Städter ein Vielfaches aufbringen. Die Regierung, die zunächst allein auf die politische Konsolidierung des jungen Staatswesens bedacht war, hatte für die Landwirtschaft wenig übrig. Hinzu kam, daß die Befreiung die Landwirtschaft vor vollkommen neue Notwendigkeiten stellte. Bulgarien wurde in den europäischen, in den Weltmarkt einbezogen. Westeuropäische Waren überfluteten das Land. Die Bedarfsartikel, die der Bauer bisher in seiner eigenen Wirtschaft erzeugt hatte, vor allem Gewebe, waren jetzt um billiges Geld zu kaufen. Die alte, weit ausgebreitete Hausindustrie wurde dadurch schwer betroffen. Aber auch mit dem Absatz seiner landwirtschaftlichen Produktion war der Bauer nunmehr auf den Markt angewiesen und damit allen Schwankungen des Weltmarktes ausgesetzt. Da außerdem die Abwanderung der Türken weiter anhielt und die bulgarischen Bauern alles frei werdende Land zu verhältnismäßig hohen Preisen mit heißer Begierde aufkauften,

---

30) Pantschoff, a. a. O., S. 63/64.

so wurde der Kreditbedarf außerordentlich gesteigert[31]). Da die noch von der türkischen Verwaltung gegründeten bäuerlichen Genossenschaftskassen in keiner Weise diesen Kreditansprüchen gewachsen waren, nahmen die Bauern wieder zu den Güter- und Erntewucherern ihre Zuflucht. Das wurde umso folgenschwerer, als nach den ersten Jahren günstiger Getreidepreise der Weltmarktpreis allmählich erheblich sank und die bulgarischen Preise mit hinabzog (der Preis der Tonne Weizen betrug 1880 255 Frank, 1889 dagegen 172½ Frank). Die *Bulgarische Landwirtschaftliche Bank* hat um die Jahrhundertwende eine Reihe von Enquêten über die Ausbreitung des Wuchers und seine Folgen veranstaltet, welche die Verschlechterung der Lage des Bauernstandes erkennen lassen. Nach einem solchen Bericht waren in 45 Bezirken 303 Dörfer von den Wucherern völlig, 424—450 größtenteils und weitere 400—425 teilweise ruiniert. Nach demselben Bericht gab es Dörfer, die ganz Eigentum eines Wucherers waren und deren Bevölkerung sich in völliger Zinsknechtschaft befand. Ein Wucherer besaß sogar 11 Dörfer, ein anderer über 300 Vollstreckungsbriefe aus einem einzigen Bezirk[32]). Zwar wurde im Jahre 1893 ein Gesetz gegen den Erntewucher erlassen, es erlangte jedoch keine große praktische Wirksamkeit. Der Wucher, der ungeminderte Steuerdruck, die schlechte Preiskonjunktur für Getreide in den 90er Jahren, mehrere aufeinander folgende Mißernten auf der einen, die steigenden persönlichen Bedürfnisse auf der anderen Seite, sind es auch wohl gewesen, die im Jahre 1900 die Bauern besonders in Nordostbulgarien zu blutigen Aufständen gegen die eigene Regierung getrieben und die auch die Bildung einer eigenen Bauernpartei veranlaßt haben[33]).

---

31) Nach Ekimoff, a. a. O., S. 21, stammen zwei Drittel aller Schulden der bulgarischen Landwirte aus den Landkäufen.

32) *Zentralverwaltung der landwirtschaftlichen Kassen*: Berichte über die Schulden der Landwirte bei den Wucherern, S. 6/61, Sofia 1901. — Vgl. Peyeff: a. a. O., S. 93 ff. und Raschkoff, »Kreditwesen in der bulgarischen Volkswirtschaft«, Diss. Berlin 1924.

33) Ekimoff, a. a. O., S. 66: 1899 standen infolge schlechter Ernten über 60 000 Familien vor dem Ruin, weswegen in 41 Bezirken ein einjähriges Moratorium erlassen wurde. — Nach Peyeff (a. a. O., S. 98) ist gerade die neuerliche Einführung der Zehntsteuer für die Bildung der Bauernpartei ausschlaggebend gewesen. — Vgl. auch Küsseiwanoff, »Die bulgarische Agrarpolitik unter besonderer Berücksichtigung der landwirtschaftlichen Genossenschaften«. Diss. Berlin 1925, S. 43 ff.

Die Besitzverteilung und die Gliederung der Betriebe vor den Kriegen.

Das Ergebnis der geschilderten Entwicklung ist die jetzige landwirtschaftliche Besitzverteilung. Die Grundlage für deren Beurteilung bilden die beiden Erhebungen, die 1897 und 1908 von der *Direktion der Statistik* angestellt worden sind. Die Ergebnisse der Betriebszählung vom 31. 12. 1926 sind bisher noch nicht zugänglich.

Nach der Erhebung von 1908 sind von der Gesamtlandesfläche unbenutzbares Land 17,15%, d. s. 1652099 ha, während 82,85% gleich 7982445 ha als kulturfähig gezählt werden. Kaum die Hälfte dieses Bodens ist jedoch bis jetzt in ständige Kultur genommen. 1897 machte der wirklich bebaute Boden 35% der Gesamtfläche aus, 1908 allerdings bereits 43%.

Die Besitzverhältnisse und ihre Bewegung erhellen aus der nachstehenden Übersicht:

Das kulturfähige Land nach Eigentümerkategorien und das ungenutzte Land 1897 und 1908.

Eigentümer	1897	1908	1897	1908	1897		1908	
	in Tausend ha		in % der Gesamtfläche		Besitzungen	Parzellen	Besitzungen	Parzellen
Staat	1016	761	10,55	7,89	1 060	13 149	1 035	9 159
Departements	0,4	1	0,01	0,01	8	41	12	62
Gemeinden .	2291	2 417	23,78	25,09	3 664	16 116	3 639	18 758
Schulen	68	69	0,70	0,72	907	4 187	1 281	8 224
Kirchen.....	13	14	0,14	0,15	601	2 617	1 100	5 008
Klöster	44	56	0,46	0,58	251	2 697	321	3 913
Moscheen u. Vakuf	3	4	0,03	0,04	130	452	392	1 339
Nationalbank	0	2	0,00	0,03	1	2	149	2 445
Landw. Bank	0	27	0,00	0,28	21	190	1 427	33 916
Versch. Gesellschaften	0	4	0,00	0,05	14	64	174	1 189
					in Tausenden			
Private	3978	4 626	41,28	48,01	800	7 982	933	9 877
Ungenutztes Land	2221	1 652	23.05	17,15				
Insgesamt ..	9 635	9 635	100,00	100,00	806 245	8021 806	942 897	9960 532

Noch nicht die Hälfte der kulturfähigen Fläche ist in Privatbesitz; ein Viertel besitzen die Gemeinden, hauptsächlich Wälder[33a]) und Weiden. Dem Staate gehörte fast ausschließlich Wald. Die Staatsländereien sind 1897—1908 um 25,41% zurückgegangen. Der Privatbesitz hat gegenüber 1897 um 16,30% zugenommen.

Die Statistik des Privatbesitzes ist aufgebaut auf den Gemeindegrundsteuerbüchern, in denen jeder in der Gemeinde direkt steuerpflichtige Eigentümer als Besitzereinheit gezählt wird. Hat nun jemand in mehreren Gemeinden Besitzungen, wie die Wucherer, so werden ihm soviel Besitzungen angerechnet, als die Zahl der verschiedenen Gemeinden beträgt, in denen er Land hat.

Das private Bodeneigentum nach Größenklassen 1897 und 1908.

Größe der Besitzungen in ha	Gesamtzahl der Besitzungen	im Besitz von Ortseingesessenen	im Besitz von Nichtortseingessenen	Gesamtoberfläche der Besitzungen in Parzellen	Gesamtoberfläche der Besitzungen in ha
			1897		
bis 0,5	166 765	65 870	100 895	248 129	41 651
0,5— 1	90 508	37 256	53 252	247 229	67 299
1— 2	106 373	59 735	46 638	547 747	156 701
2— 3	75 100	54 841	20 259	653 469	187 303
3— 4	60 061	49 637	10 424	693 286	209 742
4— 5	50 222	44 093	6 129	684 696	225 745
5— 7,5	92 515	85 177	7 338	1 491 535	570 004
7,5— 10	56 486	53 418	3 068	1 050 814	488 323
10— 15	55 503	53 018	2 485	1 174 368	672 052
15— 20	22 095	21 108	987	524 970	379 172
20— 30	14 911	14 112	799	394 377	358 664
30— 40	4 338	4 017	321	124 593	148 463
40— 50	1 770	1 593	177	54 391	78 785
50—100	1 993	1 591	402	61 798	133 886
100—200	606	428	178	19 001	82 600
200—300	155	96	59	5 900	37 779
300—500	100	56	44	3 575	42 436
üb r 500	87	38	49	2 413	96 644
Insgesamt..	799 588	546 084	253 504	7 982 291	3 977 557

33a) Von den Wäldern gehörten
1908 dem Staate 736 006 ha, den Gemeinden 1 395 342 ha
1924 „ „ 788 103 „ , „ „ 1 500 819 „ ,
den Kirchen 56 210 ha, den Privateigentümern 541 827 ha.

Größe der Besitzungen in ha	Gesamtzahl der Besitzungen	im Besitz von		Gesamtoberfläche der Besitzungen	
		Ortseingesessenen	Nichtortseingessenen	in Parzellen	in ha
	1908				
bis 0,5	180 304	73 609	106 695	265 626	46 231
0,5— 1	113 446	47 337	66 109	285 682	83 748
1— 2	131 148	72 471	56 677	605 779	191 587
2— 3	86 500	62 178	24 322	712 327	214 945
3— 4	68 346	56 026	12 320	786 705	238 506
4— 5	57 772	50 763	7 009	821 613	259 584
5— 7,5	106 598	98 142	8 456	1 845 748	657 316
7,5— 10	67 512	46 129	3 383	1 394 259	584 501
10— 15	67 610	65 021	2 589	1 595 903	818 669
15— 20	26 718	25 658	1 060	710 933	458 308
20— 30	17 304	16 467	837	507 007	412 393
30— 40	5 017	4 611	406	163 618	171 559
40— 50	1 933	1 728	205	65 223	86 200
50—100	2 223	1 769	454	77 891	147 892
100—200	592	421	171	22 507	79 744
200—300	154	99	55	7 031	37 543
300—500	99	46	53	4 502	37 291
über 500	91	36	55	4 165	99 761
Insgesamt..	933 367	640 511	292 856	9 876 519	4625 786

Auffällig ist sowohl die hohe Zahl der Besitzungen wie auch die außerordentlich große Zahl der Parzellen. Daß 1908 auf eine Besitzung durchschnittlich 10—11 Parzellen entfielen, im Mittel eine Parzelle nicht ganz 0,47 ha umfaßte, zeigt deutlich, wie sehr in Bulgarien Landzersplitterung und Streulage herrschen. Der Grund dafür liegt in der starken Bevölkerungsvermehrung — 1887 betrug die Bevölkerung Bulgariens 3154 375 Seelen, 1912 war sie bereits auf 4400560 angewachsen — und im Erbrecht.

In besonders starkem Maße ist die Aufteilung des Bodens in den 90er Jahren erfolgt. Solange die Zadruga herrschte, blieben Grund und Boden auch im Erbfalle ungeteilt. Mit dem Zerfall der Zadruga entstand in Bulgarien allmählich die Sitte, die Erbschaft unter die Geschwister männlichen Geschlechtes gleichmäßig aufzuteilen. Dieses Gewohnheitsrecht fand eine erhebliche Stütze auch in den türkischen Erbgesetzen, die ebenfalls die männlichen Erben gegenüber den weiblichen stark bevorzugten.

Nach der Befreiung wurde das Erbrecht im Jahre 1890 durch ein Gesetz neu geregelt, das unter dem Einfluß des *Code Napoléon* für alle blutsverwandten Erben ein gleichmäßiges Erbrecht einführte. Das Prinzip der freien Teilbarkeit mußte bei der Vorherrschaft des Kleinbesitzes in Bulgarien verheerend wirken. Die Regierung sah sich daher bereits im Jahre 1896 gezwungen, das Erbgesetz von 1890 dahin abzuändern, daß die männlichen Erben bei einer Erbfolge in Ländereien unter 1,5 ha die Abtretung der den weiblichen Personen als Erbteil zufallenden Grundstücke gegen Entschädigung in Geld verlangen konnten. Dasselbe Gesetz verbot weiter die Teilung von Äckern unter 3 Dekar, von Wiesen unter 2 Dekar, sowie von Rosen- und Weingärten unter 1 Dekar. — Ein 1906 erlassenes neues Erbgesetz ging in dieser Richtung noch weiter; nach ihm erben die Kinder männlichen Geschlechts stets den doppelten Landanteil wie Kinder weiblichen Geschlechts.

Auf den Prozeß der Bodenzerstückelung hatten diese Maßnahmen indeß keine erhebliche Wirkung, da sie den Gewohnheiten des Volkes nicht entsprachen. Wie oben gezeigt, war 1908 gegenüber dem Stande von 1897 eine weitere Vermehrung der Parzellen um rund 25 Prozent eingetreten, während der gleichzeitige Zuwachs an Fläche nur 16 Prozent ausmachte.

Wenn man die Ziffern der Tabelle in denselben Größenklassen zusammenfaßt, wie sie in der deutschen Betriebsstatistik üblich und auch in der bulgarischen Literatur schon benutzt worden sind[34]), obzwar sie auf die bulgarischen wirtschaftlichen Verhältnisse nicht ganz passen, so ergibt sich folgendes Bild:

Größenklasse in ha	Zahl der Besitzungen		Fläche in Tsd. ha		in % der Gesamt-besitzungen		in % der Gesamtfläche	
	1897	1908	1897	1908	1897	1908	1897	1908
bis 2	363 646	424 898	266	3 216	45	45	6,6	7,0
2— 5	185 383	212 618	623	713	23	23	15,7	15,4
5— 20	226 599	268 438	2110	2 519	29	29	53,0	54,4
20—100	23 012	26 477	720	818	3,47	3,45	18,1	17,7
über 100	948	936	260	254	0,12	0,10	6,6	5,5
Insgesamt	799 588	933 367	3 978	4 626	100	100	100	100

Nach Zahl und Fläche tritt der Zwerg- und Kleinbesitz viel stärker hervor als z. B. in Deutschland, doch liegt flächenmäßig der Schwerpunkt beim Mittelbesitz, während der Großbesitz ganz zurücktritt.

1897—1908 sind erhebliche Besitzverschiebungen eingetreten: der Großbesitz (über 100 ha) hat absolut abgenommen, der großbäuerliche Besitz (von 20—100 ha) ist flächenmäßig um etwa 2% hinter der allgemeinen Zunahme von 16% zurückgeblieben, die mittelbäuerlichen (von 5—20 ha) und die Parzellen-Besitzungen haben sich stark vermehrt.

34) Ekimoff, a. a. O., S. 24, 25. — Wlachoff, a. a. O., S. 3.

Nun kann die Zahl der Betriebe keineswegs der Zahl der Besitzungen gleichgesetzt werden, sehr viele in der Statistik aufgeführten Besitzungen können keine selbständigen landwirtschaftlichen Betriebe sein, da sie dafür an Fläche viel zu klein sind. Fast die Hälfte aller Besitzungen (424898) haben weniger als 2 ha Land, davon hat wiederum fast die Hälfte sogar weniger als 0,5 ha. Noch heute pflegen die meisten Bewohner der bulgarischen Landstädte (Kaufleute, Handwerker, Beamte usw.) ein Stück Land zu besitzen, das sie entweder selbst bearbeiten oder von Dienstboten oder Tagelöhnern bestellen lassen. Zumeist handelt es sich dabei um Wein- oder Obstgärten, aber auch um Rosenpflanzungen und Äcker.

Den besten Anhalt für die tatsächliche Zahl der landwirtschaftlichen Betriebe dürfte noch die Volkszählung geben. Nach der Volkszählung von 1900 gab es in Bulgarien 665148 Haushaltungsvorstände, wovon 500858 bäuerliche waren. Wenn nun auch nicht jeder bäuerliche Haushaltungsvorstand auch einem landwirtschaftlichen Betriebe vorsteht, sondern manche dörfliche Haushaltungen auf die Arbeit im Dienste anderer angewiesen sind, so leben doch andererseits auch zahlreiche kleinstädtische Haushaltungen von der Landwirtschaft. Da die einen den anderen wohl die Wage halten dürften, würde die Zahl der landwirtschaftlichen Betriebe auf rund 500000 anzusetzen sein.

Nach der Berufsstatistik vom Jahre 1905 zählte Bulgarien 451077 selbständige Landwirte, davon befaßten sich mit Landwirtschaft (im engeren Sinne) 430210, mit Weinbau 2320, mit Rosenbau 131, mit Reiskultur 18, mit Tabakkultur 47, mit Obst- und Gemüsekultur 8069, mit Vieh- und Federviehzucht 8675, mit Bienen- und Seidenraupenzucht 77 und mit Forstbau 1530.

Das Landwirtschaftsministerium hat für 1901: 545853 Betriebe angenommen, die sich auf folgende Größenklassen verteilen: bis 2 ha: 162878, von 2 bis 5 ha: 148851, von 5 bis 20 ha: 212469, von 20 bis 100 ha: 21081, über 100 ha: 574[35]).

Der Generaldirektor des Statistischen Amtes Popoff hat in seiner 1924 erschienenen Schrift »*La Bulgarie coopérative*« (S. 15) über die Betriebsverteilung folgende Aufstellung gegeben:

---

35) Markoff, a. a. O., S. 72.

Betriebe	Zahl	Fläche	Anteil in %
bis 2 ha	80 000	120 000 ha	3,3
2 bis 10 ha	320 000	1 863 000 ha	51,7
10 bis 30 ha	90 000	1 330 000 ha	36,9
30 bis 100 ha	4 500	203 000 ha	5,7
über 100 ha.......	450	85 000 ha	2,4
insgesamt:	494 950	3 601 000 ha	100,0

So dürfte die Schätzung der landwirtschaftlichen Betriebe auf 500000 einigermaßen den Tatsachen entsprechen. Demnach ist etwa ein Viertel sämtlicher Betriebe Parzellenbetrieb; ungefähr zwei Drittel sind klein- und mittelbäuerliche Betriebe, während der Rest den großbäuerlichen und Großbetrieben zuzurechnen ist.

III.

Die Agrargesetze der Nachkriegszeit.

Als wirtschaftliche, auf Genossenschaften aufgebaute Standesorganisation der Bauernbevölkerung vor allem zur Bekämpfung des spekulativen Getreidekapitals[36]) war um die Jahrhundertwende die bulgarische Bauernpartei entstanden, die sich nach und nach besonders unter der Führung von Dragieff, zur politischen Partei der kleinen und mittleren Bauern entwickelte und die Zahl ihrer Vertreter in den staatlichen Wahlkörperschaften ununterbrochen vermehrte. Bei Ausbruch des Weltkrieges hatte sie schon fast $^1/_5$ der Abgeordnetensitze in der Sobranje inne. Besonders stark wuchs ihr Anhang, als zu Anfang des Krieges ein Teil ihrer Führer, voran Stambolijski, der den gemäßigten Dragieff verdrängt hatte, sich gegen die Teilnahme am Kriege aussprach und auf diese Weise die Unlust der Bauern, schon wieder in den Krieg ziehen zu müssen, zum Ausdruck brachte. Stambolijski wurde in Schutzhaft genommen, was jedoch sein Ansehen nur vergrößerte. Als im September 1918 die bulgarische Front in Mazedonien zusammenbrach, stellte er sich mit der Bauernpartei an die Spitze der meuternden Truppen; er zog als »König der Revolution« durch das Land und rief in Radomir, einem Städtchen südwestlich von Sofia, die Bauernrepublik aus. Zar Ferdinand dankte darauf am 3. Oktober 1918 zugunsten des Kronprinzen Boris ab. In den danach stattfindenden Parlaments-

36) Vgl. Peyeff, a. a. O., S. 98 ff.

wahlen erhielt die Bauernpartei 82 Mandate. Ihre Führer traten in ein Koalitionskabinett mit den bürgerlichen Parteien unter Malinoff und später Todoroff ein. Die Partei selbst radikalisierte sich zusehends und wurde mehr und mehr zur Vorkämpferin des Bauernproletariats. Da in den ersten Jahren nach dem Kriege die Lage der Bauern sich weiter verschlechterte, erhielt sie dauernd neuen Zulauf und wurde damit zur stärksten politischen Organisation im Lande. Bei den Neuwahlen 1920 konnte sie die Zahl ihrer Abgeordneten auf 114 erhöhen, womit sie unter den 216 Abgeordneten der Sobranje die Mehrheit hatte. Daraufhin übernahm sie die Regierung allein[37]). Die Bauernpartei nahm gegen das Bürgertum eine schroff aggressive Stellung ein, obgleich sie auch die Kommunisten bekämpfte. In ihrer Agrarpolitik ist sie anscheinend sowohl von Jugoslawien — Stambolijski empfahl den Zusammenschluß Jugoslawiens und Bulgariens zu einem Staatswesen — als auch von Rußland stark beeinflußt worden[38]).

Schon am 11. August 1920 nahm die Sobranje das *Gesetz zur Vermehrung der staatlichen Güter* an, wonach der 30 ha Kulturland übersteigende Privatbesitz an den Staat gegen eine geringe Entschädigung (120 Lewa je Dekar) abgetreten werden sollte. Ehe dieses Gesetz jedoch zur Durchführung kam, brachte die Regierung Stambolijski im Frühjahr 1921 den Entwurf des *Gesetzes über den Arbeitslandbesitz* vor die Sobranje.

Der damalige Landwirtschaftsminister Dr. Raiko Daskaloff, ein Parteifreund Stambolijskis, hat s. Zt. vor der Sobranje in einer längeren Darlegung die Motive erläutert, welche die Regierung zur Einbringung der Gesetzesvorlage veranlaßt hätten. Die gerechteste Verteilung des Bodens sei jene, bei der verhältnismäßig gleich viel Boden besitzende, arbeitsfähige Landbebauer ihre und ihrer Familie Arbeitskräfte mit dem höchst möglichen Nutz-

37) Varga, Materialien über den Stand der Bauernbewegung, Hamburg 1925, S. 33—39.

38) Zum Verständnis der Haltung der Bauernpartei trägt der Hinweis Peyeffs (S. 126) bei, daß die *Kommunistische Partei Bulgariens* nach der von Lenin auf dem *II. Kongreß der III. Internationale* aufgestellten These arbeitete: »In Ländern und Gebietsteilen, wo der landwirtschaftliche Großgrundbesitz eine relativ geringe Rolle spielt, dagegen eine große Anzahl kleinbürgerlicher Besitzer vorhanden sind, die danach trachten, Land zu erhalten, kann die Verteilung des Landes der Großgrundbesitzer sich als das sicherste Mittel erweisen, die Bauernschaft für die Revolution zu gewinnen«. Sie erzielte damit unter den Mitgliedern der Bauernpartei sehr beunruhigende Erfolge, so daß die Bauernpartei, um ihre Mitglieder zu halten, gezwungen wurde, der Radikalisierung stattzugeben.

effekt verwerten könnten. Dem entspreche die bulgarische Bodenverfassung in keiner Weise. Einerseits sei eine stetig wachsende Anzahl Landloser und Landarmer vorhanden, die, da sie keine gesicherten Existenzgrundlagen besäßen, eine stete Gefahr für den Staat bedeuteten. Andererseits gebe es noch einen erheblichen Großbesitz, eine Wirtschaftsform, die durch das Genossenschaftswesen als überholt zu betrachten sei und nicht mehr in die heutige Zeit passe, zumal der bulgarische Großbesitz meist noch aus der Türken- oder aus der Wuchererzeit stamme und somit auf recht zweifelhaften Rechtsgrundlagen beruhe. Nach den Angaben der *Direktion der Statistik* gebe es 700500 Private mit Bodeneigentum, aber nur etwa 450000 ihren eigenen Boden bearbeitende, selbstwirtschaftende Bauern, gebe es rund 250000 Eigentümer, die ihren Boden nicht selbst oder doch nur in Nebenbeschäftigung, also nur recht mangelhaft bewirtschafteten, was nicht geduldet werden könne. Das Land als beschränktes soziales Eigentum müsse in die Hände der wirklichen Landbebauer überführt werden, um der Wirtschaft und dem Volke den höchsten Nutzen zu bringen. Vor allen Dingen müßte auch mit den Besitzungen in fremden Gemeinden ein Ende gemacht werden. Mehr als 600000 ha lägen weit von den Wirtschaftsstellen ihrer Eigentümer in anderen Orten zerstreut oder seien, da sie der Eigentümer infolgedessen nicht nutzen könne, in Pacht gegeben. Diese Ländereien seien außerordentlich vernachlässigt und meist in sehr schlechtem Zustand. Ebenso werde auch der Großgrundbesitz, der in Bulgarien niemals fördernd auf die Kleinbesitzer eingewirkt habe, durchweg äußerst mangelhaft bewirtschaftet. Auch auf den Staatsländereien (760530 ha), die teils durch Beamte, teils durch Pächter bewirtschaftet würden, seien die Ergebnisse in keiner Weise zufriedenstellend. Desgleichen lasse die Bewirtschaftung der Klosterländereien (56327 ha) zum allergrößten Teil sehr viel zu wünschen übrig. Alles in allem ergebe sich, daß etwa annähernd 1500000 ha einer besseren Bearbeitung zugeführt werden könnten. Alle diese Ländereien, die nicht einer streng wissenschaftlichen und praktisch geführten Bewirtschaftung unterlägen, müßten gegen Entschädigung enteignet und zur Schaffung selbständiger leistungsfähiger Landstellen benutzt werden. Nach den verlorenen Kriegen sei die rationell organisierte Arbeit das einzige Mittel, das Bulgarien wieder hoch bringen könne. Nur wenn das Prinzip: das Land dem Landwirt! durchgeführt werde, würde nicht nur die Gesellschaftsordnung vom staatlich kulturellen

Standpunkt kräftiger gesichert, sondern auch die Hebung und Vervollkommnung der landwirtschaftlichen Produktion und damit die Verbesserung der Lage der ganzen Volkswirtschaft ermöglicht werden[39]).

Am 9. Mai 1921 wurde das Gesetz über den Arbeitslandbesitz von der Sobranje mit großer Majorität angenommen.

Die Grundbestimmung des Gesetzes enthält der Artikel 1, wonach jeder soviel Land besitzen darf, wie er mit seiner vollen Arbeitskraft und der seiner Familienmitglieder bewirtschaften kann. Lohnarbeit soll dabei nur in Ausnahmefällen in Betracht gezogen werden.

Als Höchstmaß wird für eine selbstwirtschaftende Familie eine Fläche von 30 ha (Acker, Wiese, Weingarten, Rosenfelder, Hopfenfelder usw.) festgesetzt. Für den Fall jedoch, daß der Besitzer nicht selbst wirtschaftet, darf er nicht mehr als 4 ha für sich und, falls er verheiratet ist, nicht mehr als 10 ha besitzen (Art. 2).

Alle über diese Höchstmaße hinausgehenden Ländereien werden zu Staatseigentum erklärt und der Direktion für das zulässige Bodeneigentum (T. P. S. = *trudova pozemelna sobstvenost*) zur Verfügung gestellt, die sie bis zur Verteilung entweder selbst ausnutzen oder verpachten kann (Art. 3 u. 4).

Außer diesen Privatländereien stehen der Direktion zur Verteilung zur Verfügung: Der Landbesitz der Bulgarischen Nationalbank und der Landwirtschaftsbank, sowie die von der Forstwirtschaft ausgeschlossenen Teile der Staatswälder, Staatsweiden und -Ländereien (Art. 5).

Dazu kommen noch jene Teile der Gemeindeweiden, die nach der endgültigen Regulierung der Gemeindeweiden freibleiben. Die seit 1903 widerrechtlich okkupierten Gemeindeweiden müssen nach Abschätzung durch den Gemeinderat von ihren Besitzern bezahlt werden. Der Erlös ist für Gemeindebauten und Schulbedürfnisse zu verwenden. Bei Zahlungsverweigerung fallen die geraubten Weiden an die Gemeinden zurück.

Schließlich haben auch die Klöster nach Entscheid eines Ministerrates einen Teil ihrer Ländereien der Direktion zu überlassen.

Für das enteignete Privatland soll der durchschnittliche Marktpreis der Jahre 1905 bis 1915 bezahlt werden, wovon aller-

---

39) *Jahrbuch der Bodenreform*, Bd. 18. Heft 3, S. 131—141.

dings in Abzug zu bringen sind bei Enteignungen: von 10 bis 30 ha 10%; von 30 bis 50 ha 20%; von 50 bis 100 ha 30%; von 100 bis 200 ha 40% und von 200 ha aufwärts 50%. Die Zahlung erfolgt in zinstragenden Pfandbriefen der Bulgarischen Landwirtschaftsbank. Für die zur Aufteilung herangezogenen Staatsländereien muß der Marktpreis ohne Abschlag bezahlt werden.

Als Landempfänger kommen in Betracht: 1. landlose Landwirte, die fremden Grundbesitz bewirtschaften; 2. Kleinlandwirte, die nur wenig Land oder nicht ausreichende Gebäude besitzen; 3. landwirtschaftliche Spezialisten, die keinen oder nur ungenügenden Landbesitz haben; 4. landwirtschaftliche Genossenschaften und Vereinigungen zur Organisierung landwirtschaftlicher Industrien und zur Anlage von Musterwirtschaften; 5. landwirtschaftliche Arbeiter, die kein Land besitzen, aber zur selbständigen Wirtschaftsführung fähig sind; 6. Landwirte aus übervölkerten und gebirgigen Gegenden, die sich anderwärts ansiedeln wollen, soweit sie in ihren Heimatsgemeinden kein oder nur wenig Land zu eigen haben; 7. Grenz- und Auslandsbulgaren, die von Beruf Landwirte sind und auf bulgarisches Staatsgebiet übersiedeln.

Landempfänger, die keine Gebäude besitzen, erhalten bis zu 0,3 ha Land mehr.

Vor Ablauf von 20 Jahren dürfen die Landempfänger das ausgeteilte Land nicht veräußern, außer an die Direktion. Auch das eigene Land, das sie schon vorher besessen haben, ist ebenso lange gebunden. Lassen sie das zugeteilte Land drei Jahre lang brach liegen oder bearbeiten sie es nicht mit der Sorgfalt eines gewissenhaften Landwirtes, so wird ihnen das Land gegen Erstattung des Kaufpreises wieder entzogen (Art. 9 bis 16).

Vor der Verteilung an die Landempfänger sollen sämtliche enteigneten Ländereien so zusammengelegt werden, daß nur möglichst abgerundete Flächen zur Ausgabe kommen. Nötigenfalls müssen die Kleinbesitzer ihre Ländereien ebenfalls der Flurbereinigung unterwerfen (Art. 38 bis 42). Die Vermessung aller Ländereien soll darum möglichst schnell, spätestens bis zum 1. Dezember 1921 vorgenommen werden.

Der neue Erwerber erhält das Land zum Selbstkostenpreis der Direktion mit einem Aufschlag von 20%. Ist er nicht imstande, den Kaufpreis zu erlegen, so übernimmt die *Bulgarische Landwirtschaftsbank* die Bezahlung der ganzen Summe gegen Einräumung einer Hypothek auf 30 Jahre. Grenz- oder Auslandbulgaren, die von Beruf Landwirte sind und auf bulgarisches Staatsgebiet übersiedeln (Flüchtlinge), bekommen die Hypothek auf 50 Jahre und brauchen die erste Zahlung erst drei Jahre nach ihrer Ansiedlung zu leisten. In solchen Fällen stellt die Direktion auch die Kosten für die notwendige Ersteinrichtung zur Verfügung.

Die Durchführung des Gesetzes liegt in den Händen: 1. der Gemeindekommission, 2. der Landkreiskommission, 3. der Direktion für T. P. S. — Die Gemeindekommission besteht aus einem Gemeinderatsmitglied, der vom Gemeinderat in geheimer Abstimmung gewählt wird und aus zwei Landwirten, die von der Direktion ernannt werden. Die Funktion der Gemeindekommission besteht in der Hauptsache darin, mit Hilfe eines von der Direktion ernannten Landmessers die zur Enteignung kommenden Privatländereien festzustellen und danach dann die Verteilung an die Landempfänger vorzunehmen. — Die Landkreiskommission besteht aus dem Kreischef als Vorsitzenden, einem Mitglied des Kreisgerichts, dem Staatsagronomen, und einem vom Landwirtschaftsministerium ernannten Landkreisrat. Ihre Aufgabe ist, alle Beschlüsse der Gemeindekommissionen zu prüfen, gegebenenfalls zu genehmigen und für jede Gemeinde den Umfang der selbständigen Ackernahrung festzustellen. — Die Direktion für T. P. S. wird beim Landwirtschaftsministerium eingerichtet. Sie hat folgende Abteilungen: 1. Verwaltung von Landwirtschaften mit einem Landmesserbüro; 2. Domänen, 3. innere Kolonisation, 4. Budgetkontrolle. Oberstes Organ ist der Direktionsrat, der aus dem Direktor, dem juristischen Beirat und den Abteilungschefs besteht. Die Hauptaufgabe der Direktion ist, die Durchführung und Anwendung des Gesetzes zu organisieren und zu überwachen und für die Schaffung eines technischen Personals zu sorgen. Das Budget der Direktion bedarf der Genehmigung durch die Sobranje. Für die Durchführung ihrer Aufgaben erhält sie zunächst vom Finanzminister einen Vorschuß von 5 Millionen Lewa, den sie bis zum Ende des Finanzjahres 1922/23 zurückerstatten soll (Art. 75).

Dies Gesetz ist indessen nicht lange in Kraft gewesen. Die Bauernregierung konnte bei der Entente keine Erleichterung der Reparationslasten erreichen. Viele Parteimitglieder mißbilligten die Annäherung der Bauernpartei an Rußland und schieden aus der Partei aus. Am 9. Juni 1923 stürzte ein Staatsstreich unter der Führung des Sofioter Universitätsprofessors Zankoff die Bauernregierung. Stambolijski wurde gefangen. Da alle Maßnahmen der Bauernregierung sofort außer Kraft gesetzt wurden, kam mit diesem Tage auch die Durchführung des Gesetzes vom 9. Mai 1921 zum Stillstand.

Die Regierung Zankoff konnte jedoch gleichfalls an dem nun einmal aufgerollten Problem der Agrarreform nicht untätig vorübergehen. Am 1. August 1924 wurde ein neues »Gesetz über die landwirtschaftlichen Arbeitswirtschaften« erlassen, das alle Fragen endgültig regeln sollte.

Durch das neue Gesetz wird zunächst das alte Gesetz über den Arbeitslandbesitz vom 9. Mai 1921 mit den Ergänzungen vom 6. September 1921 und 20. Dezember 1922 aufgehoben (Art. 88). Alle Landzuteilungen, die auf Grund dieser Gesetze vorgenommen worden sind, müssen von der Direktion für T. P. S. innerhalb von sechs Monaten nach Inkrafttreten des neuen Gesetzes einer Revision unterzogen werden und sind, soweit sie als ordnungsmäßig und den gesetzlichen Bestimmungen entsprechend befunden werden, von der Direktion zu bestätigen. Indes müssen auch die Enteignungen und Zuteilungen, die bestätigt werden, nach den Vorschriften des neuen Gesetzes entschädigt, bzw. bezahlt werden. Leisten die Arbeitslandbesitzer diese Zahlungen nicht, so wird ihnen der Boden enteignet und dem Arbeitslandfonds zugeteilt, wobei sie allerdings die auf den Besitz bereits geleisteten Zahlungen nach Abrechnung der tarifmäßigen Pacht für den Zeitraum der Nutzung des Bodens zurückerstattet erhalten (Art. 34).

Im übrigen ist das neue Gesetz in bezug auf Struktur und Inhalt dem alten sehr ähnlich. Als Ziel stellt der Artikel 1 hin: Den Landarbeitern, den besitzlosen Landwirten und den Flüchtlingen soviel Boden zu verschaffen, daß selbständige landwirtschaftliche Kleinbetriebe geschaffen werden können, die den Unterhalt einer Familie gewährleisten; außerdem soll den Dorflehrern und den landwirtschaftlichen Spezialisten, die kein oder zu wenig Land besitzen, eine ausreichend große Fläche zur Verfügung gestellt werden; sodann soll der nötige Grund und Boden auch für staatliche Versuchsfelder, Weinberge, Musterwirtschaften und dergleichen gesichert werden, und schließlich soll das neue Gesetz auch für genossenschaftliche Zwecke, wissenschaftliche Institute, Industrieunternehmungen und dergleichen, die zur Förderung der landwirtschaftlichen Produktion dienen, den benötigten Boden bereitstellen.

Bei der Zuteilung des Bodens sollen vorweg die Flüchtlinge befriedigt, danach die kulturell-wirtschaftlichen Ansprüche des

Staates erfüllt und danach die übrigen Privatpersonen und Organisationen bedacht werden (Art. 11).

Zur Verteilung kommen auch nach dem neuen Gesetz: 1. die vom Ministerium für Landwirtschaft nicht bewirtschafteten Staatsländereien, 2. die Besitzungen der Bulgarischen National- und der Bulgarischen Landwirtschaftsbank, 3. die von der Forstwirtschaft ausgeschlossenen Teile der Staatswälder, 4. die von der Forstwirtschaft ausgeschlossenen Teile der Gemeindewälder, die nach der endgültigen Abrundung frei bleiben, 5. die in Staats-, Gemeinde- und Privatbesitz befindlichen Sumpfflächen, soweit sie von der Gesundheitsdirektion als malariagefährlich befunden und innerhalb von zwei Jahren trocken gelegt sind, 6. die vom Ministerium für Landwirtschaft als entbehrlich bezeichneten Klostergüter, 7. der vom Staat aufgekaufte Grundbesitz der aus Bulgarien ausgewanderten Landwirte, 8. der herrenlose Grundbesitz, 9. die bei öffentlichen Verkäufen von der Direktion für T P S angekauften Ländereien, 10. die Gemeindeländereien, die sich einzelne Gemeindemitglieder nach 1903 widerrechtlich angeeignet haben, soweit sie außerhalb des abgerundeten Gemeindebesitzes liegen und ihre Bezahlung von den jeweiligen Eigentümern verweigert wird und 11. die Besitzungen, die nach Maßgabe der gesetzlichen Bestimmungen den privaten und juristischen Personen zu enteignen sind. Enteignet werden sollen jedoch nur Äcker und Wiesen, dagegen keine Weinberge, Obst-, Rosen- und bewässerte Gemüsegärten.

Für Selbstwirtschafter wird das Höchstmaß des zulässigen Eigentums an Äckern und Wiesen je Wirtschaft und Familie auf 30 ha festgesetzt. Familien mit mehr als vier Mitgliedern erhalten für den Kopf noch 5 ha dazu. Sind an der unmittelbaren Ausnutzung des Bodens einer Wirtschaft mehrere verwandte Familien beteiligt, so darf jede Familie Arbeitsland bis zu diesem Höchstmaß besitzen.

Das Höchstmaß kann auf 150 ha erhöht werden, wenn es sich um Landgüter handelt, die auf Grund ihrer wissenschaftlich-technischen Einrichtungen von einem von der Direktion für T. P. S. und dem Landwirtschaftsministerium besonders dazu eingesetzten Ausschuß als Musterbetriebe anerkannt werden. Die Besitzer solcher Mustergüter sind verpflichtet, ihre Wirtschaften als Musterbetriebe mindestens 10 Jahre zu erhalten, andernfalls sie ohne weiteres jegliches Besitzrecht verlieren[40]).

[40]) Nach der Ausführungsverordnung Nr. 12 725 vom 10. 12. 24 mußten

Für den nicht selbst wirtschaftenden Eigentümer ist das Höchstmaß 5 ha, wenn er ledig, 10 ha, wenn er verheiratet, aber kinderlos ist, 15 ha, wenn er Frau und Kinder hat. Die Kriegsveteranen und -Invaliden aus dem Kriege von 1885, die Eltern und Hinterbliebenen der in den Kriegen 1912/13 und 1915/18 Gefallenen, sowie die Invaliden aus diesen Kriegen dürfen bis 10 ha Land besitzen, auch wenn sie allein stehen und nicht selbst wirtschaften (Art. 4 u. 5).

In Bezirken mit vorwiegend intensiver Bodenkultur kann das Höchstmaß der den Privatbesitzern zu belassenden Flächen durch die Direktion für T. P. S. nach Begutachtung durch den Ministerrat herabgesetzt werden. Privatbesitz soll jedoch dann nicht enteignet werden, wenn die über das gesetzliche Höchstmaß hinausgehende Fläche 2,5 ha im Einzelfall oder wenn der gesamte Überschuß in einem Orte 10 ha nicht übersteigt (Art. 6 u. 7).

Boden soll nur abgegeben werden, um selbständige Ackernahrungen zu bilden. Die gesamte Zuteilung an eine Person darf aber je nach dem Charakter des abgegebenen Bodens und den Verhältnissen des betreffenden Bezirks, 5 ha nicht übersteigen (Art. 13).

Wenn die innerhalb eines Dorfes enteignete Bodenfläche nicht ausreicht, um die Bedürfnisse der Dorfbewohner zu befriedigen, so erhalten die nichtbefriedigten Personen Arbeitsland in anderen Orten angewiesen. Nehmen sie diese Anweisung nicht an, so verlieren sie damit jeden Anspruch auf Arbeitsland (Art. 14).

Die auf Grund des alten Gesetzes vorgenommenen Enteignungen von Gemeindeländereien werden aufgehoben. Die Gemeinden erhalten das Verfügungsrecht darüber zurück. Nur in dem Fall, daß städtische Gemeinden seinerzeit für die Flüchtlinge und Invaliden Land zu Bau-, Wohn- oder landwirtschaftlichen Zwecken abtreten mußten, bleibt die Enteignung bestehen. Die Gemeinderäte werden angewiesen, Gemeindeländereien an besitzlose oder Kleinlandwirte auf die Dauer von mindestens 10 Jahren zu verpachten, wobei der Direktion für T. P. S. in jedem einzelnen Fall das Genehmigungsrecht zusteht. Die aus der Pacht einkommenden Geldbeträge sind in einem besonderen Fonds anzusammeln, der für die kulturellen und wirtschaftlichen Bedürfnisse der Gemeinden zu verwenden ist (Art. 8, 15 u. 16).

---

alle Anträge auf Anerkennung als Musterwirtschaft bis zum 1. 2. 1925 gestellt sein. Die durch die Besichtigung entstehenden Reiseunkosten mußten von dem Landeigentümer im voraus eingesandt werden.

Die wesentlichste Änderung, die das neue Gesetz gegenüber dem alten bringt, ist eine viel vollständigere Entschädigung für die Enteigneten.

Der Preis für enteignetes Privatland wird auf 50% des durchschnittlichen Bodenpreises von 1923 festgesetzt, wobei jedoch von den barbezahlten Beträgen 5 Prozent zugunsten der Direktion für T. P. S. einbehalten werden. Für in Anspruch genommenen Staatsbesitz sind 75% des Preises von 1923 zu zahlen. Bekommt der Staat selber enteigneten Boden zugeteilt, so hat er dafür den normalen Preis zu entrichten (Art. 18 bis 22). Die Festsetzung des Enteignungspreises ist nach dem neuen Gesetz für die Bodeneigentümer erheblich günstiger. Machte der nach dem alten Gesetz zu zahlende Preis nur etwa $^1/_{10}$ des normalen Marktpreises aus, so erhält der Bodeneigentümer jetzt, da auch die Entwertung berücksichtigt wird, etwa $^1/_4$ bis $^1/_3$ des geltenden Marktpreises.

Die Bezahlung des enteigneten Landes wird von der Bulgarischen Landwirtschaftsbank in folgender Weise vorgenommen: Die ersten 20000 Lewa werden ganz in bar bezahlt. Die folgenden 80000 Lewa werden von 20000 bis 100000 Lewa zu je 75% in bar und der Rest in Obligationen bezahlt. Die weiteren 400000 Lewa (von 100000 bis 500000) werden zu je 50% in bar und der Rest in Obligationen bezahlt. Von dem 500000 Lewa übersteigenden Betrag werden 25% in bar und der Rest in Obligationen bezahlt. Diese Obligationen werden mit 8% jährlich verzinst und nach 20 Jahren ausgelost (Art. 23)[41].

Die Bodenempfänger haben an die Direktion für T. P. S. denselben Preis zu entrichten, der von der Direktion erlegt worden ist, und zwar sind 12% (10% für das überlassene Land und 20% für den Direktionsfond) sofort bei Antritt des Besitzes und der Rest innerhalb einer Frist von 20 Jahren zu bezahlen. Wer sofort den Gesamtwert oder einen Teil erlegen kann, erhält eine Ermäßigung von 30%. Wer innerhalb des ersten Jahres seines Besitzes eine entsprechende Zahlung leistet, erhält 20% Ermäßigung und bei Zahlung im zweiten Jahr 10% Ermäßigung. Der vom Landempfänger bei Besitzantritt nicht bar bezahlte Teil des Übernahmepreises wird von der Bulgarischen Landwirtschaftsbank gegen die Verpfändung des Gesamtbesitzes gestundet und muß mit 8% jährlich verzinst werden. Die Hälfte der Zinsen für dieses Darlehn der Landwirtschaftsbank trägt der Landempfänger,

---

[41]) Ausgabe und Notierung der Obligationen sind noch nicht erfolgt.

die andere Hälfte dagegen der Staat. Die Landempfänger dürfen, auch wenn sie vor Ablauf der 20 Jahre den Übernahmepreis voll bezahlt und damit das volle Eigentumsrecht erst erworben haben, bis zum Ablauf von 20 Jahren nach Besitzantritt weder das übergebene, noch das bereits früher zu eigen besessene Land verkaufen und auch nicht verpfänden, es sei denn bei der Landwirtschaftsbank (Art. 28 bis 33).

Die Landwirtschaftsbank ist gehalten, allen Landempfängern, soweit sie besitzlose oder Kleinlandwirte sind, Kredite für Bau- und Einrichtungszwecke zur Verfügung zu stellen, wobei der Staat gegen Verpfändung des Grundstücks und Inventars die Garantie übernimmt (Art. 36).

Bleiben in Kultur befindliche Ländereien nach der Übergabe an Landempfänger zwei Jahre unbebaut liegen, so werden sie von der Direktion für T. P. S. zurückenteignet (Art. 83).

Neben diesen Siedlungen innerhalb bestehender Gemeinden sieht das Gesetz auch die Anlage völlig neuer Gemeinden als »innere Kolonisation« vor. Dafür sollen in erster Linie in Frage kommen Flüchtlinge aus den abgetretenen Gebieten, Einwohner der nicht ausdehnungsfähigen Gebirgsdörfer und ehemalige Unteroffiziere und Soldaten, die an den Kriegen 1912/18 teilgenommen haben. Jede Familie erhält eine selbständige Ackernahrung. Jedes neue Dorf soll mindestens 20 solcher Familien zählen. Sämtliche Ansiedler, die in solchen Gemeinden angesetzt werden, sind gezwungen, zur Durchführung der Erzeugung, der An -und Verkäufe und der Bautätigkeit eine Genossenschaft zu bilden. Die für die Anlage dieser Ortschaften und die Einrichtung der Siedler benötigten Mittel werden in jedem Jahr durch eine besondere Anleihe der Bulgarischen Nationalbank in Höhe von 10 Millionen Lewa zur Verfügung gestellt (Art. 49/55).

Alle Landzuteilungen sollen in ganzen, abgerundeten Flächen gegeben werden. Indessen kann die Zusammenlegung und Verkoppelung nur dann vorgenommen werden, wenn die Besitzer von mindestens 50% der Dorfgemarkung dafür sind. Jedoch ist auch die Verkoppelung einzelner Teile der Dorfgemarkung zulässig (Art. 56/65).

In Zusammenhang damit ist bestimmt, daß sämtliche, für die Enteignung in Frage kommenden Grundstücke bis Ende 1925 vermessen werden sollen (Art. 70/72).

Zur Durchführung des Gesetzes werden dieselben Organe berufen wie im alten Gesetz mit der einen Ausnahme, daß an die Stelle der Gemeindekommission jetzt der Gemeinderat tritt, um eine größere Objektivität zu gewährleisten. Im übrigen ist die Zusammensetzung sowie der Aufgabenkreis der drei Organe: Gemeinderat, Kreisausschuß und Direktion ganz ähnlich wie im alten Gesetz festgelegt (Art. 37/48). Auf Zuwiderhandlungen und Mißbräuche sind außerordentlich schwere Strafen gesetzt (Art. 73—78). —

Die Durchführung der bulgarischen Agrarreformgesetze.

A. Die Durchführung des Gesetzes von 1921.

Nach Peyeff (S. 115/120) hat die Direktion für T.P.S. während der Wirkung des alten Gesetzes bis Ende 1923 insgesamt 3741 Enteignungsfälle behandelt. In 2403 Fällen ist die Enteignung ausgesprochen, in 1123 Fällen dagegen abgelehnt, 215 Fälle waren noch unentschieden. Wie sich die 2403 Enteignungsentscheidungen auf die einzelnen Besitzarten verteilen und wieviel Land im einzelnen enteignet ist, zeigt die folgende Tabelle:

Die Landbeschaffung 1921—1923.

	Privatbesitz	Gemeindebesitz	Staatsbesitz	Klosterbesitz	Strittiger Besitz	Herrenloser verwahrl. Wald	Insgesamt
Zahl der Entscheidungen	1 707	424	195	53	2	2	2 403
Fläche des enteigneten Landes in ha	48 982	20 752	8 286	2 397	1 129	106	81 652

Die enteigneten Privatländereien stammten von:

171 Besitzern mit je		über	100 ha	zu	28 483	ha.
146 „	„ „	60 bis	100 „	„	5 887	„
427 „	„ „	30 „	60 „	„	8 226	„
675 „	„ „	10 „	30 „	„	5 976	„
288 „	„ „	4 „	10 „	„	662	„

Der größte Teil des enteigneten Privatbesitzes stammte sonach aus Besitzungen über 100 ha. Die folgende Übersicht zeigt, wieviel Besitzer in den einzelnen Kreisen als selbstwirtschaftende Landwirte, wieviel als Nichtlandwirte anerkannt wurden und wieviel Land im einzelnen enteignet ist:

Die enteigneten größeren Privatgrundbesitzer nach Beruf und nach Kreisen 1921—1923.

Kreis	Zahl der Landwirte mit über 30 ha Besitz	Enteignetes Land in ha	Zahl der Nichtlandwirte mit über 30 ha Besitz	Enteignetes Land in ha	Von Personen mit über 30 ha Besitz insgesamt enteignetes Land in ha
Burgas	83	4 842	72	8 024	12 866
Warna	8	482	12	701	1 183
Widin	37	1 109	42	4 969	6 078
Wratza	36	1 691	42	1 830	3 521
Küstendil	—	—	3	70	70
Philippopel	35	1 038	47	1 515	2 553
Plewen	44	1 223	72	3 923	5 146
Sofia	7	131	6	187	318
Stara-Zagora	23	405	22	1 050	1 455
Rustschuk	14	347	11	699	1 046
Tirnowo	24	670	51	4 480	5 150
Schumen	20	445	6	819	1 264
Zusammen	331	12 383	386	28 267	40 650

Über die Zahl der Personen, die entsprechend dem Gesetz mit Land versorgt werden müßten, unterrichtet nach dem Stande von Ende 1923 die nachstehende Aufstellung:

Die Landbewerber nach ihrer Beziehung zum Boden und nach Kreisen Ende 1923.

Kreis	Besitzlose	Landarme	Spezialisten	Landwirtschaftl. Arbeiter	Insgesamt müssen mit Boden versorgt werden	Landbesitz der Zwergbesitzer in ha
Burgas	1566	3 360	70	50	5 026	9 332
Warna	936	2 181	9	207	3 333	3 778
Widin	1 943	6 328	11	272	8 554	14 421
Wratza	2 395	4 818	36	423	7 672	1 054
Küstendil	2	58	—	—	60	175
Paschmakly	30	19	—	—	49	29
Petritsch	—	27	—	—	27	5
Philippopel	899	4.672	21	339	5 931	9 331
Plewen	1 859	10 894	78	971	13 802	21 907
Rustschuk	1 879	4 759	46	837	7 551	9 590
Sofia	405	3 422	55	84	3 966	6 517
Stara-Zagora	525	3 398	11	173	4 107	7 513
Tirnowo	2 508	8 213	43	591	11355	14 300
Schumen	2 178	5 372	54	550	8 124	8 264
Mastanly	—	—	—	—	—	—
Haskowo	—	—	—	—	—	—
Zusammen	17 125	57 471	434	4 497	79 527	106 216

Somit betrug Ende 1923 die Zahl der Landbewerber 79527. Wollte man jeden Bewerber auf eine Mindestfläche von 5 ha als Grundlage einer selbständigen landwirtschaftlichen Existenz bringen, so wären unter Anrechnung der 106216 ha Eigenbesitz der 57471 Landarmen noch 291419 ha notwendig. Tatsächlich hatte die Direktion jedoch nur 81652 ha zur Verfügung, so daß noch 209767 ha fehlten. Ein Vergleich dieser Zahlen mit den seinerzeit bei der Einbringung des Gesetzes von Minister Dr. Daskaloff genannten (vgl. oben S. 423) zeigt den vorzüglich propagandistischen Charakter des Gesetzes von 1921.

Die von Peyeff nach den Angaben der alten Direktion mitgeteilten Ziffern werden von der neuen bestritten. Nach den mündlichen Informationen, die der Verfasser im August 1925 in Sofia von dem Direktor des Amtes für T. P. S. und dem zuständigen Ministerialreferenten bekommen hat, sind auf Grund des Gesetzes vom 9. Mai 1921 bis zum Staatsstreich nur rund 30000 ha Kulturland aus Privatbesitz enteignet worden. Davon sind rund 15000 ha in Flächen von 2—6 ha an 2400 Familien verteilt worden. Der Rest ist von den Gemeindekommissionen entweder verpachtet oder ohne Formalitäten weiter verteilt worden. Da für die Zuteilung des Bodens weniger die Bedürftigkeit als vor allem die Parteizugehörigkeit maßgebend gewesen sein soll, hat die Direktion nach Erlaß des neuen Gesetzes vom 1. 8. 1924 eine strenge Revision sämtlicher Verteilungen vorgenommen. Etwa 75% der nach dem früheren Gesetz mit Land Bedachten haben das Land freiwillig wieder zurückgegeben, das größtenteils den alten Eigentümern wieder zur Verfügung gestellt worden ist. Während der Geltung des alten Gesetzes sind bei der Direktion 1936 Besitzurkunden über 3153 ha eingereicht worden. Davon haben jedoch nur 780 mit einer Fläche von 1585 ha die Bestätigung der Direktion gefunden. Von diesen 780 Landempfängern haben aber nur 270 die Besitzurkunden ausgehändigt erhalten. Den Rest hatte die Landwirtschaftsbank im Gewahrsam.

In 4 Dörfern war außerdem während der Geltung des alten Gesetzes die Zusammenlegung und Bereinigung der Dorffluren durchgeführt worden. Da man aber der Neuverteilung Parteilichkeit vorwarf, so wurden nach Inkrafttreten des neuen Gesetzes sämtliche Verkoppelungen durch die Direktion annulliert.

Der praktische Enderfolg des Gesetzes von 1921 ist somit äußerst gering gewesen.

B. Die Durchführung des Gesetzes von 1924.

Das neue Gesetz vom 1. 8. 1924 legt den Hauptwert darauf, möglichst selbständige Ackernahrungen zu schaffen und bestehende Parzellenbetriebe zu selbständigen Ackernahrungen auszugestalten [42]).

Der Prozentsatz des der Enteignung unterliegenden Privatbesitzes ist erheblich geringer als nach dem alten Gesetz. So umfaßt z. B. der größte Privatbesitz in Bulgarien rund 1600 ha. Davon sind kulturfähiges Land nur 700 ha, während der Rest von Weide, Wasser und Sumpfflächen eingenommen wird. Da der Besitz 6 Erben gehört, die das Land selber bewirtschaften, und nach dem neuen Gesetz ein Musterbetrieb 150 ha umfassen darf für jeden Besitzer, so ist dieser Besitz nicht enteignungspflichtig. Die Direktion kann daher in erster Linie auch nur mit den Ländereien rechnen, die ihr von Seiten des Staates und der Gemeinden zur Verfügung gestellt werden müssen. Nach ihrer Schätzung machen die verteilungsfähigen Staatsländereien etwa 60000 ha und die Gemeindeländereien etwa 40000 ha aus.

Da somit die Hauptmasse des zu verteilenden Landes aus Gemeinde- und Staatsbesitz kommen soll und die Gemeindebehörden nach dieser Richtung hin aus leicht verständlichen Gründen keinen allzu großen Eifer zeigen, so hat die Direktion verschiedene ausführliche Zirkularverordnungen herausgeben müssen, um die Gemeindebehörden zu einer lebhafteren Tätigkeit zu veranlassen. Durch Verordnung vom 12. August 1925 waren sämtliche Magistratsräte des Landes unter Androhung der gesetzlichen Strafen und persönlicher Haftbarmachung angewiesen, folgende Ländereien bis spätestens 30. September 1925 dem Landfonds der Direktion zuzuführen: a) alle Teile der Gemeindeweide, die bei der Abrundung übrig geblieben sind, zu einer Abrundung nicht ausreichen oder ihr nicht unterliegen, b) die nach der Abrundung frei gewordenen, abgesonderten Gemeindewälder, c) die seit 1903 widerrechtlich angeeigneten, außerhalb der Abrundung liegenden Teile der Gemeindeweide, d) die entwässerten Teiche und sonstigen Gewässer, e) die von der Forstverwaltung ausgeschlossenen Staatswälder, f) das herrenlose Land, g) die Ländereien, über deren Eigentumstitel noch Prozesse schweben. — Die grundlegenden Bestimmungen hierfür hatte die Direktion bereits in der Verordnung vom 2. 12. 1924 erlassen, ohne daß sie praktische Erfolge gezeitigt hätten. Die Abgrenzung der Gemeindeländereien (zwischen verschiedenen Gemeinden und zwischen Gemeinden und Privaten) sollte bis zum 1. 3. 1925 erfolgen. Abgesehen von den durch Kauf erworbenen und den zum Schul- und Viehfonds

---

42) In der Ausführungsverordnung Nr. 12460 vom 2. 12. 24 heißt es ausdrücklich: »Es kommt nicht darauf an, jeder Wirtschaft, jeder Familie einige Dekare Land zuzuteilen, sondern es kommt auf die Schaffung neuer, zwar kleiner, aber doch lebensfähiger Wirtschaften an. Dementsprechend hat der Magistrat vor allem die Besitzlosen zu versorgen, welche die beste Hoffnung in Bezug auf ordentliche Bebauung des Landes erlauben«.

gehörenden Ländereien, die der Gemeinde ganz verbleiben, soll jede Gemeinde eine Weide behalten, deren Umfang sich nach der Zahl des vorhandenen Viehs richten soll. Dabei sind auf jedes Stück Rindvieh 2 Dekar, auf jedes Stück Kleinvieh (Schafe, Ziegen, Schweine) 1/2 Dekar im Maximum zu rechnen. Diese neue Gemeindeweide soll möglichst in einer Fläche liegen. Als Abrundungsform sind geometrische Figuren mit geraden Linien und nicht über neun Winkeln zu wählen. Alles darüber hinaus vorhandene Gemeindeland ist der Direktion zu übergeben.

Es sollten zunächst etwa 30000 ha verteilt werden. Außer den auf Grund der Besitzurkunden nach dem alten Gesetz vorgenommenen sind jedoch weitere Landübertragungen zu Eigentum nicht erfolgt. Die Direktion hat vielmehr das gesamte, in ihrem Besitz befindliche Land vorläufig verpachtet, und zwar hauptsächlich an landlose und wenig Land besitzende Landwirte. In den Gegenden jedoch, in denen keine Nachfrage nach Pachtland bestand, ist es auch mitunter an die früheren Eigentümer verpachtet worden.

Die Pachtpreise wurden von der Direktion festgesetzt und betrugen für 1925 in Lewa je Dekar:

Kulturart	I. Klasse	II. Klasse
Ackerland	80—120	60—80 (III. Klasse 40—50)
Ackerweide	300—350	200—250
Naturweide	100—120	60—80
Obst- oder Gemüseanlagen	300—350	200—250
Maulbeerbaumgärten	200—240	160—200
Reisfelder	350	250
Tabakfelder	250—300	150—200
Rebengärten	350—400	250—300
Rosenfelder	200	150

Für verpachtetes Sumpf- und Ödland wurden je Kopf geweidetes Großvieh 30—50 Lewa und für das Stück Kleinvieh 6—10 Lewa als Pacht eingefordert. — Diese Pachtpreise machten etwa 25% der sonst üblichen Pachten aus. Sie mußten von allen Pächtern bezahlt werden und wurden sonst durch die staatlichen Steuereinziehungsbeamten beigetrieben. Nur armen Flüchtlingen konnte die Pacht erlassen werden.

Für 1926 sind von der Direktion durch Ausführungsverordnung vom 12. August 1925 neue Pachtpreise festgesetzt worden, die um 10 bis 20 Prozent über den vorjährigen lagen. Nach dieser Verordnung sollte für 1926 der Pachtpreis zu Beginn der Pachtperiode in ganzer Höhe, mindestens aber zur Hälfte im voraus gezahlt werden. Die zweite Hälfte sollte bei Wiesen spätestens bis zum 31. Mai 1926, bei allem anderen Land spätestens bis zum 31. August 1926 entrichtet werden, andernfalls Zwangsbeitreibung angedroht wurde. Wer mit der Pachtzahlung für 1925 noch rückständig war, sollte kein Land wieder zugeteilt erhalten, ebenso nicht die Familien der auf Grund des *Gesetzes zum Schutze des Staates* Verurteilten.

Die bereits von dem alten Gesetz angeordnete Vermessung aller Ländereien ist nicht überall durchgeführt worden. 1924 waren unter der Aufsicht der Direktion in den verschiedenen Gemeinden 22 Vermessungsabteilungen tätig, 1925 nur 16.

Neue Verkoppelungen sind nicht durchgeführt worden.

Wie groß der genaue Umfang der bereits in Verpachtung gegebenen Ländereien tatsächlich ist, hat sich nicht einwandfrei feststellen lassen. Nach einer Nachricht in der »*Swesta*« vom 27. 12. 1924 sollen bis Ende 1924 dem Fonds der Direktion zugeführt sein: von 1340 Privateigentümern 30784 ha, von 445 Gemeinden 23691 ha, vom Staat in 150 Gemeinden 7863 ha, von der Kirche in 53 Gemeinden 2378 ha und an streitigen Ländereien in 21 Gemeinden 1010 ha, insgesamt also 65723 ha. Außerdem sollten noch etwa 30000 ha übrig bleiben, die bereits von den Gemeindekommissionen enteignet, aber bisher von der Direktion noch nicht übernommen seien. Mit diesem Land seien insgesamt 55820 Landempfänger bedacht worden und zwar 12000 landlose und 40000 landarme Landwirte, 3500 landwirtschaftliche Arbeiter und 320 Lehrer und landwirtschaftliche Spezialisten. Anträge auf Landzuweisung seien insgesamt von 110611 Bewerbern gestellt worden, davon seien 28325 landlose und 74420 landarme Landwirte, 7500 Landarbeiter und 366 Lehrer und landwirtschaftliche Spezialisten gewesen.

M. Atkinson berichtete im Februar 1926[43]), daß ihm von der Direktion auf Grund der Katastererhebung vom 1. 7. 25 folgende Flächen als verfügbar angegeben seien: 1. aus Gemeindebesitz 47900 ha, 2. aus Staatsbesitz 10200 ha, 3. aus Privatbesitz 3400 ha, 4. aus herrenlosem Waldbesitz 6400 ha, insgesamt somit 67900 ha, davon sollen jedoch nur 42500 ha für die Landwirtschaft geeignet sein. Die Sachverständigen seien der Ansicht, daß durch Entwässerung und Kultivierung in einigen Jahren mit erheblichem Kostenaufwand noch weitere 40000 ha zur Besiedlung gewonnen werden könnten. Dabei seien als Bewerber 40000 landbedürftige Familien und 13000 landwirtschaftliche Flüchtlingsfamilien vorhanden. Für die etwaigen 82500 ha kämen somit rund 53000 Familien als Bewerber in Frage, so daß auf die einzelne Familie kaum 1,6 ha entfallen, eine Fläche, die auch für bulgarische Verhältnisse völlig unzureichend sei.

Nach dem Ende 1926 herausgegebenen »*Jahrbuch für Politik, Wirtschaft und Arbeiterbewegung 1925/26*« sollen dagegen

43) „*The Nineteenth Century*", S. 195/202.

von 707 Gütern über 30 ha insgesamt 40'650 ha enteignet und unter 74596 landarme (57471) und landlose (17125) Bauernfamilien verteilt worden sein (S. 682).

Eine neuere Notiz aus dem Landwirtschaftsministerium spricht davon, daß rund 300000 ha zur Verteilung an etwa 80000 Landwirte gekommen seien.

Dagegen sagen die »*Mitteilungen der deutsch-bulgarischen Handelskammer*« (Dezember 1927, S. 22), daß insgesamt 27743 ha an 17538 landlose und landarme Familien verteilt worden seien, eine Mitteilung, der im Zusammenhang mit der bereits oben angeführten persönlichen Information am meisten Glaubwürdigkeit beizumessen sein dürfte.

Wenn man diese Presseinformationen und »Schätzungen« mit den Angaben der Direktion vergleicht, so kann man sich dem Eindruck nicht verschließen, daß die Unklarheit über den tatsächlichen Umfang der Reform amtlicherseits beabsichtigt ist.

Diese Haltung wird verständlich, wenn man bedenkt, daß sich bereits bei der Einbringung des Gesetzes 1924 erhebliche Widerstände innerhalb der Regierungsparteien geltend machten. Inzwischen haben sich die Widerstände so verstärkt, daß die Durchführung der Reform bald völlig zum Stillstand gekommen ist [44]). Die Gegner der Reform führten an, daß mit der weiteren Zerschlagung des größeren Besitzes jede Möglichkeit, die bulgarische Landwirtschaft zu modernisieren und ertragsfähiger zu machen, genommen werde. Unter dem Druck des Regierungsblockes hat die Sobranje daher in ihrer Sommersession 1927 beschlossen, die Direktion für T. P. S. mit dem Ende des Jahres zu liquidieren, womit auch das Gesetz von 1924 praktisch außer Kraft gesetzt ist.

C. Die Flüchtlingssiedlung.

Die Völkerbundsanleihe und das Flüchtlingssiedlungsgesetz von 1926.

Die Direktion für T. P. S. hatte sich schon seit 1925 fast ausschließlich der Aufgabe zugewandt, den zahlreichen Flüchtlingen aus den ehemals bulgarischen Gebieten Griechenlands, Rumäniens und Jugoslawiens Unterkunfts- und Existenzmöglichkeiten zu verschaffen. Nach den Angaben des *Mazedonischen National-*

---

44) Peyeff, a. a. O., S. 136/37.

komitees sollen seit Kriegsende mehr als 200000 Flüchtlinge nach Bulgarien gekommen sein. M. Atkinson gibt die Gesamtzahl der seit 1913 eingewanderten landwirtschaftlichen Flüchtlingsfamilien mit 29000 an, die insgesamt 127000 Personen umfaßten. Die Zahl der gleichzeitig eingewanderten Nichtlandwirte ist etwa gleich groß. Von den Landwirtsfamilien sind 3000 bereits wieder angesetzt und zwar auf den von den Griechen verlassenen Stellen mit einer Landfläche von insgesamt rund 18500 ha. 13000 Familien sind als halb ansässig zu betrachten. Sie bearbeiten gekauftes oder gepachtetes Land. In geringem Umfang hat ihnen der Staat auch Land zur Verfügung gestellt. Die restlichen 13000 Familien sind noch nicht angesetzt; etwa 7000 von ihnen sind erst seit August 1924 ins Land gekommen. Sie finden sich über das ganze Land verstreut, hauptsächlich aber in den südlichen Bezirken. Da sie meist von allen Mitteln entblößt sind, leben sie in den primitivsten Verhältnissen und stellen für den Staat eine schwere Belastung dar.

Für die Gründung des ersten Flüchtlingsdorfes stellte im Mai 1925 die Direktion 50 mazedonischen und thrazischen Flüchtlingsfamilien etwa 350 ha unkultiviertes Land im Kreise Burgas zur Verfügung. Die Kultivierung wurde gemeinschaftlich vorgenommen, ebenso Bestellung und Ernte. Als Wohnung dienten zunächst Zelte. Mit Hilfe eines Trupps Arbeitsdienstpflichtiger *(trudovaks)* wurden bis zum Herbst 1925 26 Häuser und bis zum Herbst 1926 insgesamt 90 Häuser fertiggestellt, die für 100 Familien ausreichende Wohn- und Wirtschaftsmöglichkeiten gewährten. Im Frühjahr 1926 waren bereits 170 ha in Kultur genommen. Am 21. November 1926 fand die feierliche Einweihung dieses ersten Flüchtlingsdorfes (Atolovo) durch den König statt, in Gegenwart des Völkerbundkommissars für Flüchtlingswesen und der Vertreter des »Internationalen Bundes für Kinderhilfe« *(Union Internationale de Secours aux Enfants)* und der »Britischen Kinderhilfe« *(British Save the Children Fund)*, die für die Errichtung des Dorfes erhebliche Mittel zur Verfügung gestellt hatten[45]).

Eine großzügige Flüchtlingssiedlung scheiterte zunächst an der finanziellen Notlage des bulgarischen Staates. Nachdem aber der *Völkerbund* am 10. 6. 1926 seine Einwilligung zur Aufnahme einer internationalen Anleihe zur Durchführung der Flüchtlingssiedlung gegeben hatte, wurde im Dezember 1926 eine 7%ige Anleihe in Höhe von 68 Millionen M. aufgelegt, die von verschiedenen Bankhäusern in England, den Vereinigten Staaten von Amerika, Holland, Italien und der Schweiz übernommen wurde. Nach Abzug der Unkosten und der an die *Banque de Paris et des Pays Bas* in Abgeltung früherer Schulden zu

---

45) *Internationale Agrarökonomische Rundschau*, April 1927, S. 81/82.

zahlenden $12^3/_4$ Millionen M. bleibt für die Versorgung und Unterbringung der Flüchtlinge ein Betrag von 46 Millionen M.

Durch *Gesetz vom 14. 12. 1926* wurden die näheren Bestimmungen für die Durchführung der Flüchtlingssiedlung festgelegt. Als ausführendes Organ wurde die *Direktion für Flüchtlingssiedlung* geschaffen. Nach Art. 8 des Völkerbundsprotokolls vom 8. 9. 1926 war der bulgarische Staat verpflichtet, 132000 ha Land für die Ansiedlung der Flüchtlinge zur Verfügung zu stellen. Tatsächlich sind durch die Direktion für T. P. S. aus dem auf Grund der Agrarreformgesetze gebildeten Landfonds 175000 ha dem Flüchtlingsamt übergeben worden. Allerdings waren die Eigentums- und Rechtsverhältnisse bei dem weitaus größten Teil dieser Ländereien völlig ungeklärt. Am 1. 2. 1928 waren von der Gesamtfläche nur 65522 ha frei von Rechten Dritter verfügbar. Die Zahl der anzusiedelnden Familien wird von dem Flüchtlingsamt für Anfang 1928 auf 44576 mit 193404 Personen angegeben. Und zwar handelt es sich dabei nur um Landwirte, da die anderen Berufe vom Ansiedlungswerk ausgeschlossen sind.

Herkunftsgebiet	Zahl der Familien	Zahl der Personen	
		absolut	in %
Ostthrazien	14 457	62 720	32,4
Westthrazien	7 539	32 710	16,9
Südmazedonien (griechisches Gebiet)	14 291	62 010	32,1
Westmazedonien (jugoslawisches Gebiet)	2 005	8 700	4,5
Andere jugoslawische Gebiete	1 556	6 750	3,5
Dobrudscha	3 167	13 740	7,1
Kleinasien	1 561	6 744	3,5
Zusammen	44 576	193 404	100,0

Bei der Aufstellung des Siedlungsplanes Ende 1926 hatte man nur mit 31271 Familien gerechnet. Nach der Aufstellung des Flüchtlingsamtes ist seither jedoch eine erhebliche Vermehrung eingetreten.

Wie weit das Siedlungswerk inzwischen gediehen ist, zeigt die folgende Tabelle aus dem Bericht des vom Völkerbund mit der Beaufsichtigung der Flüchtlingssiedlung betrauten Kommissars vom 20. 8. 1928 (S. 5), die den Stand der Flüchtlingssiedlung vom 1. 8. 1928 wiedergibt:

[46]) Vgl. Peyeff, a. a. O., S. 120 ff.

Bezirk	Vermessene Fläche in ha	Verteilte Fläche in ha	Zahl der Familien	Durchschnittsgröße der Zuteilung in ha
Burgas	40 923,3	26 544,3	6 553	4,05
Warna	4 452,6	3 049,9	854	3,57
Widin	780,7	779,7	243	3,20
Petritsch	7 600,1	7 217,2	3 306	2,18
Wratza	1 879,8	1 675,6	480	3,49
Philippopel	591,9	462,2	155	2,98
Plewen	1 803,4	1 622,2	484	3,35
Rustschuk	2 598,8	1 234,2	329	3,75
Tirnowo	1 538,1	1 498,2	387	3,87
Haskowo	12 934,0	11 039,0	3 668	4,13
Schumen	3 332,2	2 871,5	823	3,48
Mastanly	1 842,4	864,3	185	4,67
	80 177,3	58 858,3	16 467	3,52

Bis zum 1. August 1928 sind somit 16467 Familien auf 58858 ha angesiedelt worden. Die mittlere Größe der neuen Besitzungen beträgt 3,52 ha. Nach dem Flüchtlingssiedlungsgesetz (Art. 36) sollte jede Besitzung durchschnittlich rd. 4 ha umfassen, ohne Hofplatz und Weide. Der Kommissar des Völkerbundes betont in seinen Berichten immer wieder, daß er wegen der unzureichenden Landzuteilung für die Existenz- und Amortisationsfähigkeit der neuen Stellen schwere Bedenken habe. Trotzdem ist nicht zu verkennen, daß die Flüchtlingssiedlung schon bei dem bisherigen Stand gegenüber der eigentlichen Agrarreform einen nicht unbeträchtlichen Erfolg darstellt und daß sie bei planmäßigem Ausbau für die Gesamtwirtschaft des Landes sehr erhebliche Bedeutung gewinnen kann.

Zur Beurteilung der bulgarischen Agrarreform.

Die Frage, wie die Durchführung der Agrarreform auf die Produktion des Landes eingewirkt hat, ist mangels jeglicher Unterlagen nicht eindeutig zu beantworten. Einen gewissen Anhalt könnten trotz der Bedeutung der Witterungsverhältnisse die Produktions- und Ausfuhrzahlen für die Hauptgetreidearten geben, da Getreide vorwiegend in den größeren Betrieben angebaut wird.

Die Tabelle zeigt, daß das Jahr 1921 sowohl in bezug auf Anbaufläche und Ernte als auch Ausfuhr mit das ungünstigste war: Die Anbaufläche stand um 18%, die Ernte um

35% und die Ausfuhr um 70% unter den Vorkriegszahlen. Seither ist auf allen drei Gebieten eine allmähliche Besserung eingetreten.

Getreideerzeugung und Getreideausfuhr Bulgariens vor dem Kriege und 1920—1926.

Jahr	Anbaufläche in ha	Erntemenge in 1000 dz	Ausfuhr in 1000 dz [47]
1912 [48]	2 451 942	25 525,3	5 798,2 [49]
1920	2 004 604	18 120,9	1 355,2
1921	2 013 324	16 480,7	1 723,1
1922	2 051 994	17 999,2	2 350,5
1923	2 067 962	17 649,2	2 276,2
1924	2 151 189	16 566,5	2 550,6
1925	2 193 078	27 595,6	2 008,0
1926	2 178 000	24 263,0	2 362,7

Daß die Ausfuhr prozentual so viel stärker zurückgegangen ist als die Erzeugung, ist nicht verwunderlich, da der Eigenverbrauch der Bevölkerung gegenüber der Vorkriegszeit erheblich zugenommen hat. Der Bulgare ist — ebenso wie die anderen durch den Krieg gegangenen Völker — erheblich anspruchsvoller geworden.

Die der Agrarreform unterliegende Landfläche ist bei der herrschenden Besitzverteilung im Verhältnis zur Gesamtkulturfläche nicht von ausschlaggebender Bedeutung. Allerdings sind durch die Beunruhigung der Landbesitzer die in Frage kommenden Flächen ganz allgemein weniger sorgfältig und zum Teil auch überhaupt nicht bestellt worden, und die Aufteilung des Großbesitzes mußte die Möglichkeit der Maschinenverwendung zum Nachteil der Erzeugung einschränken, aber der bulgarische Großbetrieb wirtschaftet im allgemeinen fast ebenso extensiv wie der Kleinbe-

47) Bei der Ausfuhr ist das ausgeführte Weizenmehl miteingerechnet, wobei 1 dz Mehl gleich 1,5 dz Weizen gesetzt ist.

48) Altes Gebiet, einschließlich der 1913 an Rumänien abgetretenen Dobrudscha, die 7696 km² umfaßte. Usunoff (a. a. O. S. 15) sieht in dem Verlust dieses sehr fruchtbaren Gebietes, das 1910 und 1911 3,5 und 3,4 Mill. dz Getreide erntete und am besten mit modernen Ackergeräten und -maschinen ausgerüstet war, die Hauptursache für den Rückgang der bulgarischen Getreideerzeugung und -ausfuhr.

49) Durchschnitt 1909/13.

trieb. Nur in den allerwenigsten Fällen, wie z. B. in Sadowo, wo die landwirtschaftliche Mittelschule von ihrem Gutsareal etwa 50 ha intensiv bearbeitetes Land an die Kleinbauern des Dorfes abgegeben mußte, dürfte ein Produktionsverlust eingetreten sein. Andererseits mögen auch gerade infolge der Agrarreform einzelne Großbetriebe zu stärkerer Intensivierung übergegangen sind, weil nach dem Gesetz der Großbetrieb ja nur erhalten bleiben kann, wenn er als Musterwirtschaft anerkannt ist.

Die Getreideernteziffern allein erlauben schon deshalb kein völlig einwandfreies Urteil, weil die bulgarische Landwirtschaft zum Übergang von den Standard- zu den Ergänzungskulturen tendiert, also wahrscheinlich viele durch die Agrarreform mit Land bedachten Kleinbauern das bisher mit Getreide bebaute Land zum Anbau von Ergänzungskulturen benutzen, soweit ihre Armut sie nicht zwingt, beim Getreidebau zu bleiben — dem Kulturzweig, der in Bulgarien das wenigste Betriebskapital erfordert.

Angesichts dieser Gründe dürfte der vorliegende Produktionsrückgang nur zum kleinsten Teile der Agrarreform zuzurechnen sein. Der Hauptgrund dürfte — ebenso wie das auch in Ländern ohne Agrarreform der Fall ist — in der Kriegswirtschaft und ihren Nachwirkungen auf Wirtschaft und Statistik zu suchen sein. Man darf annehmen, daß die Agrarreform nicht nur infolge der stärkeren Intensivierung der Großbetriebe, sondern vor allem infolge der Zuführung von nicht unbedeutenden, früher unkultiviert liegenden Flächen (besonders aus Gemeindeeigentum) in ständige Bebauung, bei normaler Entwicklung schließlich zu einer erheblichen Produktionssteigerung führen wird.

Nach dem Urteil bulgarischer Sachkenner hat die Agrarreform zur Ausgleichung der sozialen Gegensätze und zum Rückgang der kommunistischen Bewegung auf dem Lande nicht unwesentlich beigetragen: bei den Neuwahlen zur Sobranje am 29. Mai 1927 erreichte zwar die *Neutrale Arbeitspartei* in Sofia und Philippopel dieselbe Stimmenzahl wie 1922 ihre Vorgängerin, die inzwischen verbotene *Kommunistische Partei*, auf dem Lande aber viel weniger. Wie weit auf der anderen Seite die Agrarreform infolge der starken Einschränkung der Gemeindeweiden das völlig besitzlose Dorfproletariat vermehrt hat, das hat sich nicht einwandfrei feststellen lassen.

Die bulgarische Agrarreform ist weder Aufteilung eines überwiegenden Großgrundbesitzes wie etwa in Altrumänien noch Enteignung fremdnationaler Minderheiten wie etwa in Estland und Lettland. Das Schwergewicht der Landreform kann in Bulgarien niemals in der Aufteilung des flächenmäßig unbedeutenden Großgrundbesitzes liegen, sondern ihr Hauptstreben muß sein, die allzuvielen nicht lebensfähigen Parzellenbetriebe zu beseitigen und durch Landzuteilungen oder Verschmelzungen selbständige Ackernahrungen daraus zu schaffen, aber nicht nur zu schaffen, sondern sie auch als solche zu erhalten. Das erste Ziel, die Schaffung selbständiger Stellen, ist von dem Gesetz von 1924 vollauf erkannt worden. Für die Erreichung des zweiten Zieles, nämlich die Erhaltung der einmal geschaffenen Stellen, sind in ihm jedoch so gut wie keine Handhaben enthalten.

Die Gesundung der bulgarischen Agrarverhältnisse überhaupt ist durch das Arbeitswirtschaftsgesetz nicht erreicht. Sie erfordert Maßnahmen, die weit über den Rahmen der bisher von der bulgarischen Regierung erlassenen Gesetze hinausgehen:

1. Die Zusammenlegung und Abrundung der Betriebsflächen. Nach der Statistik von 1908 waren 6738386 Ackerparzellen vorhanden, von denen jede im Durchschnitt nur 5,38 Dekar groß war. Manche Landstelle bestand aus 15—20, ja bis 35 einzelnen Parzellen. Diese Streulage bedeutet einen sehr beträchtlichen Verlust an Land für die Wege (Markoff errechnet einen Verlust von 40000 ha), einen nicht minder großen Verlust an Zeit, Kraft und Material (Markoff schätzt den dadurch bedingten unproduktiven Arbeitsmehraufwand auf jährlich 10 Millionen Arbeitstage); sie bedeutet weiter in der Bearbeitung die völlige Abhängigkeit von den Nachbarparzellen (Flurzwang), und schließlich macht sie jede Bodenmelioration unmöglich[50]).

2. Eine durchgreifende Kreditreform, deren Hauptaufgabe einerseits die Beschaffung ausreichender Hypothekarkredite zu erträglichen Bedingungen, andererseits die Bereitstellung billiger Betriebskredite durch weiteren Ausbau der Genossenschaftlichen Kreditkassen sein müßte. Hypothekarkredit für die Landwirtschaft gibt es bisher so gut wie gar nicht. Nach den Jahresberichten der Genossenschaftsverbände versorgen die Genossenschaften zurzeit kaum mehr als die Hälfte der bulgarischen Landwirte mit Kredit. Solange allerdings Bulgarien den Westmächten tributpflichtig bleibt, wird es auch unter starkem Kapitalmangel zu leiden haben.

---

[50]) Markoff, a. a. O., S. 188 ff.

3. Ein weiterer Ausbau der genossenschaftlichen Organisationen für den Ankauf landwirtschaftlicher Bedarfsgegenstände und besonders für den Verkauf landwirtschaftlicher Erzeugnisse, da der Erntewucher auch heute noch eine große Rolle spielt. Fast sechs Zehntel sämtlicher bulgarischer Landwirte sind beim Absatz ihrer Produkte auf den Privathandel angewiesen, der infolge der besonderen Verhältnisse des Landes eine fast monopolartige Stellung hat[51]).

4. Entwicklung des Verkehrswesens, wozu in dem auf Ausfuhr angewiesenen Land besonders die Erschließung des Landes durch Straßen- und Bahnbau und die Schaffung von Lager- und Verladeeinrichtungen zu rechnen sind.

5. Eine Reform des landwirtschaftlichen Versicherungswesens. Bei den eigenartigen klimatischen Verhältnissen und der besonderen Bedeutung der Spezialkulturen ist die Einführung einer allgemeinen Hagelversicherung zur Sicherung der landwirtschaftlichen Existenzen dringend notwendig. Auch die Viehversicherung ist von nicht geringerer Bedeutung.

6. Eine Reform des Erbrechts, da die freie Teilbarkeit zur Atomisierung des Besitzes führen muß. Zu wünschen wäre eine Art Anerbenrecht, das gleichzeitig die Unteilbarkeit und die Unverschuldbarkeit des Bodens in gewissem Umfange festsetzte. Aber derartige Reformen finden starke Widerstände in dem überkommenen Vererbungssystem.

7. Eine Änderung des Steuersystems, das, da es in der Hauptsache auf der Grund- und Viehsteuer (Schafe und Ziegen) beruht, die Landwirtschaft im Verhältnis zur Stadt zu hoch belastet[52]). Zweckmäßiger wäre auch für die Landwirtschaft die Besteuerung nach der Leistungsfähigkeit.

8. Eine erhebliche Vermehrung und Verbesserung der allgemeinen und fachlichen Bildungsmöglichkeiten, um die landwirtschaftliche Bevölkerung mit den Fortschritten von Ackerbau und Viehzucht bekannt zu machen und sie zum Übergang zu neuzeitlichen Wirtschaftsmethoden zu bringen.

---

[51]) Peyeff, a. a. O., S. 37 weist auf eine Mitteilung von Dr. Petkoff in »*Epoha*« Sofia, 18. 1. 1925 hin, wonach der Handel den kleineren Tabakproduzenten nur 20—25% des normalen Preises bezahlt. Er berechnet die vom Großhandel so erzielten Gewinne für 1920, 1921, 1923 und die ersten 10 Monate 1924 auf etwa 100 Millionen Goldmark.

[52]) Usunoff, a. a. O., S. 139 ff.

Bulgarien wird trotz aller Bemühungen seiner Regierung kaum jemals ein Industrieland werden, da Rohstofflager und Kraftquellen in dazu notwendigem Ausmaß nicht vorhanden sind. Sein Schwergewicht wird auch in Zukunft stets in der Landwirtschaft liegen. Die Schaffung gesunder Agrarverhältnisse ist daher für Bulgarien die Lebensfrage.

XII.

Die neuere Agrar- und Siedlungsgesetzgebung Griechenlands.

Von

Dr. Kostas G. Michalis,

Präfekt in Serres, Ostmazedonien.

Die Entwicklungsbedingungen der Landwirtschaft und ihre Stellung im griechischen Wirtschaftsleben.

Griechenland ist ein Agrarland. Seine wenigen vorhandenen Industrien beschränken sich meist auf die Verarbeitung und Veredelung von Agrarprodukten. Auch der Innen- und Außenhandel Griechenlands beruht in der Hauptsache auf dem Austausch landwirtschaftlicher Erzeugnisse:

Der Anteil landwirtschaftlicher Erzeugnisse am griechischen Außenhandel 1923, 1926 und 1927 [1]).

	1923		1926		1927	
	Ausfuhr	Einfuhr	Ausfuhr	Einfuhr	Ausfuhr	Einfuhr
Insgesamt in Mill. Goldmark	182,6	433,1	288,5	531,6	334,5	698,1
Davon landwirtsch. Erzeugnisse [2]) in Mill. Goldmark	139,2	188,6	246,3	179,1	274,2	215,5
In %	76,2	43,6	85,4	33,7	82,0	30,9

Wie alle Staaten machte auch Griechenland nach dem Weltkriege energische Anstrengungen, sich mit Hilfe hoher Schutzzölle von dem Bezug ausländischer Industrieerzeugnisse unabhängig zu machen. Dies ist ihm aber infolge der Kostspieligkeit und der Minderwertigkeit der eignen Industriefabrikate und vor allem infolge der Armut an Kohlen und industriellen Rohstoffen nur in geringem Umfange gelungen. Nur einige von den kleinasiatischen Flüchtlingen neu gegründete Industriezweige weisen einen kräftigen Aufschwung auf. Aber nach wie vor liefern die Handelspflanzen die wichtigsten Ausfuhrwaren Griechenlands: Rohtabak, Korinthen, Olivenöl und Wein. Die Tabak-, Wein- und Ölbaumkultur lieferte in den Jahren 1925/27 56,4% des Gesamtwertes der griechischen Ernte und sogar 85,6% des Wertes der Gesamtausfuhr. In der Einfuhr steht das Getreide an erster Stelle, es folgen Kohle und Zucker, dann in weitem Abstande Eisen, Bauholz, Gewebe, Maschinen.

Griechenland bildet mit den Inseln des Ionischen und Ägäischen Meeres eine geographische, wirtschaftliche und kommerzielle Einheit. Sein Gebietsstand betrug im Jahre 1913: 66810 qkm mit 2,91 Mill. Einwohnern, stieg bis zum Jahre 1920 auf 147634 qkm und 5,54 Mill. Einwohner; wurde aber durch den Vertrag von Lausanne 1923 wieder auf 127000 qkm mit 5,02 Mill. Einwohner eingeschränkt. Die plastische Gliederung des griechischen Kontinents ist äußerst mannigfaltig. Große und breite Gebirge besonders im Norden und in der Mitte des Landes, die keinen Ackerbau zu-

---

[1]) Die Angaben, die auf Papierdrachmen lauten, sind in Goldmark umgerechnet mit Hilfe des Durchschnittskurses (1923: 8,86, 1926: 6,56 und 1927: 6,84% der Golddrachme; 1928 ist die Drachme mit Hilfe des Völkerbundes auf $^1/_{15}$ ihres alten Wertes stabilisiert worden.

[2]) Auch Oliven, Tabak, Wein usw.

lassen, erfüllen den größten Teil des Landes. Breite Ebenen mit milden, für den Getreidebau brauchbaren Lehm- und Tonböden besitzen nur Mazedonien, Thrazien, Thessalien, Elis, Argolis und Böotien. In den anderen Gebietsteilen überwiegen Sand- und Mergelböden oder steinige Böden. Das Klima Griechenlands ist entsprechend dem plastischen Aufbau des Landes zwar gleichfalls äußerst verschieden, aber überall sonnig und warm. Heiße Sommer und reichliche Besonnung der Pflanzen ermöglichen den Anbau von Südfrüchten, erzeugen jedoch in der Landwirtschaft durch Absterben der Gräser und einjährigen Pflanzen einen empfindlichen Mangel an Grünfutter.

Obwohl Griechenland ein Agrarland ist, muß es doch jährlich mehr als die Hälfte seines Bedarfes an Weizen (im Durchschnitt 1924/27 5,29 Millionen dz[3]) bei 3,23 Millionen dz Ernte) einführen. Der Getreidebau ist in Griechenland während der letzten Jahrzehnte dauernd zurückgegangen. Der trockene griechische Boden konnte mit den reichen Böden der Vereinigten Staaten, Kanadas und Argentiniens bei dem Fehlen eines ausreichenden Agrarzollschutzes auf die Dauer nicht konkurrieren. Die griechische Landwirtschaft stellte sich deshalb in wachsendem Umfange auf die Kultur von Handelspflanzen um, wie Tabak, Wein, Olive und Feige, Baumwolle. Wein wird in sämtlichen Provinzen Griechenlands gebaut, Korinthen liefern besonders die drei Provinzen Patras, Korinthia, Aegialla, der Peloponnes und die Ionischen Inseln. Mit Wein waren im Durchschnitt der Jahre 1923/26 199 Tsd. ha bepflanzt. Auch der Ölbaum gedeiht in allen Landesteilen, am besten aber in Megaris, Amphissa und Magnesia. Besonders stark zugenommen hat während der letzten 50 Jahre in Griechenland der Tabakbau. Heute besitzt Griechenland von allen europäischen Ländern die größte Tabakproduktion. Die wichtigsten Gebiete des Tabakbaues sind Xanthi, Kawalla, Serres und Drama. Die Tabakausfuhr wird erschwert einmal durch den Wettbewerb Jugoslawiens, Bulgariens und der Türkei, nicht zuletzt aber auch durch die von Griechenland eingeführten Ausfuhrzölle.

Über die Hälfte der Ausfuhr (55,4%) entfiel (1925/27) allein auf Rohtabak.

Die Ausfuhr dieser hochwertigen Erzeugnisse überdeckt in der agrarischen Außenhandelsbilanz regelmäßig den Einfuhrbedarf, der ganz überwiegend auf Getreide gerichtet ist; aber Ernteausfall

3) Mehl reduziert auf Korn.

und Absatzmöglichkeiten schwanken stark, was der griechischen Volkswirtschaft etwas Spekulatives verleiht.

Ertrag des Tabak-, Ölbaum- und Weinbaus in Griechenland

im Durchschnitt der Jahre 1923—1926 (in Tausend Doppelzentnern)

	Tabak	Wein	Korinthen	Sultaninen	Tafeloliven	Olivenöl
Erzeugung .	576	2282	1645	75	249	705
Ausfuhr . . .	399	581	910	136	127	97

Bei günstigen Klima- und Marktverhältnissen werden die Handelspflanzen zusammen mit Getreide auch auf trockenen Feldern gebaut. Eine große Fülle und Mannigfaltigkeit der Erzeugnisse bringen aber nur die bewässerten Böden hervor. Ihre Erträge sind wieder abhängig von dem rastlosen Fleiß, der intensiven, zu keiner Jahreszeit aussetzenden Arbeit der Bebauer und nicht zuletzt von der hingebenden Sorgfalt, wie sie nur kleine Besitzer auf den Boden verwenden. Der Anbau von Handelspflanzen liegt deshalb in Griechenland fast ausnahmslos in den Händen von Kleinbauern. Sie haben auf den Cycladen und auf den Peloponnes, vielerorts auf Terrassen, eine Gartenkultur geschaffen, wie sie keines der anderen Mittelmeerländer aufzuweisen hat. Nur mit Hilfe der Kleinbauern kann in Griechenland die wichtige Bewässerungsfrage gelöst werden, von der in Griechenland die Siedlungsweise und die Bevölkerungsdichte und der Fortschritt der landwirtschaftlichen Produktion abhängen. Denn selbst in den Landesteilen, die, wie Thessalien, nicht als regenlos bezeichnet werden können, geht die Höchstzahl der Regentage in den regenreichen Monaten November und Dezember nicht über zwölf hinaus. Aus dem Wassermangel entspringt die für Griechenland charakteristische Form der Siedlungen, die sich um die Quellen zusammendrängen. Auf den Wassermangel sind ferner auch die großen Strecken unbebauten Landes zurückzuführen. Es waren in % der Landesfläche [3a]):

	in Griechenland	Italien	Spanien	Portugal
Unprodukt. Boden . . .	30,1	13,1	20,4	38,2
Wald	14,3	15,7	20,8	5,2
Weide	37,0	25,2	19,7	22,5
Angebautes Land	18,6	46,0	39,1	34,1

[3a]) Philipson, »Die Mittelmeergebiete«, S. 167.

Der unbebauten Fläche nach steht demnach Griechenland von allen Mittelmeerländern an erster Stelle. Kein Wunder, daß Griechenland, ähnlich wie Italien, eine starke Auswanderung aufweist. Sie wird wesentlich gefördert durch die häufigen Mißernten bei den Handelspflanzen und die starke, teilweise ruinöse Abhängigkeit der Konjunkturen für Handelspflanzen von den ausländischen Märkten. Zu nennen wären hier vor allem die Korinthenkrisen. Ende des 19. Jahrhunderts[4]) hatte man, verleitet durch die günstige Konjunktur, den Korinthenanbau in Griechenland dermaßen ausgedehnt, daß er die Aufnahmefähigkeit des europäischen Marktes überstieg. Die Krisis ruinierte den ganzen Peloponnes — der Staat mußte Prämien auf die Ausrottung der Korinthenpflanzen setzen. Die Zahl der Auswanderer stieg ungeheuer an. Sie betrug 1902: 8, 1907: 36, 1910: 93 und 1912 49 Tsd.

Diese starke Auswanderung war zwar für die Staatsfinanzen und die Währung Griechenlands zweifellos von großem Vorteil. Denn nur mit Hilfe der Goldzahlungen der Auswanderer (1926: 125 Millionen Goldmark), den Einnahmen aus dem Reiseverkehr (1926: 13 Millionen Goldmark) und der Handelsschiffahrt (1926: 26 Mill. Goldmark) konnte Griechenland den dauernden Fehlbetrag seiner Handelsbilanz decken und den Dienst seiner auswärtigen Schuld (1926: 55 Mill. Goldmark netto) leisten. Auf die Dauer kann aber ein Agrarland wie Griechenland bei starker Passivität der Handelsbilanz (im Durchschnitt 1923/27: 318 Millionen Goldmark) nicht gedeihen. Auch Griechenland wird vielmehr in Zukunft versuchen müssen, durch Ausbau und weitere Intensivierung des Getreidebaus und der Kultur von Handelspflanzen seine Handelsbilanz zu aktivieren. Dies setzt aber eine tiefgreifende Reform der agrarischen Eigentums- und Betriebsverhältnisse voraus. Sie ist um so dringender, als der verlorene Krieg gegen die Türkei Griechenland vor die Notwendigkeit gestellt hat, Millionen Flüchtlinge aus den türkischen Gebieten neu anzusiedeln.

---

4) H. Lefeuvre-Méaulle, »*La Grèce économique et financière en 1915*«. Paris 1916, S. 22—26.

Kapitel I.

Die Agrargeschichte der griechischen Mittelmeergebiete.

Die Entwicklung des Großgrundbesitzes in den griechischen Mittelmeergebieten.

a) Bis zur türkischen Eroberung.

Die ältesten Zeiten Griechenlands kennen nur die selbstversorgende Naturalwirtschaft mit ihrem starken Verbrauch an Sklaven [5]). Erst die Entdeckung der Silberbergwerke in Sizilien, Cypern und Spanien gab die Grundlage zur Ausbildung einer Geld- und Verkehrswirtschaft. Diese änderte die ursprüngliche Agrarverfassung bald dadurch von Grund aus, daß in politischen Wirren und Krisenjahren das reich gewordene städtische Bürgertum den Boden aufkaufte und die bäuerlichen Besitzer expropriierte. Allmählich wurde die das Land beherrschende Gläubigerschicht zu einer Grundrentnerschicht [6]). Die Umbildung der agrarischen Verhältnisse wurde beschleunigt und verschärft durch die Unterwerfung des Landes durch Rom. Der römische Sieger versuchte aus dem Lande das Geld für die Unterhaltung seines Heeres herauszupressen. Er erklärte deshalb sein Okkupationsrecht an dem eroberten Boden und gab die nunmehr staatlichen Landgüter an Pächter weiter [7]). Diesen Pächtern lag einzig und allein die Eintreibung der Steuer von den Bauern ob. Die Verhältnisse änderten sich nicht in der byzantinischen Zeit. Das Land befand sich als Riesenbesitz in den Händen weniger »Mächtiger«. Ihr Reichtum gründete sich vor allem auf die Erträgnisse der Steuerpacht, des Handels und des Gewerbes. Der harten Steuerpflicht suchten sich die Bauern oft durch Flucht zu entziehen. Der Steuerdruck für die übrigen Bauern wurde dadurch nur um so härter. Denn die durch die Flucht der Bauern ausfallenden Steuern übertrug man mit der verlassenen Scholle auf den Nachbarn zur Zwangsbewirtschaftung. Aber dieses System der ἐπιβολή [8]) hatte auf die Dauer nur geringe Erfolge. Der byzantinische Staat band deshalb durch Weiterbildung der

---

[5]) Pöhlmann, »Geschichte des antiken Kommunismus und Sozialismus«, München 1893.

[6]) M. Weber, »Agrargeschichte des Altertums«, *Handwörterbuch der Staatswissenschaften*, 3. Auflage 1909, Bd. I, S. 112.

[7]) M. Rostowzew, »Geschichte des römischen Kolonates«. *Handwörterbuch der Staatsw.*, 3. Aufl. 1909, Bd. V, S. 913.

[8]) G. Testaut, »*Des rapports des Puissants et des petits propriétaires*«, Bordeaux 1898, S. 65, 85—92.

antiken Lehre von der »idia« die gesamte Bevölkerung an den Wohnsitz und an die Scholle. Die Verschärfung des staatlichen Druckes auf die Bauern kam aber in erster Linie dem Großgrundbesitz zugute [9]). Er konnte seine Macht einmal durch den Ankauf der besten Ländereien der flüchtigen Bauern, sodann nicht zuletzt dadurch erweitern, daß ein Teil der Bauern sich dem Schutz der Großgrundbesitzer unterstellte. Der Großgrundbesitz war grundsätzlich von der Epibole befreit. Stellte sich also der Bauer unter seinen Schutz, so war er frei von der Epibole und brauchte keine Steuern zu zahlen. Der Großgrundbesitzer gab dem Bauern das Land gegen eine Naturalienabgabe wieder zurück. Der Bauer hatte bei dieser Übertragung des Landes an den Großgrundbesitz neben der Steuerbefreiung noch den Vorteil, daß er nicht an die Scholle gebunden war. Denn im Orient besteht die Schollenpflichtigkeit nur der Steuer wegen. In diesen sich freiwillig dem Schutz der Großgrundbesitzer unterstellenden Bauern können wir die ersten Ansätze zu dem später weit verbreiteten System des Teilbaues erblicken. Der Teilbauer kann das Gut verlassen, wann er will, aber er hat kein Anrecht auf die Scholle, die er bebaut, er muß das Land nehmen, wo und wie es der Herr ihm gibt, und für die Benutzung einen Teil der Ernte abgeben. Für einen andern Teil der Bauern erwuchs die Rettung daraus, daß die Gemeindegenossen sich ihrer Solidarität gegenüber dem Fiskus bewußt wurden. Sie verteilten die Steuerlasten untereinander nach eigenem Ermessen. Wurde ein Hof wüst, so verteilten die Gemeindeangehörigen die ertragreichen Böden so untereinander, daß jeder die Steuer, die auf sein Stück entfiel, zu tragen hatte, während die Gemeinde als solche die unfruchtbaren Länder übernahm und die auf diesen ruhenden Steuern allen gemeinsam auferlegte. Die byzantinischen Kaiser traten zwar frühzeitig der Machtpolitik der Großgrundbesitzer entgegen. Die Erfolge ihrer auf die Erhaltung eines Bauernstandes eingestellten Maßnahmen waren jedoch gering. Seit dem 8. Jahrhundert sank die kaiserliche Gewalt immer mehr, bis das byzantinische Reich an der Zersplitterung in große Grundherrschaften zugrunde ging [10]). Vor der Eroberung des Landes durch die Türken befand sich der größte Teil des Landes in den Händen großer Herrscherfamilien. Daneben standen ein sehr ausgedehntes Kircheneigentum und die Kronländereien [11]).

---

9) Brentano, »Die byzantinische Volkswirtschaft«, Berlin 1917, S. 33—34.

10) Georges Testaut, a. a. O., S. 74—75.

11) A. Andreades, »Δημοσία οἰκονομία«, Athen 1921, Bd. I, S. 267.

Auf allen diesen Gütern lebte eine Bauernschaft, die entweder von den Großgrundbesitzern oder vom Fiskus abhängig war. Von ihnen war ein Teil schollenpflichtig, dem andern dagegen blieb auf Grund einer freiwilligen Unterordnung die Bewegungsfreiheit erhalten. Freie Eigentums-Bauern gab es fast nur in den Gebirgsgegenden[12]).

b) Unter türkischer Herrschaft bis zu den Reformen.

Mit dem Einmarsch der Türken fielen die östlichen Provinzen von Byzanz ab. Nachdem man die Türken wegen innerer Parteizwistigkeiten ins Land gerufen hatte, faßten sie festen Fuß bei Gallipoli, um von dort aus das ganze Land zu unterwerfen. Die Türken, ein Volk, das, wenn auch mongolischer Rasse, doch auf byzantinischem Boden erwachsen war und sich durch Eroberung hellenistischen Landes verstärkt hatte, konnten nicht umhin, die byzantinischen Einrichtungen zu übernehmen und diese ihren eigenen Bedürfnissen anzupassen.

In den asiatischen Provinzen erhielten sich Großgrundbesitzer wie Bauern durch Glaubenswechsel ihren Landbesitz. In dem europäischen Teil war die Entwicklung anders. Hier erlangte die Verkündigung Suleimans, die später als Rechtssatz zwischen den Ottomanen und Christen angesehen wurde, entscheidende Bedeutung. Sie lautete: »Wenn einem Ungläubigen oder einer ungläubigen Gemeinde etwas versprochen wird, soll es gehalten werden, und niemand hat das Recht, den zu töten, dem dieses Versprechen gegeben worden ist. Jedes Land der Ungläubigen, das dagegen im Krieg erobert worden ist, soll ihnen aber geraubt und unter die Gläubigen verteilt werden nach vorherigem Abzug von $1/5$ des Landes, das für den Staat bestimmt ist. Wenn aber den auf solchem Lande wohnenden Ungläubigen gestattet wird, ihren Besitz zu behalten, dann sollen sie nur eine Kopf- und Grundsteuer zahlen«[13]).

Darnach sollte alles Land, welches durch kriegerische Eroberung gewonnen war, enteignet und unter die türkischen Soldaten verteilt werden, während alle, die sich ergeben hatten, durch Vertrag ihr Land gegen Zahlung der oben erwähnten Steuer sollten behalten dürfen.

---

[12]) A. Tsopotos, »Γῆ καὶ γεωργοί τῆς Θεσσαλίας«, Volo 1912, S. 19.

[13]) Hammer, »Staatsverfassung des Osmanischen Reiches«, Wien 1815, S. 165—166.

Ein Bild von den Besitzverhältnissen gibt ein von den Türken übernommenes Kataster, das aus der Byzantinischen Zeit stammt und in dem die Güter nach ihrer Besteuerung eingetragen sind [14]).

1. Die staatlichen Besitzungen (staatliche *Tschifliks*) umfassen die eroberten Staatsdomänen der Byzantiner, außerdem den fünften Teil eines jeden neu verteilten Gutes, der nach der Vorschrift Suleimans dem Staat gegeben werden mußte. Dazu kommen später noch Güter, die enteignet werden, oder solche, die als erblos dem Staate zufallen. Die Erbberechtigung ist nach türkischem Recht auf die männlichen Nachkommen beschränkt und diese sind nur bis zum zweiten Grade zugelassen. Derartig heimgefallene Güter werden vielfach durch öffentliche Auktionen verkauft oder vom Sultan an seine Offiziere verschenkt.

2. Die Moscheen-Landgüter (*Vakuf*). Sehr umfangreich sind auch die Güter, die den verschiedenen Moscheen geschenkt wurden, da ein Landgut einer Moschee verschenkt werden und doch zugleich von dem alten Eigentümer für ein ganz geringes Pachtgeld weiter bewirtschaftet werden kann. Später entwickelt sich diese Sitte sogar dahin, daß auch der Erbe das Recht hat, das Landgut nach dem Tode des Pächters weiter zu bewirtschaften. Durch Übergabe seines Landes an eine Moschee erlangte der Besitzer einen Schutz vor der Habgier der Reichen.

Andrerseits wiederholt sich natürlich dasselbe wie in den byzantinischen Zeiten; hier wie dort gibt es Mittel, um die Bauern zu zwingen, ihre Landgüter unter den Schutz der Moscheen oder der Kirche zu bringen [15]).

3. Die Besitzungen der christlichen Kirchen und Klöster, die durch die Privilegien von Muhamed II. anerkannt wurden. Da Artikel 39 der Privilegien bestimmte, daß jeder das Recht habe, $1/3$ seines Landgutes der Kirche oder einem Kloster zu schenken, so ist dies vielfach wieder in der Hoffnung geschehen, das Landgut vor der Habsucht der Türken zu retten.

4. Die privaten Landgüter. (*Tschifliks*).

A. Die Privatlandgüter mit unbeschränktem Verfügungsrecht.

Diese müssen in mehrere Kategorien geteilt werden. Es gehören dazu:

a) Güter, die nicht durch Krieg den Türken anheimgefallen sind, sondern durch Vertrag den Christen erhalten blieben. Diese christlichen Besitzer sind verpflichtet, außer einer Kopfsteuer auch $1/10$ ihrer Produktion herzugeben und eine Geldsteuer zu entrichten, die sich nach der Ergiebigkeit des Bodens richtet und auf $1/8$ bis $1/2$ der Produktion steigt. Diese Landgüter sind sonst frei, der Eigentümer hat das Verfügungsrecht über sie.

b) Wirkliche Frei-Landgüter mit unbeschränktem Verfügungsrecht dagegen sind die, welche mitsamt den Hörigen von den Sultanen als Geschenk an Ottomanen gegeben sind. Diese Landgüter haben keine andere Besteuerung zu tragen als das Zehntel der Produktion. Es waren zum größten Teil die alten byzantinischen, den Soldaten geschenkten Landgüter (Στρατιωτιμὰ κτημάτα), die nun den türkischen Soldaten überwiesen wurden.

---

[14]) Tsopotos, a. a. O. S. 54.

[15]) G. Testaut (a. a. O., S. 106—115) führt eine ganze Reihe von Verträgen an, welche dem Großgrundbesitzer die Möglichkeit boten, das Land zu annektieren. Unter die Großgrundbesitzer sind hier auch die Kirchenfürsten zu rechnen.

c) Merkwürdig scheint die dritte Art, nämlich daß Weinberge, Olivengärten und ähnliche Anpflanzungen freies Eigentum bilden, soweit diese Pflanzen den Boden bedecken, ebenso der mit Gebäuden versehene Boden. Auch diese Bestimmung ist von den Byzantinern übernommen worden. Die Byzantiner hatten keine Steuer auf solche Anpflanzungen gelegt, die Türken belegten sie nur mit der Zehntelsteuer.

B. Ὑποδημόσιαι γαῖαι [16])

Erasi-a-emirigiè — Privatlandgüter mit beschränktem Verfügungsrecht.

Auch hier haben wir es nur mit einer Fortentwicklung der alten byzantinischen Verhältnisse zu tun. Die Stelle des byzantinischen Steuerpächters nimmt der türkische *Spahi* ein. Aber der Spahi ist zugleich ein militärischer Beamter, der dem Staat militärische Dienste leistet als Gegenleistung für die Steuern, die er für sich verwenden kann. Die ihm zur Steuer-Einziehung überlassenen Güter gehören sowohl Ottomanen wie Christen und sind naturgemäß mit höherer Steuer zugunsten des Spahi belastet. Ihre Veräußerung ist deswegen beschränkt. Der Spahi hat auch das Recht, Land, das 3 Jahre unbebaut gelegen hatte, zu beschlagnahmen und anderen zu überweisen, um sich die auf dem Lande liegende Steuer zu sichern.

Die ganze landwirtschaftliche Organisation der Türken geht also darauf hinaus, Steuern zu beziehen, um die Wehrmacht erhalten zu können. Doch blieben die Freidörfer frei, auch wenn sie unter einen Spahi kamen, denn ihre sorgsame, hochentwickelte Gartenkultur hatte für sie mehr Wert als die schlechte Arbeit der hörigen Bauern. Die Hörigkeit der Bauern wurde, obwohl durch türkisches Gesetz nicht gestattet, so beibehalten, wie die Türken sie bei den Byzantinern vorgefunden hatten.

Aber der hörige Bauer erhielt das Recht auf eine größere Beweglichkeit, wenn er nicht Privatinteressen verletzte. Er konnte das Gut verlassen, wenn er Geld genug hatte, um einen kleinen Grundbesitz zu erwerben und Freibauer zu werden. Andererseits aber vermehrte dieses Recht auf größere Bewegungsfreiheit auch die Zahl der Teilbauern. Im übrigen blieb die Organisation auf den Großgütern dieselbe wie zur Zeit der Byzantinerherrschaft. An die Stelle des Wirtschafters (οἰκονόμος) trat in den türkischen Zeiten der *Kutzampassis*, der die Güter verwaltete und die Rechte des Großgrundbesitzers wie auch des Spahi wahrnahm [17]). In dieser Weise änderte sich im Leben der Bauern nichts, sie lebten unter einer gemischten Hörigkeit — nur daß an Stelle der Byzantiner die Türken traten. Viele griechische

---

[16]) Die wörtliche Übersetzung dieses Ausdruckes scheint mir nicht die Sache zu treffen, deshalb belasse ich den von Tsopotos (S. 71) gebrauchten griechischen Namen.

[17]) Tsopotos, S. 95.

Großgrundbesitzer wurden dagegen von den türkischen Machthabern gezwungen, ihre Güter zu verkaufen.

Eine große Umwandlung erfolgte in den Besitzverhältnissen durch die Siedlung, welche die Türken vornahmen. Man suchte türkische Familien aus Kleinasien in griechischen Dörfern oder auf staatlichen Gütern nach Ausweisung der Griechen in selbständigen türkischen Dörfern anzusiedeln, um die griechische Bevölkerung der Umgebung auf diese Weise im Joch zu halten [18]. Die Privatgüter der Türken und Christen blieben von diesen Siedlungsversuchen unberührt. Diese Siedlungen wurden aber durch Epidemien, wie Pest und Cholera, und durch Hungersnot im 17. Jahrhundert vernichtet [19], und so blieben diese Landschaften den heutigen griechischen Siedlern offen. Man findet noch die von der Pest entvölkerten und wegen der Ansteckungsgefahr niedergebrannten Dörfer dieser angesiedelten türkischen Bevölkerung in ganz Griechenland.

Die Freidörfer aber, die sich aus der byzantinischen Zeit herübergerettet hatten, bedeuteten nun unter der türkischen Herrschaft eine wirkliche Macht und gelangten zur Selbstverwaltung. Litten auch diese Dörfer unter Parteihader, so konnte doch später das große Werk der Befreiung von ihnen aus vorbereitet und durchgeführt werden.

Noch andere Ereignisse verschlechterten am Ende des 18. und 19. Jahrhunderts die Besitzverhältnisse wesentlich. Ende des 18. Jahrhunderts taucht in Griechenland eine Persönlichkeit auf, die als der Tyrann Ali Pascha bekannt ist, ein muhamedanischer Albaner, der aber eine große Rolle in der Erweckung des griechischen Volkes zum Befreiungskampfe gespielt hat. Dieser Mann versuchte aus Griechenland ein unabhängiges *Paschalik* zu machen und setzte dafür alle Kräfte ein, die das Land ihm bot. Er benutzte die Griechen als Kampftruppen für seine Ideen. Dadurch wurden sie zum erstenmal militärisch ausgebildet und konnten später die so erworbenen Fähigkeiten benutzen, um das Joch abzuschütteln [20]. Auch die Entwicklung des Grundbesitzes beeinflußte er, indem er, von seiner Habsucht getrieben, ungefähr 975 Dörfer zu eigenen Besitzungen erklärte und die bisherigen Großgrundbesitzer ermordete. So erwuchs eine neue Macht in seiner Hand.

Nach dem Sturz dieses Tyrannen durch den Sultan wurden diese unglücklichen Dörfer teils zu Staatseigentum erklärt, teils wurde das Land in öffentlicher Auktion verkauft. So konnten aber auch Griechen sich an dieser Auktion beteiligen und, sei es als Groß-, sei es als Kleinbesitzer wieder zu eigener Scholle gelangen. Auch Freidörfer waren Ali Pascha hörig gemacht worden. Die Mißstände auf dem ganzen Lande zu Ali Paschas Zeiten waren schließlich

---

18) Tsopotos, S. 136—139.
19) Pongueville, »*Voyage de la Grèce*«, Bd. III.
20) Skliros, »Τὰ σύγχρονα κοινωνικὰ προβλήματα«, Athen 1920.

so erdrückend, daß überall endlich der feste Wille, das Joch abzuschütteln, sich regte.

Die noch frei gebliebenen Gemeinden konnten diesem Sehnen nach Freiheit zuerst wirksam Ausdruck geben[21]). Sie gründeten Schulen, um das versklavte Volk seine Geschichte zu lehren. Wenn aber ein Volk seine Geschichte kennt, dann kann es nicht mehr unter der Sklaverei eines anderen Volkes leben, zumal eines solchen, das nur geringe Ansätze zur Kultur aufzuweisen hat. Noch hatte Ali Pascha nicht viele Jahre geherrscht, als die griechische Bevölkerung den Kampf aufnahm, durch den das heutige Griechenland gegründet wurde.

Trotz des glücklichen Ausganges des Kampfes blieben immer noch Griechen in Mazedonien, Epirus und Thrazien bis in die letzten Jahre hinein unter türkischer Herrschaft. Wir wollen ihr Schicksal verfolgen, weil gerade ihr Ausschluß von der allgemeinen Entwicklung Griechenlands der heutigen Gesetzgebung nach ihrer Eingliederung die schwersten Probleme gestellt hat. —

c) Die türkische Reformgesetzgebung.

Ende des 18. Jahrhunderts nahm in Europa eine gewaltige Bewegung ihren Anfang, die auch in der Türkei nicht ohne Einfluß blieb. Die innere Zersplitterung des Türkischen Reiches, eine Zersplitterung, die man ähnlich nur in den letzten Jahren des Byzantinischen Reiches findet, führte auch in der Türkei zu wiederholten Aufständen der verschiedenen Paschas gegen die Zentralmacht des Sultans. Diesen inneren Kämpfen folgte die völlige Korruption der Verwaltung, der Justiz, Bestechlichkeit der staatlichen Beamten und Demoralisation der Armee, die nicht mehr für Ordnung im Innern, sondern für Unordnung sorgte. Nach der griechischen Revolution machte sich aber auch in der Türkei eine Reformbewegung auf allen Gebieten bemerkbar.

Im Jahre 1861 wurden die verschiedenen Gesetze kodifiziert, von denen wir hier das Gesetz von 1858 über die Landverhältnisse hervorheben müssen. Die §§ 54—60 erweitern auch das Erbrecht der Bauern auf den Gütern der Moscheen sowie in den alten Steuerbezirken wesentlich. Während bisher die Erbfolge auf die männlichen Kinder des Verstorbenen beschränkt war, ging sie jetzt auf alle Verwandtschaftsstufen über. Dieses Gesetz wurde dann im Jahre 1868 abgeändert und auf ganz moderne Basis gestellt.

Auch die Bestimmung, nach dem der Spahi das Recht hatte, Landstriche, die drei Jahre lang unbebaut geblieben waren, zu beschlagnahmen und diese anderen zu übergeben, wurde aufgehoben, aber im Jahre 1875 wieder eingeführt, und zwar »um anbaufähige Ländereien nicht unbebaut zu lassen und

---

[21]) Hopf, »Geschichte Griechenlands« in Band VI der Enzyklopädie von Ersch und Gruber, S. 210 ff.

der Kleinviehzucht zu überliefern« eine Begründung, die mit den Verhältnissen nicht nur in der Türkei, sondern überall in Griechenland im Einklang steht. Wir kommen später noch darauf zurück.

Durch diese Gesetzgebung wurden mit einem Schlage die Bauern, deren Besitzrechte durch das schlechte Erbrecht und durch die Eigenmächtigkeit des Steuereintreibers, des Spahis, beschränkt waren, zu wirklichen Eigentümern ihrer Güter. Mit der Heeresreform verschwand auch der Spahi, der, wie wir uns erinnern, seine Befugnisse, die Steuer für sich verwenden zu können, dem Staat durch Militärdienste vergalt. Diese Befreiung erstreckte sich auf weite Teile des Landes. Sie machte viel weniger Schwierigkeiten, als die Befreiung der Bauern im westlichen Europa, weil kein dingliches Recht des Spahi an dem Boden bestand. Die Hörigkeit der Bauern auf den privaten großen Gütern blieb dagegen noch bestehen. Immerhin war der erste Schritt getan, um auch in diesen, noch unter der türkischen Herrschaft stehenden Ländern Kleinbesitz zu schaffen.

Diese liberale Maßnahme des Türkischen Reiches ermutigte die Griechen, auch ihrerseits verschiedene Landgüter in diesen noch unbefreiten Teilen des Landes zu kaufen. So finden wir wieder Griechen als Großgrundbesitzer in diesen Provinzen. Aber auch diese neuen Großgrundbesitzer richten ihr Augenmerk nicht etwa auf den landwirtschaftlichen Betrieb und seinen Fortschritt; auch sie betrachten sich, wie vor ihnen die Türken, nur als Rentenempfänger und streben nur danach, ihr Geld möglichst hoch zu verzinsen. Die eigentliche Kultur leistet der Bauer auf seinem kleinen Gut. Es handelt sich also nicht um Großbetrieb, sondern um Besitzakkumulation, eine Akkumulation von kleinen Betrieben, eine Tatsache, die wir bei den späteren Ausführungen nicht außer acht lassen dürfen.

Etwa gleichzeitig mit Rußland und Rumänien befreite die Türkei alle Bauern, auch die auf Privatgütern sitzenden, von der Schollenpflichtigkeit.

Hierdurch wurde auch der Kleinbauer ermutigt, kleine Grundstücke zu kaufen und seine Landwirtschaft als freier Bauer weiter zu führen. Während die Ausführung dieser verschiedenen Gesetze, die den türkischen Ländern das Wesentlichste der europäischen Fortschritte und auch den griechischen Bauern manche Erleichterung brachte, langsam erfolgte, erlebte der griechische Bauer eine andere Befreiung: die Befreiung vom türkischen Joch durch das kleine Hellas, die sein einziger Traum und sein nie aus den Augen gelassenes Ziel war: Alle Hellenen sollten unter ihrem eigenen Banner versammelt werden, um dann als einiges Volk eine eigene Kultur zu entwickeln.

Während der Sultan Abdul Asis im Jahre 1861 die Bauernbefreiung verkündete, arbeitete Griechenland seinerseits für die große allgemeine Erhebung. Im Jahre 1882 gelang es Thessalien einzuverleiben und 1912—23 durch furchtbare Kämpfe auch Epirus, Mazedonien und Thrazien zu besetzen. So entstand ein neues Griechenland mit neuen Aufgaben.

Die Probleme des neuen Griechenlands ergaben sich natürlich aus den oben beschriebenen Verhältnissen des Landes unter den Türken, und die Reformen sind als nichts anderes aufzufassen denn als Erneuerungsbestrebungen eines Volkes, dessen Entwicklung durch die Fremdherrschaft gehemmt und dessen lebendige Kräfte seit undenklichen Zeiten unterbunden worden waren.

Kapitel II.

Das neu entstandene Hellas und die Besitzverhältnisse.

a) Die Besitzverhältnisse im Peloponnes, in Mittelgriechenland und auf den Ägäischen Inseln.

Im Jahre 1821 begann der Aufstand der Griechen gegen die türkische Herrschaft. Nach 7 jährigem Kampfe waren der Peloponnes, Mittelgriechenland, die Kykladen und Euboia vom türkischen Joche befreit. In den landwirtschaftlichen Eigentumsverhältnissen führte der Befreiungskampf zu tiefgreifenden Veränderungen. Bereits in den ersten Jahren des Aufstandes ordnete die Griechische Nationalversammlung die Beschlagnahme der türkischen Landgüter und deren Übergabe an die Griechen zur Bebauung an. Die beschlagnahmten Landgüter waren z. T. staatliche Domänen, z. T. Besitzungen der Moscheen, z. T. Privatgüter. Dieser gesamte Besitz fiel nach der Flucht der Türken in die Hände der Griechen. Viele Güter hatten die Aufständischen noch während des Kampfes an sich gerissen. Jeder Führer nahm, was ihm in die Hände fiel[22]). Andere Güter wurden durch die verschiedenen Nationalversammlungen zu staatlichen Besitzungen erklärt. Gegen die Beschlagnahmeverordnungen erhoben zunächst

---

[22]) G. L. von Maurer, »Das griechische Volk«, Heidelberg, 1835, Bd. II, S. 286.

die Großmächte Einspruch, fanden sich aber nach der Verpfändung der Güter für eine Londoner Anleihe mit den durch Griechenland geschaffenen Verhältnissen ab. Nur die in Griechenland zurückgebliebenen Türken hatten das Recht, ihre Güter zu verkaufen, die bis zur Gegenwart als Großgrundbesitze in Attika und Euboia fortbestanden haben. Der dem griechischen Staate zugefallene Besitz ist von ihm nie bewirtschaftet worden. Er benutzte das Land in erster Linie dazu, sich durch Veräußerung einzelner Teile einmalige Einnahmen zu beschaffen. Teile der staatlichen Domänen wurden an Kriegsteilnehmer und solche Bauern überwiesen, deren Hof verwüstet war. Insgesamt umfaßten die nunmehrigen Staatsgüter über eine Million ha. Sie waren also für das damalige Griechenland mit einer Gesamtfläche von $6^1/_2$ Millionen ha recht umfangreich.

Die türkische Bevölkerung nahm während des Griechischen Aufstandes besonders auf dem Peloponnes, in Mittelgriechenland und in Mazedonien stark ab. Es lebten:

in den Landesteilen	Griechen		Türken	
	1821	1828	1821	1828
Griechische Inseln ...	427 000	284 000	1 100	800
Peloponnes	458 000	400 000	47 750	—
Mittelgriechenland ...	156 700	113 700	13 300	6 700
Thessalien..........	247 560	239 000	38 520	35 500
Mazedonien-Epirus ..	150 000	100 000	11 000	6 500

Nach Angaben des griechischen Gouverneurs Capo d'Istria befanden sich vor dem Befreiungskampf 1 034 820 ha in griechischen und 857 470 ha in türkischen Händen. Der türkische Besitz überwog auf dem Peloponnes und den griechischen Inseln.

Die Okkupation vieler türkischer Güter durch die Aufständischen hatte eine große Unsicherheit in den Besitzverhältnissen zur Folge. Dieser versuchte die griechische Nationalversammlung mit allen Kräften abzuhelfen. Sie erließ im Jahre 1832 ein Gesetz, das die sofortige Anmeldung solcher türkischen Landgüter, die Privatpersonen gehörten, anordnete. Wer sein Nutzungsrecht nicht durch Besitzurkunde beweisen konnte, dessen Land verfiel als ehemaliger türkischer Besitz dem griechischen Staate. Dieses Gesetz führte aber zu großen Reibungen zwischen den Besitzern und dem Staate, die erst 1881 durch das früher erwähnte Abkommen zwischen der Türkei und Griechenland geschlichtet wurden. Unter der türkischen Herrschaft gab es Privatbesitzer mit beschränktem Verfügungsrecht, deren Eigentumsrechte geschützt waren, solange sie Steuern entrichteten. Den Besitzern solchen Landes gab nun das oben erwähnte Gesetz das vollständige Eigentumsrecht. Die Gebundenheit durch den Spahi war weggefallen. Aus dem übrigen bisher türkischen Land, das der griechische Staat annektiert hatte, verlieh er durch das *Dotationsgesetz vom Jahre 1835* eine Anzahl Güter an Kriegskämpfer und kretische Flüchtlinge. Im Jahre 1843 wurden jedem Landwirt, der Staatsäcker bewirtschaftete, 4 ha berieselungsfähige und 4 ha nicht berieselungsfähige und 12 ha Gebirgsfelder sowie $^1/_{10}$ ha für den Bau einer Wohnung zugesichert. Von dem Rest des Ackerlandes konnte jeder Bauer auf Abzahlung soviel Äcker kaufen, wie er wollte. Auf diese Weise wurden die Güter nach und nach in kleineren Stücken unter die Landbevölkerung verteilt. Heute herrschen in Alt-Griechenland der Kleinbesitz und der Kleinbetrieb. Sie sind umso ausgeprägter, je höher man in die Gebirgslandschaften steigt. Neben diesem Kleinbesitz blieb allerdings noch ein umfangreicher Großgrundbesitz, besonders in Attika und Euboia, erhalten. Aber auch dieser wird fast ausschließlich im Kleinbetriebe, und zwar durch Teilbauern, bewirtschaftet. Großgrundbesitz, verbunden mit Großbetrieb, kommt in Griechenland nur in ganz seltenen Fällen vor.

b) Die Besitzverhältnisse in den später befreiten Gebieten.

Auf den sieben Inseln des Ionischen Meeres blieb das aus der römischen Kaiserzeit stammende System der *Emphyteusis* erhalten. Diese Inseln haben eine ganz andere Entwicklung durchgemacht als das übrige Griechenland. Sie sind vor allem nie unter türkische Herrschaft gekommen, sondern standen immer unter europäischer Oberhoheit, und zwar zuerst unter fränkischer, dann unter venezianischer und schließlich bis 1876 unter englischer. Die Bauern der Ionischen Inseln gerieten deshalb nie in Hörigkeit, sondern wurden in einem der Erbpacht verwandten Pachtverhältnis gehalten. Als die Ionischen Inseln 1876 zu Griechenland kamen, wurden die Güter zwischen Großgrundherrn, meist gräzisierten Italienern, und den Pächtern entweder aufgeteilt, oder die Großgrundbesitzer entschädigten die Pächter, sodaß die Erbpacht verschwand.

Thessalien war bis zum Jahre 1882 eine türkische Provinz.

Das Gesetz vom Jahre 1861 hatte die Bauern Thessaliens zwar aus der Hörigkeit befreit. Die Besitzverhältnisse blieben aber auf den Privatgütern in den Grundzügen unverändert. Und als Thessalien nicht durch Erhebung, sondern durch den Berliner Vertrag befreit wurde, mußte Griechenland in dem Abkommen vom 24. Mai 1881 die Rechte der Ottomanen in Thessalien anerkennen und konnte als Nachfolger der Türkei nur die türkischen Staatsdomänen in Besitz nehmen.

Die Besitzverhältnisse in Thessalien änderten sich nur insofern, als die Türken sich von ihren Gütern allgemein zurückzogen und sie an Griechen verkauften. Diese Gelegenheit benutzte auch eine kleine Anzahl von Bauern zum Ankauf von Land. Weigerte sich der Großgrundbesitzer, sein Land in Parzellen zu verkaufen, so erwarb vielfach die Dorfgemeinde das Gut und verteilte es an die Gemeindeangehörigen nach Maßgabe der Summen, die der einzelne zum Gutskaufe beigesteuert hatte. Da aber nicht alle Dorfgemeinden reich genug waren, um auf diese Weise Land anzukaufen, blieben noch immer viele Bauern in Abhängigkeit vom Großgrundbesitz. Decasos zählte 1904 in Thessalien 321 Freidörfer, 280 Tschifliks und 56 Dörfer mit gemischtem Besitzrecht[23]). Freibauern saßen neben Teilbauern, ein Gegensatz, der die Agrarfrage sehr erschwerte und verschärfte.

Mazedonien und Epirus[24]) wurden durch das Abkommen vom 14. November 1913 Griechenland zugesprochen, das durch ein Gesetz vom 1. November 1914 die Besitzverhältnisse zu regeln versuchte. Hier waren die Großgrundbesitze weit ausgedehnter als in Thessalien. Große Strecken Landes lagen brach und verödet, andere waren auf viele Jahre als Weideland für Kleinvieh verpachtet. Denn für die Großgrundbesitzer, die fast durchweg in den Städten wohnen, war es bequemer, die Pacht vom Viehzüchter in Geld zu nehmen als sich vom Bauern die Pacht in Naturalien geben zu lassen. Gerade diese Bevorzugung der Kleinviehzucht führte aber zum wirtschaftlichen Ruin des Landes. Infolge der starken Auswanderung der Griechen, veranlaßt durch Unruhen und Komitatschikämpfe in Mazedonien, und nach dem Jahre 1913 auch infolge der Abwanderung der mohamedanischen Bevölkerung dehnte sich die Kleinviehzucht immer mehr, und zwar selbst auf den besten Böden, auf Kosten der Ackerwirtschaft aus. In die Hände des

---

23) Decasos, »Die heutige Landwirtschaft Griechenlands«, Berlin 1904, S. 54.

24) Droganof, »*La Macédoine et les réformes*«, Paris 1908. P. Decasos, »Αἱ γεωργικαὶ σχέσεις τῆς Μακεδονίας«, Athen 1914.

griechischen Staates gingen 1914 die bisher türkischen Staatsdomänen über, später durch Schiedsspruch des Haager Internationalen Gerichtshofes auch die verlassenen Besitzungen der Moscheen und anderer öffentlicher Anstalten. Aber auch viele Privatbesitzungen wurden, weil verödet, griechischer Staatsbesitz. Neben diesen ungeheuren Staatsdomänen gibt es wie in den übrigen Teilen Griechenlands noch einen umfangreichen kirchlichen Besitz. Die dünne Bevölkerung dieser Großgrundbesitze war durch Kriege und Elend erschöpft und durch Unbildung und Bedrückung auch moralisch heruntergekommen. Das Tschiflik-Dorf ist sofort erkennbar an seinen kleinen verfallenen Hütten, seinen ausgedörrten und dürftigen Feldern. Neben dem Großgrundbesitz gibt es wie in ganz Hellas aber auch in Mazedonien und Epirus Freidörfer. Ihr Wohlstand fällt jedem Besucher des Landes auf. Mit ihren gut gebauten Häusern, von Bäumen und Gärten umgeben, den blühenden Feldern, auf denen Südfrüchte mit großer Sorgfalt gezogen werden, bilden sie im Sommer grüne Oasen unter den durch die Hitze verödeten, verdorrten und verarmten Feldern und Dörfern des Großgrundbesitzes.

Zusammenfassung: Griechenland war schon vor der Agrarform ein Land des Kleinbetriebes und, soweit die Freidörfer in Betracht kommen, auch des Kleinbesitzes. Die ausgedehnten Großgrundbesitze des Staates, der Kirche und der Privatpersonen wurden von Teilbauern im Kleinbetrieb bewirtschaftet. Die privaten Großgrundbesitzer wie auch die Pächter der großen staatlichen Domänen wohnten als Herren in der Stadt und waren reine Rentenempfänger. Viele Momente haben zusammengewirkt, diesen Zustand durch die Jahrhunderte zu erhalten: die sich aus der unmäßigen Härte der Besteuerung ergebende Solidarität der Bauern, die gänzliche Unfähigkeit des Türken, das Land, sei es im Großbetriebe rationell zu bewirtschaften, sei es durch Arbeiter eigenen Volkes bestellen zu lassen. Die Befugnis der Großgrundbesitzer, die Bauern hinauszuwerfen, hat natürlich sehr viele Änderungen in das Bauernleben gebracht. Wir treffen den herumwandernden besitzlosen Bauern. Aber daß der Bauer, wenn er die Möglichkeit dazu hat, auf seinem Grundstück beharrlich bleibt, das haben die letzten Jahre gezeigt, in denen der Staat die Ausweisungen nicht mehr gestattete[25]).

---

[25]) Gesetz 138 von 1914 s. unten, S. 472.

In den letzten Jahren wurden die Griechen, wie gesagt, zum Teil durch Aufkauf der türkischen Besitzungen Großgrundbesitzer, und manche versuchten auch, den Großbetrieb auf ihrem Besitz einzuführen. Das gelang nur da, wo keine Teilbauern saßen, und vollständig eigentlich nur auf zwei großen Besitzungen in Thessalien. Diese sind heute Musterwirtschaften. Wo man aber Bauern auszuweisen versuchte, da brachen Unruhen aus, die auch immer die Unterstützung der Regierungen gefunden haben.

Die Großgrundbesitzer lebten meist in den Städten und im Ausland und kamen nur zur Erntezeit auf ihr Gut, um ihren Anteil an der Ernte zu sichern. Sonst ließen sie ihre Interessen durch Verwalter vertreten, die aber oft nur für ihre eigene Tasche sorgten. Die Verwalter waren die wirklichen Tyrannen des Landes, die durch Unterdrückung und Erpressungen die Mißstimmung der Bauern wachriefen. Die Großgrundbesitzer aber wollten nicht einsehen, daß eine gute und vernünftige Verwaltung das Fünffache des bisherigen Ertrages hätte einbringen können.

Kapitel III.

Die Agrar- und Siedlungsprobleme der Gegenwart.

a) Die Teilbauernfrage.

Eine eigentliche Landarbeiterfrage kennt Griechenland nicht, da es als Überrest der byzantinischen und türkischen Herrschaft wohl Großbesitzungen, aber keine Großbetriebe gibt. Der Kleinbetrieb hat keinen Bedarf an fremden Arbeitskräften. Wo auf den ehemaligen türkischen Besitzen die Bevölkerung durch die Härte der Bedrücker dünner geworden ist, wird die Landwirtschaft so extensiv betrieben, daß die wenigen Arbeitskräfte genügen. Anders liegen die Verhältnisse bei den intensiven Gartenkulturen auf dem Peloponnes und in Thessalien. Hier tritt während der Erntezeit, z. B. bei der Korinthenlese, ein Mehrbedarf an Arbeitskräften auf. Er wird gedeckt durch die Bauern vom Gebirge, die in dieser Zeit wegen des rauheren Klimas ihre noch nicht reifen Felder verlassen können. Nach vollendeter Ernte kehren die Gebirgsbauern zu ihren eigenen Feldern zurück. Eine solche Arbeitsteilung zwischen Ebene und Gebirge ist möglich, weil die Arbeiten in der Ebene, durch Regen kaum unterbrochen, in ganz kurzer Zeit ausgeführt werden können. Die Gebirgsbauern waren ehemals Teilbauern, welche die türkische Herrschaft nicht ertragen haben, in die stets freigebliebenen Gebirge geflüchtet sind und dort auf ehemaligem Waldlande Getreide bauen. Jetzt, nach der Befreiung Griechenlands, versuchen die Gebirgsbauern sich mit Hilfe ihrer Verdienste aus Wanderarbeit und Lohnarbeit wieder in der Ebene als Kleingrundbesitzer anzusiedeln.

Eine andere Klasse von landwirtschaftlichen Arbeitern findet sich in den neu erworbenen Gebieten Griechenlands. Es sind dies ehemalige Teilbauern, die durch die Großgrundbesitzer hinausgeworfen worden sind, jetzt besitzlos von Dorf zu Dorf wandern und sich reicheren Bauern als Tagelöhner anbieten. Von diesen bekommen sie ein Stück Land als Lohn, das sie durch ihre Familien bebauen lassen, während sie selbst bei den Bauern arbeiten. Solche Lohnarbeiter gibt es etwa 5—6 in jedem größeren Dorf.

Die größte Rolle als landwirtschaftliche Arbeiter spielten die Teilbauern (κόλλῆγοι). Ihre Zahl war in den türkischen Zeiten außerordentlich groß[26]), zwangen doch vielfach Unsicherheit und Geldmangel die Freibauern, ihre Häuser und Landstücke zu verkaufen und als Teilbauer unter den Großgrundbesitzer zu treten, d. h. ihre Pacht in einer Quote der Ernte zu bezahlen.

In den zuerst befreiten Gebieten hat die Zahl der Teilbauern allmählich durch Veräußerungen, Schenkungen und Enteignungen sehr abgenommen[27]). So trat das Teilbauproblem in den griechischen Kernlanden mehr zurück. Die Bauern waren großenteils zu Eigentümern geworden. Dennoch wurden die Landgüter mancher Großgrundbesitzer in Euboia und Attika noch immer von Teilbauern bebaut, wie auch einzelne staatliche Domänen nach demselben

---

[26]) Genaue Statistiken über die Zahl der Teilbauern fehlen, man veranschlagt sie auf 75 000 Familien mit Siedlungsrecht. Wir fügen eine Statistik der zur Enteignung bestimmten *Tschifliks* (Güter) bei (vgl. Ch. Evelpidon, »Τὸ ἀγροτικὸν πρόγραμμα«, Athen 1923. S. 34).

Provinzen.	
Thessalien	482
Mazedonien	581
Mittelgriechenland	260
Epirus	297
Peloponnes	56
Westhrazien	43
Insgesamt	1728

Unter den 4864 Gemeinden Griechenlands gab es also 1728 Tschifliks, und sie wurden, soweit nicht an Kleinviehzüchter verpachtet, durchweg durch Teilbauern bewirtschaftet.

[27]) G. L. von Maurer, a. a. O., Bd. II, S. 285 ff.

System bewirtschaftet wurden, noch dazu unter Pächtern, die das Landgut verdarben und die Bauern ruinierten. Im Peloponnes und auf den griechischen Inseln gewinnt die *Emphyteusis* (wörtlich Anpflanzung) größere Bedeutung. Dort wo die Gartenkultur des Weinbaus und des Korinthenbaues vorherrscht, wurden Parzellen zu solchen Anpflanzungen an Bauern gegeben, die diese Kulturen anlegten gegen Abgabe meist von 1/3 des Ertrages an den Staat oder den Besitzer [28]), und es bildete sich so eine Art Erbteilbau aus. Dieser sichert zwar den Teilbauern in seinem Besitz, aber die von ihm abgelieferte Quote, die aus Gebieten extensiver Kultur übernommen ist, wird hier besonders drückend. Denn die Gartenkultur bedarf so großer Mühe und Arbeit, daß sie sich bei so starker Schmälerung des Ertrags kaum noch lohnt. Obgleich in den vor 1882 befreiten Gebieten dies System der Emphyteusis das verbreiteste war, wurde es erst in neuester Zeit zum besten der Bauern gesetzlich geregelt.

Die Teilbauernfrage aber erhielt einen neuen Anstoß, als 1882 die Einverleibung Thessaliens die Zahl der Teilbauern vermehrte. Hier waren wie überall in der Europäischen Türkei die Teilbauern sehr zahlreich. Setzt man die Landbevölkerung im ganzen mit 65% der Gesamtbevölkerung an, so machen die Teilbauern 50% der Landbevölkerung, also mehr als 30% der Gesamtbevölkerung aus [29]). Ihre Macht ist desto größer und kann dem Staat desto verderblicher werden, weil sie nicht etwa im Gebirge zerstreut sind, sondern sich in den fruchtbaren Ebenen zusammendrängen. Nun wurden auch die Teilbauern der andern Teile Griechenlands in die großen Unruhen, die in Thessalien nach der Einverleibung ausbrachen, hineingezogen und begannen auch, um ihre Besitze zu kämpfen. Diese Kämpfe dehnten sich aus über Mazedonien, Epirus und Thrazien und überhaupt über die damalige Europäische Türkei. Überall, wo Großgrundbesitz oder Teilbauernverhältnisse vorhanden waren, erscholl die Forderung der Bauern auf Überlassung des von ihnen stets als Kleinbetrieb bewirtschafteten Besitzes. Diese Bauernunruhen wurden von Athen und Sofia aus für nationale Zwecke benutzt, und aus ihnen gingen die furchtbaren Bandenkämpfe hervor, die von 1902—1906 den nördlichen Teil des Balkans durchtobten und große Teile der verängstigten Bevölkerung zur Auswanderung trieben [30]).

Die Ursache lag keineswegs allein in den nationalen Gegensätzen, sondern vor allem in der völligen Verelendung des dortigen Landvolkes infolge des Vorherrschens des Latifundienbesitzes und des Teilbausystemes.

Die thessalischen Ebenen sind zwar äußerst fruchtbar, aber durch Raubbau erschöpft. Weite Flächen Landes, die sich gut zum Ackerbau eignen würden, dienen nur als Weidereviere für Schaf- und Ziegenherden. Auch vom Ackerlande eines Gutes wird meist nur die Hälfte von Teilbauern mit Weizen, Gerste und als Sommerfrucht mit Mais, Sesam usw. bebaut, während die andere Hälfte brach liegt und gleichfalls als Weide dient. Der Teilbauer erhält meist 8—10 ha, ausnahmsweise, wenn er zwei Ochsengespanne hat, 16—20 ha Land. Von der Ernte bekommt er entweder die Hälfte oder zwei Drittel. Bei Halbteilung stellt der Grundherr das Saatgut und soll die Hälfte der sachlichen Kosten und der Steuern tragen. Außerdem gibt er dem Teilbauern auch kleinere Darlehn zu 10—12% statt der üblichen 50—70%. Bleiben dem Bauern

28) Nach Decasos (S. 51) kommen Quoten von 10—50% vor.

29) Chr. Evelpidon, S. 34 ff.

30) »Das Bandenwesen in Mazedonien« (Ein Geheimbericht an die Bulgarische Regierung mit Kommentar) Berlin 1908, S. 39—45.

zwei Drittel der Ernte, so zahlt dieser alle Steuern und Kosten. Manchmal hat der Grundherr das Recht, das Saatgut vorweg abzuziehen. Eine wirkliche Wirtschaftsgemeinschaft zwischen Grundherr und Teilbauer findet sich nirgendwo; der Grundherr kümmert sich garnicht um die Wirtschaft. Im Prinzip soll er sich an der Düngung beteiligen. Meist begnügt er sich aber damit, daß er die Kleinviehherden eines seiner Weidepächter zwei bis drei Nächte auf den Feldern des Teilbauern einpferchen läßt. Aus dieser schlechten Düngung des Ackerlandes folgt mit Notwendigkeit das Zweifeldersystem, da der Boden sich nur durch Brache und gleichzeitige Düngung durch das Weidevieh wieder erholen und kräftigen kann. Meist bekommt der Teilbauer alljährlich ein anderes Stück Land und hat deshalb kein Interesse, seinerseits für ordentliche Düngung zu sorgen. Dies liegt aber auch am Teilbausystem als solchem. Da der Gutsbesitzer sich tatsächlich an den Kosten nicht beteiligt und ihm deshalb der durch Düngung erzielte Mehrertrag in erster Linie zugute kommt, tut der Bauer nur das Nötigste. Der thessalische Bauer läßt lieber die Berge von Dünger, die sein Haus umgeben, verderben, als daß er sie auf seine Felder schafft. Allgemein ziehen die Grundherren, wie schon bemerkt, die Verpachtung ihres Landes an Viehbesitzer dem Teilbau vor. Nicht nur, weil der Viehzüchter das Geld in die Stadt bringt, während die Bauern ihre Pacht in Naturalien zahlen, sondern auch weil die Viehzüchter nicht wie die Teilbauern Ansprüche auf Eigentum erheben und deshalb gleichsam die Grundherren vor Enteignung schützen.

Unter diesem Teilbausystem litten das Land und die Menschen schwer. Man sah in Thessalien ungeheure, einem Großgrundbesitzer oder einem Kloster gehörige Ländereien, die entweder brach lagen oder als Weiden verpachtet waren, während eine verarmte und besitzlose Bauernbevölkerung bereit gewesen wäre, als Teilbauern einzutreten. Es herrschte also der Zustand, daß der Bauer nur unter den schwersten Bedingungen ein Stückchen Land von 2—3 ha erwerben konnte, während der Besitzer jede Gelegenheit wahrnahm, die noch ansässigen Bauern hinauszuwerfen, um dann das Land als Weide zu verpachten.

So ergab sich eine Beschränkung des Landbaues für die Bauernschaft — den Teilbauer wie den Freibauer — aus dem Vorhandensein des Großgrundbesitzes. Solche Verhältnisse bestanden in Thessalien, Epirus und Mazedonien, also in dem größten Teile des nunmehrigen griechischen Staates. Die zu Latifundien zusammengeballten Ländereien standen im Eigentum weniger Familien, die den Bauern nach Ablauf der 3—5 jährigen Pachtfrist hinauswerfen konnten. Diese Befugnis der Großgrundbesitzer wurde von der Bevölkerung Thessaliens und Mazedoniens, solange sie unter der türkischen Herrschaft stand, als selbstverständlich angesehen. Die Bauern konnten es aber nicht verstehen, daß auch unter dem neuen Regiment diese Verhältnisse weiter bestehen sollten. Tatsächlich wurde in dem zuerst befreiten Thessalien das Teilbausystem nicht nur beibehalten, sondern die Lage der Teilbauern verschlechterte sich noch, seitdem der Großgrundbesitz in griechische Hände übergegangen war. Denn die Griechen zogen das Leben eines städtischen Rentenbeziehers vor. Die volkswirtschaftliche Wirkung war, daß die Produktivität des Landes und mit ihr die Bevölkerung zurückging. So verödeten langsam die fruchtbarsten

Ebenen Griechenlands. Führende Männer in Griechenland erkannten, daß das eigene Interesse des Staates in sozialer wie wirtschaftlicher Beziehung forderte, diese Besitzverteilung zu ändern, die Bauern zu Eigentümern zu machen und die noch völlig besitzlosen Bauern anzusiedeln.

Man wandte dagegen ein, daß das Teilbauverhältnis nach dem römischen Recht als Pacht aufzufassen, infolgedessen nur von beiden Kontrahenten, nicht aber durch den Staat zu lösen sei. Dabei ließ man außer acht, daß die Rechte dem Großgrundbesitzer einst vom türkischen Staat verliehen worden sind und die Großgrundbesitzer einst lediglich die Steuereintreiber waren oder das Gut als Geschenk mit beschränkten Erbrechten bekommen hatten. Es war deshalb falsch, die Großgrundbesitzer zu Eigentümern des Landes mit vollem Erbrecht zu erklären.

Der Teilbauer konnte trotz seiner trostlosen Lage nicht auf staatliche Hilfe rechnen, denn die gewissenlosen Regierungen Griechenlands standen ganz unter dem Einflusse der Latifundienbesitzer. Diese verhinderten aber jede Agrarreform mit der Begründung, daß der Großbetrieb — es gab aber fast gar keinen — leistungsfähiger sei als der Kleinbetrieb. Erst wiederholte Unruhen der verelendeten Teilbauern veranlaßten die griechische Regierung sich mit der Agrarfrage zu beschäftigen. Die Agrarreform war aber schon deshalb notwendig, weil der Bauer der neuerworbenen Gebiete nicht mehr ein Aufbauer, Erhalter war, sondern aus Haß gegen die Großgrundbesitzer zum Zerstörer wurde. Er schlug die Bäume nieder, um sich an seinem Herrn zu rächen, und zerstörte, was zerstört werden konnte. Auf den Gütern wurde nichts verbessert, eine Entwasserung oder Bewässerung des Landes fand nicht statt. Die fruchtbaren Ebenen versumpften, die Malaria entkräftete und dezimierte ihre Bevölkerung. Die Volksbeglücker aber bauten Krankenhäuser, anstatt gesunde Häuser für die Teilbauern zu bauen und für eine vernünftige Agrarreform zu sorgen.

b) Die Siedlungsfrage.

Eine Agrarreform war in Griechenland um so dringlicher gewesen, weil Griechenland dauernd immer große Massen von Flüchtlingen aus den anderen Balkanländern aufnehmen mußte. Besonders im Jahre 1907 kam eine große Zahl ausgewiesener Griechen aus der Türkei, aus Bulgarien und Rumänien nach Griechenland.

Diese Flüchtlinge hatten alle den Wunsch, sich in Griechenland seßhaft zu machen. Ihre Ansiedelung war durchaus möglich, denn Griechenland hatte ja brachliegendes, nur der Kleinviehzucht dienendes Land im Überfluß.

Die Kriege von 1912 und 1913, der Weltkrieg 1914 und die Ereignisse in Kleinasien brachten neue Scharen von Flüchtlingen nach Griechenland. Besonders die Ereignisse im Kaukasus und Pontus und die Niederlage der Griechen in Kleinasien brachten nicht weniger als 1,5 Mill. Flüchtlinge [31]) in das Land, das eine Bevölkerung von 5 Mill. zählte. So wurde die Siedlungsfrage brennender als je. Die Ansiedlung dieser meist vollständig verarmten Flüchtlinge bereitete große Schwierigkeiten, wird aber wenigstens im Hinblick auf die Landausstattung durch die weite Ausdehnung des noch zu kultivierenden Landes erleichtert; auch in den bestehenden Siedlungen konnten mit Leichtigkeit noch mehr Menschen ihren Lebensunterhalt finden. Jede großzügige Siedlungspolitik setzte aber eine durchgreifende Agrarreform voraus. Denn das noch brachliegende Land gehörte zum größten Teil zu großen Privatgütern oder zu staatlichen Domänen. Eine Ausnutzung dieser einer intensiven Kultur fähigen Ländereien konnte aber nur erfolgen, wenn zugleich mit der Ansiedelung der besitzlosen Flüchtlinge die schon angesiedelten Bauern zu Eigentümern ihrer Scholle wurden.

Die Agrarreform hatte demnach in Griechenland folgende Aufgaben:

1. Die Enteignung der *Tschifliks* und Abschaffung des Teilbausystems durch Einsetzung der Teilbauern als Eigentümer,
2. Die Ansiedlung von Flüchtlingen auf den brachliegenden Landstrichen,
3. Die finanzielle Unterstützung der Bauern durch den Staat.

Die griechische Gesetzgebung zur Lösung dieser Aufgaben läßt sich in drei Perioden einteilen: 1880—1911, 1911—1917 und 1917—1923. Eine radikale Reform der agrarischen Verhältnisse hat aber erst die letzte Periode gebracht.

Kapitel IV.

Die Agrar- und Siedlungsgesetze Griechenlands.

a) Die erste Periode 1880 bis 1911.

Obgleich in der Periode von 1880—1911 manche Dörfer ihren Insassen übereignet und Siedlungen von Flüchtlingen

[31]) Einzelschriften zur Statistik des Deutschen Reiches Nr. 5, »Die Wirtschaft des Auslandes 1900—1927«, S. 373.

dort vorgenommen wurden, bleibt das Charakteristische für diese Zeit die mangelnde Einsicht in die Bedeutung einer durchgreifenden Agrarreform.

In Bulgarien hatte schon ein Gesetz von 1885 die Enteignung der *Tschifliks* angeordnet. Zu einem solchen Entschluß konnten sich die energielosen griechischen Regierungen dieser Zeit nicht aufraffen. Wohl fanden sich Männer, die für die Enteignung eintraten, ja, ihre eigenen Güter der Regierung überwiesen unter der Bedingung, sie unter die Bauern zu verteilen [32]). Private gründeten auch die *Thessalische Kasse*, um den Bauern zur Amortisation ihrer durch den Erwerb ihrer Landgüter kontrahierten Schulden zu verhelfen.

Durch dieses edle Beispiel Privater ermutigt, ging auch die Gesetzgebung dazu über, die Bildung von Kleinbesitz zu fördern: Das *Gesetz vom 8. IV. 1891* verpflichtete den Staat, dem Bauern, der ein Bauerngut kaufen wollte, die Hälfte des Kaufpreises zuzuschießen. Obwohl dies Verfahren nicht ohne Wirkung blieb, kann es nicht als eine Lösung des Problems bezeichnet werden. Den Rückwanderern überwies die Regierung nicht die großen Ödlandflächen, sondern brachte sie in den Städten unter, wo die Flüchtlinge nur das Heer der städtischen Arbeitslosen vergrößerten. Mit der ländlichen Siedlung wurde mit dem Erlaß des *Gesetzes von 1907* nur ein kleiner Anfang gemacht. Auf Grund dieses Gesetzes hat man 37 Großgüter enteignet, an 35 Genossenschaften verteilt und ungefähr 3250 neue Häuser gebaut. Aber die Siedlung stieß auf den hartnäckigen Widerstand der Großgrundbesitzer, und zwar trotz der Revolution von 1909, die ihren Ursprung in blutigen Revolten der Bauern Thessaliens hatte. Der Kampf der Bauern um ihr Eigentum wurde weiter geführt.

b) Der Bauernaufstand von 1910/11 leitet eine neue Periode der griechischen Agrarpolitik ein; am 8. Januar 1911 erklärt die Nationalversammlung, daß »die Verfassung in dem bisher umstrittenen Art. 17 keine Hindernisse für die Zwangsenteignung der Großgrundbesitzer Thessaliens zum Zweck der Ansiedlung von besitzlosen Bauern bietet«.

Obwohl auf Thessalien beschränkt, legte diese Erklärung den Grundstein für eine neue Agrarpolitik. Denn sie schaffte nicht nur ein rechtliches Hindernis aus dem Weg, sondern

---

32) So wurden 1902 die Güter der Familie Skylitze dem Staate überwiesen und den schon angesiedelten Teilbauern überlassen oder an Flüchtlinge aus Bulgarien verteilt.

brachte zugleich auch die Anerkennung der Eigentumsberechtigung des Teilbauern auf ihre Besitze durch die Nationalversammlung.

Die Nationalversammlung regelte dann die Aufteilung verschiedener Landgüter, die dem Staate durch Großgrundbesitzer zur Aufteilung überwiesen worden waren, sowie die der von der Regierung aufgekauften türkischen Besitzungen. Diese Landgüter, bei der Stadt Karditsa in Thessalien belegen, umfaßten eine Landfläche von 28000 ha produktiven Bodens. Es lebten auf ihnen ungefähr 2312 Teilbauern, die nun Eigentümer wurden. Die Erfolge dieser Maßnahmen wurden allgemein anerkannt. So konnten z. B. alle Geschäftsinhaber von der plötzlichen Veränderung der Kaufkraft des Bauern berichten. Ein Geschäftsinhaber äußerte sich mir gegenüber einmal: »Der Charakter des ganzen Marktes hat sich völlig verändert. Wenn ich meine heutigen Geschäftsbücher mit denen von früheren Jahren vergleiche, sieht man klar die Hebung der Lebenshaltung der Bauern in diesen Dörfern.«

Ferner versuchten verschiedene Gesetze, Veränderungen im Besitzstande der Bauern durch den Großgrundbesitz bis zu der endgültigen Lösung des Problems zu verhindern. So untersagte das Gesetz vom 11. August 1911 jede Ausweisung der Bauern ohne gerichtliches Verfahren. Ein weiteres Gesetz 138 vom Juni 1914 verbot dann jede Veränderung der bestehenden Verhältnisse zwischen den Großgrundbesitzern und Pächtern und hob bis auf weiteres das Recht auf Ausweisung von Teilbauern auf. Das Besitzrecht des Teilbauern wurde bald durch Verordnungen von 1915 und 1916 noch weiter befestigt, so daß der Bauer nun die Gewißheit hatte, bis zur Enteignung des Landgutes auf der Scholle, die er bebaut hatte, bleiben zu können.

Die neuen Gesetze gestalteten den ganzen Charakter des Teilbaus um. Der Bauer fühlte sich nunmehr als Herr seiner Scholle und fing, da ihm nicht mehr die Ausweisung drohte, an, seine Rechte zu verteidigen. Das Verbot der Ausweisung machte auch die harten Verträge, die der Bauer früher mit dem Besitzer hatte schließen müssen, illusorisch. Das Los des Teilbauern änderte sich also von Grund auf.

Auch die Siedlungsfrage wurde in dieser Periode nicht vernachlässigt. Denn der Zustrom von Flüchtlingen aus Kleinasien und Thrazien ließ die Frage der Flüchtlingssiedlung immer von neuem brennend werden und veranlaßte die Regierung ernstlich ihre Lösung in Angriff zu nehmen.

So wurde im Juni 1914 das Gesetz 350 erlassen, welches die Siedlung der Flüchtlinge in Mazedonien auf staatlichen Landgütern anordnet und die Zulässigkeit der Enteignung von Privat-Landgütern nach vorheriger Entschädigung ausspricht.

Ein besonderes Gesetz 351 regelt die Staatskredite an Bauer und Siedler. Es verpflichtet den Staat, $^3/_4$ des Wertes eines Landgutes zu kreditieren, wenn der Bauer imstande ist, den Rest von $^1/_4$ zu zahlen. Ein weiteres Gesetz 352 ordnete endlich die Gründung der *Landwirtschaftlichen Banken von Mazedonien und Epirus* an, die beide große Bedeutung für die weitere Entwicklung der Landwirtschaft erlangten. Die Absicht der beiden letzten Gesetze war, die Bauern zur Geldwirtschaft zu erziehen und so allmählich die Voraussetzungen für eine weitere Intensivierung der griechischen Landwirtschaft zu schaffen.

Die griechische Landwirtschaft krankt am Kapitalmangel. Der Kleinbauer läuft, wenn er die Mittel für eine Modernisierung seines Betriebes beschaffen will, immer Gefahr, ein Opfer der Habsucht des Gläubigers zu werden und allmählich sein Gut an diesen zu verlieren. Denn der Wert seines kleinen Gutes bietet nicht immer eine ausreichende Unterlage für die Aufnahme eines Hypothekarkredites von Privatpersonen[33]. Zu beheben war die Kapitalnot nur durch genossenschaftlichen Zusammenschluß der Produzenten. Die neugegründeten Genossenschaften hatten aber bis zum Jahre 1914 schwer um ihren Weiterbestand zu kämpfen. Ohne staatliche Hilfe waren sie nur auf die Opferbereitschaft solcher Privatpersonen angewiesen, welche die Entwicklung des Landes fördern wollten. Erst am 21. Dezember 1914 erging ein die Bildung von Genossenschaften förderndes Gesetz 602. Dieses Gesetz veranlaßte während des letzten Jahrzehnts die Gründung einer großen Zahl von Genossenschaften. Im Jahre 1914 gab es in Griechenland erst 104 Genossenschaften, bis zum Jahre 1923 vermehrten sie sich auf 1820[34]. Die Banken, allen voran die Nationalbank, begünstigten sie durch Gewährung von

---

33) Mylonas, »Ἡ γεωργικὴ καὶ κτηματικὴ πίστις«, Athen 1919.

34) Unter den Genossenschaften waren 1916: 1345 Kreditgenossenschaften, 156 Einkaufs- und 161 Verkaufsgenossenschaften. Im ganzen hatten die Genossenschaften damals 95 700 Mitglieder und 7,4 Mill. Drachmen Kapital bei einer Haftsumme von 55 Mill. Drachmen. Die meisten Genossenschaften hatten der Peloponnes (678) mit 36 000 Mitgliedern und Mazedonien (237) mit 77 000 Mitgliedern. Dazu kommen noch 42 Zwangsgenossenschaften (s. unten). Nach Angaben von Chr. Evelpidon, »Τὸ ἀγροτικὸν πρόγραμμα«, Athen 1923, S. 134.

Krediten. Die Genossenschaften selbst gründeten bald eine Zentralstelle, um sich immer mehr vom Staate unabhängig zu machen und sich durch gegenseitige Gewährung von Darlehn finanziell zu stärken. Dieser Gedanke der Selbsthilfe ist in Griechenland nichts Neues, sondern nur eine Fortführung der Solidaritätsbestrebungen, welche die byzantinische und türkische Tyrannei unter den Bauern geweckt hatten. Erst diese Gründung von Genossenschaften versetzte nun die Banken, die nicht die Wirtschaft jedes Kleinbauern kontrollieren konnten, in die Lage, den kleinen Bauern zu helfen. Auf diese Weise konnte allmählich die Kreditnot, wenn nicht behoben, so doch wesentlich gemildert werden. Kredit gewährte für das ganze Land die *Nationalbank*, für Mazedonien und Epirus die der Nationalbank angegliederte *Mazedonische Bank* und für Kreta die ebenfalls der Nationalbank unterstellte *Kretische Kasse*. Auf dem Umwege über die Nationalbank erhielt demnach die griechische Landwirtschaft erhebliche Staatskredite.

Die Währungsstabilisierung von 1928 schloß die Finanzierung der Landwirtschaft aus dem Geschäftskreis der neuen Notenbank, der *Bank von Griechenland*, aus. Der Landwirtschaftsminister Papanastasiu plante eine besondere Agrarbank; die heutige Regierung dagegen will die Agrarkreditabteilung der alten Nationalbank durch Zuführung neuer Kapitalien im Betrage von fast 100 Millionen Goldmark verstärken.

Die Genossenschaften nahmen Kredite zu 5% und gaben sie zu 7% an den Bauern weiter; diese Sätze wurden entsprechend der Entwertung der Drachme allmählich erhöht.

Die Agrarreform nach dem Kriege weist den Genossenschaften über die Kreditgewährung hinaus eine Reihe weiterer Aufgaben zu. So ermächtigen spätere, gleich zu erwähnende Gesetze die Genossenschaften zur Übernahme enteigneter Güter gegen die Verpflichtung, die Bauern bis zur Tilgung der Entschädigungssumme auf den enteigneten Gütern in Genossenschaften zusammenzuhalten.

c) Die dritte Periode seit 1917.

Die wichtigste Periode der griechischen Agrargesetzgebung wird eingeleitet durch schwere politische Unruhen. Das Land wird durch den Konflikt zwischen Venizelos und dem König Konstantin gespalten, seit dem Staatsstreich von Saloniki wird es von zwei Regierungen, der Provisorischen in Saloniki und der Regierung in Athen, verwaltet. Die Regierung in Saloniki mobilisiert den von ihr beherrschten Teil des Landes und versucht im Kampf gegen die Athener Regierung die Teilnahme Griechenlands am Weltkriege an der Seite der Entente herbeizuführen. Um dies zu erreichen, erfüllt die revolutionäre Regierung den Bauern in weitgehendem Umfange ihre Landansprüche. Ihr Versuch, Flüchtlinge als Kleinbauern anzusiedeln, schuf aber einen neuen Gegensatz zu der Lage der alten Teilbauern und drängte zu einer neuen Lösung der Teilbauernfrage. Die Revolutionsregierung erließ eine Reihe von Agrargesetzen (vor allem die Gesetze 2466—2470), die 1918 (durch Gesetz 1072) auf ganz Griechenland ausgedehnt wurden und 1920 ergänzt (als Gesetz 2052) erschienen.

1. Die venizelistische Gesetzgebung 1917—1920.

Das Agrargesetz von 1920 umfaßt im Gegensatz zu früheren Agrargesetzen alle Landbewohner, z. B. auch die Handwerker und die bäuerlichen Flüchtlinge und bezweckt die Aufteilung der Güter der öffentlichen Körperschaften und der Großgrundbesitzer.

Nach dem Gesetz sollen von dem Besitzer selbst bewirtschaftete Ländereien, sowie alle Besitzungen des Staates und der Gemeinden und die sehr ausgedehnten Klostergüter enteignet werden. Ob ein Privatbesitz enteignet werden kann, hängt von seiner Größe und davon ab, ob und wie der Besitz vom Eigentümer bewirtschaftet wird. Wird ein Gut von dem Besitzer zwar selbst verwaltet, aber nicht selbst bewirtschaftet und wohnen Bauern auf dem Gut, so sollen $^2/_3$ des Grund und Bodens den Bauern zugewiesen werden, dem Besitzer verbleibt $^1/_3$ seines früheren Besitzes, sofern dieses Drittel 100 ha nicht übersteigt. Musterwirtschaften sind von der Enteignung ausgeschlossen.

Die Besitzungen der öffentlichen Korporationen wurden sofort und ohne Entschädigung enteignet. Die Entschädigungssumme für Privatgüter soll grundsätzlich 30% des Friedenswertes des Gutes nicht übersteigen. Sie wird vom Staat an die Besitzer entweder in bar oder in Form von dreißigjährigen Schuldverschreibungen bezahlt und ist von den Bauern mit 6% zu verzinsen und zu tilgen.

Den ersten Anspruch auf Land haben die auf den Gütern sitzenden Teilbauern, dann alle anderen Landwirte, die Lohnarbeiter, die bäuerlichen Flüchtlinge und die auf dem Lande wohnenden Handwerker. Letzteren soll womöglich in der Nähe ihres Hauses ein Stück Gartenland zugewiesen werden. Mit dem

Kriegskreuz ausgezeichnete Soldaten bekommen ein Landgut geschenkt.

Die Durchführung der Agrargesetze stieß bei dem Fehlen brauchbarer Unterlagen auf große Schwierigkeiten. Eine Neuvermessung der Ländereien war schon deshalb schwierig, weil in Griechenland Kataster und Grundbuch fehlen. Bei dem Mangel an Geometern konnten aber die Vermessungen nicht so schnell durchgeführt werden. Man schloß deshalb die Anspruchberechtigten zu Zwangsgenossenschaften zusammen und übergab diesen als den besten Kennern der örtlichen Verhältnisse das Gut zu individueller Unterteilung bis zur endgültigen Regelung der Enteignung.

Die Größe der Landanteile, in der Regel höchstens 7—16 ha, war verschieden festgesetzt, sollte aber groß genug sein, um eine bäuerliche Familie zu erhalten. Als Bauernfamilie gilt ein Ehepaar mit drei Kindern.

Das Besitztum sollte weder beim Erbgang geteilt noch mit Schulden belastet werden. Es durfte auch nur mit Genehmigung des Staates veräußert werden, und zwar nur an andere Siedlungsberechtigte. Auf diese Weise hoffte man jede neue Besitzzusammenballung infolge Verschuldung der Bauern zu verhindern.

Besonders geregelt werden mußten noch die Beziehungen des Staates zu solchen Landgütern, deren Eigentumsrecht in türkischen Zeiten Beschränkungen unterworfen war. Es waren dies die Güter der früheren Steuerpächter, der Spahi. Da Griechenland bei der Einverleibung Thessaliens auf diese Güter kein Anrecht geltend gemacht hatte, waren sie in das volle Eigentum ihrer Besitzer übergegangen. Das Recht dieser Güter wurde nun vom griechischen Staat nach dem Vorbild Rumäniens in der Dobrudscha neu geregelt, und zwar enteignete der griechische Staat in dem neu erworbenen Mazedonien und Epirus, wo sich viele solcher Güter befanden, ohne Entschädigung $^1/_5$ der Landfläche dieser Güter, wenn der Besitz mehr als 20 ha umfaßte. Auf diesen Ländereien konnte die Revolutionsregierung in Saloniki sofort Flüchtlinge ansiedeln.

Bis 1920 waren auf Grund dieser Gesetze insgesamt 809 Großgüter enteignet und 65 mit einer Gesamtfläche von 62100 ha den Bauern überwiesen worden. Das Eigentumsrecht auf diesen Gütern erworben hatten insgesamt 5000 bäuerliche Familien und 462 Landhandwerker.

Diese Erfolge sind zweifellos beachtenswert, besonders wenn man in Betracht zieht, daß Griechenland sich dauernd im

Kriegszustand befand und jede Landvermessung fehlte. Sie genügten aber nicht den landhungrigen Bauern. Um die Landverteilung zu beschleunigen, bestimmte deshalb das Gesetz 2521 vom September 1920 den Prozentsatz der Vorkriegspreise, den die Teilbauern dem Großgrundbesitz als Entschädigung auszuzahlen hatten. Auf diese Weise wurde der Teilbauer unabhängig von der langwierigen Festsetzung der Entschädigungssumme durch eine Kommission. Für als enteignet erklärte Güter wird die bisherige Zahlung der Pacht in Naturalien und jede andere Verpflichtung seitens der Bauern abgeschafft und ersetzt durch die jährliche Zahlung von 6% des Vorkriegspreises des Bauerngutes an den Großgrundbesitzer. Noch vor dem Abschluß den Enteignungsverfahrens konnten die Teilbauern diese 6% an den Staat zahlen und so Eigentümer der Ländereien werden. Die vor Abschluß des Enteignungsverfahrens gezahlten Summen wurden auf die endgültige Tilgungsssumme angerechnet.

Dieses Gesetz hat die Teilbauernfrage Griechenlands prinzipiell gelöst. Es kam vor allem der Landbevölkerung in Thessalien, Mazedonien und Epirus, in geringerem Maße auch in Euboia und in Attika zugute. Zu regeln waren nach Aufhebung der Teilbauernverhältnisse nur noch die Gütervermessung und die Landverteilung in ausreichend großen Parzellen für die Teilbauern. Denn der dem Teilbauern vom Großgrundbesitzer überlassene Landbesitz reichte nicht immer, wie es das Gesetz forderte, zum Unterhalt einer bäuerlichen Familie aus.

Übrig blieb noch die Agrarfrage auf dem Peloponnes und auf den Inseln, wo das Land nicht im Teilbau, sondern im Erbteilbau bewirtschaftet wird. Der *Emphyteutes* sitzt im Gegensatz zum Teilbauern Nordgriechenlands generationenlang auf derselben Parzelle, die er mit Korinthen, Oliven und Weinstöcken meist in gartenmäßigem Anbau bepflanzt und die durch die rastlose Arbeit der Erbteilbauern dauernd im Wert steigt. Als Pacht zahlte auch der Emphyteutis eine bestimmte Quote, gewöhnlich ein Drittel des Ertrages. Zur Regelung der Emphyteusis ergingen eine Reihe von Gesetzen, von denen vor allem die Gesetze 2926 und 2927 zu nennen wären. Von der Voraussetzung aus, daß die Wertsteigerung des Landes nur den Erbteilbauern zu danken sei und daß diesen deshalb ein Eigentumsrecht an dem kultivierten Land zuerkannt werden müsse, bestimmte der Gesetzgeber, daß alles von Erbteilbauern bewirtschaftete Land 33 Jahre nach dem Abschluß des Pachtkontraktes in das Eigentum des Erbteilbauern übergehen solle. Auf Grund dieser Gesetze wird also der Emphyteutes nach 33 Jahren Eigentümer des von ihm kultivierten Landes. So gerecht diese Gesetzesbestimmungen an sich sind, so bergen sie für die intensive Kultur schwere Gefahren in sich, denn sie bewirken, daß die Verpächter kaum noch Land einem Emphyteutis überlassen.

2. Die monarchistische Reaktion 1920—1922.

Die Wahlen vom 1. November 1920 stürzten die Regierung Venizelos. Die neue Königsregierung verfolgte vor allem außenpolitische Ziele wie die Erhaltung und Erweiterung des griechischen Besitzes in Kleinasien. Der von ihr geführte kleinasiatische Feldzug endete jedoch mit einer katastrophalen Niederlage der griechischen Armee und dem Frieden von Lausanne vom 24. Juli 1923, durch den Griechenland Ost-Thrazien, West-Kleinasien, Imbros und Tenedos abtreten mußte. Auch auf dem Gebiete der Agrarpolitik blieben die Bestrebungen der neuen Regierung ohne bleibenden Erfolg. Sofort nach Erlangung der Macht setzte die Königsregierung alle bisher erlassenen Agrargesetze außer Kraft. Sie versprach zwar dem Bauern als Ersatz für die aufgehobenen Agrargesetze die Enteignung aller Güter, hat aber dieses Versprechen nicht gehalten. Vielmehr bedurfte es wiederholter Unruhen, bis die neue Regierung am 24. Juli 1922 das Agrargesetz 2922 erließ [35]). Dieses regelte vor allem die Entschädigungen anders, schloß Leute ohne ausreichendes landwirtschaftliches Gerät vom Eigentumserwerb aus und schaffte die Zwangsgenossenschaften ab. Aber das Gesetz vom 24. Juli 1922 ging gegen den Strom der Entwicklung und hat schon deshalb keine dauernde Bedeutung erlangen können, weil bald nach seinem Erlaß, im August 1922, die Königsregierung durch eine Militärrevolte wieder gestürzt wurde.

3. Das Gesetz 3473 vom 15. Februar 1923.

Das sich bildende revolutionäre Komitee zwangen dauernde Unruhen in Thessalien und der ununterbrochene Zustrom kleinasiatischer Flüchtlinge zu einer raschen Lösung des Agrarproblemes. Es legte deshalb sein Agrarprogramm sofort in folgender Erklärung fest. »Die Beschlagnahme und Zwangsenteignung von Landgütern zur Ausstattung von landlosen Landwirten, Teilbauern, Lohnarbeitern mit Grundeigentum oder zur Ansiedelung

---

35) Französische Wiedergabe des Textes im *Annuaire International ed Législation Agricole, 1922*, S. 725—761.

von flüchtigen Griechen oder Nicht-Griechen (Armeniern, Zirkassiern) wird gestattet ohne vorherige Auszahlung einer Entschädigungssumme.« Diese Erklärung beseitigte die hemmende Bestimmung des Artikels 17 der Verfassung, daß die Entschädigung vorher zu zahlen sei, und machte den Weg zu einer raschen Ansiedelung der Flüchtlinge frei.

Am 15. Februar 1923 erließ dann die revolutionäre Regierung das neue radikale Agrargesetz 3473, das zunächst die Bestimmungen der außer Kraft gesetzten Gesetze für die schon enteigneten Güter wieder anerkannte. Auch das für die Lösung der Teilbauernfrage bedeutungsvolle Gesetz 2521 vom September 1920 setzte die Revolutionsregierung sofort wieder in Kraft und ermöglichte dadurch bis zur endgültigen Verteilung der Güter die Überweisung der zahlreichen schon als enteignet erklärten Landgüter an die ländlichen Zwangsgenosssenschaften.

Das neue Gesetz 3473 ist zwar in manchen Stücken etwas radikaler als das Agrargesetz 2052 vom Jahre 1920, enthält aber im allgemeinen dessen Grundgedanken.

Siedlungsberechtigt sind nach dem Gesetz Landwirte mit einer zur Ernährung der Familie ungenügenden Landausstattung und bäuerliche Flüchtlinge. Landanteile können bekommen verheiratete männliche Landwirte, Witwen von Landwirten, minderjährige Waisenkinder, unverheiratete männliche Landwirte nach Vollendung des 18. Lebensjahres und auf den Gütern angesiedelte Flüchtlinge.

Die Landanteile bestimmt gemäß Artikel 5 die Enteignungskommission. Jeder Bauer hat Anspruch auf genügend Land zum Bau eines Wohnhauses mit Hofgebäuden, für einen Garten, und vor allem auf ein zur Ernährung einer bäuerlichen Familie (Eltern und drei Kinder) ausreichendes Stück Ackerland.

Die Größe der Landanteile richtet sich nach der Ergiebigkeit des Bodens bei ortsüblicher Bewirtschaftung. Familien mit mehr als drei Kindern haben für jedes Kind Anspruch auf $^1/_6$ eines Landanteils. Die zusätzlichen Landanteile der Kinder dürfen aber zusammen zwei normale Landanteile nicht übersteigen.

Die Zwangsgenossenschaften können gleichfalls zur Benutzung durch die Gemeinden Landanteile bekommen. Vor allem kann der Staat gemäß Artikel 32 brachliegende Ländereien den Genossenschaften zur Bewirtschaftung überweisen.

Beschafft wird das Siedlungsland durch Zwangsenteignung, und zwar sollte zunächst alles dem Staate, den Klöstern oder privaten Großgrundbesitzern gehörige Land enteignet werden. Nach dem Gesetz sind aber solche Güter von der Enteignung ausgenommen, die von den Großgrundbesitzern oder Mitgliedern ihrer Familie bewirtschaftet werden.

Die zu enteignenden Ländereien bestimmt der Minister für Landwirtschaft. Alle von ihm zur Enteignung bestimmten Ländereien fallen sofort dem Staate zu.

Die enteigneten Ländereien werden dann vom Staate den gemäß Artikel 8 des Gesetzes zu bildenden Genossenschaften überwiesen. Diese übernehmen die Güter und verwalten sie weiter, ohne irgend welche Veränderungen vorzunehmen. So bleiben bis zur endgültigen Verteilung auch die Besitzverhältnisse zwischen den Bauern und dem Großgrundbesitzer bestehen.

Die Zwangsgenossenschaften erhalten ebenso wie die Siedlungsgenossenschaften der Flüchtlinge zur Bewirtschaftung der Güter Kredite von der Nationalbank.

Die Durchführung der Enteignung und Verteilung liegt in den Händen einer Enteignungs-, einer Abschätzungs- und einer Siedlungskommission.

Bei jedem Landgericht wird mindestens eine Enteignungskommission gebildet, die sich aus drei Personen, zwei Diplomlandwirten und einem den Vorsitz führenden Richter zusammsetzt. Sie hat die Aufgabe, die Berechtigung der Landansprüche zu prüfen, die Größe der Landanteile zu bestimmen, ihre Grenzen festzusetzen und eine Klassifizierung der Böden in bewässerte und unbewässerte vorzunehmen. Die Abschätzung der verschiedenen Kategorien des Bodens besorgen die Abschätzungskommissionen. Sie setzen sich aus 5 Personen zusammen und zwar müssen von ihnen der Vorsitzende und die beiden Diplomlandwirte Staatsbeamte sein. Von den übrigen Mitgliedern der Kommission werden zwei von den früheren Großgrundbesitzern und ein Mitglied von der Genossenschaft entsandt. Die Abschätzungskommission hat den Preis des Landgutes festzusetzen. Dieser darf aber den Durchschnittspreis des Gutes in den letzten 5 Jahren vor 1914 nicht übersteigen. Die Entwertung der Drachme wird also nicht berücksichtigt. Die Kommission hat nur dann das Recht, auf den Preis einen Zuschlag bis zu 40% zu machen, wenn die Produktivität des Landgutes während der letzten Jahre infolge Straßenbau oder sonstiger Verbesserungen gestiegen ist.

Für jede Provinz Griechenlands besteht außerdem noch eine besondere, mit der Flüchtlingssiedelung betraute Siedlungskommission. Diese sollen als Organe des Landwirtschaftsministeriums auch in Zukunft bestehen bleiben, um die Siedlungs- und Bauerngenossenschaften zu beaufsichtigen und ihre Buchführung zu kontrollieren.

Diese eben erwähnten Kommissionen haben zum ersten Male den Staat und die Landbevölkerung wirklich in Fühlung miteinander gebracht und das noch aus der Türkenherrschaft herrührende Mißtrauen der Bauern gegen den Staat allmählich überwinden helfen. Dieses Mißtrauen der Bauern gegen staatliche Maßnahmen war bisher so groß, daß die Bauern, besonders in den neu erworbenen Gebieten, von der Regierung aus Angst vor Betrug keinen Kredit nahmen, sondern lieber ihr ganzes Hab und Gut durch mit 50—70% zu verzinsende Anleihen bei Privaten verschuldeten.

Die von der Abschätzungskommission festgesetzte Entschädigungssumme muß vom Landgericht anerkannt werden. Ist das geschehen, so wird sie vom Landwirtschaftsminister in Entschädigungsobligationen bezahlt. Diese haben einen Nennwert von 100—1000 Drachmen und müssen in 30 Jahren mit 6% getilgt werden. Gesichert sind sie durch die dem Staate von den Bauern zu zahlenden Einnahmen, die nach Art. 24 des Gesetzes nicht für andere staatliche Zwecke verwandt werden dürfen. Mit der Tilgung und der Einziehung der Zinsen und der Tilgungsquoten von den Bauern können unter Garantie des Landwirtschaftsministeriums auch Banken und andere Gesellschaften betraut werden. Ihnen gewährt der Staat besondere Privilegien wie die Ausnutzung versumpfter Landgüter nach erfolgter Entwässerung. Diese Heranziehung des Privatkapitals ist zweifellos für die landwirtschaftliche Produktion von großem Vorteil, ermöglicht sie doch eine großzügige und großbetriebliche Urbarmachung von bisher ungenutzten oder schlecht bewirtschafteten Ländereien.

Genauer als das Gesetz 602 von 1914 (vgl. S. 473) regelt das Gesetz vom Jahre 1923 die Organisation der Zwangsgenossenschaften (Art 29). Jede landwirtschaftliche Genossenschaft soll nunmehr mindestens 7 Mitglieder umfassen, sich am Tage der Übergabe des enteigneten Gutes konstituieren und bis zu der völligen Enteignung des Gutes, also 30 Jahre lang, bestehen bleiben. Die Mitglieder der Genossenschaft haften für ihren Anteil der Genossenschaft und dem Staate gegenüber. Die Genossenschaften können unter Kontrolle des Siedlungsamtes auch kaufmännische Geschäfte, wie den Kauf von Lebensmitteln, landwirtschaftlichen Geräten usw. zwecks Wiederverkaufs an die Mitglieder betreiben.

Schlußwort.

Die Erfolge der griechischen Agrarreform.

Die Erfolge der griechischen Agrarreform lassen sich noch nicht vollständig übersehen. Unabhängig von der ausländischen Getreideversorgung kann Griechenland nur durch weitere Intensivierung seiner Landwirtschaft werden. Die physischen und seelischen Kräfte zu einer solchen Intensivierung sind nun durch den Zustrom der unternehmenden Griechen Kleinasiens und vor allem durch die Agrarreform geschaffen worden. Das Agrargesetz von 1923 gab in Verbindung mit anderen Reformgesetzen Griechenland die Möglichkeit, seine Landwirtschaft und seine Volkswirtschaft auf neue Grundlagen zu stellen. Ein solcher Neuaufbau war natürlich besonders schwierig in einem Lande, an dessen wirtschaftlicher Kraft 12 Jahre lang fast ununterbrochen Kriege und Revolutionen gezehrt hatten. Hauptaufgabe der griechischen Regierung mußte die Ansiedlung der kleinasiatischen Flüchtlinge sein. Von ihnen war über die Hälfte in der Landwirtschaft beruflich tätig gewesen. Die Lösung der Siedlungsfrage war im Hinblick auf das Land durchaus möglich, denn in den neuerworbenen Gebieten, Mazedonien und Thrazien, boten sich den Vertriebenen günstige Ansiedelungsmöglichkeiten. Sie scheiterten zunächst an der Erschöpfung der griechischen Staatsfinanzen. Von 1728 Großgrundbesitzungen waren bis zum Jahre 1923 823 enteignet und 7500 Stellen von durchschnittlich 13,5 ha gebildet worden. Aber im Jahre 1924 gelang es Griechenland durch Vermittlung des Völkerbundes, auf den ausländischen Geldmärkten eine Flüchtlingsanleihe (im Nennbetrage von 12,3 Mill. £ zu 7% bei 81% Auszahlung) unterzubringen.

Die Agrarreform ist heute fast zu Ende geführt. Bis 1928 wurden 1600 Güter mit 1,3 Millionen ha enteignet und 1554 Güter mit 1254 Tsd. ha verteilt. Die noch verbleibenden Güter sind meist kleinere mit 400—600 ha. Auf 812 590 ha wurden 154 000 Flüchtlingsfamilien (rund 775 000 Personen) angesiedelt; die übrigen Flächen wurden an 75 000 Teilbauernfamilien (mit rund 350 000 Personen) verteilt. Intensiv bewirtschaften konnte die Agrarbevölkerung das Land in dieser Zeit aber noch nicht, da ihre Kräfte durch die endgültige Verteilung und die notwendigen Bauten in Anspruch genommen wurden.

»Es ist auch mit Worten nicht zu sagen, welche eigenartige Befriedigung es gewährt, wenn man etwas sein eigen nennen kann.« Für die tiefe Wahrheit dieses Spruches von Aristoteles zeugen die griechischen Freibauern. Sie haben aus den steinigsten Böden an den Abhängen der Gebirge durch ihren Fleiß schöne Wein- und Obstgärten geschaffen. Die fruchtbaren Ebenen dagegen liegen meist brach, denn die unfrohen Teilbauern, nie Herr ihrer Äcker und von den Großgrundbesitzern ausgebeutet, bauen nur soviel an, als sie zum Lebensunterhalt bedürfen. Die Griechen des Peloponnes mit ihrer Gartenkultur sind wesentlich verschieden von denen, früher nur unter christlicher Oberhoheit stehenden Fischern, Schiffern und Landwirten auf den griechischen Inseln, und vor allem von den Teilbauern Thessaliens und Mazedoniens. Für diese, durch eine lange Sklaverei verarmt, böswillig und mißtrauisch geworden, gelten die Worte Homers: »Zeus allwaltender Rat nimmt schon die Hälfte der Tugend einem Manne, sobald er die heilige Freiheit verliert.«

»Freies Land für den Bauern« — erst von diesem Grundsatze aus lassen sich dann die weiteren landwirtschaftlichen Intensivierungsmaßnahmen durchführen: Verbesserung der Bewässerungsanlagen, Lieferung von besseren Arbeitstieren und Geräten, Veredelung der wilden Olivenbäume, Verbesserung des Verkehrswesens, Einrichtung von Versuchsfeldern und landwirtschaftlichen Beratungsstellen. Tritt zu diesen Maßnahmen hinzu die Hebung der Allgemeinbildung der bäuerlichen Bevölkerung durch Schulen, dann werden die Freibauern der griechischen Landwirtschaft und dem griechischen Staat zu einem raschen Aufstieg verhelfen.

Sachregister.

(Die Zahlen verweisen auf die Seiten).

BIBLIOGRAPHIE

Agrarkrisen und Agrarzölle. Von Prof. Dr. **Max Sering,** Geh. Reg.-Rat. Oktav. 112 Seiten. 1925. 4.50

In dieser Schrift wird die vielumstrittene und komplizierte Frage nach den Ursachen der großen Agrarkrisis auf Grund einer umfassenden Durchforschung des in- und ausländischen Tatsachenbestandes in unparteiischer Weise wissenschaftlich untersucht.

Agrarrevolution und Agrarreform in Ost- und Mitteleuropa. Von Prof. Dr. **Max Sering.** Lexikon-Oktav. 15 Seiten. 1929. 1.—
(Sonderdruck aus den Sitzungsberichten der Preuß. Akademie der Wissenschaften, Philosoph.-Histor. Klasse. 1929. XXV.)

Deutschland unter dem Dawesplan. Entstehung, Rechtsgrundlagen, wirtschaftliche Wirkungen der Reparationslasten. Von Prof. Dr. **Max Sering.** Groß-Oktav. VIII, 237 Seiten. 1928. 10.—

„Kaum ein anderes Werk hat eine so aktuelle Bedeutung wie diese Schrift, und kaum ein anderes Buch vermag den Laien so schnell und doch so eingehend mit der schwierigen und komplizierten Materie des Dawes-Planes vertraut zu machen.“ Braunschweig. Landeszeitung.

Agrarwesen und Agrarpolitik. Von Professor Dr. **W. Wygodzinski.** Neubearbeitet von Dr. **August Skalweit,** o. Prof. a. d. Univ. Kiel. Dritte Auflage. 1928.
I. Boden und Unternehmung. 124 Seiten.
II. Kapital und Arbeit in der Landwirtschaft. Verwertung der landwirtschaftlichen Produkte. Organisation des landwirtschaftlichen Berufsstandes. 132 Seiten. (Sammlung Göschen Bd. 592/593.) Geb. je 1.80

Agrarpolitik. Von Dr. **August Skalweit,** o. Prof. a. d. Univ. Kiel. Zweite, veränderte und erweiterte Ausgabe. Groß-Oktav. XII, 507 Seiten. 1924. 13.—, geb. 14.50
(Handbuch der Wirtschafts- und Sozialwissenschaften Bd. 17.)

„Alles in allem aber haben wir hier ein Werk, das in der Klarheit seiner Ausführungen ganz besonders geeignet ist, allen, die sich mit agrarpolitischen Fragen aus welchen Gründen nur immer zu beschäftigen haben, ein guter unentbehrlicher Führer zu werden.“ Landwirtschaftl. Genossenschaftsblatt.

Deutscher Untergang oder Aufbau aus dem Boden. Von **Ernst Zander.** Groß-Oktav. 74 Seiten. 1924. Steif brosch. 2.50

Der Verfasser zeigt in der vorliegenden Schrift den Weg, wie durch Intensivierung die Erträgnisse der deutschen Landwirtschaft um 50°/₀ gegen die Vorkriegszeit vermehrt werden können.

Organisation der Pflanzenzucht und des Saatbaus in der deutschen Landwirtschaft. Von Dr. **Karl Heinrich Evers.** Groß-Oktav. 63 Seiten. 1924. 2.—
(Sozialwissenschaftl. Forschungen Abtlg. II, Heft 1.)

„Das vorliegende Heft stellt eine sehr gründliche und anerkennenswerte Arbeit auf einem wichtigen Spezialgebiet der Agrarpolitik dar.“ Zeitschrift des Preußischen Statistischen Landesamtes.

Volkswirtschaftliche Theorie der landwirtschaftlichen Preissteigerungen in Deutschland von 1895 bis 1913. Eine Studie über die Beziehungen zwischen Agrarwirtschaft und Industriewirtschaft. Von Dr. **Folkert Wilken.** Groß-Oktav. 259 Seiten. 1925. 5.—
(Sozialwissenschaftl. Forschungen Abtlg. II, Heft 2.)

„Das Buch behandelt fast ausschließlich die Viehwirtschaft und beschränkt sich auch hier vornehmlich auf Fleisch und Milch. Die Entwicklung des viehwirtschaftlichen Angebotes, seiner natürlich-technischen Grundlagen, der Erzeugungskosten in Verbindung mit der Einträglichkeit der deutschen Landwirtschaft überhaupt werden sorgfältig und an Hand reichen statistischen Zahlenstoffes sowie unter Verwertung eines großen Schrifttums dargestellt. Ebenso der Einfluß des Absatzes viehwirtschaftlicher Erzeugnisse auf den Preis und die Entwicklung der Nachfrage, besonders die Wandlungen des Fleischbedarfes. In 25 Anlagen ist außerdem reicher Zahlenstoff, der nicht nur einfach amtlichen Quellen entnommen ist, vorgelegt.“ Zeitschrift für Volkswirtschaft und Sozialpolitik.

Landwirtschaft und Agrarverfassung der Süd-Ukraine (Neu-Rußland) unter Berücksichtigung der historischen Entwicklung. Von Dr. **Fr. Veit.** Groß-Oktav. XVIII, 128 Seiten. 1927. 6.—
(Sozialwissenschaftl. Forschungen Abtlg. II, Heft 3.)

Der Verfasser hat drei Jahre praktischen Schaffens als Assistent auf der Nansenschen Wiederaufbaustation in der Süd-Ukraine benutzt, um die agrarischen Verhältnisse der am Nordufer des Schwarzen Meeres gelegenen fruchtbaren Schwarzerdregionen zu erforschen. Seine Schrift gibt wertvolle Aufschlüsse über die Grundlagen der Wirtschaft im Gebiete der Räteherrschaft.

Die finnischen Gemeinheitsteilungen im 18. Jahrhundert. (Beitrag zur Agrargeschichte Finnlands.) Von **Yrjö J. von Schrowe,** Helsingfors. Groß-Oktav. Mit 5 Kartenbeilagen. XV, 153 Seiten. 1928. 6.50
(Sozialwissenschaftl. Forschungen Abtlg. II, Heft 4.)

Der vorliegende sachkundige Beitrag zur Agrargeschichte Finnlands ist auf mehrjährigen gründlichen Aktenstudien aufgebaut und umfaßt den Zeitraum der zweiten Hälfte des 18. Jahrhunderts. Der Verfasser gibt einen gründlichen Einblick in die Entstehung des Agrarreformplanes, seiner wechselvollen Schicksale in den Händen der verschiedenen Reformbegeisterten und der Ereignisse, welche Finnland dieser Reformbewegung verdankt. Für die Erkenntnisse der Agrarverhältnisse Osteuropas, die für Deutschland und die anderen Länder wichtig genug sind, wird dieses Buch einen sehr wertvollen Beitrag liefern.

Der deutsche Holzmarkt. Die Machtverhältnisse als ökonomisch-soziologisches Problem. Von Dr. **Ferdinand Falk.** Groß-Oktav. VIII, 90 Seiten. 1929. 5.—
(Sozialwissenschaftl. Forschungen Abtlg. IV, Heft 8.)

Die vorliegende Arbeit untersucht — übrigens erstmalig — die Lagerung der Machtverhältnisse auf dem Holzmarkt und wie sich diese im Kampf um die Preisgestaltung kundtun in den Zöllen, Kartellpreisen, Produktions- und Absatzregulierungen, Geschäftskonditionen, Beeinflussung der Preise nichtkartellierter Industrien usw.: sie ist also ganz ökonomisch-soziologisch. Dementsprechend behandelt die Arbeit 1. die Struktur des Holzmarktes (Märkte, Unternehmer, Geschäftsvorfälle), 2. die ökonomisch-soziologische Entwicklung (Entwicklung, Parteien, Machtverhältnisse).

Sibrien in Kultur und Wirtschaft. Von Prof. Dr. jur. et phil. **Kurt Wiedenfeld,** Ministerialdirektor. Oktav. VI, 86 Seiten. 1916 2.75
(Moderne Wirtschaftsgestaltungen Heft 3.)

„Wiedenfeld gibt hier eine kurze Schilderung des weiten Landes, zu der er den größten Teil des Materials auf einer Studienreise gewonnen hat, die er vor einigen Jahren durch die wirtschafts- und siedlungsfähigen Teile des eigentlichen Sibirien an- und abseits der sibirischen Bahn geführt hat. Er kommt zu dem Ergebnis, daß alles in Sibirien bei ruhigem Gange eine reiche Zukunft verspricht, wenn erst die großen Siedlungsflächen zwischen der sibirischen Bahn, Altai und Irtysch vom Schienenstrang durchzogen und so dem Verkehr angeschlossen werden. Rußlands Antlitz muß nach Osten gewandt sein, wo seiner Aufgaben harren, die zu lösen seine finanziellen, wirtschaftlichen und physischen Kräfte und Mittel auf Jahrzehnte hinaus vollauf in Anspruch nehmen werden.“ *Nord und Süd.*

Deutsch-rumänische Wirtschaftsbeziehungen. Von Dr. rer. pol. **Hermann Gross.** Oktav. X, 130 Seiten. 1929. 8.—
(Moderne Wirtschaftsgestaltungen Heft 13.)

Diese Arbeit gibt eine systematische Darstellung der wirtschaftlichen Beziehungen und deren Entwicklungsmöglichkeiten zwischen Deutschland und Rumänien. Eine solche Arbeit ist darum von besonderem Interesse, weil sie in diesem Umfange erstmalig ist und auch Gebiete behandelt, über die die Literatur noch sehr lückenhaft ist. Der Verfasser geht von den Produktions- und Konsumtionsverhältnissen aus und behandelt dann die verkehrsgeographische Lage, den Kapitalmarkt und vor allem die staatliche Wirtschaftspolitik, der im deutsch-rumänischen Wirtschaftsverkehr besondere Bedeutung zukommt.

Lettlands Bedeutung für die östliche Frage. Von **H. F. Crohn-Wolfgang.** Oktav. 64 Seiten. 1923. 2.—

Die Schrift ist von dem Gedanken durchzogen, daß Lettland das wichtigste Bindeglied zwischen dem Westen und Rußland bedeutet und daß Deutschland den größten Nachdruck darauf legen müsse, dort Fuß zu fassen, um von diesem Stützpunkt aus Beziehungen mit Rußland anzubahnen und zu erweitern.

Die Siedlungsgesetzgebung im Reich und in Preußen. Erläutert von **W. Holzapfel,** Geh. Oberjustizrat, Mitglied des Oberlandeskulturgerichts. 347 Seiten. 1920. 3.—
(Guttentagsche Sammlung Deutscher Reichsgesetze Bd. 140.)

„Die zur Ausführung jener Gesetze bestimmten Behörden und auch die literarische Forschung werden dem Verfasser für seine mühevolle Arbeit Anerkennung zollen.“
Archiv für öffentliches Recht.

Gesetz über Landeskulturbehörden. Erläutert von **W. Holzapfel,** Geh. Oberjustizrat, Mitglied des Oberlandeskulturgerichts. Taschenformat. 176 Seiten. 1919. 2.—
(Guttentagsche Sammlung Preußischer Gesetze Bd. 57.)

„Der Titel gibt den Inhalt des Werkchens vollständig an, hinzuzufügen ist aber, daß die Erläuterung, die umfangreich und eingehend ist und der praktischen Handhabung des Gesetzes Schritt für Schritt folgt, aus der Feder eines Mannes herrührt, der durch seine sachliche Qualifikation als gründlicher Kenner der Materie für eine zuverlässige Führung die größte Gewähr bietet. Dankenswert ist die Gründlichkeit der im bescheidenen Rahmen geleisteten Arbeit.“ *Verwaltungs-Archiv.*

Kolibri 360 GmbH
Ferdinand-Jühlke-Straße 7
99095 Erfurt, Deutschland
produktsicherheit@kolibri360.de